钢筋连接技术手册

（第二版）

吴成材　　　　杨熊川
王金平　尹　松　吴文飞　编著

中国建筑工业出版社

图书在版编目(CIP)数据

钢筋连接技术手册/吴成材等编著. —2版. —北京：中国建筑工业出版社，2004

ISBN 978-7-112-06987-3

Ⅰ. 钢… Ⅱ. 吴… Ⅲ. ①钢筋—连接技术—技术手册 Ⅳ. TU755.3-62

中国版本图书馆CIP数据核字（2004）第112906号

钢筋连接技术手册

（第二版）

吴成材　　杨熊川
王金平　尹　松　吴文飞　编著

中国建筑工业出版社出版、发行(北京西郊百万庄)

各地新华书店、建筑书店经销

北京蓝海印刷有限公司印刷

*

开本：787×1092毫米　1/16　印张：28　字数：698千字

2005年3月第二版　2007年8月第四次印刷

印数：9501—10500册　定价：**52.00**元

ISBN 978-7-112-06987-3

(12941)

本手册共19章，第1章为绪论，第2章为钢材和钢筋，第3章至第12章为上篇，介绍钢筋焊接，第13章至第19章为下篇，介绍钢筋机械连接。

钢筋焊接篇内容有：钢筋的焊接性和一般规定；钢筋电阻点焊；钢筋闪光对焊；钢筋电弧焊；钢筋电渣压力焊；钢筋气压焊；预埋件钢筋埋弧压力焊；接头质量检验与验收；焊工操作技能考试和安全技术；钢筋焊接接头试验方法。

钢筋机械连接篇内容有：钢筋机械连接通用技术规定；钢筋径向挤压连接；钢筋轴向挤压连接；钢筋锥螺纹接头连接；钢筋镦粗直螺纹连接；钢筋滚轧直螺纹连接；带肋钢筋熔融金属充填接头连接。

两篇内容均根据相关的技术标准，总结实践经验，针对每一种钢筋连接方法，阐述其基本原理、工艺特点、适用范围、材料、机具设备、质量验收和工程应用等，内容简明扼要，具有很强的实用性。

本手册可供建筑设计、施工、监理、检测、生产厂等单位工程技术人员、大专院校相关专业师生和操作工人使用。

责任编辑：周世明

责任设计：郑秋菊

责任校对：李志瑛　张　虹

前　言

20多年来，我国国民经济快速、健康、持久发展，不仅沿海地区发展迅速，而且西部大开发，振兴东北老工业基地，带动全国经济建设的整体前进，各种钢筋混凝土建筑结构大量建造，促使钢筋连接技术得到很大发展。推广应用先进的钢筋连接技术，对于提高工程质量、加快施工速度、提高劳动生产率、降低成本等具有十分重要意义。

钢筋连接技术可分为两大类：一是钢筋搭接绑扎；二是钢筋机械连接和钢筋焊接。钢筋搭接绑扎为传统技术，在一定条件下仍被广泛采用。钢筋机械连接技术和钢筋焊接技术发展很快，自1999年本手册第一版发行以来，又涌现了很多新的连接方法，工艺亦在不断改进和完善，质量检验和验收有了新的规定。在总结科学研究成就和生产实践的基础上，参考国外先进技术和标准，我国原有行业标准《钢筋焊接及验收规程》JGJ 18—96和《钢筋机械连接通用技术规程》JGJ 107—96均进行修订，公布实施新规程JGJ 18—2003和JGJ 107—2003。此外，建筑工业行业标准《镦粗直螺纹钢筋接头》JG/T 3057—1999正在修订，《滚轧直螺纹钢筋连接接头》已经报建设部审批。针对上述情况，对手册第一版进行了修改补充，出版本手册第二版。书中介绍各种方法，均有其自身特点和不同的适用范围，并在不断改进和发展。在生产中，应根据具体的工作条件、工作环境和技术要求，选用合适的方法、设备和工艺，以期达到优良的接头质量和最佳的综合效益。

本手册第1章至第12章由吴成材、吴文飞执笔；第13章、第14章由杨熊川、尹松执笔；第15章、第16章由王金平执笔；第17章由杨熊川、李本端、钱冠龙、吴京伟、李君昌、王伟执笔；第18章由徐有邻、吴晓星、费前锋、吴文飞、李建国、曹文成执笔；第19章由李本端执笔。全书由吴成材汇总整理，修改补充。

书中错误和不当之处，恳请批评指正。

主编

吴成材

2004年10月1日

目　录

1　绪　论

2　钢材和钢筋

上篇　钢筋焊接

3　钢筋的焊接性和一般规定

4　钢筋电阻点焊

5　钢筋闪光对焊

6　钢筋电弧焊

7 钢筋电渣压力焊

8 钢筋气压焊

9 预埋件钢筋埋弧压力焊

10 接头质量检验与验收

下篇　钢筋机械连接

13　钢筋机械连接通用技术规定

14　钢筋径向挤压连接

15　钢筋轴向挤压连接

16　钢筋锥螺纹接头连接

17　钢筋镦粗直螺纹连接

18 钢筋滚轧直螺纹连接

19 带肋钢筋熔融金属充填接头连接

1 绪 论

随着国民经济和建设事业的迅速发展，各式各样的钢筋混凝土建筑物、构筑物大量建造，促使钢筋连接技术得到很快发展，新的科技成果得到推广使用，对保证工程质量和提高经济效益起到积极作用。

现行国家标准《混凝土结构设计规范》GB 50010—2002 将钢筋连接分成两类：绑扎搭接；机械连接或焊接。绑扎搭接为传统连接技术，在一定范围和条件下，仍然得到很多应用。

1.1 钢筋绑扎搭接

1.1.1 钢筋绑扎搭接基本原理

钢筋绑扎搭接的基本原理是，将两根钢筋搭接一定长度，用细钢丝在多处将两钢筋绑扎牢固，置于混凝土中。承受荷载后，一根钢筋中的力通过钢筋与混凝土之间的握裹力（粘结力）传递给附近混凝土，再由混凝土传递给另一根钢筋。在受拉区域HPB 235 光圆钢筋绑扎搭接接头中，还通过钢筋末端弯钩，增强钢筋与混凝土之间的力的传递。

1.1.2 钢筋绑扎搭接使用范围和技术要求

现行国家标准《混凝土结构设计规范》GB 50010—2002 中规定如下[1]。

1. 受力钢筋的接头宜设置在受力较小处。在同一根钢筋上宜少设接头。

2. 轴心受拉及小偏心受拉杆件（如桁架和拱的拉杆）的纵向受力钢筋不得采用绑扎搭接接头。

当受拉钢筋的直径$d>28$mm 及受压钢筋的直径$d>32$mm 时，不宜采用绑扎搭接接头。

3. 同一构件中相邻纵向受力钢筋的绑扎搭接接头宜相互错开。

钢筋绑扎搭接接头连接区段的长度为1.3 倍搭接长度，凡搭接接头中点位于该连接区段长度内的搭接接头均属于同一连接区段。同一连接区段内纵向钢筋搭接接头面积百分率为该区段内有搭接接头的纵向受力钢筋截面面积与全部纵向受力钢筋截面面积的比值（图1.1）。

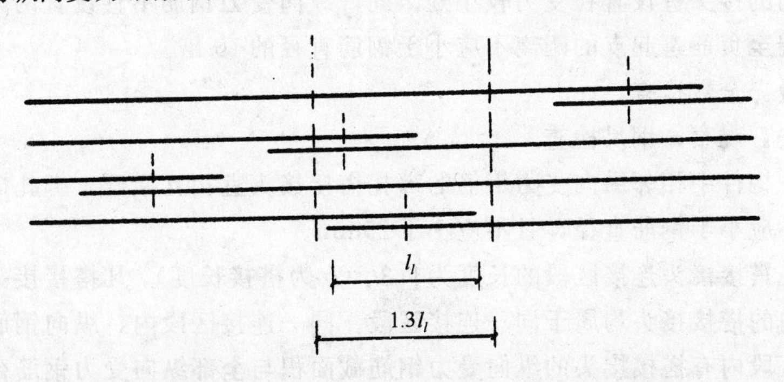

图1.1 同一连接区段内的纵向受拉钢筋绑扎搭接接头

注：图中所示同一连接区段内的搭接接头钢筋为两根，当钢筋直径相同时，钢筋搭接接头面积百分率为50%。

位于同一连接区段内的受拉钢筋搭接接头面积百分率：对梁类、板类及墙类构件，不宜大于25%；对柱类构件，不宜大于50%。当工程中确有必要增大受拉钢筋搭接接头面积百分率时，对梁类构件，不应大于50%；对板类、墙类及柱类构件，可根据实际情况放宽。

纵向受拉钢筋绑扎搭接接头的搭接长度应根据位于同一连接区段内的钢筋搭接接头面积百分率按下列公式计算：

$$l_l = \zeta l_a$$

式中　l_l——纵向受拉钢筋的搭接长度；

l_a——纵向受拉钢筋的锚固长度，按GB 50010—2002中第9.3.1条确定；

ζ——纵向受拉钢筋搭接长度修正系数，按表1.1取用。

在任何情况下，纵向受拉钢筋绑扎搭接接头的搭接长度均不应小于300mm。

纵向受拉钢筋搭接长度修正系数　　**表1.1**

纵向钢筋搭接接头面积百分率（%）	≤25	50	100
ζ	1.2	1.4	1.6

4. 构件中的纵向受压钢筋，当采用搭接连接时，其受压搭接长度不应小于以上3. 规定的纵向受拉钢筋搭接长度的0.7倍，且在任何情况下不应小于200mm。

5. 在纵向受力钢筋搭接长度范围内应配置箍筋，其直径不应小于搭接钢筋较大直径的0.25倍。当钢筋受拉时，箍筋间距不应大于搭接钢筋较小直径的5倍，且不应大于100mm；当钢筋受压时，箍筋间距不应大于搭接钢筋较小直径的10倍，且不应大于200mm。当受压钢筋直径$d>25$mm时，尚应在搭接接头两个端面外100mm范围内各设置两个箍筋。

1.1.3　钢筋绑扎搭接接头质量检验与验收

现行国家标准《混凝土结构工程施工质量验收规范》GB 50204—2002中规定如下[2]。

1. 主控项目

纵向受力钢筋的连接方式应符合设计要求。

检查数量：全数检查。

检验方法：观察。

2. 一般项目

(1) 钢筋的接头宜设置在受力较小处。同一纵向受力钢筋不宜设置两个或两个以上接头。接头末端至负筋弯起点的距离不应小于钢筋直径的10倍。

检查数量：全数检查。

检验方法：观察，钢尺检查。

(2) 同一构件中相邻纵向受力钢筋的绑扎搭接接头宜相互错开。绑扎搭接接头中钢筋的横向净距不应小于钢筋直径，且不应小于25mm。

钢筋绑扎搭接接头连接区段的长度为$1.3l_l$（l_l为搭接长度），凡搭接接头中点位于该连接区段长度内的搭接接头均属于同一连接区段。同一连接区段内，纵向钢筋搭接接头面积百分率为该区段内有搭接接头的纵向受力钢筋截面积与全部纵向受力钢筋截面面积的比值（图1.1）。

同一连接区段内，纵向受拉钢筋搭接接头面积百分率应符合设计要求；当设计无具体要求时，应符合下列规定：

①对梁类、板类及墙类构件，不宜大于25%；

②对柱类构件，不宜大于50%；

③当工程中确有必要增大接头面积百分率时，对梁类构件，不应大于50%；对其他构件，可根据实际情况放宽。

（3）纵向受力钢筋绑扎搭接接头的最小搭接长度应符合以下规定：

①当纵向受拉钢筋的绑扎搭接接头面积百分率不大于25%时，其最小搭接长度应符合表1.2的规定。

纵向受拉钢筋的最小搭接长度 **表1.2**

钢筋类型		混凝土强度等级			
		C15	C20～C25	C30～C35	≥C40
光圆钢筋	HPB 235 级	45*d*	35*d*	30*d*	25*d*
带肋钢筋	HRB 335 级	55*d*	45*d*	35*d*	30*d*
	HRB 400 级、RRB 400 级	—	55*d*	40*d*	35*d*

注：两根直径不同钢筋搭接长度，以较细钢筋的直径计算。

②当纵向受拉钢筋的搭接接头面积百分率大于25%，但不大于50%时，其最小搭接长度应按表1.2中的数值乘以系数1.2取用；当接头面积百分率大于50%时，应按表1.2中的数值乘以系数1.35取用。

③当符合下列条件时，纵向受拉钢筋的最小搭接长度根据上述规定确定后，按下列规定进行修正：

a. 当带肋钢筋的直径大于25mm时，其最小搭接长度应按相应数值乘以系数1.1取用；

b. 对环氧树脂涂层的带肋钢筋，其最小搭接长度应按相应数值乘以系数1.25取用；

c. 当在混凝土凝固过程中受力钢筋易受扰动时（如滑模施工），其最小搭接长度应按相应数值乘以系数1.1取用；

d. 对末端采用机械锚固措施的带肋钢筋，其最小搭接长度可按相应数值乘以系数0.7取用；

e. 当带肋钢筋的混凝土保护层厚度大于搭接钢筋直径的3倍且配有箍筋时，其最小搭接长度可按相应数值乘以系数0.8取用；

f. 对有抗震设防要求的结构件，其受力钢筋的最小搭接长度对一、二级抗震等级应按相应数值乘以系数1.15采用；对三级抗震等级应按相应数值乘以系数1.05采用。

在任何情况下，受拉钢筋的搭接长度不应小于300mm。

④纵向受压钢筋搭接时，其最小搭接长度应根据以上①～③的规定确定相应数值后，乘以系数0.7取用。在任何情况下，受压钢筋的搭接长度不应小于200mm。

检查数量：在同一检验批内，对梁、柱和独立基础，应抽查构件数量的10%，且不少于3件；对墙和板，应按有代表性的自然间抽查10%，且不少于3间；对大空间结构，墙可按相邻轴线间高度5m左右划分检查面，板可按纵、横轴线划分检查面，抽查10%，且均不少于3面。

检验方法：观察，钢尺检查。

（4）在梁、柱类构件的纵向受力钢筋搭接长度范围内，应按设计要求配置箍筋。当设计无具体要求时，应符合下列规定：

①箍筋直径不应小于搭接钢筋较大直径的0.25倍；

②受拉搭接区段的箍筋间距不应大于搭接钢筋较小直径的5倍，且不应大于100mm；

③受压搭接区段的箍筋间距不应大于搭接钢筋较小直径的10倍，且不应大于200mm；

④当柱中纵向受力钢筋直径大于25mm时，应在搭接接头两个端面外100mm范围内各设置两个箍筋，其间距宜为50mm。

检查数量：在同一检验批内，对梁、柱和独立基础，应抽查构件数量的10%，且不少于3件；对墙和板，应按有代表性的自然间抽查10%，且不少于3间；对大空间结构，墙可按相邻轴线间高度5m左右划分为检查面，板可按纵、横轴线划分检查面，抽查10%，且不少于3面。

检验方法：钢尺检查。

1.2　钢筋焊接技术和机械连接技术的发展与应用

1.2.1　钢筋焊接技术的发展与应用

钢筋焊接技术自20世纪50年代开始逐步推广应用。近十几年来，焊接新材料、新方法、新设备不断涌现，工艺参数和质量验收逐步完善和修正。钢筋焊接包括：钢筋电阻点焊、钢筋闪光对焊、钢筋电弧焊、钢筋电渣压力焊、钢筋气压焊、预埋件钢筋埋弧压力焊等6种方法。1965年制定相应技术规程，1984年修订，1996年第3次修订。不久前，新修订的行业标准《钢筋焊接及验收规程》JGJ 18—2003，发布实施。新规程与原规程JGJ 18—96相比，主要修订内容如下：

1. 根据国家现行标准，修改适用于焊接的钢筋牌号、名称和接头强度指标；2. 增加HRB 500钢筋闪光对焊和封闭环式箍筋闪光对焊；3. 增加熔态气压焊工艺和氧液化石油气压焊的规定；4. 增加HRB 400钢筋与钢板电弧搭接焊、预埋件钢筋电弧焊和埋弧压力焊、钢筋电渣压力焊的规定；5. 各种钢筋焊接接头和焊点的质量检验与验收划分为主控项目和一般项目两类，纵向受力钢筋4种焊接接头的拉伸试验合并成一条，2种焊接接头弯曲试验合并成一条，均规定为主控项目，增加附录A纵向受力钢筋焊接接头检验批质量验收记录的规定；6. 增加钢筋电渣压力焊接头拉伸试验的断裂位置和断口特征的质量要求；7. 某些焊接工艺规定适当简化、合并或移于"条文说明"中；8. 电阻点焊焊点的质量验收由两节合并为一节，统一焊点抗剪力指标；9. 焊工操作技能考试评定标准局部修改等。

自20世纪80年代以来，在国内外，钢筋焊接网不仅在房屋建筑，并且在公路、桥梁、飞机场跑道、护坡等工程中也大量推广应用，黑色冶金行业标准《钢筋混凝土焊接钢筋网》YB/T 076—1995发布实施。不久前，新的国家标准《钢筋混凝土用钢筋焊接网》GB/T 1499.3—2002非等效采用国际标准ISO 6935—3—1992发布实施。该标准系在YB/T 076—1995的基础上制定的，其主要变化如下：

1. 增加了热轧带肋钢筋焊接网；2. 焊接网用钢筋的直径范围改为5～16mm；3. 取消了原标准附录A，原标准附录B修改为该标准附录A；4. 定型钢筋焊接网型号；5. 增加附录B，推荐采用的抗剪力试验专用夹具示意图。

在国外，钢筋焊接技术获得广泛应用。

在美国国家标准《结构焊接规范—钢筋》ANS1/AWS D1.4—98 中，应用最多的是手工电弧焊、半自动气体保护焊、粉芯焊丝电弧焊。接头型式有V形坡口、X形坡口对接焊、搭接焊、帮条焊等。

在俄罗斯国家标准《钢筋混凝土结构钢筋和预埋件焊接接头全部技术条件》ГОСТ 10922—90 中，规定的焊接方法甚多，有电阻点焊、闪光对焊及各种电弧焊等。

在德国国家标准《混凝土钢筋的焊接施工与试验》DIN 4099—1985 中，规定的焊接方法有：电弧焊、闪光对焊、气压焊、电阻点焊等。

在日本，钢筋气压焊应用十分广泛，制定的标准有：日本工业标准《钢筋混凝土用棒钢气压焊接头的检查方法》JIS Z 3120—1980 和《气压焊接技术检定的试验方法及判定标准》JIS Z 3881—1983；此外，还有日本压接协会制定的《钢筋气压焊工程标准》(1985 年修订版)。

关于钢筋焊接网有国际标准《钢筋混凝土用焊接钢筋网》ISO 6935—3—1992。此外，英国、日本均制定有专门技术标准。

1.2.2 钢筋机械连接技术的发展与应用

在钢筋机械连接方面，从20世纪70年代开始，欧美和日本等国研究开发了各种钢筋机械连接方法，并制定相应的技术标准。在美国有《钢筋混凝土房屋建筑规范》ACI 318—89，《混凝土反应堆容器和安全壳规范》ACI 359—89 及 ASME《锅炉和压力容器规范》ACI 349—89，对机械接头的试验方法、力学性能要求及使用要求均作了规定。在美国也广泛采用熔融金属充填套筒接头（即Cadweld 法），它是用铝热反应的钢水注入带有内螺纹套筒和带肋钢筋的缝隙中，钢筋端面基本不熔化，或微熔。质量检验时，要求接头强度不得小于钢筋屈服强度的1.25 倍。

在英国有1985 年英国标准协会编制的《混凝土结构设计和施工规程》，其中对各种钢筋接头均有相应规定。

在日本，有1982 年建筑中心（RPCJ）委员会发布的《钢筋接头性能评定标准》，对各种钢筋接头制定了试验方法。同时，日本还将钢筋挤压连接广泛用于高层建筑、桥梁、高速公路、原子能电站等，最典型的是用于本州-四国的跨海大桥工程。

此外，水泥灌浆充填套筒接头在日本、欧美等国家的预制构件装配中已广泛应用。

20 世纪80 年代末，钢筋机械连接技术也在我国迅速发展，先后开发研究出多种型式的机械连接接头，如径向挤压套筒接头、轴向挤压套筒接头、锥螺纹套筒接头、直螺纹套筒接头等，其中挤压套筒接头、锥螺纹套筒接头在生产中推广应用，受到建设、设计和施工单位的欢迎，并制定了相关标准。

1993 年12 月，冶金工业部批准发布行业标准《带肋钢筋挤压连接技术及验收规程》YB 9250—93，自1994 年5 月1 日起实施。1993 年5 月北京市城乡建设委员会和北京市城乡规划委员会联合批准发布北京市标准《锥螺纹钢筋接头设计施工及验收规程》DBJ 01—15—93，自1993 年10 月1 日起施行。1994 年3 月，上海市建设委员会批准发布上海市标准《钢筋锥螺纹连接技术规程》DBJ 08—209—93，自1994 年4 月1 日起施行。1996 年12 月，建设部批准发布三个行业标准《钢筋机械连接通用技术规程》JGJ 107—96、《带肋钢筋套筒挤压连接技术规程》JGJ 108—96 和《钢筋锥螺纹接头技术规程》JGJ 109—96，均自1997 年

4月1日起施行。

近年来，我国又研究开发出与钢筋母材实际强度相等的钢筋等强螺纹接头，并开始应用。钢筋等强螺纹接头包括镦粗直螺纹接头、滚轧直螺纹接头、冷压锥螺纹接头、热强化螺纹接头等新型接头。这些新技术的推广应用对进一步提高工程质量、节约钢材、方便施工起到积极作用。

1999年4月，建设部批准发布建筑工业行业标准《镦粗直螺纹钢筋接头》JG/T 3057—1999，自1999年12月1日起实施。钢筋镦粗直螺纹连接包括2种工艺方法：冷镦粗和热镦粗。镦粗后，将镦头套丝成直螺纹，采用连接套筒在施工现场进行连接，接头性能良好，在全国很多大中工程中推广应用。

随着钢筋机械连接技术的不断发展和逐步完善，新修订的行业标准《钢筋机械连接通用技术规程》JGJ 107—2003，于2003年3月21日批准发布，2003年7月1日起实施。与原标准JGJ 107—96相比，修订的主要技术内容是：1. 修改了接头的分级和抗拉强度指标；2. 取消“割线模量”，改用“非弹性变形”控制接头的变形；3. 修改了不同等级接头的应用范围和允许的接头面积百分率；4. 修改了型式检验的接头数量和加载制度；5. 对各类螺纹接头增加安装对拧紧力矩要求。

为了与现行标准JGJ 107—2003相适应，建筑工业行业标准JG/T 3057—1999正在进行修订，并提出了修订版的送审稿。

近十年来，钢筋滚轧直螺纹连接技术发展亦十分迅速。中国建筑科学研究院先后编制企业标准《直接滚轧直螺纹钢筋连接接头》Q/JY 23—2001和《钢筋等强度剥肋滚压直螺纹连接技术规程》Q/JY 16—2001。上海市工程建设标准化办公室认定上海市建筑产品推荐性应用标准《钢筋等强度滚轧直螺纹连接技术规程》DBJ/CT 005—2002。陕西省地方标准《钢筋滚轧直螺纹连接技术规程》DBJ 24—25—04已发布实施。建筑工业行业标准《滚轧直螺纹钢筋连接接头》（报批稿）报请建设部审批中。

上述标准的发布实施，既总结了科学研究的成就和生产实践的经验，亦反映了我国钢筋机械连接技术的发展进程，极大地推动各项新技术在建设工程中的推广应用。

主要参考文献

1　国家标准．混凝土结构设计规程GB 50010—2002
2　国家标准．混凝土结构工程施工质量验收规范GB 50204—2002
3　美国标准．钢筋混凝土房屋建筑规范ACI 318—89
4　美国标准．混凝土反应堆容器和安全壳规范ACI 359—89
5　美国标准．ASME锅炉和压力容器规范ACI 349—89
6　日本（株）建築技术：最近の複合化工法を探る．建築技术，1992.12
7　日本别所佐登志等：鉄筋继手の種類と力学性状
ユンクリートエ学。Vol.29，No.12，P.20～32，1991.12
8　日本（社）日本建築センター：鉄筋继手性能判定基準（1982年）
ビルデイングレター，1983.8
9　日本（社）日本建築センター：建設省住指発第31号特殊な鉄筋继手の取极いについて。ビルデイングレター，1991.3

2 钢材和钢筋

2.1 钢材的性能

2.1.1 物理性能[1]

1. 密度 单位体积钢材的重量（现称质量）为密度，单位为g/cm³。对于不同的钢材，其密度亦稍有不同。钢筋的密度按7.85g/cm³计算。

2. 可熔性 钢材在常温时为固体，当其温度升高到一定程度，就能熔化成液体，这叫做可熔性。钢材开始熔化的温度叫熔点。纯铁的熔点为1534℃。

3. 线膨胀系数 钢材加热时膨胀的能力，叫热膨胀性。受热膨胀的程度，常用线膨胀系数来表示。钢材温度上升1℃时，伸长的长度与原来长度之比值，叫钢材的热膨胀系数，单位为mm/（mm·℃）。

4. 导热系数 钢材的导热能力用导热系数来表示。工业上用的导热系数是以厚1cm的钢材，两面温差1℃，在1s内，每平方厘米面积上由一面向另一面传导的热量来表示，单位为cal/（cm²·s·℃）。

2.1.2 化学性能

1. 耐腐蚀性 钢材在介质的侵蚀作用下被破坏的现象，称为腐蚀。钢材抵抗各种介质（大气、水蒸气、酸、碱、盐）侵蚀的能力，称为耐腐蚀性。

2. 抗氧化性 有些钢材在高温下不被氧化而能稳定工作的能力称为抗氧化性。

2.1.3 力学性能

钢材在一定的温度条件和外力作用下抵抗变形和断裂的能力称为力学性能，钢材力学性能主要包括：强度、延性（塑性）、硬度、韧性、疲劳性能等。

拉伸试验

现行国家标准《金属材料 室温拉伸试验方法》GB/T 228—2002，等效采用国际标准ISO 6982：1998，自2002年7月1日起实施，同时，代替原标准GB 228—87《金属拉伸试验方法》（以下简称原标准）。在新标准中，对名词定义、试样和测试方法作了详细和具体的规定[2]。

1. 标距 gauge length

测量伸长用的试样圆柱或棱柱部分的长度。

（1）原始标距（L_0）original gauge length

施力前的试样标距。

（2）断后标距（L_u）final gauge length

试样断裂后的标距。

2. 平行长度（L_c）parallel length

试样两头部或两夹持部分（不带头试样）之间平行部分的长度。

3. 伸长 elongation

试验期间任一时刻原始标距（L_0）的增量。

4. 伸长率 percentage elongation

原始标距的伸长与原始标距（L_0）之比的百分率。

(1) 断后伸长率（A）percentage elongation after fracture

断后标距的残余伸长（L_u-L_0）与原始标距（L_0）之比的百分率（见图2.1）。

$$A=\frac{L_u-L_0}{L_0}\times 100(\%)$$

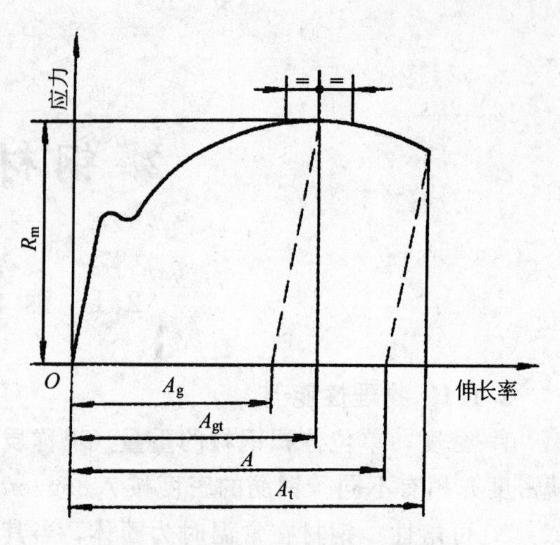

图2.1　伸长的定义

对于比例试样，若原始标距不为$5.65\sqrt{S_0}$（S_0为平行长度的原始横截面积），符号A应附以下脚注说明所使用的比例系数，例如，$A_{11.3}$表示原始标距（L_0）为$11.3\sqrt{S_0}$的断后伸长率。对于非比例试样，符号A应附以下脚注说明所使用的原始标距，以毫米（mm）表示，例如，A_{80mm}表示原始标距（L_0）为80mm的断后伸长率。$\left[\text{注：}5.65\sqrt{S_0}=5\sqrt{\frac{4S_0}{\pi}}\right]$

原标准规定，当原始标距为试样直径的5倍或10倍时，伸长率分别为δ_5或δ_{10}表示。

$$\delta_5\text{ 或 }\delta_{10}=\frac{L-L_0}{L_0}\times 100(\%)$$

(2) 断裂总伸长率（A_t）percentage total elongation at fracture

断裂时刻原始标距的总伸长（弹性伸长加塑性伸长）与原始标距（L_0）之比的百分率（见图2.1）。

(3) 最大力伸长率 percentage elongation at maximum force

最大力时原始标距的伸长与原始标距（L_0）之比的百分率。应区分最大力总伸长率（A_{gt}）和最大力非比例伸长率（A_g）（见图2.1）。

$$A_{gt}=\frac{\Delta L_m}{L_0}\times 100(\%)$$

即GB 1449—1998中规定：

$$\delta_{gt}=\left[\frac{L-L_0}{L_0}+\frac{\sigma_b}{E}\right]\times 100(\%)$$

5. 引伸计标距（L_e）extensometer gauge length

用引伸计测量试样延伸时所使用试样平行长度部分的长度。测定屈服强度和规定强度性能时推荐$L_e\geqslant L_0/2$。测定屈服点延伸率和最大力时或在最大力之后的性能，推荐L_e等于L_0或近似等于L_0。

6. 延伸 extension

试验期间任一给定时刻引伸计标距（L_e）的增量。

(1) 残余延伸率 percentage permanent extension

试样施加并卸除应力后引伸计标距的延伸与延伸计标距（L_e）之比的百分率。

（2）非比例延伸率 percentage non-proportional extension

试验中任一给定时刻引伸计标距的非比例延伸与引伸计标距（L_e）之比的百分率。

（3）总延伸率 percentage total extension

试验中任一时刻引伸计标距的总延伸（弹性延伸加塑性延伸）与引伸计标距（L_e）之比的百分率。

（4）屈服点延伸率（A_e）percentage yield point extension

呈现明显屈服（不连续屈服）现象的金属材料，屈服开始至均匀加工硬化开始之间引伸计标距的延伸与引伸计标距（L_e）之比的百分率。

7. 断面收缩率（Z）percentage reduction of area

断裂后试验横截面积的最大缩减量（S_0-S_u）与原始横断面积（S_0）之比的百分率。

$$Z=\frac{S_0-S_u}{S_0}\times 100(\%) \qquad \text{原标准规定：}\psi=\frac{S_0-S_1}{S_0}\times 100(\%)$$

8. 最大力（F_m）maximum force

试样在屈服阶段之后所能抵抗的最大力。对于无明显屈服（连续屈服）的金属材料，为试验期间的最大力。

9. 应力 stress

试验期间任一时刻的力除以试样原始横截面积（S_0）之商。

（1）抗拉强度（R_m）tensile strength

相应最大力（F_m）的应力

$$R_m=\frac{F_m}{S_0} \qquad \text{原标准规定：}\sigma_b=\frac{F_b}{S_0}$$

（2）屈服强度 yield strength

当金属材料呈现屈服现象时，在试验期间达到塑性变形发生而力不增加的应力点，应区分上屈服强度和下屈服强度。

①上屈服强度（R_{eH}）upper yield strength

试样发生屈服而力首次下降前的最高应力（见图2.2）。

$$R_{eH}=\frac{F_{eH}}{S_0} \qquad \text{原标准规定：}\sigma_{sU}=\frac{F_{sU}}{S_0}$$

②下屈服强度（R_{eL}）lower yield strength

在屈服期间，不计初始瞬时效应时的最低应力（见图2.2）。

$$R_{eL}=\frac{F_{eL}}{S_0} \qquad \text{原标准规定：}\sigma_{sL}=\frac{F_{sL}}{S_0}$$

原标准规定，当有关标准或协议无规定时，一般只测定屈服点或下屈服点。

（3）规定非比例延伸强度（R_p）proof strength, non-proportional extension

非比例延伸等于规定的引伸计标距百分率时的应力（见图2.3）。使用的符号应附以下脚注说明所规定的百分率，例如$R_{p0.2}$，表示规定非比例延伸率为0.2%时的应力。

$$R_{p0.2}=\frac{F_{p0.2}}{A_0} \qquad \text{原标准规定：}\sigma_{p0.2}=\frac{F_{p0.2}}{S_0}$$

（4）规定总延伸强度（R_t）proof strength, total extension

总延伸率等于规定的引伸计标距百分率时的应力（见图2.4）。使用的符号应附以下脚

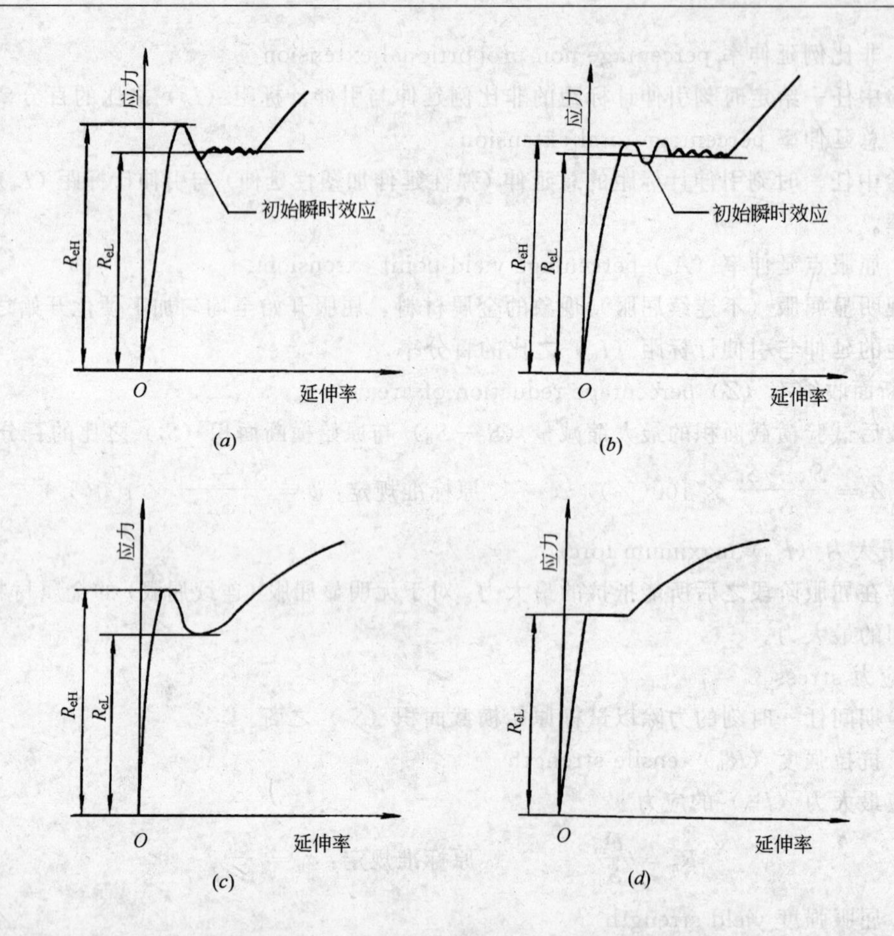

图 2.2　不同类型曲线的上屈服强度和下屈服强度（R_{eH}和R_{eL}）

注说明所规定的百分率，例如$R_{t0.5}$，表示规定总延伸率为0.5%时的应力。

在原标准中：规定总伸长应力按下式计算：

$$\sigma_t = \frac{F_t}{S_0}$$

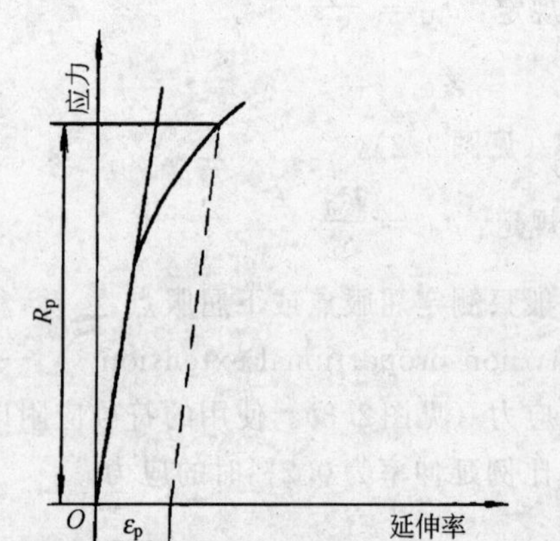

图 2.3　规定非比例延伸强度（R_p）

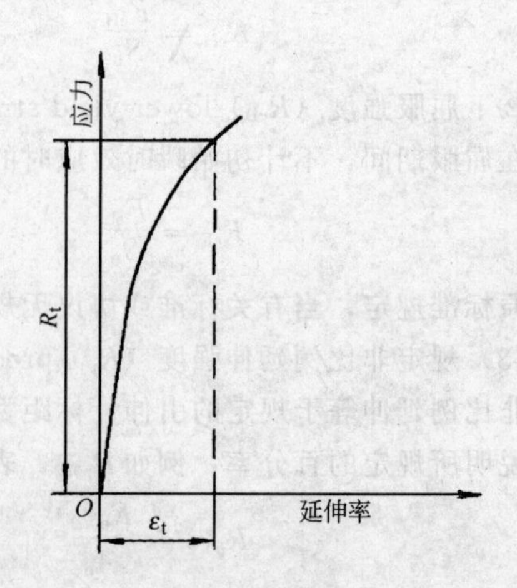

图 2.4　规定总延伸强度（R_t）

(5) 规定残余延伸强度 (R_r) permanent set strength

卸除应力后残余延伸率等于规定的引伸计标距(L_e)百分率时对应的应力(见图2.5)。使用的符号应附以下脚注说明所规定的百分率。例如$R_{r0.2}$,表示规定残余延伸率为0.2%时的应力。

原标准规定:$\sigma_t = \dfrac{F_r}{S_0}$

原标准注:①当有关标准或协议要求测定规定残余伸长应力时,应说明残余伸长率;

②如有关标准或协议无区分应力σ_p和σ_r时,则其测定任选。

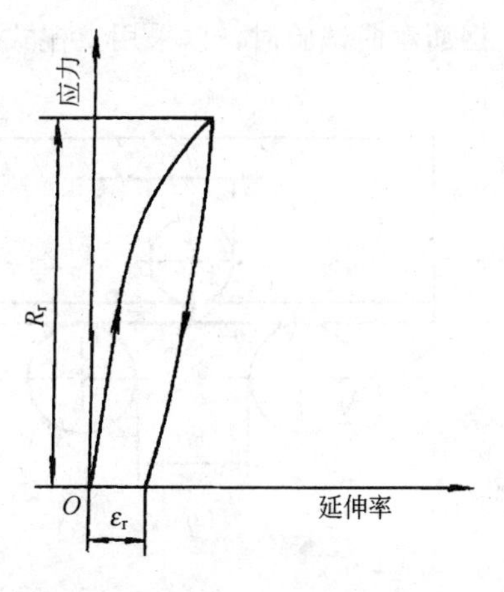

图2.5 规定残余延伸强度 (R_r)

测试中几点注意事项

1. 度盘选择十分重要 若采用大度盘测量较小直径的钢筋,数据精度不够。所测得数据应在度盘的有效范围内,一般为度盘的20%～100%。

2. 读数 一般应有4位有效数,度盘上一格应估测至1/10,目测误差控制在±0.1格数(若采用电脑测值装置,不存在此问题)。

3. 屈服点 一般测定下屈服点作为屈服强度,按图2.2中(a)或(b)中所示,测定R_{eL};防止由于初始瞬时效应而产生的最低点误作为下屈服点。

数值修约举例

根据现行国家标准《数值修约规则》GB 8170—87中规定,对钢筋焊接接头拉伸试验结果的数值应进行修约。现行行业标准《钢筋焊接接头试验方法标准》JGJ/T 27—2001中规定,抗拉强度试验结果数值应修约到5MPa。

修约的原则,简单的说,末位数为4及以下,舍去;末位数为6及以上,进入;末位数为5时,要看前一数字,若为单数,进入,若为双数,舍去。

假设有HRB 335钢筋焊接接头拉伸试件若干根,取4位有效数,修约到5MPa,对测试数值进行修约如下:

[例1] 514.2 ×2=1028.4末位为8.4,大于5.0,进入,为1030,除2,修约后为515

[例2] 522.3 ×2=1044.6末位为4.6,小于5.0,舍去,为1040,除2,修约后为520

[例3] 517.6 ×2=1035.2末位为5.2,大于5.0,进入,为1040,除2,修约后为520

[例4] 522.5 ×2=1045.0末位为5.0,5.0=5.0,看4,双数,舍去,为1040,除2,修约后为520

[例5] 517.5 ×2=1035.0末位为5.0,5.0=5.0,看3,单数,进入,为1040,除2,修约后为520

[例6] 537.49 末位为7.49,小于7.50,修约后为535

[例7] 533.5 末位为3.5,大于2.50,修约后为535

弯曲试验

钢材的弯曲试验是将试样绕一定直径的弯心进行弯曲,以测定钢材弯曲塑性变形的能力。在室温下进行弯曲试验称为冷弯试验。

现行国家标准《金属材料 弯曲试验方法》GB/T 232—1999,等效采用国际标准ISO 7438—1985。该标准中规定,弯曲装置有:支棍式、V形模具式、虎钳式、翻板式四种。在钢筋弯曲试验时，以采用支棍式弯曲装置为多，见图2.6[3]。

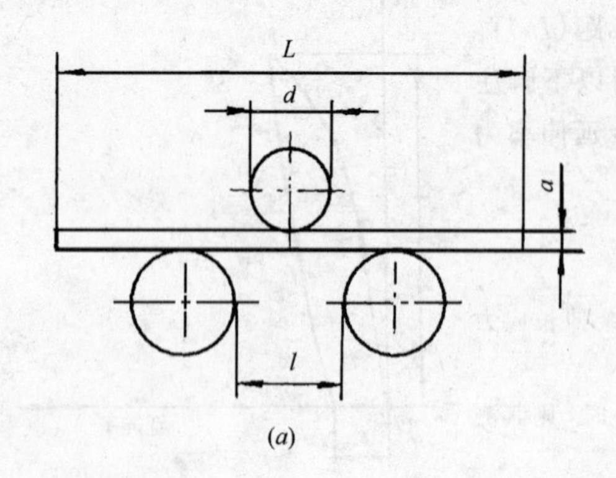

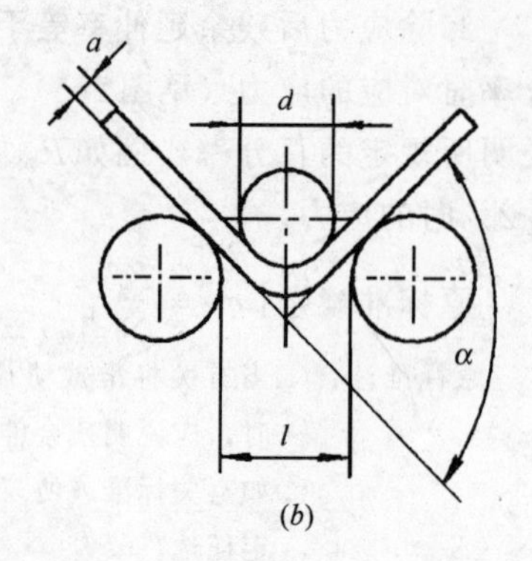

图2.6　支棍式弯曲装置

(a) 弯曲前；(b) 弯曲后

a—试样直径；L—试样长度；l—支棍间距离；d—弯曲压头或弯心直径；α—弯曲角度

支棍长度应大于试样宽度或直径，支棍半径应为1～10倍试样直径。支棍应具有足够的硬度。除非另有规定，支棍间距离应按下式确定。

$$l=(d+3a)\pm 0.5d$$

此距离在试验期间应保持不变。

当钢筋需要弯曲至180°时，可采用翻板式弯曲装置。

如未具体规定，弯曲试验试样弯曲表面无肉眼可见裂纹应评为合格。规定的弯曲角度认作为最小值；规定的弯曲半径认作为最大值。

硬度试验

硬度是衡量钢材软硬的一个指标。生产中应用最多的是压入法。所测得的硬度值反映了钢材表面抵抗另一更硬物体压入时所引起塑性变形的能力。常用的硬度指标有布氏硬度、洛氏硬度、维氏硬度、肖氏硬度等，分别为HB、HRA、HRB 、HRC、HV及HS表示。钢筋焊接接头硬度试验时，以HV的应用较多。

冲击试验

冲击试验的原理是用规定高度的摆锤对处于简支梁状态的缺口试样进行一次性打击，测量试样折断时的冲击吸收功。试验目的是为了测定规定缺口试样的冲击吸收功、冲击韧度、脆性断面率、冲击吸收功-温度曲线，以及确定韧脆转变温度等。常用夏比缺口冲击试验的试样有3种：1. 标准夏比V形缺口冲击试样；2. 缺口深度为2mm的标准夏比U形冲击试样；3. 缺口深度为5mm的标准夏比U形缺口冲击试样。冲击吸收功分别以A_{kv}、A_{ku2}、A_{ku5}表示[4]。

钢筋焊接接头冲击试验采用标准夏比V形缺口试样，其冲击吸收功以A_{kv}表示。

疲劳试验

就是测定条件疲劳极限（σ_N），它是指钢材承受N次往复循环交变荷载后产生破坏的中值疲劳强度（MPa）。以应力为纵坐标，以中值疲劳寿命为横坐标所绘出的曲线，称为S—N曲线，也称中值S—N曲线。从这些曲线中可以看出，随着应力水平的降低，钢材的中值疲劳寿命（N）提高。反之，随着所要求的荷载往复循环次数的降低，钢材的中值疲劳强度提高。

2.2　钢材的晶体结构和显微组织[5]

2.2.1　钢材晶体结构

含碳量小于2.06%的铁碳合金称为钢。钢材的性能不仅取决于钢材的化学成分，而且取决于钢材的组织。钢材的组织无法直接观察，只有经过取样、打磨、抛光、腐蚀显示后，在金相显微镜下才能观察到钢材的组织，故又称金相组织。

金属的原子按一定方式有规则地排列成一定空间几何形状的结晶格子，称为晶格。金属的晶格常见有体心立方晶格和面心立方晶格，如图2.7所示。体心立方晶格的立方体中心和八个顶点各有一个铁原子；而面心立方晶格的立方体的八个顶点和六个面的中心各有一个铁原子。

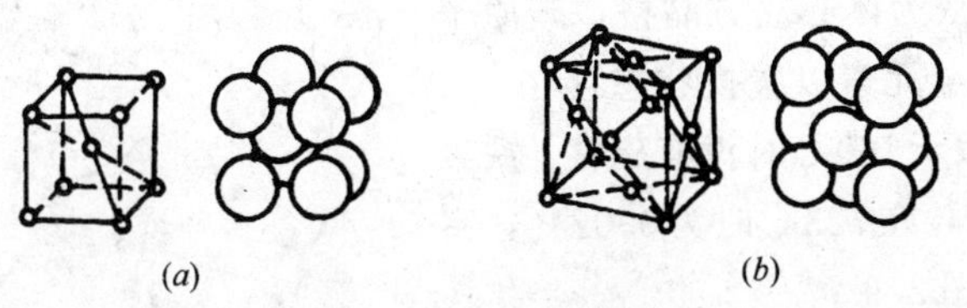

图2.7　纯铁的晶格
(*a*) 体心立方晶格；(*b*) 面心立方晶格

铁属于立方晶格，由于所处的温度不同，有时是体心立方晶格，有时是面心立方晶格。随着温度的变化，铁可以由一种晶格转变为另一种晶格，这种晶格类型的转变，称为同素异晶转变。纯铁在常温下是体心立方晶格（称为α-Fe），晶格常数为2.8664Å（Å称埃，1Å＝1×10^{-8}cm）；当温度升高到910℃时，纯铁的晶格由体心立方晶格转变为面心立方晶格（称为γ-Fe），晶格常数为3.571Å；再升温到1390℃时，面心立方晶格又重新转变为体心立方晶格（称为δ-Fe），然后一直保持到纯铁的熔化温度。纯铁的这种特性十分重要，是钢材所以能通过热处理方法来改变其内部组织，从而改善其性能的内在因素之一，也是焊接热影响区中各个区段与母材相比具有不同组织的原因之一。

两种或两种以上的元素（其中至少一种是金属元素），熔合在一起叫做合金。根据两种元素相互作用的关系，以及形成晶体结构和显微组织的特点可将合金的组织分为三类：

1. 固溶体

固溶体是一种物质均匀地溶解在另一种物质内，形成单相晶体结构。根据原子在晶格上分布的形式，固溶体可分为置换固溶体和间隙固溶体。某一元素晶格上的原子部分地被另一元素的原子所取代，称为置换固溶体；如果另一元素的原子挤入某元素晶格原子之间的空隙中，称为间隙固溶体，见图2.8。

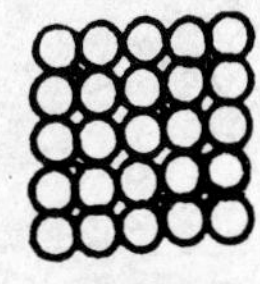

图2.8　固溶体示意图
(*a*) 置换固溶体；(*b*) 间隙固溶体

两种元素的原子大小差别愈大，形成固溶体后引起的晶格扭曲程度也愈大，扭曲的晶格增加了金属塑性变形的阻力，即固溶体比纯金属硬度高、强度大。

2. 化合物

两种元素的原子按一定比例相结合，具有新的晶体结构，在晶格中各元素原子的相互位置是固定的，通常，化合物具有较高的硬度，低的塑性，脆性也较大。

3. 机械混合物

固溶体和化合物均为单相的合金，若合金是由两种不同的晶体结构彼此机械混合组成，称为机械混合物。它往往比单一的固溶体合金有较高的强度、硬度和耐磨性，而塑性和压力加工性能则较差。

2.2.2 钢材显微组织

钢是铁和碳的合金。碳能溶解在α-Fe 和γ-Fe 中，形成固溶体。铁和碳还可以形成化合物。钢材的组织主要有以下几种：

1. 铁素体（F）

铁素体是少量的碳和其他合金元素固溶于α-铁中的固溶体。α-铁为体心立方晶格，碳原子以填隙状态存在，合金元素以置换状态存在。布氏硬度为80～100，大于760℃时没有磁性。铁素体溶解碳的能力很差，在723℃时为0.02％，室温时仅0.006％。见图2.9。

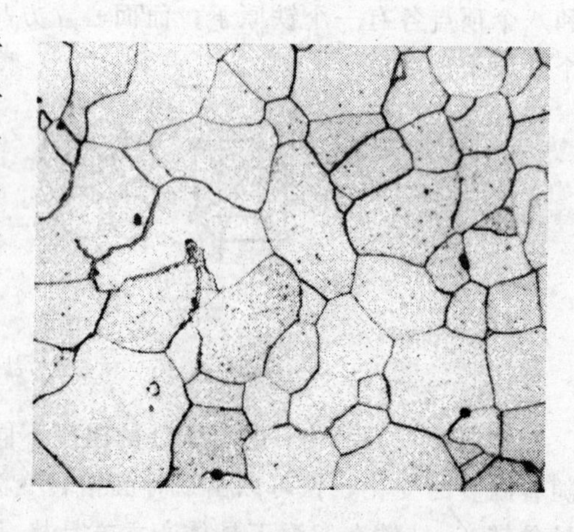

图2.9　铁素体组织（工业纯铁，200×）

2. 渗碳体（Fe_3C）

渗碳体是铁与碳的化合物，由93.33％铁和6.67％碳化合而成。布氏硬度为745～800，小于210℃有磁性，硬而脆。在珠光体钢中，与铁素体形成机械混合物。

3. 珠光体（P）

珠光体是铁素体和渗碳体的机械混合物，含碳量为0.8％左右，它的金相形态有两种：当从奥氏体缓慢冷却下来，得到铁素体和渗碳体相间排列的片状组织，见图2.10。当在高温（接近A_1）球化退火时，得到球化的碳化物在铁素体内均匀分布的颗粒状组织。

(*a*)

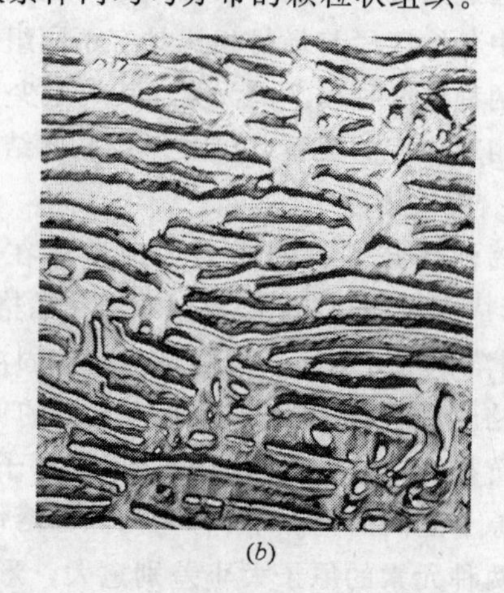

(*b*)

图2.10　珠光体组织（T8工具钢700℃等温退火）

(*a*) 500×；(*b*) 电镜3000×

一般的低碳钢、中碳钢的组织为铁素体加珠光体，见图2.11。

4. 奥氏体(A)

奥氏体是碳和其他合金元素在γ-铁中的固溶体。在一般钢材中，只有高温时才存在。当含有一定扩大γ区的合金元素时，则可能在室温下存在，如铬镍奥氏体不锈钢则在室温时的组织为奥氏体。奥氏体为面心立方晶格，布氏硬度为170～220，无磁性，韧而软。见图2.12。

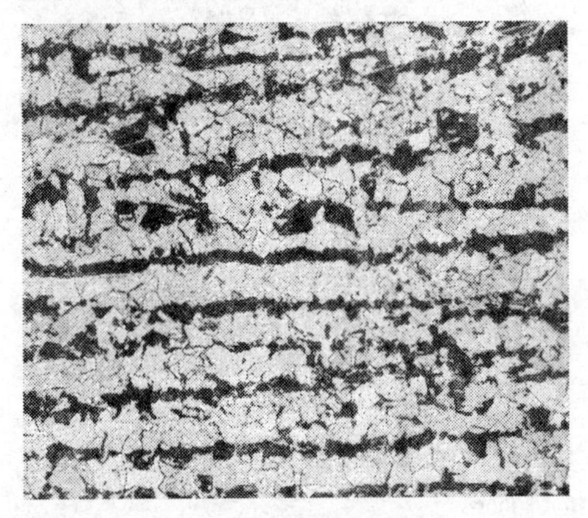

图2.11 铁素体加珠光体组织 100×
(20号钢热轧状态组织)

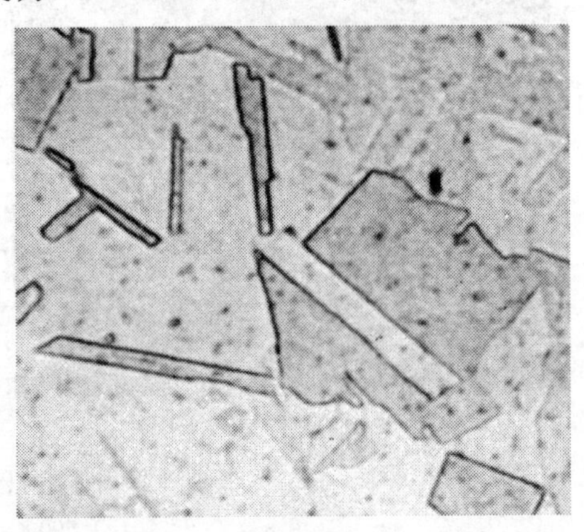

图2.12 奥氏体组织 400×
(1Cr18Ni9Ti)

5. 索氏体(S)

索氏体又称细珠光体，有很好的韧性。它的金相组织形态有两种：当奥氏体转变冷却速度较快，比形成珠光体较低的温度下得到铁素体和渗碳体薄片状组织，即为索氏体，见图2.13；当马氏体高温回火时，由碳化物凝聚而成，在1000倍显微镜下能分辨出其颗粒状组织，称为回火索氏体。

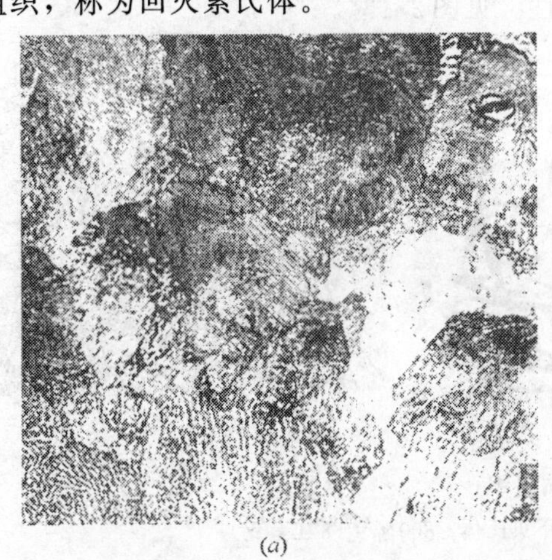

(a)

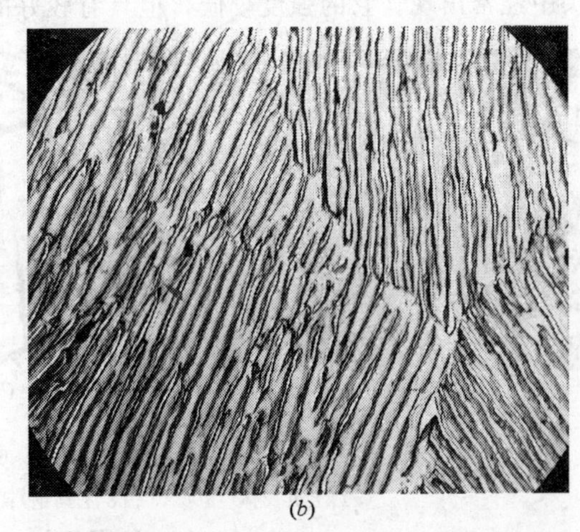

(b)

图2.13 索氏体组织(T8工具钢650℃等温处理)
(a) 500×；(b) 电镜 3000×

6. 屈氏体(T)

屈氏体又称极细珠光体。它的金相组织形态有两种：一种是当奥氏体快冷时，比形成索氏体更低的温度下转变成极细组织，称为屈氏体，呈层片状，见图2.14；另一种是当马氏体中温回火时，碳以碳化物形式析出，马氏体恢复体心立方晶格而形成的组织，称为回火屈氏体，该组织已失去片状而带粒状，但仍保留马氏体位向。

(a)

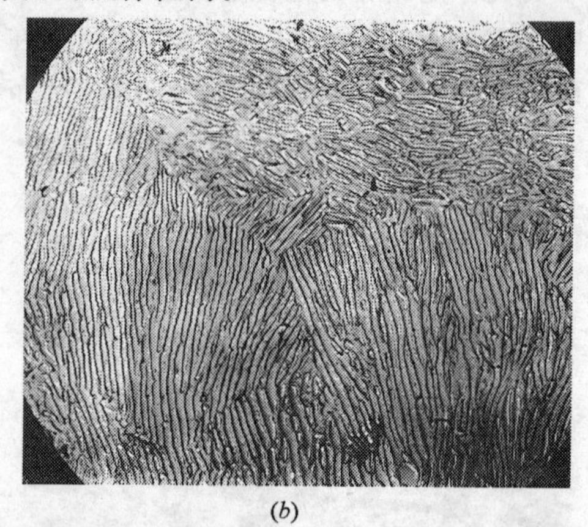

(b)

图2.14　屈氏体组织（T8 工具钢550℃等温回火）

(a) 500×；(b) 电镜　3000×

7. 贝氏体（B）

贝氏体又称贝茵体。当奥氏体过冷至低于珠光体转变温度和高于马氏体形成温度，并在这一温度范围内进行等温冷却时，便分解成铁素体与渗碳体的聚合组织，称为贝氏体。在较高温度下形成的，显微组织呈羽毛状，叫上贝氏体（$B_{上}$），它的韧性最差；在较低温度下形成的为下贝氏体（$B_{下}$）。它的硬度比马氏体低，但具有较高的强度，具有良好的韧性。还有一种“粒状贝氏体”的组织，它是铁素体与富碳奥氏体岛状组织的聚合结构，在焊接接头中经常出现。它的强度较低，但具有较好的韧性。见图2.15。

(a)

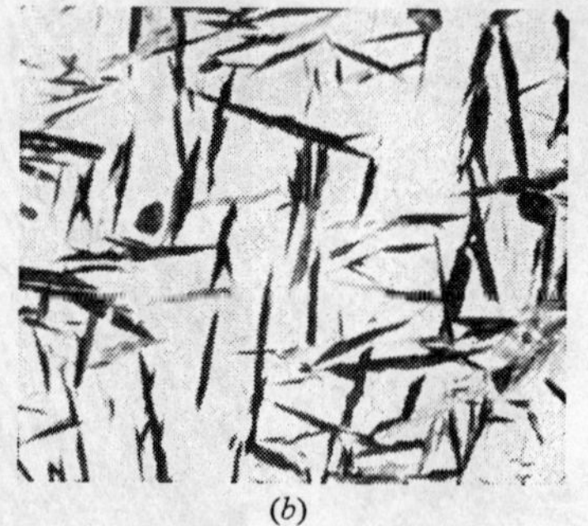

(b)

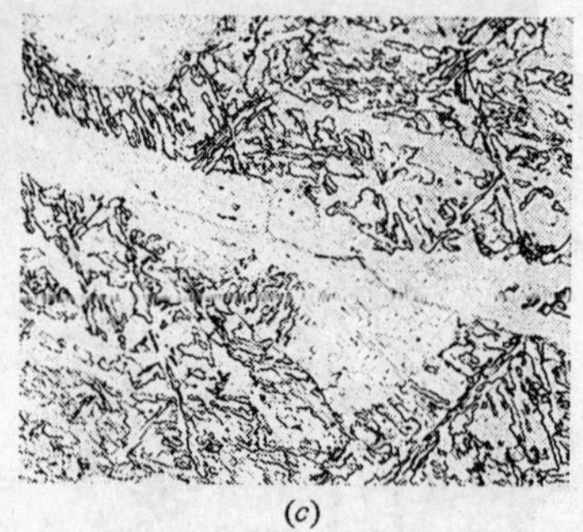

(c)

图2.15　贝氏体组织

(a) 上贝氏体　800×（T8 工具钢）；(b) 下贝氏体　800×（T8 工具钢）；

(c) 粒状贝氏体　250×（低碳合金钢）

8. 马氏体（M）

马氏体是碳在α-铁中的过饱和固溶体。一般可分为低碳马氏体、中碳马氏体和高碳马氏体。高碳淬火马氏体具有很高硬度和强度，但很脆，延展性很低，几乎不能承受冲击荷载。低碳回火马氏体则具有相当的强度和良好的塑性和韧性相结合的特点，由奥氏体转变为马氏体时体积要膨胀。局部体积膨胀后引起的应力往往导致零件变形、开裂。见图2.16。

(a)

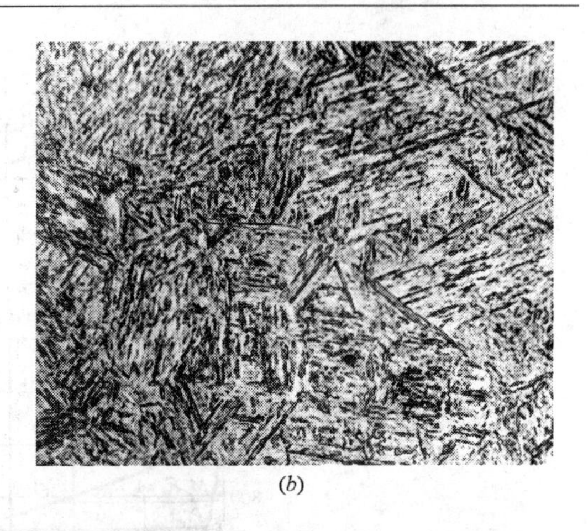

(b)

图2.16　马氏体组织

(a) 低碳板条状马氏体组织500× (15号钢淬火);
(b) 板条状马氏体加片状马氏体500× (40号钢1100℃淬火)

9. 魏氏组织 (W)

魏氏组织是一种过热组织，是由彼此交叉约60°的铁素体嵌入基体的显微组织，如图2.17所示。碳钢过热，晶粒长大后，高温下晶粒粗大的奥氏体以一定的速度冷却时，很容易形成魏氏组织，粗大的魏氏组织使钢材的塑性和韧性下降，使钢变脆。

图2.17　20号钢焊缝过热区出现的魏氏组织200×

2.2.3　钢的状态图

钢和生铁都是铁碳合金。含碳量从0.02%到2.06%的铁碳合金称为钢，超过2.06%的称为生铁。用来表示不同含碳量的铁碳合金在不同温度下所处的状态、晶体结构和显微组织特征的图称为铁碳合金状态图。含碳量小于2.06%的铁碳合金状态图又称为钢的状态图。

钢的状态图见图2.18。

图上纵坐标表示温度，横坐标表示铁碳合金中碳的百分含量。例如，在横坐标左端，含碳量为零，即为纯铁；在右端，含碳量为2.06%，含有渗碳体 (Fe_3C) 约31%。

图中*ABC′*线为液相线，在该线以上的合金呈液态。这条线说明纯铁在1534℃凝固，随着含碳量的增加，合金的凝固点降低。

*AHJE*线为固相线。在该线以下的合金呈固态。在液相线和固相线之间的区域为两相(液相和固相)共存。

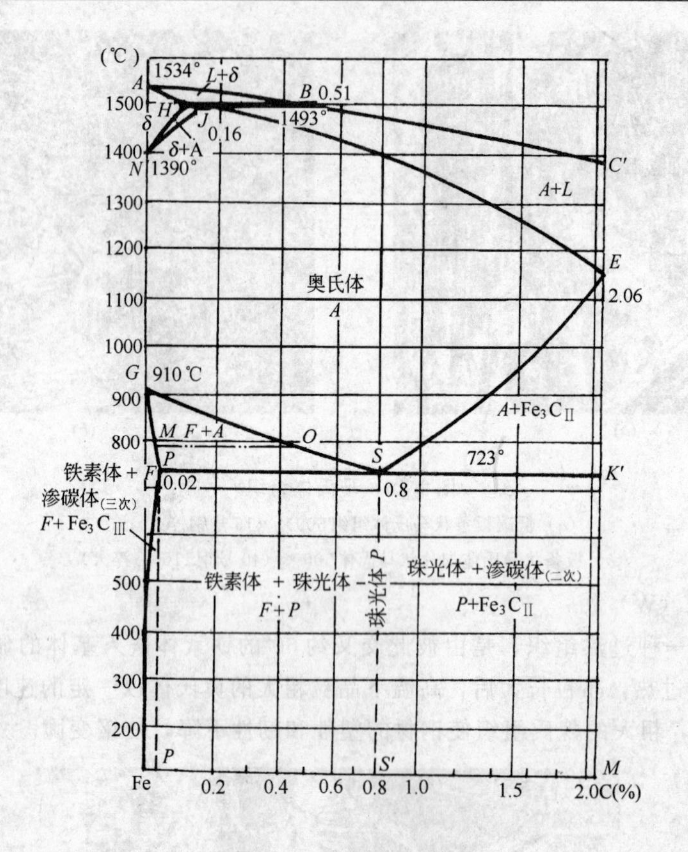

图 2.18　钢的状态图

NJE 线表示液体合金冷却时全部凝固为奥氏体的温度。

GS 线表示含碳量低于 0.8%的钢在缓慢冷却时由奥氏体开始析出铁素体的温度。*GS* 线称为 A_3 线。加热时用 A_{C3} 表示，冷却时用 A_{r3} 表示。

PSK′ 水平线，723℃，为共析反应线，表示所有含碳量的铁合金在缓慢冷却时，奥氏体转变为珠光体的温度。为了使用方便，*PSK′* 线又称为 A_1 线，加热时用 A_{C1} 表示，冷却时用 A_{r1} 表示。

ES 线称为 A_{cm} 线，加热时用 A_{ccm} 表示，冷却时用 A_{rcm} 表示。

E 点是碳在奥氏体中最大溶解度点，也是区分钢与生铁的分界点，其温度为 1147℃，含碳量为 2.06%。

S 点为共析点，温度为723℃，含碳量为0.8%。*S* 点成分的钢是共析钢，其组织全部为珠光体。*S* 点左边的钢为亚共析钢，组织为铁素体＋珠光体；*S* 点右边的钢为过共析钢，其组织为渗碳体＋珠光体。

现以含碳 0.3%的钢为例，说明从液态冷却到室温过程中的组织变化，见图 2.19。当液体钢冷却至 *AB* 线时，开始凝固，从钢液中析出 δ 铁素体晶核。当冷却至

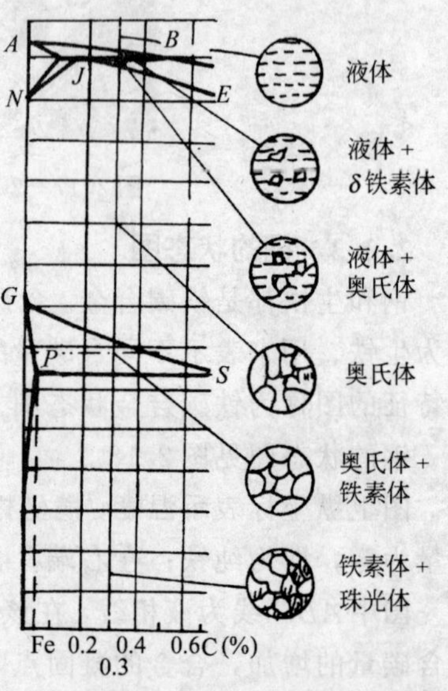

图 2.19　中碳钢冷却过程组织变化示意图

JB 水平线时，δ 铁素体消失，开始析出奥氏体。当冷却至 JE 线时，钢液全部凝固为奥氏体，当温度下降到 GS（A_{r3}）线时，从奥氏体中开始析出 α 铁素体晶核，并随温度的下降，晶核不断长大。当温度下降到 PS（A_{r1}）线时，剩余未经转变的奥氏体转变为珠光体。从 A_{r1} 下降至室温，其组织为铁素体＋珠光体，不再变化。

钢的状态图对于热加工具有重要的指导意义，尤其对焊接，可根据状态图来分析焊缝及热影响区的组织变化，选择焊后热处理工艺等。

2.3　钢材的热处理和冷处理

2.3.1　钢的热处理[6]

钢在固态下加热到一定温度，在这个温度下保持一定时间，然后以一定的冷却速度冷却到室温，以获得所希望的组织和性能，这种加工方法称为热处理。在冷却过程中，不同的冷却速度对钢的组织变化将产生重大的影响。

2.3.2　钢的热处理过程

1. 将钢由室温加热到高温（一般在临界点以上），使钢全部或部分地转变为奥氏体，称为奥氏体化；

2. 由奥氏体化温度以各种不同的方式冷却（如水冷、油冷、空冷或炉冷等），以获得所希望的组织；

3. 把冷却后的某种组织（如马氏体），再加热到临界点以下的温度，以获得所要求的回火组织（如回火索氏体等）。

2.3.3　奥氏体恒温转变曲线

生产中常采用奥氏体恒温转变曲线来分析奥氏体冷却时的组织转变情况。奥氏体恒温转变曲线因曲线呈“C”字形，故又称“C”曲线，如图2.20所示。

图中有两根 C 字形曲线。左边的曲线Ⅰ是奥氏体转变开始线。曲线Ⅰ以左的区域为过冷奥氏体区，即过冷到 A_1（723℃）以下温度奥氏体尚未发生转变的区域。此时，处于过冷状态的奥氏体是不稳定的。在恒温下经过一段时间（称为孕育期）便开始转变。恒温温度不同，孕育期的长短也不同，并由转变开始线Ⅰ所确定。曲线Ⅰ距离纵坐标最近的位置约为550℃左右，在此温度范围内孕育期最短，奥氏体最不稳定，最容易发生转变。右边的曲线Ⅱ是奥氏体转变终了线。曲线Ⅱ以右的区域为转变产物区，按转变温度和转变产物不同可分为三个区域：

1. 在 A_1（723℃）～550℃之间为珠光体转变，称为高温转变区，按转变温度的高低，转变产物分别为粗珠光体、索氏体和屈氏体。

2. 在550℃～M_s（240℃）之间为贝氏体转变，称为中温转变区，按转变温度的高低，转变产物分别为粒状贝氏体，上贝氏体和下贝氏体。

3. 在 M_s（240℃）～M_f 之间为马氏体转变，称为低温转变区，转变产物为马氏体。

图2.20中 M_s 和 M_f 分别为奥氏体向马氏体转变的开始温度和终了温度。碳钢中的马氏体转变没有孕育期，当奥氏体过冷至 M_s 温度以下就立即形成马氏体。M_s 和 M_f 温度范围与冷却速度无关，在图2.20中为两条水平线。

例如：45号钢加热到高温奥氏体状态后，用不同的冷却方式，相当于以不同的冷却速

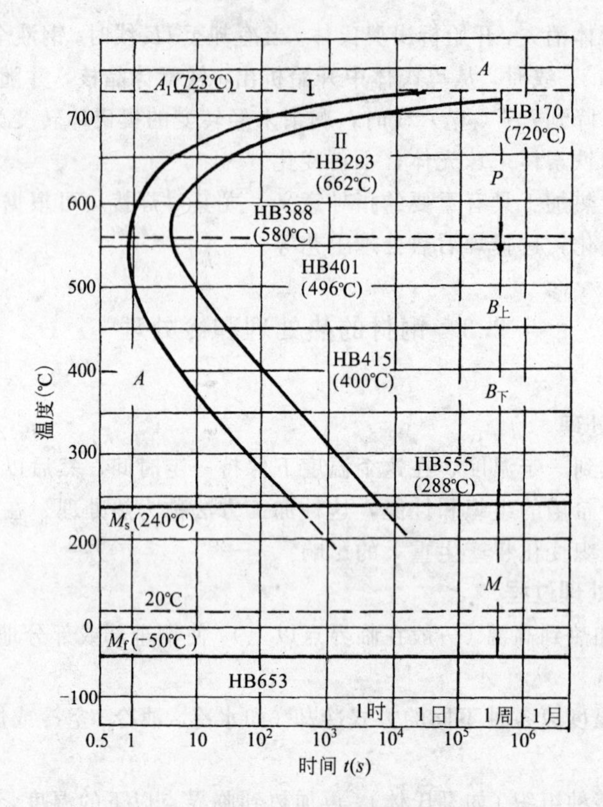

图 2.20　钢的奥氏体恒温转变曲线

A—奥氏体；P—珠光体；$B_{上}$—上贝氏体；$B_{下}$—下贝氏体；M—马氏体；M_s—马氏体转变开始；M_f—马氏体转变终了；Ⅰ—奥氏体转变开始；Ⅱ—转变完成

度V_1，V_2，V_3，V_4冷却时，其转变产物也各不相同。如图2.21所示。

炉冷（V_1）时得到珠光体组织；空冷（V_2）时得到索氏体组织；油冷（V_3）时得到屈氏体加马氏体组织；而冷却速度最大的水淬（V_4）时得到全马氏体组织。通常以V_C表示得到全马氏体组织的最低冷却速度，称为临界冷却速度。

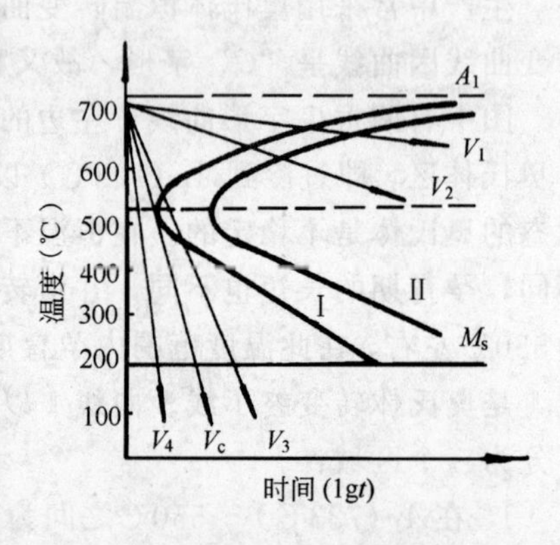

图 2.21　钢的奥氏体恒温转变曲线与不同冷却方式的关系

应当指出，钢中碳含量、合金元素和奥氏体化温度对“C”曲线的形状和位置有一定影响，在分析应用时须加以注意。

2.3.4 热处理工艺

1. 淬火

对于亚共析钢（低碳钢和中碳钢）加热到A_{C3}以上30～50℃，在此温度下保持一段时间，使钢的组织全部变成奥氏体，然后快速冷却（水冷或油冷），使奥氏体来不及分解和合金元素的扩散而形成马氏体组织，称为淬火。

在焊接原Ⅳ级钢筋时，近缝区可能会产生淬火现象而变硬，易形成冷裂纹，这是在焊接过程中要设法防止的。

2. 回火

淬火后进行回火，可以保持在一定强度的基础上恢复钢的韧性。回火温度在A_1以下。按回火温度的不同，可分为低温回火（150～250℃）、中温回火（350～450℃）、高温回火（500～650℃）。低温回火后得到回火马氏体组织，硬度稍有降低，韧性有所提高。中温回火后得到回火屈氏体组织，提高了钢的弹性极限和屈服极限，同时也有较好的韧性。高温回火后得到回火索氏体组织，可消除内应力，降低钢的强度和硬度，提高钢的塑性和韧性。

3. 调质

某些合金钢的淬火后随即进行高温回火，这一连续热处理操作称为调质。调质能得到韧性和强度的最好配合，获得优良的综合力学性能。预应力混凝土用热处理钢筋就是用热轧的螺纹钢筋（$40Si_2Mn$、$48Si_2Mn$或$45Si_2Cr$）经淬火和回火的调质热处理而制成。

4. 正火

将钢加热到A_{C3}或A_{CCm}以上30～50℃，保温后，在空气中冷却，称为正火。许多碳素钢和低合金结构钢经正火后，各项力学性能均好，可以细化晶粒，常用来作为最终热处理。对于焊接结构，经正火后，能改善焊缝质量，可消除粗晶组织、淬硬组织及组织不均匀等。

5. 退火

将钢加热到A_{C3}或A_{C1}以上30～50℃，保温一段时间后，缓慢而均匀地冷却，称为退火。退火可降低硬度，使钢材便于切削加工，能使钢的晶粒细化，消除应力等。

如果加热温度在A_{C1}以下，一般为600～650℃，保温一段时间，然后在空气中或炉中冷却，则称为消除应力退火，主要用于消除焊接残余应力。

2.3.5　钢材的冷处理

冷处理钢筋有多种，包括：冷拔低碳钢丝、冷拉钢筋、冷轧带肋钢筋、冷轧扭钢筋以及钢筋冷镦粗、钢筋冷滚轧等。虽然冷处理工艺有所不同，但其钢材冷作强化的基本原理相同。

冷处理，即冷加工，使钢材产生明显塑性变形，使强度、硬度提高，塑性、韧性下降，产生加工硬化现象，即冷作强化，见图2.22[14]。

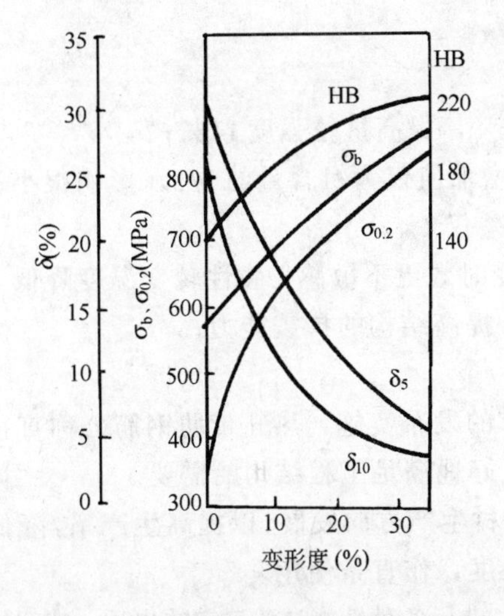

图2.22　45号钢力学性能与变形度关系

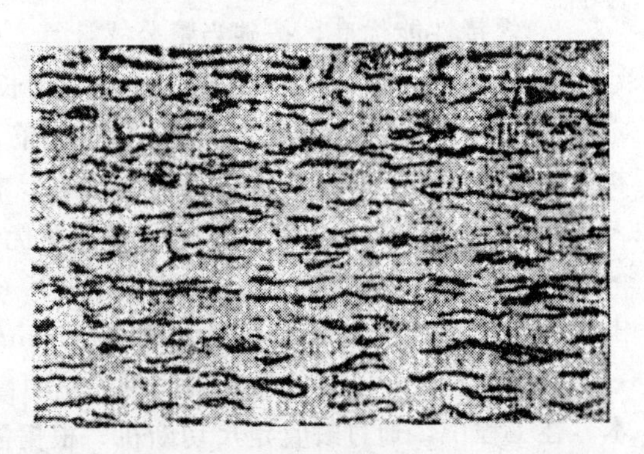

图2.23　10号钢冷变形组织　200×
（变形量48%，晶粒被拉长）

塑性变形改变了金属的显微组织，随着塑性变形的进行，金属晶粒产生滑移、破碎和晶格畸变，使晶粒沿着变形方向被拉长，或被压扁，称为冷变形的纤维组织，见图2.23；当变形量很大时，在破碎和拉长了的晶粒内部出现许多鱼鳞状的小晶块。它的出现对滑移过程的进行有巨大阻碍作用，使晶体变形抗力大大提高，使各晶粒的取向大致趋于一致。在宏观的力学性能上，发生上述变化[15]。

2.4 钢筋的生产、化学成分和力学性能

2.4.1 热轧带肋钢筋 hot rolled ribbed steel bars for the reinforcement of concrete (HRB)

钢筋是钢筋混凝土结构工程中主要材料之一，在承受荷载条件下，起着十分重要的作用。我国从研制到大规模生产HRB 335 热轧带肋钢筋，已近四十年历史，其化学成分几经调整，目前生产工艺稳定，产品质量得到用户肯定，是钢筋混凝土结构中的主导钢筋，2001年产量达到2200 万t。HRB 400 热轧带肋钢筋经历前十年的研制和后十年的生产，尽管产量在百万t 以下，但其产品质量已为大家认同，将作为今后的主导钢筋。

HRB 400 钢筋是在20MnSi HRB 335 钢筋化学成分基础上，增加微量合金化学元素，即：钒（V）、铌（Nb）或钛（Ti）后，轧制而成。在现行国家标准《钢筋混凝土用热轧带肋钢筋》GB 1499—1998 的附录中，列出3 种化学成分，即：20MnSiV、20MnSiNb 和20MnTi。但是由于种种原因，当前生产推广的HRB 400 钢筋，主要是20MnSiV 钢筋。

我国攀枝花钢铁（集团）公司矿区、承德钢铁公司矿区蕴藏丰富的钒资源，它的开发利用，将促进20MnSiV 钢筋的生产与发展。

在20MnSi 钢筋中加入微量的钒，可以生成碳氮化物（VC，VN），并沉淀析出，均匀弥散，提高钢的强度；同时会阻止奥氏体晶粒长大，细化晶粒。由于钒的加入，能加速珠光体形成，促进焊接热影响区中奥氏体晶界上铁素体的形成，增加该区域的韧性，提高焊接质量[7]。

HRB 400 钢筋的优点：

1. 强度高，比HRB 335 钢筋提高屈服强度19%，提高抗拉强度14%；

2. 焊接性能优良，按碳当量公式计算，C_{eq}的增加值仅为钒含量的1/5，影响很小；

3. 延性好，与HRB 335 钢筋比较，伸长率相差仅2%；

4. 由于减少钢中游离氮含量，能使钢筋的应变时效更不敏感，脆性转变温度降低，随机疲劳性能提高，加之，强度高，延性好，有利于提高结构的抗震能力；

5. 生产工艺简单，充分发挥我国资源优势。

我们见到，随着现行国家标准GB 1499—1998 的发布实施，热轧带肋钢筋公称直径范围扩大，最小直径为6mm，最大的达到50mm，更好地满足工程结构的需要。

直径为14mm 以下的热轧带肋钢筋正向高速线材生产方向发展，以提高生产率，降低成本。在工程中，通过矫直定尺切断机，根据需要长度，作直条使用。

首钢总公司等钢厂正在研制生产HRB 500 钢筋，进行各种性能试验，它的出现，使我国热轧带肋钢筋走向系列化、规范化，促进混凝土结构工程的进一步发展，逐步与国际接轨。

我国钢筋产量在全部钢材产量中占有相当大的份额，众多钢铁生产企业，如鞍山钢铁（集团）公司、首钢总公司、承德钢铁公司、湖南湘钢、涟钢等均大量生产各种牌号、多种规格的钢筋，包括直条和盘条，以满足建筑工程中日益增长的需要，为此作出重大贡献。

钢筋棒材生产

以唐山钢铁股份有限公司为例，该公司引进棒材生产线，可生产ϕ12～ϕ40 热轧HRB 400钢筋，其生产工艺流程为：高炉铁水热装——转炉冶炼——底吹氩精炼处理——连续浇注165 方坯——棒材连续轧制，定尺、定重（定支）包装[8]。

其工艺特点：

1. 全连铸坯直接轧制，可有效降低生产成本。

2. 全面采用先进轧制技术——全连续、高精度、低温轧制、切分技术，计算机全线控制，终轧速度最高为18m/s。

3. 采用长尺冷却技术，可实现全长性能和组织均匀。

4. 精整工序机械化、自动化，可实现自动记数、自动打捆，包装上秤。

在冶炼时，采用V-N 合金应用技术，精确控制合金成分，使20MnSiV 钢筋组织性能稳定。

钢筋线材生产

当生产ϕ6～ϕ10 HRB 400 钢筋线材时，该公司引进国外75°/15°德马克精轧机组，全线PLC 控制，生产工艺流程为：转炉冶炼——连铸——135 方坯——高速轧机生产，盘重1500kg，亦可根据需要矫直定尺交货。

该生产线中配有斯太尔摩冷却线，有效控制线材的组织与性能。

鞍钢新轧钢股份有限公司线材厂引进摩根高速轧机，以后又进行技术改造，达到年产90 万t 规模。可生产ϕ5.5～ϕ13 光圆钢筋和公称直径为6、8、10、12 热轧带肋钢筋，盘重1300kg；最大轧制速度达到90m/s。对轧体进行控制冷却，保证终轧温度和吐丝温度，将直线线材形成圈形，以获得所需要的金相组织和良好性能，其生产工艺流程见图2.24；盘条成品P/F 运输机见图2.25；热轧带肋钢筋线材除大量用于土木建筑工程外，还可用于生产预制大型水泥管，节约钢材，见图2.26[9]。

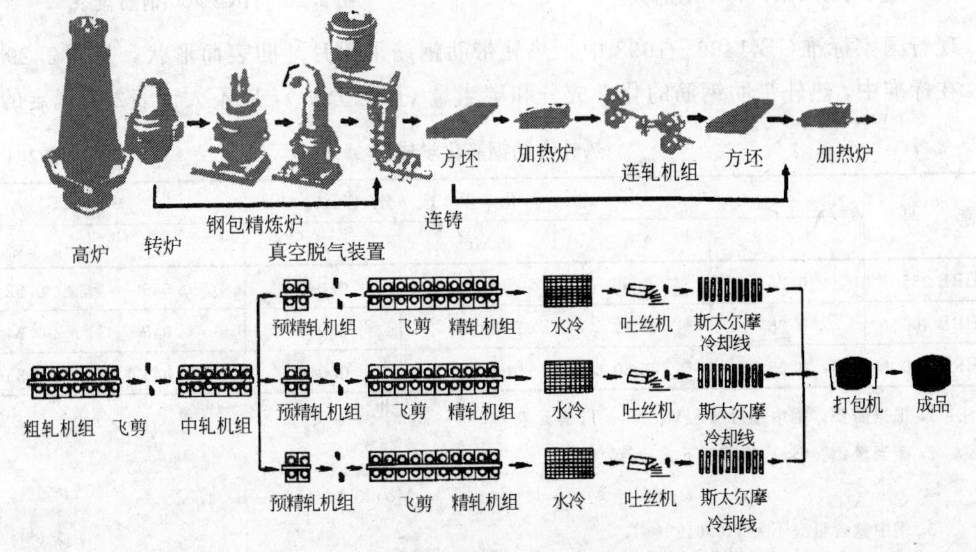

图2.24 高速线材轧制工艺流程

图 2.25　盘条 P/F 运输机

图 2.26　大型水泥管

邢台钢铁股份有限公司生产的HRB 400 钢筋具有强度高、冷弯性能好、焊接性能好、强屈比不小于1.25、规格齐全的特点。小规格直径为6～12mm，大规格直径可至50mm。钢筋棒材见图 2.27，盘条见图 2.28[10]。

图 2.27　HRB 400 钢筋棒材

图 2.28　HRB 400 钢筋盘条

现行国家标准GB 1499—1998 中，热轧带肋钢筋采用月牙肋表面形状，见图 2.29[11]。在标准中，热轧带肋钢筋的化学成分和碳当量（熔炼分析），应不大于表2.1 规定的值。

热轧带肋钢筋化学成分　　**表 2.1**

牌　号	化 学 成 分 （%）					
	C	Si	Mn	P	S	C_{eq}
HRB 335	0.25	0.80	1.60	0.045	0.045	0.52
HRB 400	0.25	0.80	1.60	0.045	0.045	0.54
HRB 500	0.25	0.80	1.60	0.045	0.045	0.55

注：1. 根据需要，钢中还可加入V、Nb、Ti 等元素。

2. 碳当量C_{eq}（%）值可按下式计算：

$$C_{eq}=C+Mn/6+(Cr+V+Mo)/5+(Cu+Ni)/15$$

3. 钢中氮含量应不大于0.012%。

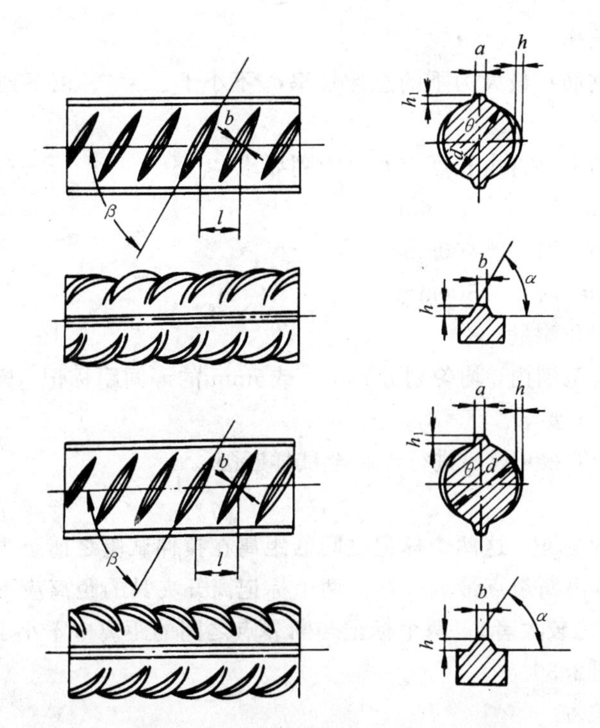

图2.29 月牙肋钢筋表面及截面形状

d—钢筋内径；α—横肋斜角；h—横肋高度；β—横肋与轴线夹角；

h_l—纵肋高度；θ—纵肋斜角；a—纵肋顶宽；l—横肋间距；b—横肋顶宽

该标准附录中列出各牌号钢筋的化学成分及其范围，见表2.2。

HRB 335、HRB 400 钢筋参考化学成分（熔炼分析） **表2.2**

牌号	原牌号	化学成分（%）							
		C	Si	Mn	V	Nb	Ti	P	S
								不大于	
HRB 335	20MnSi	0.17～0.25	0.40～0.80	1.20～1.60	—	—	—	0.045	0.045
HRB 400	20MnSiV	0.17～0.25	0.20～0.80	1.20～1.60	0.04～0.12	—	—	0.045	0.045
	20MnSiNb	0.17～0.25	0.20～0.80	1.20～1.60	—	0.02～0.04	—	0.045	0.045
	20MnTi	0.17～0.25	0.17～0.37	1.20～1.60	—	—	0.02～0.05	0.045	0.045

热轧带肋钢筋的力学性能应符合表2.3的规定。

热轧带肋钢筋的力学性能 **表2.3**

牌号	公称直径（mm）	σ_s（或$\sigma_{p0.2}$）（MPa）	σ_b（MPa）	δ_5（%）	代号
		不小于			
HRB 335	6～25 28～50	335	490	16	Φ
HRB 400	6～25 28～50	400	570	14	Φ
HRB 500	6～25 28～50	500	630	12	

最大力下总伸长率

该标准规定：钢筋在最大力下的总伸长率δ_{gt}不小于2.5%。以下列出测定方法。

试样长度：

试样夹具之间的最小自由长度应符合下列要求：

$d \leqslant 25$mm 时　　350mm

25mm$< d \leqslant$32mm 时　　400mm

32mm$< d \leqslant$50mm 时　　500mm

原始标距的标记和测量：

在试样自由长度范围内，均匀划分10mm 或5mm 的等间距标记，标记的划分和测量应符合GB/T 228 的有关要求。

拉伸试验按GB/T 228 规定进行，直至试样断裂。

断裂后的测量：

选择Y 和V 两个标记，这两个标记之间的距离在拉伸试验之前至少应为100mm。两个标记都应当位于夹具离断裂点最远一侧。两个标记离开夹具的距离应不小于20mm 或钢筋公称直径d（取二者之较大者）；两个标记与断裂点之间的距离应不小于50mm，或$2d$（取二者之较大者）见图2.30。

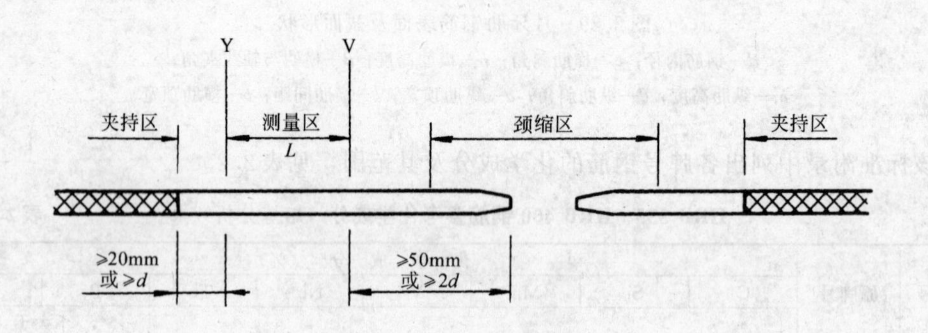

图2.30　断裂后的测量

在最大力作用下试样总伸长率δ_{gt}（%）可按下式计算：

$$\delta_{gt} = \left(\frac{L - L_0}{L_0} + \frac{\sigma_b}{E}\right) \times 100$$

式中　L——断裂后的距离；

L_0——试验前同样标记间的距离；

σ_b——抗拉强度，MPa；

E——弹性模量，其值可取为2×10^5MPa。

热轧带肋钢筋的弯曲性能试验，应按表2.4 规定的弯心直径弯曲180°后，钢筋受弯曲部位表面不得产生裂纹。

标准中规定，根据需方要求，钢筋可进行反向弯曲性能试验。反向弯曲试验的弯心直径比弯曲试验相应增加一个钢筋直径。先正向弯曲45°，后反向弯曲23°。经反向弯曲试验后，钢筋受弯曲部位表面不得产生裂纹。

钢筋弯曲试验 表2.4

牌　　号	公称直径a (mm)	弯曲试验 弯心直径
HRB 335	6～25 28～50	$3a$ $4a$
HRB 400	6～25 28～50	$4a$ $5a$
HRB 500	6～25 28～50	$6a$ $7a$

2.4.2 热轧光圆钢筋 hot rolled plain steel bars for the reinforcement of concrete (HPB)

在钢筋混凝土结构工程中，热轧直条光圆钢筋，在一般情况下，均作配筋或辅筋使用，在某些场合，也作主筋作用。HPB 235 (R235) 钢筋的公称直径为8、10、12、16、18、20mm；其化学成分属于低碳钢 (Q235)。我国已积累多年生产经验，质量稳定可靠。HPB 235 钢筋的化学成分见表2.5[12]。

HPB 235 钢筋化学分析（熔炼分析） 表2.5

表面形状	钢筋牌号	钢材牌号	化学成分 (%)					
			C	Si	Mn	P	S	C_{eq}
						不大于		
光　圆	HPB 235 (R235)	Q235	0.14～0.22	0.12～0.30	0.30～0.65	0.045	0.050	0.33

HPB 235 钢筋的力学性能和工艺性能见表2.6。

HPB 235 钢筋力学性能和工艺性能 表2.6

表面形状	钢筋牌号	公称直径 (mm)	屈服点σ_s (MPa)	抗拉强度σ_b (MPa)	伸长率δ (%)	冷弯 d—弯心直径 a—钢筋公称直径	代号
			不小于				
光　圆	HPB 235 (R235)	8～20	235	370	25	180°　$d=a$	ϕ

2.4.3 余热处理钢筋 remained heat treatment ribbed steel bars for the reinforcement of concrete (RRB)

RRB 400 余热处理钢筋 (KL400) 是将20MnSi 钢筋进行轧后余热处理，使其强度达到或大于HRB 400 的要求。

轧后余热处理工艺是将终轧温度在1000℃左右的钢筋，采用喷水，迅速将钢筋外层冷却到M_s点以下，利用钢材心部余热进行自回火。通过控制终轧温度、冷却水的水量、水压和冷却时间，以控制钢筋冷却速度和冷却后组织，从而获得不同性能等级的钢筋。上钢三厂余热处理设备平面布置示意图见图2.31[13]。

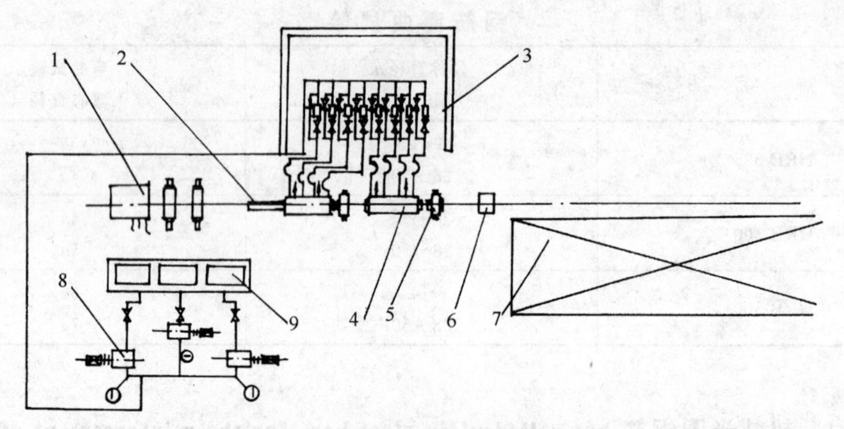

图2.31 钢筋余热设备平面布置示意图

1—ϕ330 轧机；速度＝8.5m/s；2—滚道；3—仪表房；4—冷却器；5—夹送辊；

6—飞剪；7—冷床；8—高压泵；9—集水池

RRB 400 余热处理钢筋金相试验表明，其表层为回火索氏体，心部为细化的珠光体＋铁素体，过渡层为珠光体＋铁素体＋回火索氏体，见图2.32、图2.33和图2.34。

回火索氏体具有较高的强度和很好的韧性。由此可见，轧后余热处理钢筋具有良好的综合性能。

图2.32 ϕ25 余热处理钢筋由表层到心部（自左向右）显微组织 50×

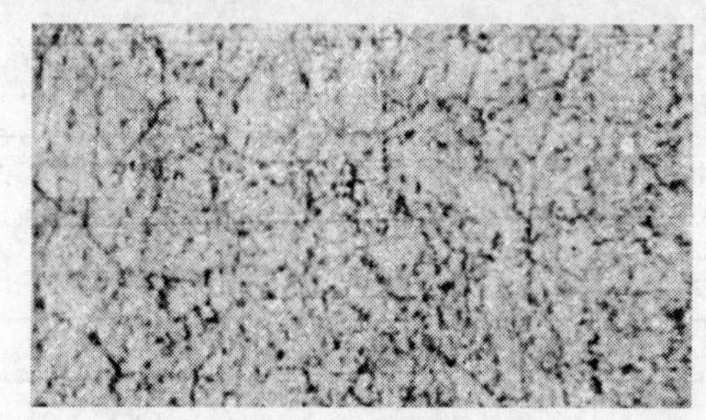

图2.33 表层组织

回火索氏体 500×

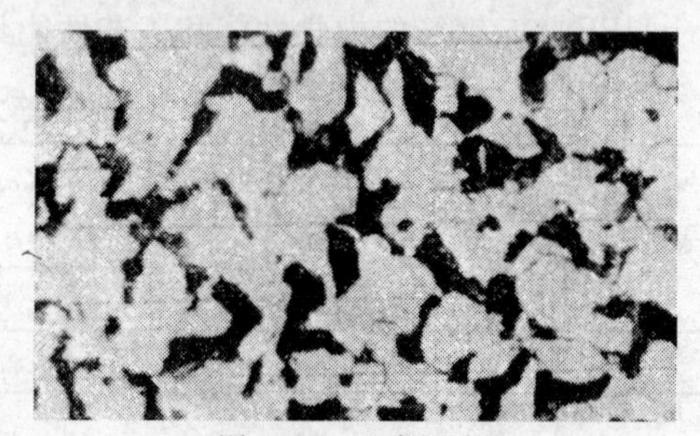

图2.34 心部组织

珠光体＋铁素体 500×

RRB 400 余热处理钢筋的化学成分应符合表2.7规定[14]。

RRB 400 钢筋的化学成分 **表2.7**

表面形状	钢筋牌号	原材牌号	化学成分（%）				
			C	Si	Mn	P	S
月牙形	RRB 400 (KL400)	20MnSi	0.17～0.25	0.40～0.80	1.20～1.60	不大于	
						0.045	0.045

注：钢中铬、镍、铜的残余含量应各不大于0.30%，其总量不大于0.60%。

RRB 400余热处理钢筋的力学性能和工艺性能应符合表2.8规定。

RRB 400余热处理钢筋力学性能和工艺性能　　**表2.8**

表面形状	钢筋牌号	公称直径（mm）	屈服点σ_s（MPa）	抗拉强度σ_b（MPa）	伸长率δ（%）	冷弯 d—弯心直径 a—钢筋公称直径	代号
			不小于				
月牙形	RRB 400（KL400）	8～25 28～40	440	600	14	90°　$d=3a$ 90°　$d=4a$	Φ^R

2.4.4　低碳钢热轧圆盘条 hot-rolled low carbon steel wire rods

在建筑工程中，低碳钢热轧圆盘条的用途如下：

1. 调直后做箍筋；
2. 经冷拔后制成冷拔低碳钢丝；
3. 经冷轧后制成冷轧带肋钢筋。

低碳钢热轧圆盘条用钢由氧气转炉、平炉、电炉（生产上，以氧气转炉为多）冶炼，高速线材轧机轧制而成。盘条的牌号和化学成分（熔炼分析），应符号表2.9规定[15]。

低碳钢热轧圆盘条化学成分　　**表2.9**

牌　号	化学成分（%）					脱氧方法
	C	Mn	Si	S	P	
			不大于			
Q195	0.06～0.12	0.25～0.50	0.30	0.050	0.045	F.b.Z
Q195C	≤0.10	0.30～0.60		0.040	0.040	
Q215A	0.09～0.15	0.25～0.55	0.30	0.050	0.045	F.b.Z
Q215B				0.045		
Q215C	0.10～0.15	0.30～0.65		0.040	0.040	
Q235A	0.14～0.22	0.30～0.65	0.30	0.050	0.045	F.b.Z
Q235B	0.12～0.20	0.30～0.70		0.045		
Q235C	0.13～0.18	0.30～0.60		0.040	0.040	

注：1. 供建筑用盘条在保证力学性能条件下，碳、锰含量下限可不作交货条件；
2. Q为屈服点的屈字汉语拼音第1字母。F—沸腾钢；b—半镇静钢；z—镇静钢。

供建筑用盘条的力学性能和工艺性能应符合表2.10的规定。

建筑用盘条的力学性能和工艺性能　　**表2.10**

牌　号	力学性能			冷弯试验180° d—弯心直径 a—钢筋公称直径
	屈服点σ_s（MPa）	抗拉强度σ_b（MPa）	伸长率δ_{10}（%）	
	不小于			
Q215	215	375	27	$d=0$
Q235	235	410	23	$d=0.5a$

建筑用低碳钢热轧圆盘条的直径一般为$\phi5.5$～$\phi14$。

2.4.5 预应力混凝土用钢棒 steel bars for prestressed concrete

许多管桩钢筋骨架采用高强度预应力混凝土用钢棒与Q235低碳钢热轧圆盘条自动电阻点焊制成。

根据现行黑色冶金行业标准《预应力混凝土用钢棒》YB/T 111—1997规定，钢棒的表面形状分为异形钢棒和光圆钢棒两类[16]。

钢棒的代号为SBP（Steel bars for prestressed concrete）。异形代号为D（Deformed）；光圆代号为R（Round）。

A代表　785/1030

B1代表　930/1080

B2代表　930/1180

C代表　1080/1230

D代表　1275/1420

普通松弛级代号为N（Normal）；

低松弛级代号为L（Low）。

异形钢棒的公称直径及理论质量见表2.11。

异形钢棒公称直径及理论质量　表2.11

公称直径（mm）	基本直径（mm）	公称截面积（mm^2）	理论质量（kg/m）
7.1	7.25	40.0	0.314
9.0	9.15	64.0	0.502
10.7	11.10	90.0	0.706
12.6	13.10	125	0.981

注：异形钢棒的公称直径等于横截面积相同的光圆钢棒的公称直径。

光圆钢棒的公称直径分为：9.2、11.0、13.0、15.0、17.0、19.0mm共6种。

异形钢棒的截面形状见图2.35（*a*）、图2.35（*b*）；异形钢棒表面形状一般如图2.36所示。

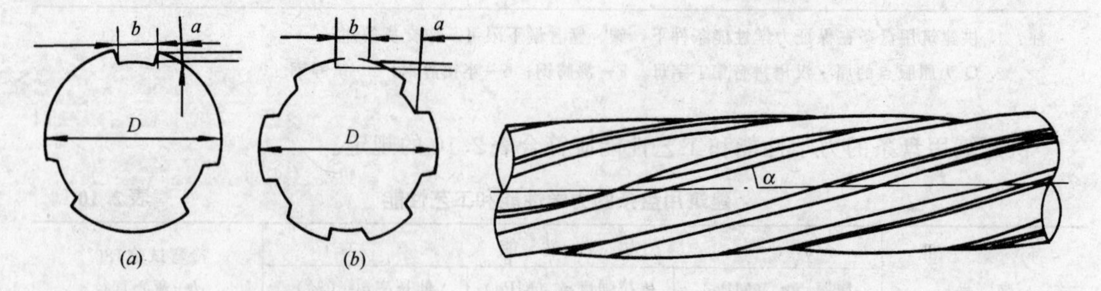

图2.35　异形钢棒截面形状

D—基本直径；*a*—凹槽深度；*b*—凹槽宽度

图2.36　异形钢棒表面形状

钢棒公称直径不大于13mm，以盘卷状交货，盘重一般不小于500kg，内圈直径不小于2m。

钢棒公称直径大于13mm，可按需要定尺供应。

钢棒采用低合金钢热轧钢材，除锈后，经冷拔（变形）或不经冷拔，采用热处理方法制成。各牌号热轧钢材化学成分熔炼分析中杂质含量应符合如下规定：磷（P）不大于0.030%；硫（S）不大于0.035%；铜（Cu）不大于0.30%。

异形钢棒力学性能应符合表2.12规定。

异形钢棒力学性能 **表2.12**

种类 代号	规定非比例伸长应力（MPa）	抗拉强度（MPa）	伸长率（%）	松弛率（%）
	不小于			不大于
SBPDN 930/1080	930	1080	5	4.0
SBPDL 930/1080				2.5
SBPDN 1080/1230	1080	1230	5	4.0
SBPDL 1080/1230				2.5
SBPDN 1275/1420	1275	1420	5	4.0
SBPDL 1275/1420				2.5

光圆钢棒力学性能应符合表2.13规定。

光圆钢棒力学性能 **表2.13**

种类 代号	规定非比例伸长应力（MPa）	抗拉强度（MPa）	伸长率（%）	松弛率（%）
	不小于			不大于
SBPRN 785/1030	785	1030	5	4.0
SBPRL 785/1030				2.5
SBPRN 930/1080	930	1080	5	4.0
SBPRL 930/1080				2.5
SBPRN 930/1180	930	1180	5	4.0
SBPRL 930/1180				2.5
SBPRN 1080/1230	1080	1230	5	4.0
SBPRL 1080/1230				2.5

2.4.6 精轧螺纹钢筋

鞍钢新钢铁小型型材厂生产一种高强度精轧螺纹钢筋。该种钢筋是采用特殊工艺生产（指调质热处理）带有特殊外螺纹的直条钢，在任意截面处都能用连接器连接，或用锚具锚固。它具有连接、张拉、锚固方便可靠，施工简便，强度高，节约钢材等优点，适用于桥梁、厂房等预应力混凝土施工和岩土锚固工程等，现已批量生产。在三峡永久船闸工程、湖北荆州长江大桥、重庆黄花园大桥、岳阳洞庭湖大桥等数十座桥梁中应用，受到施工单位的好评。成捆钢筋见图2.37，钢筋连接见图2.38。钢筋规格及主要技术性能见表2.14。

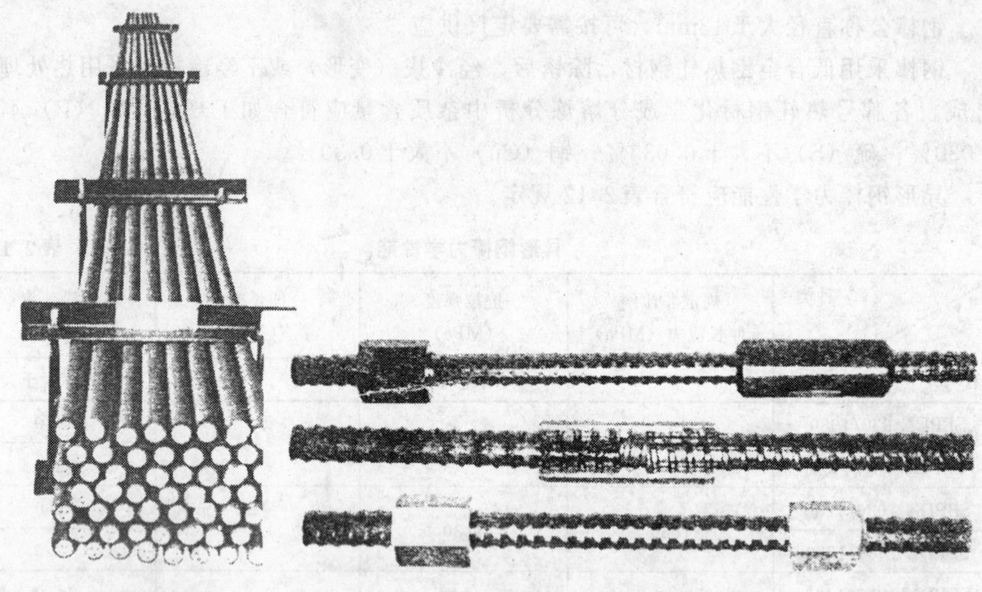

图2.37 精轧螺纹钢筋　　图2.38 精轧螺纹钢筋连接

精轧螺纹钢筋主要技术性能 表2.14

公称直径 (mm)	钢筋代号	$\sigma_{p0.2}$ (MPa)	σ_b (MPa)	δ_5 (%)	$0.8\sigma_{p0.2}$ 松弛率 (%)
18 25 32	AJL735	≥735	≥980	≥7	10h≤1.5
	AJL785	≥785	≥980	≥7	
	AJL800	≥800	≥1000	≥7	
	AJL930	≥930	≥1080	≥6	
	AJL1080	≥1080	≥1230	≥6	

2.4.7 冷拉钢筋

冷拉钢筋可采用热轧钢筋加工制成。冷拉方法可采用控制应力或控制冷拉率的方法。对不能分清炉批号的热轧钢筋，不应采取控制冷拉率的方法。

冷拉钢筋的力学性能应符合表2.15的规定。

冷拉钢筋力学性能 表2.15

钢筋牌号	钢筋直径 (mm)	屈服强度 (N/mm²)	抗拉强度 (N/mm²)	伸长率 δ_{10} (%)	冷弯	
		不小于			弯曲角度	弯曲直径
HPB 235	≤12	280	370	11	180°	3*d*
HRB 335	8～40	430	490	10	90°	4*d*
HRB 400	8～40	500	570	8	90°	5*d*

注：1. *d* 为钢筋直径 (mm)；

2. 钢筋直径大于25mm的冷拉HRB 400钢筋，冷弯曲直径应增加1*d*；

3. 本表中力学性能摘自原国家标准《混凝土结构工程施工及验收规范》GB 50204—92，仅供参考。

2.4.8 冷轧带肋钢筋 cold rolled ribbed steel wires and bars (CRB)

在20世纪八九十年代，冷轧带肋钢筋的生产和应用，曾获得很快发展，成本低，强度高，小型专业轧钢厂轧制，盘状供应，使用方便。

冷轧带肋钢筋的外形为：横肋呈月牙形，有三面肋和二面肋两种。三面肋钢筋外形见图2.39；二面肋钢筋外形见图2.40[18]。

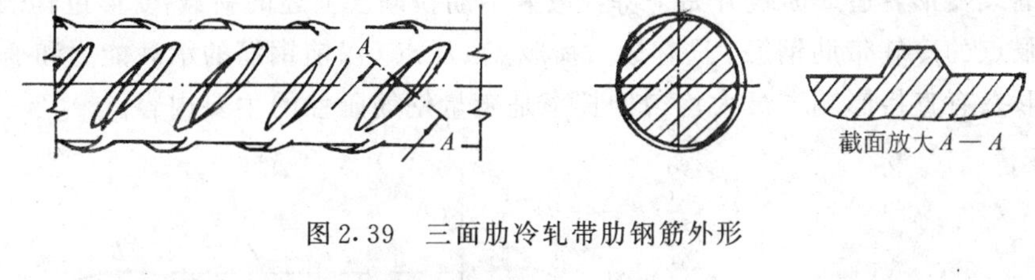

图2.39　三面肋冷轧带肋钢筋外形

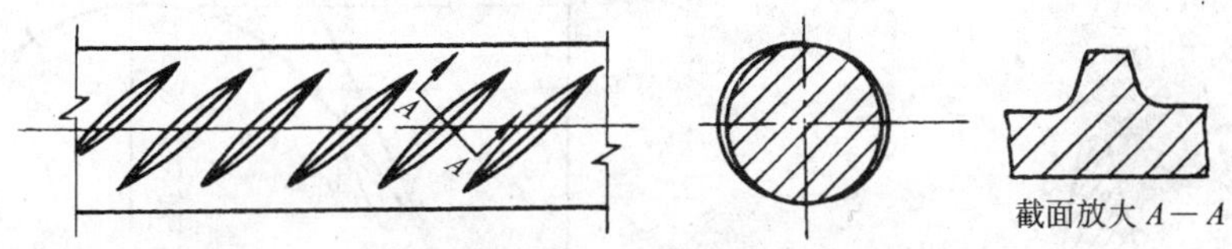

图2.40　二面肋冷轧带肋钢筋外形

冷轧带肋钢筋分为CRB 550、CRB 650、CRB 800、CRB 970、CRB 1170 五个牌号。CRB 550 为普通混凝土用钢筋，其他牌号为预应力混凝土用钢筋，钢筋公称直径$\phi 4 \sim \phi 12$，其力学性能和工艺性能见表2.16。

冷轧带肋钢筋力学性能和工艺性能　　**表2.16**

牌号	σ_b (MPa) 不小于	伸长率（%）不小于		弯曲试验 180°	反复弯曲次数	松弛率 初始应力$\sigma=0.7\sigma_b$		代号
		δ_{10}	δ_{100}			1000h（%）不大于	10h（%）不大于	
CRB 550	550	8.0	—	$D=3d$	—	—	—	ϕ^R
CRB 650	650	—	4.0	—	3	8	5	
CRB 800	800	—	4.0	—	3	8	5	
CRB 970	970	—	4.0	—	3	8	5	
CRB 1170	1170	—	4.0	—	3	8	5	

注：表中D为弯心直径，d为钢筋公称直径。

注：1. 钢筋的规定非比例伸长应力$\sigma_{p0.2}$值应不小于公称抗拉强度σ_b的80%，$\sigma_b/\sigma_{p0.2}$比值应不小于1.05；

2. 供方在保证1000h松弛率合格基础上，试验可按10h应力松弛试验进行。

钢筋的最大均匀伸长率[19]

冷轧带肋钢筋拉断时测得的极限伸长率（δ_{10}或δ_{100}）是由分布在整个试件长度上的均匀延伸和集中在“颈缩”区域的局部延伸组成（图2.41）。钢筋的延性对构件的破坏形态有直接影响，更确切的说是钢筋的最大均匀伸长率影响构件的破坏形态。在钢筋的拉伸图上，最大荷载点（B点）所对应的变形即是钢筋的最大均匀伸长率ε_{max}（图2.42）。从B点开始钢筋产生“颈缩”，在B点前钢筋的变形在理论上可假定为均匀的，即钢筋在各部分的相对伸长是相等的。这是因为在B点以前的变形过程中，当某部位产生塑性变形，该部位就立即强化，强化后再变形就需更大应力，于是变形开始“转移”未强化部位，从而使变形不是集中于某一局部区域，而是时刻在“转移”，促使钢筋成为均匀变形。但随着变形增加，形变强化能力逐渐减弱，至“颈缩”出现的瞬间（即B点）均匀变形能力达到最大值，故称为最大均匀伸长率（ε_{max}），而形变强化能力却趋于最小值。继续变形时，形变强化的作用不能使变形“转移”，致使变形集中在某一处，产生“颈缩”，使该处截面急剧减小，以较小荷载就可继续变形，造成曲线开始下降，最后钢筋拉断。上述的荷载-变形过程表明，对于无明显屈服点的冷轧带肋钢筋，只有最大荷载点（B 点）以前钢筋的承载能力和变形值对构件的破坏形态有直接影响，最大均匀伸长率是衡量钢筋延性的主要内容。

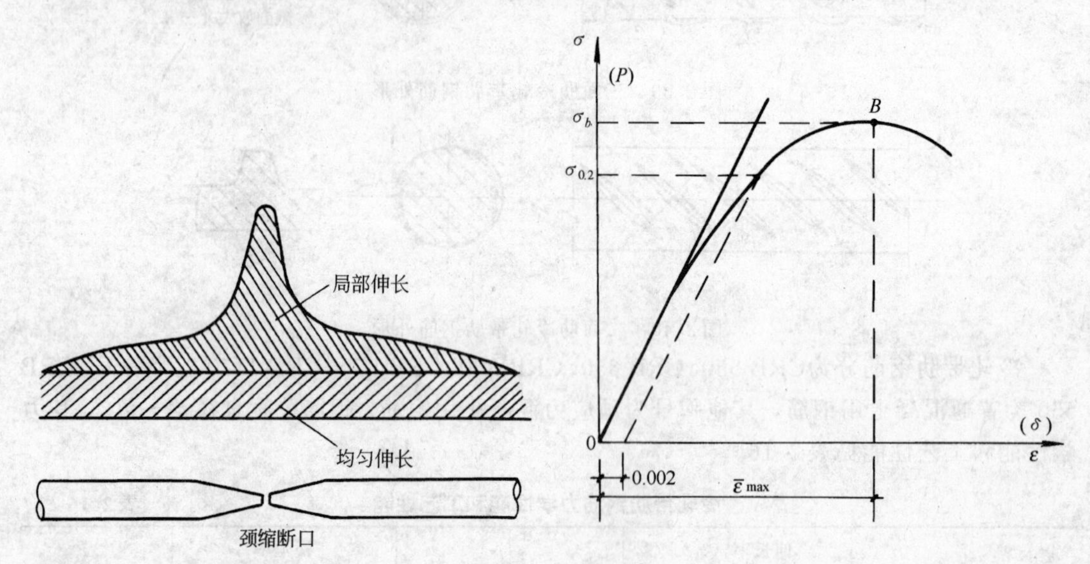

图 2.41　钢筋伸长率沿试件长度分布示意图　　　图 2.42　冷轧带肋钢筋应力-变形关系

冷轧带肋钢筋进行弯曲试验时，受弯曲部位表面不得产生裂纹。反复弯曲试验的弯曲半径应符合表 2.17 规定。

反复弯曲试验的弯曲半径　　　**表 2.17**

钢筋公称直径（mm）	4	5	6
弯曲半径（mm）	10	15	15

冷轧带筋钢筋用盘条的参考牌号和化学成分见表 2.18

冷轧带肋钢筋用盘条的参考牌号和化学成分　　　**表 2.18**

钢　筋	盘　条 牌　号	化　学　成　分(%)					
		C	Si	Mn	V、Ti	S	P
CRB 550	Q215	0.09～0.15	≤0.30	0.25～0.55	—	≤0.050	≤0.045
CRB 650	Q235	0.14～0.22	≤0.30	0.30～0.65	—	≤0.050	≤0.045
CRB 800	24MnTi	0.19～0.27	0.17～0.37	1.20～1.60	Ti：0.01～0.05	≤0.045	≤0.045
	20MnSi	0.17～0.25	0.40～0.80	1.20～1.60	—	≤0.045	≤0.045
CRB 970	41MnSiV	0.37～0.45	0.60～1.10	1.00～1.40	V：0.05～0.12	≤0.045	≤0.045
	60	0.57～0.65	0.17～0.37	0.50～0.80	—	≤0.035	≤0.035
CRB 1170	70Ti	0.66～0.70	0.17～0.37	0.60～1.00	Ti：0.01～0.05	≤0.045	≤0.045
	70	0.67～0.75	0.17～0.37	0.50～0.80	—	≤0.035	≤0.035

五种牌号冷轧带肋钢筋的识别标志见图2.43。

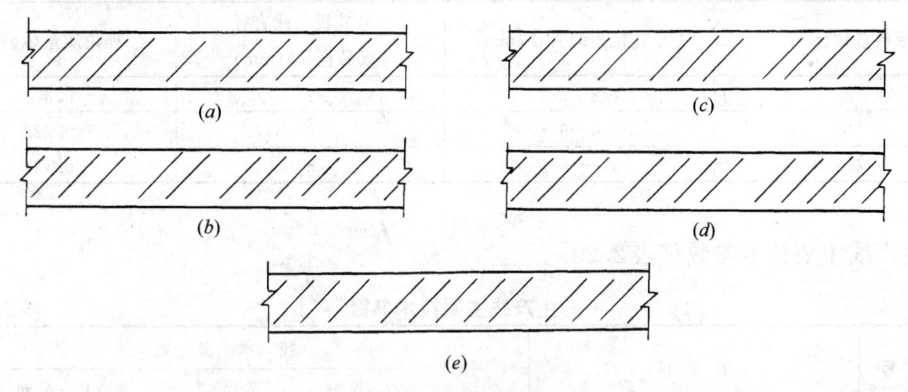

图2.43　冷轧带肋钢筋标志示例

(a) CRB 550；(b) CRB 650；(c) CRB 800；(d) CRB 970；(e) CRB 1170

在国内，制造冷轧带肋钢筋生产线设备的工厂有很多家。例如：无锡市荡口通用机械有限公司制造的ZJ-7A、ZJ-10A型生产线设备、杭州腾飞拉丝机厂生产的ZGJZ-6B型冷轧带肋钢筋成型机组、沈阳市新辽冷轧机械有限公司生产的成套生产线设备等。

无锡市荡口通用机械有限公司制造的ZJ-7A、ZJ-10A型生产线设备见图2.44。

图2.44　ZJ-10A、ZJ-7A冷轧带肋钢筋生产线

该机组采用多种形式的电气控制，配备重型拉丝机，鼓动轮选用弹簧钢板，牢固、节约能耗，操作方便。原材料进线直径及成品出线直径见表2.19。

原材料进线直径及成品直径　　**表2.19**

原料直径（mm）	1号轧机出线直径（mm）	2号轧机出线直径（成品直径）（mm）	理论质量（kg/m）
12.5	11.4～11	10	0.617
11	10.2～9.9	9	0.499
10	9.6～9.3	8.5	0.445
10	9.2～8.8	8	0.395

续表

原料直径(mm)	1号轧机出线直径(mm)	2号轧机出线直径(成品直径)(mm)	理论质量(kg/m)
8	7.8～7.7	7	0.302
8	6.9～6.6	6	0.222
6.5	5.8～5.5	5	0.154

生产线主要技术参数见表2.20。

生产线主要技术参数　　**表2.20**

序号	项目		技术参数	
			ZJ-7A型	ZJ-10A型
1	最大进线直径 (mm)		8	12.5
2	轧制道次		2	2
3	轧制出线速度 (m/s)		1.3	1.5～1
4	整机容量 (kW)		36	75
5	机组占地面积		3000mm×14000mm	3200mm×24000mm
6	收线盘尺寸 (mm)	内径	500	600
		外径	800	1000
		宽	500	600
7	厂房面积		8000mm×20000mm	12000mm×30000mm

采用该生产线轧制成的冷轧带肋钢筋为三面肋；根据需要，适当改变轧机构造和轧辊亦可生产二面肋钢筋。

2.4.9 冷轧扭钢筋 cold-rolled and twisted bars

冷轧扭钢筋是由低碳钢热轧圆盘条经专用钢筋冷轧扭机调直、冷轧并冷扭一次成型，具有规定截面形状和节距的连续螺旋状钢筋，见图2.45[20]。

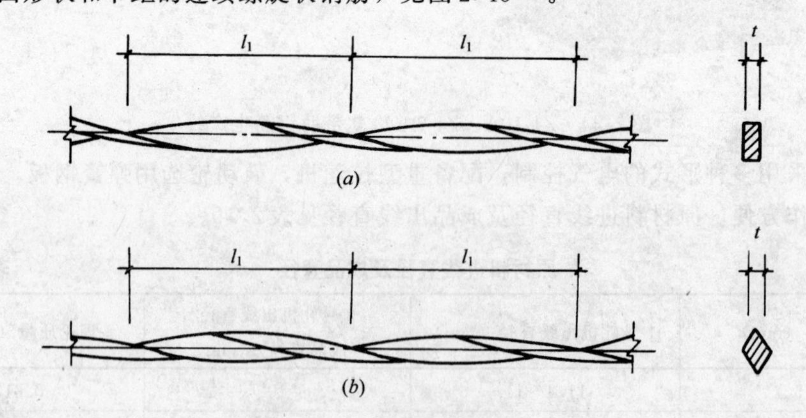

图2.45　冷轧扭钢筋的形状及断面

(a) Ⅰ型；(b) Ⅱ型

t—轧扁厚度；l_1—节距

冷轧扭钢筋按其截面形状不同分为两种类型：矩形截面为Ⅰ型；菱形截面为Ⅱ型。

生产冷轧扭钢筋用的原材料宜优先选用符合YB 4027规定的低碳钢无扭控冷热轧盘条（高速线材），也可选用符合GB/T 701规定的低碳钢热轧圆盘条。原材料采用的牌号为Q235、Q215。但当采用Q215时，碳的含量不宜小于0.12%。

冷轧扭钢筋的轧扁厚度、节距应符合表2.21的规定。

钢筋轧扁厚度与节距（mm） **表2.21**

类型	标志直径d	轧扁厚度t 不小于	节距l_1 不大于
Ⅰ型	6.5	3.7	75
	8	4.2	95
	10	5.3	110
	12	6.2	150
	14	8.0	170
Ⅱ型	12	8.0	145

冷轧扭钢筋的公称横截面面积和公称质量应符合表2.22的规定。

冷轧扭钢筋公称截面面积和公称质量 **表2.22**

类型	标志直径d (mm)	公称横截面面积A_s (mm)	公称质量G (kg/m)
Ⅰ型	6.5	29.5	0.232
	8	45.3	0.356
	10	68.3	0.536
	12	93.3	0.733
	14	132.7	1.042
Ⅱ型	12	97.8	0.768

冷轧扭钢筋的力学性能应符合表2.23的规定。

冷轧扭钢筋力学性能 **表2.23**

抗拉强度σ_b (N/mm^2)	伸长率δ_{10} (%)	冷弯180° (弯心直径=3d)
≥580	≥4.5	受弯曲部位表面不得产生裂纹

注：1. d为冷轧扭钢筋标志直径；
2. δ_{10}为以标距为10倍标志直径的试样拉断伸长率。

无锡市荡口通用机械有限公司生产的冷轧扭钢筋成套设备由除鳞机、轧机、扭机、切断机、落料架、电气控制柜等组成。生产过程是将热轧盘条整盘（小于3t）装入放线架，拉出线头穿入除鳞机导口，有断头时通过焊机接上。经除鳞机剥锈校直，被拖入轧机冷轧扁方或菱形，扭制成定螺距变形钢筋，送至定尺切断机，按需要定尺切断，单根自动落下，经积聚架捆扎装车或放下。

该设备轧制盘条直径：ϕ6～ϕ12；轧制承受力800kN；扭制力矩：29000N·m；生产速

度：22m/min；定尺长度：2～12m；电机功率：22kW。

冷轧扭钢筋用于普通混凝土结构中，由于它与混凝土之间有良好的粘结力，特别适用于大面积混凝土时，收缩应力较大的部位。

2.4.10 冷拔低碳钢丝

冷拔低碳钢丝分为甲、乙两级。甲级钢丝适用于作预应力筋；乙级钢丝适用于作焊接网、焊接骨架、箍筋和构造钢筋。

甲级冷拔低碳钢丝应采用符合HPB 235热轧钢筋标准圆盘条（或Q235）拔制。

冷拔低碳钢丝的力学性能不得小于表2.24的规定。

冷拔低碳钢丝力学性能　　**表2.24**

钢丝级别	直 径 (mm)	抗拉强度 (N/mm^2)		伸长率 δ_{100} (%)	180°反复弯曲 (次数)
		Ⅰ组	Ⅱ组		
甲 级	5	650	600	3.0	4
	4	700	650	2.5	
乙 级	3～5	550		2.0	4

注：1. 预应力冷拔低碳钢丝经机械调直后，抗拉强度标准值应降低$50N/mm^2$；
2. 本表摘自原国家标准《混凝土结构工程施工及验收规范》GB 50204-92，仅供参考。

2.4.11 钢筋中合金元素的影响

在钢中，除绝大部分是铁元素外，还存在很多其他元素。在钢筋中，这些元素有：碳、硅、锰、钒、钛、铌、等；此外，还有杂质元素硫、磷，以及可能存在的氧、氢、氮。

碳（C）：碳与铁形成化合物渗碳体，分子式Fe_3C，性硬而脆。随着钢中含碳量的增加，钢中渗碳体的量也增多，钢的硬度、强度也提高，而塑性、韧性则下降，性能变脆，焊接性能也随之变坏。

硅（Si）：硅是强脱氧剂，在含量小于1%时，能使钢的强度和硬度增加；但含量超过2%时，会降低钢的塑性和韧性，并使焊接性能变差。

锰（Mn）：锰是一种良好的脱氧剂，又是一种很好的脱硫剂。锰能提高钢的强度和硬度；但如果含量过高，会降低钢的塑性和韧性。

钒（V）：钒是良好的脱氧剂，能除去钢中的氧，钒能形成碳化物碳化钒，提高钢的强度和淬透性。

钛（Ti）：钛与碳形成稳定的碳化物，能提高钢的强度和韧性，还能改善钢的焊接性。

铌（Nb）：铌作为微合金元素，在钢中形成稳定的化合物碳化铌（NbC）、氮化铌（NbN），或它们的固溶体Nb（CN），弥散析出，可以阻止奥氏体晶粒粗化，从而细化铁素体晶粒，提高钢的强度。

硫（S）：硫是一种有害杂质。硫几乎不溶于钢，它与铁生成低熔点的硫化铁（FeS），导致热脆性。焊接时，容易产生焊缝热裂纹和热影响区出现液化裂纹，使焊接性能变坏，硫以薄膜形式存在于晶界，使钢的塑性和韧性下降。

磷（P）：磷亦是一种有害杂质。磷使钢的塑性和韧性下降，提高钢的脆性转变温度，引起冷脆性。磷还恶化钢的焊接性能，使焊缝和热影响区产生冷裂纹。

除此之外，钢中还可能存在氧、氢、氮，部分是从原材料中带来的；部分是在冶炼过程中从空气中吸收的，氧、氮超过溶解度时，多数以氧化物、氮化物形式存在。这些元素的存在均会导致钢材强度、塑性、韧性的降低，使钢材性能变坏。但是，当钢中含有钒元素时，由于VN的存在，能起到沉淀强化、细化晶粒等有利作用。

2.4.12 钢筋的公称横截面面积与公称质量

钢筋的公称横截面面积与公称质量见表2.25。

钢丝及钢筋公称横截面面积与公称质量 **表2.25**

公称直径 (mm)	公称横截面面积 (mm^2)	公称质量 (kg/m)	公称直径 (mm)	公称横截面面积 (mm^2)	公称质量 (kg/m)
3	7.07	0.056	14	153.9	1.21
4	12.57	0.099	16	201.1	1.58
5	19.64	0.154	18	254.5	2.00
5.5	23.76	0.187	20	314.2	2.47
6	28.27	0.222	22	380.1	2.98
6.5	33.18	0.261	25	490.9	3.85
7	38.48	0.302	28	615.8	4.83
8	50.27	0.395	32	804.2	6.31
9	63.62	0.499	36	1018	7.99
10	78.54	0.617	40	1257	9.87
12	113.1	0.888	50	1964	15.42

注：表中公称质量按钢材密度为7.85g/cm^3计算。

2.5 进场钢筋复验

2.5.1 检验数量

按进场的批次和产品的抽样检验方案确定，每批重量不大于60t。

2.5.2 检验方法

检查产品合格证、出厂检验报告和进场复验报告。

2.5.3 热轧带肋钢筋复验项目

热轧带肋钢筋力学性能复验项目见表2.26。

热轧带肋钢筋力学性能复验项目 **表2.26**

序号	检验项目	取样数量	取样方法
1	力学	2	任选两根钢筋切取
2	弯曲	2	任选两根钢筋切取
3	反向弯曲	1	

1. 拉伸、弯曲、反向弯曲试验试样不允许进行切削加工。

2. 根据需方要求，钢筋可进行反向弯曲性能试验，其弯心直径比弯曲试验时相应增加一个钢筋直径。先正弯45°，后反向弯曲23°。经反向弯曲试验后，钢筋受弯曲部位表面不得产生裂纹。

2.5.4 热轧光圆钢筋、余热处理钢筋复验项目

热轧光圆钢筋和余热处理钢筋复验项目见表2.27。

热轧光圆钢筋、余热处理钢筋力学性能复验项目　　表2.27

序号	检验项目	取样数量	取样方法
1	拉伸	2	任选两根钢筋切取
2	冷弯	2	任选两根钢筋切取

2.5.5 低碳钢热轧圆盘条复验项目

低碳钢热轧圆盘条复验项目见表2.28。

低碳钢热轧圆盘条力学性能复验项目　　表2.28

序号	检验项目	取样数量	取样方法
1	拉伸试验	1	
2	冷弯试验	2	不同根

2.5.6 验收

1. 各种进场钢筋复验时，其试样力学性能各项指标均应符合国家相关标准规定的要求。

2. 试验结果，若有一个试样不合格，应取双倍数量试样进行复验。复验结果，仍有一个试样不合格，则该批钢筋不得验收。

2.6 钢筋加工设备

2.6.1 钢筋矫直切断机

钢筋盘条在使用前，需要矫直切断。国内有众多厂家生产各种型号的矫直切断机。

1. 显前牌GTS系列新Ⅲ级钢筋数控开卷矫直切断机

由湖南衡阳前进线材机器有限公司制造的GTS系列新Ⅲ级钢筋数控开卷矫直切断机的外形见图2.46。

该机具有高效率、低能耗、无连切、操作简单、维护方便、结构紧凑、机电一体化等特点，主要技术参数如下：

(1) 钢筋直径：$\phi6\sim\phi14$；

(2) 矫直速度：20～60m/min；

(3) 定尺长度：600～9000mm（可增至15m）；

(4) 定长精度：±2mm；

(5) 平直度：2mm/m；

(6) 纵筋无扭转，肋无损伤；

(7) 整机动率：7.5kW；

(8) 整机质量：3860kg；

(9) 外形尺寸：长×宽×高

13000mm×760mm×1460mm。

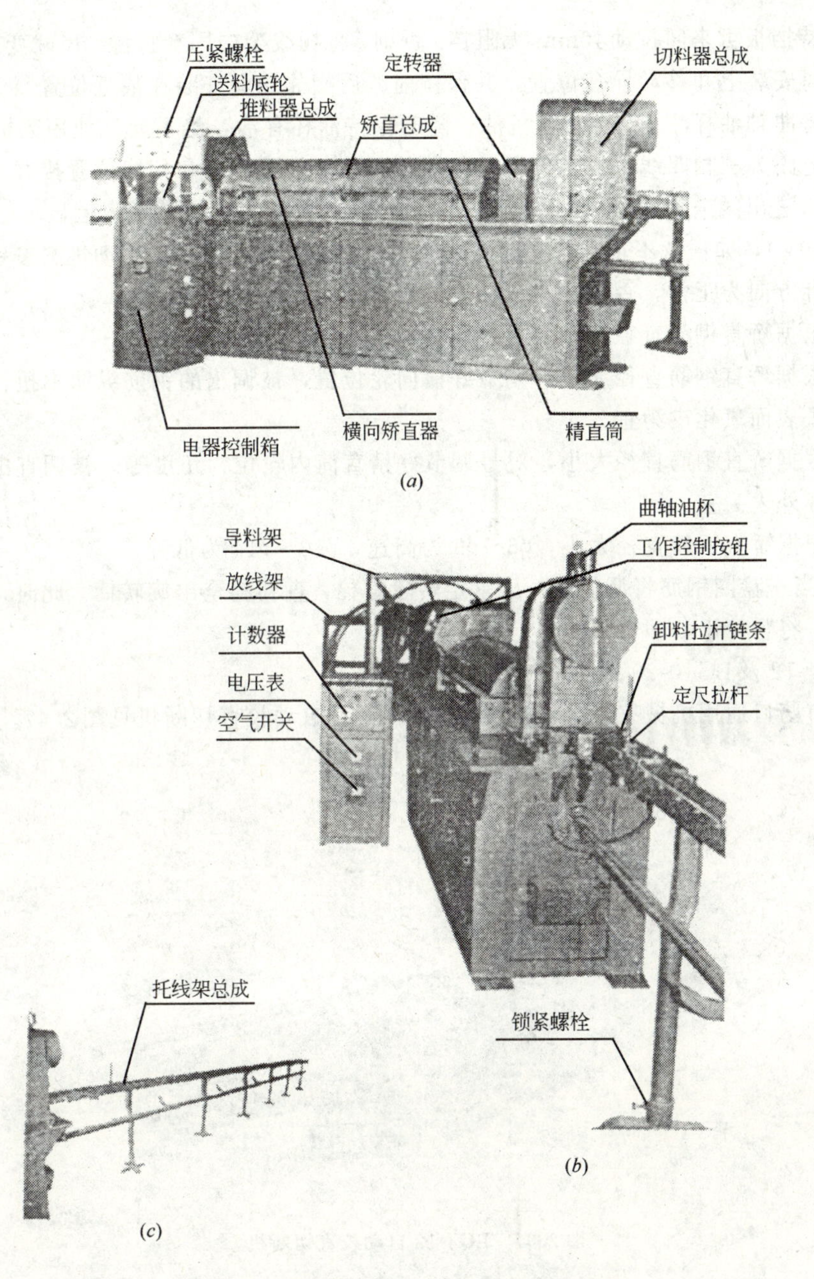

图 2.46 显前牌数控全能型钢筋矫直切断机

(a) 主机及控制箱正面；(b) 侧面；(c) 托线架总成

安装、调试、操作：

(1) 主机和托线架为同一水平面混凝土基础，其厚度宜在150mm以上，主要调整为最佳位置后，用地脚螺栓固紧。

(2) 安装托线架时，按顺序安装好，与主机衔接后，并校好中心和水平，使托线平面与矫直中心、刀孔中心、导线筒中心位低19mm时，再锁紧好托线部位的锁紧螺钉和螺母。

(3) 将定尺拉杆置于托线架上方的导套内，分三段或几段都用全螺纹螺栓连接，之后再与主机刀头连接好，并固好锁紧螺母。定尺挡板为任意可装位置（即按所需任意尺寸）；

但必须保持挡板可来回拉动40mm无阻挡。否则，将托线架内固套拆除。尺寸变化时，将拆除的套及时安装上和移动导套位置，并保持前、后相邻导套安装在最近位置。

（4）将曲轴油杯注满20-40号机油，随时保持油杯有油，绝不允许使用废机油。

（5）电路为三相四线，按空气开关（即总开关）指示零线和相线位置接好（N字样为零线接处），进出线一致即可。合上总闸，此时计数器上数字为零，电压表上显示电压为380V左右（±10V），如任意不正常，立即查明原因，使之正常。之后，手动进料按钮，送料底轮为顺时针方向为正常，否则，对调任意相线位即可。

（6）根据矫直钢筋直径大小，更换送料轮。

（7）根据矫直钢筋直径大小，调节好横向轮位置，被调出的钢筋纵肋不扭转，纵横肋只许轻微去表面氧化皮为宜。

（8）根据矫直钢筋直径大小，对号调节好精直筒内轮位、角度等，被调直出的成品既直且不损坏外表为宜。

（9）根据矫直钢筋直径大小，$\phi6\sim\phi9$为高速，$\phi10\sim\phi14$为低速。

（10）当一盘圈钢筋将调完时，压紧定转轮螺栓，直到料全出旋转筒。此时，打开托料方杆，用手将料拉出，即可再工作。

2.LG4-12及LG10-20型自动校直切断机

无锡市荡口通用机械有限公司生产的LG4-12型自动校直切断机见图2.47。

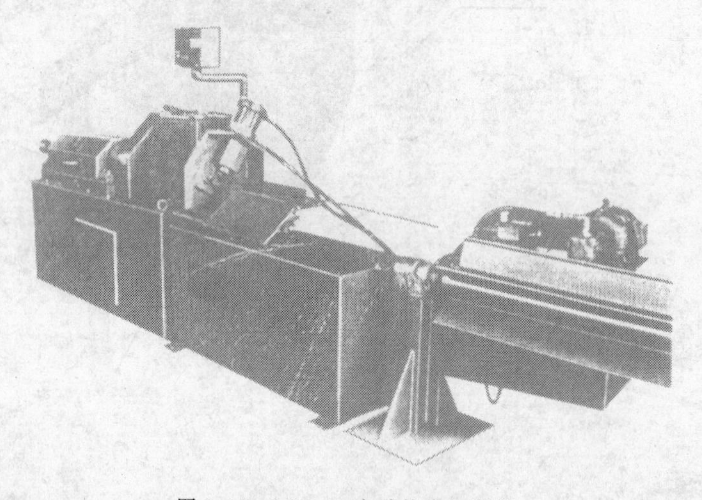

图2.47　LG4-12自动校直切断机

该调直机适用于预制厂及建筑工地对$\phi4\sim\phi12$光圆钢筋和$\phi4\sim\phi10$ HRB 400钢筋的调直切断。该机具有对钢筋表面基本无划伤、强度无损失、直线度好、操作简便、调节方便、落料简便、生产效率高等特点。

切断长度：1500～15000mm

调直速度：35m/min

直线度：≤3mm/m

外形尺寸：长×宽×高（mm）

8600×680×1400

该公司生产LG10-20型自动校直切断机，适用于$\phi10\sim\phi20$光圆钢筋或$\phi10\sim\phi16$热轧带肋钢筋。

3. LGT 5/12带肋（螺纹）钢筋调直切断机

杭州腾飞拉丝机厂生产LGT 5/12带肋（螺纹）钢筋调直切断机。见图2.48，主要技术参数见表2.29。

该机适用于预制构件厂，小五金加工厂对带肋（螺纹）钢筋、光圆钢筋的无损伤调直，定长切断。

图2.48 LGT 5/12带肋（螺纹）钢筋调直切断机

钢筋调直切断机主要技术参数　　表2.29

调直钢筋直径	$\phi5\sim\phi12$
自动切断长度	300～6000mm
切断长度误差	≤1.5mm
钢筋调直线速度	40m/min
调直电机	5.5kW
剪切电机	3kW
外形尺寸	7800mm×540mm×1230mm
整机质量	1200kg

4. GJC系列钢筋定长剪切机

石家庄自动化研究所生产的GJC系列钢筋定长剪切机，其外形见图2.49。该系列剪切机采用液压随动式剪切方法，定长精度高，应用范围广，其中GJC-W型剪切机能对冷轧带肋钢筋调直、定长切断，不伤肋。调直机操作简便，压紧采用凸轮式手柄，送料辊依据加工钢筋直径不同，以轴向方便地调整。GJC-Ⅱ型、Ⅲ型、Ⅳ型采用调直模调直钢筋，分别适用不同规格的冷拔或高强钢筋。

GJC系列定长剪切机采用液压传动，由单片计算机控制电磁阀动作，完成自动调直、定长切断钢筋。设备具有计数功能，显示下料根数，自动停车。

定长下料范围：1.9～12.2m，最长可加到16m；

下料长度误差：≤1mm；

图2.49　GJC系列钢筋定长剪切机

调直切断速度：GJC-Ⅱ、Ⅲ、Ⅳ型为30m/min；

GJC-W型为38m/min；

5. AT&M高效自动矫直定尺机

北京钢铁研究总院—安泰科技股份有限公司生产的新型高效自动矫直定尺机是专为400MPa热轧带肋钢筋和冷轧带肋钢筋而设计的专用机械，其外形见图2.50。主要参数见表2.30。

图2.50　高效自动矫直定尺机

AT&M定尺机主要参数　　表2.30

型　号	矫直规格 (mm)	矫直速度 (m/s)	功　率 (kW)
DZJ-01	$\phi5\sim\phi8$	0～1.5	15.0
DZJ-02	$\phi9\sim\phi12$	0～1.3	22.0
DZJ-03	$\phi12\sim\phi16$	0～1.3	37.0

该矫直定尺机的特点是：不损伤横肋，不会造成纵筋扭转，效率高，矫直速度可达1.5m/s；自动测长，不停机改变长度规格，自动记数；辊式矫直，液压移动切剪机，运行平稳，噪声小。DZJ-01型适用于$\phi5\sim\phi8$钢筋规格；DZJ-02型适用于$\phi9\sim\phi12$；DZJ-03型适用于$\phi12\sim\phi16$。

6. GTL6/12型钢筋调直切断机

陕西渭通农科股份有限公司黑虎建筑机械公司生产GTL6/12型调直切断机，见图2.51。该机适用于直径为6～12mm冷轧带肋钢筋和普通盘圆的调直及定长切断。调直速度35m/min；切断钢筋长度2～6m。

图2.51 GTL6/12型钢筋调直切断机

该公司还生产适用于直径为4～10mm低碳钢盘圆钢筋和冷拔盘圆的GT4/10A型和GT4/10型钢筋调直机。

2.6.2 钢筋切断机

钢筋切断机是钢筋直条在施工中最常用的加工设备之一，国内有多家工厂生产。

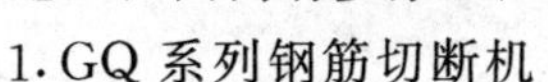

1. GQ系列钢筋切断机

陕西渭通农科股份有限公司黑虎建筑机械公司生产多种型号钢筋切断机，包括：GQ40-1型为开启式切断机，齿轮用钢丝网保护，每分钟切断32次，见图2.52；GQ40-3型、GQ40-4型为封闭型，见图2.53。技术参数见表2.31。该公司还开发生产半封闭半开启式结构GQ40-5型钢筋切断机和GQ55型切断机，很受施工单位的欢迎。

图2.52 GQ40-1 型钢筋切断机

图2.53 GQ40-3型、GQ40-4型钢筋切断机

GQ系列钢筋切断机技术参数 **表2.31**

型号	切断钢筋直径 (mm)	切断次数 (次/min)	电机型号	功率 (kW)	外型尺寸 (mm)	整机质量 (kg)
GQ60	6～60	25	Y132M-4	7.5	1930×880×1067	1200
GQ55	6～55	35	Y132S_1-2	5.5	1493×613×823	950
GQ50	6～50	40	Y112M-2	4	1280×580×615	705
GQ40-1	6～40	32	Y112M-4	4	1485×615×740	670
GQ40-3	6～40	28	Y90L-2	2.2	1142×324×661	470
GQ40-4	6～40	33	Y90L-2	2.2	1142×324×661	475

GQ40-5型钢筋切断机介绍如下：

(1) 用途

GQ40-5钢筋切断机主要用在建筑工程中切断直径6～40mm、抗拉强度$\sigma_b \leqslant 450\text{N/mm}^2$的

钢筋（光圆钢筋），也可切断6～32mm 的螺纹钢筋。

GQ40-5 钢筋切断机与开启式切断机和全封闭式切断机比较有如下优点：

1）润滑好：该机主要传动件采用箱式飞溅润滑，只要机箱内油面不低于油标下线，箱内各传动件就始终处于良好的润滑状态。

2）密封好：主要传动件封闭在机腔内，灰尘、泥沙、雨水、钢筋头等杂物不会掉落在主要传动件上，避免了非正常损坏的可能。

3）耗能低：由于润滑条件的改善以及轴端均用滚动轴承，所以阻力小，能耗低。

4）易维修：由于离合器部分及其操纵机构均置于箱体之外，所以维修拆装省时方便。

该机结构紧凑，操纵安全，维修保养方便。

（2）技术参数

技术参数见表2.32。

GQ40-5 钢筋切断机技术参数　　　　**表 2.32**

序　号	项　目		技术参数
1	切断钢筋直径（mm）	HPB 235 钢筋	6～40
		HRB 335 钢筋	6～32
2	动刀片每分钟往返次数		33
3	电动机	型号	Y90L-2
		功率（kW）	2.2kW
		电压（V）	380V
		转速（r/min）	2840
4	动刀片行程（mm）		34
5	整机质量（kg）		490
6	外形尺寸	长（mm）	1142
		宽（mm）	480
		高（mm）	661

（3）刀片使用

固定刀片形状为长方形（83mm×70mm），切断ϕ32 以上钢筋时，用长边（83mm）作切削刃，见图2.54（*a*）；切断ϕ32 以下钢筋时，用短边（70mm）作切削刃，刀片的选用和安装见图2.54（*b*）。

注：用短边作切削刃时，一定要安装好固定刀楔块。

（4）切断钢筋根数

该机可切断单根钢筋，也可切断小直径的多根钢筋，具体可按表2.33 规定：

（5）传动系统

传动系统见图2.55。

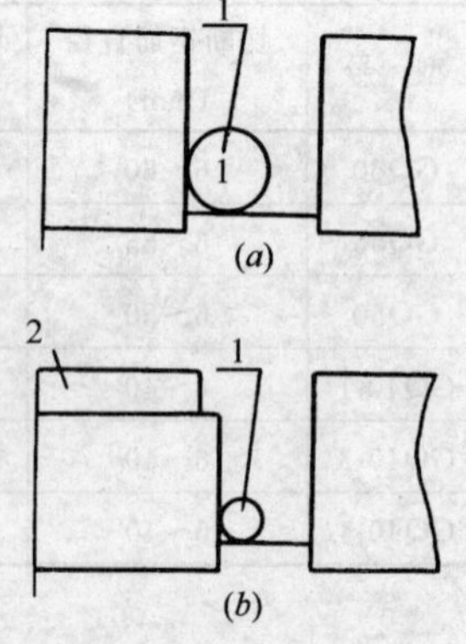

图2.54　刀片选用和安装

1—钢筋；2—固定刀楔块

采用GQ40-5切断机一次可切断钢筋根数 表2.33

钢筋直径（mm）	6～8	9～13	14～18	19～22	23～27	28～32	33～40
HPB 235（根数）	6	5	3	2	1	1	1
HRB 335（根数）	4	3	2	2	1	1	—

注：切断HRB 400钢筋时，需酌情减少根数。

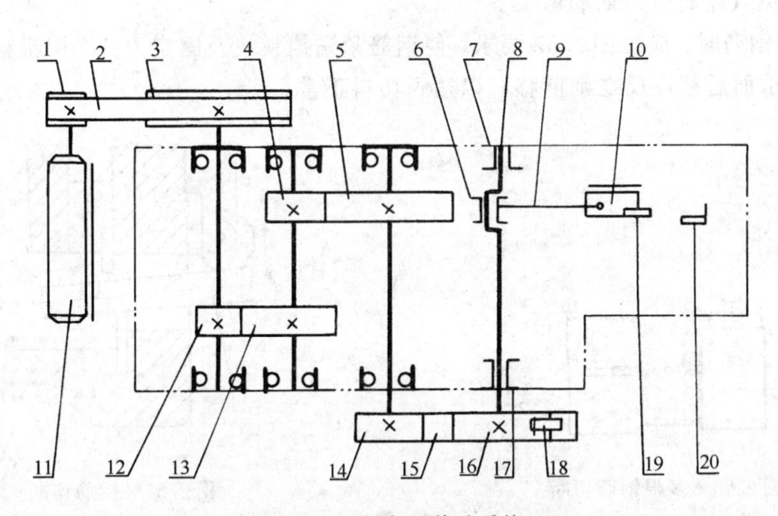

图2.55 切断机传动系统

1—电机皮带轮；2—三角胶带（B1575）；3—大皮带轮；4—M5齿轮轴；5—M5齿轮；6—连杆瓦；7—无台轴瓦；8—曲轴；9—连杆；10—冲切刀座；11—电动机；12—M3齿轮轴；13—M3齿轮；14—M7齿轮轴；15—M7齿圈；16—离合器体；17—带台轴瓦；18—转键；19—活动刀片；20—固定刀片

（6）机器的使用及注意事项

使用前的准备工作

1）旋开机器前部的吊环螺栓，向机内加入20号机械油约5kg，使油达到油标上线即可，加完油后，拧紧吊环螺栓。

2）用手转动皮带轮，检查各部运动是否正常。

3）检查刀具安装是否正确牢固，两刀片侧隙是否在0.1～0.5mm范围内，必要时可在固定刀片侧面加垫（0.5mm、1mm钢板）调整。

4）紧固各松动的螺栓，紧固防护罩，清理机器上和工作场地周围的障碍物。

5）电器线路应完好无损、安全接地。接线时，应使飞轮转动方向与外罩箭头方向一致。

6）给针阀式油杯内加足20号机械油，调整好滴油次数，使其每分钟滴8～10次，并检查油滴是否准确地滴入M7齿圈和离合器体的结合面凹槽处，空运转前滴油时间不得少于5min。

7）空运转10min，踩踏离合器3～5次，检查机器运转是否正常。如有异常现象应立即停机，检查原因，排除故障。

使用时注意事项：

1）机器运转时，禁止进行任何清理及修理工作。

2）机器运转时，禁止取下防护罩，以免发生事故。

3）钢筋必须在刀片的中下部切断，以延长机器的使用寿命。

4）钢筋只能用锋利的刀具切断，如果产生崩刃或刀口磨钝时，应及时更换或修磨刀片。

5）机器启动后，应在运转正常后开始切料。

6）机器工作时，应避免在满负荷下连续工作，以防电机过热。

7）切断多根钢筋时，须将钢筋上下整齐排放，见图2.56，使每根钢筋均达到两刀片同时切料，以免刀片崩刃、钢筋弯头等。

8）切断钢筋时，应按图2.57要求，使钢筋紧贴挡料块及固定刀片。切粗料时，转动挡料块，使支承面后移，反之则前移，以达到切料正常。

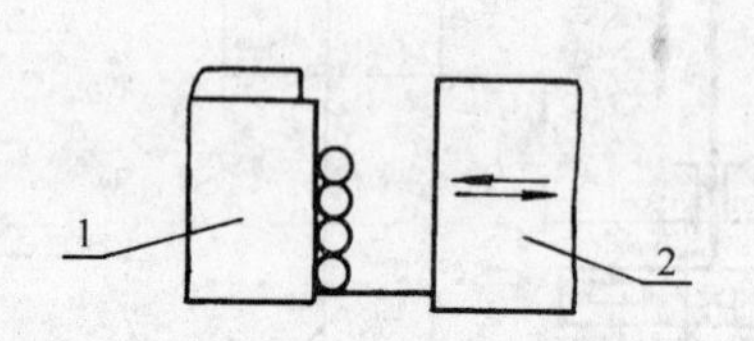

图2.56　多根钢筋切断

1—固定刀片；2—活动刀片

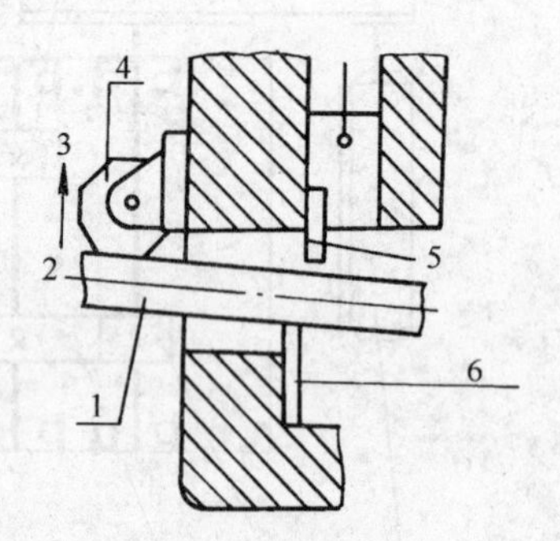

图2.57　钢筋切断

1—钢筋；2—前；3—后；4—挡料块；5—活动刀片；6—固定刀片

离合器的使用

1）GQ40-5钢筋切断机带有离合器。

2）所切钢筋放入切断位置后，用脚踩离合器踏板即可切断。踏一次切断一次，脚踩时间不得超过2s，否则会连续切断。

3）随时检查针阀式油杯是否缺油、油滴能否准确地滴入正确位置。

(7) 维护保养及润滑

机器的保养

1）停机后，及时清理各部污垢、铁锈等杂物，易锈处涂黄油。

2）随时检查机器轴套和轴承的发热情况。一般正常情况应是手感不热，如感觉烫手时，应及时停机检查，查明原因，排除故障后，再继续使用。

3）机器长时间停止工作时，需拆下电机置于干燥处。

4）机器连续使用时，需每年大修一次；离合器体部位需每月清洗保养一次。

机器的润滑

1）该机采用飞溅润滑，润滑油为20号机械油，并应保持清洁。

2）箱内的油面应保持在油标的上下刻度之间，切记不准缺油运转。

3）箱内机械油须半年更换一次。

4）裸露在外的一对齿轮，应涂钙基润滑脂润滑。

5）离合器体的润滑，依靠针阀式油杯滴油润滑。

2.GQ35B、GQ40D、GQ50A全封闭型钢筋切断机

太原重型机械学院机器厂生产的GQ35B、GQ40D、GQ50A三种型号全封闭型钢筋切断

机外形见图2.58，主要技术性能见表2.34。

图2.58 GQ系列钢筋切断机

图2.59 钢筋弯曲机

GQ系列全封闭钢筋切断机技术参数 **表2.34**

序号	项目		GQ35B	GQ40D	GQ50A
1	切断钢筋直径（mm）	Q235	$\phi6 \sim \phi35$	$\phi6 \sim \phi35$	$\phi6 \sim \phi50$
		螺纹钢	$\phi6 \sim \phi25$	$\phi6 \sim \phi25$	$\phi6 \sim \phi36$
2	动刀片往返次数（1/min）		29	37	40
3	动刀片行程（mm）		34	34	40
4	电动机				
	型号		$Y100L_1$-4	Y100L-2	Y112M-2
	功率（kW）		2.2	4	4
	转速（r/min）		2840	2880	2890
	电压（V）		380	380	380
5	整机质量（kg）		375	460	705
6	外形尺寸（mm）				
	长		980	1200	1270
	宽		395	420	590
	高		645	570	580

2.6.3 钢筋弯曲机

钢筋弯曲机亦是建筑施工中常用机械之一，国内有多家工厂生产。

1. GW40A、GW50钢筋弯曲机

陕西渭通农科股份有限公司黑虎建筑机械公司生产多种型号钢筋弯曲机，外形见图2.59，主要技术参数见表2.35。

GW系列钢筋弯曲机主要技术参数 **表2.35**

型号	GW40A	GW50
弯曲钢筋直径（mm）	$\phi6 \sim \phi40$	$\phi6 \sim \phi50$
工作盘直径（mm）	350	425
工作盘转速（r/min）	5 10	3.3 13

续表

型　　号	GW40A	GW50
电机型号	$Y100L_2$-4	Y112M-4
功率（kW）	3	4
外型尺寸（mm）	870×760×710	970×770×710
整机质量（kg）	380	400

GW50型钢筋弯曲机介绍如下。

GW50型钢筋弯曲机结构紧凑，操作安全，维修保养方便，当工作圆盘转速为3.3r/min时，弯曲钢筋直径为：HPB 235钢筋，6～50mm；HRB 335钢筋，6～40mm。工作圆盘转速为13r/min时，弯曲钢筋直径为：HPB 235，6～36mm；HRB 335钢筋，6～24mm。

变曲钢筋形状见图2.60。

电动机型号为Y112M-4，功率4kW，转速1440r/min，电压380V。整机质量400kg。

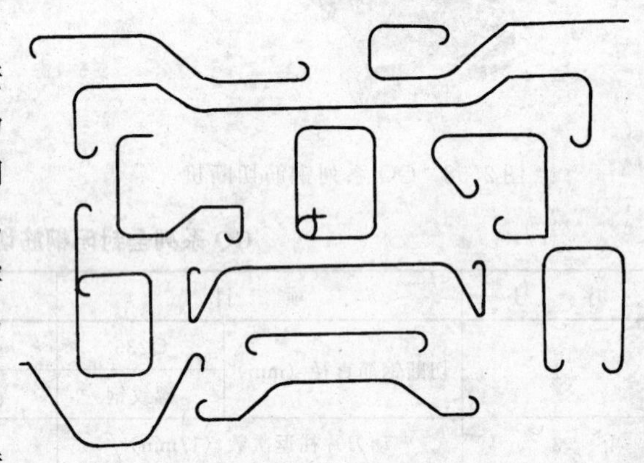

图2.60　常见钢筋弯曲形状

该机由传动机构、机架、工作台面及附件等部分组成。电动机经一级三角皮带传动，两级正齿轮传动及一级蜗轮蜗杆传动，带动工作圆盘转动，利用附件来弯曲钢筋。更换齿轮，可得到两种不同的工作圆盘转速。

附件选用

(1) 弯曲ϕ8～ϕ20HPB 235钢筋、弯曲ϕ6～ϕ20HRB 335钢筋时，附件的选用见图2.61。

(2) 弯曲ϕ22～ϕ40HRB 335螺纹钢筋时，附件的选用见图2.62。

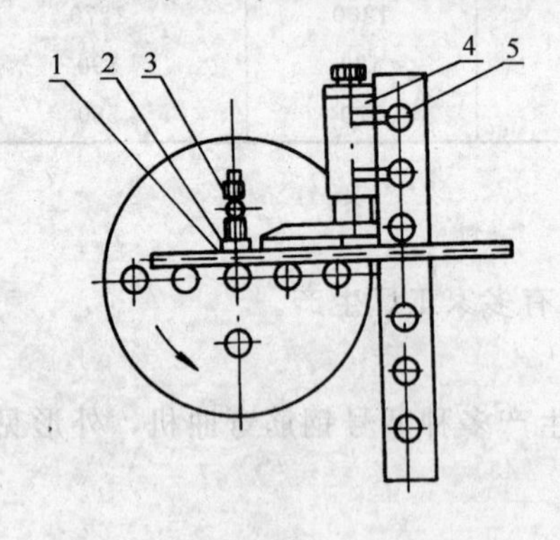

图2.61　弯曲钢筋时附件选用图一

1—中心柱；2—钢筋；3—钢筋卡子总成；4—可变档钢筋架总成；5—柱体

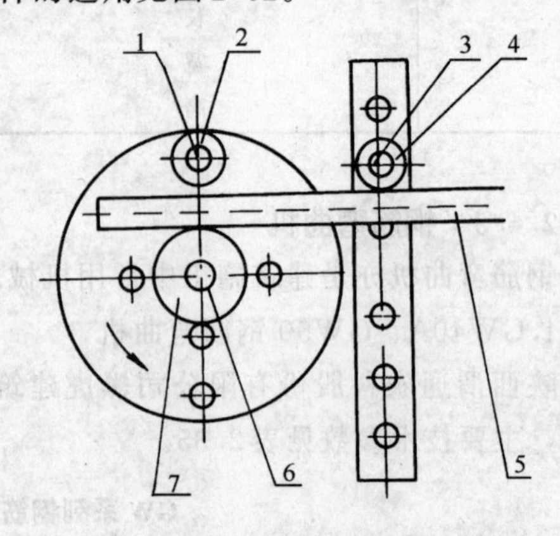

图2.62　弯曲钢筋时附件选用图二

1、3—柱体；2、4、7—柱套；5—钢筋；6—中心柱

机器使用及注意事项

(1) 使用前的准备工作　根据钢筋牌号、规格，按照产品使用说明书中规定，选用合适的中心柱和柱套。

(2) 机内加油　包括蜗轮箱内加油，上套加油。

(3) 空运转试验　正反转空运转10min，观察有无异常现象。

(4) 弯曲钢筋较长，根数较多时，应做承料架。承料架上平面应与插入座上平面齐平。

(5) 弯曲钢筋时，应先试弯钢筋，在工作台面上或承料架上定好尺寸后，再弯所需钢筋。

(6) 弯曲钢筋时，钢筋应与工作圆盘上平面平行放置，不得倾斜，以免钢筋滑出伤人或损坏附件。

(7) 通过手动控制倒顺开关实现工作圆盘的正转与反转。弯曲钢筋时，手不得离开开关手柄，以免失控，损坏机器。

(8) 工作圆盘上有许多孔，弯曲钢筋时应注意经常改变柱体、柱套在工作圆盘上的安装位置，以延长蜗轮、蜗杆的使用寿命。

(9) 严禁缺油运转，以免上套烧死，蜗轮磨损。

(10) 严禁超负荷使用整机及附件。

(11) 严禁电动机缺相运转。

(12) 应有专人负责管理及维修，并注意经常调整三角带的松紧，检查轴承、电机的发热情况。

(13) 每班作业结束后，应彻底清扫工作台面上、工作圆盘上、插入座及各孔中的氧化皮等杂物，保持机器清洁。

(14) 机器连续使用时，每年大修一次。

2.GW40A、GW40D、GW50A 钢筋弯曲机

太原重型机械学院机器厂生产的GW40A、GW40D、GW50A 多种型号钢筋弯曲机，见图2.63。主要技术参数见表2.36。

图2.63　GW40A 型钢筋弯曲机

GW 系列钢筋弯曲机主要技术参数　　**表2.36**

型　号	弯曲钢筋直径 (mm)		工作盘转速 (r/min)	电机型号	外形尺寸 (mm×mm×mm)	整机质量
GW40A	光圆钢筋	$\phi6\sim\phi40$	3.7/14	$Y100L_2$-4 3kW 1430r.p.m	774×898×728	442kg
	螺纹钢筋	$\phi6\sim\phi32$				
GW40D	光圆钢筋	$\phi6\sim\phi40$	6	$Y100L_2$-4 3kW 1430r.p.m	910×660×710	360kg
	螺纹钢筋	$\phi6\sim\phi32$				
GW50A	光圆钢筋	$\phi6\sim\phi50$	6	$Y100L_2$-4 3kW 1430r.p.m	1075×930×890	740kg
	螺纹钢筋	$\phi6\sim\phi40$				

2.6.4 砂轮片切割机

在钢筋连接施工中，为了获得平整的钢筋端面，经常采用砂轮片切割机，不同工厂生产的切割机，其型号也不一样，但基本原理和主要构造相同。

上海创强制造有限公司生产的J3G-400切割机主轴采用高精度密封润滑轴承，利用高速旋转纤维增强砂轮片切割钢筋（型钢），电源开关直接安装在操作手柄上，操作简单可靠，切割速度快。创强1号2.2kW，2号3.0kW，3号单相3.0kW，见图2.64。

图2.64 创强2号切割机

1. 操作要求

(1) 操作前详细检查各部件及防护装置是否紧固完好；

(2) 操作人员必须衣着合适，手戴橡皮手套、脚穿防滑绝缘鞋，戴好护目镜、安全帽等防护设施；

(3) 安装砂轮片之前，先试砂轮轴旋转方向是否同防护罩指示相同；

(4) 当钢筋切割时，切割片应与钢筋轴线相垂直。把握机器要平衡，用力均匀，掌握好切割速度；

(5) 应采用优质砂轮片。严禁使用有损伤破裂、过期受潮、无生产许可证和安全线速度不到70m/s的砂轮片。更换砂轮片或调整切割机角度时，要先切断电源。使用切割机时，必须有良好接地。切割材料（钢筋）必须在夹板内夹紧。操作人员不准站在砂轮片正对的位置。使用时，要用力均匀，不能用力过猛。当速度明显降低时，应适当减少用力。切割机在使用中，发现电机有异常声音、发热或有异常气味时，应立即停机检查，排除故障后方可使用。

2. 主要技术数据

功　　率：2.2kW/3.0kW　两种　　切割角度：0～45°

电　　压：380V/220V　　最大钳距：150mm

空载转速：2800r/min　　切割能力：钢管ϕ150×3mm；

频　　率：50Hz　　圆钢（钢筋）ϕ50mm；

砂轮片规格：ϕ400×3×ϕ32　　角钢100mm×10mm

2.6.5 角向磨光机

在钢筋连接施工中，为了磨平钢筋坡口面，或者磨去连接套筒边角毛刺时，需要采用角向磨光机。深圳市良明电动工具有限公司制作DA-100A角向磨光机的构造简图见图2.65。

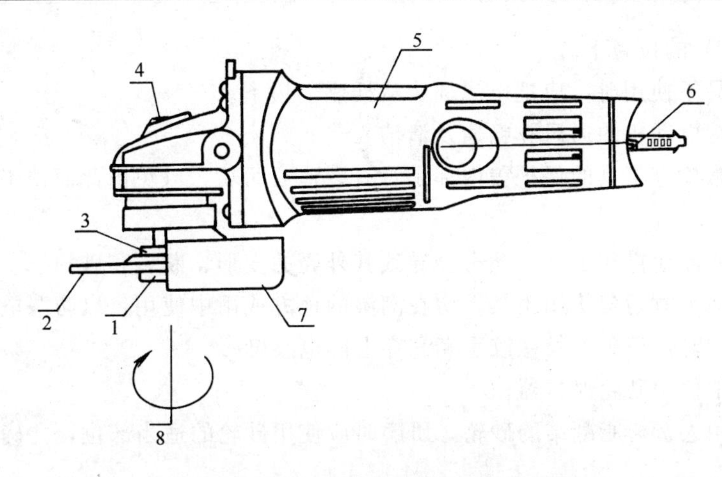

图2.65 DA-100A角向磨光机构造简图

1—砂轮压板；2—砂轮片；3—砂轮托；4—止动锁；5—机壳；6—电源开关；7—砂轮罩；8—旋转方向

1.电源及工具安全守则

(1)保持工作场地及工作台清洁，否则会引起事故。

(2)不要使电源或工具受雨淋，不要在潮湿的场合工作，要确保工作场地有良好的照明。

(3)勿使小孩接近，应禁止闲人进入工作场地。

(4)工具使用完毕，应放在干燥的高处以免被小孩拿到。

(5)不要使工具超负荷运转，必须在适当的转速下使用工具，确保安全操作。

(6)要选择合适的工具，勿将小工具用于需用大工具加工之工件上。

(7)穿专用工作服，勿使任何物件掉进工具运转部位；在室外作业时，穿戴橡胶手套及胶鞋。

(8)始终配戴安全眼镜，切削屑尘多时应带口罩。

(9)不要滥用导线，勿拖着导线移动工具。勿用力拉导线来切断电源；应使导线远离高温、油及尖锐的东西。

(10)操作时，勿用手拿着工件，工件应用夹子或台钳固定住。

(11)操作时要脚步站稳，并保持身体姿势平衡。

(12)工具应妥善保养，只有经常保持锋利、清洁才能发挥其性能；应按规定加注润滑剂及更换附件。

(13)更换附件、砂轮片、砂纸片时必须切断电源。

(14)开动前必须把调整用键和扳手等拆除下来。为了安全必须养成此习惯，并严格遵守。

(15)谨防误开动。插头一旦插进电源插座，手指就不可随便接触电源开关。插头插进电源插座之前，应检查开关是否已关上。

(16)不要在可燃液体、可燃气体存放之处使用此工具，以防开关或操作时所产生之火花引起火灾。

(17)室外操作时，必须使用专用的延伸电缆。

2.其他重要的安全守则

(1)确认电源：电源电压应与铭牌上所标明的一致，在工具接通电源之前，开关应放在“关”（OFF）的位置上。

（2）在工具不使用时，应把电源插头从插座上拔下。

（3）应保持电动机的通风孔畅通及清洁。

（4）要经常检查工具的保护盖内部是否有裂痕或污垢，以免由此而使工具的绝缘性能降低。

（5）不要莽撞地操作工具。撞击会导致其外壳的变形、断裂和破损。

（6）手上沾水时请勿使用工具。勿在潮湿的地方或雨中使用，以防漏电。如必须在潮湿的环境中使用时，请戴上长橡胶手套和穿上防电胶鞋。

（7）要经常使用砂轮保护器。

（8）应使用人造树脂凝结的砂轮，研磨时应使用砂轮的适当部位，并确保砂轮没有缺口或断裂。

（9）要远离易燃物或危险品，避免研磨时的火花引起火灾，同时注意勿让人体接触火花。

（10）必须使用铭牌所示圆周速度（4300m/min）以上规格的砂轮。

3. 技术参数

技术参数见表2.37。

角向磨光机技术参数　　**表2.37**

砂轮规格（mm）	100（4″）
型　号	DA-100A
电　源	单相交流200V　50～60Hz
输入功率	680W
无负载转速（min^{-1}）	11000
砂　轮	A36＝人造树脂砂轮
质　量（kg）	1.6

4. 砂轮的安装方法

（1）关闭电源开关，把电源插头从插座拔下；

（2）将砂轮机以主轴朝上的位置放置，把砂轮托板的直径16mm侧向上拧到主轴上并用扳手拧紧固定；

（3）将砂轮凸面向下穿进主轴；

（4）把砂轮压板螺母的凹面向下拧到主轴上；

（5）按下止动锁固定住主轴，然后用扳手牢固地拧紧砂轮压板；

（6）安装好砂轮后，在无人处进行3min以上的试运转，以确认砂轮是否有异常。

主要参考文献

1　焊工培训教材．北京：电力工业出版社，1980

2　国家标准．金属材料　室温拉伸试验方法GB/T 228—2002

3　国家标准．金属材料　弯曲试验方法GB/T 232—1999

4　国家标准．金属夏比缺口冲击试验方法GB/T 229—1999

5 上海交通大学金相、焊接教研组．焊接金属学．1978
6 刘世荣．金属学与热处理．北京：机械工业出版社，1985
7 孟宪珩．加快400MPa新Ⅲ级钢筋推广，满足建筑市场需求．承德钢铁集团公司，2001
8 唐山钢铁股份有限公司．唐山螺纹钢筋简介．2001
9 鞍钢新轧钢股份有限公司线材厂．HRB 400热轧带肋钢筋．2001
10 邢台钢铁股份有限公司．HRB 400新Ⅲ级钢筋混凝土热轧带肋钢筋介绍．2001
11 国家标准．钢筋混凝土用热轧带肋钢筋GB 1499—1998
12 国家标准．钢筋混凝土用热轧光圆钢筋GB 13013—91
13 罗佩珊，周裕申．K20MnSi钢筋的研制．上海第三钢铁厂，1985
14 国家标准．钢筋混凝土用余热处理钢筋GB 13014—91
15 国家标准．低碳钢热轧圆盘条GB/T 701—1997
16 黑色冶金行业标准．预应力混凝土用钢棒YB/T 111—1997
17 鞍钢新钢铁小型型材厂．建筑用高强度钢筋．2001
18 国家标准．冷轧带肋钢筋GB 13788—2000
19 顾万黎．高效钢筋和预应力混凝土技术　高效钢筋．建筑业10项新技术及其应用．中国建筑工业出版社，2001
20 建筑工业行业标准．冷轧扭钢筋JG 3046—1998

上　篇

钢　筋　焊　接

3 钢筋的焊接性和一般规定

3.1 钢筋的焊接性

3.1.1 钢材的焊接性[1]

钢材的焊接性直接影响到所采用的焊接工艺和焊接质量。钢材的焊接性系指被焊钢材在采用一定焊接材料、焊接工艺方法及工艺规范参数条件下，获得优质焊接接头的难易程度，也就是钢材对焊接加工的适应性。不同类别的钢材，其焊接性不一样；同一钢材、采用不同焊接方法或焊接材料，其焊接性可能也有很大差别。焊接性包括以下两个方面：

1. 工艺焊接性　也就是接合性能，指在一定焊接工艺条件下焊接接头中出现各种裂纹及其他工艺缺陷的敏感性和可能性。这种敏感性和可能性越大，则其工艺焊接性越差。

2. 使用焊接性　指在一定焊接条件下焊接接头对使用要求的适应性，以及影响使用可靠性的程度。这种适应性和使用可靠性越大，则其使用焊接性越好。

钢材的焊接性常用碳当量来估计。所谓碳当量就是把钢中包括碳在内的各项元素对焊缝和热影响区产生淬硬冷裂纹及脆化等的影响折合成碳的相当含量，碳当量法就是粗略地评价焊接时产生冷裂纹的倾向和脆化倾向的一种估算方法。

碳当量的计算公式有很多，国际焊接学会（IIW）推荐的和我国国家标准《钢筋混凝土用热轧带肋钢筋》GB 1499—1998 中使用的计算公式如下：

$$C_{eq} = C + \frac{Mn}{6} + \frac{Cr + Mo + V}{5} + \frac{Ni + Cu}{15}$$

式中右边各项中的元素符号表示钢材中化学成分元素含量，%；公式左边C_{eq}为碳当量，%。

经验表明，当$C_{eq}<0.4\%$时，钢材的淬硬倾向不大，焊接性优良，焊接时可不预热；当$C_{eq}=0.4\%\sim0.6\%$时，钢材的淬硬倾向增大，焊接时需采取预热、控制焊接参数等工艺措施；当$C_{eq}>0.6\%$时，钢材的淬硬倾向强，属于较难焊钢材，需要采取较高的预热温度、焊后热处理和严格的工艺措施。

碳当量法只考虑了化学成分对焊接性的影响，没有考虑结构刚性、板厚、扩散氢含量等因素。所以，使用碳当量法估价钢材的焊接性时，还应考虑上述诸因素的影响。

3.1.2 钢筋的焊接性

钢筋的碳当量，按公式计算结果，见表2.1和表2.5所列，可以看出，HPB 235 钢筋焊接性良好；HRB 335、HRB 400、HRB 500 钢筋的焊接性较差，应该采取合适的工艺参数和有效工艺措施；原RL 540（Ⅳ级钢筋）的碳当量很高，属于较难焊钢筋，因此，在闪光对焊之后，必要时，应进行焊后通电热处理。对于进口钢筋，由于各国钢筋化学成分和标准规定不同，要采取慎重态度，多做些深入细致的试验后，才能使用。

3.2　钢筋焊接一般规定

3.2.1　各种焊接方法的适用范围[2]

钢筋焊接时，各种焊接方法的适用范围应符合行业标准《钢筋焊接及验收规程》JGJ 18—2003（以下简称规程）中的规定，见表3.1。

钢筋焊接方法的适用范围　　**表3.1**

焊接方法			接头型式	适用范围	
				钢筋牌号	钢筋直径（mm）
电阻点焊				HPB 235 HRB 335 HRB 400 CRB 550	8～16 6～16 6～16 4～12
闪光对焊				HPB 235 HRB 335 HRB 400 RRB 400 HRB 500 Q235	8～20 6～40 6～40 10～32 10～40 6～14
电弧焊	帮条焊	双面焊		HPB 235 HRB 335 HRB 400 RRB 400	10～20 10～40 10～40 10～25
		单面焊		HPB 235 HRB 335 HRB 400 RRB 400	10～20 10～40 10～40 10～25
	搭接焊	双面焊		HPB 235 HRB 335 HRB 400 RRB 400	10～20 10～40 10～40 10～25
		单面焊		HPB 235 HRB 335 HRB 400 RRB 400	10～20 10～40 10～40 10～25
	熔槽帮条焊			HPB 235 HRB 335 HRB 400 RRB 400	20 20～40 20～40 20～25
	坡口焊	平焊		HPB 235 HRB 335 HRB 400 RRB 400	18～20 18～40 18～40 18～25
		立焊		HPB 235 HRB 335 HRB 400 RRB 400	18～20 18～40 18～40 18～25

续表

焊接方法			接头型式	适用范围	
				钢筋牌号	钢筋直径（mm）
电弧焊	钢筋与钢板搭接焊		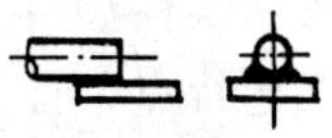	HPB 235 HRB 335 HRB 400	8～20 8～40 8～25
	窄间隙焊		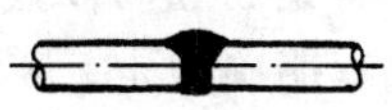	HPB 235 HRB 335 HRB 400	16～20 16～40 16～40
	预埋件电弧焊	角焊	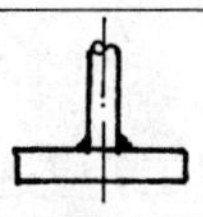	HPB 235 HRB 335 HRB 400	8～20 6～25 6～25
		穿孔塞焊	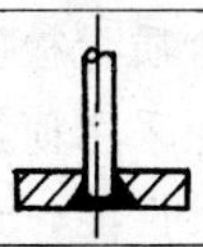	HPB 235 HRB 335 HRB 400	20 20～25 20～25
电渣压力焊				HPB 235 HRB 335 HRB 400	14～20 14～32 14～32
气压焊			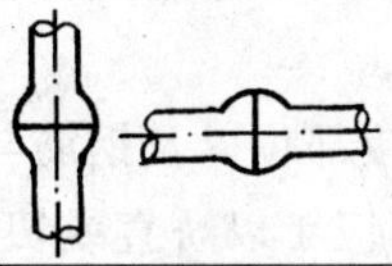	HPB 235 HRB 335 HRB 400	14～20 14～40 14～40
预埋件钢筋埋弧压力焊			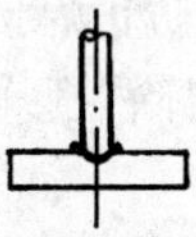	HPB 235 HRB 335 HRB 400	8～20 6～25 6～25

注：1. 电阻点焊时，适用范围的钢筋直径系指2根不同直径钢筋交叉叠接中较小钢筋的直径；

2. 当设计图纸规定对冷拔低碳钢丝焊接网进行电阻点焊，或对原RL 540钢筋（Ⅵ级）进行闪光对焊时，可参照规程相关条款的规定实施；

3. 钢筋闪光对焊含封闭环式箍筋闪光对焊。

各种焊接方法的适用范围，与原行业标准《钢筋焊接及验收规程》JGJ 18—96相比，修改如下：

1. 在闪光对焊和电弧焊的适用范围中，规定HRB 400钢筋指的是微合金化热轧钢筋，包括20MnSiV，20MnSiNb和20MnTi，实际生产中，以20MnSiV为多。

2. 在闪光对焊中增加封闭环式箍筋闪光对焊，钢筋牌号包括：Q235、HPB 235、HRB 335和HRB 400。

3. 考虑到HRB 400钢筋将大量推广应用，故在钢筋与钢板电弧搭接焊、预埋件电弧焊、预埋件钢筋埋弧压力焊中，增加了HRB 400钢筋。

4. 窄间隙焊工艺，适用于热轧HPB 235、HRB 335、HRB 400钢筋，$\phi16$～$\phi40$，该种工艺方法系在铜模熔池焊基础上进行了试验研究和改进，经生产应用，效果良好。

5. 扩大了电渣压力焊的适用范围，即可用于HRB 400钢筋，直径为16～32mm。经大量试验和部分工程应用表明，只要精心施焊，可以取得良好质量，故列入规程。

3.2.2　电渣压力焊的适用范围

电渣压力焊适用于柱、墙、构筑物等现浇混凝土结构中竖向受力钢筋的连接；不得在竖向焊接后横置于梁、板等构件中作水平钢筋用。

电渣压力焊从开始试验研究、生产应用到现在已有40年了，实践证明，是一项具有明显技术经济效益的焊接方法。但是由于其本身工艺特点，且未进行大量的接头弯曲试验研究，只适用于竖向钢筋的连接；有的施工单位将钢筋竖向焊接，然后放置于梁、板构件中作水平钢筋之用，显然是不合适的。因此，规程明确规定，不得用于梁、板等构件中作水平钢筋之用。

3.2.3　焊接工艺试验

在工程开工正式焊接之前，参与该项施焊的焊工，应进行现场条件下的焊接工艺试验，并经试验合格后，方可正式生产。试验结果应符合质量检验与验收时的要求。

在工程开工或者每批钢筋正式焊接之前，无论采用何种焊接工艺方法，均须采用与生产相同条件进行焊接工艺试验，以便了解钢筋焊接性能，选择最佳焊接参数，以及掌握担负生产的焊工的技术水平。每种牌号、每种规格钢筋至少做1组试件。若第1次未通过，应改进工艺，调整参数，直至合格为止。采用的焊接工艺参数应做好记录，以备查考。

接头试件力学性能试验（拉伸、弯曲、剪切等）结果应符合质量检验与验收时的要求。

3.2.4　焊前准备

钢筋焊接施工之前，应清除钢筋、钢板焊接部位以及钢筋与电极接触处表面上的锈斑、油污、杂物等；钢筋端部当有弯折、扭曲时，应予以矫直或切除。

焊前准备工作的好坏直接影响焊接质量，为了防止焊接接头产生夹渣、气孔等缺陷，在焊接区域内，钢筋表面铁锈、油污、熔渣等必须清除；影响接头成形的钢筋端部弯折、劈裂等，应予矫正或切除。

3.2.5　纵肋对纵肋

带肋钢筋进行对接连接时，包括进行闪光对焊、电弧焊、电渣压力焊和气压焊时，宜将纵肋对纵肋安放和焊接，以获得足够的有效连接面积；这是总结生产经验而规定的。

3.2.6　焊条烘焙

焊条按药皮熔化后的熔渣特性来分，有酸性焊条和碱性焊条两大类。

当采用低氢型碱性焊条时，应按使用说明书的要求烘焙，且宜放入保温筒内保温使用；酸性焊条若在运输或存放中受潮，使用前亦应烘焙后方能使用。

3.2.7　焊剂烘焙

焊剂应存放在干燥的库房内，当受潮时，在使用前应经250～300℃烘焙2h，以防止产生气孔。使用中回收的焊剂应清除熔渣和杂物，并应与新焊剂混合均匀后使用。

3.2.8　低温焊接

在环境温度低于－5℃条件下施焊时，焊接工艺应符合下列要求：

1. 闪光对焊时，宜采用预热闪光焊或闪光—预热闪光焊；可增加调伸长度，采用较低变压器级数，增加预热次数和间歇时间。

2. 电弧焊时，宜增大焊接电流，减低焊接速度。

电弧帮条焊或搭接焊时，第一层焊缝应从中间引弧，向两端施焊；以后各层控温施焊，层间温度控制在150～350℃之间。多层施焊时，可采用回火焊道施焊。

3. 当环境温度低于－20℃时，不宜进行各种焊接。

根据黑龙江省寒地建筑科学研究院（原黑龙江省低温建筑科学研究所）试验资料表明[3]，在实验室条件下对普通低合金钢钢筋23个钢种、2300个负温焊接接头的工艺性能、力学性能、金相、硬度以及冷却速度等作了系统的试验研究，认为闪光对焊在－28℃施焊，电弧焊在－50℃下进行焊接时，如焊接工艺和参数选择适当，其接头的综合性能良好。但是考虑到试点工程最低温度为－23℃，以及由于温度过低，工人操作不便，为确保工程质量，故规定当环境温度低于－20℃时，不宜进行各种焊接。

负温焊接与常温焊接相比，主要是一个负温引起的冷却速度加快的问题。因此，其接头构造和焊接工艺除必须遵守常温焊接的规定外，还需在焊接工艺参数上作一些必要的调整。

1. 预热：在负温条件下进行帮条电弧焊或搭接电弧焊时，从中部引弧，对两端就起到了预热的作用。

2. 缓冷：采用多层施焊时，层间温度控制在150～350℃之间，使接头热影响区附近的冷却速度减慢1～2倍左右，从而减弱了淬硬倾向，改善了接头的综合性能。

3. 回火：如果采用上述两种工艺，还不能保证焊接质量时，则采用"回火焊道施焊法"，其作用是对原来的热影响区起到回火的效果。回火温度为500℃左右。如一旦产生淬硬组织，经回火后将产生回火马氏体、回火索氏体组织，从而改善接头的综合性能。回火焊道施焊法见图3.1。

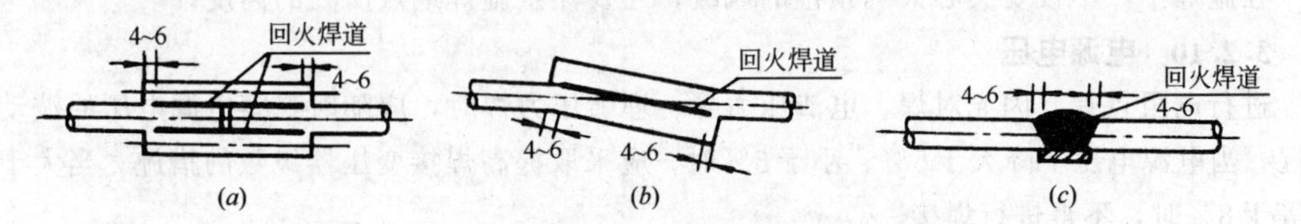

图3.1 钢筋负温电弧焊回火焊道示意图

(a) 帮条焊；(b) 搭接焊；(c) 坡口焊

3.2.9 雨、雪、风的影响

雨天、雪天不宜在现场进行施焊；必须施焊时，应采取有效遮蔽措施。焊后未冷却接头不得碰到冰雪。

焊后未冷却接头若碰到冰雪，易产生淬硬组织，应该防止。

7.9m/s 为四级风力；5.4m/s 为三级风力。

在现场进行闪光对焊或电弧焊时，当风速超过7.9m/s时，应采取挡风措施。进行气压焊时，当风速超过5.4m/s时，应采取挡风措施。

风速不仅决定于自然气候，并且与所处高度有关。离地面愈近，建筑物对风的摩阻力愈大，风速愈小；反之，离地面愈高，风速愈大，这种变化见表3.2[4]。

风速与高度的关系 表3.2

高度（m）	0.5	1	2	16	32	100
风速（m/s）	2.4	2.8	3.3	4.7	5.5	8.2

风级的划分见表3.3。

风　级　　表3.3

风　级	风　名	相当风速 (m/s)	地面上物体的象征
0	无　风	0～0.2	炊烟直上，树叶不动
1	软　风	0.3～1.5	风信不动，烟能表示风向
2	轻　风	1.6～3.3	脸感觉有微风，树叶微响，风信开始转动
3	微　风	3.4～5.4	树叶及微枝摇动不息，旌旗飘展
4	和　风	5.5～7.9	地面尘土及纸片飞扬，树的小枝摇动
5	清　风	8.0～10.7	小枝摇动，水面起波
6	强　风	10.8～13.8	大树枝摇动，电线呼呼作响，举伞困难
7	疾　风	13.9～17.1	大树摇动，迎风步行感到阻力
8	大　风	17.2～20.7	可折断树枝，迎风步行感到阻力很大
9	烈　风	20.8～24.4	屋瓦吹落，稍有破坏
10	狂　风	24.5～28.4	树木连根拔起或摧毁建筑物，陆上少见
11	暴　风	28.5～32.6	有严重破坏力，陆上很少见
12	飓　风	32.6以上	摧毁力极大，陆上极少见

在施焊中，不仅要关心天气预报的风级，还要注意施焊地点所处的高度。

3.2.10　电源电压

进行电阻点焊、闪光对焊、电渣压力焊、埋弧压力焊时，应随时观察电源电压的波动情况，当电源电压下降大于5%、小于8%时，应采取提高焊接变压器级数的措施；当大于或等于8%时，不得进行焊接。

实践证明，在进行电阻点焊、闪光对焊、电渣压力焊或埋弧压力焊时，电源电压的波动对焊接质量有较大的影响。在现场施工时，由于用电设备多，往往造成电压降较大。为此要求焊接电源的开关箱内，装设电压表，焊工可随时观察电压波动情况，及时调整焊接参数，以保证焊接质量。

3.2.11　焊机检修

焊机应经常维护保养和定期检修，确保正常使用。在施工现场，经常发生因焊机故障影响施工。这里包含两个因素，一是焊机本身质量；二是使用。因此，既要选购优质焊机，又要合理使用。

3.2.12　安全操作

对从事钢筋焊接施工的班组及有关人员应经常进行安全生产教育，执行现行国家标准《焊接与切割安全》GB 9448中有关规定，对氧、乙炔、液化石油气等易燃、易爆材料，应妥善管理，注意周边环境，制定和实施各项安全技术措施，加强焊工的劳动保护，防止发生烧伤、触电、火灾、爆炸以及烧坏焊接设备等事故[5]。

在现行国家标准《焊接与切割安全》GB 9448—1999中，详细规定了气焊与气割设备及操作安全、电焊设备的操作安全、焊接切割劳动保护、焊接切割中防火等。在钢筋焊接中应按国家标准中规定，认真执行，防止各类安全事故的发生。焊工还应注意周围环境有无易燃、易爆材料堆放，防止焊接火花引起火灾。

3.2.13 材料质量证明书与合格证

凡施焊的各种钢筋、钢板均应有质量证明书；焊条、焊剂应有产品合格证。

钢筋进场时，应按现行国家标准中规定，抽取试件作力学性能检验，其质量必须符合有关标准规定。

各种焊接材料应分类存放、妥善管理；应采取防止锈蚀、受潮变质的措施。

3.2.14 焊工持证上岗

从事钢筋施工的焊工必须持有焊工考试合格证，才能上岗操作。

4 钢筋电阻点焊

4.1 基本原理

4.1.1 名词解释[6]

1. 钢筋电阻点焊 resistance spot welding of reinforcing steel bar

将两钢筋安放成交叉叠接形式，压紧于两电极之间，利用电阻热熔化母材金属，加压形成焊点的一种压焊方法，是电阻焊的一种。

2. 熔合区 bond

焊接接头一般由焊缝、熔合区、热影响区、母材四部分组成。

熔合区是指焊缝与热影响区相互过渡的区域。

3. 热影响区 heat-affected zone (HAZ)

焊接或热切割过程中，钢筋母材因受热的影响（但未熔化），使金属组织和力学性能发生变化的区域。

热影响区又可分为过热区、正火区（又称重结晶区）、不完全相变区（不完全重结晶区）和再结晶区四部分。再结晶区只有在冷处理钢筋焊接时才存在。

钢筋焊接接头热影响区宽度主要决定于焊接方法；其次，为热输入。当采用较大热输入，对不同焊接接头进行测定时，其热影响区宽度如下，供参考：

(1) 钢筋电阻点焊焊点　$0.5d$；

(2) 钢筋闪光对焊接头　$0.7d$；

(3) 钢筋电弧焊接头　6～10mm；

(4) 钢筋电渣压力焊接头　$0.8d$；

(5) 钢筋气压焊接头　$1.0d$；

(6) 预埋件钢筋埋弧压力焊接头　$0.8d$。

注：d 为钢筋直径（mm）。

4.1.2 电阻热[7]

电阻焊是利用电流通过工件内部产生的热源来进行焊接。根据焦耳定律，其总发热量 Q 的简化式为：

$$Q = I_w^2 R t_w \quad (J)$$

在上式中，焊接电流 I_w，焊接时间 t_w 都是给定条件，而电阻 R 是工件内部热源的基础。

4.1.3 电阻

钢筋电阻点焊时，导电通路上的总电阻 R，由钢筋内部电阻、钢筋间接触电阻、电极与钢筋间接触电阻组成，即：

$$R = 2R_g + R_c + 2R_j$$

式中　R_g——工件（钢筋）内部电阻；

R_c——工件（钢筋）间接触电阻；

R_j——电极与工件（钢筋）间接触电阻。

见图4.1。

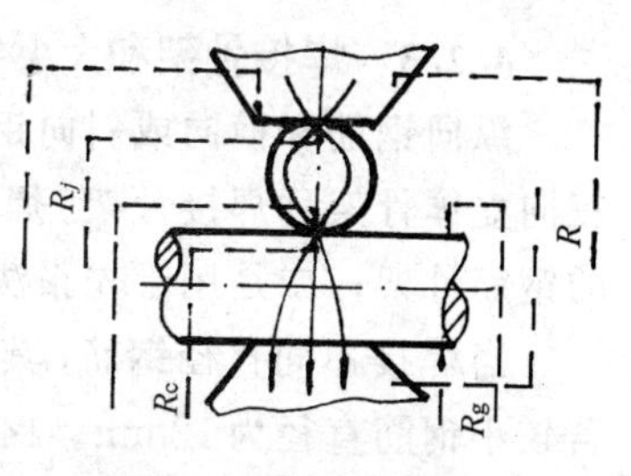

图4.1 钢筋点焊时电阻的组成

1. 接触电阻

钢筋表面是圆的，是不光滑的，在压力作用下，两钢筋之间，电极与钢筋之间，总是部分点的接触。当电流从这些点通过时，由于导电面积突然减小，造成电流线的弯曲与收缩，从而形成了接触电阻。

影响接触电阻的主要因素为电极压力、钢筋表面状态及加热温度。

电极压力愈大，两电极间钢筋的变形愈大，接触电阻 R_c 和 R_j 减小。

钢筋表面状态对接触电阻有很大影响，若钢筋表面有氧化膜、锈皮、污物等不良导体，通电初期，使接触电阻 R_c 和 R_j 突然增大，加热极不均匀，造成焊点烧伤、飞溅。

随着温度的提高，接触点附近钢筋电阻率 ρ（又称电阻系数）增加，接触电阻理应增加，实际上，当温度升高到600℃左右时，它的影响已很小。

相对而言，由于电极材料比较软，与钢筋接触较好，因此，电极与钢筋之间的接触电阻 R_j 要比钢筋之间的接触电阻 R_c 为小甚多。

2. 内部电阻

随着电流场分布的变化，钢筋内部电阻 R_g 也不同，影响内部电阻变化的因素有：

（1）几何尺寸特征 d_0/δ_0（d_0——焊点接触面直径；δ_0——两钢筋直径之和）的影响。若 d_0/δ_0 增加，R_g 则降低。

（2）当电极压力 F_w 增加时，焊点接触面积增大，电流场分布均匀，R_g 减小。

（3）当温度增高，材料压溃强度下降，电流场分布均匀，故 R_g 降低。但同时，钢材 ρ 也增加，R_g 有所增高。

以上三个因素合起来，在焊接过程中钢筋内部电阻有所降低。

上述表明，钢筋电阻点焊时的总电阻 R 包括内部电阻和接触电阻两部分。凡是影响电流场分布的诸因素都直接影响 R 的大小。钢筋电阻点焊正是利用电流通过两钢筋接触点的电阻而产生的热量，形成熔核，冷却凝固而形成焊点，将两钢筋交叉连接在一起。

4.2 特点和适用范围

4.2.1 特点

混凝土结构中的钢筋焊接骨架和焊接网，宜采用电阻点焊制作。

在钢筋骨架和钢筋网中，以电阻点焊代替绑扎，可以提高劳动生产率，提高骨架和网的刚度，可以提高钢筋（丝）的设计计算强度，因此宜积极推广应用。

4.2.2 适用范围

电阻点焊适用于 ϕ8～ϕ16 HPB 235 热轧光圆钢筋、ϕ6～ϕ16 HRB 335、HRB 400 热轧带肋钢筋、ϕ4～ϕ12 CRB 550 冷轧带肋钢筋、ϕ3～ϕ5 冷拔低碳钢丝的焊接。

若不同直径钢筋（丝）焊接时，系指较小直径钢筋（丝）。

注：较小钢筋系指焊接骨架、焊接网两根不同直径钢筋焊点中直径较小的钢筋。

4.2.3 焊接骨架和大小钢筋直径之比

纵向钢筋和横向或斜向钢筋分别以一定间距排列，全部交叉点均进行焊接在一起形成三向立体骨架称焊接骨架。焊接骨架有两种类型：一是在建筑构件厂生产的用于预制梁、柱的钢筋骨架；二是用于先张法预应力混凝土管桩中钢筋焊接骨架。

当焊接不同直径钢筋，其较小钢筋直径等于、小于10mm时，大小直径之比不宜大于3；若较小钢筋直径为12mm、14mm时，大小钢筋直径之比，不宜大于2。

钢筋电阻点焊时，当两钢筋直径差异过大时，会对焊接带来困难，即：采用一定工艺参数条件下，由接触电阻产生的热量，分别传导给两根钢筋，对较小直径钢筋，可能已经过热，造成塌陷；而对较大直径钢筋，可能加热不足，造成焊点结合不良，即未熔合。因此，对大小钢筋直径之比，有一定限制。

4.2.4 焊接网和大小钢筋直径之比

纵向钢筋和横向钢筋分别以一定的间距排列且互成直角、全部交叉点均焊接在一起的网片称焊接网。钢筋焊接网有两种类型：一是在建筑构件厂生产的用于沟盖板、楼板、单层工业厂房屋面板等预制构件中的钢筋焊接网；二是在工业、民用高层建筑楼板、屋面板、墙板、公路、桥梁、飞机场等现浇结构中钢筋混凝土用大型钢筋焊接网（welded steel fabric for the reinforcement of concrete）[8]，见图4.2。

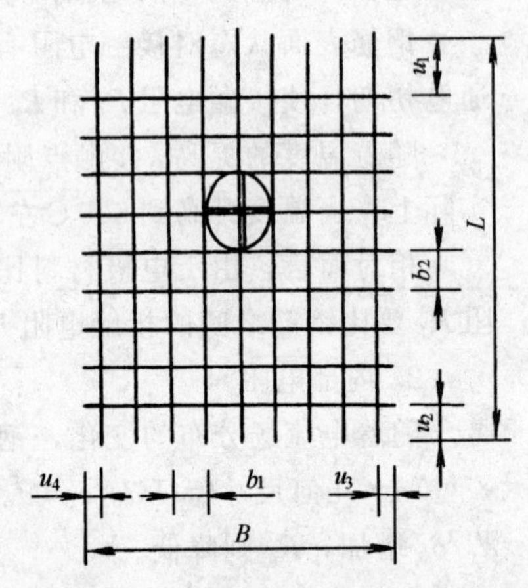

图4.2　钢筋焊接网形状

B—网片宽度；L—网片长度；

b_1、b_2—间距；u_1、u_2、u_3、u_4—伸出长度

焊接网的纵向钢筋可采用单根钢筋或双根钢筋（并筋），横向钢筋只能采用单根钢筋，见图4.3。

钢筋焊接网两个方向均为单根钢筋时，较细钢筋的公称直径不小于较粗钢筋的公称直径的0.6倍。

当纵向钢筋采用双根钢筋（并筋）时，纵向钢筋的公称直径不小于横向钢筋公称直径的0.7倍，也不大于横向钢筋公称直径的1.25倍。

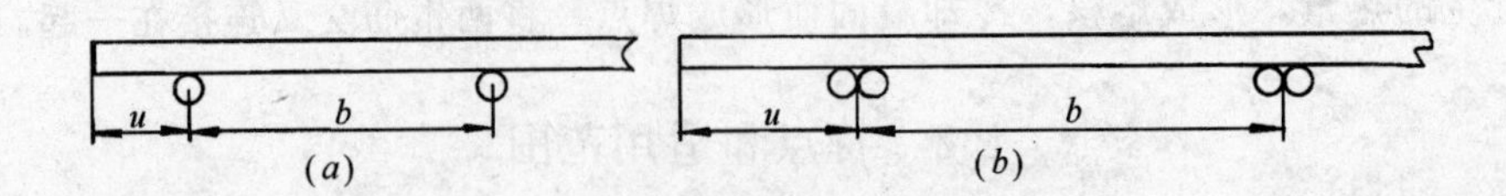

图4.3　焊接网纵向钢筋和横向钢筋

(a) 纵向单根钢筋；(b) 纵向双根钢筋

u—伸出长度；b—钢筋间距

4.3 电阻点焊设备

4.3.1 技术要求

点焊机是电阻焊机的一种。

电阻焊机除了满足制造简单，成本低，使用方便，工作可靠、稳定，维修容易等基本要求之外，尚应具有：

1. 焊机结构强度及刚性好；

2. 焊接回路有良好适应性；

3. 程序动作的转换迅速、可靠；

4. 调整焊机（焊接电流）及更换电极方便。

4.3.2 点焊机的构造

1. 加压机构

(1) 脚踏式　焊接细钢筋（钢丝）用的小容量点焊机，其加压机构采用杠杆弹簧式，也就是通过脚踏加压、脚松时由于弹簧作用而消压。传力和加压采用杠杆原理，点焊机型号为DN-25型和DN-75型。

(2) 电动凸轮式　在无气源车间，常用电动凸轮加压机构，就是利用电动机作动力，通过凸轮和杠杆作用，对钢筋进行加压和消压，点焊机型号为DN1-75型。

(3) 气压式　气缸是加压系统的主要部件，由一个活塞隔开的双气室，可使电极产生这样一种行程：抬起电极、安放钢筋、放下电极、对钢筋加压，如图4.4所示。配有气压式加压机构的点焊机有DN2-100A型、DN3-75型、DN3-100型等，目前应用最多，其外形见图4.5。

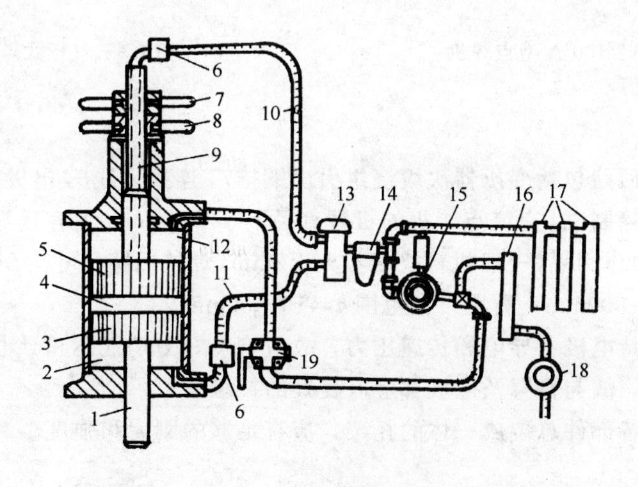

图4.4　气压式加压系统

1—活塞杆；2、4—下气室与中气室；5、3—上、下活塞；
6—节流阀；7—锁紧螺母；8—调节螺母；9—导气活塞杆；
10、11—气管；12—上气室；13—电磁气阀；14—油杯；
15—调压阀；16—高压贮气筒；17—低压贮气筒；
18—气阀；19—三通开关

(4) 气压式点焊钳　在钢筋网片、骨架的制作中，常采用气压式点焊钳。点焊钳的构造见图4.6。工作行程15mm；辅助行程40mm；电极压力3000N、气压0.5MPa；重16kg。

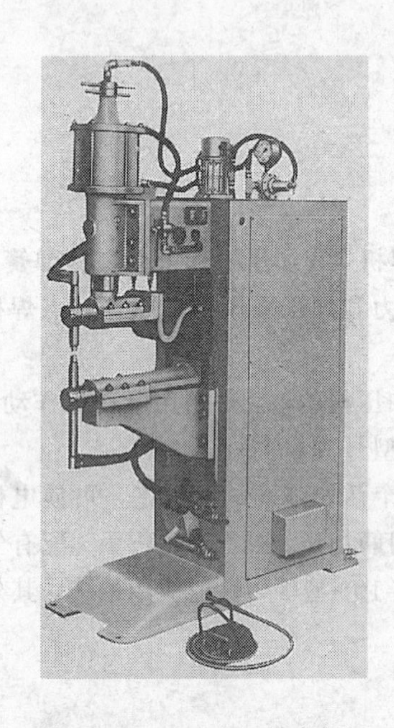

图4.5　DN2-100-A型点焊机

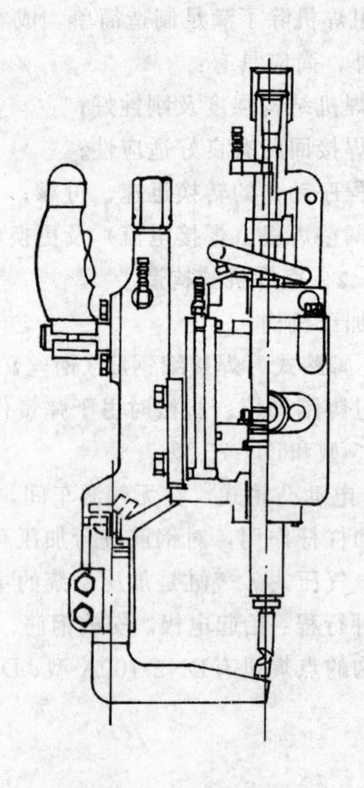

图4.6　气压式点焊钳

2. 焊接回路

点焊机的焊接回路包括变压器次级绕组引出铜排7，连接母线6，电极夹3等，见图4.7。

机臂一般用铜棒制成，交流点焊机的机臂直径不小于60mm，大容量焊机的机臂应更粗些，在最大电极压力作用下，一般机臂挠度不大于2mm，焊接回路尺寸为$L=200\sim1200$mm；机臂间距$H=500\sim800$mm；臂距可调范围$h=10\sim50$mm。

电极夹用来夹持电极、导电和传递压力，故应有良好力学性能和导电性能。因断面尺寸小，电流密度高，故与机臂及电极都应有良好的接触。

机架是由焊机各部件总装成一体的托架，应有足够的刚度和强度。

3. 电极

电极用来导电和加压，并决定主要的散热量，所以电极材料、形状、工作端面尺寸，以至冷却条件对焊接质量和生产率都有重大影响。

电极采用铜合金制作。为了提高铜的高温强度、硬度和其他性能，可加入铬、镉、铍、铝、锌、镁等合金元素。

电极的形式有很多种，用于钢筋点焊时，一般均采用平面电极，见图4.8。图中L、H、D等均为电极的尺寸参数，根据需要设计。

电极端头靠近焊件，在不断重复加热下，温度上升，因此，一般均需通水冷却。冷却水孔与电极端面距离必须恰当，以防冷却条件变坏，或者电流场分布变坏。

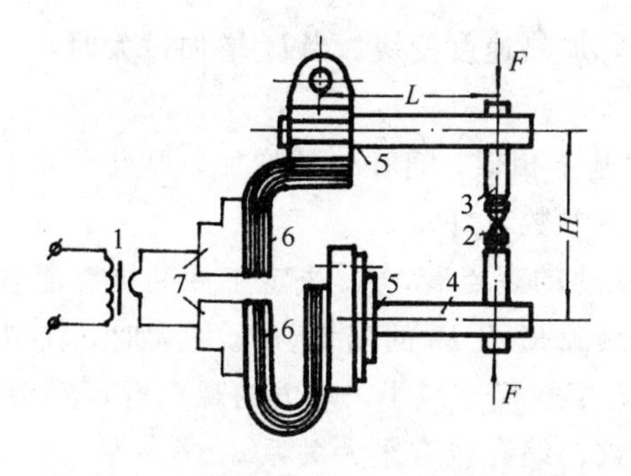

图4.7 焊接回路

1—变压器；2—电极；3—电极夹；4—机臂；

5—导电盖板；6—母线；7—导电铜排

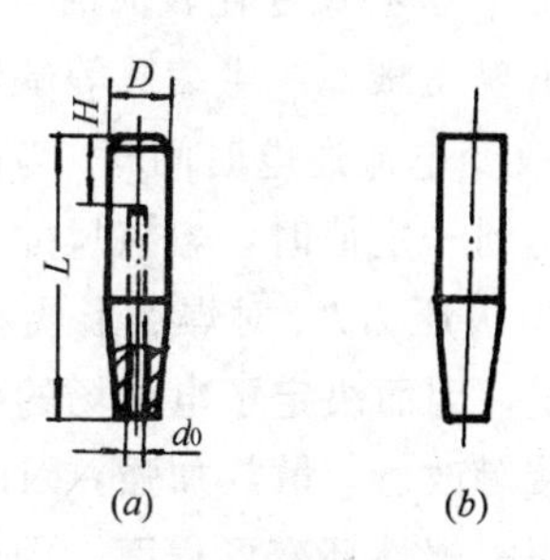

图4.8 点焊电极

(a) 锥形电极；

(b) 平面电极

4.4 电阻点焊工艺

4.4.1 电阻点焊过程

电阻点焊过程可分为预压、加热熔化、冷却结晶三个阶段，见图4.9。

预压阶段，在压力作用下，两钢筋接触点的原子开始靠近，逐步消除一部分表面的不平和氧化膜，形成物理接触点。

加热熔化阶段，包括两个过程：在通电开始一段时间内，接触点面积扩大，固态金属因加热而膨胀，在焊接压力作用下，焊接处金属产生塑性变形，并挤向钢筋间缝隙中；继续加热后，开始出现熔化点，并逐渐扩大成所要求的核心尺寸时切断电流。

第三阶段冷却结晶，由减小或切断电流开始，至熔核完全冷却凝固后结束。

在加热熔化过程中，如果加热过急，往往容易发生飞溅，要注意调整焊接参数，飞溅使核心液态金属减少，表面形成深度压坑，影响美观，降低力学性能；当产生飞溅时，应适当提高电极压力，降低加热速度。

在冷却结晶阶段中，其熔核是在封闭塑性环中结晶，加热集中，温度分布陡，加热与冷却速度极快，因此当参数选用不当时，会出现裂纹、缩孔等缺陷。点焊的裂纹有核心内部裂纹，结合线裂纹及热影响区裂纹。当熔核内部裂纹穿透到工件表面时，也成为表面裂纹，点焊裂纹一般都属于热裂纹。当液态金属结晶而收缩时，如果冷却过快，锻压力不足，塑性区的变形来不及补充，则会形成缩孔，这时就要调整参数。

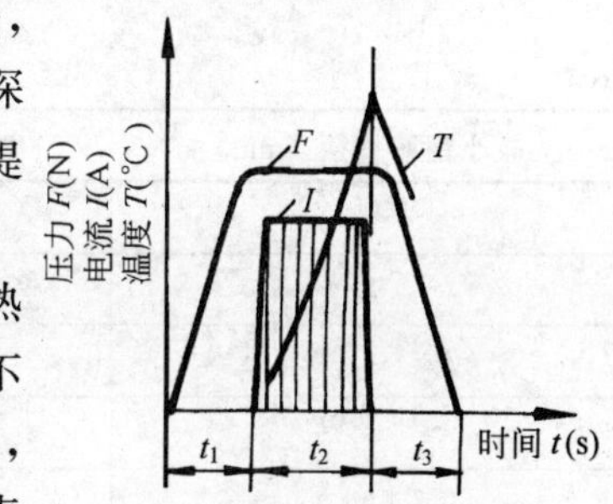

图4.9 点焊过程示意图

t_1—预压时间；t_2—通电时间；

t_3—锻压时间

4.4.2 点焊参数

点焊质量与焊机性能、焊接工艺参数有很大关系。焊接工艺参数指组成焊接循环过程和决定点焊工艺特点的参数，主要有焊接电流I_w、焊接压力（电极压力）F_w、焊接通电时间t_w、电极工作端面几何形状与尺寸等。

1. 当I_w很小时，焊接处不能充分加热，始终不能达到熔化温度，增大I_w后出现熔化核心，但尺寸过小，仍属未焊透。当达到规定的最小直径和压入深度时，接头有一定强度。随着I_w增加，核心尺寸比较大时，电流密度降低，加热速度变缓。当I_w增加过大时，加热急剧，就出现飞溅，产生缩孔等缺陷。

2. 改变电流通电时间t_w，与改变I_w的影响基本相似，随着t_w的增加，焊点尺寸不断增加，当达到一定值时，熔核尺寸比较稳定，这种参数较好。

3. 电极压力F_w对焊点形成有双重作用。从热的观点看，F_w决定工件间接触面各接点变形程度，因而决定了电流场的分布，影响着热源R_c及R_j的变化。F_w增大时，工件——电极间接触改善，散热加强，因而总热量减少，熔核尺寸减小，从力的观点看，F_w决定了焊接区周围塑性环变形程度，因此，对形成裂纹、缩孔也有很大关系。

采用DN3-75型点焊机焊接HPB 235钢筋和冷拔低碳钢丝时，焊接通电时间和电极压力分别见表4.1和表4.2。

采用DN3-75型点焊机焊接通电时间（s）　　**表4.1**

变压器级数	较小钢筋直径（mm）							
	3	4	5	6	8	10	12	14
1	0.08	0.10	0.12	—	—	—	—	—
2	0.05	0.06	0.07	—	—	—	—	—
3	—	—	—	0.22	0.70	1.50	—	—
4	—	—	—	0.20	0.60	1.25	2.50	4.00
5	—	—	—	—	0.50	1.00	2.00	3.50
6	—	—	—	—	0.40	0.75	1.50	3.00
7	—	—	—	—	—	0.50	1.20	2.50

注：点焊HRB 335、HRB 400钢筋或冷轧带肋钢筋时，焊接通电时间延长20%～25%。

钢筋点焊时的电极压力（N）　　**表4.2**

较小钢筋直径（mm）	HPB 235钢筋、冷拔低碳钢丝	HRB 335、HRB 400钢筋、冷轧带肋钢筋
3	980～1470	
4	980～1470	1470～1960
5	1470～1960	1960～2450
6	1960～2450	2450～2940
8	2450～2940	2940～3430
10	2940～3920	3430～3920
12	3430～4410	4410～4900
14	3920～4900	4900～5880

4. 不同的I_w与F_w可匹配成以加热速度快慢为主要特点的两种不同参数：强参数与弱参数。

强参数是电流大、时间短，加热速度很快，焊接区温度分布陡、加热区窄、表面质量好、接头过热组织少，接头综合性能好，生产率高。只要参数控制较精确，而且焊机容量足够（包括电与机械两个方面），便可采用。但因加热速度快，如果控制不当，易出现飞溅

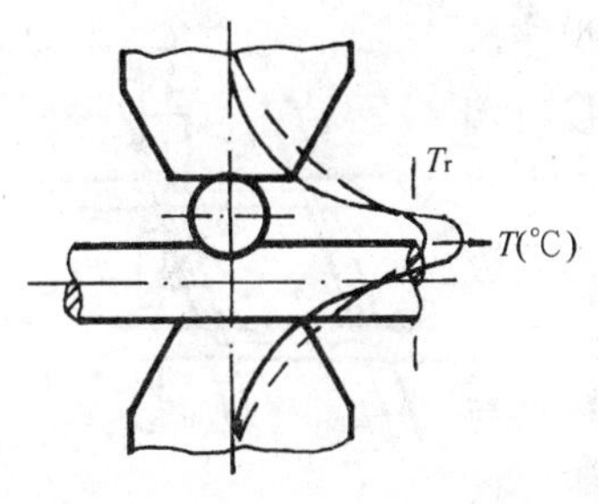

图4.10 钢筋点焊时温度分布
——强参数；········弱参数
T_r—熔化温度

等缺陷，所以，必须相应提高电极压力F_w，以避免出现缺陷，并获得较稳定的接头质量。

当焊机容量不足，钢筋直径大，变形困难或塑性温度区过窄，并有淬火组织时，可采用加热时间较长、电流较小的弱参数。弱参数温度分布平缓，塑性区宽，在压力作用下易变形，可消除缩孔，降低内应力，图4.10为强、弱两种参数点焊时，焊接区的温度分布示意图。

4.4.3 压入深度

一个好的焊点，从外观上，要求表面压坑浅、平滑，呈均匀过渡，表面无裂纹及粘附的铜合金。从内部看，熔核形状应规则、均匀，熔核尺寸应满足结构和强度的要求；熔核内部无贯穿性或超越规定值的裂纹；熔核周围无严重过热组织及不允许的焊接缺陷。

如果焊点没有缺陷，或者缺陷在规定的限值之内，那么，决定接头强度与质量的就是熔核的形状与尺寸。钢筋熔核直径难以测量，但可以用压入深度d_y来表示。所谓压入深度(pressed depth)就是两钢筋（丝）相互压入的深度，见图4.11，其计算式如下：

$$d_y = (d_1 + d_2) - h$$

式中 d_1——较小钢筋直径；

d_2——较大钢筋直径；

h——焊点钢筋高度。

以$\phi6+\phi6$钢筋焊点为例，当压入深度为0时，焊点钢筋高度为12mm，熔核直径d_r为零。当压入深度为较小钢筋直径的20%时，焊点钢筋高度为10.8mm，计算熔核直径d_r为4.6mm，见图4.12 (*a*)。当压入深度为较小钢筋直径的30%时，焊点钢筋高度为10.2mm，计算熔核直径d_r为5.4mm，见图4.12 (*b*)[9]。

图4.11 压入深度
d_y—压入深度；h—焊点钢筋高度

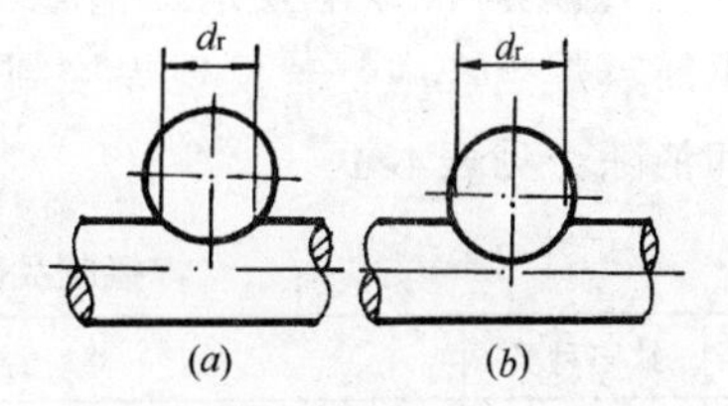

图4.12 钢筋电阻点焊的熔核直径
d_r—熔核直径

规程JGJ 18—2003规定焊点压入深度应为较小钢筋直径的18%～25%。

规定钢筋电阻焊点压入深度的最小比值，是为了保证焊点的抗剪强度；规定最大比值，对冷拔低碳钢丝和冷轧带肋钢筋，是为了保证焊点的抗拉强度。对热轧钢筋，是为了防止焊点压塌。

4.4.4 表面准备与分流

焊件表面状态对焊接质量有很大影响。点焊时，电流大、阻抗小，故次级电压低，一般不大于10V。这样，工件上的油污、氧化皮等均属不良导体。在电极压力作用下，氧化膜等局部破碎，导电时改变了焊件上电流场的分布，使个别部位电流线密集，热量过于集中，易造成焊件表面烧伤或沿焊点外缘烧伤。清理良好的表面将使焊接区接触良好，熔核周围金属压紧范围也将扩大，在同样参数下焊接时塑性环较宽，从而提高了抗剪力。

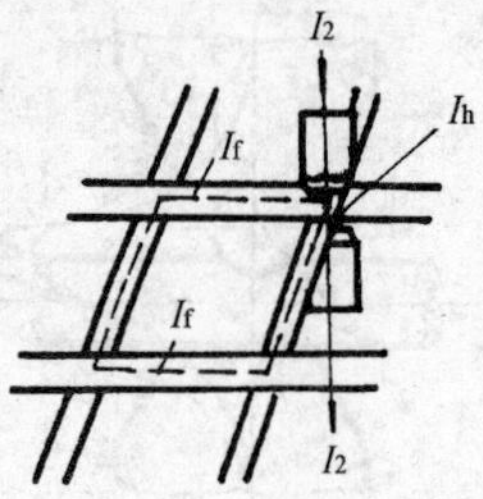

点焊时不经过焊接区，未参加形成焊点的那一部分电流叫作分流电流，简称分流。见图4.13。

钢筋网片焊点点距是影响分流大小的主要因素。已形成的焊点与焊接处中心距离越小，分流电阻R_f就越小，分流电流I_f增加，使熔核直径d_r减小，抗剪力降低。因此，在焊接生产中，要注意分流的影响。

图4.13　钢筋点焊时的分流现象

I_2—次级电流；I_h—流经焊点焊接电流；I_f—分流电流

4.4.5　钢筋多点焊

在钢筋焊接网生产中，宜采用钢筋多点焊机。这时，要根据网的纵筋间距调整好多点焊机电极的间距，注意检查各个电极的电极压力、焊接电流以及焊接通电时间等各项参数的一致，以保持各个焊点质量的稳定性。

4.4.6　电极直径

因为电极决定着电流场分布和40%以上热量的散失，所以电极材料、形状、冷却条件及工作端面的尺寸都直接影响着焊点强度。在焊接生产时，要根据钢筋直径选用合适的电极端面尺寸，见表4.3，并经常保持电极与钢筋之间接触表面的清洁平整。若电极使用变形，应及时修整。安装时，上下电极的轴线必须成一直线，不得偏斜和漏水。

电　极　直　径　　表4.3

较小钢筋直径　(mm)	电极直径　(mm)
3～10	30
12～14	40

4.4.7　钢筋焊点缺陷及消除措施

在钢筋点焊生产中，若发现焊接制品有外观缺陷，应及时查找原因，并且采取措施予以防止和消除，见表4.4。

焊接制品的外观缺陷及消除措施　　表4.4

项　次	缺陷种类	产生原因	防止措施
1	焊点过烧	1. 变压器级数过高 2. 通电时间太长 3. 上下电极不对中心 4. 继电器接触失灵	1. 降低变压器级数 2. 缩短通电时间 3. 切断电源、校正电极 4. 调节间隙、清理触点
2	焊点脱落	1. 电流过小 2. 压力不够 3. 压入深度不足 4. 通电时间太短	1. 提高变压器级数 2. 加大弹簧压力或调大气压 3. 调整两电极间距离，符合压入深度要求 4. 延长通电时间
3	钢筋表面烧　伤	1. 钢筋和电极接触表面太脏 2. 焊接时没有预压过程或预压力过小 3. 电流过大	1. 清刷电极与钢筋表面的铁锈和油污 2. 保证预压过程和适当的预压力 3. 降低变压器级数

4.4.8 悬挂式点焊钳的应用

北京市第一建筑构件厂钢筋车间置有悬挂式点焊钳3台，其中，2台为德国进口产品，型号PT6-100型和PT6-80型，另一台为国产DN3-125-1型，并作适当技术改造，用于焊接网片和焊接骨架的生产，见图4.14[10]。

图4.14 使用悬挂式点焊钳进行网片生产

使用悬挂式点焊钳进行焊接，有很大优越性，由于点焊钳挂在轨道上，而各操作按钮均在点焊钳面板上，可以随意灵活移动，适合于焊接各种几何形状的焊接钢筋网片和钢筋骨架。

焊接工艺参数根据钢筋牌号、直径选用，与采用气压式点焊机时相同，焊点压入深度一般为较小钢筋（丝）的25%。焊点质量检验做抗剪试验和拉伸试验，全部合格。

使用该种点焊钳，工作面宽，灵活，适用性强，既能减轻焊工劳动强度，又可提高生产率，三台点焊钳月产量钢筋焊接制品50～80t，年产量900～1000t，取得了良好的技术经济效果。

4.4.9 钢筋多点焊生产

北京市第一建筑构件厂自制全自动钢筋网片8头点焊机，见图4.15。可焊钢筋直径$\phi4$～$\phi8$，网片尺寸：

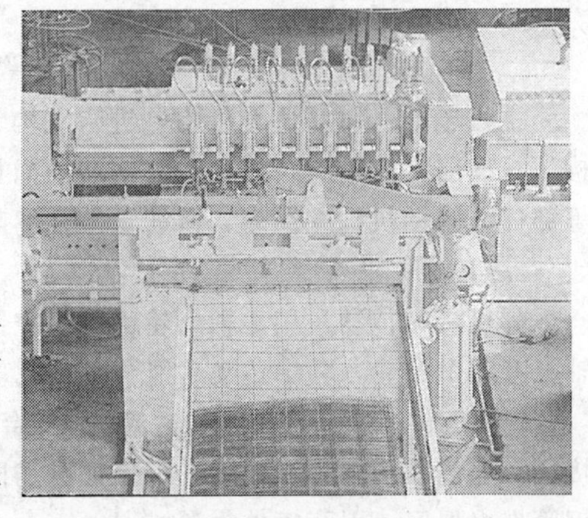

图4.15 钢筋多点焊生产[11]

最大宽度　　2450mm

最大长度　　6000～10000mm

焊机中装有32kVA焊接变压器4个，每个焊接变压器的焊接回路串联2对电极，同时焊接两个焊点。

该焊机每年最大生产能力：10600t；每小时生产率：2.56t/h（钢筋直径8mm+8mm），0.85t/h（钢筋直径4mm+4mm）。

钢筋多点焊机的生产与应用，带来显著的技术经济效果。

4.5 双钢筋自动交叉平焊

4.5.1 双钢筋

双钢筋（bi-steel）系由两根纵向平行的冷拔低碳钢丝与一定间隔的短横筋焊接而成的梯格状钢筋。它与混凝土有良好的锚着力，使冷拔低碳钢丝的强度充分利用，可取较高的设计强度，用以代替普通热轧钢筋，可节约钢材30%～40%。

常用的双钢筋规格：纵筋为ϕ^b5，净距20mm；横筋用ϕ^b4拔成2.7mm×4.7mm的矩形截面，间距95mm。纵筋与横筋焊于同一平面，故称“平焊”，并且一次焊成2个焊点，为钢筋电阻点焊的一种特殊形式，见图4.16。

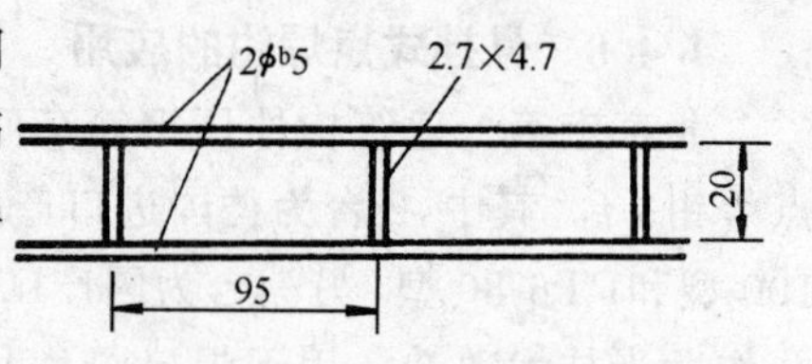

图4.16　双钢筋

4.5.2　双钢筋平焊机[12]

1. 组成

北京市住总构件厂自制SPH-120-Ⅲ型双钢筋自动平焊机，由主机和辅助机构组成，见图4.17。

图4.17　SPH-120-Ⅲ型双钢筋自动平焊机

主机包括：纵筋矫直机构、进给机构、摆头电极；横筋矫直机构、进给机构、切断机构、短横筋夹钳、上行机构；双钢筋导向机构；电动机；传动机构、控制柜及焊接变压器等部件。辅助机构有纵筋、横筋盘条开卷架、双钢筋收卷架等。

2. 工作原理

焊机机械传动采用主轴凸轮组程序控制，由电动机经过皮带轮变速，带动主轴旋转。主轴上有四个凸轮，其中传动功能分别为：

1号凸轮经连杆推拉纵筋进给机构，牵引纵筋由开卷架引出，再通过矫直机构输送到焊接区。送筋滚压轮为双列式，可保证纵筋同步间歇进给，并随着纵筋的前进，将焊好的双钢筋推出焊区，引至机外收卷。

2号凸轮是双侧面传动，一侧推动摆杆，连接横轴运转，使轴上的另两个摆杆通过摆轮，牵引摆头电极作水平往复运动，完成电极夹紧、通电、焊接及维持、释放的动作；另一侧顶动摆杆、推拉横筋切断机构的切刀作往复直线运动，将横筋切成23mm短筋。

3号凸轮通过摆杆，推拉横筋进给机构的送筋滚压轮，作定长间歇进给，牵引横筋由开卷架引出，通过矫直，输送到切断机构。同时将已切断的短筋顶入短筋夹钳口内。

4号凸轮推动短筋夹钳上下往复运动。首先，将短筋顶升到与纵筋同一水平位置，接受焊接。然后，夹钳下降复位。

主轴旋转一周，即完成一次焊接过程。因此，焊接速度即主轴的旋转速度。每个焊接循环的顺序是：短横筋夹钳复位——摆头电极释放——纵筋进给机构送筋——横筋进给机构送筋——横筋切断——短横筋夹钳上升就位——摆头电极夹紧——导通电源焊接——维持、冷却——进入第二个循环。当焊接速度为120次/min时，每个循环的完成时间为0.5s。

3. 控制电器

以空气开关作为总电源控制开关，额定电流为150A，电压采用36V，控制柜KD7采用以电源周波为单位的时间控制电路，负载持续率20%时，最大输出电流为200A。另外，安装一套光电控制信号，在焊接运行时，光电信号受光控而周期性接通，按预选的焊接时间、焊接电流、触发控制柜双向晶闸管导通，将电流输出至焊接变压器。

焊接变压器采用50kVA水冷式点焊变压器，初级电压380V，次级电压由3.5～7.0V，分成六档可调。次级分别连接摆头电极，完成焊点串联焊接。

电动机为1～3kW交流整流子调速电机，转速1410～470r/min，经皮带轮带动主轴旋转，传动比为5.4∶1。

4.5.3　双钢筋平焊工艺

焊接工艺属H型双点交叉平焊电阻点焊。当两根位于摆头电极夹紧槽内的纵筋与短横筋两端夹紧时（夹紧力在1500N左右），纵筋与横筋的接触面上形成接触电阻。此时触发焊接开关，控制箱导通主电路，焊接变压器送出定时焊接电流。电流从两根纵筋经过短横筋集中流通，产生局部高温，使短横筋两端面受热而熔化。同时，因受到电极夹紧力，短横筋与纵筋焊接成梯格形双钢筋，见图4.18。粗略地说，其摆头电极夹紧力与接触电阻大小成反比；纵、横筋结合部位，焊接时产生的热量与电流、电阻、通电时间成正比。

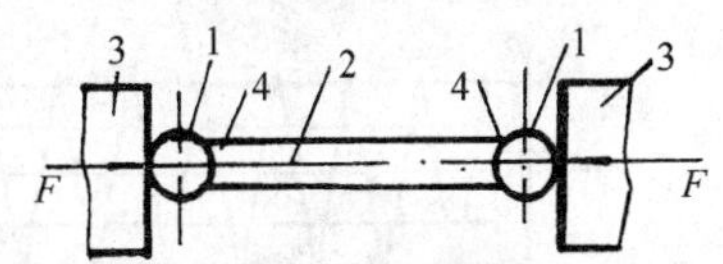

图4.18　双钢筋交叉平焊
1—纵筋；2—横筋；3—电极；4—焊点；F—压力

该焊机性能可靠，故障率低，操作简便，维修方便，焊接质量比较稳定，已在很多地区推广应用。

4.5.4　双钢筋平焊生产

北京市住总构件厂于20世纪80年代中期建成双钢筋车间，现有SPH-120自动平焊机8台，成批生产ϕ^b5双钢筋。每台班产量为1t，车间年生产能力达2500t。双钢筋成品分两种形式，一是直接卷成直径大于1.8m，重量小于100kg的大圆盘；一是按构件和实际工程需要，定长切断，成捆供应。

该厂生产三大系列的双钢筋混凝土板类构件：一是单向圆孔大楼板，用于框架轻板体系住宅；二是双向实心大楼板，可与预应力大楼板通用，用于大模板体系住宅；三是大跨间叠合楼板，用于全现浇超高层建筑。双钢筋叠合板预制底板（板厚5～6.3cm）分99种，可形成300多种组合，实现了双向拼板、双向承重。在某地区工程中，推广应用60万m^2，每栋楼缩短工期100d，节约钢材20%。

4.6　管桩钢筋骨架滚焊机及使用

4.6.1　先张法预应力混凝土管桩

现行国家标准《先张法预应力混凝土管桩》GB 13476—1999对先张法预应力混凝土管桩（以下简称管桩）的产品分类、技术要求等作出规定。该管桩广泛用于工业与民用建筑、铁路、公路、港口、水利等现浇混凝土工程中，管桩外径分为300、350、400、450、500、550、600、800mm和1000mm等规格。管桩长度7～15m，管桩的结构形状见图4.19[13]。

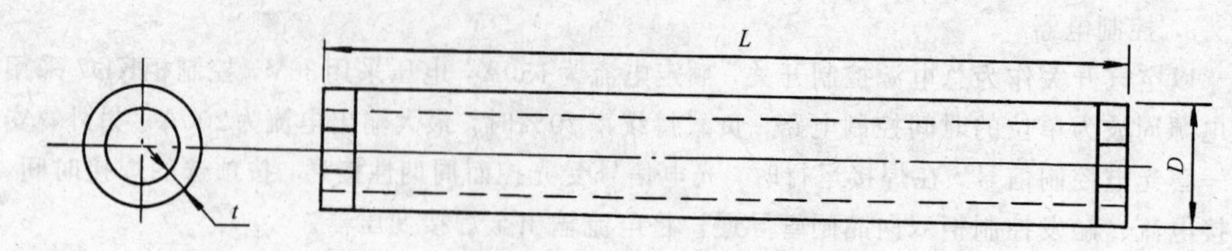

图 4.19　管桩的结构形状

t—最小壁厚；D—管桩外径；L—管桩长度

4.6.2　管桩焊接骨架

管桩焊接骨架采用预应力混凝土用钢棒或预应力混凝土用钢丝作为主筋，冷拔低碳钢丝或低碳钢热轧圆盘条作为螺旋筋，经电阻点焊加工制成，见图 4.20。

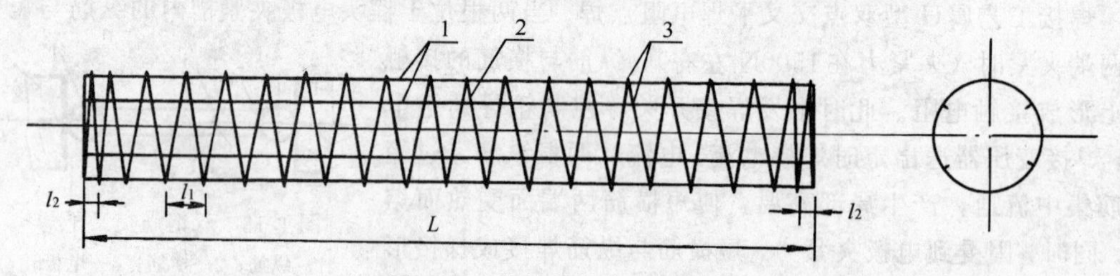

图 4.20　管桩焊接骨架示意图

l_1—螺距；l_2—两端螺距；L—骨架长度；1—主筋；2—螺旋筋；3—焊点

端部锚固钢筋、架立圈宜采用低碳钢热轧圆盘条或钢筋混凝土用热轧带肋钢筋。预应力钢筋沿其分布圆周均匀配置，不得小于 6 根。管桩外径 450mm 以下，螺旋筋的直径应不小于 4mm；外径 500～600mm，螺旋筋的直径不应小于 5mm；外径 800～1000mm，螺旋筋直径不应小于 6mm。管桩螺距最大不超过 110mm，管桩两端螺旋筋长度范围 1000～1500mm，螺距范围在 40～60mm。

4.6.3　管桩钢筋骨架滚焊机[14]

1. 用途和特点

无锡市荡口通用机械有限公司生产的 GH-600 型管桩钢筋骨架滚焊机是将高强混凝土管桩钢筋自动滚焊（电阻点焊）成骨架的专用焊机，广泛用于预应力先张法的钢筋架笼体焊接成型。该机具有可焊主筋强度损失小、骨架长而不扭曲、整体性能好、调节方便、性能稳定、操作维修简便等特点。其外形见图 4.21。

2. 技术参数

（1）焊接骨架直径（mm）$\phi230$～$\phi560$（可生产管桩直径：250、300、350、400、450、500、550、600mm）

（2）焊接钢筋骨架长度　　3000～15000mm

（3）纵筋直径　　$\phi7$～$\phi12$

（4）环筋直径　　$\phi4$～$\phi6$

（5）笼体螺距　　5～120mm

（6）驱动功率　　绕丝电机 Y112M-4　4kW 变频调速

送丝电机 YLJ132-16-4

牵引电机 Y90S-4　1.1kW 变频调速

图4.21 GH-600型管桩钢筋骨架滚焊机

(7) 焊接变压器功率　63kVA×2

(8) 焊接变压器持续率　50%

(9) 主机电源　380V 三相 (变压器 二相)

(10) 焊接主机转速　0～60r/min

(11) 焊接变压器冷却方式　自冷

(12) 外形尺寸 (长×宽×高)　20000mm×2000mm×1645mm

(13) 焊机质量　约12t

3. 结构

钢筋骨架滚焊机主要由焊接主机、环筋料放松旋转机架、钢筋骨架牵引机构、焊接变压器及电气控制机构等组成。

旋转电极的电极臂由铜带、电刷导电环、铜排等组成的次级线圈的一端连接。电极臂可根据焊接骨架直径大小调节，整个电极装置固定在旋转焊接机构的大滚套上。在旋转机构的中心安装了固定电极轮，并同焊接变压器的次级线圈的另一端连接。各电极同主机互相绝缘。

旋转焊接机构中的大滚套由两只较大深沟球轴承固定。电动机通过三角带轮传动二级齿轮拖动大滚套旋转。在大滚套作旋转的同时，环筋钢筋料通过滑轮绕在纵筋钢筋上，并通过分度信号使焊接变压器导通，进行对钢筋交叉点通电焊接，由此同时钢筋骨架牵引电机经减速装置拖动链条带动小车使骨架直线向后移动。整个动作按设定的螺距及长度焊接成型。

焊机有自动焊接和手动焊接两种焊接模式，工作时根据需要自行选择。

4. 使用和使用单位举例

该滚焊机主要用于焊接管桩的钢筋骨架；骨架主筋为预应力混凝土用钢棒，强度为1275/1420MPa，规格一般为ϕ7.1、ϕ9.0、ϕ10.7、ϕ12.6。螺旋筋一般用ϕ4、ϕ5、ϕ6的Q235低碳钢热轧圆盘条，采用两台焊接变压器并联，主要是为加大焊接时的输出电流。螺旋筋边绕边焊，当螺旋筋绕到一根主筋时就焊一次。该焊机也能焊普通混凝土管桩的钢筋骨架。焊机上的手动焊和自动焊主要是为使用者多一种选择焊接的模式。

假设有一根10m长管桩焊接骨架，采用该滚焊机，其生产效率计算如下。

（1）螺旋筋总圈数

设骨架两端1500mm长度范围内，螺旋筋间距为50mm，中间部分为100mm，则总圈数为：（1500×2）/50+（10000−1500×2）/100=60+70=130圈。

（2）焊接时间

按焊机焊接速度每分钟旋转45圈计，则130/45≈3min。

（3）焊点总数

如果主筋为9根，焊点总数为：9×130=1170点；每分钟焊接1170/3=390焊点。

该滚焊机已在上海宝力管桩厂、上海富盛浙工建材有限公司、天津宝力管桩厂、南京六合宝力管桩厂、宁波镇海永大构件有限公司、浙江嘉善凝新混凝土构件有限公司等很多单位使用，取得良好效果。

4.6.4　管桩焊接骨架质量检验

焊接骨架外观检查结果，焊点应无漏焊和脱落；力学性能检验时，3个焊点试件拉伸试验结果，主筋抗拉强度不得小于钢筋规定抗拉强度的0.95倍。

4.7　大型钢筋焊接网

4.7.1　钢筋焊接网的应用与发展

钢筋焊接网是将纵向和横向钢筋定距排列，全部交叉点均焊接在一起的钢筋网片，是一种工厂化加工的钢筋制品，是一种新型、高效、优质的钢筋混凝土结构用建筑钢材。

钢筋焊接网在欧美等国家已经得到非常广泛的应用，形成商品化供应。欧洲主要国家钢筋焊接网应用情况见表4.5。

欧洲国家钢筋焊接网用量　　表4.5

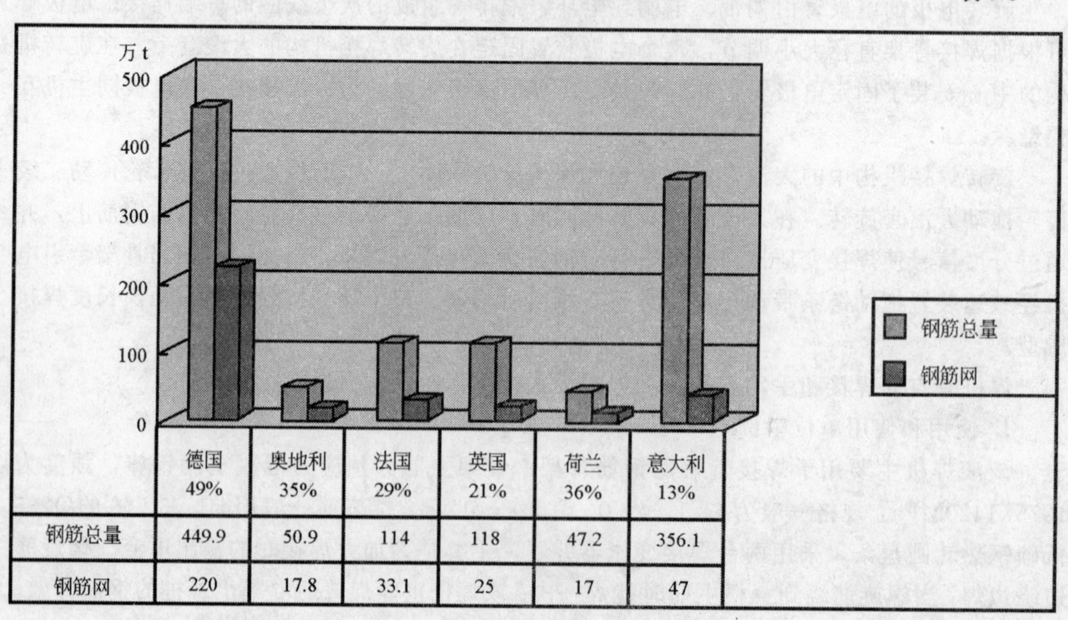

	德国 49%	奥地利 35%	法国 29%	英国 21%	荷兰 36%	意大利 13%
钢筋总量	449.9	50.9	114	118	47.2	356.1
钢筋网	220	17.8	33.1	25	17	47

在亚太地区钢筋焊接网也得到一定的发展。日本1960年就制定了钢筋焊接网产品标准和混凝土设计规范，在现浇结构中已大量使用。澳大利亚目前建筑用钢筋中35%为钢筋网。另外，新加坡、马来西亚和中国台湾钢筋网也得到了较好的应用，见表4.6。

亚洲钢筋焊接网用量 **表4.6**

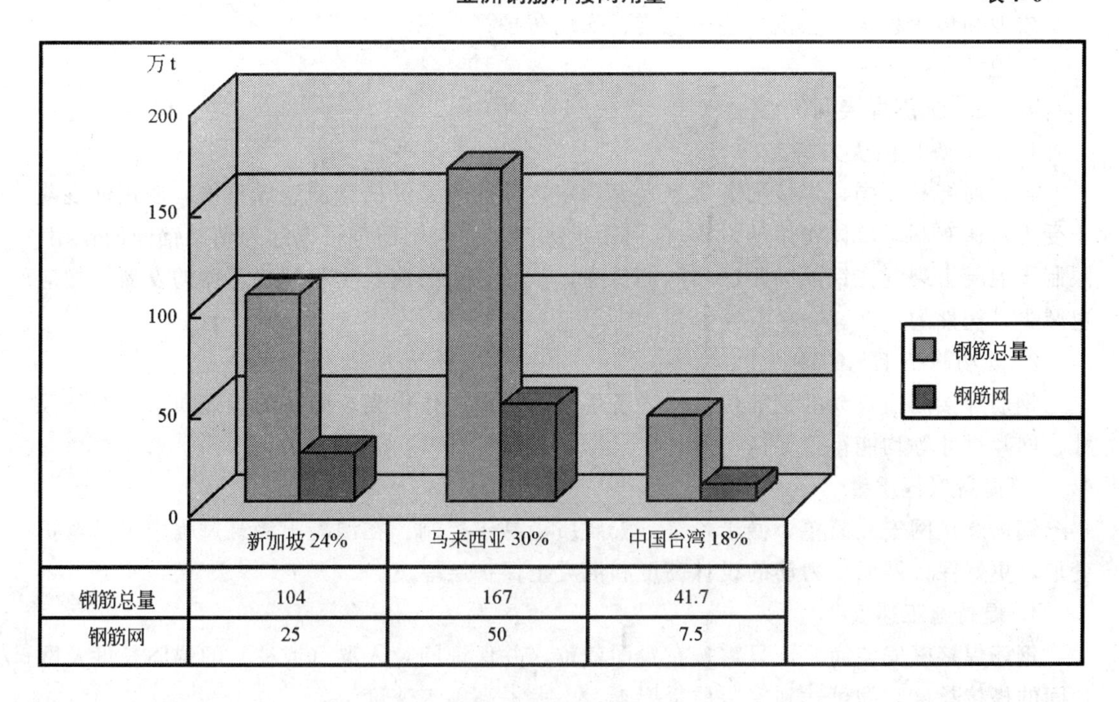

	新加坡 24%	马来西亚 30%	中国台湾 18%
钢筋总量	104	167	41.7
钢筋网	25	50	7.5

在内地，一些地区已经积累了钢筋焊接网的生产和应用经验，并产生许多示范工程。广东、上海、江苏、北京、湖北等地钢筋焊接网应用较早、经验比较丰富；全国已有3000个以上工程应用钢筋焊接网，如：江阴长江大桥、南京长江二桥、京珠高速公路、长青隧道、港澳江南中心大厦、深圳地王大厦、北京西客站、北京五环公路、三峡工程、武汉长江三桥、京沪高速公路、上海外环高架桥……但是，从总体上来看，钢筋焊接网的应用在我国尚属起步阶段，今后还有很大的发展空间。

采用钢筋焊接网作为混凝土结构的配筋，由于横向钢筋的锚固作用，增强了纵向受力钢筋与混凝土共同工作的效果，对内力进行充分的重分布，抑制裂缝的开展，改善了混凝土结构的刚度，可以采用较高的钢筋设计强度，较大幅度降低钢筋用量。钢筋焊接网可以在工厂加工，提高了工程配筋的质量和效率，降低劳动强度和工程成本，有利于简化设计工作。

在现代建筑工程中，钢筋混凝土结构得到广泛的应用，钢筋作为一种特殊的建筑材料起着极为重要的作用；但目前钢筋加工生产远落后于商品混凝土和建筑模板。所以，提高建筑用钢筋的工厂化加工程度，实现钢筋的商品化配送，是建筑业的一个发展方向。

4.7.2 钢筋焊接网的应用领域

钢筋焊接网宜作为钢筋混凝土结构、构件的受力钢筋、构造钢筋以及预应力混凝土结构、构件中的非预应力钢筋，具体应用领域如下：

建筑业：工业、民用高层建筑楼板、剪力墙面、地坪、梁、柱等；

交通业：公路路面、桥面、飞机场、隧道、桥梁、市政建设等；

环保体育：污水处理池、区域保护、体育场馆等；

水利电力工程：发电厂、坝基、港口、输水渠道、加固坝堤；

煤矿：防护网、基础网；

农业和地表稳定：防洪、边坡稳定、崩塌防护；

其他。

4.7.3 钢筋焊接网优点

1. 钢筋焊接网受力特点

与普通绑扎不同，焊接网各焊点具有一定抗剪能力，纵横钢筋连成整体，使钢筋混凝土受力传递有利于整体作用的发挥。同时由于纵向和横向钢筋都可以起到粘结锚固的作用，限制了混凝土裂缝在钢筋间距区格间的传递，从而减少裂缝长度和裂缝宽度的发展，相应也减少了构件的挠度。

2. 现场施工工艺的改进

钢筋焊接网由自动的钢筋焊接网设备生产，只要操作得当，网片的焊点质量、网格尺寸、网片尺寸等均能得到保证。

3. 提高工程质量

钢筋焊接网安装简单，便于检查，安装质量易于控制。在混凝土浇筑过程中不易弯折变形，更好保证网面受力筋的设计高度和混凝土保护层厚度。

4. 提高施工速度

钢筋焊接网安装简单，只需按布置图就位，并保证网片入梁（或柱）的锚固长度及网片间的搭接长度，即可达到安装质量要求，大大提高施工速度。

5. 有利于文明施工

钢筋焊接网安装简便，现场工作量小，安装时间短，减少现场钢筋加工和堆放，有利于文明施工。

6. 良好技术经济效益

虽然钢筋焊接网每吨价格比绑扎钢筋直接费用高出35%左右，但因为钢筋用量的降低和其他费用的大大降低，总的钢筋价格和绑扎钢筋相比降低5%～10%，所以它具有很好的技术经济效益和社会效益。

4.7.4 钢筋焊接网的钢筋牌号和规格

1. CRB 550 冷轧带肋钢筋，直径5～12mm；

2. HRB 335 和 HRB 400 热轧带肋钢筋，直径6～12mm；

3. Q215 或 Q235 热轧圆盘条的冷拔低碳钢丝，或不经冷拔而调直后钢筋，直径5～12mm。

4.7.5 GWC 钢筋焊接网生产线设备[15]

国内生产钢筋焊接网生产线设备的工厂有若干家。

1. 中国建筑科学研究院建筑机械化分院生产的GWC钢筋焊接网生产线外貌见图4.22。

GWC系列钢筋网成型机组具有3种不同型号，见表4.7。GWC 3300 机组生产工艺和技术参数见表4.8。

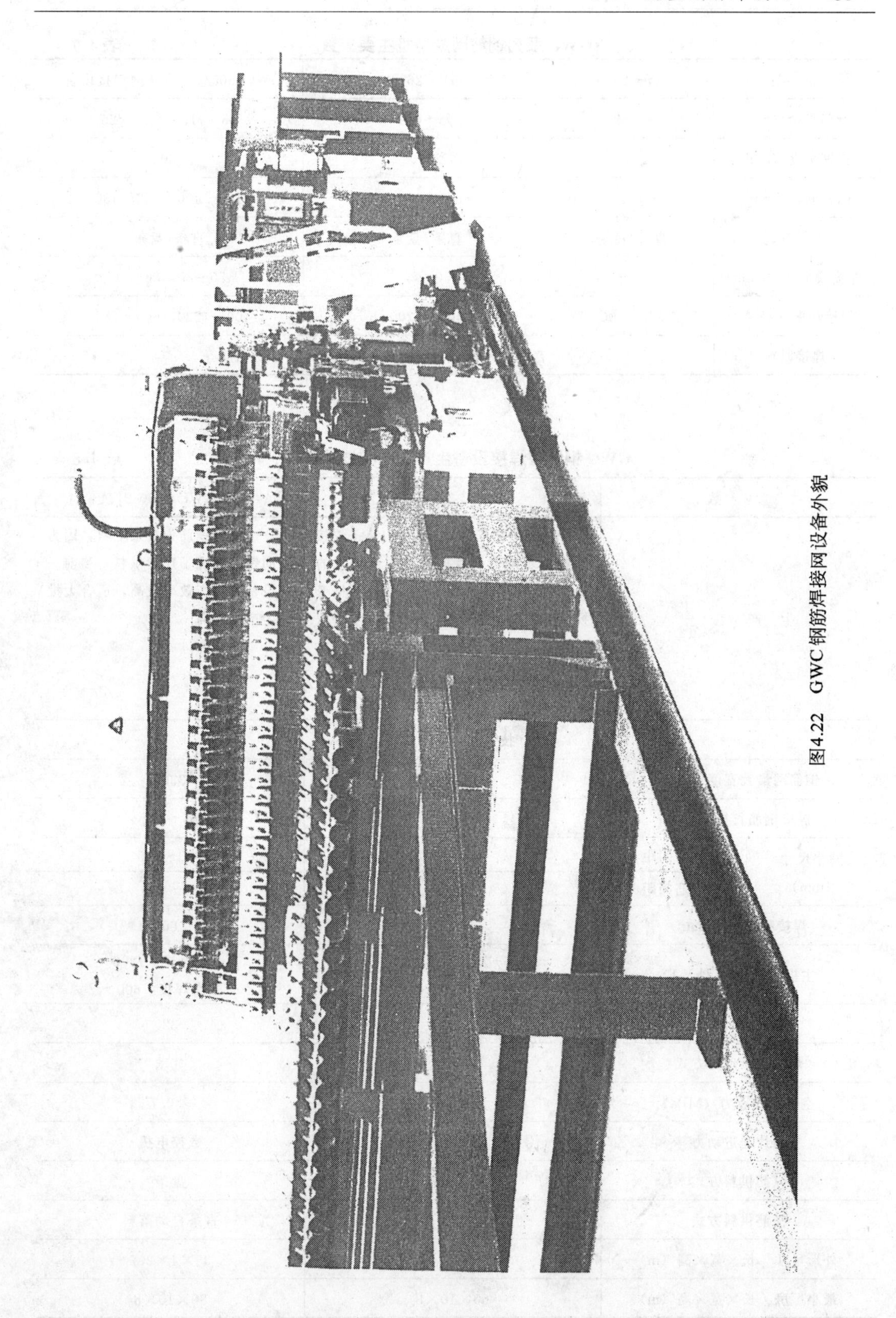

图4.22 GWC钢筋焊接网设备外貌

GWC 系列钢筋网成型机主要参数　表 4.7

设备型号	GWC2050	GWC2600	GWC3300（工程用网焊接设备）
钢筋直径（mm）	φ3～φ8	φ5～φ12	φ5～φ12，φ12～φ25
钢网宽度（mm）	2050	2600	3300
网格间距（mm）	50～200	50/100～400	100～400，150～450
上料方式	直条/盘条	直条/盘条	直条/盘条
焊接频率（次/min）	50～80	50～80	50～80，30～50
焊接功率（kVA）	300～900	400～1200	400～1200，600～1600
焊接原料	普通光圆钢筋、热轧带肋钢筋、冷轧带肋钢筋等		

GWC 钢筋网焊接设备生产工艺和技术参数　表 4.8

参数		GWC 3300-R	GWC 3300-P
生产工艺		——纵向钢筋为定长直条上料，焊接原料需要预先调直剪切成图纸要求的长度。这种形式的设备适合焊接规格变换频繁的定制钢筋网，由于采用了特殊的结构设计和工作机理使得变换一次网格只需要5min左右，年产量仍可达2万t，比较适合国内目前市场情况	——纵向钢筋为盘条上料，因为纵向钢筋实现了连续供料，和前一种设备比生产效率较高，适合大批量生产标准网
技术参数			
钢筋网最大宽度（mm）		3300	3300
焊接钢筋直径（mm）		φ5～φ12	φ5～φ12
网格尺寸（mm）	纵筋间距	100～400	100～400
	横筋间距	50～400	50～400
焊接频率（次/min）		60	60
主机额定功率（kVA）		一次焊接：1200 三次焊接：600	一次焊接：1200 三次焊接：600
焊点数（个）		32	32
焊接加压动力方式		气动	气动
空气工作压力（MPa）		≥0.7	≥0.7
网片送进动力		数控电机	数控电机
纵筋供料方式		定长直条	盘条
横筋供料方式		直条自动落料	直条自动落料
外形尺寸	长×宽×高（m）	25×4.5×2.7	35×4×2.7
最小厂房	长×宽×高（m）	60×10×8	80×10×8

续表

参　　数	GWC 3300-R	GWC 3300-P
技　术　参　数		
电力消耗 kWh/t （以ϕ10mm，100mm×100mm，2.4mm×6m 网片为例）	80	80
压缩空气消耗（m^3/min）	4	1
设备重量（t）	45	48
焊接原料	冷轧带肋/光圆钢筋 热轧带肋/光圆钢筋	冷轧带肋/光圆钢筋 热轧带肋/光圆钢筋
安全措施	1. 循环水冷却系统 2. 水压、气压监控 3. 工作位置监控 4. 电力系统过载保护 5. 控制系统自检 6. 设有安全防护网 7. 急停开关	

2.GWC 钢筋焊接网设备特点

(1) 整机采用PCC 计算机编程控制，通过彩色触摸式液晶显示屏可以观察并设定各工作参数，设置工作状态，具有故障自诊断功能；

(2) 网片牵引系统采用国际先进的伺服驱动方式，步进速度快（最快达60 排/min），网格间距无级可调，尺寸精度高，可以焊接具有多种网格间距的网片；

(3) 既可焊接冷轧、冷拔钢筋，也可以焊接热轧带肋钢筋；

(4) 专业的焊接回路设计确保设备焊接12mm 热轧带肋钢筋时的焊接强度；

(5) 可根据供电情况选择一次焊接或多次焊接，满足用户的供电情况需要；

(6) 焊接电流、焊接时间、焊接压力等参数可根据原料特性调整，确保焊接的网片符合现行国家标准要求；

(7) 由于设备结构和控制系统的支持，GWC3300-R 焊网设备改变一次网片规格只需要5min 左右；

(8) 主要电、气元件和传动部件均采用名牌产品，使用寿命长、精度高；

(9) 系统设有报警系统，对冷却水压、气压，以及各种位置进行监控，确保设备正常运行；

(10) 设备无废气、废水、辐射等污染，而且噪声也比较小，完全符合环保规定。

3.GWC 系列钢筋网焊接设备工艺流程

GWC3300-P 钢筋网生产流程图（盘条上料）见图4.23，不同型号设备工艺流程示意图见图4.24。

4. 钢筋焊接网片安装施工

钢筋焊接网片的安装施工见图4.25。

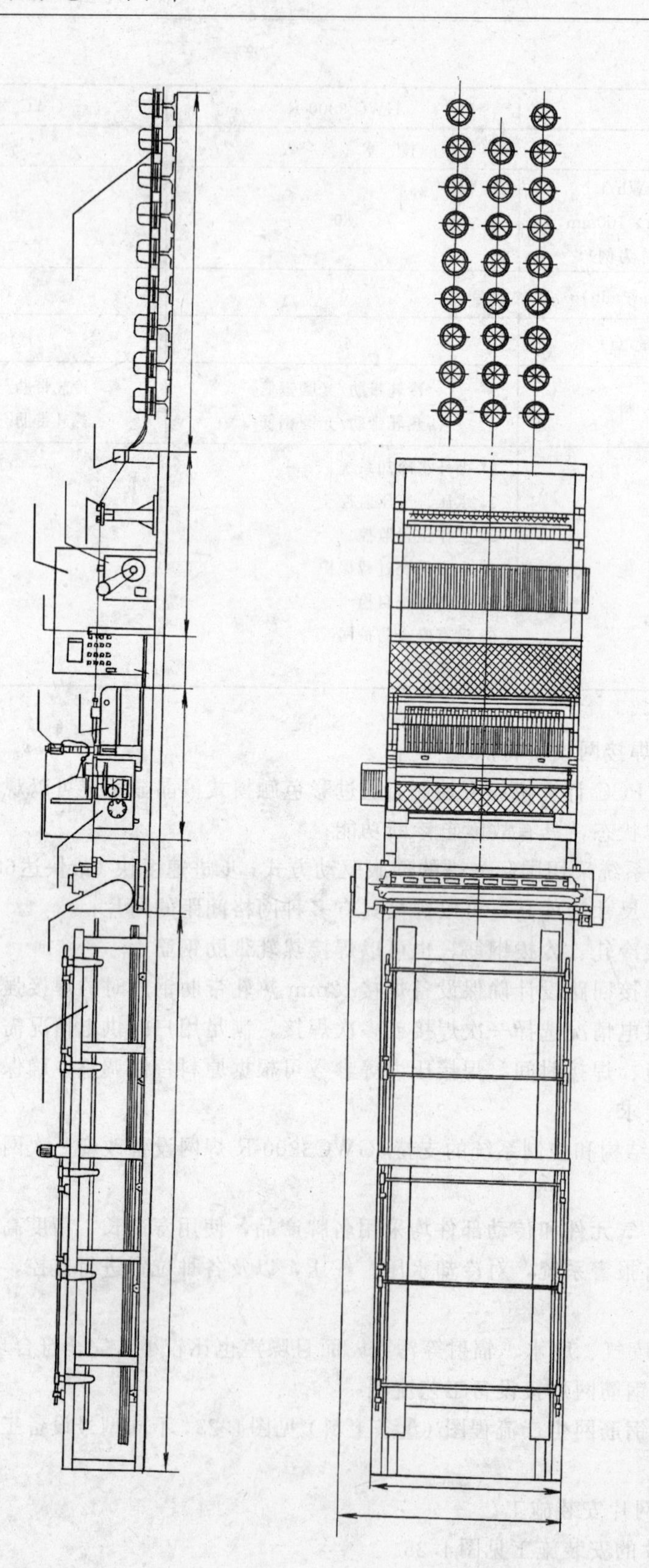

图 4.23 GWC3300-P钢筋焊接网生产流程图

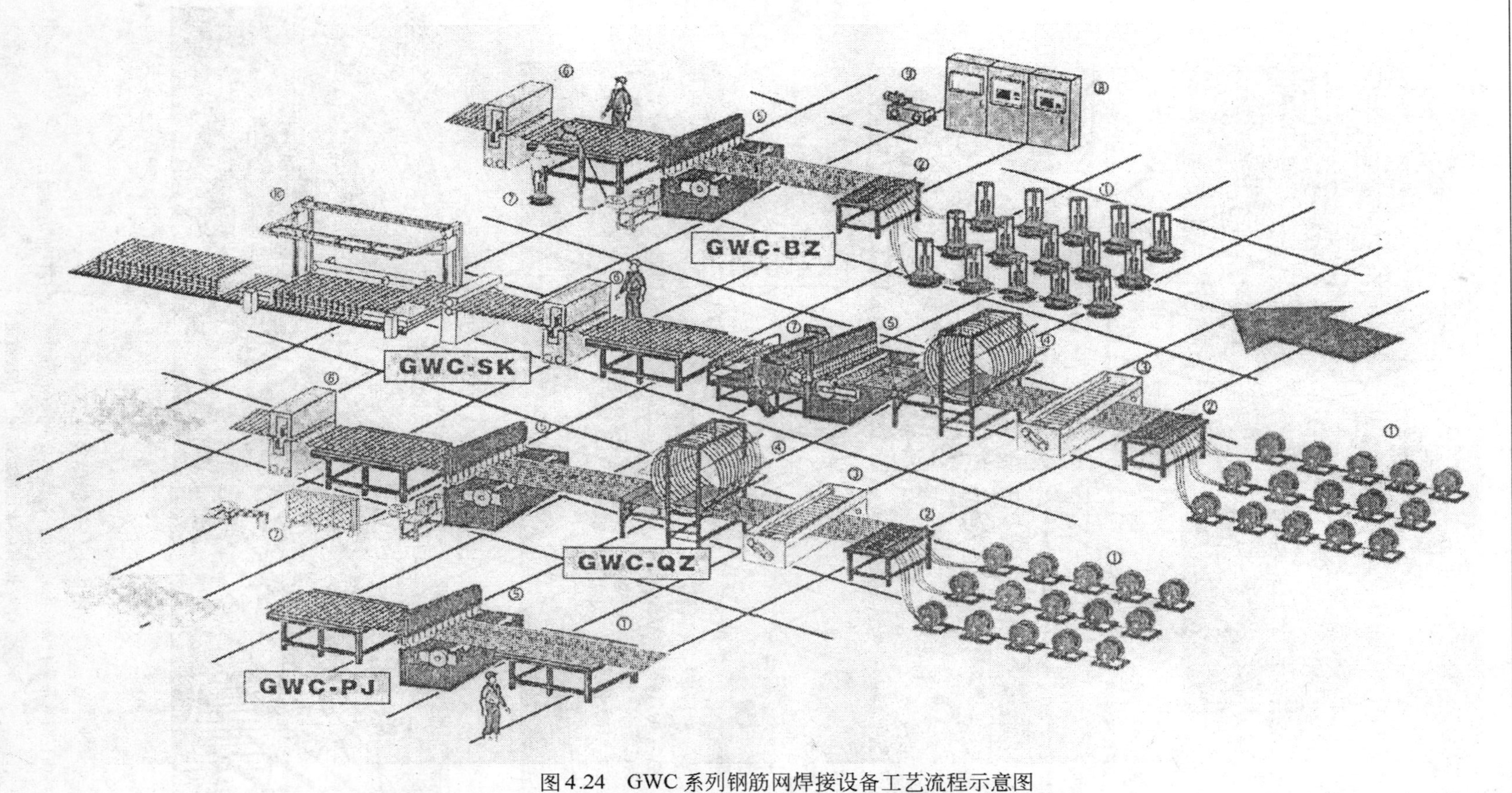

图4.24 GWC系列钢筋网焊接设备工艺流程示意图

GWC-BZ—半自动型钢筋网成型机；GWC-SK—数控型钢筋网成型机；GWC-QZ—全自动型钢筋网成型机；GWC-PJ—普通机械式钢筋网成型机

①—盘条钢筋放线架；②—纵筋矫直机构；③—纵筋牵引系统；④—纵筋储料器；⑤—多点焊接主机；⑥—网片剪切机构；⑦—横筋自动供给机构；⑧—控制柜；⑨—气泵；⑩—自动出网机构

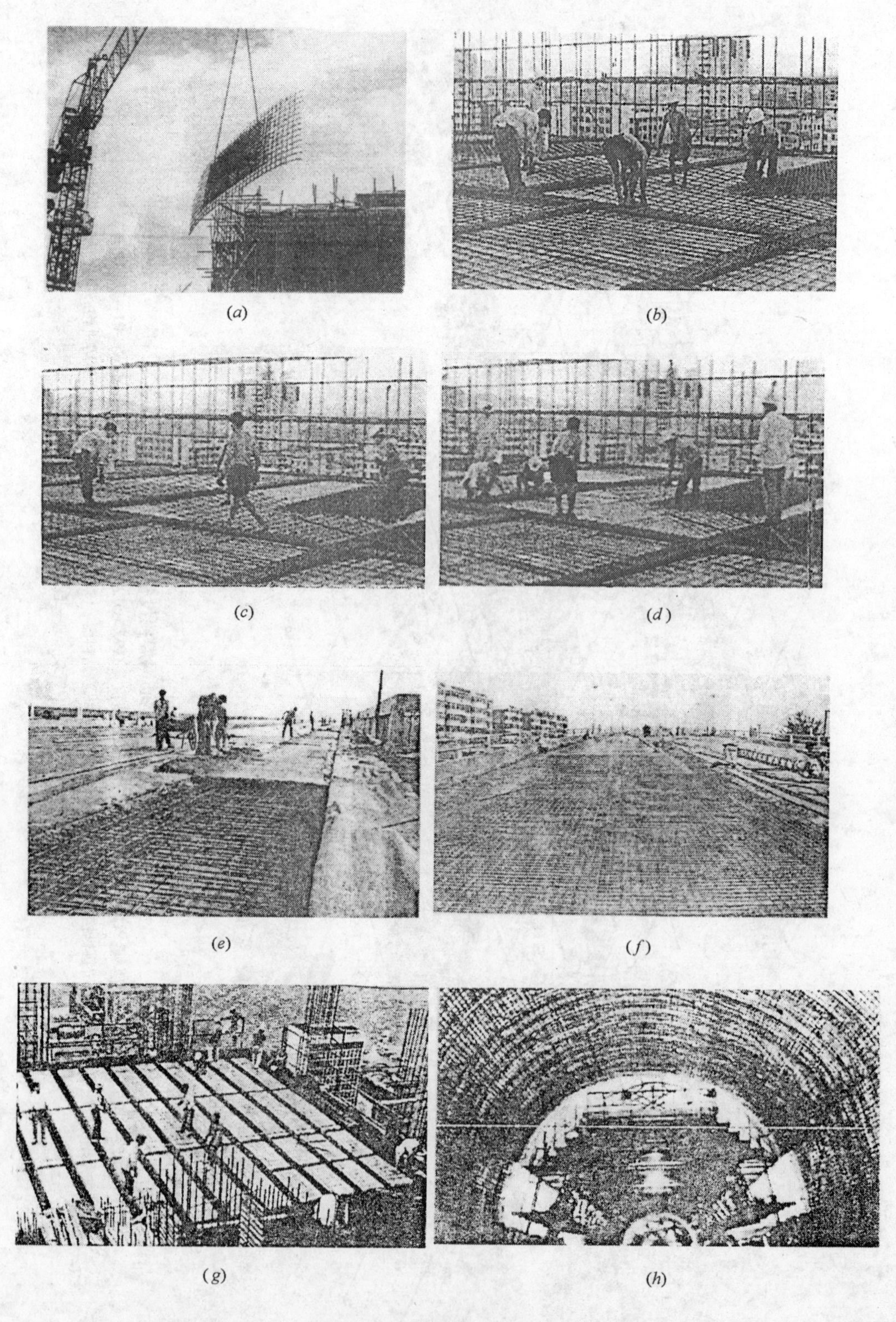

图4.25　钢筋焊接网安装施工

(*a*) 网片吊装；(*b*) 抬片到位；(*c*) 安装一；(*d*) 安装二；(*e*) 机场跑道；
(*f*) 桥梁；(*g*) 海港结构；(*h*) 隧道

5. 钢筋焊接网工程应用

采用GWC 钢筋网焊接设备生产的钢筋焊接网在工程中应用举例见图4.26。

图4.26 钢筋焊接网在工程中应用

(a) 广州鹤洞大桥；(b) 深圳地王大厦；(c) 广州江南中心；(d) 松下万宝工厂

6.GWC 系列钢筋网焊接设备合作建线项目

GWC 系列钢筋网焊接设备已在数十家单位建立生产线，已签订合作项目准备投产的有：首钢股份有限公司，年生产能力4 万t；马鞍山钢铁公司黑马钢网有限公司，年生产能力1.5 万t；天津市轧三钢铁公司，年生产能力1 万t；广东裕丰钢铁有限公司，年生产能力4 万t；江苏永钢集团，年生产能力3 万t；河北省东兴丝网有限公司，生产能力$14m^2/min$；武汉双立交通材料有限公司，年生产能力0.8 万t 等。

4.7.6 HWJ 系列钢筋焊接网成型机组[16]

无锡市荡口通用机械厂与江苏省建筑科学研究院共同设计制造的钢筋焊接网成型机组，由放线架、经线校直机构、网片点焊机、网片剪切机、网片落料机架、控制柜等组成。

可焊接$\phi2 \sim \phi12$ 的热轧带肋钢筋、冷轧带肋钢筋、热轧圆盘条、冷拔低碳钢丝组成的钢筋焊接网片。采用液压传动，PLC可编程序控制，使网片间距精确，操作方便。焊接时可一次加压，一次通电，也可一次加压，三次通电，以减低对焊接电源容量的需求。经线圆盘放线、经线校直、纬线添料、网片焊接、网片定长剪切落网，全部动作自动连续往复进行，多种型号设计、以满足不同要求。

HWJ钢筋焊接网成型机组有3种型号，见表4.9。

HWJ钢筋焊接网成型机组主要参数　　**表4.9**

名称＼型号	HWJ-3500	HWJ-2600	HWJ-2000
焊接钢筋直径（mm）	$\phi4 \sim \phi12$	$\phi4 \sim \phi12$	$\phi2 \sim \phi5$
经线间距	≥50mm任意可调	≥50mm任意可调	≥30mm任意可调
纬线间距	≥40mm任意可调	≥40mm任意可调	≥30mm任意可调
网片宽度	≤3500mm	≤2600mm	≤2000mm
网片长度	任意	任意	任意
焊接速度	20～30次/min	20～30次/min	30～40次/min
焊接变压器容量	63kVA×12	63kVA×9	63kVA×3

HWJ钢筋焊接成型机组的外貌见图4.27。

1.HWJ 2600型机组主要技术性能指标

焊接钢筋直径范围	$\phi4 \sim \phi12$
网片最大宽度	2600mm
网片间距	经线间距≥50mm，任意可调 纬线间距≥40mm，任意可调
焊接速度	2～3s/每根纬线
焊头	52个
液压系统工作压力	5～15MPa
焊接变压器容量	63kVA×13
焊接变压器暂载率（持续率）	50%
液压电机	主：Y180L-6　15kW 副：Y160L-6　11kW
冷却水压力	0.2～0.3MPa
冷却水耗量（变压器、液压冷却器）	18m³/h
机组占地面积	45000mm×5500mm
主机外形尺寸（长×宽×高）	2985mm×3600mm×2010mm
设备总重	32t
厂房面积（长×宽）	60000mm×10000mm

2.结构

(1) 焊接主机

图 4.27 HWJ钢筋焊接网成型机组外貌

该焊机由经线进料，纬线自动落料，上下电极，牵网工作台，焊接变压器，电气控制柜及液压系统组成。电气采用PLC（可编程控制器）控制，整个机器紧凑，便于控制焊接和操作。

a. 经线进料，纬线自动落料机构

该机构安装在主机架的前上方。经线进料管由管内活络扳手用螺栓固定在燕尾板上，移动灵活，便于经线间距调整。

纬线自动落料架安装在经线进料口上部，整个装置由托架支撑住并固定在整机的机架上。主要由支座、上横梁、下落丝板和上盖板做成有一定斜面的落丝槽，以及顶部的料架做成。下料落丝槽的大小根据焊接钢筋的直径由落料架二端的调节旋钮来调整。

落丝槽是分别由上下各六块落丝板和盖板做成。上盖板可根据下面落丝板调整到统一斜度，并使五块盖板相互平行，且使落丝槽上端槽口稍大于下端槽口。通过每块盖板的固定板上的4只M8圆柱头内六角螺钉调节。

在落丝槽下端下电极上安装有固定纬线的定位装置，定位装置由挡丝杆及支架调节板、定位板构成。调节板安装在支架长方孔内，根据钢筋直径的大小调节定位槽，定位槽必须在电极的中心。所有挡丝杆、定位板一定要在一条直线上。

纬线通过料架倒入落丝槽，整齐排列在槽内。当上电极横架向下移动进行加压焊接时，固定在横架上的6个顶丝杆同时把钢筋从落丝槽底部顶出，钢筋抛下被6根顶丝杆挡住。一次焊接过程结束，上电极横梁反程向上移动时，钢筋滚入下电极的定位槽中间。上电极上下往返一次，钢筋抛出一根。

b. 上电极

上电极共有52个铬锆铜做成的电极头。电极头用夹板固定在电极座上，所有电极座通过水冷却并固定在横梁上的顶杆上。横梁正面装有两根上电极公共导电方棒，导电方棒同样采用水冷却，所有上电极座用多层铜皮连接在导电方棒上。电极头压力通过顶杆调节螺钉调节弹簧压力来实现。横架两端安装在滑槽支架中，横架的上下动作用两只油缸来实现。

c. 下电极

下电极同样有52个铬锆铜做成的电极头固定在电极座上。电极座在机架的横梁上任意安装，每个电极座用2只圆柱头内六角螺钉M8mm×30来固定，各电极座通水冷却。两个电极座为一组，由铜带分别连接在变压器的次级线圈两端出线铜排上。安装电极时，保持电极座之间有一定间隙，相互绝缘。

根据间距（网格尺寸）选用每组电极，即选用各焊接变压器。如没用到电极座（变压器）可在电控箱内关掉变压器控制开关。

d. 牵网工作台

牵网工作台是完成焊接后网片拉出任务，工作台往复动作由液压油缸来完成。纬线间距大小，大格大小分别由工作台右端的上下两条长方棒上的调节块来调整。

在工作台侧面主机架上安装一只小油缸，完成焊接后抬网过程，使经向钢筋抬离下电极头，拖出网片，这样不使下电极头磨损。在焊接过程中可根据焊接钢筋直径，以及下电极头磨损后高度来调整抬钩高度。

e. 焊接变压器

焊接变压器共十三台，从主机操作控制台按顺序排列。变压器的次级末端导体分别通过多层铜皮与每组电极座连接。各焊接变压器的次级线圈通水冷却。次级空载电压分为两级，每台次级空载电压值为6.33V、7.92V。

焊接变压器为铁壳式，其初级绕组为盘形，次级绕组由两片周围焊有水冷却铜管的铜管并联而成。

焊接时，按焊接之性质、直径大小及接触表面之情况选择调节级数，以取得所需要的次级电流。通常，直径越大，表面导电率越好，电极压力越大，焊接电流应随之增加。焊接时间可根据焊接直径大小，从0.03～1s 范围内调整。通常焊接钢筋直径越大，焊接所需时间也随之增加。

(2) 液压系统

钢筋焊接网成型机中的上电极下降，工作台拉网、抬网、剪切、送网及落网均采用液压控制系统。

a. 通过箱盖上的滤油器进行加油，使加入油箱的油保持清洁，加油至油位线，液压油选用N46。

b. 油泵电机启动，确认油泵电机运转方向与实际指向一致。

c. 叶片泵 YB1-100 配电机 11kW (Y160L-6)，柱塞泵 63MCY14-1B 配电机 15kW (Y180L-6)。

d. 在焊接ϕ9+ϕ9 以下时的点焊压力一般为4～5.5MPa (最高调至6MPa)。调整时先把压力选择开关拨到低压位置 (压力选择开关在电控柜内)，调整液压站上靠右第一块阀座的溢流阀 (YF-B20H3) 压力至5MPa (最高限定值6MPa，可任意调节上电极总压力)，压力由液压站0～16MPa 压力表显示。电液换向阀4WEH16E 电磁铁得失电分别控制上电极上下动作；电极上下动作同步是由液控单向阀 (A1Y-Hb10B)、单向阀 (AJ-Hb10B) 及两只电磁换向阀 (24E1-H6B-T) 组成的液压系统来保证串联油缸同步。在焊机工作中，当上电极上升到位，两只油缸底部的上限位接近开关灯亮，说明串联油缸中油位满，已正常。当靠主机阀座旁边的焊接油缸上不到位时，只要继续按住电极上按钮，就自动打开主机阀座侧面的电磁换向阀 (24E1-H6B-T)，向串联油缸中加油使电极上升到位，油缸到位接近开关灯亮，电磁换向阀自动断开。相反，当操作面板下的油缸不到位时，同样按住电极上按钮，自动打开阀座上面的电磁换向阀 (24E1-H6B-T)，把串联油缸油放出，使上电极平行到位。电极上下动作行程为50mm，把上下三个接近开关调整并锁紧 (出厂时已调整)。

在焊接ϕ12+ϕ12、ϕ10+ϕ10 时的点焊压力一般为8～11MPa。调整时先把压力选择开关拨到高压位置，调整中间阀座上 (面对主机) 的溢流阀YF-B20H_3-S 压力至8～11MPa (最高压力调至12MPa)。上焊头弹簧的压缩量应调整一致，以保证每个焊头的压力一致。通常钢筋直径越大，压力应越大，钢筋表面电阻越大，压力越大。

电磁换向阀 (4WE6D) 电磁铁得失电分别控制抬钩油缸，使拉网钩子下及抬钩复位。

e. 剪切、拉网工作的压力油液压站中间阀座上的两只溢流阀 (YF-B20H_3) 调整，当调整压力时，须先将阀座靠右端面的溢流阀松开，然后把阀座面对主机的溢流阀拧紧，再调整阀座靠右端面的溢流阀，调压至14～16MPa (最高可调至17MPa)，之后，可把阀座面对主机的溢流阀调降至5～10MPa (最高可调至12MPa)。所有调整的压力由液压站上0～25MPa 的压力表显示。阀座右端的溢流阀调的压力为剪切压力，面对主机的溢流阀的压力为拉网工作台压力，可根据经线钢筋大小、多少来调整压力；在焊接大于直径ϕ9+ϕ9 钢筋

时，工作台的压力调至8～10MPa，工作台速度可通过叠加式双单向节流阀（Z2FS16）来调节流量控制。调节工作台撞击声。

f. 剪切机下部的阀座上的各液压阀，是解决串联油缸的补油、放油，提高同步精度，保证终点位移同步。两只串联油缸的底部各装有传感器，在剪切过程中，若上切刀上升时任何一端油缸不到位，由传感器控制阀座的电磁换向阀导通，来达到自动补油放油，使上切刀上下运动时同步到位，原理同上电极相同。送网翻网的控制压力同样由YB1-100叶片泵提供，通过流量阀（LF-B10H-S）为送网翻网油缸调节速度。

g. 当发现主机的上电极两端高低时，按手动位置开关反复按电极上、下按钮（按点动钮2～3s时间），这样电极就自动调整平行。同样，如发现剪切机的上切两头有高低时，反复按剪切下点动按钮，即可正常。

h. 为了保证液压工作可靠，务必每年更换一次液压油滤油器内的滤芯，滤芯规格按照滤油器型号选配，并在液压系统回油管上安装冷却器。在操作时，先打开冷却泵电机，对油路循环冷却。

(3) 经线校直机构

经线校直是由机架、路轨和26排两组相互成垂直的校直轮组成。每排校直轮在路轨中任意安装。

(4) 剪切送网装置

剪切送网装置是由机座、上切刀、下切刀、路轨、切网前后调整电机、送网导杆、托架、剪切油缸以及送网油缸等组成。

上切刀动作是由两只串联油缸来实现。剪切压力调整详见液压系统。送网同样由送网油缸通过连杆带动剪切机座上的两根平行导杆托架把切断后的网片送进落网架。

剪切机压网板必须调整到低于上切刀刀口，即在剪切时压网板先持网片后上切刀开始剪切，调整是由压网板上的两只调节螺栓来调整。压网板的压力是通过两端的螺栓调节其弹簧的压力大小。

剪切机在导轨上前后移动主要是来调整成批网片的起头第一张（即焊机电极横丝中心到切刀间的距离）。剪切机底部两导轨上各安装进给丝杆，由操作工摇动手轮使丝杆旋转使剪切机移动至所需位置。

剪切机上下切刀片边口之间的间隙调整，首先要调整压上切刀座两端在槽内的间隙，方可调整下切刀座，调整间隙一般为0.10～0.20mm之间，调整后锁紧各螺母。

(5) 翻网、叠网、小车

翻网机构主要由立柱、横架、托架、调节支架、翻网油缸等组成。横梁固定在立柱上，调节支架支承托架，可根据网片宽度在横梁上调整托架，托架长为6000mm（可根据用户要求加长定做）。托架翻转动作由两只液压油缸同时动作。翻网托架下面有一台叠网平板车，当网片有一定高度后，由平板车拖动拉出，行车（天车）吊走。平板车长6000mm、宽2000mm，是用槽钢焊接而成，底部装有四只脚轮，脚轮在两条路轨上转动，平板车移动灵活。

3. 冷却系统

电气控制箱内可控硅、焊接变压器、上电极块、导电方棒、下电极铜板以及液压站都应通水循环冷却，统一有30m^{3}左右的水池用水泵供给（水泵用户自备，可从电控柜内接出三相控制电源）。选用自吸水泵JS65-50-125，扬程20m，流量$20m^3/h$，配用功率3kW（注意冷却水的清洁，每月更换一次）。

4. 机构调整

（1）经线间距的调整

焊接主机装有52对上下电极头。焊头间距（经线间距）≥50mm任意可调，下电极头安装在电极座中，电极座与固定块连接在一起，中间彼此相绝缘。固定块根据经线间距在主机横梁上任意安装固定，在安装电极时，不管网片宽度大小，必须从操作面地方开始安装，这样便于操作使用。同时调整好纬线的两端限位。一端可根据网格宽度（即纬丝长），调整位置并固定，另一端为活动限位，由操作工在焊接时敲打齐纬丝。

在下电极头前方安装经线进料管，进料管中间一边有弹簧钢板始终压住钢筋，安装时应注意网格尺寸固定各进料管，所有进料管都固定在进口横档上面的燕尾板上，进口横档可上下调整。使进料管的出口底部同电极头平时，固定进口横档下面的调节板的各M12六角螺钉。

（2）纬线间距的调整

焊接主机的侧面装有纬线间距滑尺。调整滑尺上的挡板距离即可改变纬线间距，纬线间距≥40mm，任意可调。

（3）大格后纬线格数的确定

在全自动连续焊接过程中，剪切机根据设定的网片长度在前后两片网的中间自动剪切。由于网片经线两端的伸出距离同纬线间距不可能完全相同，所以两片网中间的格距有可能同纬线间距不同，这一格称为大格。大格到剪切机剪刀中间时，剪切机才动作。剪切机到焊头之间的纬线根数的确定应满足（即大格后纬线根数）下式计算结果：

$$G=\frac{H-(b+L)}{a}$$

式中 G——大格后纬线根数；

H——剪切刀到焊头距离；

b——网片经线两端伸出距离；

L——网片总长度；

a——纬线间距。

当L（网片总长度）大于剪切刀到焊头距离时，公式中的L为零计算。当确定纬线大格根数后，调整好剪切机剪切刀在大格中的位置，由剪切机下面路轨上的两只手轮来调节。

（4）纬线自动落料机构的调整

在焊接主机的前上方装有纬数自动落料机构。由托架、落丝槽、挡丝杆、定位板、顶丝杆组成。焊接时可根据纬线直径调整托架两端旋钮来调整落丝槽的大小。挡丝杆和定位板构成一条定位槽，所有定位板必须要调整到一条直线上，并同工作台的钩子必须平行，即各定位板至钩子距离相等。定位槽一定要调整在下焊头的中间，并根据纬线直径调整定位槽宽度，同时调整顶丝杆位置，使顶丝杆往下动作一次，纬线从落丝槽中顶出一根，且被挡丝杆挡住，当电极上移时抛入定位槽中。

（5）经线校直机构的调整

经线由放线架放线后进入校直机构，适当调整互成90°的两组校直轮，可把经线校直，并使焊成的网片平整。两组校直轮弯曲不宜过大，以免增加液压工作压力，浪费功率。

5. 焊接数据的输入和选择焊接模式

该机电气控制以PLC为核心，而所有用于外部调节的数据均由CL-02DS设定显示单元与PLC通信而完成数据设定，外部的各按钮、选择开关及传感器将机器的当前运作状态及各操作信息反馈给PLC，由PLC处理输出控制。

(1) 焊接数据的输入。

(2) 选择焊接模式。

在操作面板上有示意图或文字，包括：指示灯；调试/焊接；正常焊/分级焊；手动/自动；单次；连续；单片；成批手动切；成批自动切。根据实际情况进行操作。

6. 设备安装及调试生产

按使用说明书规定进行安装。

经试运行动作正常后方可进行试焊。在焊接之前，应做好下列工作：

(1) 根据钢筋网片的规格，按经线间距调整好下电极座的位置。在调整下电极座位置时，应注意的是连接在同一台变压器的两个次级输出铜排上，当在焊接经线逢单数的网片时，靠边的一个变压器的另一端次级输出端同样安装一个电极头，上电极头为半个头并比一般电极长（即加长的长度为两个钢筋直径高），使它们构成一个回路。

待下电极座安装完毕，上电极对正下电极安装。

(2) 调整经向进料口位置。进料口对准下电极中心，并注意按标准控制网格间距偏差。同时把校直机构上的两排互成直角的校直轮中心调整，并使校直轮中心对正主机的进料口。

(3) 拉网牵引钩子安装的位置必须在下电极座的间隙中，一般均匀分布，安装钩子多少和经线根数相同（即每个空格中装一个）。根据网格间距决定钩子个数。在安装钩子时，应调整好各钩子在同一直线上。

(4) 根据纬线直径调节料架上六只调节旋钮，使五条压板槽稍大于钢筋直径，并调整固定好钢筋端面限位板，并调整落丝槽至纬线能够顺利抛下。

(5) 调整纬线定位槽同纬线直径相同，定位位置必须在下电极头中心，所有定位板在同一位置后，用固定螺栓拧紧。调整好以后在改变焊接钢筋网片不同直径时，只要用上面的挡丝杆调整即可，这样变换钢筋规格时不影响（经向网格）工作台钩子钩网的基准位置。

(6) 根据要求设定纬线间距。在工作台右下部的网格调节器上调节，根据网格尺寸，把上面滑杆上的调整块固定，使试焊拉出的网格间距符合要求。把下面滑杆上的调整块到大格间距尺寸固定。大格间距就是网片两端伸出距离之和。

(7) 焊接电流调节分为两组，每组电流为单独调节。焊接电流大小取决于焊接网片的钢筋直径大小和接触表面之情况。通常钢筋直径越粗，纵向钢筋（经线）越密，电极压力越大，此时所需的电流密度亦随之增加，所选焊接级数应越大。

(8) 可单独调节每个变压器的焊接时间。焊接钢筋网片时，根据焊接网片钢筋直径的大小，输入不同的焊接时间；在焊接网片中，一般采用强规范焊接，焊接时间为0.03～1s。

(9) 进行试焊：按钢筋网片的要求，把经线盘料放置在每个放线盘上，把放线盘按规律排列，便于放线盘自由转动。将各盘料的头部穿进校直机构的二级校直轮，经过校直轮的各头部继续穿进对应的主机上的进料口至下电极。

把纬线钢筋加入料架，并倒进落丝槽。启动主副液压电动机水泵电机，使系统有正常的压力。按电极下按钮使上电极空动作一次，钢筋抛入电极中，同时在电控柜面板上输入钢筋网片的纬线根数，及大格后的纬线根数。如为成批焊接，大格后纬线根数设定可为大于纬线根的值，待焊接到大格在切刀中间再调整切刀，使之符合规定尺寸；如从电极到切刀之间不存在大格，则大格后纬线根数为从电极到切刀方向计算到第一个大格的实根数即为大格后纬线根数值，修改设定大格的信息值。

当输入好纬线根数后，把钮子开关拨至焊接位置，然后按启动按钮，整机就自动焊接开始。当焊接好一片网片，可自动或手动剪切、送网，把网片送进叠网托架，托架自动翻转，网片叠在平板车上，即焊接过程一次结束。如开关按在连续位置时，整机就自动连续进行。

7. 焊件准备

线材在拉伸、轧制前可采用机械除磷酸洗工艺清除线材表面氧化皮及铁锈，采用强迫拉丝工艺时，线材不能有铁锈。拉伸轧制后的成品钢丝在施焊前应清除一切脏物、油污、氧化物及铁锈。否则焊接时会火花飞溅、脱焊、虚焊甚至不能焊接，影响焊接质量，同时会严重地降低焊头的使用寿命。要经常清除焊头上的油污、脏物、氧化物，保持焊头干净、光洁，以保证良好的导电性能。

8. 注意事项

(1) 在冬季零摄氏度以下时，请放掉冷却水，以免水结冰冻裂水管。

(2) 在焊接需换档时，请先拉下闸刀。因为强电会直接进档位开关。

(3) 焊机电极头，以及下电极座的连接铜板、铜带应保持整洁。以免有异物短路电极，烧毁变压器。

9. 钢筋焊接网在工程中的应用

采用HWJ 钢筋焊接网成型机组焊成的钢筋焊接网已用于很多项工程，现举例见图4.28。

(*a*)

(*b*)

图4.28 钢筋焊接网在工程中应用

(*a*) 南京新庄立交桥；(*b*) 锡澄高速公路

10. HWJ系列钢筋焊接网成型机组生产线

HWJ系列钢筋焊接网成型机组已在数十家单位建立生产线，并进行网片生产，例如：无锡钢厂，年生产能力1万t；江阴华金钢网有限公司，年生产能力2万t；湖北省路路通公路设施工程有限公司，年生产能力1.2万t；江苏靖江迅达交通设施工程有限公司，年生产能力1万t；张家港万红钢网有限公司，年生产能力0.8万t；南京硕钢金属材料有限公司，每年生产能力0.8万t；广东顺德市顺峰有限公司，年生产能力2.5万t等。

5 钢筋闪光对焊

5.1 基本原理

5.1.1 名词解释

钢筋闪光对焊 flash butt welding of reinforcing steel bar。

将两钢筋安放成对接形式，利用焊接电流通过两钢筋接触点产生的电阻热，使金属熔化，产生强烈飞溅、闪光，使钢筋端部产生塑性区及均匀的液体金属层，迅速施加顶锻力完成的一种压焊方法，是电阻焊的一种。

5.1.2 闪光对焊的加热

闪光对焊是利用焊件内部电阻和接触电阻所产生的电阻热对焊件进行加热来实现焊接的。闪光对焊时，焊件内部电阻可按钢筋电阻估算，其中某温度下的电阻系数 ρ 可根据闪光对焊温度下分布曲线的规律来确定。

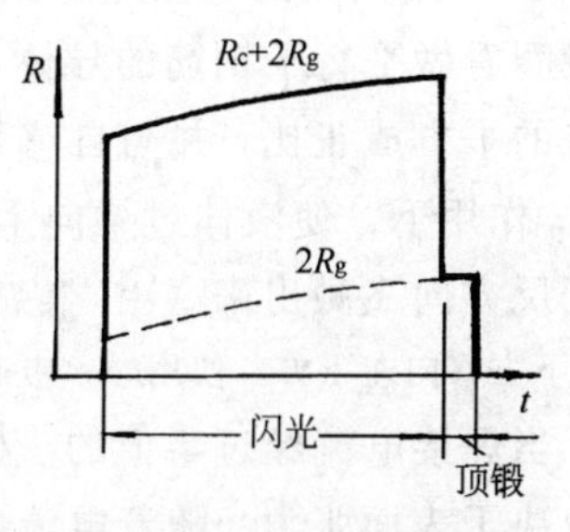

图 5.1 闪光过程的电阻变化
R_c—工件（钢筋）间接触电阻；
R_g—工件（钢筋）内部电阻

闪光对焊过程中，在焊缝端面上形成连续不断的液体过梁（液体小桥），又连续不断地爆破，因而在焊缝端面上逐渐形成一层很薄的液体金属层。闪光对焊的接触电阻决定于端面形成的液体过梁，即与闪光速度以及钢筋截面有关，钢筋截面积越大，闪光速度越快，电流密度越大，接触电阻越小。

闪光对焊时，接触电阻很大，其电阻变化见图5.1。闪光对焊过程中，其总电阻略有增加。

如图5.2所示，在连续闪光焊时，焊件内部电阻所产生的热把焊件加热到温度T_1；接触电阻所产生的热把焊件加热到温度T_2，$T_2 \gg T_1$。由于连续闪光对焊的热源主要在钢筋接触面处，所以，沿焊件轴向温度分布的特点是梯度大，曲线很陡。

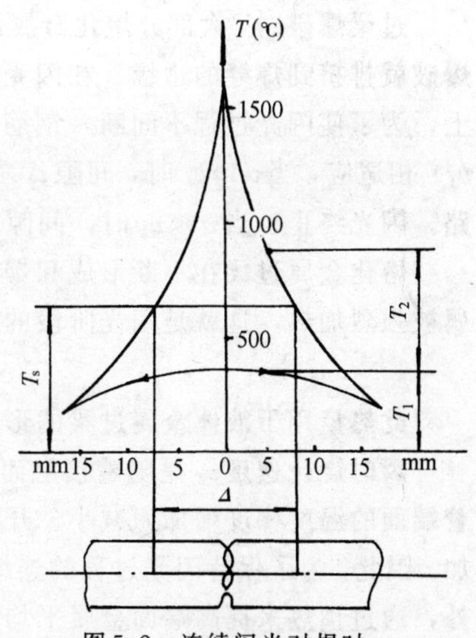

图 5.2 连续闪光对焊时，焊件温度场的分布
T_s—塑性温度；
Δ—塑性温度区

5.1.3 闪光阶段

焊接开始时，在接通电源后，将两焊件逐渐移近，在钢筋间形成很多具有很大电阻的小接触点，并很快熔化成一系列液体金属过梁，过梁的不断爆破和不断生成，就形成闪光。图5.3为一个过梁的示意图。

过梁的形状和尺寸由下述各力来决定。

1. 液体表面张力σ在钢筋移近时（间隙Δ减小），力图扩大过梁的内径d。

2. 径向压缩效应力 P_y 力图将电流所通过的过梁压细并拉断。由于过梁形状近似于两个对着的圆锥体，因此 P_y 在轴线方向的分力，即液体导体的拉力 P_0 与电流平方成正比。

3. 电磁引力 P_c。当有一个以上的过梁同时存在时，就如同载有同向电流的平行导线一样产生电磁引力 P_c，力图把几个过梁合并，但由于过梁存在的时间很短，这种合并是来不及完成的。

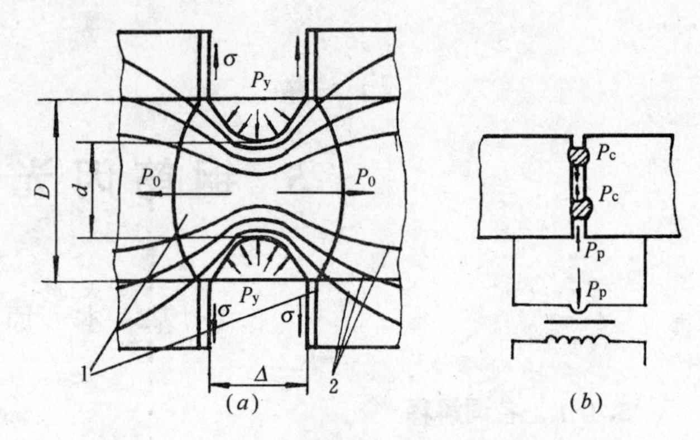

图 5.3　熔化过梁示意图
(a) 作用在过梁上的内力；(b) 作用在过梁上的外力
1—熔化金属；2—电流线

4. 焊接回路的电磁斥力 P_p。对焊机的变压器一般都在钳口的下方，可以把变压器的次级线圈看做平行于钢筋的导体，这就相当于载有异向电流的平行导线相互排斥。这个力与电流的平方成正比，并与自感系数有关，因为 P_p 的方向指向与变压器相反的一边，因此在力 P_p 作用下，使液体过梁向上移动。当过梁爆破时，就以很高速度（5～6m/s）向与变压器相反方向飞溅出来（注：某焊接设备厂生产UNI-100Q 型对焊机，钢筋气动夹持，将焊接变压器从钳口下方移向左下方，使用时，电磁斥力 P_p 将对过梁不产生作用）。

当焊接电流经过零值的一瞬间，除了表面张力外，其余各力都等于零。这时过梁的形状取决于表面张力。随着电流的增加，在径向压力 P_y 的作用下，过梁直径 d 减小，使电流密度急剧增大，温度迅速提高，过梁内部便出现了金属的蒸发。金属蒸汽使液体过梁体积急剧膨胀而爆破，这时熔化金属的微粒从对口间隙中飞溅出来。有资料指出，金属蒸汽对焊件端面的压力可达 $3\sim6\text{N/mm}^2$。

过梁爆破时，大部分熔化金属沿着力 P_p 的方向排挤到对口外部，部分过梁没有来得及爆破就排挤到焊缝的边缘。在闪光过程稳定进行的情况下，每秒钟过梁爆破可达500 次以上，为了使闪光过程不间断，钢筋瞬时移动速度 v' 应当和钢筋实际缩短速度（即烧化速度 v_1）相适应，当 $v' \gg v_1$ 时，间隙 Δ 减小，过梁直径 d 增大，甚至使爆破停止，最后使钢筋短路，闪光终止。当 $v' \ll v_1$ 时，间隙 Δ 增大，造成闪光过程中断。

熔化金属过梁在不断形成和爆破的过程中析出大量的热，使钢筋对口及附近区域的金属被强烈加热，这就是闪光阶段的作用，在接触处每秒钟析出的热量：

$$q_1 = 0.24 R_c I_w^2$$

此热量用于液体金属过梁的形成（q'）和向对口两侧钢筋的传导（q''）。

瞬时烧化速度 v_1 是随着接触而析出的热量 q_1 和端面金属平均温度的增加而增加，并随着端面的温度梯度增加而减小。开始闪光时，闪光过程进行很缓慢，随着钢筋加热使 v_1 增加。因此，为了保持闪光过程的连续性，钢筋的移近速度也应相应的变化，即由慢而快。另外，通过预热来提高端面金属平均温度，也可提高烧化速度。

在闪光开始阶段的加热是很不均匀的。随着连续不断的闪光使焊接区的温度逐渐均匀，直至钢筋顶锻前接头加热到足够温度，这对焊接质量很重要。因为它决定了顶锻前金属塑性变形的条件和氧化物夹杂的排除。

闪光的主要作用一是析出大量的热，加热工件；二是闪光微粒带走空气中的氧、氮，保护工件端面，免受侵袭。

5.1.4 预热阶段

当钢筋直径较粗，焊机容量相对较小时，应采取预热闪光焊。预热可提高瞬时烧化速度，加宽对口两侧的加热区，降低冷却速度，防止接头在冷却中产生淬火组织；缩短闪光时间，减少烧化量。

预热的方法有两种，即电阻预热和闪光预热。规程规定，为电阻预热。系在连续闪光之前，将两钢筋轻微接触数次。当接触时，接触电阻很大，焊接电流通过产生大量电阻热，使钢筋端部温度提高，达到预热的目的。

5.1.5 顶锻阶段

顶锻为连续闪光焊的第二阶段，也是预热闪光焊的第三阶段。顶锻包括有电顶锻和无电顶锻两部分。

顶锻是在闪光结束前，对焊接处迅速地施加足够大的顶锻压力，使液体金属及可能产生的氧化物夹渣迅速地从钢筋端面间隙中挤出来，以保证接头处产生足够的塑性变形而形成共同晶粒，获得牢固的对焊接头。

顶锻时，焊机动夹具的移动速度突然提高，往往比闪光速度高出十几倍至数十倍。这时接头间隙开始迅速减小，过梁断面增大而不易破坏，最后不再爆破。闪光截止，钢筋端面同时进入有电顶锻阶段，应注意的是：随着闪光阶段的结束，端头间隙内气体保护作用也逐渐消失，因为这时间隙尚未完全封闭，故高温下的接头极易氧化。当钢筋端面进一步移近时间隙才完全封闭，将熔化金属从间隙中排挤出对口外围，形成毛刺状。顶锻进行得愈快，金属在未完全封闭的间隙中遭受氧化的时间愈短，所得接头的质量愈高。

如果顶锻阶段中电流过早地断开，则同顶锻速度过小时一样，使接头质量降低。这不但是因为气体介质保护作用消失，使间隙缓慢封闭时金属被强烈地氧化；另外，也因为端面上熔化金属已冷却，顶锻时氧化物难以从间隙中挤出而保留在结合面中成为缺陷。

顶锻中的无电流顶锻阶段，是在切断电流后进行，所需的单位面积上的顶锻力应保证把全部熔化了的金属及氧化物夹渣从接口内挤出，并使近缝区的金属有适当的塑性变形。

总之，焊接过程中的顶锻力作用如下：

1. 封闭钢筋端面的间隙和火口；
2. 排除氧化物夹渣及所有的液体，使接合面的金属紧密接触；
3. 产生一定的塑性变形，促进焊缝结晶的进行。

闪光对焊过程中，在接头端面形成一层很薄的液体层，这是将液体金属排挤掉后在高温塑性变形状态下形成的。

5.1.6 获得优质接头的条件

闪光对焊时，接头的温度分布较陡，加热区比较窄。如果焊接参数选择适当，在顶锻时能将全部液态金属和氧化物夹渣挤出来，能获得优质接头。如果焊接参数不当，液态金属残留在焊口内，接头结晶后就可能产生夹渣、疏松组织等焊接缺陷。

当过梁爆破时，加热到高温的金属微粒被强烈氧化，使间隙中氧的含量降低；另外，过梁爆破所造成的高压也使空气难以进入间隙，这对减少氧化物夹渣都是有利的。对钢筋而言，因为碳的烧损，使间隙内氧的含量减少，并在接头周围的大气中生成CO、CO_2保护气体。当闪光过程不稳定时（闪光阶段的稳定指金属微粒爆破的连续，即闪光时不能中断，更不能短路），如闪光速度与钢筋移近速度不相适应时，就会破坏上述保护条件，影响接头质量。实践证明，闪光过程中，闪光的间断并不影响钢筋的加热和温度的均匀，关键是，应控制好闪光后期至顶锻开始这一瞬间，闪光应强烈，而不得中断。

闪光过程中，金属中元素与氧化合产生挥发性气体时，对防止氧化是有利的。但实际上，在闪光过程中绝对防止氧化是困难的。为了保证接头中无氧化物，主要是在顶锻过程中能否将对口中的氧化物全部挤出去。

若产生的氧化物是低熔点的，如FeO，其熔点为1370℃，比低碳钢的熔点低，顶锻时液态金属虽已凝固，但只要氧化物还有流动性，便可以从对口中排挤出来。

若产生的是高熔点氧化物，如SiO_2、Al_2O_3等，必须在熔化金属还处在熔化状态时，方有条件将氧化物排挤出去。因此，焊接操作时，顶锻速度要快而有力。

5.2　特点和适用范围

5.2.1　特点

钢筋闪光对焊具有生产效率高、操作方便、节约能源、节约钢材、接头受力性能好、焊接质量高等很多优点，故钢筋的对接焊接宜优先采用闪光对焊。

5.2.2　适用范围

钢筋闪光对焊适用于HPB 235、HRB 335、HRB 400、HRB 500、Q235热轧钢筋，以及RRB 400余热处理钢筋。

5.2.3　闪光对焊工艺方法的选用

钢筋闪光对焊按工艺方法来分，可分为连续闪光焊、预热闪光焊、闪光-预热闪光焊3种，可根据具体情况选择。

当钢筋直径较小，钢筋牌号较低时，可采用“连续闪光焊”；当钢筋直径较大、端面较平整，宜采用“预热闪光焊”；当钢筋直径较大，端面不够平整时，则应采用“闪光-预热闪光焊”。

5.2.4　连续闪光焊的钢筋上限直径

连续闪光焊所能焊接的钢筋上限直径，应根据焊机容量、钢筋牌号等具体情况而定，见表5.1。

连续闪光焊钢筋上限直径　　　　**表5.1**

焊机容量（kVA）	钢筋牌号	钢筋直径（mm）
160 (150)	HPB 235	20
	HRB 335	22
	HRB 400	20
	RRB 400	20
100	HPB 235	20
	HRB 335	18
	HRB 400	16
	RRB 400	16

续表

焊机容量（kVA）	钢筋牌号	钢筋直径（mm）
80 (75)	HPB 235 HRB 335 HRB 400 RRB 400	16 14 12 12
40	HPB 235 Q235 HRB 335 HRB 400 RRB 400	10

5.2.5 不同牌号、不同直径钢筋的焊接

不同牌号的钢筋可以进行闪光对焊；不同直径钢筋闪光对焊时，直径小的一侧的钳口应加垫一块薄铜片，以确保两钢筋的轴线在一直线上。当既不同牌号又不同直径钢筋，例如ϕ28 HRB 335 钢筋与M33×2 的45号钢螺丝端杆焊接，由于两者的直径、化学成分相差甚多，对焊接带来一定困难，应采取相应的工艺措施，确保焊接质量。

5.3 闪光对焊设备

5.3.1 钢筋对焊机型号表示方法

钢筋对焊机型号由类别、主参数代号、特征代号等组成，见图5.4。

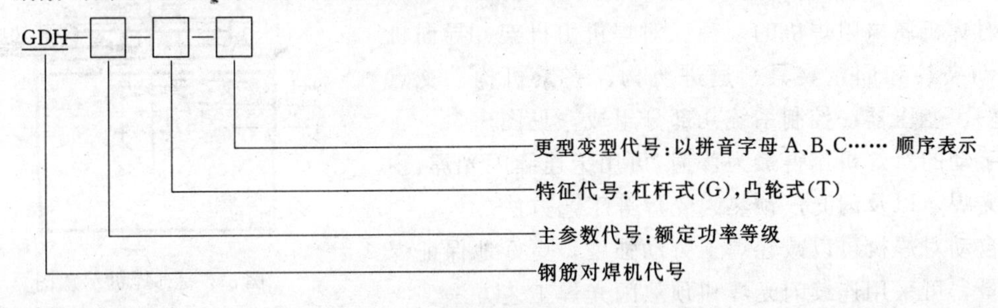

图5.4 钢筋对焊机型号表示方法

标记示例

额定功率为80kVA凸轮式钢筋对焊机：

钢筋对焊机 GDH80T

5.3.2 技术要求[17]

(1) 焊机变压器绕组的温升限值应符合表5.2的规定。

焊接变压器绕组温升限值（℃） 表5.2

冷却介质	测定方法	不同绝缘等级时的温升限值				
		A	E	B	F	H
空气	电阻法	60	75	85	105	130
	热电偶法	60	75	85	110	135
	温度计法	55	70	80	100	120

续表

冷却介质	测定方法	不同绝缘等级时的温升限值				
		A	E	B	F	H
水	电阻法	70	85	95	115	140
	热电偶法	70	85	95	120	145
	温度计法	65	80	90	110	130

注：当采用温度计法及热电偶法时应在绕组的最热点上测定。

（2）气路系统的额定压力规定为0.5MPa，所有零件及连接处应能在0.6MPa 下可靠地工作。

（3）焊机水路系统中所有零部件及连接处，应保证在0.15～0.3MPa 的工作压力下能可靠地进行工作，并应装有溢流装置。

（4）加压机构应保证电极间压力稳定，夹紧力及顶锻力的实际值与额定值之差不应超过额定值的±8%。

（5）焊机应具有足够的刚度，在最大顶锻力下，焊机的刚度应保证焊件纵轴线之间的正切值不超过0.012。

（6）焊接回路有良好适应性，能焊接不同直径的钢筋，能进行连续闪光焊、预热闪光焊和闪光-预热闪光焊等不同的工艺方法。

（7）在自动或半自动闪光对焊机中，各项程序动作转换迅速、准确。

（8）调整焊机的焊接电流及更换电极方便。

5.3.3　对焊机的构造

对焊机属电阻焊机的一种。对焊机由机架、导向机构、动夹具和固定夹具、送进机构、夹紧机构、支点（顶座）、变压器、控制系统几部分组成，见图5.5。

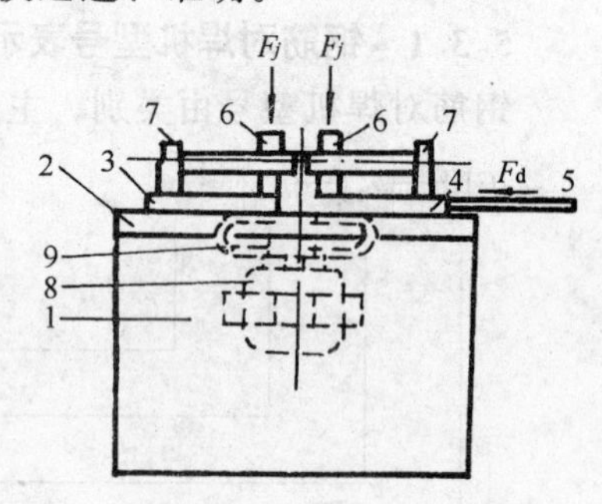

图5.5　对焊机示意图

1—机架；2—导轨；3—固定座板；4—动板；5—送进机构；6—夹紧机构；7—顶座；8—变压器；9—软导线

F_j—夹紧力；F_d—顶锻力

手动的对焊机用得最为普遍，可用于连续闪光焊、预热闪光焊，以及闪光—预热闪光焊等工艺方法。

自动对焊机可以减轻焊工劳动强度，更好地保证焊接质量，可采用连续闪光焊和预热闪光焊工艺方法。

1. 机架和导轨

在机架上紧固着对焊机的全部基本部件，机架应有足够的强度和刚性；否则，在顶锻时，会使焊件产生弯曲。机架常采用型钢焊成或用铸铁、铸钢制成，导轨是供动板移动时导向用的，有圆柱形、长方形或平面形。

2. 送进机构

送进机构的作用是使焊件同动夹具一起移动，并保证有必要的顶锻力；使动板按所要求的移动曲线前进；当预热时，能往返移动；没有振动和冲动。

送进机构有几种类型：

（1）手动杠杆式　其作用原理与结构如图5.6。它由绕固定轴0转动的曲柄杠杆1和长度可调的连杆2所组成，连杆的一端与曲柄杠杆相铰接，另一端与动座板5相铰接，当转动杠杆1时，动座板即按所需方向前后移动。杠杆移动的极限位置由支点来控制。顶锻力随着

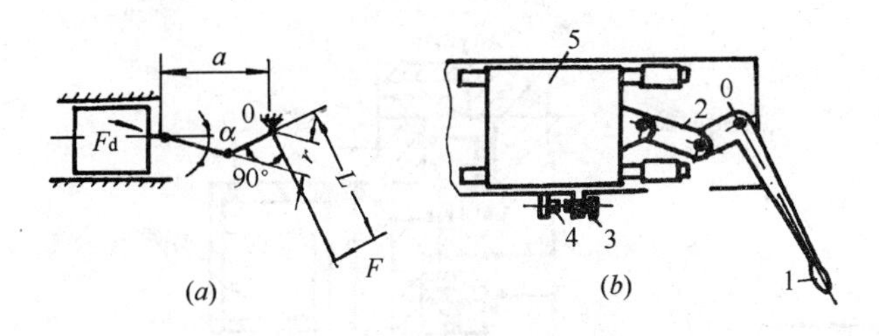

图5.6 手动杠杆式送进机构

(a) 计算图解；(b) 杠杆传动机构

α角的减小而增大（在α=0时，即在曲柄死点上，它是理论上达到无限大）。若曲柄达到死点后，顶锻力的方向立即转变，可将已焊好的焊件拉断。所以不允许杠杆伸直到死点位置。一般限制顶锻终了位置为α=5°左右，由限位开关3、4来控制，所以实际能发挥的最大顶锻力不超过(3～4) $\times 10^4$N。这种送进机构的优点是结构简单；缺点是所发挥的顶锻力不够稳定，顶锻速度较小(15～20mm/s)，并易使焊工疲劳。UNI-75型对焊机的送进机构即为手动杠杆式。

(2) 电动凸轮式　其传动原理如图5.7 (a) 所示，电动机D的转动经过三角皮带装置P，一对正齿轮ch及蜗杆减速器传送到凸轮K，螺杆L可用于调整电动机与皮带轮的中心距，以实现凸轮转速的均匀调节。为了使电流的切断，电动机的停转与动座板移动可靠的配合，在凸轮K上部装置了两个铺助凸轮K_1和K_2，以便在指定时间关断行程开关。凸轮外形满足闪光和顶锻的要求，典型的凸轮及其展开图示于图5.7 (b)。该种送进机构的主要优点是结构简单、工作可靠，减轻焊工劳动强度。缺点是电动机功率大而利用率低；顶锻速度有限制，一般为20～25mm/s。例如，UN2-150-2型对焊机就是采用这种送进机构。

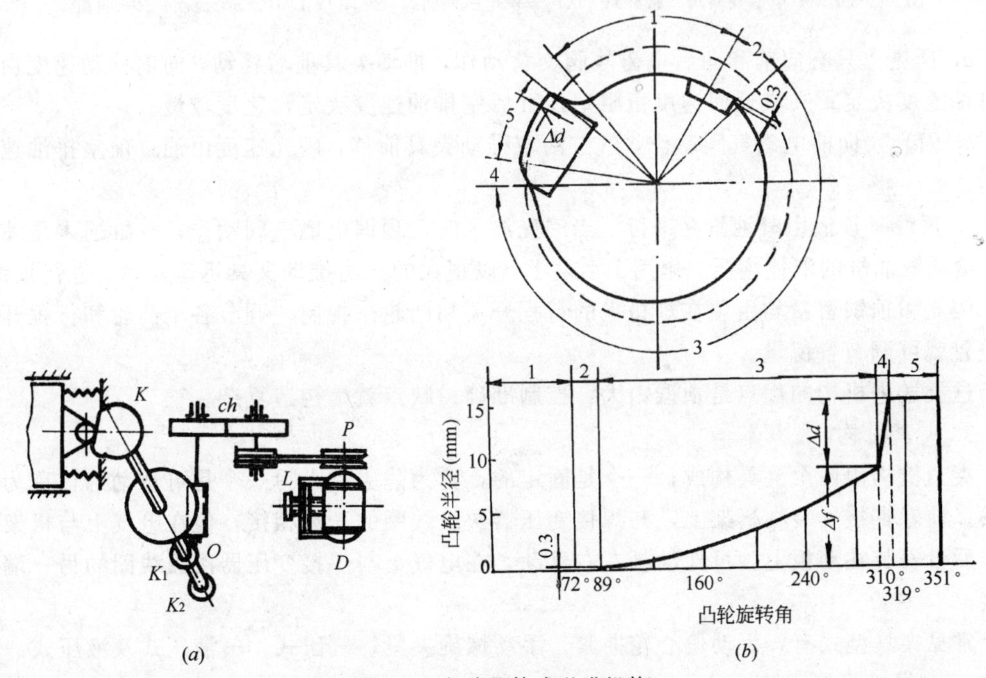

图5.7 电动凸轮式送进机构

(a) 传动原理；(b) 凸轮外形及其展开

(3) 气动或气液压复合式　UN17-150型对焊机的送进机构就是气液压复合式的，其原理见图5.8。

动作过程如下：

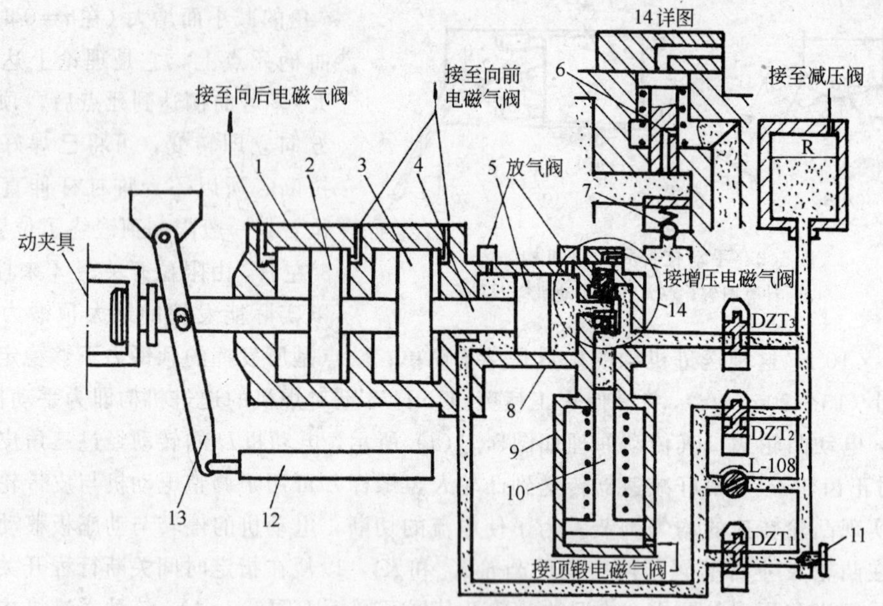

图5.8 UN17-150型对焊机的送进机构

1—缸体；2、3—气缸活塞；4—活塞杆；5—油缸活塞；6—针形活塞；7—球形阀；8—阻尼油缸；9—顶锻气缸；10—顶锻缸的活塞杆兼油缸活塞；11—调预热速度的手轮；12—标尺；13—行程放大杆；DZT_1、DZT_3—电磁换向阀（常开）；DZT_2——电磁换向阀（常闭）；L-108—节流阀；R—油箱

a. 预热　只有向前和向后电磁气阀交替动作，推动夹具前后移动，向前移动速度由油缸排油速度决定；夹具返回速度由阻尼油缸后室排油速度决定，速度较慢。

b. 闪光　向前电磁气阀动作，气缸活塞推动夹具前移，闪光速度由油缸前室排油速度决定。

c. 顶锻　顶锻由气液缸9进行。当闪光终了时，顶锻电磁气阀动作，气缸通入压缩空气，给顶锻油缸的液体增压，作用于活塞上，以很大的压力推动夹具迅速移动，进行顶锻。

闪光和顶锻留量均由装在焊机上的行程开关和凸轮来控制，调节各个凸轮和行程开关的位置就可调节各留量。

这类送进机构的优点是顶锻力大，控制准确；缺点就是构造复杂。

3. 夹紧机构

夹紧机构由两个夹具构成，一个是固定的，称为静夹具；另一个是可移动的，称为动夹具。前者直接安装在机架上，与焊接变压器次级线圈的一端相接，但在电气上与机架绝缘；后者安装在动板上，可随动板左右移动，在电气上与焊接变压器次级线圈的另一端相连接。

常见夹具型式有：手动偏心轮夹紧，手动螺旋夹紧，气压式、气液压式及液压式。

4. 对焊机焊接回路

对焊机的焊接回路一般包括电极、导电平板、次级软导线及变压器次级线圈，如图5.9所示。

焊接回路是由刚性和柔性的导线元件相互串联（有时并联）构成的导电回路，同时也是传递力的系统，回路尺寸增大，焊机阻抗增大，使焊机的功率因数和效率均下降。为了提高闪光过程的稳定性，要减少焊机的短路阻抗，特别是减少其中有效电阻分量。

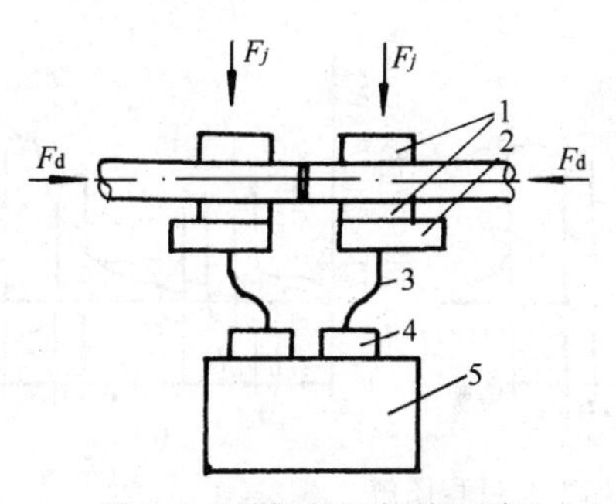

图5.9 对焊机的焊接回路

1—电极；2—动板；3—次级软导线；4—次级线圈；5—变压器；

F_j—夹紧力；F_d—顶锻力

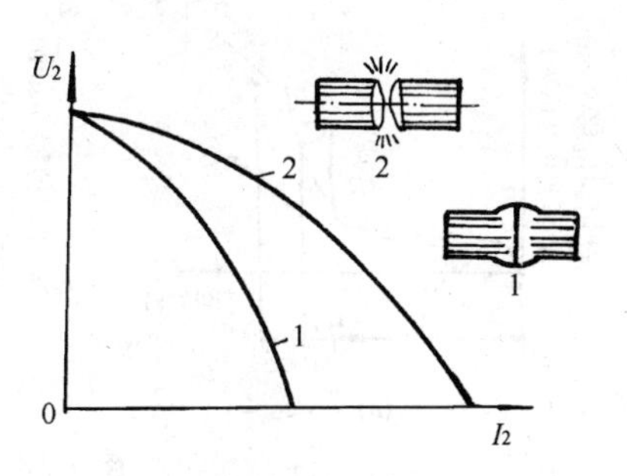

图5.10 外特性

1—陡降特性；2—缓降特性

对焊机的外特性决定于焊接回路的电阻分量，当电阻很大时，在给定的空载电压下，短路电流I_2急剧减小，是为陡降的外特性，如图5.10所示。当电阻很小时，外特性具有缓降的特点。对于闪光对焊要求焊机具有缓降的外特性比较适宜。因为闪光时，缓降的外特性可以保证在金属过梁的电阻减小时使焊接电流骤然增大，使过梁易于加热和爆破，从而稳定了闪光过程。

5.4 闪 光 对 焊 工 艺

5.4.1 闪光对焊的三种工艺方法

1. 连续闪光焊

将工件夹紧在钳口上，接通电源后，使工件逐渐移近，端面局部接触，见图5.11 (*a*)、(*b*)，工件端面的接触点在高电流密度作用下迅速熔化、蒸发、爆破，呈高温粒状金属，从焊口内高速飞溅出来，见图5.11 (*c*)。当旧的接触点爆破后又形成新的接触点，这就形成了连续不断的爆破过程，并伴随着工件金属的烧损，因而称之为烧化或闪光过程。为了保证连续不断的闪光，随着金属的烧损，工件需要连续不断的送进，即以一定的送进速度适应其焊接过程的烧化速度。工件经过一定时间的烧化，使其焊口达到所需要的温度，并使热量扩散到焊口两边，形成一定宽度的温度区，在撞击式的顶锻压力作用下液态金属排挤在焊口之外，使工件焊合，并在焊口周围形成大量毛刺，由于热影响区较窄，故在结合面周围形成较小的凸起，见图5.11 (*d*)。

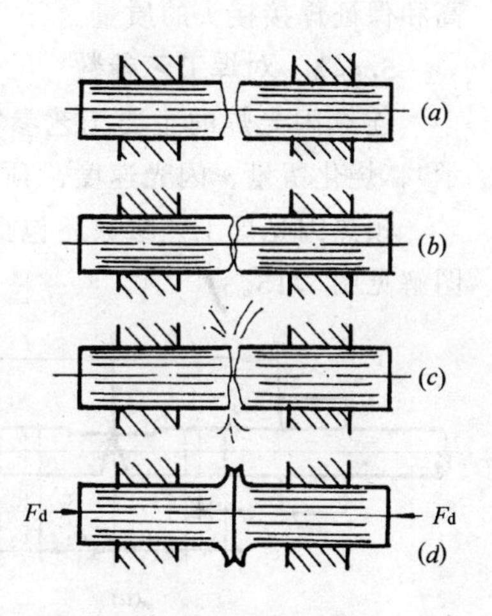

图5.11 闪光对焊法

焊接工艺过程的示意图见图5.12。钢筋直径较小时，宜采用连续闪光焊。

2. 预热闪光焊

在连续闪光焊前附加预热阶段，即将夹紧的两个工件，在电源闭合后开始以较小的压力接触，然后又离开，这样不断地断开又接触，每接触一次，由于接触电阻及工件内部电

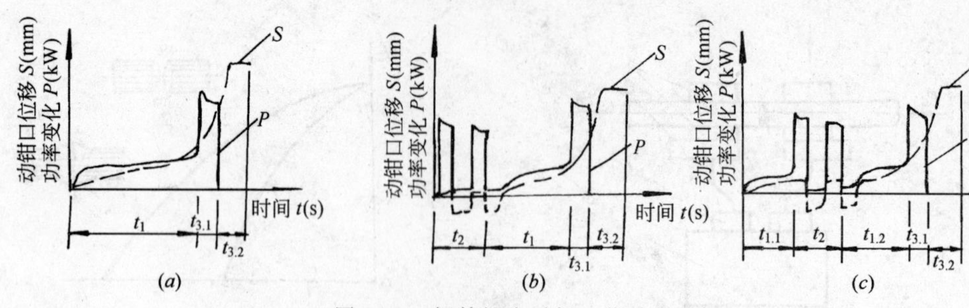

图 5.12　钢筋闪光对焊工艺过程图解

(a) 连续闪光焊；(b) 预热闪光焊；(c) 闪光—预热闪光焊

t_1—烧化时间；$t_{1.1}$——一次烧化时间；

$t_{1.2}$—二次烧化时间；t_2—预热时间；t_3—顶锻时间；

$t_{3.1}$—有电顶锻时间；$t_{3.2}$—无电顶锻时间

阻使焊接区加热，拉开时产生瞬时的闪光。经上述反复多次，接头温度逐渐升高形成预热阶段。焊件达到预热温度后进入闪光阶段，随后以顶锻而结束。钢筋直径较粗，并且端面比较平整时，宜采用预热闪光焊。

3. 闪光—预热闪光焊

在钢筋闪光对焊生产中，钢筋多数采用钢筋切断机断料，端部有压伤痕迹，端面不够平整，这时宜采用闪光—预热闪光焊。

闪光—预热闪光焊就是在预热闪光焊之前，预加闪光阶段，其目的就是把钢筋端部压伤部分烧去，使其端面达到比较平整，在整个断面上加热温度比较均匀。这样，有利于提高和保证焊接接头的质量。

5.4.2　对焊工艺参数

连续闪光焊的主要工艺参数有：调伸长度、焊接电流密度（常用次级空载电压来表示）、烧化留量、闪光速度、顶锻压力、顶锻留量、顶锻速度。

预热闪光焊工艺参数还包括预热留量。在闪光对焊中应合理选择各项工艺参数。留量图解见图 5.13。

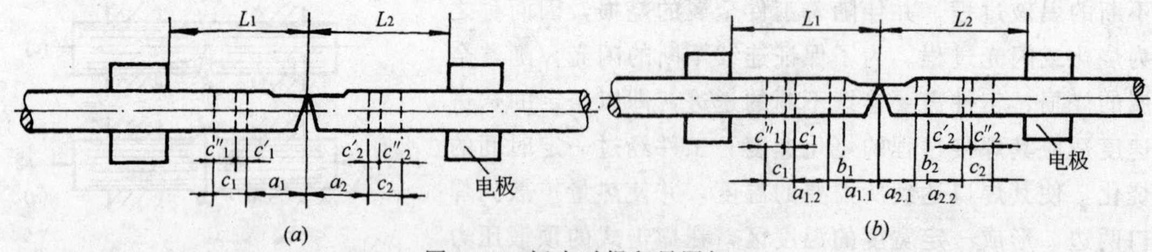

图 5.13　闪光对焊留量图解

(a) 连续闪光焊；(b) 闪光—预热闪光焊

L_1、L_2—调伸长度；a_1+a_2—烧化留量；$a_{1.1}+a_{2.1}$——一次烧化留量；$a_{1.2}+a_{2.2}$—二次烧化留量；

b_1+b_2—预热留量；c_1+c_2—顶锻留量；$c'_1+c'_2$—有电顶锻留量；$c''_1+c''_2$—无电顶锻留量

1. 调伸长度

调伸长度的选择，应随着钢筋牌号的提高和钢筋直径的加大而增长，尤其是在焊接 HRB 400、HRB 500 钢筋时，在不致产生旁弯的前提下，调伸长度应尽可能选择长一些。若长度过小，向电极散热增加，加热区变窄，不利于塑性变形，顶锻时所需压力较大；当长度过大时，加热区变宽，若钢筋较细，容易产生弯曲。

2. 烧化留量

烧化留量的选择应根据焊接工艺方法而定。连续闪光焊接时，为了获得必要的加热，烧化过程应该较长，烧化留量应等于两钢筋在断料时端面的不平整度加切断机刀口严重压伤部分，再加8mm。

闪光—预热闪光焊时，应区分一次烧化留量和二次烧化留量。一次烧化留量等于两钢筋在断料时端面的不平整度加切断机刀口严重压伤部分，二次烧化留量不小于10mm。

预热闪光焊时的烧化留量不小于10mm。

当采用预热闪光焊时，以及电流密度较大时，会加快烧化速度。在烧化留量不变的情况下，提高烧化速度会使加热区不适当地变窄，所需焊机容量增大，并引起爆破后火口深度的增加。反之，过小的烧化速度对接头的质量也是不利的。

3. 预热留量

在采用预热闪光焊或闪光—预热闪光焊中，预热宜采用电阻预热法，预热留量1～2mm，预热次数1～4次，每次预热时间1.5～2.0s，间歇时间3～4s。

预热温度太高或者预热留量太大，会引起接头附近金属组织晶粒长大，降低接头塑性；预热温度不足，会使闪光困难，过程不稳定，加热区太窄，不能保证顶锻时足够塑性变形。

4. 顶锻留量

顶锻留量应为4～10mm，随钢筋直径的增大和钢筋牌号的提高而增加；其中，有电顶锻留量约占1/3。

焊接原RL540（Ⅳ级）钢筋时，顶锻留量宜增大30%。

顶锻速度越快越好，顶锻力的大小应足以保证液体金属和氧化物夹渣全部挤出。

5. 变压器级数

变压器级数应根据钢筋牌号、直径、焊机容量、焊机新旧程度以及焊接工艺方法等具体情况选择，既要满足焊接加热的要求，又能获得良好的闪光自保护效果。

闪光对焊的电流密度通常在较宽范围内变化。采用连续闪光焊时，电流密度取高值，采用预热闪光焊时，取低值。实际上，在闪光阶段焊接电流并不是常数，而是随着接触电阻的变化而变化。在顶锻阶段，电流急剧增大。在生产中，一般是给出次级空载电压U_{20}。焊接电流的调节也是通过改变次级空载电压，即改变变压器级数来获得。因为U_{20}愈大，焊接电流也愈大。比较合理的是，在维护闪光稳定、强烈的前提下，采用较小的次级空载电压。不论钢筋直径的粗细，一律采用高的次级空载电压是不适当的。

6. 钢筋闪光对焊操作要领

在焊接前，钢筋端部要正直、除锈，安装钢筋要放正、夹牢。

在焊接中，闪光要强烈，特别是顶锻前一瞬间；钢筋较粗时，预热要充分；顶锻时一定要快而有力。

5.4.3 HRB 400钢筋闪光对焊工艺性能试验[18]

首钢总公司技术研究院对该公司生产的HRB 400钢筋进行焊接工艺性能试验，其中，包括闪光对焊、手工电弧焊、电渣压力焊、气压焊四种焊接方法。

试验用钢筋的化学成分见表5.3。

试验用钢筋化学成分（%）　表5.3

钢筋直径 (mm)	C	Si	Mn	P	S	V	N
25	0.22	0.50	1.46	0.030	0.022	0.038	0.0084
32	0.22	0.53	1.42	0.031	0.022	0.035	0.0078
36	0.21	0.50	1.38	0.019	0.026	0.041	0.0110

试验用钢筋的力学性能见表5.4。

试验用钢筋力学性能　表5.4

钢筋直径 (mm)	σ_s (MPa)	σ_b (MPa)	δ_5 (%)	冷弯
25	455，455	635，630	24，18	完好（180°$d=4a$）
32	440，435	615，610	26，20	完好（180°$d=5a$）
36	440，445	615，615	23，19	完好（180°$d=5a$）

对于该三种规格的钢筋，全部采用预热闪光焊工艺，控制闪光预热留量；对每种规格的钢筋，采用了大、中、小三种不同焊接能量进行焊接，见表5.5。采用华东电焊机厂生产的UN1-100型对焊机，第八级级数进行焊接。

预热闪光焊焊接参数　表5.5

钢筋直径 (mm)	组号	预热留量 (mm)	闪光时间 (s)	有电顶锻留量 (mm)	无电顶锻留量 (mm)
25	1	3	15	3	4
	2	6	15	3	4
	3	7	15	3	4
32	1	5	15	3	4
	2	7	15	3	4
	3	9	15	3	4
36	1	6	15	3	4
	2	8	15	3	4
	3	10	15	3	4

试验结果表明，闪光对焊接头的力学性能整体上均很好，ϕ25钢筋接头3组试件，共9根拉伸试件和9根弯曲试件均合格，说明ϕ25钢筋对于闪光对焊有良好的焊接适应性。

ϕ32钢筋接头拉伸试件中，有3根断于焊缝，其中1根强度为540MPa，未达到规定抗拉强度，考虑是焊工操作失误所致，其余8根抗拉强度均合格；冷弯试验结果，9根试件均完好。

ϕ36钢筋接头试件中，9根拉伸试件全部断于母材，合格；但在冷弯试验中，有3根试件弯至45°左右断裂，其中第1组中1根，第3组中2根，由此可见，选用第2组预热留量较为合适。

总之，首钢生产的HRB 400钢筋（ϕ25、ϕ32、ϕ36）均适合采用闪光对焊进行焊接。

此外，还对钢筋闪光对焊接头试件纵剖面进行维氏硬度检验，宏观观察及微观金相分析[19]。采用的试验设备为HV1-10A低负荷硬度计，Neophot 21显微镜。

维氏硬度检验时，每种规格取3个试件，每一试件面上测上、中、下三行，每行测7个测点，其中1个在熔合区（焊缝），3个测点在左热影响区，3个测点在右热影响区，热影响区3个测点中一个距熔合区0.60～0.80mm，一个距熔合区1.50～2.10mm，另一个距熔合区11～13.5mm。

图5.14 HRB 400 钢筋显微组织 200×

试验结果表明，母材为HV10，191；金相组织为铁素体和珠光体组织，呈带状分布，见图5.14。

接头维氏硬度有一定幅度，最低为202，最高为260。

接头宏观照片共9个，取其2个见图5.15。

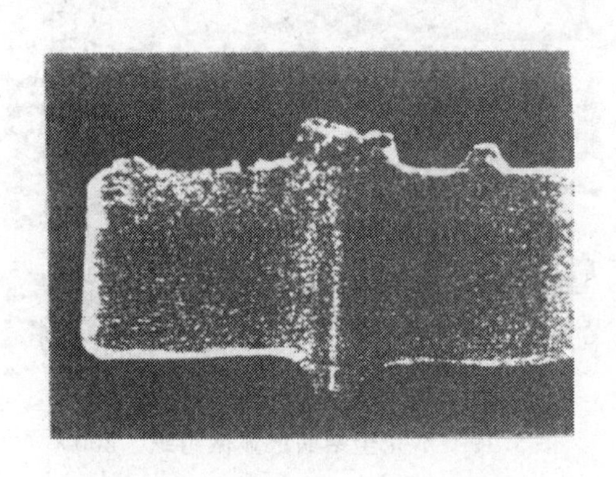

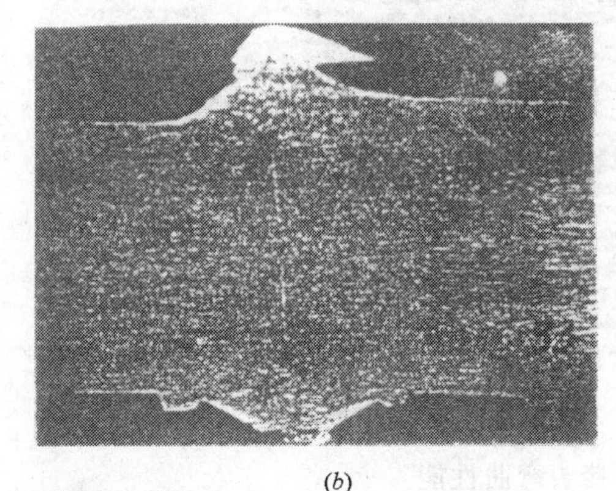

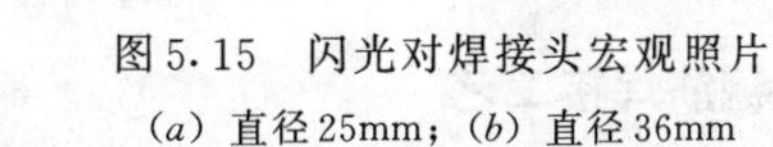

(*a*) (*b*)

图5.15 闪光对焊接头宏观照片

(*a*) 直径25mm；(*b*) 直径36mm

金相组织照片共有3个，ϕ25、ϕ32、ϕ36，现取ϕ25钢筋接头试样金相检验结果如下：

a. 熔合区：原奥氏体粗大晶粒边界为先共析铁素体，晶内多数为针状铁素体，珠光体和少量粒状贝氏体（以下简称粒贝），偶见方向性分布的粒贝，粒贝中岛状相已有分解。见照片5.16。

b. HAZ粗晶区：粗大原奥氏体晶粒边界分布有先共析铁素体，晶内多为珠光体，还有一些针状铁素体和块状铁素体；有些针状铁素体是晶界向晶内生长的，较为粗大。晶内偶尔可见局部小区域分布的针状铁素体和少量粒贝的混合组织，其中粒贝中的岛状相已有分解。见照片5.17。照片中，左下部分为熔合区，右部为HAZ粗晶区。

c. HAZ细晶区：铁素体、珠光体组织呈带状分布。见照片5.18。

d. HAZ不完全重结晶区：铁素体、珠光体组织呈波纹状分布，见图5.19。

根据以上试验结果认为，HRB 400钢筋闪光对焊在施工现场应用时间还不长，积累的经验亦少；施工单位在遇到粗直径，例如ϕ32、ϕ36钢筋时，应提前进行焊接工艺试验，摸索合适工艺参数，精心施焊。当冷弯试验未能达到要求时，可采取焊后通电热处理，以改

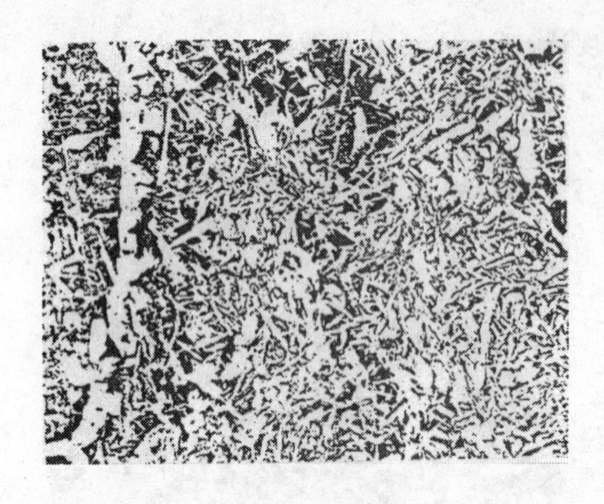

图5.16　熔合区显微组织　200×

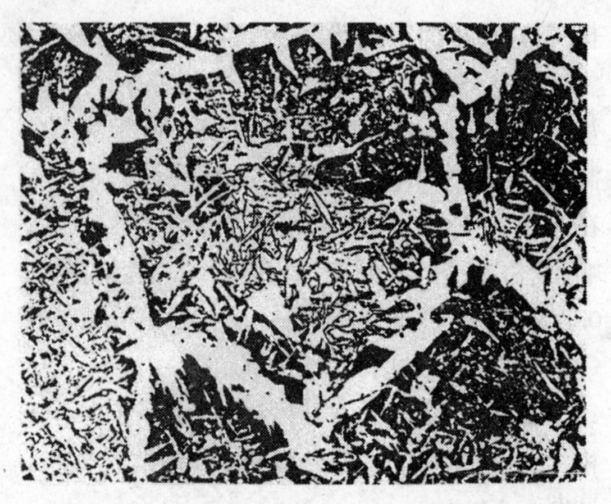

图5.17　粗晶区显微组织　200×

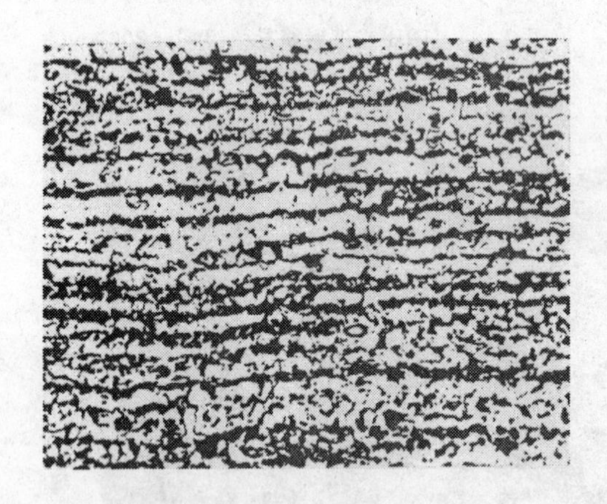

图5.18　细晶区显微组织　200×

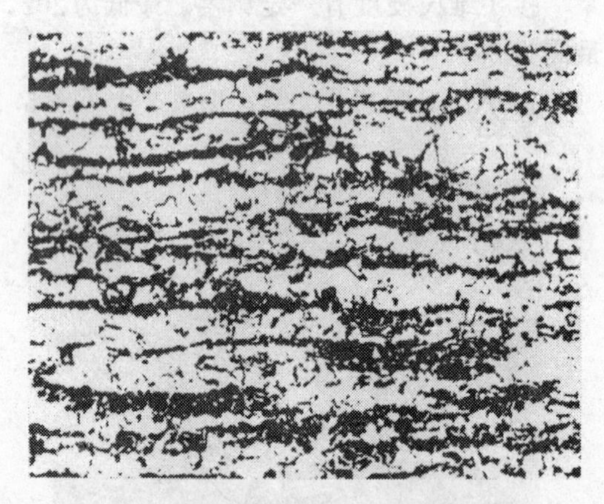

图5.19　不完全结晶区显微组织　200×

善其接头弯曲性能。

5.4.4　RRB 400 余热处理钢筋焊接工艺

RRB 400 余热处理钢筋闪光对焊时，与热轧钢筋比较，应适当减小调伸长度，适当提高焊接变压器级数，缩短加热时间，快速顶锻，形成快热快冷条件，使热影响区长度控制在钢筋直径的0.6倍范围之内[20]。

RRB 400 余热处理钢筋在焊接过程中，当温度在700～900℃范围时，强度损失最大，也就是使软化区的出现，对接头强度带来不利影响。在采用合理工艺参数条件下，使软化区不但窄，也处在接头截面加强区（加大区）之内，以及微淬火硬化和错位密度增高的部位，这样，可以获得良好焊接质量，见图5.20。

5.4.5　原RL 540（Ⅳ级）钢筋焊接

原RL 540（Ⅳ级）钢筋焊接时，无论直径大小，均应采取预热闪光或闪光—预热闪光焊工艺。必要时还应在焊机上进行焊后热处理，要求如下：

（1）待接头冷却至常温，将电极钳口调至最大间距，重新夹紧；

（2）采用最低的变压器级数，进行脉冲式通电加热；包括通电时间和间歇时间，每次约3s；

（3）焊后热处理温度在750～850℃（或稍高于A_{c3}）选择，随后在环境温度下自然冷却。

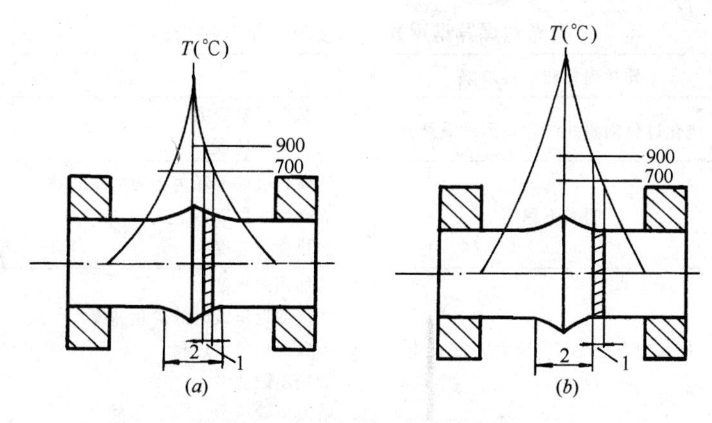

图5.20 钳口距离与软化区的关系
(a) 钳口距20mm；(b) 钳口距35mm
1—软化区；2—截面加强区

原RL 540（Ⅳ级）钢筋（40SiMnV、45SiMnV、45Si2MnTi）中碳、硅、锰含量较高，而且还有微合金化元素V或Ti这些元素，特别是碳、锰、钒的增高，对钢筋的焊接性能带来不利影响。增加接头中热影响区淬硬倾向。在多种不利因素共同作用下，会发生脆断。因此，当合金元素为上限，或强度偏高时，必须进行焊后热处理，其目的是消除淬硬组织，消除内应力，改善接头性能。

注：在现行国家标准GB 1499—1998中，原RL540（Ⅳ级）钢筋已被删去，但在某些构件厂仍有应用。

5.4.6 螺丝端杆焊接

螺丝端杆与钢筋对焊时，应先对螺丝端杆进行预热，并适当减小调伸长度。钢筋一侧的电极应适当垫高，确保两者轴线一致。

由于螺丝端杆直径比钢筋粗，需要热量多，对螺丝端杆先进行预热，使两者同时达到进行闪光所需要的温度。

注：螺丝端杆焊接在少数工程中仍有采用。

5.4.7 大直径钢筋焊接

采用UN2-150型对焊机（电动机凸轮传动）或UN17-150-1型对焊机（气—液压传动）进行大直径钢筋焊接时，宜首先采取锯割或气割方式对钢筋端面进行平整处理；随后，采取预热闪光焊工艺，其技术要求如下：

(1) 变压器级数应较高，并选择较快的凸轮转速，确保闪光过程有足够的强烈程度和稳定性；

(2) 采取垫高顶锻凸块等措施，确保接头处获得足够的镦粗变形；

(3) 准确调整并严格控制各过程的起、止点，保证夹具的释放和顶锻机构的复位按时动作。

5.4.8 焊接异常现象、缺陷及消除措施

在闪光对焊生产中，应重视焊接过程中的任何一个环节，以确保焊接质量。若出现异常现象或焊接缺陷，应参照表5.6查找原因，及时消除。

闪光对焊异常现象、焊接缺陷及消除措施　　表5.6

项次	异常现象和焊接缺陷	消除措施
1	烧化过分剧烈并产生强烈的爆炸声	1. 降低变压器级数 2. 减慢烧化速度
2	闪光不稳定	1. 消除电极底部和内表面的氧化物 2. 提高变压器级数 3. 加快烧化速度
3	接头中有氧化膜、未焊透或夹渣	1. 增加预热程度 2. 加快临近顶锻时的烧化速度 3. 确保带电顶锻过程 4. 加快顶锻速度 5. 增大顶锻压力
4	接头中有缩孔	1. 降低变压器级数 2. 避免烧化过程过分强烈 3. 适当增大顶锻压力
5	焊缝金属过烧	1. 减小预热程度 2. 加快烧化速度，缩短焊接时间 3. 避免过多带电顶锻
6	接头区域裂纹	1. 检验钢筋的碳、硫、磷含量；若不符合规定时，应更换钢筋 2. 采取低频预热方法，增加预热程度
7	钢筋表面微熔及烧伤	1. 消除钢筋被夹紧部位的铁锈和油污 2. 消除电极内表面的氧化物 3. 改进电极槽口形状，增大接触面积 4. 夹紧钢筋
8	接头弯折或轴线偏移	1. 正确调整电极位置 2. 修整电极钳口或更换已变形的电极 3. 切除或矫直钢筋的弯头

5.5 箍筋闪光对焊[21]

5.5.1 箍筋闪光对焊的优越性

在建筑工程的梁、柱结构中，使用大量箍筋。在以往，箍筋的连接采用以下两种方法：

1. 箍筋两端绕过主筋作135°弯钩，锚固在混凝土中，两端互不连接；

2. 箍筋两端相互搭接10倍箍筋直径，采用手工电弧单面搭接焊。

以上两种方法均费工费料，施工不甚方便。

近几年来，贵州省建设工程质量安全监督总站杨力列通过试验研究提出，采用封闭环式箍筋闪光对焊，取得很大成效，梁柱箍筋和两者对比见图5.21。

箍筋闪光对焊优点如下：

1. 接头质量可靠

对焊箍筋接头质量可靠，有利于结构受力和满足抗震设防要求。

2. 节约钢筋，降低工程造价

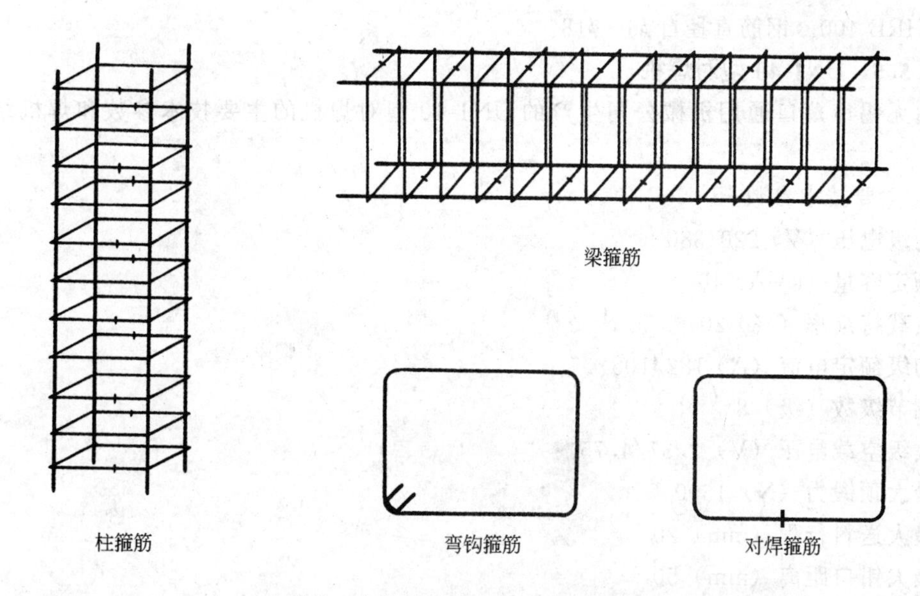

图5.21 梁柱箍筋及两种方法对比

由于采用对焊工艺，每道箍筋可节约两个弯钩的钢材，在工程中箍筋的数量比较大，节约的箍筋弯钩钢材用量也可观，而且，箍筋的直径越大，效果越明显。

3. 施工方便

(1) 以往柱箍筋安装时，是先把箍筋水平拉开，再往柱主筋上卡，费力费时，使用这种新型对焊箍筋，可以从上往下套，比较省力省时。

还可以采取先将柱主筋接头以下的对焊箍筋先套、扎好，完成主筋接头后，再套入主筋上段对焊箍筋。

(2) 梁的主筋箍筋安装时，先将对焊箍筋分垛立放，再将梁主筋穿入，比较方便。

对四肢箍以上的梁箍筋安装时，下部主筋穿筋较困难。可采用专用钢筋支架控制四肢箍的位置，分成几垛放置，再穿入梁主筋的办法。

(3) 以往的箍筋由于弯钩多，不好振捣，容易卡振动棒，而使用这种对焊箍筋就不存在这个问题。

5.5.2 箍筋闪光对焊的特点

箍筋是封闭环式，焊接时，必然有一小部分焊接电流从箍筋这一端直接分流至箍筋的另一端。这就要求施焊时，适当调高焊接变压器级数，增大焊接电流。

5.5.3 闪光对焊设备选择

箍筋直径一般偏小，当直径为$\phi6 \sim \phi10$时，宜选用UN1-40型对焊机，并采用连续闪光焊工艺。该种焊机外型体积较小，特别是电极夹钳易于固定和退出箍筋，对提高工效有利。

当箍筋直径较大，为$\phi12 \sim \phi18$时，应采用UN1-75型闪光对焊机和预热闪光对焊工艺。这时，也可采用UN1-100型对焊机，由于焊接电流较大，对于用钢筋切断机下料的钢筋也能适应，可采用连续闪光焊工艺，质量稳定。

5.5.4 箍筋的牌号及直径

适用于闪光对焊箍筋牌号的有：经过调直的低碳钢热轧圆盘条Q235、HPB 235、HRB

335、HRB 400。钢筋直径自ϕ6～ϕ18。

5.5.5　UN1-40型对焊机

由无锡市荡口通用机械公司生产的UN1-40型对焊机的主要技术参数和焊机结构如下。

1. 主要技术参数

初级电压（V）220/380

额定容量（kVA）40

负载持续率（%）20

初级额定电流（A）182/105

调节级数（级）8

次级空载电压（V）2.37/4.75

最大顶锻力（N）1500

最大送料行程（mm）20

最大钳口距离（mm）50

冷却水消耗量（L/h）120

焊机质量（kg）275

外形尺寸　高（mm）1300

　　　　　宽（mm）500

　　　　　长（mm）1340

2. 结构

对焊机主要包括焊接变压器、固定电极、移动电极（即钳口）、焊接送料机构（加压机构）及控制元件等。使用杠杆送料时，利用操纵杆移动可动机构。

左、右两电极分别通过多层铜皮与焊接变压器次级线圈之导体连接，焊接变压器的次级线圈由流水冷却。次级空载电压可用分级开关调节。在焊接处的两侧及下方均有防护板。以免熔化金属溅入变压器及开关中，焊工需经常清除防护板上的金属溅沫，以免造成短路等故障。

（1）送料机构

送料机构系完成焊接时所需的熔化及挤压过程。主要包括操纵杆、调节螺钉、压簧等。当将操纵杆在两极限位置中移动时，可获得20mm的工作行程。当操纵杆在行程终端（左侧）时，将调节螺钉的中心轴（与焊机中心轴间的夹角）调整到4°～5°时，可获得最大的顶锻压力。在调节螺钉调整妥善后，须将其两侧的螺母旋紧。

所有移动部件均有油孔，须经常保护润滑。

当用杠杆送料时，先松开螺母放松压簧，使挂钩取消作用，然后将调节螺钉与可动机构连接的长孔螺杆换为圆孔螺杆。

（2）开关控制

当按下按钮开关时，接通继电器，使电源接触器作用，则焊接变压器与电源接通。欲控制焊件在焊接过程中的烧化量，可调节装在可动机构上的断电器的伸出长度，当其触动行程开关时，电流即被切断。焊接过程也告终止。

控制回路之电源，由次级电压为36V的辅变压器供电。杠杆送料时，可用于电阻焊及闪光焊。

（3）钳口（电极）

利用手动偏心轮加压，使焊件紧固于电极上，压力之大小可以调节偏心轮及偏心套筒。

（4）焊接变压器

焊接变压器为铁壳式，其初级绕组为盘形。次级绕组由三片周围焊有水冷铜管的铜板并联而成。

焊接时，按钢筋直径选择调节级数，以取得所需要的次级空载电压。

各级次级空载电压值见表5.7。

次级空载电压　表5.7

<table>
<tr><th rowspan="2">级数</th><th colspan="3">插头位置</th><th rowspan="2">次级空载电压（V）</th></tr>
<tr><th>Ⅰ</th><th>Ⅱ</th><th>Ⅲ</th></tr>
<tr><td>1</td><td>2</td><td rowspan="2">2</td><td rowspan="4">2</td><td>2.37</td></tr>
<tr><td>2</td><td>1</td><td>2.59</td></tr>
<tr><td>3</td><td>2</td><td rowspan="2">1</td><td>2.79</td></tr>
<tr><td>4</td><td>1</td><td>3.04</td></tr>
<tr><td>5</td><td>2</td><td rowspan="2">2</td><td rowspan="4">1</td><td>3.33</td></tr>
<tr><td>6</td><td>1</td><td>3.68</td></tr>
<tr><td>7</td><td>2</td><td rowspan="2">1</td><td>4.17</td></tr>
<tr><td>8</td><td>1</td><td>4.75</td></tr>
</table>

变压器至电极由多层薄铜皮连接。

焊接过程通电时间之长短，可由焊工通过按钮开关及行程开关控制。

5.5.6 箍筋闪光对焊操作工艺

钢筋下料→钢筋切割→钢筋弯曲→箍筋对焊

1. 钢筋下料

严格按照图纸要求下料，由于采用闪光对焊，应经过计算的长度加消耗的总留量，并经试焊后确定合适的钢筋下料长度，总留量见表5.8。

箍筋连续闪光对焊焊接参数　表5.8

钢筋直径（mm）	烧化留量（mm）	顶锻留量（mm）	总留量（mm）	调伸长度（mm）
6	4～5	2	6～7	6
8	5～6	2	7～8	8
10	7～8	2.5	9.5～10.5	10
12	7～8	2.5	9.5～10.5	10
14	8～9	3	11～12	12

2. 钢筋切割

采用无齿锯切割；如果采用钢筋切断机切割，则切出的钢筋的端面不平，成马蹄形，对焊时容易产生钢筋错位，而且，不容易掌握钢筋的烧化留量。

3. 钢筋弯曲

对于ϕ6～ϕ10小直径钢筋，采用手工弯曲；ϕ12～ϕ18箍筋，采用钢筋弯曲机弯曲。弯曲时要注意，钢筋的角度必须是90°，否则，钢筋夹紧后不易对正，且焊出的钢筋接头轴线偏差太大，影响焊接质量。

4. 箍筋对焊

施焊前，未生锈的新钢筋可直接对焊，已生锈的钢筋必须将钢筋表面的锈除去。此外，如果钢筋端头有弯曲，应调直。其次，对焊不同直径的箍筋，使用的对焊机的变压器级数也不同。经过试验，采用UN1-40型对焊机时为：ϕ6为4级，ϕ8为5级或6级，ϕ10为7级，ϕ12、ϕ14为8级。

5. 注意事项

（1）在大量下料前，要进行箍筋长度的下料和施焊试验。

（2）由于分流现象产生电阻热，焊毕后，箍筋温度约为45～100℃，操作工人应戴手套防止烫伤。

箍筋闪光对焊过程与焊毕箍筋见图5.22。

(a)

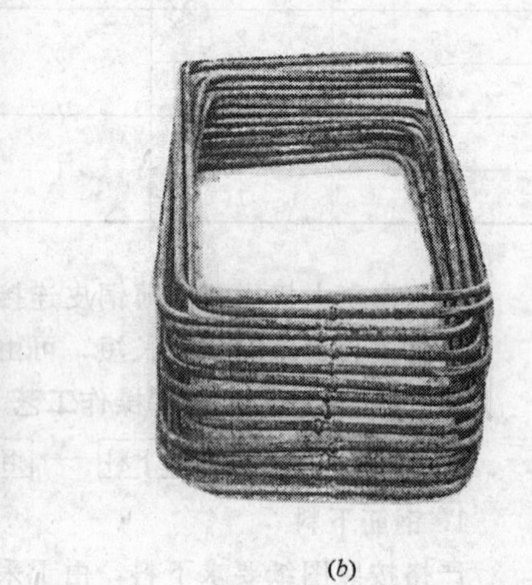

(b)

图5.22　对焊过程及焊毕箍筋

(a) UN1-40型对焊机；(b) 焊毕箍筋

5.6　生产应用实例

5.6.1　UN150-2型钢筋半自动对焊机的应用[22]

北京市第一建筑构件厂钢筋车间置有UN150-2型半自动对焊机一台，常用钢筋牌号有HPB 235、HRB 335、HRB 400钢筋，直径16～36mm，焊接参数如下：

1. 调伸长度

HPB 235钢筋为0.75d，HRB 335钢筋0.75～1.0d，HRB 400钢筋为1.25d（d为钢筋直径）。

2. 闪光留量

一次闪光留量为3mm，连续闪光焊时闪光留量为8～12mm。

3. 闪光速度

闪光速度随钢筋直径增大而降低。闪光速度由慢到快，一般从0～1mm/s至1.5～2.0mm/s。

4. 预热留量

随钢筋直径增大而增加。当钢筋直径为22～36mm时，预热留量2～7mm。

5. 顶锻留量

当钢筋直径为22～36mm时，顶锻留量5～8mm。

6. 顶锻速度

火口封密后，在每秒顶锻量不少于6mm的速度下完成整个顶锻过程。

7. 顶锻压力

顶锻压力随钢筋直径增大而增加。压力要适当，过大使焊口出现裂纹；过小使熔渣和氧化物残留在焊口内。

8. 焊接变压器级数

3～14级，当电源电压降低5%时，变压器级数提高1级。

使用该焊机进行生产，可减轻焊工劳动强度，提高劳动生产率。每台班生产数如下：

(1) 钢筋直径为20mm以下，为400～500个接头；

(2) 钢筋直径为22～30mm，为200～400个接头；

(3) 钢筋直径为32mm以上，为100～200个接头；

(4) 每月焊接钢筋100～120t；每年产量1200～1500t。

图5.23 UN150-2对焊机进行焊接生产

焊接接头按规定进行质量检查，并经过冷拉检验，合格率达到100%；每年可节约钢筋200～300t。焊接操作见图5.23。

5.6.2 HRB 400钢筋闪光对焊的应用

太原中铁十二局在承建山西大学文科楼工程中，共使用承钢生产的HRB 400钢筋778t，钢筋直径从ϕ16～ϕ32，其中以ϕ20、ϕ22、ϕ25为最多。共焊接闪光对焊接头约5000个，抽样进行拉伸试验，弯曲试验，全部合格。

5.6.3 箍筋闪光对焊的应用

贵州电视台业务用房，用地面积13918m^2，建筑面积47412m^2，建筑占地面积5339m^2，建筑等级1级，主楼23层，高99.3m，群楼演播区6层，高30.9m，群楼圆厅4层，高20.4m。工程在六度抗震设防区，根据工程性质，提高一度按七度抗震设防。结构形式为：主楼为框—剪结构，群楼为框架结构。由于该工程为电视业务用房，各种使用功能较多，相应主体结构复杂，钢筋种类较多，其箍筋就包含多种牌号、多种规格的钢筋，为箍筋闪光对焊的推广应用提供了一个良好的使用环境。

该工程为贵州省重点工程，对质量要求严格，在钢筋选用上，采用了重庆钢铁公司、湘潭钢铁公司、新余钢铁公司、广西柳钢集团公司生产的钢筋，质量可靠，包括：ϕ6、ϕ8、ϕ10、ϕ12 Q235 热轧圆盘条、ϕ12、ϕ14 HPB 235 和HRB 335 的9m 定尺直条钢筋。圆盘钢在现场采用冷拉调直。

焊接设备采用荡口通用机械公司生产的UN1-40 对焊机，并将原设备正面设置的开关改安在杠杆手柄上，既便于操作控制，又防止原开关处于对焊闪光飞溅区域，易发生烫伤手的危害，使对焊箍筋速度明显加快，对焊质量较好。

第一批应用的箍筋规格为ϕ6、ϕ8、ϕ10、ϕ12、ϕ14；箍筋数量各为602、580、600、600、600。箍筋加工的内空最小尺寸为200mm×200mm。

质量验收时，以300 个接头作为一个检验批，随机切取3 个接头做拉伸试验，全部断于母材，合格。该工程由中铁建厂局贵阳指挥部施工，贵阳市永欣建设监理有限公司监理，贵州省建设工程质量安全监督总站监督，贵州省建筑科学研究检测中心和铁道部第一工程局第一工程处中心实验室检测。工程完工，各方对该项新工艺的应用均表满意。

5.6.4　原RL 540（Ⅳ级）钢筋闪光对焊的应用[23]

北京市第一建筑构件厂钢筋车间经常使用原RL 540（Ⅳ级钢筋）作为预应力混凝土构件中预应力筋。钢筋牌号有：45SiMnV，45Si2Cr，40SiMnV 等3 种，钢筋直径12mm。焊机采用UN1-75 型手动式对焊机。

由于原RL 540（Ⅳ级）钢筋碳、锰、硅含量较高，对氧化、淬火及过热较为敏感，易产生氧化缺陷和脆性组织，因此精心操作，保证焊接接头的良好组织和一定塑性，十分关键。

(1) 焊前电极净距放大，调伸长度2.5d，扩大热影响区，降低温度梯度，防止接头局部过热，造成脆断。

(2) 预热适当，频率2～4 次/s，顶锻快而用力得当，操纵有弹性压力感，焊后红区约25～45mm，变压器级数为Ⅳ级，闪光留量10mm 左右，顶锻留量3～3.5mm。

必要时，进行焊后通电热处理。它是对接头进行一次退火和高温回火处理，能消除热影响区的脆性组织，改善塑性。

焊接接头按规定进行质量检查，并经过冷拉检验，合格率达100%。

每台班产量约200 个接头，每月产量200t。

利用焊接钢筋，减少短料，每年可节约钢筋250t。

5.6.5　HRB 500 钢筋的研制和闪光对焊试验研究

1. 钢筋研制

首钢技术研究院对首钢集团生产的HRB 500 热轧带肋钢筋ϕ25、ϕ18 两种规格进行闪光对焊焊接性能试验。钢筋化学成分见表5.9，力学性能见表5.10。

HRB 500 钢筋化学成分（%）　　**表5.9**

C	Si	Mn	V	P	S	C_{eq}
0.23	0.54	1.47	添加	0.018	0.027	0.482

HRB 500 钢筋力学性能 表5.10

规格（mm）	屈服强度（MPa）	抗拉强度（MPa）	伸长率 δ_5（%）
18	570	695	24
	565	705	24
25	575	720	23
	570	720	21

2. 焊接工艺

焊接试验使用UN1-100型手动杠杆式对焊机。ϕ25 钢筋采用两种工艺方法，一是采用闪光—预热闪光焊，共2组，编号01、03，其中一组是钢筋端面较平整，另一组是钢筋端面极不平整。二是采用预热闪光焊，一组编号02。ϕ18 钢筋亦为3组，其中2组为连续闪光焊，编号05、06。另一组为预热闪光焊，编号04。工艺参数见表5.11。

HRB 500 钢筋闪光对焊工艺参数 表5.11

编号	规格（mm）	调伸长度（mm）	预热留量（mm）	烧化留量（mm）	闪光速度（mm/s）	顶锻留量（mm）	顶锻压力（kN）	变压器级数
01	25	40	5	10	1.5	12	40	8
02	25	40	5	10	1.5	12	40	8
03	25	45	5	15	1.5	12	40	8
04	18	25	5	8	1.5	8	40	8
05	18	25	—	8	1.5	8	40	8
06	18	25	—	8	1.5	8	40	8

3. 焊接接头力学性能检验

钢筋焊接接头试件共6组，每组6根，其中3根做拉伸试验，3根做弯曲试验。试验结果，全部合格，见表5.12。

HRB 500 钢筋闪光对焊接头拉伸、弯曲试验 表5.12

编号	规格（mm）	抗拉强度（MPa）	断裂位置	冷弯 $d=7a$，90°
01	25	720/715/720	母材/母材/母材	合格
02	25	710/715/725	母材/母材/母材	合格
03	25	700/695/695	母材/母材/母材	合格
04	18	715/695/650	母材/母材/焊缝	合格
05	18	690/695/700	母材/母材/母材	合格
06	18	705/700/695	母材/母材/母材	合格

4. 焊接接头金相、晶粒度、硬度检验

试样经打磨、抛光后用4%硝酸酒精溶液腐蚀后检验其低倍组织，焊缝、粗晶区、细晶区金相组织，测试维氏硬度。低倍组织宏观检验，未见焊接缺陷，其纵剖面如图5.24和图5.25所示。

图5.24　φ25接头试样（×1）

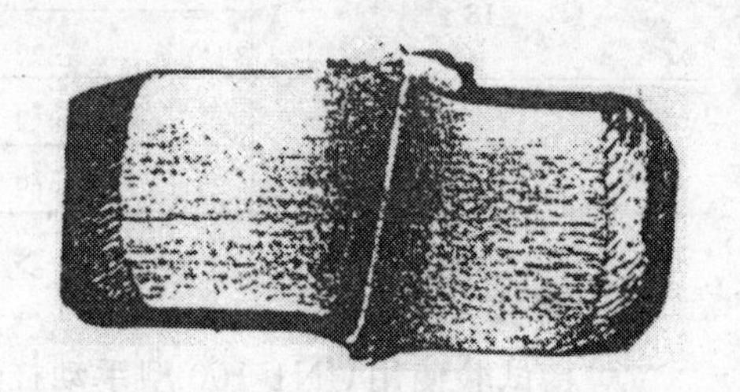

图5.25　φ18接头试样（×1）

金相显微组织检验结果见表5.13。用饱和苦酸水溶液腐蚀，检验其晶粒度，从基体到粗晶区，晶粒逐渐变大，见表5.14。维氏硬度分布见图5.26和图5.27。

焊缝、粗晶区、细晶区金相组织检验结果　　表5.13

试样编号	焊缝	粗晶区	细晶区
2003W-127（φ25）	沿晶界分布的块状铁素体＋针状铁素体＋魏氏组织＋粒状贝氏体＋珠光体	珠光体＋沿晶界分布的块状铁素体＋针状铁素体＋魏氏组织＋粒状贝氏体	珠光体＋沿晶界分布、带状分布及块状铁素体＋针状铁素体＋粒状贝氏体
2003W-128（φ18）	沿晶界分布的块状铁素体＋针状铁素体＋魏氏组织＋粒状贝氏体＋珠光体	珠光体＋沿晶界分布的块状铁素体＋针状铁素体＋魏氏组织＋粒状贝氏体	珠光体＋块状铁素体＋针状铁素体＋粒状贝氏体

焊缝、粗晶区、细晶区原奥氏体晶粒度检验结果（级）　　表5.14

试样编号	焊缝	粗晶区	细晶区
2003W-127（φ25）	2～1	1～3	5～10
2003W-128（φ18）	2～3	3～1	5～10

注：细晶区的晶粒度是从5级到10级逐渐过渡。

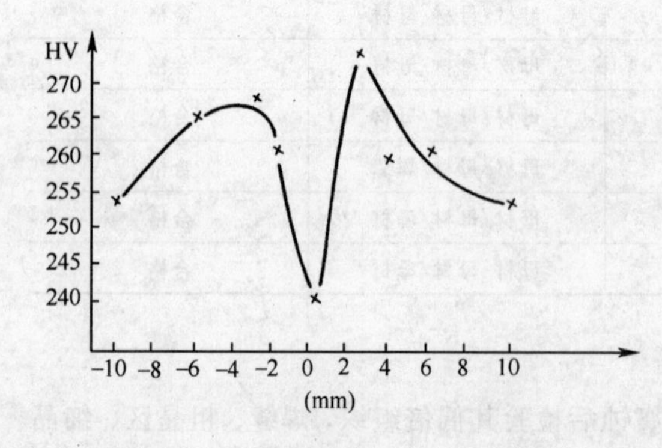

图5.26　φ25接头维氏硬度分布图

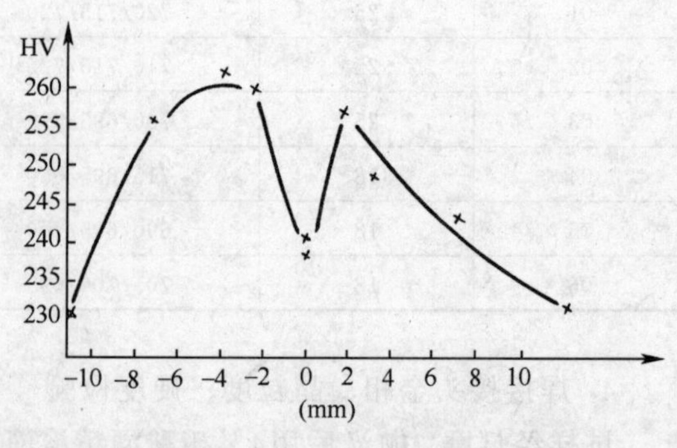

图5.27　φ18接头维氏硬度分布图

5. 试验评定

首钢生产的HRB 500 热轧带肋钢筋符合 GB 1499—1998 中 HRB 500 钢筋规定的标准。钢筋采用闪光对焊是可行的。在使用UN1-100型对焊机条件下，ϕ25 钢筋应采用预热闪光焊或闪光—预热闪光焊工艺。ϕ18 钢筋可采用预热闪光焊或连续闪光焊工艺。通过焊接接头力学性能检验，符合行业标准《钢筋焊接及验收规程》JGJ 18—2003 规定的要求，说明该钢筋的闪光对焊焊接性能良好，该牌号钢筋有良好发展前景。

6 钢筋电弧焊

6.1 基 本 原 理

6.1.1 名词解释

(1) 钢筋电弧焊 arc welding of reinforcing stcel bar

以焊条作为一极，钢筋为另一极，利用焊接电流通过产生的电弧热进行焊接的一种熔焊方法，见图6.1 (*a*)。

(2) 焊缝余高 reinforcement；excess weld metal

焊缝表面焊趾连线上的那部分金属的高度，见图6.1 (*b*)。

图6.1 钢筋电弧焊

(*a*) 示意图；(*b*) 焊缝余高

1—焊条；2—钢筋；3—电弧；4—熔池；5—熔渣；6—保护气体；h_y—焊缝余高

6.1.2 焊接电弧的物理本质[24]

气体原来是不能导电的，为了在气体中产生电弧而通过电流，就必须使气体分子（或原子）游离成为离子和电子（负离子）。同时，为了使电弧维持燃烧，就必须不断地输送电能给电弧，以补充能量的消耗，要求电弧的阴极不断发射电子。

电弧是气体放电的一种形式，和其他气体放电的区别在于它的阴极压降低，电流密度大，而气体的游离和电子发射是电弧中最基本的物理现象。

气体游离主要有以下3种：

(1) 撞击游离　气体粒子在运动过程中相互碰撞得到足够的能量而引起游离的现象。

(2) 光游离　气体原子或分子吸收了光射线的光子能而产生的游离。

(3) 热游离　在高温下，具有高动能的气体粒子彼此作非弹性碰撞而引起的游离。

同时，带异性电荷的粒子也会发生碰撞使正离子和电子复合成中性粒子，即产生中和现象，还有，原子或分子结合电子成为负离子，这对于电弧物理过程有很大影响。

电子发射可分为下列4种：

(1) 光电发射　物质表面接受光射线能量而释放出自由电子的现象。

(2) 热发射　物质表面受热后，某些电子逸出到空间中去的现象。

(3) 自发射　物质表面存在强电场和较大电位差时，在阴极有较多电子发射出来。

(4) 重粒子撞击发射 能量大的重粒子（如正离子）撞到阴极上，引起电子的逸出。

焊接电弧的产生和维持是由于在光、热、电场和动能作用下，气体粒子不断地被激励、游离（同时又存在着中和），以及电子发射的结果。

在电场的作用下，大量电子、负离子以极高速度飞向阳极，正离子飞向阴极；这样不仅传递了电荷，并且由于相互碰撞产生大量的热，电弧使电能转变为热能和光能。电弧焊就是利用电弧产生的热能熔化金属进行焊接的一种方法。电弧焊属熔焊的一种。

6.1.3 焊接电弧的引燃

焊接电弧的引燃一般有两种方式，即接触引弧和非接触引弧。引弧过程电压和电流的变化大致如图6.2所示。

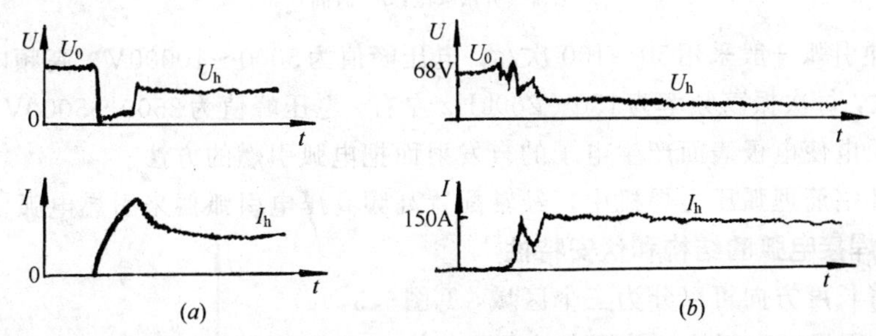

图6.2 引弧过程的电压、电流变化

(a) 接触引弧；(b) 非接触引弧

U_0—空载电压；U_h—电弧电压；I_h—电弧电流

1. 接触引弧

在弧焊电源接通后，焊条与工件直接接触短路并随后拉开而引燃电弧。这是一种最常用的引弧方式。

当接触短路时，由于焊条和工件表面都不是绝对平整的，只在少数突出点上接触，见图6.3。通过这些接触点的短路电流比正常的焊接电流大得多，而接触点的面积又小，因此，电流密度极大；这就可能产生大量的电阻热，使焊条金属表面发热、熔化，甚至蒸发、汽化，引起相当强烈的热发射和热游离。

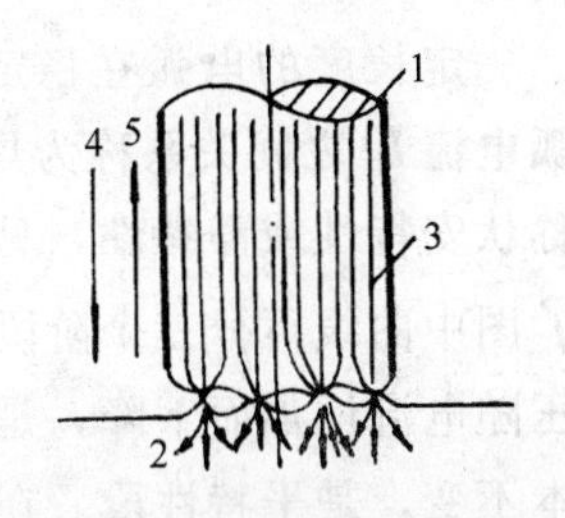

图6.3 接触引弧示意图

1—焊条；2—工件；3—电流线；4—接触；5—上提

随后，在拉开电弧瞬间，电弧间隙极小，使电场强度达到很大数值。这样，又产生自发射，同时使已产生的带电粒子被加速，并在高温条件下互相碰撞，引起撞击游离。随着温度的增加，光游离和热游离也进一步起作用，从而使带电粒子的数量猛增，维持电弧的稳定燃烧。在电弧引燃之后，游离和中和处于动平衡状态。由于弧焊电源不断供以电能，新的带电粒子不断得到补充，弥补了消耗的带电粒子和能量。

2. 非接触引弧

在电极与工件之间，存在一定间隙施以高电压击穿间隙，使电弧点燃，这就称为非接触引弧。

非接触引弧一般是利用引弧器的。从原理上，可分为高频高压电引弧和高压脉冲引弧，见图6.4。

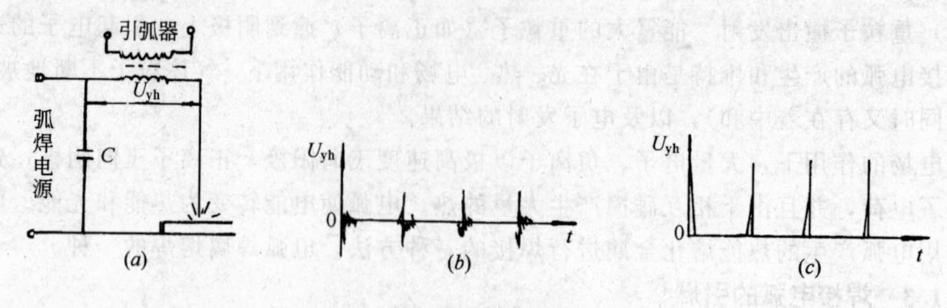

图 6.4　高频和脉冲引弧示意图

(a) 引弧器接入方式；(b) 高频引弧电压波形；(c) 脉冲引弧电压波形

U_{yh}—引弧电压；t—时间

高压脉冲引弧一般采用50～100次/s，电压峰值为5000～10000V。高频电一般采用每秒振荡100次，每次振荡频率为150～260kHz左右，电压峰值为2500～5000V。可见，这是一种依靠高压电使电极表面产生电子的自发射而把电弧引燃的方法。

在预埋件钢筋埋弧压力焊机中，经常配置高频高压电引弧器来引燃电弧。

6.1.4　焊接电弧的结构和伏安特性

电弧沿着长度方向可以分为三个区域，见图6.5，即：阴极区、阳极区和弧柱。前两者的距离很小，电弧长度可以认为等于弧柱长度。

沿着电弧方向的电压也是不均匀的，靠近电极部分产生强烈电压降，而沿弧柱长度方向可以认为是均匀的。

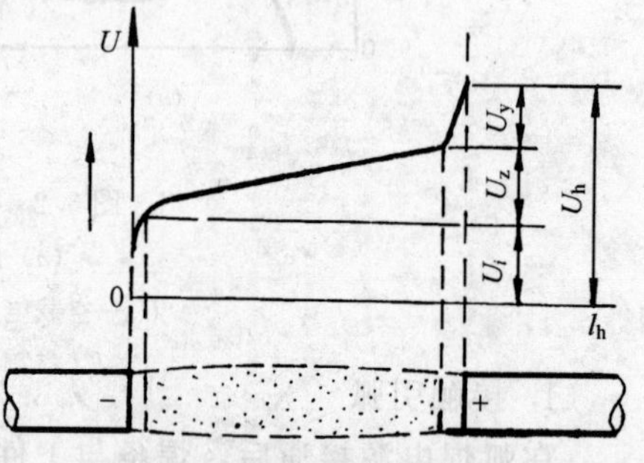

图 6.5　电弧结构和压降分布

U_i—阴极压降；U_z—弧柱压降；

U_y—阳极压降

一定长度的电弧在稳定状态下，电弧电压U_h和电弧电流I_h之间关系称为焊接电弧的静态伏安特性，简称伏安特性或静特性，见图6.8。

图中曲线可分三个阶段。在Ⅰ段电弧呈负阻特性，电弧电阻随电流增加而减小，电弧电压随电流增加而下降，是下降特性段。在Ⅱ段，呈等压特性，即电弧电压在电流变化时基本不变，是平特性段。在Ⅲ段，电弧电阻随电流增加而增加，电弧电压随电流增加而上升，是上升特性段。

手工电弧焊和埋弧焊均采用伏安特性中的水平段（Ⅱ段）。

6.1.5　交流电弧

交流电弧的特点：

(1) 电弧周期性地熄灭并引燃；

(2) 电弧电压和电流波形发生畸变；

(3) 热的变化落后于电的变化。

与直流电弧比较，交流电弧的燃烧稳定性要比直流电弧差。为了使交流电弧稳定地连续燃烧，可以采取以下措施：

(1) 提高焊接电源空载电压，但空载电压高会带来对人体的不安全，增加材料消耗，降低功率因素，所以，提高空载电压有一定限度；

(2) 在电弧空间增加游离势低的元素，如钾、钠，以减小电弧引燃电压；

(3) 在焊接电源设计中，增大电感L或减小电阻R，可以使电弧趋向稳定燃烧；

(4) 增大焊接电流，等等。

6.1.6 焊接热循环

焊接时焊件在加热和冷却过程中温度随时间变化的过程称为热循环。焊件上不同位置处所经历的热循环是不同的。离焊缝越近的位置，被加热到的最高温度越高；反之，越远的位置，被加热的温度越低。图6.6为热影响区靠近焊缝的某个点的热循环曲线。在焊接热循环作用下，焊接接头的组织发生变化，焊件产生应力和变形。

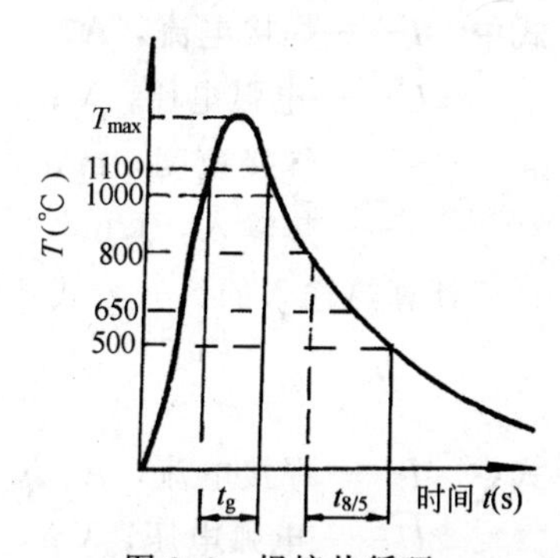

图 6.6 焊接热循环

T_{max}—最高温度；t_g—过热温度时间；$t_{8/5}$—从800℃下降到500℃时间

图6.7为焊接过程中热场（等温线）示意图。

在整个焊接热循环过程中，起重要影响的因素是：加热速度、最高加热温度T_{max}、在高温停留时间t_g以及冷却速度等。其主要特点是加热和冷却速度都很快，一般可用两个指标反映焊接热循环的特点：

(1) 加热到1100℃以上区域的宽度，或在1100℃以上停留的时间t_g；

(2) 800～500℃的冷却时间$t_{8/5}$，焊缝和热影响区的组织和性能，不仅与加热过程中达到的最高温度及高温停留时间有关，而且与焊后冷却速度的快慢有直接关系。在1100℃以上停留时间越长，过热区越宽，晶粒粗化越严重，金属的塑性和韧性就越差。当钢材具有一定淬硬倾向时，冷却速度过快可能形成淬硬组织，容易产生焊接裂纹。通常，用800～500℃的冷却时间$t_{8/5}$来表示。

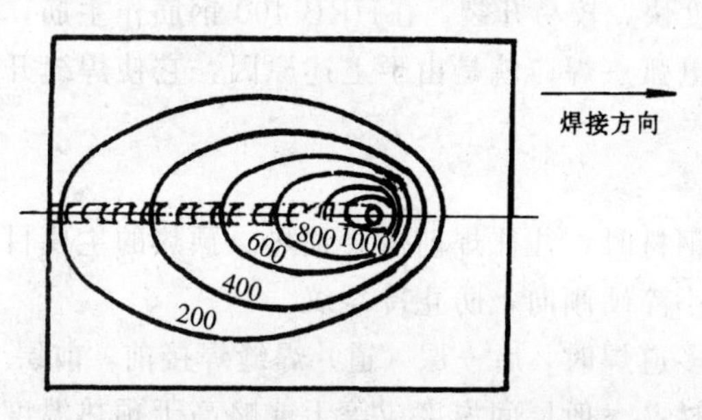

图6.7 焊接热场（等温线）示意图（℃）

6.1.7 影响焊接热循环的因素

影响焊接热循环的因素有：焊接参数和热输入、预热和层间温度、板厚（钢筋直径）、接头型式以及材料本身的导热性能等。

1. 焊接参数和热输入

电弧焊时的焊接参数如电流、电压和焊接速度等，对焊接热循环有很大影响，焊接电流与电弧电压的乘积就是电弧的功率。当其他条件不变时，电弧功率越大，加热范围越大。在同样大小电弧功率下，焊接速度不同，热循环过程也不同，焊接速度快时，加热时间短，加热范围窄，冷却得快；焊接速度慢时，则相反。

热输入综合考虑了焊接电流、电弧电压和焊接速度三个参数对热循环的影响。热输入q为单位长度焊缝内输入的焊接热量：

$$q=\frac{IU}{v}$$

式中　I——焊接电流，A；

U——电弧电压，V；

v——焊接速度，mm/s；

q——热输入，J/mm。

计算热输入的另一公式：

$$q=\frac{36 \cdot I \cdot U}{v}$$

式中　I——焊接电流，A；

U——电弧电压，V；

v——焊接速度，m/h；

q——热输入，J/cm。

以上两个公式本质是一样的，都可以采用，所得结果也是一样。其差别在于焊接速度的单位不一样，前者是mm/s，后者是m/h；热输入的单位也不一样，前者是J/mm，后者是J/cm。因此使用热输入公式时，要特别注意，不要把单位搞错。

实际上，在焊接过程中，还有相当一部分的热量散失于空气中。因此，真正的热输入值还应该再乘以一个有效系数。对于手工电弧焊来说，这系数一般可取0.7。

生产中根据钢材成分等，在保证焊缝成形良好的前提下，适当调节焊接参数，以合适的热输入焊接，可以保证焊接接头具有良好性能。工件装配定位焊接时，由于定位焊缝短、截面积小，所以冷却速度快，较易开裂。在HRB 400钢筋作主筋，HPB 235钢筋为箍筋的交叉连接中，不宜采用电弧点焊。就是由于上述原因，它使焊缝开裂，或使钢筋产生淬硬组织而发生脆断。

2. 预热和层间温度

焊接有淬硬倾向的钢材时，往往焊前需要预热。预热的主要目的是为了降低焊缝和热影响区的冷却速度，减小淬硬倾向，防止冷裂纹。

层间温度是指多层多道焊时，后一层（道）焊缝焊接前，前层（道）焊缝的最低温度。对于要求预热焊接的钢材，一般层间温度应等于或略高于预热温度。控制层间温度也是为了降低冷却速度，并可促进扩散氢逸出焊接区，有利于防止产生裂纹。

3. 其他因素的影响

除热输入、预热温度和层间温度对焊接热循环有很大影响外，板厚（钢筋直径）、接头型式和材料的导热性等也有影响。

钢筋直径增大时，冷却速度加快，高温停留时间减短。

6.2　特点和适用范围

6.2.1　特点

手工电弧焊的特点是，轻便、灵活，可用于平、立、横、仰全位置焊接，适应性强、应用范围广。它适用于构件厂内，也适用于施工现场；可用于钢筋与钢筋，以及钢筋与钢板、型钢的焊接。

当采用交流电弧焊时，焊机结构简单，价格较低，坚固耐用。当采用三相整流直流电弧焊机时，可使网路负载均衡，电弧过程稳定。

6.2.2 接头型式

钢筋电弧焊的接头型式较多，主要有帮条焊、搭接焊、熔槽帮条焊、坡口焊、窄间隙电弧焊等5种。帮条焊、搭接焊有双面焊、单面焊之分；坡口焊有平焊、立焊两种。

此外，还有钢筋与钢板的搭接焊、钢筋与钢板垂直的预埋件T型接头电弧焊。

所有这些，分别适用于不同牌号、不同直径的钢筋。

6.3 交流弧焊电源

交流弧焊电源也称弧焊变压器、交流弧焊机，是一种最常用的焊接电源，具有材料省、成本低、效率高、使用可靠、维修容易等优点。

弧焊变压器是一种特殊的降压变压器，具有陡降的外特性；为了保证外特性陡降及交流电弧稳定燃烧，在电源内部应有较大的感抗。获得感抗的方法，一般是靠增加变压器本身的漏磁或在漏磁变压器的次级回路中串联电抗器。为了能够调节焊接电流，变压器的感抗值是可调的（改变动铁芯、动绕组的位置或调节铁芯的磁饱和程度）。

根据获得陡降外特性的方法不同，弧焊变压器可归纳为两大类，即串联电抗器类和漏磁类。常用的有三种系列：BX1 系列，BX2 系列，BX3 系列。BX2 系列属于串联电抗器类；BX1 系列和BX3 系列属于漏磁类。此外，还有BX6 系列抽头式便携交流弧焊机等。

6.3.1 对弧焊电源的基本要求

电弧能否稳定地燃烧，是保证获得优质焊接接头的主要因素之一，为了使电弧稳定燃烧，对弧焊电源有以下基本要求：

1. 陡降的外特性（下降外特性）

焊接电弧具有把电能转变为热能的作用。电弧燃烧时，电弧两端的电压降与通过电弧的电流值不是固定成正比，其比值随电流大小的不同而变化，电压降与电流的关系可用电弧的静特性曲线来表示，见图6.8。焊接时，电弧的静特性曲线随电弧长度变化而不同。在弧长一定的条件下，小电流时，电弧电压随电流的增加而急剧下降；当电流继续增加，大于60A 时，则电弧电压趋于一个常数。手弧焊时，常用的电流范围在水平段，即手弧焊时，可单独调节电流的大小，而保持电弧电压基本不变。

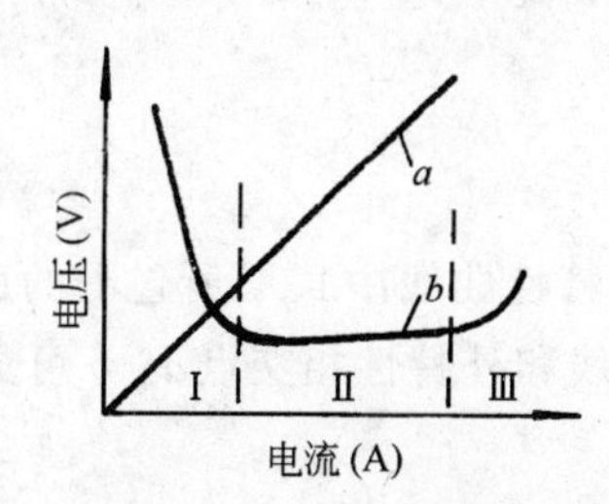

图6.8 电阻特性与电弧静特性的比较
a—电阻特性；b—电弧静特性
Ⅰ—下降特性段；Ⅱ—平特性段；
Ⅲ—上升特性段

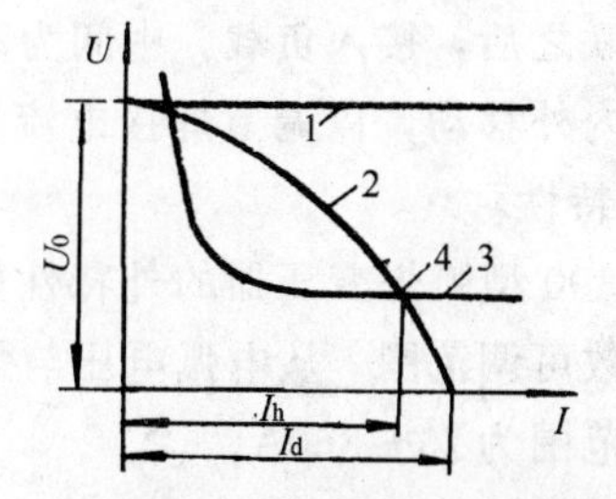

图6.9 焊接电源的陡降外特性曲线
1—普通照明电源平直外特性曲线；
2—焊接电源陡降外特性曲线；
3—电弧燃烧的静特性曲线；4—电弧燃烧点
U_0—空载电压；I_h—焊接电流；I_d—短路电流

为了达到焊接电弧由引弧到稳定燃烧，并且短路时，不会因产生过大电流而将弧焊机烧毁，要求引弧时，供给较高的电压和较小的电流；当电弧稳定燃烧时，电流增大，而电压应急剧降低；当焊条与工件短路时，短路电流不应太大，而应限制在一定范围内，一般弧焊机的短路电流不超过焊接电流的1.5倍，能够满足这样要求的电源称为具有陡降外特性或称下降外特性的电源。陡降外特性曲线见图6.9。

2. 适当的空载电压

目前我国生产的直流弧焊机的空载电压大多在40～90V之间；交流弧焊机的空载电压大多在60～80V之间。弧焊机的空载电压过低，不易引燃电弧；过高，在灭弧时，易连弧，过低或过高都会给操作带来困难。空载电压过高，还对焊工安全不利。

3. 良好的动特性

焊接过程中，弧焊机的负荷总是在不断地变化。例如，引弧时，先将焊条与工件短路，随后又将焊条拉开；焊接过程中，熔滴从焊条向熔池过渡时，可能发生短路，接着电弧又拉长等，都会引起弧焊机的负荷发生急剧的变化。由于在焊接回路中总有一定感抗存在，再加上某些弧焊机控制回路的影响，弧焊机的输出电流和电压不可能迅速地依照外特性曲线来变化，而要经过一定时间后才能在外特性曲线上的某一点稳定下来。弧焊机的结构不同，这个过程的长短也不同，这种性能称为弧焊机的动特性。

弧焊机动特性良好时，其使用性能也好，引弧容易，电弧燃烧稳定，飞溅较少，施焊者明显地感到焊接过程很“平静”。

常用的弧焊变压器有4种系列：BX1系列，动铁式；BX2系列，同体式；BX3系列，动圈式；BX6系列，抽头式[25]。

6.3.2 BX1-300型弧焊变压器

BX1系列弧焊变压器有BX1-200型、BX1-300型、BX1-400型和BX1-500型等多种型号，其外形见图6.10。

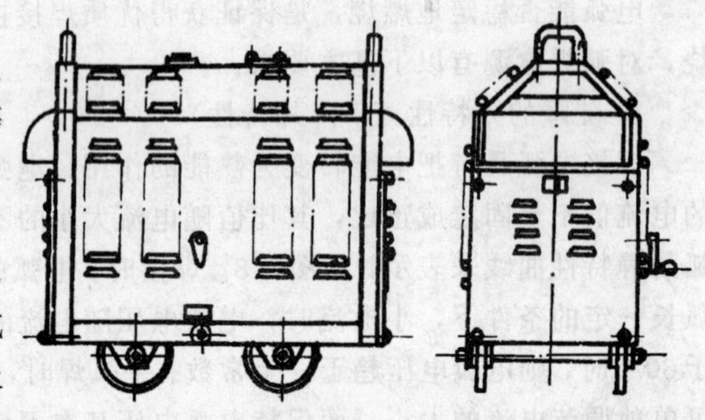

图6.10 BX1系列弧焊变压器外形

1. BX1-300型弧焊变压器结构

该种弧焊变压器结构原理见图6.11，其初级绕组和次级绕组均一分为二，制成盘形或筒形；分别绕在上下铁轭上。初级上下两组串联之后，接入电源。次级是上、下两组并联之后，接入负载。中间为动铁芯，可以内外移动，以调节焊接电流。

2. 外特性

BX1-300型弧焊变压器的外特性如图6.12所示，外特性曲线中1、2所包围的面积，便是焊接参数可调范围。从电弧电压与焊接电流的关系曲线和外特性相交点a、b可见，焊接电流可调范围为75～360A。

3. 特点

(1) 这类弧焊变压器电流调节方便，仅用动铁芯的移动，从最里移到最外，外特性从1变到2，电流可以在75～360A范围内连续变化，范围足够宽广。

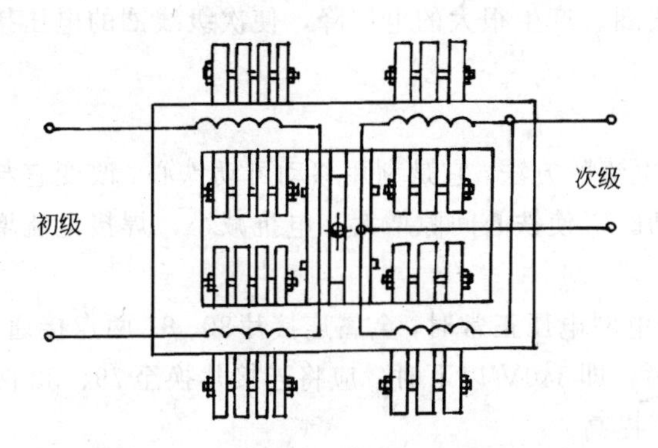

图6.11 BX1-300型弧焊变压器结构原理图

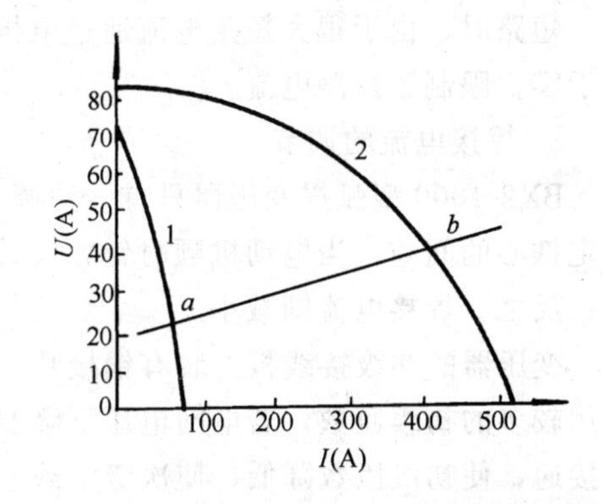

图6.12 BX1-300型弧焊变压器外特性曲线

(2) 外特性曲线陡降较大，焊接过程比较稳定，工艺性能较好，空载电压较高（70～80V），可以用低氢型碱性焊条进行交流施焊，保证焊接质量。

(3) 动铁芯上下有两个对称的空气隙，动铁芯上下为斜面，其上所受磁力的水平分力，使动铁芯与传动螺杆有单向压紧作用，它使振动进一步减小，噪声较小，焊接过程稳定。

(4) 由于漏抗代替电抗器及采用梯形动铁芯，见图6.13，省去了换档抽头的麻烦，使用方便，节省原材料消耗。

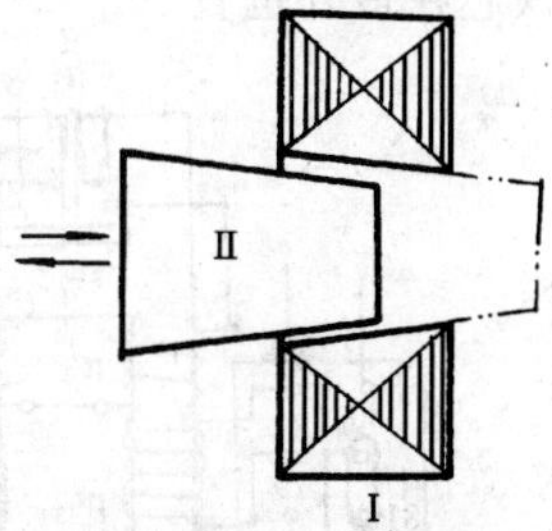

该种焊机结构简单、制造容易，维护使用方便。

图6.13 动铁芯移动示意图

Ⅰ—上下铁轭；Ⅱ—动铁芯

注：由于制造厂的不同，各种型号焊机的技术性能有所差异。

6.3.3 BX2-1000型弧焊变压器

BX2系列弧焊变压器有BX2-500型、BX2-700型、BX2-1000型和BX2-2000型等多种型号。

BX2-1000型弧焊变压器的结构属于同体组合电抗器式。弧焊变压器的空载电压为69～78V，工作电压为42V，电流调节范围为400～1200A。该种弧焊变压器常用作预埋件钢筋埋弧压力焊和粗直径钢筋电渣压力焊的焊接电源。

1. BX2-1000型弧焊变压器结构

BX2-1000型弧焊变压器是一台与普通变压器不同的同体式降压变压器。其变压器部分和电抗器部分是装在一起的，铁芯形状像一“日”字形，并在上部装有可动铁芯，改变它与固定铁芯的间隙大小，即可改变感抗的大小，达到调节电流的目的。

在变压器的铁芯上绕有三个线圈：初级、次级及电抗线圈，初级线圈和次级线圈绕在铁芯的下部，电抗线圈绕在铁芯的上部，与次接线圈串联。在弧焊变压器的前后装有一块接线板，电流调节电动机和次级接线板在同一方向。

2. 工作原理

BX2-1000型弧焊变压器的工作原理及线路结构见图6.14。弧焊变压器的陡降外特性是借电抗线圈所产生的电压降来获得。

空载时，由于无焊接电流通过，电抗线圈不产生电压降。

因此，空载电压基本上等于次级电压，便于引弧。

焊接时，由于焊接电流通过，电抗线圈产生电压降，从而获得陡降的外特性。

短路时，由于很大短路电流通过电抗线圈。产生很大的电压降，使次级线圈的电压接近于零，限制了短路电流。

3. 焊接电流的调节

BX2-1000型弧焊变压器只有一种调节电流的方法，它是利用移动可动铁心，改变它与固定铁心的间隙。当电动机顺时针方向转动时，使铁心间隙增大，电抗减小，焊接电流增加；反之，焊接电流则减小。

变压器的初级接线板上装有铜接片，当电网电压正常时，金属连接片80、81两点接通，使用较多的初级匝数，若电网电压下降10%，即340V以下时，应将连接片换至79、82两点接通，使初级匝数降低，使次级空载电压提高。

BX2-1000型的外特性曲线见图6.15。其中，曲线1为动铁心在最内位置，曲线2为动铁芯在最外位置。

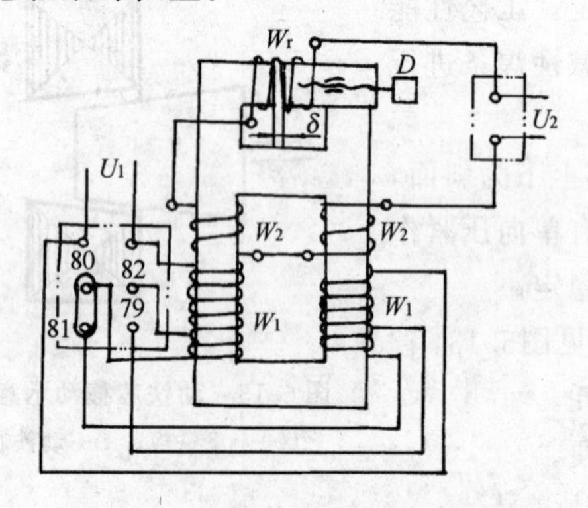

图6.14　同体式弧焊变压器原理图

W_1—初级绕阻；W_2—次级绕阻；

W_r—电抗器绕阻；δ—空气隙；

D—电流调节电动机

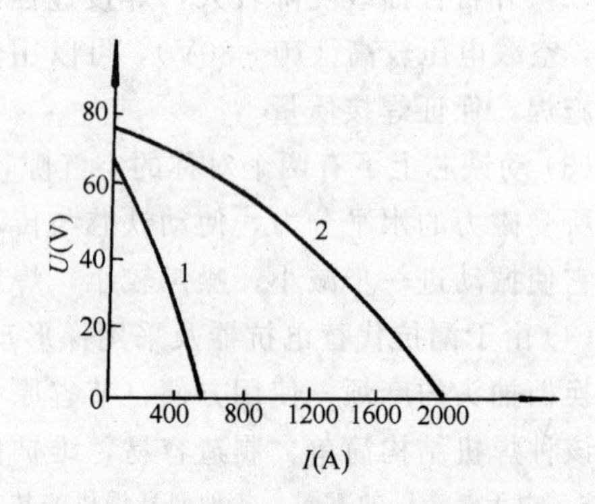

图6.15　BX2-1000型弧焊变压器外特性曲线

BX2-1000型弧焊变压器性能见表6.1。

BX2-1000型弧焊变压器性能　　**表6.1**

输出	额定工作电压（V）	42（40～46）
	额定负载持续率（%）	60
	额定焊接电流（A）	1000
	空载电压（V）	69～78
	焊接电流调节范围（A）	400～1200
	额定输出功率（kW）	42
输入	额定输入容量（kVA）	76
	初级电压（V）	220或380
	频　率（Hz）	50
效　率（%）		90
功率因数（cosφ）		0.62
质　量（kg）		560

6.3.4 BX3-300/500-2型弧焊变压器

BX3系列弧焊变压器有BX3-200型、BX3-300-2型、BX3-1-400型、BX3-500-2型、BX3-630型等多种型号，其外形见图6.16。BX3-500-2型及BX3-630型弧焊变压器常用作钢筋电渣压力焊的焊接电源，做到一机两用。

1. 结构

BX3-300/500-2型弧焊变压器是动圈式单相交流弧焊机，铁心采用口字形，一次侧绕组分成两部分，固定在两铁心柱的底部；二次侧绕组也分成两部分，装在铁心柱上非导磁材料做成的活动架上。可借手柄转动螺杆，使二次侧绕组沿铁心柱做上下移动，其示意图如图6.17所示。改变一次侧与二次侧两个绕组间的距离，可改变它们之间的漏抗大小，从而改变焊接电流。一、二次绕组距离越大，漏抗越大，焊接电流越小；反之，焊接电流越大。

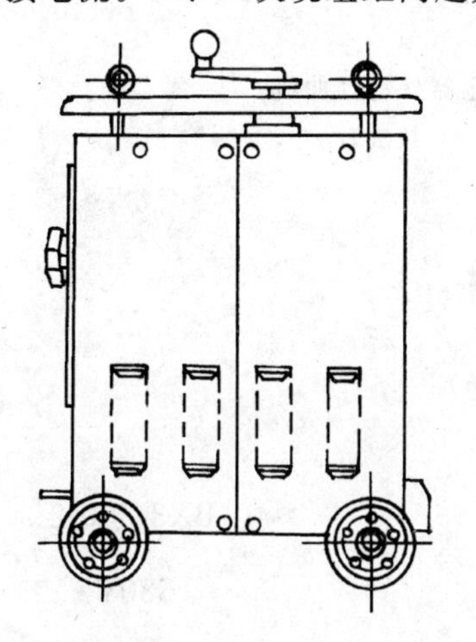

图6.16 BX3系列弧焊变压器外形

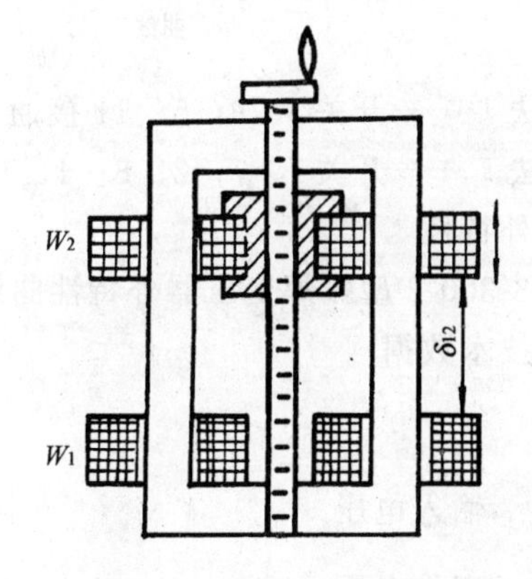

图6.17 BX3-300/500-2型弧焊变压器结构示意图
W_1—初级绕阻；W_2—次级绕阻；δ_{12}—间隙

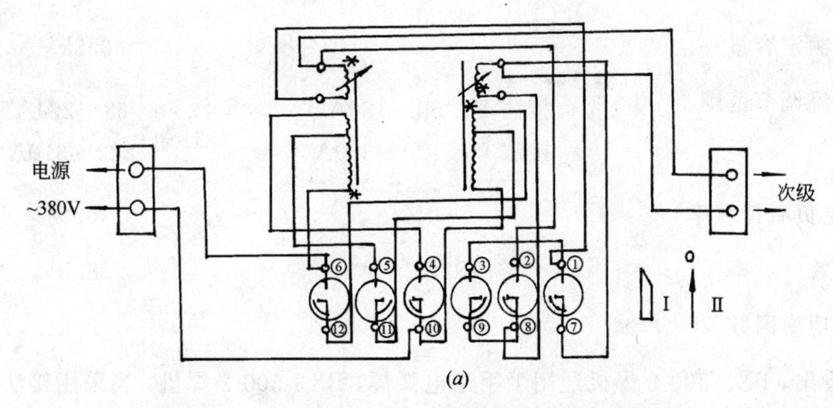

图6.18 (*a*) BX3-300/500-2型弧焊变压器电气原理图

除移动绕组位置以调节电流之外，还可以将绕组接成串联或并联，从而扩大焊接电流的调节范围。一、二次侧绕组有串联（接法Ⅰ；即Ⅰ档）和并联（接法Ⅱ；即Ⅱ档）两种，电气原理图如图6.18 (*a*) 所示。

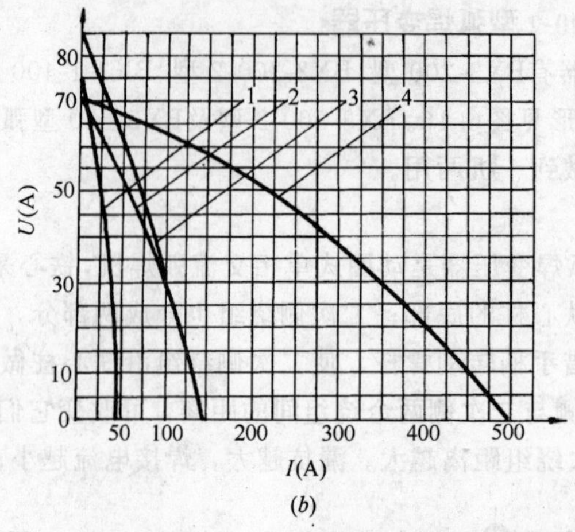

图6.18(b)　BX3-300-2型弧焊变压器外特性曲线

曲线1、2—接法Ⅰ；　　曲线3、4—接法Ⅱ

接法Ⅰ——开关3、9；5、11接通

接法Ⅱ——开关1、7；2、8；4、10；6、12接通

2. 外特性

BX3-300-2型弧焊变压器外特性曲线见图6.18（b）。

3. 技术数据

		BX3-300-2	BX3-500-2
输入电压		380V	380V
工作电压		40（额定）V	23～44V
空载电压	接法Ⅰ	78V	78V
	接法Ⅱ	70V	70V
额定容量			36.8kVA
电流调节范围	接法Ⅰ	60～120A	68～224A
	接法Ⅱ	120～360A	222～610A
额定负载持续率		60%	60%
效　率		82.5%	88.5%
功率因数			0.61

可以看出，BX3-300-2焊机适用于手工电弧焊，BX3-500-2焊机，当采用接法Ⅰ时，空载电压78V，焊接电流为68～224A，适用于手工电弧焊；当采用接法Ⅱ时，空载电压70V，焊接电流为222～610A，适用于电渣压力焊。

该种焊机结构简单、振动小，不易损坏，维护检修方便，使用寿命长，费用低。

大连长城电焊机生产BX3-160、200、300、500多种型号三相弧焊变压器（HHJ交流弧焊机），该机系三相供电，单相输出，增强漏磁式交流弧焊变压器，初级线圈接成V形，三相输入端接380V三相电源，次级线圈接成逆V形后，供给焊把线与地线进行焊接。该弧焊变压器有利于三相平衡供电，为施工现场带来方便。

调节电流靠改变初、次级线圈位置(距离)来完成。BX3-300/500型外加电抗器和次级线圈串联进行粗调。

BX3-300/500型三相弧焊变压器电气原理图见图6.19[26]。

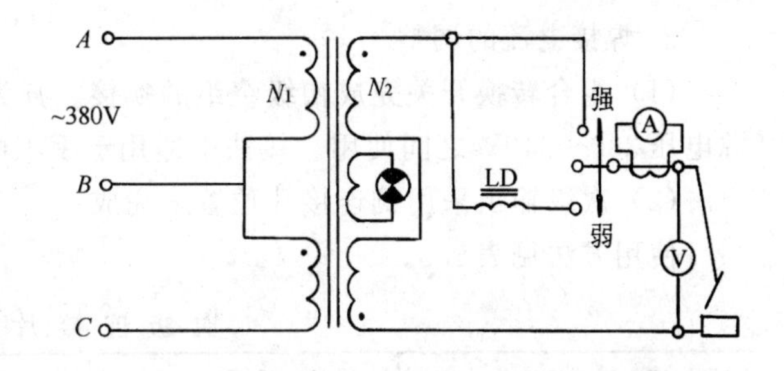

图6.19 BX3-300/500型三相弧焊变压器电气原理图

N_1—初级线圈；N_2—次级线圈；LD—电抗器

6.3.5 BX3-630、BX3-630B型弧焊变压器[27]

目前，建筑工程中钢筋直径有增大的趋势，因此，在钢筋电渣压力焊中，采用BX3-500-2型弧焊变压器已经不能满足要求，随之出现BX3-630、BX3-630B型弧焊变压器。该种弧焊变压器的构造原理和结构型式与BX3-500-2型基本相同。

BX3-630型弧焊变压器配有低电压使用档，在电源电压330～340V之间，保证额定输出电流不变。

BX3-630B型弧焊变压器配有大滚轮及推把，适宜于工地使用。

1. 技术数据

输入电压	380V	(340V)
工作电压	23.2～44V	
空载电压	接法Ⅰ	77V
	接法Ⅱ	67V
	接法Ⅲ	67V
额定容量	46.5kVA	
电流调节范围	接法Ⅰ	80～300A
	接法Ⅱ	285～790A
	接法Ⅲ	285～790A
额定负载持续率	35%	
效　率	85%	

不同负载持续率下次级电流见表6.2。

不同负载持续率下次级电流　　表6.2

负载持续率(%)	100	60	35
次级电流(A)	373	481	630

质　量　254kg

外形尺寸　720mm×640mm×900mm

720mm×540mm×960mm　B型

注：负载持续率为焊接电流通电时间与焊接周期之比，即：

负载持续率$=t/T\times100\%$

式中　t为焊接电流通电时间；

T为整个周期(工作和休息时间总和，周期为5min)。

2. 焊接电流的调整

(1) 组合转换开关完成初级绕组的换接。分为接法Ⅰ、接法Ⅱ、接法Ⅲ；接法Ⅲ在电源电压330～340V之间使用。接法Ⅰ适用于手工电弧焊；接法Ⅱ适用于电渣压力焊。

(2) 次级输出采用倒连接片位置来完成。

使用方法见表6.3。

次级连接片位置　　表6.3

组合开关位置	接　法　Ⅰ	接　法　Ⅱ	接　法　Ⅲ
次级连接片位置			
输出电流	80～300A	285～790A	285～790A
空载电压	77V	67V	67V

连接片采用开口式，即松开紧固件（不用取下来），便可转换位置。

焊接电流的细调节靠转动手柄，调节次级线圈的位置来实现。

3. 电气原理图

电气原理图见图6.20。

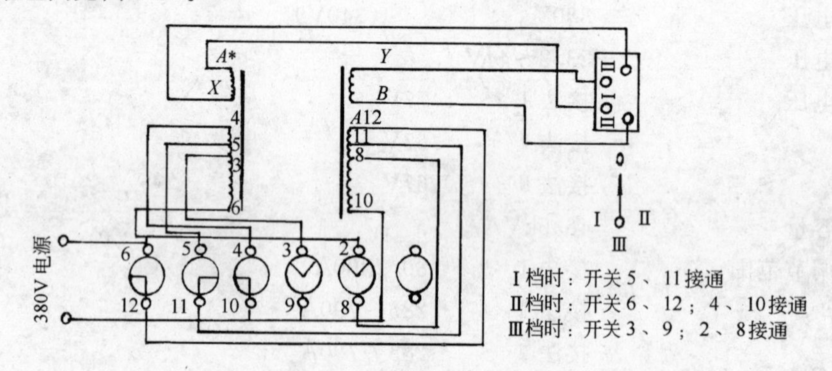

图6.20　BX3-630、BX3-630B型弧焊变压器电气原理图

根据生产实践，在钢筋电渣压力焊中，一般焊接ϕ32及以下的钢筋，可选用BX3-500-2型弧焊变压器；也可选用BX3-630型（BX3-630B）型弧焊变压器。

6.3.6　BX6-250型弧焊变压器

BX6型弧焊变压器为抽头式、便携式交流弧焊机，由单相焊接变压器、外壳、分头开关等组成。单相焊接变压器的基本原理是利用自然漏磁、增加阻抗、调节电流并获得陡降外特性。两只初级绕组分别置于两铁心柱上。次级绕组与初级绕组Ⅰ共同绕制在一个铁心柱上。每只初级绕组有7～9个抽头，利用分头开关改变两线圈的匝数分配，改变漏抗，从而调节电流，一般的可调5～8级。BX6型焊机有多种型号：BX6-125、BX6-160、BX6-200、BX6-250、BX6-300。各主要技术参数随各生产厂均有所不同。以西安电焊机厂生产的BX6-250型焊机为例，额定输出功率7.5kW，单相，电源电压380/220V，50Hz，初级输入电流38/65A，额定负载持续率20%，次级额定焊接电流250A，焊接电流调节范围110～280A，自1档至7档调节，焊接电流由小调大，空载电压58V，额定工作电压30V，焊机质量55kg，电气原理图和初级接线位置见图6.21。

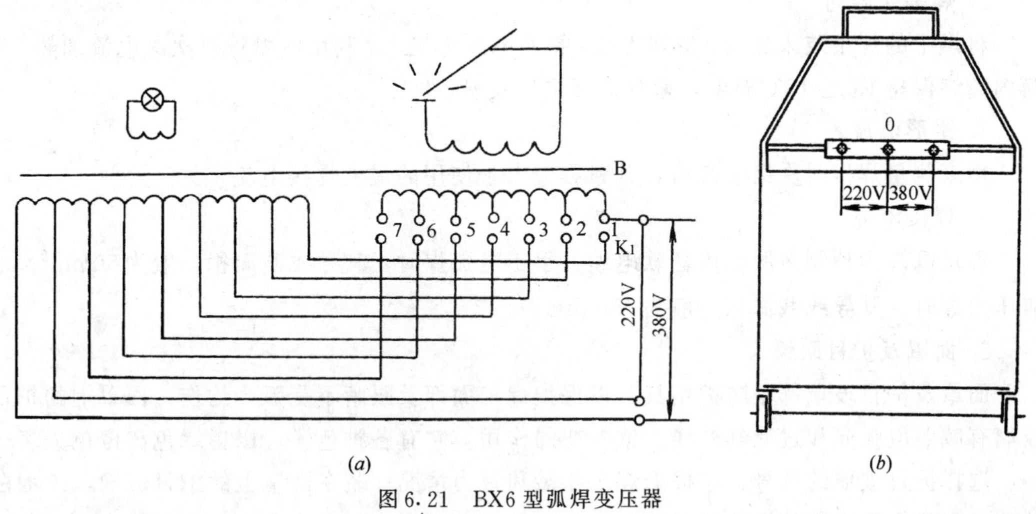

(*a*)　　(*b*)

图6.21 BX6型弧焊变压器

(*a*) 电气原理图；(*b*) 初级接线位置

BX6型焊机适用于钢筋安装、焊接任务不大的场合。若连续工作，负载持续率超过20%，使用的焊接电流就应降低。若焊接电流较小，负载持续率可相应提高。焊机工作时各部位最高温度不得超过90℃。焊机应避免雨淋受潮，保持干净。

6.3.7 交流弧焊电源常见故障及消除方法

交流弧焊电源的常见故障及消除方法见表6.4。

交流弧焊电源的常见故障及消除方法　　表6.4

故障现象	产生原因	消除方法
变压器过热	1. 变压器过载 2. 变压器绕组短路	1. 降低焊接电流 2. 消除短路处
导线接线处过热	接线处接触电阻过大或接线螺栓松动	将接线松开，用砂纸或小刀将接触面清理出金属光泽，然后旋紧螺栓
手柄摇不动，次级绕组无法移动	次级绕阻引出电缆卡住或挤在次级绕阻中，螺套过紧	拨开引出电缆，使绕阻能顺利移动；松开紧固螺母，适当调节螺套，再旋紧紧固螺母
可动铁芯在焊接时发出响声	可动铁芯的制动螺栓或弹簧太松	旋紧螺栓，调整弹簧
焊接电流忽大忽小	动铁芯在焊接时位置不稳定	将动铁芯调节手柄固定或将铁芯固定
焊接电流过小	1. 焊接导线过长、电阻大 2. 焊接导线盘成盘形，电感大 3. 电缆线接头或与工件接触不良	1. 减短导线长度或加大线径 2. 将导线放开，不要成盘形 3. 使接头处接触良好

6.3.8 辅助设备和工具

1. 自控远红外电焊条烘干炉（箱）

用于焊条脱水烘干，具有自动控温、定时报警的功能，分单门和双门两种。单门只具有脱水烘干功能；双门具有脱水烘干和贮藏保温的功能。一般工程选用每次能烘干20kg焊条的烘干炉已足够。

2. 焊条保温筒

将烘干的焊条装入筒内，带到工地，接到电弧焊机上，利用电弧焊机次级电流加热，使筒内始终保持135±15℃温度，避免焊条再次受潮。

3. 钳形电流表

用来测量焊接时次级电流值，其量程应大于使用的最大焊接电流。

4. 焊接电缆

焊接电缆为特制多股橡皮套软电缆，手工电弧焊时，其导线截面积一般为50mm^2；电渣压力焊时，其导线截面积一般为75mm^2。

5. 面罩及护目眼镜

面罩及护目玻璃都是防护用具，以保护焊工面部及眼睛不受弧光灼伤，面罩上的护目玻璃有减弱电弧光和过滤红外线、紫外线的作用。它有各种色泽，以墨绿色和橙色为多。

选择护目玻璃的色号，应根据焊工年龄和视力情况；装在面罩上的护目玻璃，外加白玻璃，以防金属飞溅脏污护目玻璃。

6. 清理工具

清理工具包括錾子、钢丝刷、锉刀、锯条、榔头等。这些工具用于修理焊缝，清除飞溅物，挖除缺陷。

6.4 直流弧焊电源[25]

直流弧焊电源，也称直流弧焊机，有直流弧焊发电机、硅弧焊整流器、晶闸管弧焊整流器、晶体管弧焊整流器、逆变弧焊整流器等多种类型。

6.4.1 直流弧焊发电机

直流弧焊发电机坚固耐用，不易出故障，工作电流稳定，深受施工单位的欢迎。但是它效率低，电能消耗多，磁极材料消耗多，噪声大，故由电动机驱动的弧焊发电机，已很少生产逐渐被淘汰；但内燃机驱动的弧焊发电机是野外施工常用焊机。

直流弧焊发电机按照结构的不同，有差复激式弧焊发电机、裂极式弧焊发电机、换向极去磁式弧焊发电机三种，其中，以前两种弧焊发电机应用较多。

1. AX-320型直流弧焊发电机

该种焊机属裂极式，空载电压50～80V，工作电压30V，电流调节范围45～320A。它有4个磁极，在水平方向磁极称为主极，垂直方向的磁极称为交极，南北极不是互相交替，而是两个北极、两个南极相邻配置，主极和交极仿佛由一个电极分裂而成，故称裂极式。

2. AX-250型差复激式弧焊发电机

该种焊机原理图见图6.22 (a)。负载时它的工作磁通是他激磁通Φ_1与串激去磁磁通Φ_2之差，故名差复激式。负载电压$U=K(\Phi_1-\Phi_2)$，Φ_1恒定，Φ_2与负载电流成正比，故I增加则U下降，输出为下降特性。

AX-250型焊机的额定焊接电流250A，电流调节范围50～300A，空载电压50～70V，工作电压22～32V。AX1-165型直流弧焊机外形见图6.22 (b)。

6.4.2 硅弧焊整流器

硅弧焊整流器是弧焊整流器的基本形式之一，它以硅二极管作为弧焊整流器的元件，故称硅弧焊整流器或硅整流焊机。

硅弧焊整流器是将50/60Hz的单相或三相交流网路电压，利用降压变压器T降为几十伏的电压，经硅整流器Z整流和输出电抗器L_{dc}滤波，从而获得直流电，对电弧供电，见图6.23（a）。此外，还有外特性调节机构，用以获得所需的外特性和进行焊接电压和电流的调节，一般有机械调节和电磁调节两种，在机械调节中，其所采用的动铁式、动圈式的主变压器与弧焊变压器基本相同；在电磁调节中，利用接在降压变压器和硅整流器之间的磁饱和电抗器（磁放大器）以获得所需要的外特性。

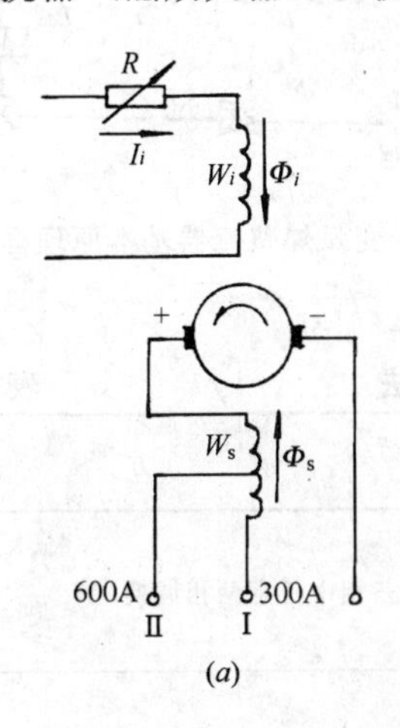

图6.22 差复激式弧焊发电机原理图和外形

（a）原理图；（b）外形

这种焊机的优点是：结构简单、坚固、耐用、工作可靠，噪声小，维修方便和效率高。但与电子控制的弧焊电源比较，其可调的焊接工艺参数少，调节不够灵活，不够精确，并受网路电压波动影响较大等缺点。因此，已逐步被晶闸管（可控硅）弧焊电源所代替。

6.4.3 ZX5-400型晶闸管弧焊整流器

晶闸管弧焊整流器是利用晶闸管桥来整流，可获得所需要的外特性以及调节电压和电流，而且完全用电子电路来实现控制功能。如图6.23（b）所示，T为降压变压器，SCR为晶闸管桥，L_{de}为滤波用电抗器，M为电流、电压反馈检测电路，G为给定电压电路，K为运算放大器电路。

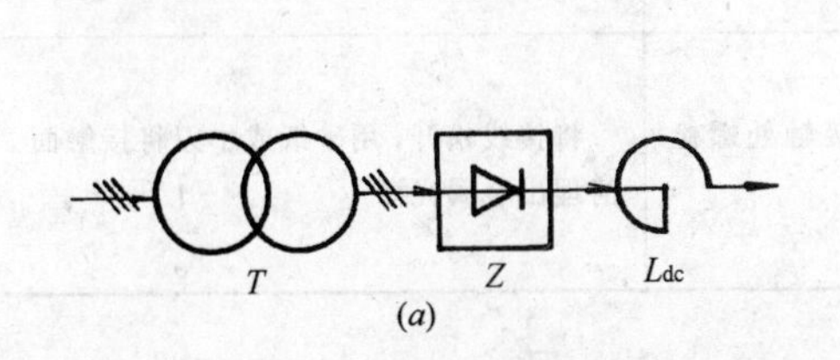

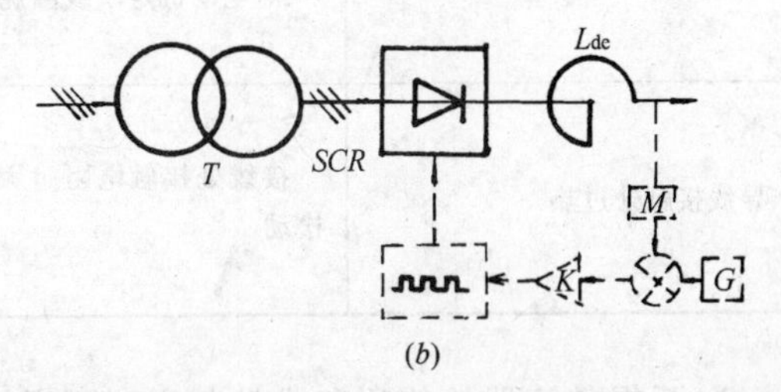

图6.23 基本原理框图

（a）硅弧焊整流器基本原理框图；（b）晶闸管弧焊整流器基本原理框图

ZX5系列晶闸管弧焊整流器有ZX5-250、ZX5-400、ZX5-630多种型号。

6.4.4 逆变弧焊整流器

逆变弧焊整流器是弧焊电源的最新发展，它是采用单相或三相50/60Hz（f_1）的交流网路电压经输入整流器Z_1整流和电抗器滤波，借助大功率电子开关的交替开关作用，又将直流变换成几千至几万赫兹的中高频（f_2）交流电，再分别经中频变压器T、整流器Z_2和电抗器L_{de}的降压、整流和滤波，就得到所需要的焊接电压和电流，即：AC－DC－AC－DC。基本原理方框图见图6.24。

该种焊机的优点是：高效节能，重量轻，体积小，良好动特性，调节速度快，应用越来越广泛。

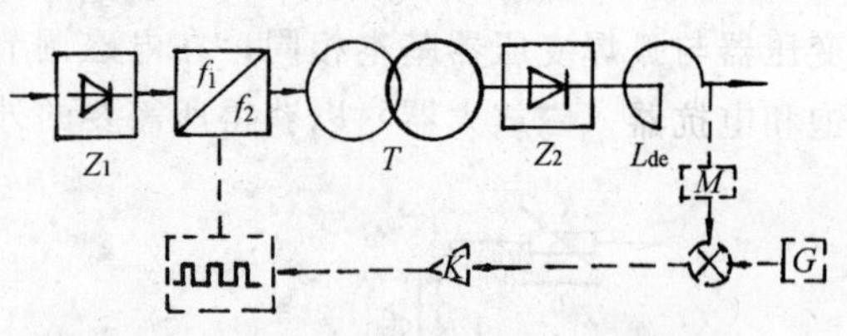

图6.24 逆变弧焊整流器基本原理框图

6.4.5 直流弧焊电源常见故障及消除方法

1. 直流弧焊发电机常见故障及消除方法见表6.5。

直流弧焊发电机的常见故障及消除方法　　表6.5

故障现象	产生原因	消除方法
电动机反转	三相电动机与电源网路接线错误	三相中任意两相调换
焊接过程中电流忽大忽小	1. 电缆线与工件接触不良 2. 网路电压不稳 3. 电流调节器可动部分松动 4. 电刷与铜头接触不良	1. 使电缆线与工件接触良好 2. 使网路电压稳定 3. 固定好电流调节器的松动部分 4. 使电刷与铜头接触良好
焊机过热	1. 焊机过载 2. 电枢线圈短路 3. 换向器短路 4. 换向器脏污	1. 减小焊接电流 2. 消除短路处 3. 消除短路处 4. 清理换向器，去除污垢
电动机不启动并发出响声	1. 三相熔断丝中有某一相烧断 2. 电动机定子线圈烧断	1. 更换新熔断丝 2. 消除断路处
导线接触处过热	接线处接触电阻过大或接触处螺栓松动	将接线松开，用砂纸或小刀将接触面清理出金属光泽

2. 弧焊整流器的使用和维护与交流弧焊机相似，不同的是它装有整流部分。因此，必须根据弧焊机整流和控制部分的特点进行使用和维护。当硅整流器损坏时，要查明原因，排除故障后，才能更换新的硅整流器。弧焊整流器的常见故障及消除方法见表6.6。

弧焊整流器的常见故障及消除方法　表6.6

故障现象	产生原因	消除方法
机壳漏电	1. 电源接线误碰机壳 2. 变压器、电抗器、风扇及控制线圈元件等碰机壳	1. 消除碰处 2. 消除碰处
空载电压过低	1. 电源电压过低 2. 变压器绕组短路 3. 硅元件或晶闸管损坏	1. 调高电源电压 2. 消除短路 3. 更换硅元件或晶闸管
电流调节失灵	1. 控制绕组短路 2. 控制回路接触不良 3. 控制整流器回路元件击穿 4. 印刷线路板损坏	1. 消除短路 2. 使接触良好 3. 更换元件 4. 更换印刷线路板
焊接电流不稳定	1. 主回路接触器抖动 2. 风压开关抖动 3. 控制回路接触不良、工作失常	1. 消除抖动 2. 消除抖动 3. 检修控制回路
工作中焊接电压突然降低	1. 主回路部分或全部短路 2. 整流元件或晶闸管击穿或短路 3. 控制回路断路	1. 消除短路 2. 更换元件 3. 检修控制整流回路
电表无指示	1. 电表或相应接线短路 2. 主回路出故障 3. 饱和电抗器和交流绕组断线	1. 修复电表或接线短路处 2. 排除故障 3. 消除断路处
风扇电机不动	1. 熔断器熔断 2. 电动机引线或绕组断线 3. 开关接触不良	1. 更换熔断器 2. 接好或修好断线 3. 使接触良好

6.5　焊　　条

6.5.1　焊条的组成材料及其作用

1. 焊芯

焊芯是焊条中的钢芯。焊芯在电弧高温作用下与母材熔化在一起，形成焊缝，焊芯的成分对焊缝质量有很大影响。

焊芯的牌号用“H”表示，后面的数字表示含碳量。其他合金元素含量的表示方法与钢号大致相同。质量水平不同的焊芯在最后标以一定符号以示区别。如H08表示含碳量为0.08%～0.10%的低碳钢焊芯；H08A中的“A”表示优质钢，其硫、磷含量均不超过0.03%；含硅量≤0.03%；含锰量0.30%～0.55%。

熔敷金属的合金成分主要从焊芯中过渡，也可以通过焊条药皮来过渡合金成分。

常用焊芯的直径为ϕ2.0、ϕ2.5、ϕ3.2、ϕ4.0、ϕ5.0、ϕ5.8。焊条的规格通常用焊芯的直径来表示。焊条长度取决于焊芯的直径、材料、焊条药皮类型等。随着直径的增加，焊条长度也相应增加。

2. 焊条药皮

(1) 药皮的作用　①保证电弧稳定燃烧，使焊接过程正常进行；②利用药皮熔化后产生的气体保护电弧和熔池，防止空气中的氮、氧进入熔池；③药皮熔化后形成熔渣覆盖在焊缝表面保护焊缝金属。使它缓慢冷却，有助于气体逸出，防止气孔的产生，改善焊缝的组织和性能；④进行各种冶金反应，如脱氧、还原、去硫、去磷等，从而提高焊缝质量，减少合金元素烧损；⑤通过药皮将所需要的合金元素掺入到焊缝金属中，改进和控制焊缝金属的化学成分，以获得所希望的性能；⑥药皮在焊接时形成套筒，保证熔滴过渡到熔池，可进行全位置焊接，同时使电弧热量集中，减少飞溅，提高焊缝金属熔敷效率。

(2) 药皮的组成　焊条的药皮成分比较复杂，根据不同用途，有下列数种：

①稳弧剂　是一些容易电离的物质，多采用钾、钠、钙的化合物，如碳酸钾、长石、白垩、水玻璃等，能提高电弧燃烧的稳定性，并使电弧易于引燃。

②造渣剂　都是些矿物，如大理石、锰矿、赤铁矿、金红石、高岭土、花岗石、长石、石英砂等。造成熔渣后，主要是一些氧化物，其中有酸性的SiO_2、TiO_2、P_2O_5等，也有碱性的CaO、MnO、FeO等。

③造气剂　有机物，如淀粉、糊精、木屑等；无机物，如$CaCO_3$等，这些物质在焊条熔化时能产生大量的一氧化碳、二氧化碳、氢气等，包围电弧，保护金属不被氧化和氮化。

④脱氧剂　常用的有锰铁、硅铁、钛铁等。

⑤合金剂　常用的有锰铁、铬铁、钼铁、钒铁等铁合金。

⑥稀渣剂　常用萤石或二氧化钛来稀释熔渣，以增加其活性。

⑦胶粘剂　用水玻璃，其作用使药皮各组成物粘结起来并粘结于焊芯周围。

6.5.2 焊条分类

1. 按熔渣特性来分

按焊条药皮熔化后熔渣特性分，有酸性焊条和碱性焊条。

(1) 酸性焊条　其药皮的主要成分是氧化铁、氧化锰、氧化钛以及其他在焊接时易放出氧的物质，药皮里的有机物为造气剂，焊接时产生保护气体。

此类焊条药皮里有各种氧化物，具有较强的氧化性，促使合金元素的氧化；同时，电弧里的氧电离后形成负离子（O^{-2}），与氢离子（H^+）有很大的亲和力，生成氢氧根离子（OH^-），从而防止了氢离子溶入熔化的金属里。故这类焊条对铁锈不敏感，焊缝很少产生由氢引起的气孔。酸性熔渣，其脱氧主要靠扩散方式，故脱氧不完全。它不能有效地清除焊缝里的硫、磷等杂质，所以焊缝金属的冲击韧度较低。因此，这种酸性焊条适用于一般钢筋工程。

(2) 碱性焊条　其药皮的成分主要是大理石和萤石，并含有较多的铁合金作为脱氧剂和合金剂。焊接时，大理石（$CaCO_3$）分解产生二氧化碳为保护气体。由于焊接时放出的氧少，合金元素很少氧化，焊缝金属合金化的效果较好。这类焊条的抗裂性很好，但由于电弧中含氧量较低，因此，铁锈和水分等容易引起氢气孔的产生。为了防止氢气孔，主要依靠药皮里的萤石（CaF_2）作用，产生氟化氢（HF）而排除。不过萤石的存在，不利于电弧的稳定，因此要求直流电源进行焊接，药皮中若加入稳定电弧的组成物碳酸钾、碳酸钠等，也可用交流电源。

碱性熔渣是通过置换反应进行脱氧，脱氧较完全，并又能有效地清除焊缝中的硫和磷，加之焊缝的合金元素烧损较少，能有效地进行合金化，所以焊缝金属性能良好。主要用于重要钢筋工程中。

采用此类焊条必须十分注意保持干燥和接头对口附近的清洁，保管时勿使焊条受潮生锈，使用前按规定烘干。接头对口附近10～15mm范围内，要清理至露出纯净的金属光泽，不得有任何有机物及其他污垢等。焊接时，必须采用短弧，防止气孔。

碱性焊条在焊接过程中，会产生HF 和K_2O气体，有害焊工健康，故需加强焊接场所的通风。

焊条按用途来分有十种，对钢筋工程来说，均采用结构钢焊条。

2. 原国家标准《焊条分类型号编制方法》GB 980—76 药皮类型

在原国家标准中，焊条按药皮主要成分来分，有九种，见表6.7。

注：焊条已有新的国家标准，应按现行国家标准实施，列出原国家标准，仅供参考。

焊条药皮类型 **表6.7**

牌 号	药皮类型	焊接电源	牌 号	药皮类型	焊接电源
××0	特 殊 型	不 规 定	××5	纤维素型	直流或交流
××1	氧化钛型	直流或交流	××6	低氢钾型	直流或交流
××2	氧化钛钙型	直流或交流	××7	低氢钠型	直 流
××3	钛铁矿型	直流或交流	××8	石墨型	直流或交流
××4	氧化铁型	直流或交流	××9	盐基型	直 流

(1) 钛型（氧化钛型）药皮含有多量的氧化钛（金红石或钛白粉）组成物的焊条。

工艺性能良好，电弧稳定，飞溅很少，熔渣易脱，焊波美观，熔深较浅，可全位置焊接。

(2) 钛钙型（氧化钛钙型）药皮中含有较多氧化钛及相当数量的钙和镁的碳酸盐矿石（$CaCO_3$和$MgCO_3$）的焊条。

工艺性能稍次于钛型焊条，但焊缝金属中含氢量要比钛型焊条焊接的焊缝低一半，夹杂物和总含氧量也有所降低，故其力学性能（特别是冲击韧度）高于钛型焊条，应用很广。

(3) 钛铁矿型 药皮中含有多量的钛铁矿焊条。

工艺性能较钛型焊条差，熔深一般，电弧稳定，焊波整齐，飞溅较钛型焊条稍大，可全位置焊接。

(4) 氧化铁型 药皮中含有多量的氧化铁及锰铁等的焊条。熔深较大，熔化较快，生产效率高，对铁锈、油污等不敏感，但焊接时飞溅较大。其熔渣属于“长渣”，即熔渣凝固时间较长，不宜用于仰焊、立焊等位置。

(5) 纤维素型 药皮中含有多量的纤维素等有机物。焊接时有机物分解出大量气体，保护熔化金属；同时，造成很大的电弧吹力，具有电弧穿透力大，不易产生气孔、夹渣等的优点。适宜于单面焊双面成形的底层焊道的焊接。熔化速度大，熔渣少，脱渣容易。

(6) 低氢型 药皮主要组成物为大理石（$CaCO_3$）和萤石，不含有机物。其焊缝金属的含氢量是所有焊条中最低的，故称低氢型焊条。

熔深较浅，要求用极短弧焊接，具有良好的抗裂性能。焊缝金属的力学性能良好，可全位置焊接。

这种焊条适宜采用直流焊接电源；如果在药皮中增加容易电离的物质，则也能采用交流焊接电源。

按焊条的牌号来分。结构钢焊条的牌号有很多，常用的见表6.8。

常用结构钢焊条牌号　　表6.8

牌　号	熔敷金属抗拉强度等级(MPa)	熔敷金属屈服强度等级(MPa)
结42×	412	294
结50×	490	343
结55×	539	392
结60×	588	441

牌号中“结”表示结构钢焊条，第一、第二位数字，表示熔敷金属的抗拉强度。第三位数字表示药皮类型和焊接电源种类。

3. 国家标准焊条型号

现行国家标准《碳钢焊条》GB/T 5117—1995和《低合金钢焊条》GB/T 5118—1995中，焊条型号根据熔敷金属的抗拉强度、药皮类型、焊接位置和焊接电源种类划分。焊条型号编制方法如下：字母“E”表示焊条（Electrode）；前两位数字表示熔敷金属抗拉强度的最小值；第三位数字表示焊条的焊接位置：“0”及“1”表示焊条适用于全位置焊接，“2”表示焊条适用于平焊和平角焊；“4”表示焊条适用于向下立焊；第三位和第四位数字组合时，表示焊接电流种类和药皮类型。

碳钢焊条的强度等级有43、50两种；低合金钢焊条的强度等级有50、55、60、70、75、85、90、100等8种。

碳钢焊条型号见表6.9[28]。

碳钢焊条型号　　表6.9

<table>
<tr><th>焊条型号</th><th>药皮类型</th><th>焊接位置</th><th>电流种类</th></tr>
<tr><td colspan="4">E43系列－熔敷金属抗拉强度＞420MPa（43kgf/mm²）</td></tr>
<tr><td>E4300</td><td>特殊型</td><td rowspan="9">平、立、仰、横</td><td rowspan="3">交流或直流正、反接</td></tr>
<tr><td>E4301</td><td>钛铁矿型</td></tr>
<tr><td>E4303</td><td>钛钙型</td></tr>
<tr><td>E4310</td><td>高纤维钠型</td><td>直流反接</td></tr>
<tr><td>E4311</td><td>高纤维钾型</td><td>交流或直流反接</td></tr>
<tr><td>E4312</td><td>高钛钠型</td><td>交流或直流正接</td></tr>
<tr><td>E4313</td><td>高钛钾型</td><td>交流或直流正、反接</td></tr>
<tr><td>E4315</td><td>低氢钠型</td><td>直流反接</td></tr>
<tr><td>E4316</td><td>低氢钾型</td><td>交流或直流反接</td></tr>
<tr><td rowspan="2">E4320</td><td rowspan="3">氧化铁型</td><td>平</td><td>交流或直流正、反接</td></tr>
<tr><td>平角焊</td><td>交流或直流正接</td></tr>
<tr><td>E4322</td><td>平</td><td>交流或直流正接</td></tr>
<tr><td>E4323</td><td>铁粉钛钙型</td><td rowspan="2">平、平角焊</td><td rowspan="2">交流或直流正、反接</td></tr>
<tr><td>E4324</td><td>铁粉钛型</td></tr>
<tr><td rowspan="2">E4327</td><td rowspan="2">铁粉氧化铁型</td><td>平</td><td>交流或直流正、反接</td></tr>
<tr><td>平角焊</td><td>交流或直流正接</td></tr>
<tr><td>E4328</td><td>铁粉低氢型</td><td>平、平角焊</td><td>交流或直流反接</td></tr>
</table>

续表

焊条型号	药 皮 类 型	焊 接 位 置	电 流 种 类
E50 系列—熔敷金属抗拉强度>490MPa（50kgf/mm²）			
E5001	钛铁矿型	平、立、仰、横	交流或直流正、反接
E5003	钛钙型		
E5010	高纤维素钠型		直流反接
E5011	高纤维素钾型		交流或直流反接
E5014	铁粉钛型		交流或直流正、反接
E5015	低氢钠型		直流反接
E5016	低氢钾型		交流或直流反接
E5018	铁粉低氢钾型		
E5018M	铁粉低氢型		直流反接
E5023	铁粉钛钙型	平、平角焊	交流或直流正、反接
E5024	铁粉钛型		
E5027	铁粉氧化铁型		交流或直流正接
E5028	铁粉低氢型		交流或直流反接
E5048		平、立、仰、立向下	

低合金钢焊条属E50等级的，还有：E5010，为高纤维素钠型，直流反接；E5020，为高氧化铁型，平角焊时，交流或直流正接，平焊时，交流或直流正、反接。E55等级的有：E5500、E5503、E5510、E5511、E5513、E5515、E5516、E5518等型号。E60等级的有：E6000、E6010、E6011、E6013、E6015、E6016、E6018等型号，后2字为00的属特殊型，其他后2个字的含义均与表6.9相同。

6.5.3 焊条的选用

电弧焊所用的焊条，其性能应符合现行的国家标准《碳钢焊条》、《低合金钢焊条》的规定，其型号应根据设计确定；若设计无规定时，可参照表6.10选用。

钢筋电弧焊焊条型号 **表6.10**

钢筋牌号	电 弧 焊 接 头 型 式			
	帮条焊 搭接焊	坡口焊 熔槽帮条焊 预埋件穿孔塞焊	窄 间 隙 焊	钢筋与钢板搭接焊 预埋件T形角焊
HPB 235	E4303	E4303	E4316 E4315	E4303
HRB 335	E4303	E5003	E5016 E5015	E4303
HRB 400	E5003	E5503	E6016 E6015	E5003
RRB 400	E5003	E5503	—	—

6.5.4 焊条的保管与使用

1. 焊条的保管

(1) 各类焊条必须分类、分牌号存放，避免混乱。

(2) 焊条必须存放于通风良好，干燥的仓库内，需垫高和离墙0.3m以上，使上下左右空气流通。

2. 焊条的使用

(1) 焊条应有制造厂的合格证，凡无合格证或对其质量有怀疑时，应按批抽查试验，合格者方可使用，存放多年的焊条应进行工艺性能试验后才能使用。

(2) 焊条如发现内部有锈迹，须试验合格后方可使用。焊条受潮严重，已发现药皮脱落者，一概予以报废。

(3) 焊条使用前，一般应按说明书规定烘焙温度进行烘干。

碱性焊条的烘焙温度一般为350℃，1～2h。酸性焊条要根据受潮情况，在70～150℃烘焙1～2h。若贮存时间短且包装完好，使用前也可不再烘焙。烘焙时，烘箱应徐徐升高，避免将冷焊条放入高温烘箱内，或突然冷却，以免药皮开裂。

6.5.5 焊条的质量检验

焊条质量评定首先进行外观质量检验，之后进行实际施焊，评定焊条的工艺性能，然后焊接试板，进行各项力学性能检验。

6.6 电弧焊工艺

6.6.1 电弧焊机的使用和维护

对电弧焊机的正确使用和合理的维护，能保证它的工作性能稳定和延长它的使用期限。

(1) 电弧焊机应尽可能安放在通风良好、干燥、不靠近高温和粉尘多的地方。弧焊整流器要特别注意对硅整流器的保护和冷却。

(2) 电弧焊机接入电网时，必须使两者电压相符。

(3) 启动电弧焊机时，电焊钳和焊件不能接触，以防短路。在焊接过程中，也不能长时间短路，特别是弧焊整流器，在大电流工作时，产生短路会使硅整流器烧坏。

(4) 改变接法（换档）和变换极性接法时，应在空载下进行。

(5) 按照电弧焊机说明书规定负载持续率下的焊接电流进行使用，不得使电弧焊机过载而损坏。

(6) 经常保持焊接电缆与电弧焊机接线柱的接触良好。

(7) 经常检查弧焊发电机的电刷和整流片的接触情况，保持电刷在整流片表面应有适当而均匀的压力，若电刷磨损或损坏时，要及时调换新电刷。

(8) 露天使用时，要防止灰尘和雨水浸入电弧焊机内部。电弧焊机搬动时，特别是弧焊整流器，不应受剧烈的振动。

(9) 每台电弧焊机都应有可靠的接地线，以保障安全。

(10) 当电弧焊机发生故障时，应立即将电弧焊机的电源切断，然后及时进行检查和修理。

(11) 工作完毕或临时离开工作场地，必须及时切断电弧焊机的电源。

6.6.2 手工电弧焊操作技术

1. 引弧、运条与收弧

(1) 引弧　手工电弧焊的引弧均为接触引弧，其中，又有擦划法和碰击法两种，见图6.25。擦划法引弧是较易掌握的方法，但是擦划引弧时，凡电弧擦过的地方会造成电弧擦伤和污染飞溅，所以最好在坡口内部引弧。另一种方法就是碰击法引弧，碰击法引弧时飞溅少，对工件的损害小，但要求焊工有较熟练的操作技巧。

(2) 运条　手工电弧焊的运条方式有很多，但是均由直线前进、横向摆动和送进焊条三个动作组合而成。其中关键的动作是横向摆动，横向摆动的形式有多种，见图6.26。生产中应根据焊接位置、接头型式、坡口形状、焊层层数以及焊工的习惯而选用，其目的是保证焊根熔透，与母材熔合良好，不烧穿、无焊瘤，焊缝整齐，焊波均匀美观。

(3) 收弧　收弧时，应将熔坑填满，拉灭电弧时，注意不要在工件表面造成电弧擦伤。

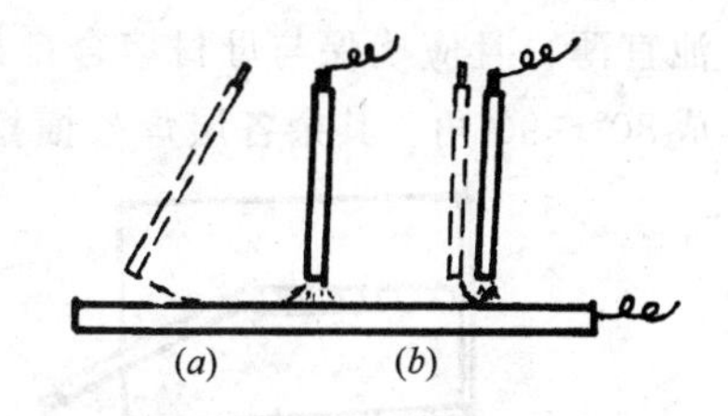

图6.25　引弧法
(a) 擦划法；(b) 碰击法

2. 不同焊接位置的操作要点

手工电弧焊时，焊件接缝所处的空间位置，可用焊缝倾角和焊缝转角来表示。根据不同的焊缝倾角和焊缝转角，手工电弧焊的焊接位置可分为：平焊、立焊、横焊和仰焊四种。

保持正确的焊条角度和掌握好运条动作，控制焊接熔池的形状和尺寸是手工电弧焊操作的基础。保持正确的焊条角度，可以分离熔渣和钢水，可以防止造成夹渣和未焊透；利用电弧吹力托住钢水，防止立、横、仰焊时钢水坠落。直线向前移动可以减小焊缝宽度和热影响区宽度，横向摆动和两侧停留可以增大焊缝宽度和保证两侧的熔合良好；运条送进快慢起到控制电弧长度的作用，压低电弧可以增大熔深。

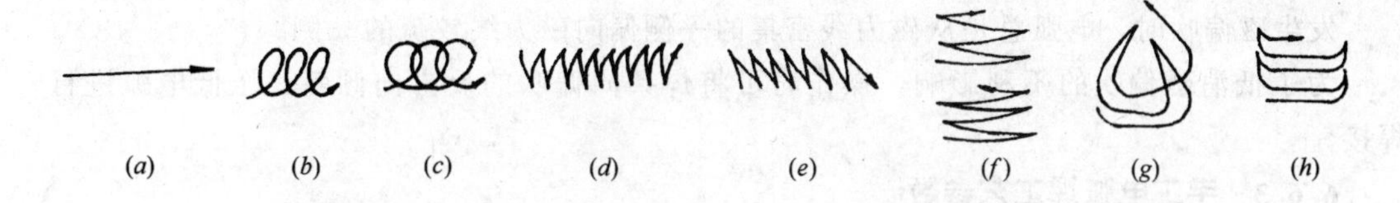

图6.26　运条方式
(a)、(b) 各种位置第一层焊缝；(c)、(d) 平焊、仰焊；
(e) 横仰；(f)、(g)、(h) 立焊

(1) 平焊　平焊时要注意熔渣和钢水混合不清的现象，防止熔渣流到钢水前面。熔池应控制成椭圆形，一般采用右焊法，即焊条自左向右运进，焊条与工件表面约成70°，见图6.27。

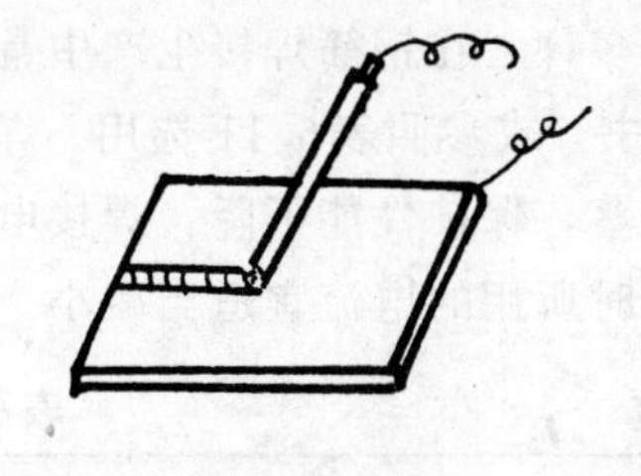

图6.27　平焊

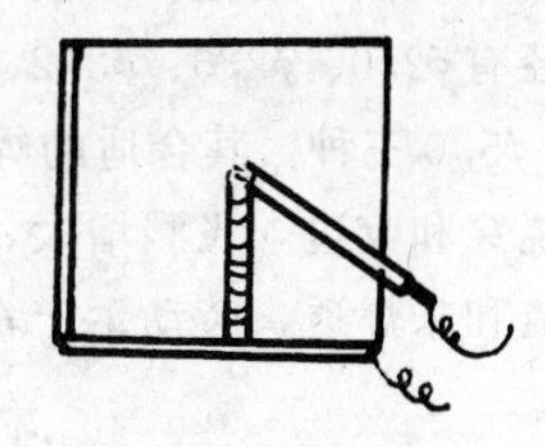

图6.28　立焊

(2) 立焊　立焊时，钢水与熔渣容易分离，要防止熔池温度过高，钢水下坠形成焊瘤，操作时焊条与垂直面形成60°～80°角。见图6.28。使电弧略向上，吹向熔池中心。焊接电流比平焊小10%～15%，焊第一道时，应压住电弧向上运条，同时作较小的横向摆动，其余各层用半圆形横向摆动加挑弧法向上焊接。

(3) 横焊　焊条倾斜70°～80°。防止钢水受自重作用下坠到下坡口上。运条到上坡口处不作运弧停顿。迅速带到下坡口根部作微小横拉稳弧动作，依此匀速进行焊接，见图6.29。

(4) 仰焊　仰焊时钢水易坠落，熔池形状和大小不易控制，宜用小电流短弧焊接。熔

池宜薄，且应确保与母材熔合良好。第一层焊缝用短弧作前后推拉动作，焊条与焊接方向成80°～90°角。其余各层焊条横摆，并在坡口两侧略停顿稳弧，保证两侧熔合，见图6.30。

图6.29　横焊　　　　图6.30　仰焊

3. 电弧偏吹

由于电弧是由电离气体构成的柔性导体，受外力作用时容易发生偏摆。电弧轴线偏离电极轴线的现象称为电弧的偏吹。电弧偏吹常使电弧燃烧不稳定，影响焊缝成形和焊接质量。电弧受侧向气流的干扰，焊条药皮偏心或局部脱落都会引起电弧偏吹。

直流焊接时，如果电弧周围磁场分布不均匀，也会造成电弧偏吹，称为磁偏吹。焊接电流越大，磁偏吹越严重。交流焊接时，由于交流电在工件引起涡流，涡流产生的磁通与焊接电流产生的磁通方向相反，两者相互抵消，因此，交流焊接时，磁偏吹很小。

发生磁偏吹时，电弧总是从磁力线密集的一侧偏向磁力线较疏的一侧。

为了抵消磁偏吹的不利影响，操作时可将焊条向偏吹的反方向倾斜，压低电弧进行焊接。

6.6.3　手工电弧焊工艺参数

手工电弧焊的工艺参数主要是焊接电流、焊条直径和焊接层次。

在钢筋焊接生产中，应根据钢筋牌号和直径、焊接位置、接头型式和焊层选用合适的焊条直径和焊接电流。当钢筋牌号低、直径粗、平焊位置、坡口宽、焊层高时，可以采用较粗的焊条直径，以及相应的较大的焊接电流。相反，当钢筋牌号高、直径细、横、立、仰焊位置、焊缝根部焊接时，宜选用直径较细的焊条，以及相应的较小的焊接电流。但是总的说来，一是保证根部熔透，两侧熔合良好，不烧穿、不结瘤；二是提高劳动生产率。

焊条直径有ϕ2.0、ϕ2.5、ϕ3.2、ϕ4.0、ϕ5.0、ϕ5.8多种，在钢筋焊接生产中常用的是ϕ3.2、ϕ4.0、ϕ5.0三种。其合适的焊接电流见焊条说明书，或参照表6.11选用。焊接电流过大，容易烧穿和咬边，飞溅增大，焊条发红，药皮脱落，保护性能下降。焊接电流太小容易产生夹渣和未焊透，劳动生产率低。横、立、仰焊时所用的电流宜适当减小。

不同直径焊条的焊接电流　　**表6.11**

焊条直径（mm）	3.2	4.0	5.0
焊接电流（A）	100～120	160～210	200～270

在直流手工电弧焊时，焊件与焊接电源输出端正、负极的接法称为极性。极性有正接极性和反接极性两种。正接极性时，焊件接电源的正极，焊条接电源的负极；正接也称正极性。反接极性时，焊件接电源的负极，焊条接电源的正极；反接亦称反极性。

在采用常用的焊条进行直流手工电弧焊时，一般均采用反极性。如果用来进行电弧切割，则采用正极性。

6.6.4 钢筋电弧焊工艺要求

钢筋电弧焊主要有帮条焊、搭接焊、坡口焊、窄间隙焊和熔槽帮条焊五种接头型式。焊接时应符合下列要求：

(1) 为保证焊缝金属与钢筋熔合良好，必须根据钢筋牌号、直径、接头型式和焊接位置，选用合适的焊条、焊接工艺和焊接参数；

(2) 钢筋端头间隙、钢筋轴线以及帮条尺寸、坡口角度等，均应符合规程有关规定；

(3) 接头焊接时，引弧应在垫板、帮条或形成焊缝的部位进行，防止烧伤主筋；

(4) 焊接地线与钢筋应接触良好，防止因接触不良而烧伤主筋；

(5) 焊接过程中应及时清渣，焊缝表面应光滑，焊缝余高应平缓过渡，弧坑应填满。

以上各点对于各牌号钢筋焊接时均适用，特别是HRB 335、HRB 400、RRB 400钢筋焊接时更为重要，例如，若焊接地线乱搭，与钢筋接触不好时，很容易发生起弧现象，烧伤钢筋或局部产生淬硬组织，形成脆断起源点。在钢筋焊接区外随意引弧，同样也会产生上述缺陷，这些都是焊工容易忽视而又十分重要的问题。

6.6.5 帮条焊

帮条焊时，宜采用双面焊，见图6.31 (*a*)。不能进行双面焊时，也可采用单面焊，见图6.31 (*b*)。这是因为采用双面焊，接头中应力传递对称、平衡，受力性能良好，若采用单面焊，则较差。

帮条长度 l 见表6.12，如帮条牌号与主筋相同时，帮条直径可与主筋相同或小一个规格。如帮条直径与主筋相同时，帮条牌号可与主筋相同或低一个牌号。

钢筋帮条长度 **表6.12**

项次	钢筋牌号	焊缝型式	帮条长度 (l)
1	HPB 235	单面焊	≥$8d$
		双面焊	≥$4d$
2	HRB 335、HRB 400、RRB 400	单面焊	≥$10d$
		双面焊	≥$5d$

注：d 为主筋直径 (mm)。

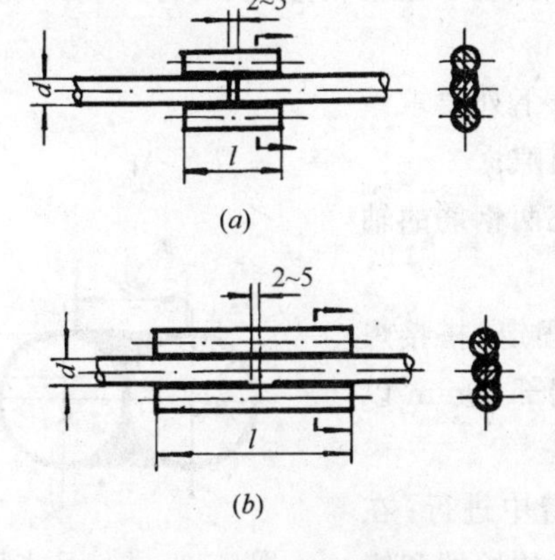

图6.31 钢筋帮条焊接头

(*a*) 双面焊；(*b*) 单面焊

d—钢筋直径；l—帮条长度

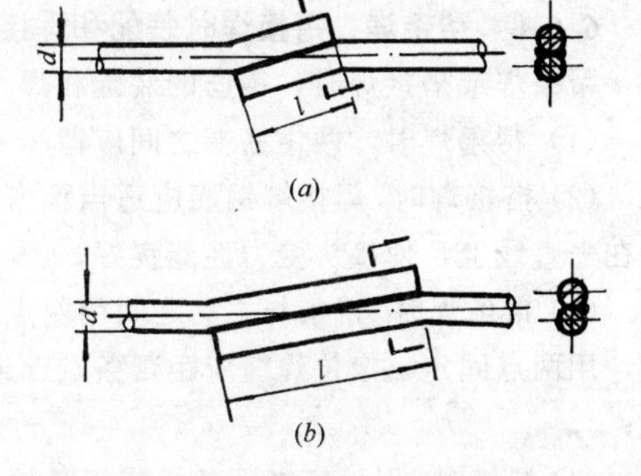

图6.32 钢筋搭接焊接头

(*a*) 双面焊；(*b*) 单面焊

d—钢筋直径；l—搭接长度

6.6.6　搭接焊

搭接焊适用于HPB 235、HRB 335、HRB 400、RRB 400钢筋。焊接时宜采用双面焊，见图6.32（*a*）。不能进行双面焊时，也可采用单面焊，见图6.32（*b*）。搭接长度*l*与帮条长度相同，见表6.12。

在钢筋帮条焊和搭接焊中，当焊接HRB 335钢筋时，可以采用不与钢筋母材等强的E4303焊条，现说明如下：

在这些接头中，荷载施加于接头的力不是由与钢筋等截面的焊缝金属抗拉力所承受，而是由焊缝金属抗剪力承受。焊缝金属抗剪力等于焊缝剪切面积乘以抗剪强度。所以，虽然采用该种型号焊条，其熔敷金属抗拉强度小于钢筋抗拉强度（约为0.85倍），焊缝金属的抗剪强度小于抗拉强度（0.6倍），但焊缝金属剪切面积大于钢筋横截面面积甚多（约为3.0倍）。故允许采用E4303型焊条（熔敷金属抗拉强度为$420N/mm^2$，约$43kgf/mm^2$）进行HRB 335钢筋帮条焊和搭接焊。举例计算如下：

以ϕ25 HRB 335钢筋双面搭接焊为例，采用E4303焊条。

钢筋抗拉力：490.9×490＝241541N

焊缝剪切面积：长按4*d*计，100mm，

厚0.3*d*，7.5mm，

两条焊缝，2×100×7.5＝$1500mm^2$；

焊缝金属抗剪强度为抗拉强度的0.6倍，0.6×420＝$252N/mm^2$；

焊缝金属抗拉力为：1500×252＝378000 N

焊缝金属抗拉力与钢筋抗拉力之比为：378000/241541＝1.56

此外，大量试验和多年来生产应用表明，能完全满足要求，是安全的。

当进行钢筋坡口焊时，规程中规定，对HRB 335钢筋进行焊接不仅采用E5003型焊条，并且钢筋与钢垫板之间，应加焊二、三层侧面焊缝，这对接头起到一定加强作用。

6.6.7　焊缝尺寸

帮条焊接头或搭接焊接头的焊缝厚度*s*不应小于钢筋直径的0.3倍；焊缝宽度*b*不应小于钢筋直径的0.8倍，见图6.33。焊缝尺寸直接影响接头强度，施焊中应认真对待，确保做到。

6.6.8　帮条焊、搭接焊时装配和焊接要求

帮条焊或搭接焊时，钢筋的装配和焊接应符合下列要求：

(1) 帮条焊时，两主筋端之间应留2～5mm间隙；

(2) 搭接焊时，焊接端钢筋应适当预弯，以保证两钢筋的轴线在一直线上，使接头受力性能良好；

(3) 帮条焊时，帮条与主筋之间用四点定位焊固定；搭接焊时，用两点固定，定位焊缝应距帮条端部或搭接端部20mm以上；

(4) 焊接时，引弧应在帮条焊或搭接焊形成焊缝中进行；在端头收弧前应填满弧坑。应保证主焊缝与定位焊缝的始端和终端熔合良好。

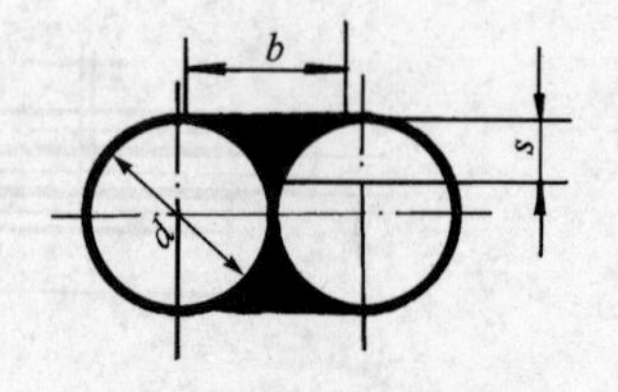

图6.33　焊缝尺寸示意图
b—焊缝宽度；*s*—焊缝厚度；
d—钢筋直径

在电弧焊接头中，定位焊缝是接头的重要组成部分。为了保证质量，不能随便点焊。尤其不能在帮条或搭接端头的主筋

上点焊，否则，对于HRB 335、HRB 400 钢筋，很容易因定位焊缝过小，冷却速度快而产生裂纹和淬硬组织，成为引起脆断的起源点。

6.6.9 HRB 400 钢筋帮条焊试验

首钢总公司技术研究院对该公司生产HRB 400 钢筋，进行了电弧帮条双面焊试验。钢筋直径为25mm，化学成分和力学性能见表5.3和表5.4，帮条长度80mm。焊接参数见表6.13。

手工电弧焊焊接参数 **表6.13**

层　次	焊　条	焊接电流（A）	焊接电压（V）
打底	E5003（$\phi3.2$）	90～100	22～24
填充	E5016（$\phi4.0$）	150～160	22～24
盖面	E5016（$\phi4.0$）	150～160	22～24

焊接接头拉伸试件试验结果见表6.14。

手工电弧焊接头试件拉伸试验 **表6.14**

钢筋直径（mm）	屈服强度σ_s（MPa）	抗拉强度σ_b（MPa）	断裂位置
25	470	650	母材
25	470	650	母材
25	470	650	母材

试验结果表明，手工电弧焊接头试件力学性能全部合格。

维氏硬度试验

将试件上下两侧加工成平行的平面，进行维氏硬度试验，试验结果见表6.15。

手工电弧焊接头维氏硬度试验 **表6.15**

试件直径（mm）	试件号	试验线	部　位		
			左热影响区	熔合线	焊缝
25	8号	HV10	221　235　218	199	222
		距离d（mm）	−11.0　−1.30　−0.50	0	—

接头试件纵剖面宏观组织见图6.34。

金相检验

（1）焊缝　取样时，已将盖面层切去，只观察到受热影响的焊缝二次组织，组织为铁素体和珠光体组织，见图6.35。

（2）HAZ 粗晶区　晶界为先共析铁素体，晶内为珠光体加针状铁素体，见图6.36；图中左下部为焊缝二次组织，左上部为粗晶区组织。

（3）HAZ 细晶区　铁素体和珠光体呈带状分布，见图6.37。

上述试验结果表明，首钢HRB 400 钢筋适合于手工电弧焊进行焊接。

6.6.10 钢筋搭接焊两端绕焊

陕西省第八建筑工程公司试验室在接受钢筋搭接焊接头拉伸试验中，有时遇到搭接两

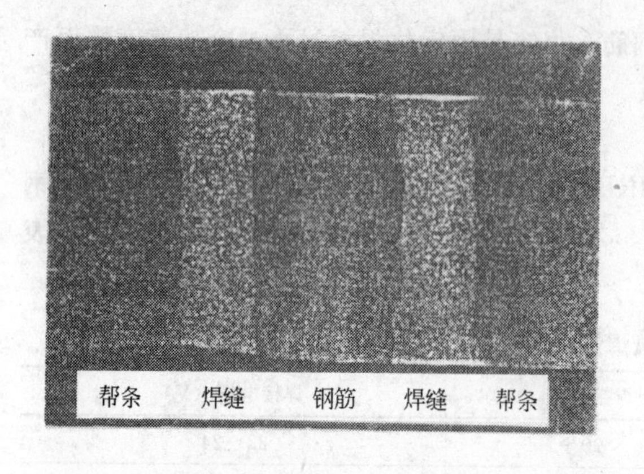

图6.34　帮条焊接头宏观组织

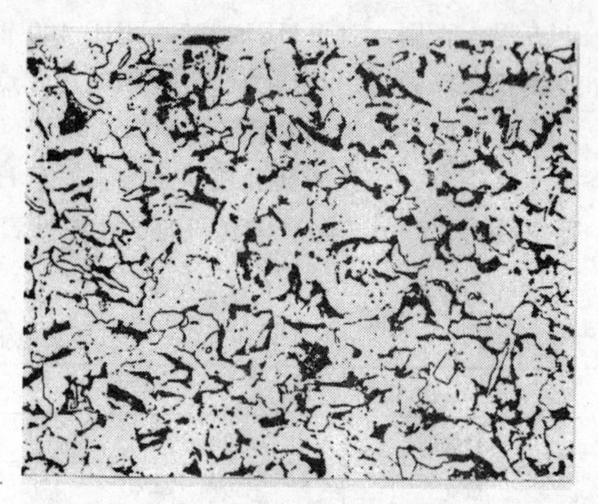

图6.35　焊缝显微组织　200×

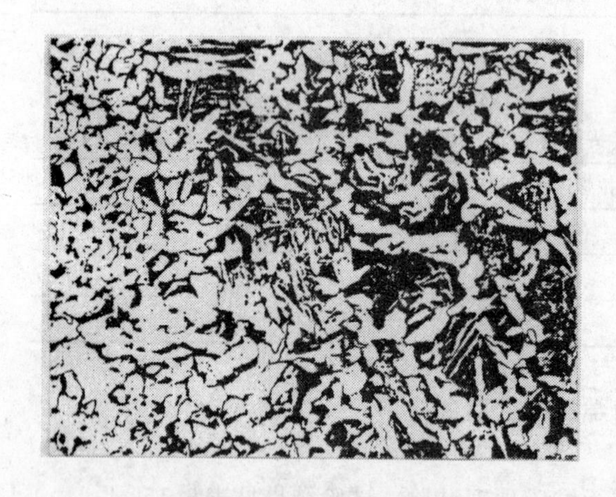

图6.36　HAZ粗晶区显微组织　200×

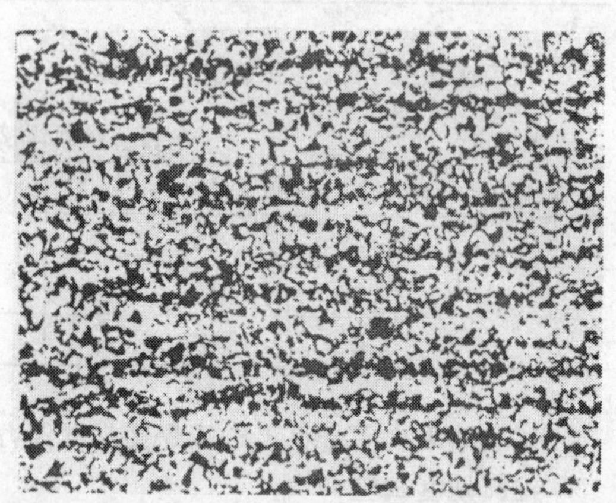

图6.37　HAZ细晶区显微组织　200×

端发生脆断的现象。分析认为，主要由于该处应力集中所引起。为此，在搭接两端稍加绕焊，使应力平缓传递，见图6.38。试验进行两组，钢筋牌号HRB 335，一组ϕ25，另一组为ϕ22。试验结果，均断于母材，效果良好，见图6.39。施焊时应注意不得烧伤主筋，绕焊焊缝表面应呈凹形。

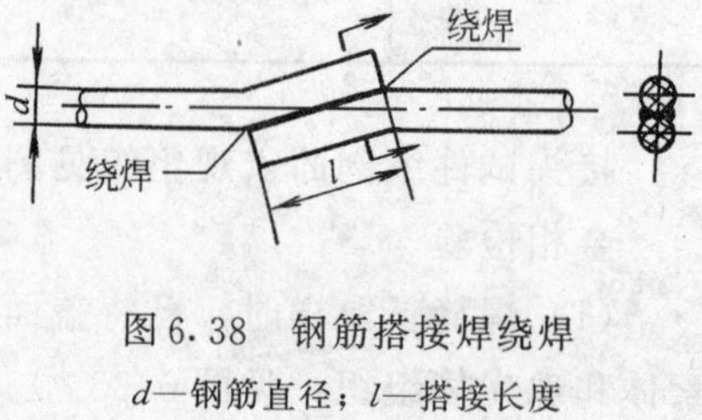

6.6.11　熔槽帮条焊

熔槽帮条焊适用于直径20mm及以上钢筋的现场安装焊接。焊接时应加角钢作垫板模，接头形式见图6.40（*a*）。

图6.38　钢筋搭接焊绕焊
d—钢筋直径；*l*—搭接长度

角钢尺寸和焊接工艺应符合下列要求：

（1）角钢边长为40～60mm，长度为80～100mm；

（2）钢筋端头加工平整，两钢筋端面间隙为10～16mm；

（3）焊接电流宜稍大。从接缝处垫板引弧后，连续施焊，保证钢筋端部熔合良好；

（4）焊接过程中应停焊清渣1～3次。焊平后，再进行焊缝余高的焊接，其高度为2～3mm；

（5）钢筋与角钢垫板之间，应焊1～3层侧面焊缝，焊缝饱满，表面平整。

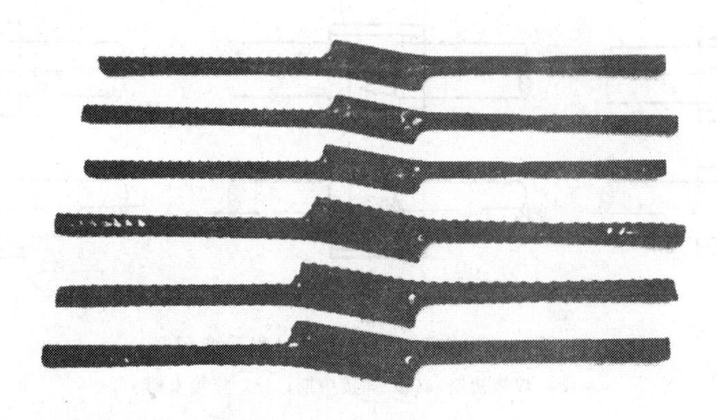

图6.39 拉伸试验后试件

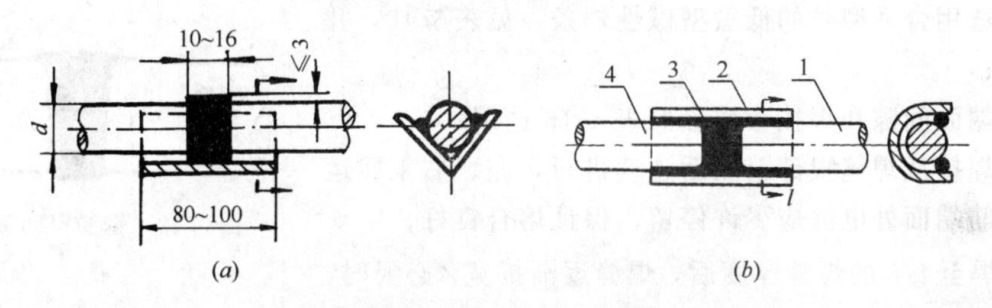

图6.40 钢筋熔槽帮条焊接头

(a) 角钢垫板模；(b) U形钢板垫板模

1—右钢筋；2—U形钢板模；3—焊缝；4—左钢筋

在水利水电工程中，采用一种以U形钢板做垫板模的熔槽帮条焊，见图6.40 (b)[29]。焊接工艺为熔化极半自动气体保护焊。保护气体主要为CO_2，或者CO_2+Ar的混合气体。焊丝有实芯焊丝和药芯焊丝2种。工程中采用的为CO_2和实芯焊丝。焊丝直径为$\phi1.2 \sim \phi1.6$，其牌号为SH·ER50-6。药芯焊丝牌号为TWE·711。使用的CO_2气体符合国家现行标准《焊接用二氧化碳》HG/T 2537的要求，其纯度不得低于99.9%。焊接设备采用时代集团公司生产的A120-500气体保护焊机。钢筋牌号为HRB 335。生产率高，焊接过程稳定，飞溅比较少，焊接熔池容易控制，焊缝成形好。该种焊接工艺方法已在一些小型水利水电工程中应用，收到比较好的技术经济效果。该方法还可用于钢筋搭接焊、钢筋帮条焊以及钢筋与钢板搭接焊等多种接头型式。

注：在国外，美国国家标准《结构焊接规范——钢筋》ANSI/AWS D1.4-98中规定，钢筋帮条焊和搭接焊的焊接方法可以采用焊条电弧焊（SMAW）、气体保护电弧焊（GMAW）和药芯焊丝电弧焊（FCAW）；在前苏联《混凝土和钢筋混凝土结构设计规范》СНиП2.03.01-84中规定，可采用U形钢板模焊条熔槽焊和药芯焊丝半自动焊。

6.6.12 窄间隙焊

钢筋窄间隙电弧焊（narrow-gap arc welding of reinforcing steel bar）是将两钢筋安放成水平对接形式，并置于铜模内，中间留有少量间隙，用焊条从钢筋根部引弧，连续向上部焊接，完成的一种电弧焊方法。

窄间隙焊适用于直径16mm及以上钢筋的现场水平连接。焊接时，钢筋置于铜模中，留出一定间隙，用焊条连续焊接，熔化钢筋端面，并使熔敷金属填充间隙，形成接头，见图6.41[30]。

其焊接工艺应符合下列要求：

(1) 钢筋端面应较平整；

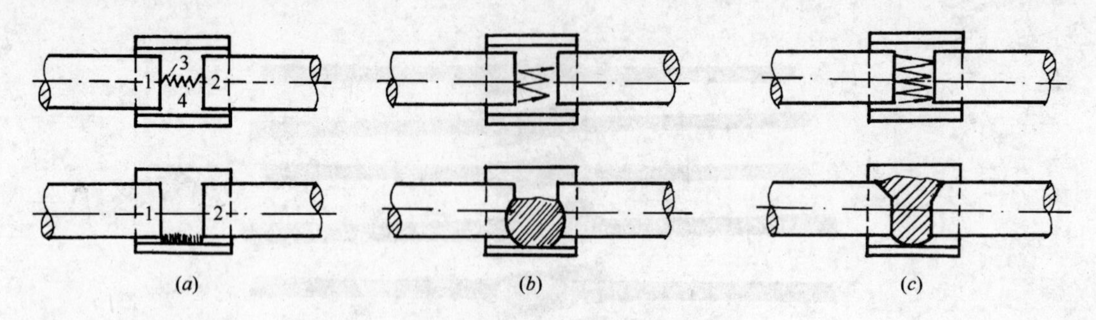

图6.41　窄间隙焊工艺过程示意图

(a) 焊接初期；(b) 焊接中期；(c) 焊接末期

(2) 选用合适型号的低氢型碱性焊条，见表6.10，并烘干保温；

(3) 端面间隙和焊接参数参照表6.16选用；

(4) 焊接从焊缝根部引弧后连续进行，左、右来回运弧，在钢筋端面处电弧应少许停留，保证熔合良好；

(5) 焊至4/5的焊缝厚度后，焊缝逐渐扩宽，必要时，改连续焊为断续焊，避免过热；

(6) 焊缝余高不宜超过3mm，且应平缓过渡至钢筋表面。

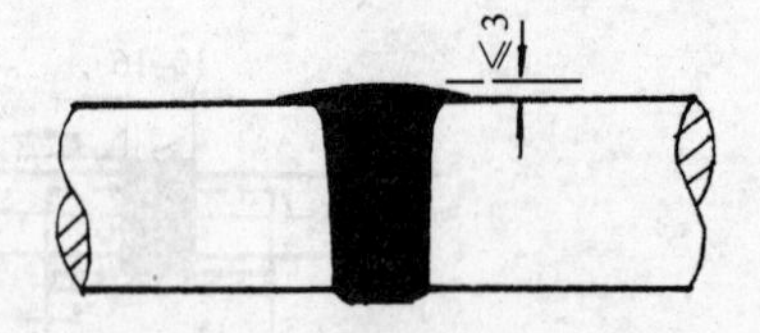

图6.42　钢筋窄间隙焊接头

焊接接头见图6.42。

窄间隙焊焊接参数　　**表6.16**

钢筋直径 (mm)	间隙大小 (mm)	焊条直径 (mm)	焊接电流 (A)
16	9～11	3.2	100～110
18	9～11	3.2	100～110
20	10～12	3.2	100～110
22	10～12	3.2	100～110
25	12～14	4.0	150～160
28	12～14	4.0	150～160
32	12～14	4.0	150～160
36	13～15	5.0	220～230
40	13～15	5.0	220～230

6.6.13　预埋件T型接头电弧焊

预埋件电弧焊T型接头的形式分角焊和穿孔塞焊两种，见图6.43。装配和焊接时，应符合下列要求：

(1) 钢板厚度δ不小于钢筋直径的0.6倍，并不宜小于6mm；

(2) 钢筋可采用HPB 235、HRB 335、HRB 400，受力锚固钢筋直径不宜小于8mm，构造锚固钢筋直径不宜小于6mm；

(3) 采用HPB 235钢筋时，角焊缝焊脚k不得小于钢筋直径的0.5倍；采用HRB 335、HRB 400钢筋时，焊脚k不得小于钢筋直径的0.6倍；

(4) 施焊中，电流不宜过大，防止钢筋咬边和烧伤。

预埋件T型接头采用手工电弧焊，操作比较灵活，但要防止烧伤主筋和咬边。

(5) 在采用穿孔塞焊中，当需要时，可在内侧加焊一圈角焊缝，以提高接头强度，见图6.43 (*c*)。

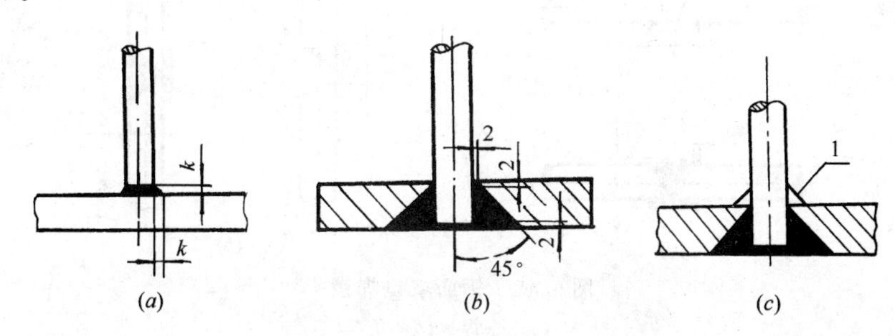

图6.43 预埋件钢筋电弧焊T型接头

(*a*) 角焊；(*b*) 穿孔塞焊；(*c*) 1—内侧加焊角焊缝；*k*—焊脚

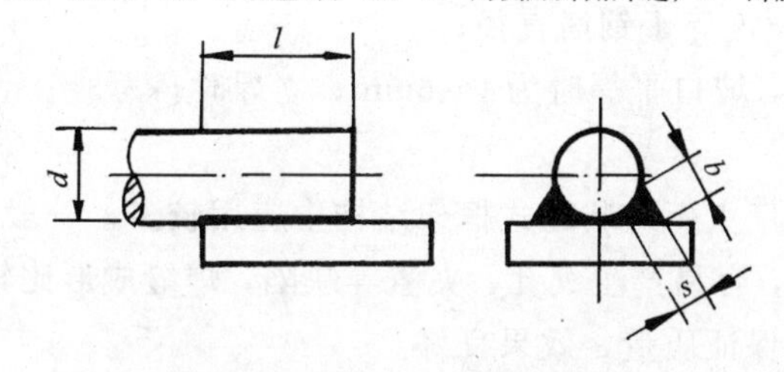

图6.44 钢筋与钢板搭接焊接头

d—钢筋直径；*l*—搭接长度；*b*—焊缝宽度；*s*—焊缝厚度

6.6.14 钢筋与钢板搭接焊

钢筋与钢板搭接焊时，接头型式见图6.44。

HPB 235钢筋的搭接长度*l*不得小于4倍钢筋直径，HRB 335、HRB 400钢筋搭接长度*l*不得小于5倍钢筋直径，焊缝宽度*b*不得小于钢筋直径的0.6倍，焊缝厚度*s*不得小于钢筋直径的0.35倍。

6.6.15 装配式框架安装焊接

在装配式框架结构的安装中，钢筋焊接应符合下列要求：

(1) 柱间节点，采用坡口焊时，当主筋根数为14根及以下，钢筋从混凝土表面伸出长度不小于250mm；当主筋为14根以上，钢筋的伸出长度不小于350mm，采用搭接焊时其伸出长度可适当增加，以减少内应力和防止混凝土开裂；

(2) 两钢筋轴线偏移较大时，宜采用冷弯矫正，但不得用锤敲打；如冷弯矫正有困难，可采用氧乙炔焰加热后矫正，钢筋加热部位的温度不超过850℃，以免烧伤钢筋；

(3) 焊接中应选择合理的焊接顺序。对于柱间节点，可由两名焊工对称焊接，以减少结构的变形。

6.6.16 坡口焊准备和工艺要求

坡口焊的准备工作应符合下列要求：

(1) 坡口面平顺，切口边缘不得有裂纹和较大的钝边、缺棱；

(2) 坡口平焊时，V形坡口角度为55°～65°，见图6.45 (*a*)；坡口立焊时，坡口角度为40°～55°，其中，下钢筋为0°～10°，上钢筋为35°～45°，见图6.45 (*b*)；

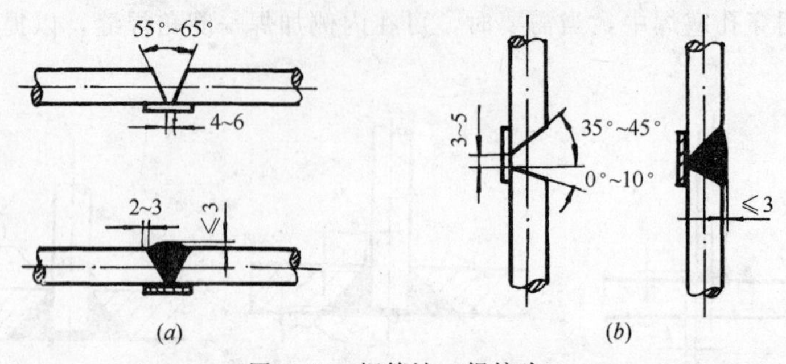

图6.45　钢筋坡口焊接头

(*a*) 平焊；(*b*) 立焊

(3) 钢垫板厚度为4～6mm，长度为40～60mm。坡口平焊时，垫板宽度为钢筋直径加10mm；立焊时，垫板宽度等于钢筋直径；

(4) 钢筋根部间隙，坡口平焊时为4～6mm；立焊时，为3～5mm，最大间隙均不宜超过10mm。

钢筋坡口焊在火电厂主厂房装配式框架结构中应用较多，一般钢筋较密，在坡口立焊时，坡口背面不易焊到，容易产生气孔、夹渣等缺陷，焊缝成形比较困难。如加钢垫板后，不仅便于施焊，也容易保证质量，效果良好。

坡口焊工艺应符合下列要求：

(1) 焊缝根部、坡口端面以及钢筋与钢板之间均应熔合良好。焊接过程中应经常清渣，钢筋与钢垫板之间，应加焊二、三层侧面焊缝，以提高接头强度，保证质量；

(2) 为防止接头过热，采用几个接头轮流进行施焊；

(3) 焊缝的宽度应超过V形坡口的边缘2～3mm，焊缝余高为2～3mm，并平缓过渡至钢筋表面；

(4) 若发现接头中有弧坑、气孔及咬边等缺陷，应立即补焊。HRB 400钢筋接头冷却后补焊时，需用氧乙炔焰预热。

6.7　生产应用实例

6.7.1　钢筋坡口焊在电厂工程中的应用[31]

新疆区第三建筑工程公司连续地施工了六个火电发电厂工程。在施工中，钢筋混凝土采用预制构件梁、柱的框架结构。在安装中采用钢筋坡口焊，大大提高了施工速度和工程进度，头年开工，第二年并网发电。

电厂工程使用原Ⅱ、Ⅲ级钢筋，牌号有：20MnSi、20MnSiNb、20MnSiV等，钢筋直径有22、25、28、32mm。为了保证质量，选用了E5015直流低氢型焊条，施焊时，采用直流反接，焊条直径3.2、4.0mm。

焊接设备采用AX-500型裂极式直流弧焊机。电厂框架高达60多米，中间有好几个节点，焊接电缆有时长达100m，焊接电流适当调高。

柱间节点为钢筋坡口立焊，梁柱节点为钢筋坡口平焊。

钢筋坡口尺寸、钢垫板尺寸、焊条烘焙、施焊工艺等均按照规程规定进行。

采用ϕ3.2焊条时，焊接电流约110A，采用ϕ4.0焊条时，约160A，平焊时，焊接电流稍大。不论平焊、立焊，由两名或4名焊工对称施焊，每焊完一层，要清渣干净。为了减少过热，几个接头轮流施焊，多层多道焊，确保层间温度。注意坡口边充分熔化；坡口接头焊满后，再在焊缝上薄薄施焊一圈，形成平缓过渡。加强焊缝高度不大于3mm，垫板与钢筋之间要焊牢。

在现场设专人调整电流大小，烘干焊条，当天做原始记录、气象记录。焊条烘干后，装入保温筒，带至现场使用。

施焊时，一定要采用短弧，摆动要小，手法要稳，防止空气侵入，焊接速度均匀、适当，断弧要干脆，弧坑要填满。

该公司采用钢筋坡口焊，焊接接头15万多个。这些厂房现已使用发电，运行良好。实践证明，钢筋坡口焊是目前装配式框架节点中不可缺少的焊接方法，节约钢筋，施工速度快，在建筑施工中带来良好的经济效益。

6.7.2 钢筋窄间隙电弧焊在某医疗楼地下室工程中的应用[32]

某新建医疗大楼，建筑面积51000m^2，地上15层，地下2层。地下室底板长122m，宽25～35m，为不规则多边形。底板厚度1.2m，上下两层钢筋网，钢筋间距150mm，为原Ⅱ级钢筋，直径25mm。

为了节约钢筋，加快施工进度，钢筋连接采用闪光对焊和窄间隙电弧焊相结合的办法。就是，先在钢筋加工厂用闪光对焊接长至约20m左右。运到工地，用塔吊运到地下室地板位置，采用窄间隙电弧焊连接，共焊接接头4584个。

焊接设备采用交流节能弧焊机，焊条采用ϕ4结606低氢型焊条，采用自控远红外电焊条烘干箱烘焙，保温筒保温。

每天投入焊工2～3名、辅助工4～6名，实际施焊约20d。

焊成后，120m长的钢筋就像1根钢筋，网格整齐美观。11批试件抽样检查，每批3个拉伸、3个正弯、3个反弯，共9个试件，全部合格。现场施焊见图6.46，部分试件见图6.47。使用的铜模卡具见图6.48。

图6.46 现场施焊

该工程原设计为搭接35d（d为钢筋直径），两端各焊3d。现改用窄间隙电弧焊共节约钢筋15.35t，价值5.83万元，平均每个接头节约12.72元，每个焊工节约1.17万元。若和搭接焊相比，节约钢筋4.41t，焊条214kg，价值1177元，工效提高4倍。

6.7.3 HRB 400钢筋搭接焊在山西大学工程中的应用

太原中铁十二局在承建山西大学文科楼工程中，在梁中水平钢筋位置中采用单面搭接电弧焊接头共7000个，钢筋直径ϕ16～ϕ32，搭接长度10d，采用E5003焊条，经抽样检验，抗拉强度全部合格，绝大部分试件断于母材，少数断于搭接端部。

图6.47　试件

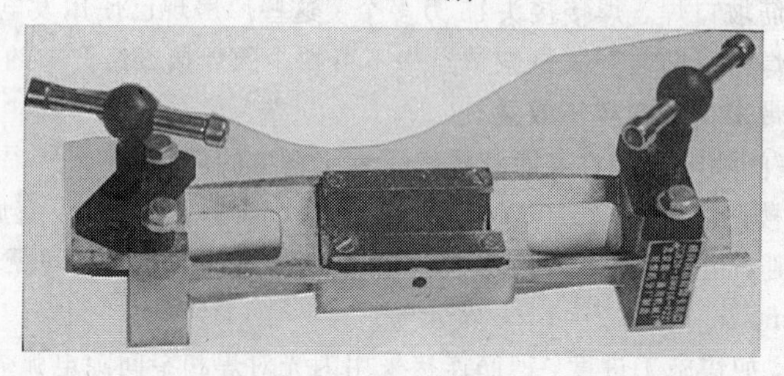

图6.48　ZGH20-40型铜模卡具

7 钢筋电渣压力焊

7.1 基 本 原 理

7.1.1 名词解释

钢筋电渣压力焊 electroslag pressure welding of reinforcing steel bar

是将两钢筋安放成竖向对接形式，利用焊接电流通过两钢筋端面间隙，在焊剂层下形成电弧过程和电渣过程，产生电弧热和电阻热，熔化钢筋，加压完成的一种压焊方法[33]。

7.1.2 焊接过程

钢筋电渣压力焊具有电弧焊、电渣焊和压力焊的特点。焊接过程包括4个阶段，见图7.1；各个阶段的焊接电压与焊接电流，各取0.1s，见图7.2[34]。

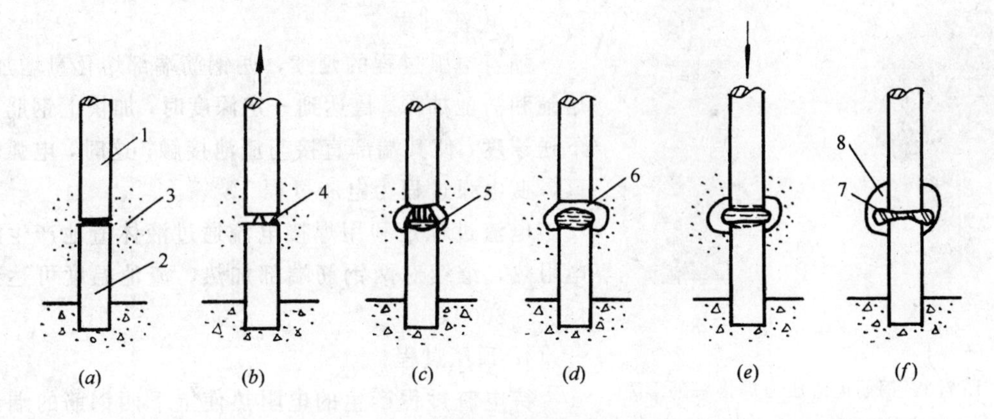

图7.1 钢筋电渣压力焊焊接过程示意图

(*a*) 引弧前；(*b*) 引弧过程；(*c*) 电弧过程；(*d*) 电渣过程；(*e*) 顶压过程；(*f*) 凝固后

1—上钢筋；2—下钢筋；3—焊剂；4—电弧；5—熔池；6—熔渣（渣池）；7—焊包；8—渣壳

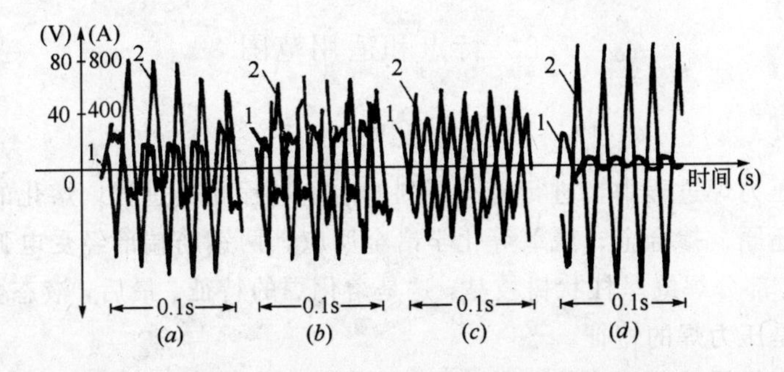

图7.2 焊接过程中各个阶段的焊接电压与焊接电流

(*a*) 引弧过程；(*b*) 电弧过程；(*c*) 电渣过程；(*d*) 顶压过程

1—焊接电压；2—焊接电流

1. 引弧过程

上、下两钢筋端部埋于焊剂之中，两端面之间留有一定间隙。引燃电弧采用接触引弧，具体的又有两种：一是直接引弧法，就是当弧焊电源（电弧焊机）一次回路接通后，将上钢筋下压与下钢筋接触，并瞬即上提，产生电弧；另一是，在两钢筋的间隙中预先安放一个引弧钢丝圈，高约10mm，或者一焊条芯，$\phi 3.2$，高约10mm，当焊接电流通过时，由于钢丝（焊条芯）细，电流密度大，立即熔化、蒸发，原子电离、而引弧。

上、下两钢筋分别与弧焊电源两个输出端连接，而形成焊接回路。

2. 电弧过程

焊接电弧在两钢筋之间燃烧，电弧热将两钢筋端部熔化。由于热量容易往上对流，上钢筋端部的熔化量略大于下钢筋端部熔化量，约为整个接头钢筋熔化量之3/5～2/3。

随着电弧的燃烧，熔化的金属形成熔池，熔融的焊剂形成熔渣（渣池），覆盖于熔池之上，熔池受到熔渣和焊剂蒸汽的保护，不与空气接触。

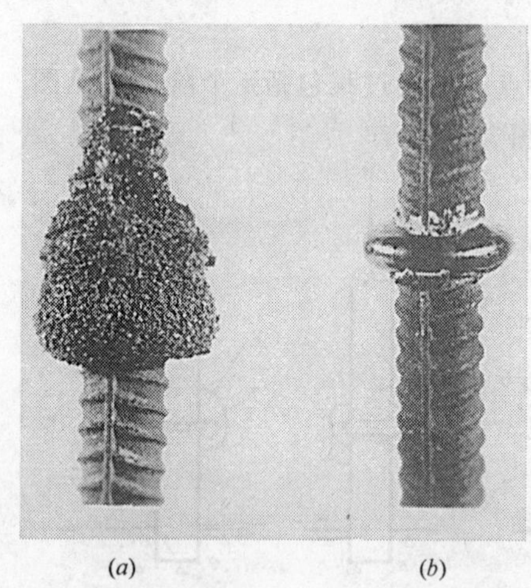

(a)　　(b)

图7.3　钢筋电渣压力焊接头外形

(a) 未去渣壳前；(b) 打掉渣壳后

随着电弧的燃烧，上下两钢筋端部逐渐熔化，将上钢筋不断下送，以保持电弧的稳定，下送速度应与钢筋熔化速度相适应。

3. 电渣过程

随着电弧过程的延续，两钢筋端部熔化量增加，熔池和渣池加深，待达到一定深度时，加快上钢筋的下送速度，使其端部直接与渣池接触；这时，电弧熄灭，变电弧过程为电渣过程。

电渣过程是利用焊接电流通过液体渣池产生的电阻热，继续对两钢筋端部加热，渣池温度可达到1600～2000℃。

4. 顶压过程

待电渣过程产生的电阻热使上下两钢筋的端部达到全断面均匀加热的时候，迅速将上钢筋向下顶压，液态金属和熔渣全部挤出；随即，切断焊接电源，焊接即告结束。冷却后，打掉渣壳，露出带金属光泽的焊包，见图7.3。

7.2　特点和适用范围

7.2.1　特点

在钢筋电渣压力焊过程中，进行着一系列的冶金过程和热过程。熔化的液态金属与熔渣进行着氧化、还原、掺合金、脱氧等化学冶金反应，两钢筋端部经受电弧过程和电渣过程热循环的作用，部分焊缝呈柱状树枝晶，这是熔化焊的特征。最后，液态金属被挤出，使焊缝区很窄，这是压力焊的特征。

钢筋电渣压力焊属熔化压力焊范畴，操作方便，效率高。

7.2.2　适用范围

钢筋电渣压力焊适用于现浇混凝土结构中竖向或斜向（倾斜度在4∶1范围内）钢筋的

连接，钢筋牌号为HPB 235、HRB 335、HRB 400，直径为14～32mm。

钢筋电渣压力焊主要用于柱、墙、烟囱、水坝等现浇混凝土结构（建筑物、构筑物）中竖向受力钢筋的连接；但不得在竖向焊接之后，再横置于梁、板等构件中作水平钢筋之用。这是根据其工艺特点和接头性能作出的规定。

7.3 电渣压力焊设备

7.3.1 钢筋电渣压力焊机分类

1. 焊机型式

钢筋电渣压力焊机按整机组合方式可分为同体式（T）和分体式（F）两类。

分体式焊机主要包括：(1) 焊接电源（即电弧焊机）；(2) 焊接夹具；(3) 控制箱三部分；此外，还有控制电缆、焊接电缆等附件。焊机的电气监控装置的元件分两部分。一部分装于焊接夹具上称监控器，或监控仪表，另一部分装于控制箱内。

同体式焊机是将控制箱的电气元件组装于焊接电源内，另加焊接夹具以及电缆等附件。

两种类型的焊机各有优点，分体式焊机便于建筑施工单位充分利用现有的电弧焊机，可节省一次性投资；也可同时购置电弧焊机，这样比较灵活。

同体式焊机便于建筑施工单位一次投资到位，购入即可使用。

钢筋电渣压力焊机按操作方式可分成手动式（S）和自动式（Z）两种。

手动式（半自动式）焊机使用时，是由焊工揿按钮，接通焊接电源，将钢筋上提或下送，引燃电弧，再缓缓地将上钢筋下送，至适当时候，根据预定时间所给予的信号（时间显示管显示、蜂鸣器响声等），加快下送速度，使电弧过程转变为电渣过程，最后用力向下顶压，切断焊接电源，焊接结束。因有自动信号装置，故有的称半自动焊机。

自动焊机使用时，是由焊工揿按钮，自动接通焊接电源，通过电动机使上钢筋移动，引燃电弧，接着，自动完成电弧、电渣及顶压过程，并切断焊接电源。

由于钢筋电渣压力焊是在建筑施工现场进行，即使焊接过程是自动操作，但是，钢筋安放、装卸焊剂等，均需辅助工操作。这与工厂内机器人自动焊，还有很大差别。

这两种焊机各有特点，手动焊机比较结实，耐用，焊工操作熟练后，也很方便。

自动焊机可减轻焊工劳动强度，生产效率高，但电气线路稍为复杂。

2. 钢筋电渣压力焊机型号表示方法[35]

钢筋电渣压力焊机型号采用汉语拼音及阿拉伯数字表示，编排次序见图7.4。

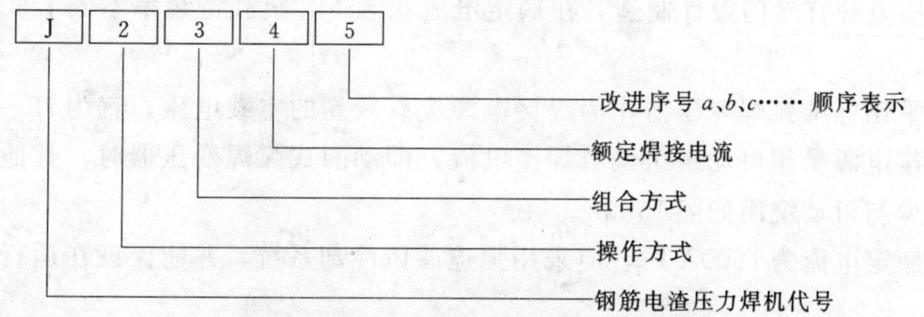

图7.4 钢筋电渣压力焊机型号表示方法

1、2、3、5项用汉语拼音，4项用阿拉伯数字表示。

标记示例：

［例1］额定电流为500A手动分体式钢筋电渣压力焊机标记为：

JSF500

［例2］额定电流为630A自动同体式钢筋电渣压力焊机标记为：

JZT630

3. 焊机规格

根据焊机的额定电流和所能焊接的钢筋直径分3种规格，见表7.1。

焊　机　规　格　　表7.1

规　　格	J××500	J××630	J××1000
额定电流（A）	500	630	1000
焊接钢筋直径（mm）	28及以下	32及以下	40及以下

7.3.2　钢筋电渣压力焊机基本技术要求

（1）焊机应按规定程序批准的图样及技术文件制造。

（2）焊机的供电电源：额定频率为50Hz，额定电压为220V或380V。有特殊要求的焊机则应符合协议书所规定的频率和电压。

（3）焊机应能保证在−10～＋40℃的环境温度，电网电压波动范围在−5%～＋10%（频率波动范围为±1%）的条件下正常工作。

（4）焊机的表面应美观整洁，外壳、零部件均应涂料、氧化等表面处理。

（5）焊机零部件的安装与连接线应安装可靠，焊接牢固，在正常运输和使用过程中不得松动、脱落。

（6）焊机使用的原材料及外购件均应符合有关标准的规定。

（7）焊机的焊接电缆、控制电缆以及焊接电压表的插接件应符合现行国家标准《弧焊设备、焊接电缆插头、插座和耦合器的安全要求》GB 7945的规定。

（8）焊机应有良好的接地装置，接地螺钉直径不得小于8mm。

（9）焊机应能成套供应，同类产品的零部件应具有互换性。

7.3.3　焊接电源

为焊接提供电源并具有适合钢筋电渣压力焊焊接工艺所要求的一种装置。电源输出可为交流或直流。

（1）焊接电源宜专门设计制造，在额定电流状态下，负载持续率不低于60%，空载电压为80_{-20}^{0}V。

（2）若采用标准弧焊变压器作为焊接电源应有较高的空载电压，宜为75～80V。

（3）焊接电源采用可动绕组调节焊接电流，即动圈式弧焊变压器时，其他带电元件的安装部位至少与可动绕组间隔15mm。

（4）当额定电流为1000A时，应采用强迫通风冷却系统，并能保证在运行过程中正常工作。

（5）焊接电源的输入、输出连接线，必须安装牢固可靠，即使发生松脱，应能避免相互之间发生短路。

(6) 焊接电源外壳防护等级最低为IP21。

(7) 应装设电源通断开关及其指示装置。

(8) 焊接电缆应采用YH型电焊机用电缆，单根长度不大于25m，额定焊接电流与焊接电缆截面面积的关系见表7.2。焊接电源与焊接夹具的连接宜采用电缆快速接头。

额定焊接电流与焊接电缆截面面积关系 **表7.2**

额定焊接电流（A）	500	630	1000
焊接电缆截面面积（mm²）	≥50	≥70	≥95

(9) 若采用直流弧焊电源，可用ZX5-630型晶闸管弧焊整流器或硅弧焊整流器，焊接过程更加稳定。

(10) 在焊机正面板上，应有焊接电流指示或焊接钢筋直径指示。有些交流电弧焊机，将转换开关Ⅰ档，改写为手工电弧焊，将Ⅱ档改写为电渣压力焊，操作者更感方便。

7.3.4 焊接夹具

夹持钢筋使上钢筋轴向送进实施焊接的机具。性能要求如下：

(1) 焊接夹具应有足够的刚度，即在承受夹持600N的荷载下，不得发生影响正常焊接的变形。

(2) 动、定夹头钳口宜能调节，以保证上下钢筋在同一轴线上。

(3) 动夹头钳口应能上下移动灵活，其行程不小于50mm。

(4) 动、定夹头钳口同轴度不得大于0.5mm。

(5) 焊接夹具对钢筋应有足够的夹紧力，避免钢筋滑移。

(6) 焊接夹具两极之间应可靠绝缘，其绝缘电阻应不低于2.5MΩ。

(7) 各种规格焊机的焊剂筒内径、高度尺寸应满足表7.3的规定。

焊剂筒尺寸（mm） **表7.3**

规格		J××500	J××630	J××1000
焊剂筒	内径	≥100	≥110	≥120
	高度	≥100	≥110	≥120

(8) 手动钢筋电渣压力焊机的加压方式有两种：杠杆式和摇臂式。前者利用杠杆原理，将上钢筋上、下移动，并加压。后者利用摇臂，通过伞齿轮，将上钢筋上、下移动，并加压。

(9) 自动电渣压力焊机的操作方式有两种：

①电动凸轮式　凸轮按上钢筋位移轨迹设计，采用直流微电机带动凸轮，使上钢筋向下移动，并利用自重加压。在电气线路上，调节可变电阻，改变晶闸管触发点和电动机转速，从而改变焊接通电时间，满足各不同直径钢筋焊接的需要。

②电动丝杠式　采用直流电动机，利用电弧电压、电渣电压、负反馈控制电动机转向和转速，通过丝杠将上钢筋向上、下移动并加压，电弧电压控制在35～45V，电渣电压控制在18～22V。根据钢筋直径选用合适的焊接电流和焊接通电时间。焊接开始后，全部过程自动完成。

目前生产的自动电渣压力焊机主要是电动丝杠式。

7.3.5　电气监控装置

指显示和控制各项参数与信号的装置。

（1）电气监控装置应能保证焊接回路和控制系统可靠工作，平均无故障工作次数不得少于1000次。

（2）监控系统应具有充分的可维修性。

（3）对于同时能控制几个焊接夹具的装置应具备自动通断功能，防止误动作。

（4）监控装置中各带电回路与地之间（不直接接地回路）绝缘电阻应不低于2.5MΩ。由电子元器件组成的电子电路，按电子产品相关标准规定执行。

（5）操纵按钮与外界的绝缘电阻应不低于2.5MΩ。

（6）监视系统的各类显示仪表其准确度不低于2.5级。

（7）采用自动焊接时，动夹头钳口的位移应满足“电弧过程、电渣过程分阶段控制”的工艺要求。

（8）焊接停止时应能断开焊接电源，应设置“急停”装置，供焊接中遇有特殊情况时使用。

（9）常用手动电渣压力焊机的电气原理图见图7.5[36]。

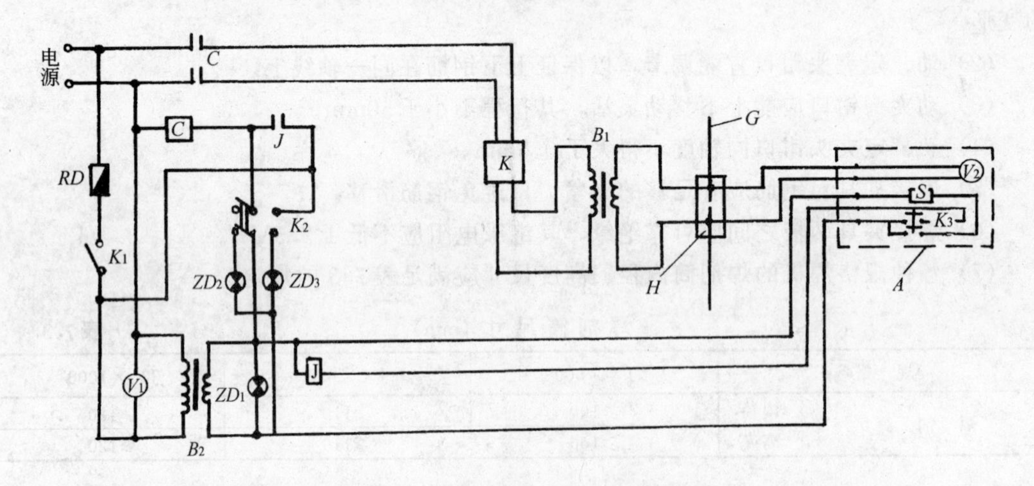

图7.5　电渣压力焊机电气原理图

K—电流粗调开关；K_1—电源开关；K_2—转换开关；K_3—控制开关；B_1—弧焊变压器；B_2—控制变压器；J—通用继电器；ZD_1—电源指示灯；ZD_2—电渣压力焊指示灯；ZD_3—手工电弧焊指示灯；V_1—初级电压表；V_2—次级电压表；S—时间显示器；H—焊接夹具；C—交流接触器；RD—熔断器；G—钢筋；A—监控器

7.3.6　几种半自动钢筋电渣压力焊机外形

几种常用半自动钢筋电渣压力焊机外形见图7.6，其中有的焊机包括焊接电源，有的不包括焊接电源。

7.3.7　几种全自动钢筋电渣压力焊机外形

泰安市宏明机电设备制造有限公司（原泰山机电设备厂）生产宏明牌（原上高牌）全自动电渣压力焊机已有10年历史，钢筋焊接质量稳定，生产效率高，机头结构轻巧，见图7.7。

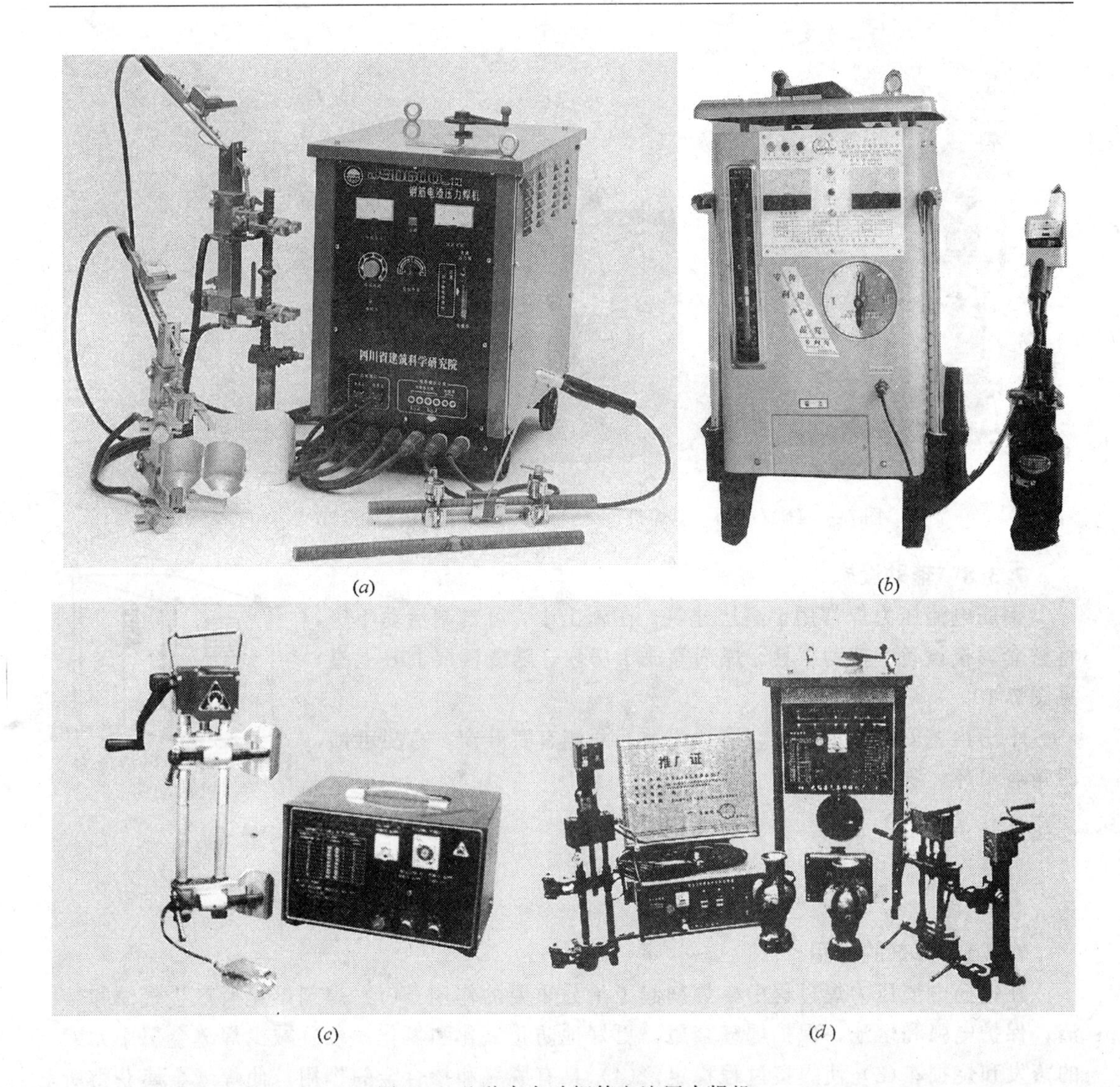

(*a*) (*b*)

(*c*) (*d*)

图7.6 几种半自动钢筋电渣压力焊机

(*a*) JSD-500型，杠杆加压（四川省建研院）；(*b*) LDZ-32型，杠杆加压（高碑店栋梁集团）；
(*c*) MH-36型，摇臂加压（北京一通）；(*d*) GD-36型半自动、全自动焊机（无锡日新机械厂）

北京三界电器制造公司生产的三界牌HDZ-630Ⅰ型（分体式）全自动电渣压力焊机的焊接夹具及控制箱见图7.8。将自动控制元件与弧焊电源合装一起，即HDZ-630Ⅱ型，见图7.9。该焊机采用引弧自动补偿技术；控制信号模糊识别技术；电机工作状态全过程监测和强电无触点控制技术；过流过压、断路、短路全方位保护技术，使产品质量可靠，在北京很多工程中使用，受到欢迎，并出口国外。

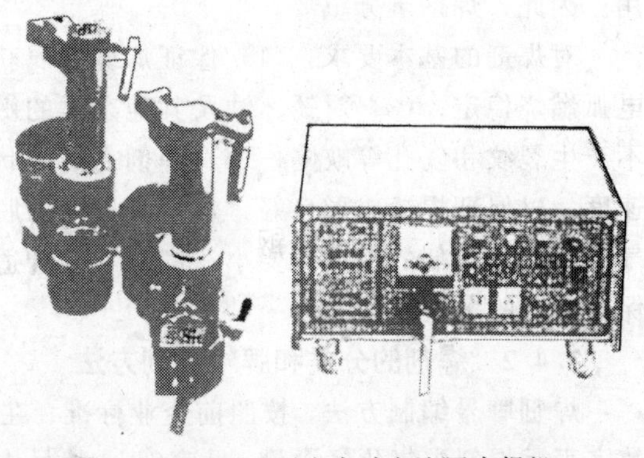

图7.7 ZDH-36型全自动电渣压力焊机

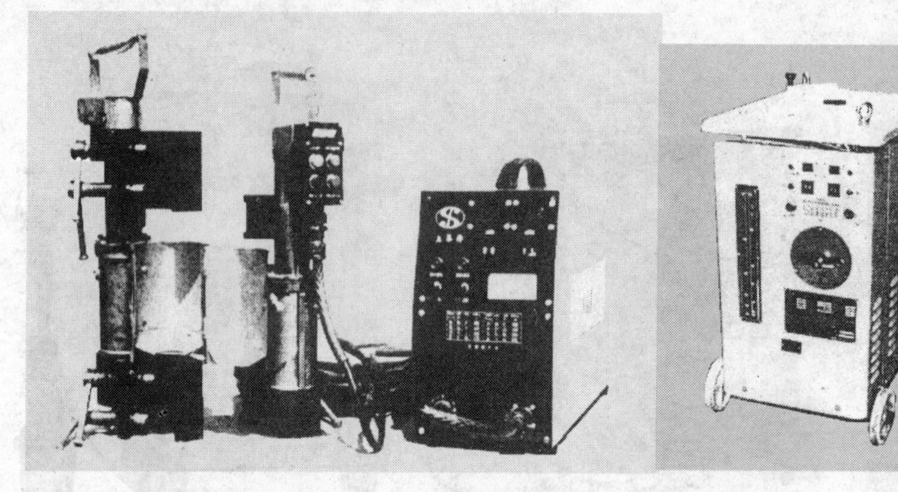

图7.8　HDZ-630Ⅰ型焊机　　图7.9　HDZ-630 Ⅱ型焊机

7.3.8　辅助设施

钢筋电渣压力焊常用于高层建筑。在施工中，可自制活动小房，将整套焊接设备、辅助工具、焊剂等放于房内，随着楼层上升上提，见图7.10。

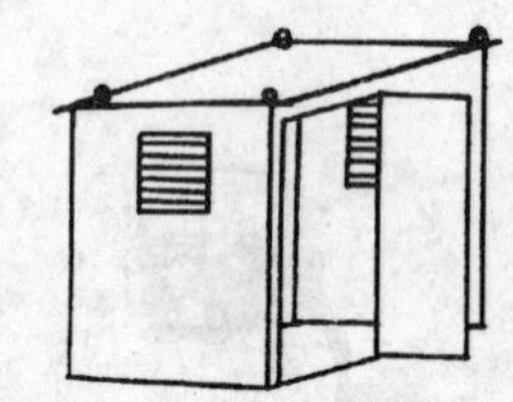

图7.10　钢筋电渣压力焊机活动房

小房内壁安装电源总闸，房顶小坡，两侧有百叶窗，有门可锁，四角有吊环，移动比较方便。

7.4　焊　　剂

7.4.1　焊剂的作用

在钢筋电渣压力焊过程中，焊剂起了十分重要的作用：(1) 焊剂熔化后产生气体和熔渣，保护电弧和熔池，保护焊缝金属，更好地防止氧化和氮化；(2) 减少焊缝金属中元素的蒸发和烧损；(3) 使焊接过程稳定；(4) 具有脱氧和掺合金的作用，使焊缝金属获得所需要的化学成分和力学性能；(5) 焊剂熔化后形成渣池，电流通过渣池产生大量的电阻热；(6) 包托被挤出的液态金属和熔渣，使接头获得良好成形；(7) 渣壳对接头有保温缓冷作用。因此，焊剂十分重要。

对焊剂的基本要求：(1) 保证焊缝金属获得所需要的化学成分和力学性能；(2) 保证电弧燃烧稳定；(3) 对锈、油及其他杂质的敏感性要小，硫、磷含量要低，以保证焊缝中不产生裂纹和气孔等缺陷；(4) 焊剂在高温状态下要有合适的熔点和黏度以及一定的熔化速度，以保证焊缝成形良好，焊后有良好的脱渣性；(5) 焊剂在焊接过程中不应析出有毒气体；(6) 焊剂的吸潮性要小；(7) 具有合适的黏度，焊剂的颗粒要具有足够的强度，以保证焊剂的多次使用。

7.4.2　焊剂的分类和牌号编制方法

焊剂牌号编制方法，按照前企业标准：在牌号前加“焊剂”(HJ) 二字；牌号中第一位数字表示焊剂中氧化锰含量，见表7.4；牌号中第二位数字表示焊剂中二氧化硅和氟化钙的含量，见表7.5；牌号中第三位数字表示同一牌号焊剂的不同品种，按0、1、2……9顺序排列。同一牌号焊剂具有两种不同颗粒度时，在细颗粒焊剂牌号后加“细”字表示。

焊剂牌号、类型和氧化锰含量　　表7.4

牌　号	类　型	氧化锰含量（%）
焊剂1××	无　锰	≤2
焊剂2××	低　锰	2～15
焊剂3××	中　锰	15～30
焊剂4××	高　锰	>30
焊剂5××	陶质型	
焊剂6××	烧结型	

焊剂牌号、类型和二氧化硅、氟化钙含量　　表7.5

牌　号	类　型	二氧化硅含量（%）	氟化钙含量（%）
焊剂×1×	低硅低氟	<10	<10
焊剂×2×	中硅低氟	10～30	<10
焊剂×3×	高硅低氟	>30	<10
焊剂×4×	低硅中氟	<10	10～30
焊剂×5×	中硅中氟	10～30	10～30
焊剂×6×	高硅中氟	>30	10～30
焊剂×7×	低硅高氟	<10	>30
焊剂×8×	中硅高氟	10～30	>30

7.4.3 几种常用焊剂

几种常用焊剂及其组成成分见表7.6。

常用焊剂的组成成分（%）　　表7.6

焊剂牌号	SiO_2	CaF_2	CaO	MgO	Al_2O_3	MnO	FeO	K_2O+Na_2O	S	P
焊剂330	44～48	3～6	≤3	16～20	≤4	22～26	≤1.5	—	≤0.08	≤0.08
焊剂350	30～55	14～20	10～18	—	13～18	14～19	≤1.0	—	≤0.06	≤0.06
焊剂430	38～45	5～9	≤6	—	≤5	38～47	≤1.8	—	≤0.10	≤0.10
焊剂431	40～44	3～6.5	≤5.5	5～7.5	≤4	34～38	≤1.8	—	≤0.08	≤0.08

焊剂330和焊剂350均为熔炼型中锰焊剂。前者呈棕红色玻璃状颗粒，粒度为8～40目（0.4～3mm）；后者呈棕色至浅黄色玻璃状颗粒，粒度为8～40目（0.4～3mm）及14～80目（0.25～1.6mm）。焊剂431和焊剂430均为熔炼型高锰焊剂。前者呈棕色至褐绿色玻璃状颗粒，粒度为8～40目（0.4～3mm）；后者呈棕色至褐绿色玻璃状颗粒，粒度为8～40目（0.4～3mm）及14～80目（0.25～1.6mm）。上述四种焊剂均可交直流两用。现在施工中，常用的是HJ431。HJ431是高锰高硅低氟熔炼型焊剂。

焊剂若受潮，使用前必须烘焙，以防止产生气孔等缺陷，烘焙温度一般为250℃，保温1～2h。

7.4.4 国家标准焊剂型号

国家标准GB 12470—90《低合金钢埋弧焊用焊剂》中焊剂型号系按照埋弧焊焊缝金属

力学性能、焊剂渣系，以及焊丝牌号来表示，与前企业标准有所不同，表示方法见图7.11。F（flux）表示焊剂。

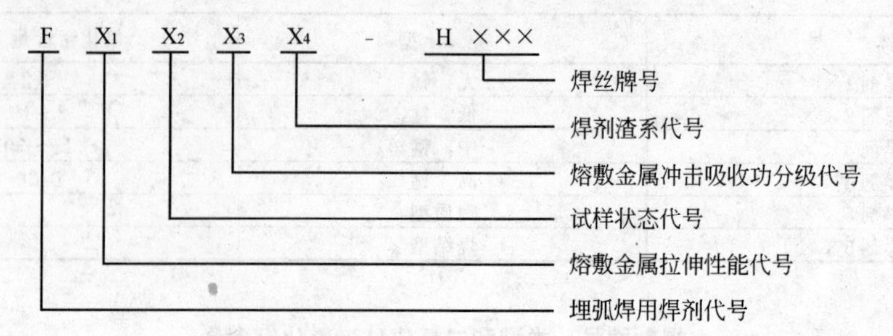

图7.11　焊剂型号表示方法

1. 熔敷金属的拉伸性能代号X_1分为5、6、7、8、9及10六类，每类均规定了抗拉强度、屈服强度及伸长率三项指标，见表7.7。

拉伸性能代号及要求　　**表7.7**

拉伸性能代号（X_1）	抗拉强度σ_b（MPa）	屈服强度$\sigma_{0.2}$（MPa）	伸长率δ_5（%）
5	480～650	≥380	≥22.0
6	550～690	≥460	≥20.0
7	620～760	≥540	≥17.0
8	690～820	≥610	≥16.0
9	760～900	≥680	≥15.0
10	820～970	≥750	≥14.0

2. 试样状态代号X_2用“0”或“1”表示，见表7.8。

试样状态代号　　**表7.8**

试样状态代号（X_2）	试样状态
0	焊态
1	焊后热处理状态

3. 熔敷金属冲击吸收功代号X_3分为0、1、2、3、4、5、6、8及10九级，见表7.9。

熔敷金属V形缺口冲击吸收功分级代号及要求　　**表7.9**

冲击吸收功代号（X_3）	试验温度（C）	吸收功（J）
0	—	无要求
1	0	≥27
2	−20	
3	−30	
4	−40	
5	−50	
6	−60	
8	−80	
10	−100	

4. 焊剂渣系代号X_4的分类见表7.10。

焊剂渣系分类及组分 **表7.10**

渣系代号 (X_4)	主要组分		渣系
1	$CaO+MgO+MnO+CaF_2$	>50%	氟碱型
	SiO_2	≤20%	
	CaF_2	≥15%	
2	$Al_2O_3+CaO+MgO$	>45%	高铝型
	Al_2O_3	≥20%	
3	$CaO+MgO+SiO_2$	>60%	硅钙型
4	$MnO+SiO_2$	>50%	硅锰型
5	$Al_2O_3+TiO_2$	>45%	铝钛型
6	不作规定		其他型

应该指出，进行埋弧焊时需要加入填充焊丝；而在钢筋电渣压力焊中，不加填充焊丝，这两者有一定差别。所以在规程及生产中仍使用前企业标准提出的牌号，例如，HJ431焊剂。

7.4.5 钢筋电渣压力焊专用焊剂[37]

湖南永州哈陵焊接器材有限责任公司研制出钢筋电渣压力焊专用焊剂HL801（哈陵801）。该种焊剂属中锰中硅低氟熔炼型焊剂，其化学成分见表7.11。

HL 801 焊剂成分配比（%） **表7.11**

SiO_2+MnO	$Al_2O_3+TiO_2$	$CaO+MgO$	CaF_2	FeO	P	S
>60	<18	<15	5～10	3.5	≤0.08	≤0.06

通过焊接试验，对工艺参数作适当调整，可以进一步改善焊接工艺性能，起弧容易，利用钢筋本身接触起弧，正确操作时可一次性起弧；电弧过程、电渣过程稳定；能使用较小功率焊机焊接较大直径的钢筋，例如，配备BX3-630焊接变压器可以焊接直径32mm钢筋；渣包及焊包成型好，脱渣容易，轻敲即可全部脱落，焊包大小适中，包正，圆滑、明亮，无夹渣、咬边、气孔等缺陷。

7.5 电渣压力焊工艺

7.5.1 操作要求

电渣压力焊的工艺过程和操作应符合下列要求：

(1)焊接夹具的上下钳口应夹紧于上、下钢筋的适当位置，钢筋一经夹紧，严防晃动，以免上、下钢筋错位和夹具变形；

(2) 引弧宜采用钢丝圈或焊条头引弧法，也可采用直接引弧法；

(3) 引燃电弧后，先进行电弧过程，之后，转变为电渣过程的延时，最后在断电的同时，迅速下压上钢筋，挤出熔化金属和熔渣；

(4) 接头焊毕，应停歇适当时间，才可回收焊剂和卸下焊接夹具，敲去渣壳，四周焊包应较均匀，凸出钢筋表面的高度至少4mm，确保焊接质量，见图7.12。

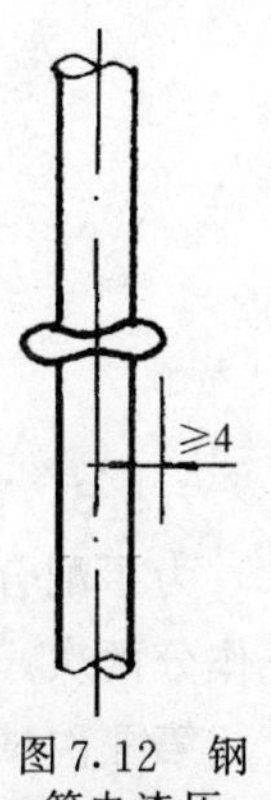

图7.12 钢筋电渣压力焊接头

7.5.2　电渣压力焊参数

电渣压力焊主要焊接参数包括：焊接电流、焊接电压和焊接通电时间，参见表7.12。

不同直径钢筋焊接时，按较小直径钢筋选择参数，焊接通电时间适当延长。

电渣压力焊焊接参数　　表7.12

钢筋直径(mm)	焊接电流(A)	焊接电压(V)		焊接通电时间(s)	
		电弧过程 $u_{2.1}$	电渣过程 $u_{2.2}$	电弧过程 t_1	电渣过程 t_2
14	200～220	35～45	18～22	12	3
16	200～250			14	4
18	250～300			15	5
20	300～350			17	5
22	350～400			18	6
25	400～450			21	6
28	500～550			24	6
32	600～650			27	7

焊接参数图解见图7.13。图中钢筋位移S指采用钢丝圈（焊条芯）引弧法。若采用直接引弧法，上钢筋先与下钢筋接触，一旦通电，上钢筋立即上提；或者先留1～2mm间隙，通电后，将上钢筋往下触，并立即上提。

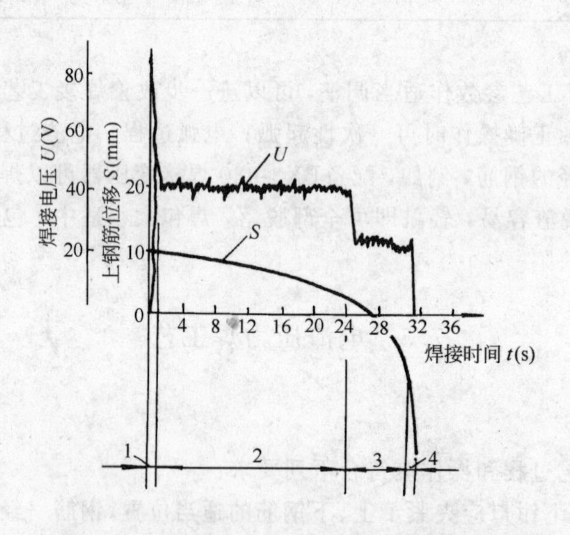

图7.13　钢筋电渣压力焊焊接参数图解

1—引弧过程；2—电弧过程；3—电渣过程；4—顶压过程

7.5.3　首钢HRB 400钢筋电渣压力焊工艺的试验研究[38]

为了配合国家大力推广HRB 400钢筋，首钢进行钢筋电渣压力焊工艺试验研究。试验工作分两次。

第一次试验，采用半自动电渣压力焊机，431焊剂，钢筋直径为ϕ25，3个试件全部断于母材。ϕ32钢筋焊接试验，分3组，采用不同焊接参数，见表7.13。

φ32 钢筋电渣压力焊不同焊接参数　　表 7.13

试件组号	焊接电流（A）	焊接电压（V）		焊接通电时间（s）	
		电弧过程	电渣过程	电弧过程	电渣过程
1	550	35～45	22～27	30	6
2	600			28	7
3	600			28	9

接头试件拉伸试验结果，抗拉强度为605～615MPa，全部合格；断裂位置：第1组、第2组试件中，均为2根断于母材，1根断于焊缝。第3组试件3根全部断于母材。

第二次试验，采用上高牌全自动电渣压力焊机，431焊剂，钢筋直径及试件数量见表7.14。

φ16～φ32 钢筋试件的组数与根数　　表 7.14

钢筋直径（mm）		16	18	20	22	25	28	32	小计
试件	组数	10	10	10	10	30	10	30	110
	根数	30	30	30	30	90	30	90	330

接头试件拉伸试验结果，330根试件的抗拉强度为585～670MPa，全部合格。断裂位置：90组试件共270根全部断于母材；有20组试件每组3根中有2根断于母材，另有1根断于焊缝。这20组试件包括：φ16 2组，φ22 2组，φ22 1组，φ25 7组，φ28 1组，φ32 7组。以上试验结果，均达到新修订行业标准《钢筋焊接及验收规程》JGJ 18—2003 中规定的质量要求。

通过上述试验，采用焊接参数见表7.15。其中，电渣过程通电时间比表7.12中稍长。

首钢采用钢筋电渣压力焊焊接参数（全自动焊机）　　表 7.15

钢筋直径（mm）	焊接电流（A）	焊接电压（V）		焊接通电时间（s）	
		电弧过程	电渣过程	电弧过程	电渣过程
16	300～350	35～40	20～25	15	8
18	350～400			16	9
20	350～400			17	9
22	400～450			18	10
25	450～500			20	12
28	450～500			23	13
32	550～660			26	15

硬度试验

将第一次试验中φ25钢筋接头进行硬度测定，结果见表7.16。母材HV10为191。试验线1-1'在接头纵剖面上部，2-2'在中部，3-3'在下部。

ϕ25 钢筋电渣压力焊接头硬度测定　　**表 7.16**

试件直径（mm）	试件号	试验线		部位		
				左热影响区	熔合区	右热影响区
25	7号	1-1'	HV10	251　266　264	272	279　258　249
			距离（mm）	−7.50　−1.60　−0.80	0	0.75　1.58　175
		2-2'	HV10	258　272　276	285	276　270　258
			距离（mm）	−8.0　−1.55　−0.75	0	0.80　1.60　195
		3-3'	HV10	258　274　272	285	272　281　254
			距离（mm）	−11.5　−3.30　−2.50	0	2.50　3.30　21.0

金相检验

宏观照片见图7.14，7号试件。

(1) 熔合区　晶界为先共析铁素体，晶内为针状铁素体、粒贝和珠光体及少量块状铁素体，粒贝中岛状相已有分解，见图7.15。图中左侧为熔合区。

图7.14　宏观照片

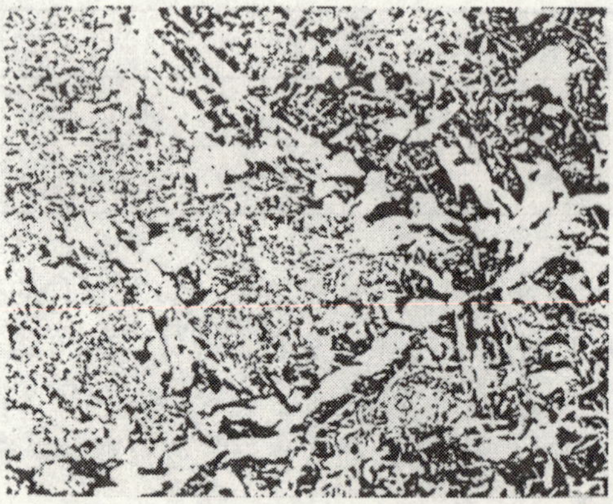

图7.15　熔合区　200×

(2) HAZ 粗晶区　晶界为先共析铁素体，晶内为珠光体、针状铁素体和少量块状铁素体，见图7.15（右侧为HAZ粗晶区）和图7.16。

(3) HAZ 细晶区　铁素体和珠光体呈带状分布，见图7.17。

HAZ 不完全重结晶区未找到。

图7.16　HAZ 粗晶区　200×

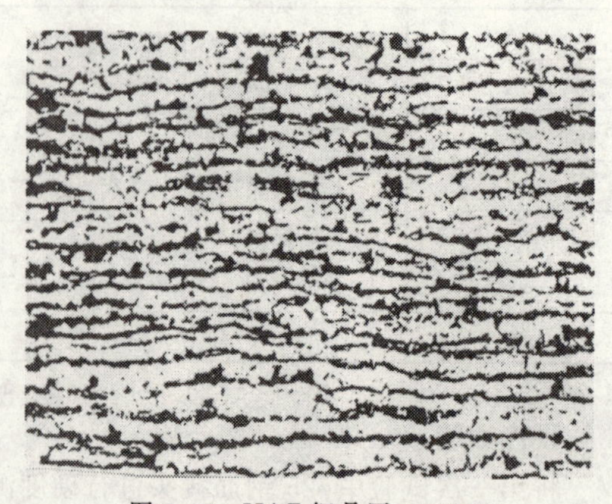

图7.17　HAZ 细晶区　200×

几点经验

(1) 焊接电流

焊接电流不宜过大，过大钢筋熔化加速，上钢筋变细，形成小沟槽；另外，晶粒过于粗大。但是，也不宜过小。电流过小使钢筋熔合不良，特别是大直径钢筋容易在钢筋心部焊接不良；或者焊剂夹在端口处，使焊缝断裂，在工地试焊时，宜先选用下限电流试焊。

(2) 电渣过程时间和顶压

电渣过程时间宜稍长一些，只要保证不夹渣就可。顶压要到位，保证上下钢筋心部直接接触。

(3) 钢筋

钢筋焊接面要尽量平整、光洁，上下钢筋要注意垂直。严重不平或有锈污的，要加以处理。

(4) 焊接设备

焊接时要注意焊机容量、电源电压是否符合要求，否则由于电容量不够，焊接熔化量不够，挤压不能到位，易形成“虚焊”。

以上试验结果和经验对于HRB 400钢筋电渣压力焊的推广应用可作借鉴。

7.5.4 焊接缺陷及消除措施

在焊接生产中，焊工应认真进行自检；若发现接头偏心、弯折、烧伤等焊接缺陷，宜按照表7.17查找原因，及时消除。

电渣压力焊接头焊接缺陷及消除措施　　表7.17

项　次	焊接缺陷	消除措施
1	轴线偏移	1. 矫直钢筋端部 2. 正确安装夹具和钢筋 3. 避免过大的顶压力 4. 及时修理或更换夹具
2	弯　折	1. 矫直钢筋端部 2. 注意安装与扶持上钢筋 3. 避免焊后过快卸夹具 4. 修理或更换夹具
3	咬　边	1. 减小焊接电流 2. 缩短焊接时间 3. 注意上钳口的起始点，确保上钢筋顶压到位
4	未焊合	1. 增大焊接电流 2. 避免焊接时间过短 3. 检修夹具，确保上钢筋下送自如
5	焊包不匀	1. 钢筋端面力求平整 2. 填装焊剂尽量均匀 3. 延长焊接时间，适当增加熔化量
6	气　孔	1. 按规定要求烘焙焊剂 2. 消除钢筋焊接部位的铁锈 3. 确保接缝在焊剂中合适埋入深度
7	烧　伤	1. 钢筋导电部位除净铁锈 2. 尽量夹紧钢筋
8	焊包下淌	1. 彻底封堵焊剂罐的漏孔 2. 避免焊后过快回收焊剂

7.6　生产应用实例

7.6.1　212m四筒烟囱工程中的应用

陕西秦岭电厂二期工程中四筒烟囱，高212m，下部直径28m，顶部直径18m，内有中心柱，外筒与中心柱之间，有4个砖砌烟囱，与4台锅炉相连。外筒和中心柱为钢筋混凝土结构，钢筋为ϕ22、ϕ25、ϕ28、ϕ32原Ⅱ级钢筋，共有接头约3万个，采用陕西省建筑科学研究院生产的SK-12型电动凸轮式自动电渣压力焊机施焊，配合混凝土浇灌，半年内，滑模到顶，节省大量钢材。

7.6.2　北京城建集团的应用

1. 设备选型

北京城建集团选用MH-36型和LDZ-32型两种型号焊机，购置30余套，分布在5个土建公司。这种焊机具有焊接质量稳定可靠、节能、体积小、重量轻、操作省力、运动灵活等优点。

2. 组织技术培训

编制教材，对现场施工技术人员和操作焊工进行技术培训，除要求掌握有关电气、金属材料、焊剂、焊接工艺、焊接机具的原理、结构、使用等有关基本知识外，焊工还应熟练掌握电渣压力焊的工艺参数，焊接质量验收标准，焊接中存在的缺陷及防止方法，焊机的使用保养，现场施工安全保护等方面知识；除掌握以上理论知识外，着重训练操作技能，经理论考试和操作考试合格后，方可持证上岗。两年来培训80多名学员。

3. 合理的劳动组织

总公司下属每个公司都成立钢筋电渣压力焊专业班组，一般定员为4～5人，设班长1人，由各工地专业机修工长领导，每班配备电渣压力焊机一套，技术质量管理由工地技术人员直接管理，焊接工艺由公司技术部门制定。对焊接质量采取层层把关，公司质检部门根据规程组织验收。而各项目经理根据工程实际情况订出工期、质量与经济效益挂钩的专业工种管理办法。例如某七层框架结构，建筑面积9450m^2，共有9300个钢筋接头。在工期紧，钢筋密度大，不易施工的情况下，四人焊接小组采取定岗、定位、分段流水作业法，很好地保证了工期、质量。由于分工得当，管理合理，效果相当明显，每套每班最多时可焊214个接头。

4. 把好技术质量关

为把好技术质量关，要求焊工严格按操作规程施工。对施工中易出现的质量问题及时处理，如接头不成形，有缺陷，不起弧等。认真执行三检制，同时采取焊工焊前先做焊接试件试验，合格后方可进入正式工程焊接的方法。公司技术部门定时抽查焊工的操作技能，保证焊工的操作技能处在最佳状态。

对被焊钢筋要求具有材质证明书，符合现行国家标准。

由于采取了这一系列有效措施，因而在多次焊接质量抽查试验和现场按规定进行取样试验中，接头合格率为98%以上。目前存在不合格接头的原因是接头外观尺寸差，其力学性能可以满足规程要求。

5. 开展工艺研究，不断提高焊接技术水平在工程焊接中，由于钢筋品种供应不一及低温焊接的影响，给这一工艺提出新课题，如原Ⅲ级钢筋焊接，原Ⅲ级与原Ⅱ级甚至变径钢筋焊接，以及在负温环境下如何保证钢筋焊接质量，都是要探索的课题。通过部分钢筋原材分析试验及工程抽样，认为只要在焊接工艺上适当调整，其力学性能还是能够满足规程要求的，主要是采取了严格控制焊接电流，适当延长电弧时间，缩短电渣时间，并加强接头焊后的保温等措施都取得了较为明显的效果。

6. 良好技术经济效益

(1) 采用电渣压力焊接技术焊接竖向钢筋可节省大量能源，与电弧焊比较，可节省电能90%，与绑扎搭接比较，可节省搭接量的95%，节省竖向钢筋用量30%左右。

(2) 采用电渣压力焊接技术，施焊速度快，一套电渣压力焊机每班4～5人，就可满足每层1000m^2 流水分段作业，达到每月四层结构的需要。

(3) 采用电渣压力焊接技术，可以降低工程成本。

两年来，先后有十个工程应用了电渣压力焊接技术，共焊竖向接头13万个，节约钢材347t，节约资金50.1万元。

7.6.3 20MnSiV 钢筋电渣压力焊的应用

北京显像管厂工程施工中，使用了HRB 400 20MnSiV 级钢筋，该种钢筋是在20MnSi钢筋中加入了合金元素钒（V），提高了钢筋强度，细化了晶粒。焊接施工之前，做了ϕ28 钢筋5组15个试件焊接工艺试验，全部断于母材。之后，正式用于工程，共施焊接头2426个。焊机采用LCD-91型钢筋电渣压力焊机。

施工中应注意以下问题：

(1) 输入的网路电压不低于340V。

(2) 焊接电流应比焊原Ⅱ级钢筋低一级。

(3) 焊接时间不宜过长，特别是电渣过程阶段的时间不宜太长。

(4) 顶压时焊工应正确判断钢筋的熔化量，除钢筋自重力外，还应按钢筋的截面施加0.4～0.5MPa 的顶压力。

(5) 不同直径的钢筋焊接时，应按小直径钢筋选用参数，时间可延长数秒。

(6) 较大直径钢筋（ϕ32～ϕ36）焊接时，电弧过程阶段钢筋的熔化量一定要充分，电渣过程阶段应控制好，工作电压一般在25V左右，瞬时顶压时，力一定要大些，这样杂质和熔化金属才容易从接合面挤出。

(7) 焊接接头脆断。

①20MnSiV 这种新Ⅲ级钢筋是比较容易焊接的，但它还是有引起淬硬倾向的可能。出现的脆断主要是电渣过程太长，钢筋下送速度太慢，接头产生“过热”，晶粒变粗，产生脆断。

②钢筋焊接时电流过大，上钢筋在大电流的作用下钢筋端部温度过高。

③钢筋在焊接过程中，焊工操作不当，下送钢筋速度过慢，或产生暂时断弧，造成熔化时间短，使上钢筋熔化不良，顶压时未把夹杂物挤出，使钢筋的有效截面减少，在焊缝产生脆断。

20MnSiV 新Ⅲ级钢筋焊接性能良好，只要把焊接参数调整好，焊接质量有保障。

7.6.4 吉林省第一建筑工程公司的应用

采用MH-36型钢筋埋弧对焊机，改交流弧焊电源BX3-500-2型单相控制为三相控制，有利于施工现场用电负荷的平衡，有利于较大容量设备的正常运转，减少因网路压降对次级输出的影响，更好保证焊接质量。先后在13个框架工程应用，焊接钢筋接头50000个，节约钢材170t。其中，在第一汽车厂涂料车间，焊接ϕ32螺纹钢筋3000个接头，解决了该车间54000m^{2}中68根钢筋混凝土柱子钢筋焊接生产关键。

采用钢筋电渣压力焊的优越性：

(1) 投入少，产量大，质量好，成本低。

(2) 工效高，速度快，每个作业组可焊180～200个接头，加快了土建总体施工速度。

(3) 节约了大量钢材和能源，是搭接焊耗电的1/10。

(4) 改善了焊工劳动条件，避免了高温和电弧伤害。

(5) 合理的劳动组合，优化焊接方法，创新了操作工艺。

应注意以下几个问题：

(1) 在下料中，钢筋的端头一定要调直，保证钢筋连接的同心度。

(2) 焊剂装填要均匀，保证焊包圆而正。

(3) 石棉垫要垫好，防止焊剂在施焊过程中漏掉、跑浆。

(4) 焊剂切忌潮湿，防止产生气泡，影响焊接质量。

(5) 操作者在施焊过程中，应随焊接电压高低，调整钢筋下送速度，保证施焊电压在25～45V之间，当焊剂熔化往上翻时，表明焊接将完成，应及时有力地施压成形。

(6) 焊接时间应以引弧正常时算起，有经验的焊工，听声、看浆，都可恰到好处地掌握。

(7) 注意焊剂的回收，降低接头成本。

7.6.5　武汉阳逻电厂泵房工程中原Ⅱ、Ⅲ级钢筋自动电渣压力焊焊工培训与应用

阳逻电厂泵房工程中，使用多种规格的Ⅱ、Ⅲ级钢筋，化学成分和力学性能见表7.18。施焊前，培训焊工6人，钢筋有Ⅱ级、Ⅲ级，有同直径钢筋焊接，也有异直径焊接。焊机采用SK-12型电动凸轮式钢筋自动电渣压力焊机，由陕西省建筑科学研究院协助培训及推广应用。

钢筋化学成分和力学性能　　**表7.18**

序号	钢筋级别，直径(mm)	钢筋牌号	化学成分(%)					力学性能			备注
			C	Si	Mn	P	S	σ_a (MPa)	σ_b (MPa)	δ_5 (%)	
1	Ⅱ级30	20MnSi	0.20	0.50	1.43	0.014	0.016	380	580	28	鞍钢
2	Ⅱ级32	20MnSi	0.18	0.51	1.35	0.020	0.028	360	525	24	鞍钢
3	Ⅲ级25	25MnSi	0.22	0.85	1.39	0.026	0.038	460	700	25	首钢
4	Ⅲ级20	25MnSi	0.23	0.48	1.27	0.015	0.034	405	625	20	首钢

焊接工艺参数参照规程中有关规定，焊工需通过培训，进行考试。考试内容包括基本知识考试及操作技能考试两部分。考试结果，焊接全部断于母材，达到规程规定要求。

培训结束后，将焊接技术用于泵房工程中，焊接各种规格钢筋接头三千余个，接头外形美观，经力学性能抽查检验，全部合格。

对于不同级别、不同直径的钢筋焊接接头，只要两种钢筋化学成分不是相差很大，两根钢筋轴线能保持在一直线，可以获得良好的接头质量。陕西省建筑研究院曾做试验，以ϕ25德国进口钢筋BSt.42/50RU＋ϕ25国产16锰钢筋焊接接头为例，其宏观组织见图7.18。

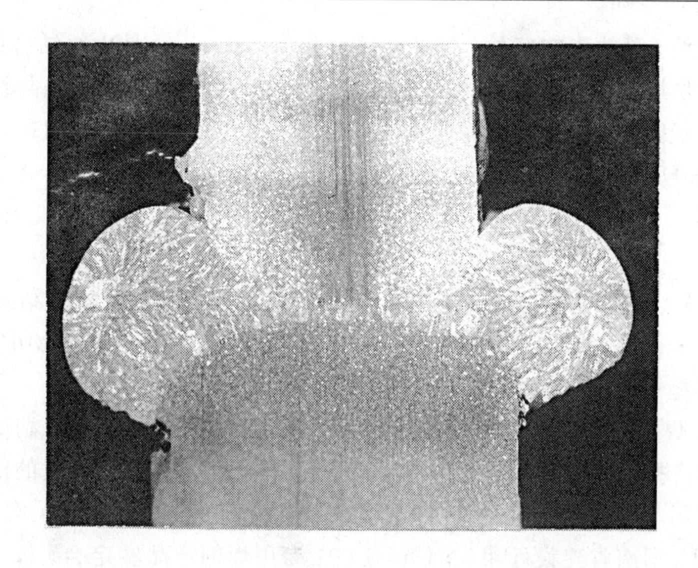

图7.18 BSt.42/50+16Mn钢筋接头宏观组织

钢筋母材为珠光体+铁素体，呈7级晶粒，上钢筋中心处有碳偏析，焊缝区中间最小处为1.2mm，两边最宽处为5～10mm，组织呈树枝状。过热区宽度约4～5mm。其中近熔合区部位为2～3级晶粒，比较粗大，呈魏氏组织。近重结晶区为5级晶粒，比较细。重结晶区宽约5～10mm，晶粒很细，呈8级以上。显微组织观察结果表明，没有发现微裂纹等焊接缺陷。

7.6.6 HRB 400钢筋电渣压力焊在北京海淀文化艺术中心工程中的应用

中国对外建设总公司承建北京海淀区文化艺术中心工程，建筑面积83000m²，主筋为承钢生产的HRB 400钢筋，直径为22mm及以下，采用摇臂式半自动电渣压力焊机，431焊剂，共焊接接头49800个，按规定抽样检验，几乎全断于母材，呈延性断裂，抗拉强度全部合格。施焊后体会：①供电电压不得低于370V；②与表7.12规定焊接参数比较，电弧过程时间稍短1～2s，而电渣过程时间则稍长1～2s；③完成电渣过程后，应先顶压，然后再断电，保证接头100%熔合。

7.6.7 HRB 400钢筋电渣压力焊在青海省国税局商住楼工程中的推广应用

青海省国税局商住楼工程，建筑面积83000m²，主筋采用首钢HRB 400钢筋，直径为28mm及以下，由首钢一建推广采用全自动焊机和摇臂式半自动焊机，共焊接接头9060个。经抽样检验，全部符合新修订《钢筋焊接及验收规程》JGJ 18—2003中规定的质量要求。

7.6.8 哈陵801专用焊剂的试用

采用HL 801钢筋电渣压力焊专用焊剂焊接HRB 400钢筋试验，钢筋直径有14、18、20、25、28、32mm共6种，接头各项性能如下：

1. 力学性能

接头拉伸试验结果，前5种钢筋接头试件均断于母材；3根ϕ32接头试件的抗拉强度分别为575、575、570MPa，2根断于母材，1根断于焊口。以上试验结果均符合JGJ 18—2003中规定的质量要求。

2. 硬度测定

母材维氏硬度（HV10）为187、189，过热区硬度为210、230，属正常状态。

3. 金相分析

金相分析表明，除热影响区外，焊缝金属可分为3部分：一是中心结合区，为两钢筋母材直接连接区，形成晶粒——晶粒之间连接，其中有一些受热长大的先共析铁素体；二是钢筋周边的熔化凝固区，有母材细晶粒部分，也有一些树枝状铸造组织；三是焊包区，系被挤出熔化金属凝固而成，铸造组织，承载时基本不受力。该种接头具有压力焊和熔化焊的特征。

4. 化学分析

取样分4部分，即母材、中心结合区、熔化凝固区和焊包区。试验结果表明：碳（C）依次分别为0.25%、0.22%、0.16%、0.09%；其余硅（Si）、锰（Mn）、硫（S）、磷（P）的含量，焊缝中三部分与母材的近似。

采用HL801焊剂在湖南省第六建筑工程公司承建的江山景园工程、湖南省望新建设集团承建的湖南省广播电视大学远程教育中心大楼、马王堆建筑公司承建的电信公司2号办公楼等工程中使用，先后焊接不同直径的HRB 400钢筋接头六千余个，均反映良好。

2004年元月，湖南省建设厅组织召开HL801专用焊剂产品鉴定会。与会专家对于该焊剂各项性能给予充分肯定，建议尽快批量生产，满足建筑市场的需求。

7.6.9　钢筋电渣压力焊接头的抗震性能

《建筑技术》1999年第10期发表一篇吴文飞撰写的文章“钢筋电渣压力焊接头的抗震性能”，对于促进钢筋电渣压力焊技术的推广应用，有一定参考价值。

北京第一通用机械厂对焊机分厂曾在云南丽江某综合大楼工程中推广应用钢筋电渣压力焊，经丽江大地震后，大楼完好无损。

现将该篇文章转载如下。

钢筋电渣压力焊是将钢筋安装成竖向对接形式，利用焊接电流通过两钢筋端面间隙，在焊剂层下形成电弧过程和电渣过程，产生电弧热和电阻热，熔化钢筋，加压完成的一种焊接方法，属熔化压力焊范畴。

1. 接头模拟抗震试验一

我国是多地震国家之一，在钢筋混凝土结构中，钢筋电渣压力焊接头的焊接质量和抗震性能是一个值得关注和探索的问题。

地震作用的特点是高应力、大变形、低周波、反复拉压。北京在西苑饭店新楼工程中曾根据设计单位提出的要求，进行Φ22钢筋电渣压力焊接头模拟抗震试验。试件共9根，试件长度218mm，两端车螺纹，各长41mm，套螺母，外侧加以补焊，螺母材料为45号钢。

加荷设备采用反复拉压试验卡具装置，在200t压力试验机上进行。加荷程序从0开始，经两次反复拉压后，进入第3循环时，拉、压应力达到钢筋的屈服强度。之后，拉应力按屈服强度的3.5%左右逐级增加，压应力相对保持在屈服强度上下范围内。经20次循环后，3根试件均断于母材，伸长率δ_{10}为13%，其余6根试件断于近螺母处，不计。在20次反复循环荷载下，均未发现焊口处断裂的现象，焊口处变形正常，可以认为，接头抗震性能良好。

2. 接头模拟抗震试验二

1997年4月1日，行业标准《钢筋机械连接通用技术规程》(JGJ 107—96) 发布实施。其中规定的接头静力单向拉伸性能试验是接头承受静载时的基本性能。高应力反复拉压性能试验是反映接头在风荷载及小地震情况下承受高应力反复拉压力的能力。大变形反复拉压性能试验则反映结构在强地震情况下，钢筋进入塑性变形阶段接头的受力性能。

根据该规程规定的接头性能检验加载制度，1998年11月，由北京第一通用机械厂对焊机分厂提供Φ25钢筋电渣压力焊接头试件2根，母材2根；由冶金部工程质量监督总站检测中心进行接头型式检验。检验条件：英国Instron 1346伺服机，2620-601引伸计，U-152引伸计，WE-1000万能试验机，20℃。

检验结果见表7.19。为了便于比较，同时列出JGJ 107—96中规定的A级接头性能指标和某一套筒挤压接头试件的实测数据。

检验结果表明：

（1）钢筋电渣压力焊接头的割线模量、残余变形、极限强度、极限应变等各项数据均达到JGJ 107—96中规定的A级接头性能指标，在正确施焊工艺条件下，接头抗震性能良好；

（2）钢筋电渣压力焊接头的残余变形远小于套筒挤压连接接头。

3. 几点建议

（1）采用钢筋电渣压力焊的施工单位应建立健全专业的施工队伍（专业队、专业小组），严格施工管理和焊工持证上岗制度，不断提高焊接操作技术，优选焊接设备，精心施焊，发现问题，及时消除。

（2）施工单位应认真贯彻实施行业标准《钢筋焊接及验收规程》JGJ 18—96中有关接头质量检验及验收规定，努力做到每个接头既正且直，无偏心、无歪斜；钢筋熔化合适，顶压到位，无内部缺陷。建议拉伸试验结果达到3个试件中至少有2个试件呈延性断裂。

检验结果 表7.19

检验项目			JGJ 107—96 A级指标	某个挤压接头试件	电渣压力焊接头试件	
试样编号				1	1	2
试样规格 d_0（mm）				25	25	25
横截面积 A（mm^2）				490.9	490.9	490.9
原材力学性能	屈服强度 σ_a（MPa）		335	410	375	375
	抗拉强度 σ_b（MPa）		510	610	585	585
	断后伸长率 δ_5（%）		16	26	29	29
	弹性模量 E_0（$\times 10^5$MPa）			2.05	2.02	1.97
接头单向拉伸	割线模量	$E_{0.9}$（$\times 10^5$MPa）	$\geqslant 0.9E_s^0$	1.93	2.11	2.18
		$E_{0.7}$（$\times 10^5$MPa）	$\geqslant E_s^0$	2.21	2.24	2.24
	残余变形 U（mm）		$\leqslant 0.3$	0.089	0.005	0.006
	极限强度 σ_b（MPa）		$\geqslant f_{tk}$	570	590	590
	极限应变 ε_u（%）		$\geqslant 4$	14	18	19
	破坏情况			断母材	断母材	断母材
高应力反复拉压	割线模量	E_1（$\times 10^5$MPa）		2.16	2.11	2.18
		E_{20}（$\times 10^5$MPa）	$\geqslant 0.85E_1$	2.10	2.08	2.06
		$E_{20}:E_1$		0.97	0.99	0.94
	残余变形 U_{20}（mm）		$\leqslant 0.3$	0.065	0.005	0.006
	极限强度 σ_b（MPa）		$\geqslant f_{tk}$	610	590	590
	破坏情况			断母材	断母材	断母材
大变形反复拉压	残余变形	U_4（mm）	$\leqslant 0.3$	0.025	0.005	0.012
		U_8（mm）	$\leqslant 0.6$	0.073	0.006	0.014
	极限强度 σ_b（MPa）		$\geqslant f_{tk}$	625	590	590
	破坏情况			断母材	断母材	断母材

8 钢筋气压焊

8.1 基 本 原 理

8.1.1 名词解释

钢筋气压焊 gas pressure welding of reinforcing steel bar

采用氧—燃料气体火焰将两钢筋对接处进行加热，使其达到一定温度，加压完成的方法，为压焊的一种。

常用的氧—燃料气体火焰为氧—乙炔火焰，即氧炔焰，热效率高，温度高。现在，正在推广采用的，有氧液化石油气火焰。

8.1.2 气压焊种类

气压焊有熔态气压焊（开式）和固态气压焊（闭式）两种。

熔态气压焊是将两钢筋端面稍加离开，使钢筋端面加热到熔化温度，加压完成的一种方法，属熔化压力焊范畴。

固态气压焊是将两钢筋端面紧密闭合，加热到1200～1250℃左右，加压完成的一种方法，属固态压力焊范畴。

过去使用的，主要是固态气压焊；现在，在一般情况下，宜优先采用熔态气压焊。

8.1.3 氧炔焰火焰

当乙炔与氧的混合气从加热器喷嘴喷出燃烧时，显出几个可以明确区分的燃烧区域[39]。

乙炔完全燃烧的整个化学反应式是：

$$C_2H_2+2.5O_2 \rightarrow 2CO_2+H_2O+1303\quad kJ/mol$$

燃烧分两个阶段，第一阶段是：

$$C_2H_2+O_2 \rightarrow 2CO+H_2+450\quad kJ/mol$$

第一阶段反应来源于加热器内供给的氧与乙炔的有效混合。燃烧反应如焰芯所见，在焰芯的尖端温度最高。

第二阶段是：

$$2CO+H_2+1.5O_2 \rightarrow 2CO_2+H_2O+853\quad kJ/mol$$

第二阶段反应来源于焰芯未燃烧完全的产物和火焰周围空气供给的氧，这个燃烧区分布在焰芯的外围。

火焰中不同区域内的化学反应见图8.1。

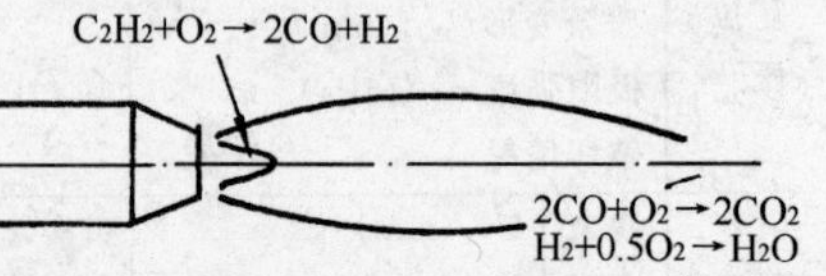

图8.1 氧炔焰（中性焰）不同区域内的化学反应

由上列反应式可以得出结论，乙炔燃烧成2CO和H_2时，每一个体积的乙炔需要从加热器内放进一个体积的氧。具有这种混合气的火焰，通常叫做中性焰。但是实际上，由于一小部分氢因与混合气中的氧燃烧成为水蒸气，以及氧有些不洁的缘故，所以实际上的比例

$V_{氧}/V_{乙炔}=1.1\sim1.15$才能成为中性焰。

调节加热器进气阀，改变氧与乙炔的比例，可以得到4种典型的火焰状态，见图8.2。

1. 乙炔焰

当乙炔在空气中燃烧时，产生一个在喷嘴附近为黄色、外端为暗红色的逐渐过渡的火焰，黑色尘粒飘过空气，这种火焰不能用来焊接，见图8.2（*a*）。

2. 碳化焰

随着加热器的氧气阀逐渐打开，氧对乙炔的比例增加，整个火焰变得明亮，然后明亮区朝喷嘴收缩，形成一定长度的光亮区，在其外围为蓝色，如图8.2（*b*）。由于有过量乙炔，形成碳化焰。碳化焰有还原性质，火焰温度较低。在钢筋气压焊的开始阶段，宜采用碳化焰，防止钢筋端面氧化，但同时有"增碳"作用，使焊缝增碳。氧与乙炔的比例为0.85～0.95∶1。

3. 中性焰

图8.2（*c*）为中性焰。氧与乙炔的体积比为1.10～1.15∶1。这种火焰温度较高，焰芯端部前的最高温度为3150℃。它具有轮廓显明的焰芯，它的端部可调成圆形，是一般气焊的理想火焰。在钢筋气压焊中，当压焊面缝隙确认完全封闭之后，就应从碳化焰调整至中性焰。

4. 氧化焰

当氧气过剩时，氧化比较强烈，焰芯呈圆锥形状，长度大为缩短，而且变得不很清楚。火焰的内焰和外焰也在缩短，见图8.2（*d*）。氧化焰呈蓝色而且燃烧时带有噪声，含氧量越多，噪声越大。氧与乙炔的比例大于1.2∶1。

5. 脱离焰

除上述4种典型状态外，当气体压力高出所用喷嘴的标定压力很多时，气流速度大于燃烧速度，火焰便脱离喷嘴，见图8.2（*e*），甚至会吹灭。这是一种不正常的火焰状态，必须避免。造成这种状态的另一个原因是喷嘴出口局部被堵塞。

8.1.4 氧炔焰温度

火焰的温度越高，则金属的加热和熔化过程就进行得越有效力。

沿着火焰中心线和在横截面上，火焰成分的不一致，使火焰各个层的温度发生差异。火焰内焰芯有大量乙炔与氧燃烧时形成的烃气（碳氢化合物）；而最高温度发生在紧邻焰芯的火焰中层里。

由于中层同时又是含有一氧化碳和氢的还原层，焊接过程自然就必须用火焰这一层来进行，因此工作中应当使焰芯离开金属表面2～3mm。在钢筋气压焊中，由于钢筋直径在变换，很难准确地做到这一点。因此，在加热开始阶段，应采用碳化焰。

乙炔与氧的混合比例也对火焰的温度值发生重大的影响。在一定限度内，火焰的温度随着比例$\frac{V_{氧}}{V_{乙炔}}$的增加有所提高。最高温度值约3100～3160℃。

图8.3表明沿着中性焰、氧化焰和碳化焰中心线上，温度变化的特性，氧化焰的最高温度值最大，而碳化焰的最小。除此之外，在钢筋气压焊过程中，钢筋表面与火焰中层的气相接触，在此层中基本上是CO和H_2，但也含有水蒸气和CO_2、H_2、O_2及N_2之类的气体。在中层内，也可能有少量自由碳。

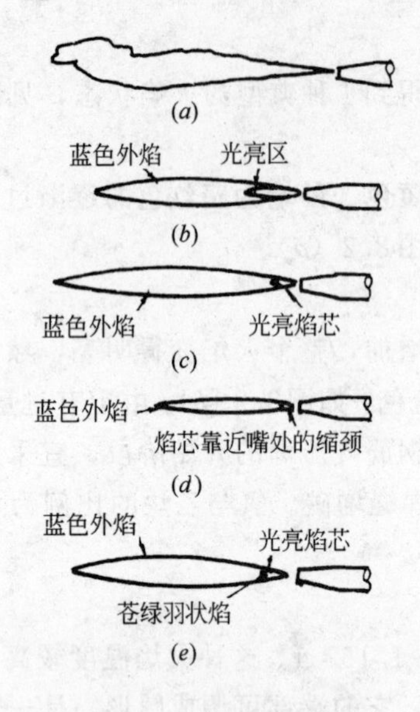

图 8.2　氧炔焰状态

(a) 乙炔焰；(b) 碳化焰；(c) 中性焰；
(d) 氧化焰；(e) 脱离焰

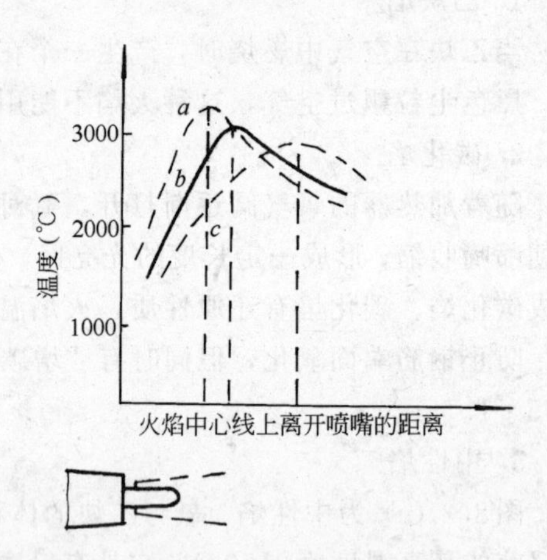

图 8.3　沿氧炔焰中心线的温度变化

(a) 氧化焰；(b) 中性焰；(c) 碳化焰

但是，如果火焰调整不当，当钢筋表面加热达到高温时，也有可能产生一些氧化反应而生成氧化膜。

8.1.5　氧液化石油气火焰[40]

液化石油气是油田开采或炼油工业中的副产品，它在常温下呈现气态；其主要成分是丙烷（C_3H_8），占 50%～80%，其余是丁烷（C_4H_{10}），还有少量丙烯（C_3H_6）及丁烯（C_4H_8），为碳氢化合物组成的混合物。

液化石油气约在 0.8～1.5MPa 压力下即变成液体，便于瓶装贮存运输。

液化石油气与氧混合燃烧的火焰温度为 2200～2800℃，稍低于氧乙炔火焰。

丙烷完全燃烧的整个化学反应式是：

$$C_3H_8+5O_2 \rightarrow 3CO_2+4H_2O+530.38 \quad kJ/mol$$

燃烧分两个阶段，第一阶段是：

$$C_3H_8+1.5O_2 \rightarrow 3CO+4H_2$$

来源于氧气瓶的氧与液化石油气瓶中丙烷的有效混合而燃烧，形成焰芯；并产生中间产物 $3CO+4H_2$，见图 8.4。

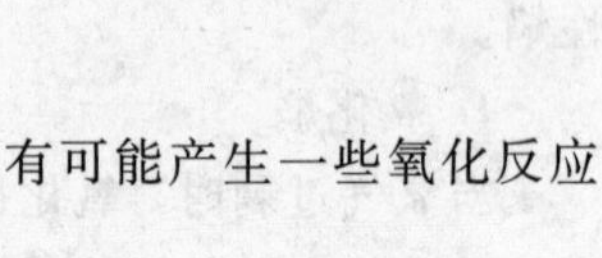

第二阶段是，中间产物与火焰周围空气中供给的氧燃烧，形成外焰：

$$3CO+4H_2+3.5O_2 \rightarrow 3CO_2+4H_2O$$

图 8.4　氧液化石油气火焰

1—喷嘴；2—焰芯；3—外焰

同样，丁烷完全燃烧的整个化学反应式是：

$$C_4H_{10}+6.5O_2 \rightarrow 4CO_2+5H_2O+687.94 \quad kJ/mol$$

第一阶段燃烧是：

$$C_4H_{10}+2O_2 \rightarrow 4CO+5H_2$$

第二阶段燃烧是：

$$4CO+5H_2+4.5O_2 \rightarrow 4CO_2+5H_2O$$

从以上第一阶段燃烧可以看出，1份丙烷需要从氧气瓶供给1.5份氧；1份丁烷需要2.0份氧。所以在氧液化石油气火焰调节时，若是中性焰，氧与液化石油气的比例约是1.7：1（体积比）；实际施焊时，氧的比例还要高一些。

8.1.6 钢筋固态气压焊焊接机理[43]

钢筋固态气压焊是由钢筋表面的接触，表面上氧化膜和吸附层的清除，钢材变形时原子的激活、扩散、再结晶等过程组成。

8.2 特点和适用范围

8.2.1 特点

钢筋气压焊设备轻便，可进行钢筋在水平位置、垂直位置、倾斜位置等全位置焊接。

钢筋气压焊可用于同直径钢筋或不同直径钢筋间的焊接。当两钢筋直径不同时，其径差不得大于7mm。若差异过大，容易造成小钢筋过烧，大钢筋温度不足而产生未焊透。

采用氧液化石油气火焰加热，与采用氧炔焰比较，可以降低成本。采用熔态气压焊，与采用固态气压焊比较，可以免除对钢筋端面平整度和清洁度的苛刻要求，方便施工。

8.2.2 适用范围

钢筋气压焊适用于ϕ14～ϕ40热轧HPB 235、HRB 335、HRB 400钢筋。

在钢筋固态气压焊过程中，要防止在焊缝中出现“灰斑”。

灰斑是气压焊接头中主要焊接缺陷。灰斑是硅、锰的氧化物，在结合面上受挤压而碾成。灰斑在接头中不是原子结合，而是氧化物分子的结合，它使接头有一定强度，但比原子结合的强度低得多，也脆得多。

灰斑也称“平破面”，实际上“平破面”的含义比“灰斑”更广些。

8.2.3 应用范围扩大

钢筋气压焊的应用范围不断扩大，从城市到乡镇，从大型建筑公司到中小施工单位，从房屋建筑到公路、铁路桥梁工程。

8.3 气压焊设备

8.3.1 气压焊设备组成

1. 供气装置

包括氧气瓶、溶解乙炔气瓶或液化石油气瓶、干式回火防止器、减压器及胶管等。氧气瓶、溶解乙炔气瓶和液化石油气瓶的使用应遵照国家有关规定执行。

2. 多嘴环管加热器

多嘴环管加热器应配备多种规格的加热圈，以满足各不同直径钢筋焊接的需要。

3. 加压器

包括油泵、油管、油压表、顶压油缸等。

4. 焊接夹具

焊接夹具有几种不同规格，与所焊钢筋直径相适应。

供气装置为气焊、气割时的通用设备；多嘴环管加热器、加压器、焊接夹具为钢筋气压焊的专用设备，总称钢筋气压焊机。

8.3.2 钢筋气压焊机型号表示方法[41]

钢筋气压焊机型号表示方法见图8.5。

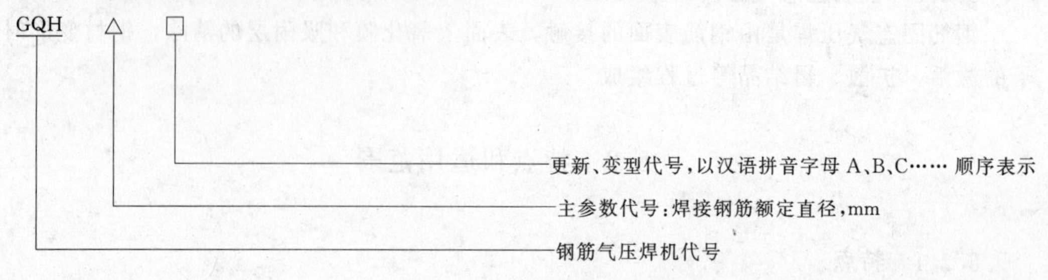

图8.5 钢筋气压焊机型号表示方法

标记示例：

焊接钢筋额定直径为32mm的钢筋气压焊机标记为：

GQH32　　JJ81

8.3.3 氧气瓶

氧气瓶用来存储及运输压缩的气态氧。氧气瓶有几种规格，最常用的为容积40L的钢瓶，见图8.6（*a*）。各项参数如下：

外径　219mm

壁厚　～8mm

筒体高度　～1310mm

容积　40L

质量（装满氧气）　～76kg

瓶内公称压力　14.71MPa

储存氧气　6m^3

为了便于识别，应在氧气瓶外表涂以天蓝色或浅蓝色，并漆有“氧气”黑色字样。

8.3.4 乙炔气瓶

乙炔气瓶是储存及运输溶解乙炔的特殊钢瓶；在瓶内填满多孔性物质，在多孔性物质中浸渍丙酮，丙酮用来溶解乙炔，见图8.6（*b*）。

多孔性物质的作用是防止气体的爆炸及加速乙炔溶解于丙酮的过程。多孔性物质上有大量小孔，小孔内存有丙酮和乙炔。因此，当瓶内某处乙炔发生爆炸性分解时，多孔性物质就可限制爆炸蔓延到全部。

多孔性物质是轻而坚固的惰性物质，使用

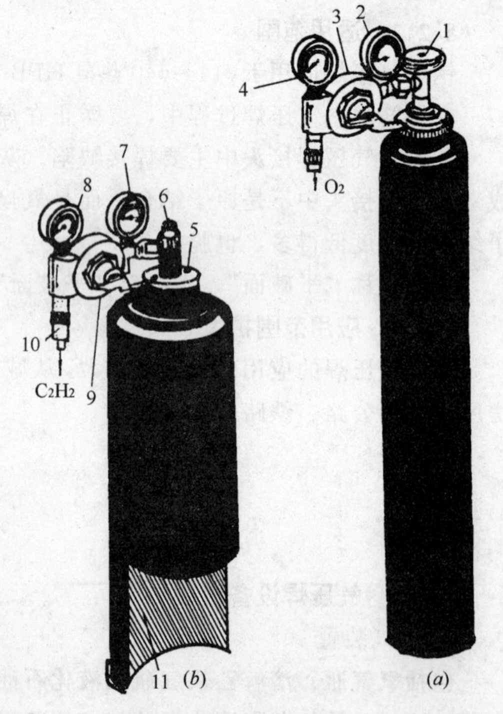

图8.6 氧气瓶和乙炔气瓶

（*a*）氧气瓶；（*b*）乙炔气瓶

1—氧气阀；2—氧气瓶压力表；3—氧减压阀；4—氧工作压力表；5—易熔阀；6—阀帽；7—乙炔瓶压力表；8—乙炔工作压力表；9—乙炔减压阀；10—干式回火防止器；11—含有丙酮多孔材料

时不易损耗，并且当撞击、推动及振动钢瓶时不致沉落下去。多孔性物质，以往均采用打碎的小块活性炭。现在有的改用以硅藻土、石灰、石棉等主要成分的混合物，在泥浆状态下填入钢瓶，进行水热反应（高温处理）使其固化、干燥而制得的硅酸钙多孔物质。空隙率要求达到90%～92%。

乙炔瓶主要参数如下：

外径　255～285mm

壁厚　～3mm

高度　925～950mm

容积　40L

质量（装满乙炔）　～69kg

瓶内公称压力（当室温为15℃）　1.52MPa

储存乙炔气　$6m^3$

丙酮是一种透明带有辛辣气味的易蒸发的液体，在15℃时的相对密度为0.795，沸点为55℃。乙炔在丙酮内的溶解度决定于其温度和压力的大小。乙炔从钢瓶内输出时一部分丙酮将为气体所带走。输出$1m^3$乙炔，丙酮的损失约为50～100g。

在使用强功率多嘴环管加热器时，为了避免大量丙酮被带走，乙炔从瓶内输出的速率不得超过$1.5m^3/h$，若不敷使用时，可以将两瓶乙炔并联使用。乙炔钢瓶必须安放在垂直的位置。当瓶内压力减低到0.2MPa时，应停止使用。

乙炔钢瓶的外表应涂白色，并漆有“乙炔”红色字样。

8.3.5 液化石油气瓶[42]

液化石油气瓶是专用容器，按用量和使用方式不同，气瓶有10、15、36、50kg等多种规格，以50kg规格为例，主要参数如下：

外径　406mm

壁厚　3mm

高度　1215mm

容积　≥118L

瓶内公称压力（当室温为15℃）为1.57MPa，最大工作压力为1.6MPa，水压试验为3MPa。气瓶通过试验鉴定后，应将制造厂名、编号、质量、容积、制造日期、工作压力等项内容，标在气瓶的金属铭牌上，并应盖有国家检验部门的钢印。气瓶体涂银灰色，注有“液化石油气”的红色字样，15kg规格气瓶如图8.7所示。

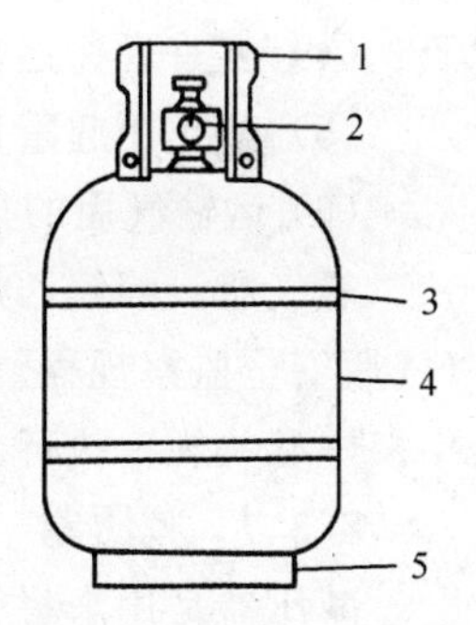

图8.7　液化石油气瓶

1—瓶阀护圈；2—阀门；3—焊缝；4—瓶体；5—底座

液化石油气瓶的安全使用：

（1）气瓶不得充满液体，必须留有10%～20%的气化空间，防止液体随环境温度升高而膨胀导致气瓶破裂。

（2）胶管和密封垫材料应选用耐油橡胶。

（3）防止暴晒，贮存室要通风良好、室内严禁明火。

（4）瓶阀和管接头处不得漏气，注意检查调压阀连接处丝扣的磨损情况，防止由于磨损严重或密封垫圈损坏、脱落而造成的漏气。

（5）严禁火烤或沸水加热，冬季使用必要时可用温水加温。远离暖气和其他热源。

（6）不得自行倒出残渣，以免遇火成灾。

（7）瓶底不准垫绝缘物，防止静电积蓄。

8.3.6　气瓶的贮存与运输

1. 贮存的要求

（1）各种气瓶都应各设仓库单独存放，不准和其他物品合用一库。

（2）仓库的选址应符合以下要求：

1）远离明火与热源，且不可设在高压线下。

2）库区周围15m内，不应存放易燃易爆物品，不准存放油脂、腐蚀性、放射性物质。

3）有良好的通道，便于车辆出入装卸。

（3）仓库内外应有良好的通风与照明，室内温度控制在40℃以下，照明要选用防爆灯具。

（4）库区应设醒目的“严禁烟火”的标志牌，消防设施要齐全有效。

（5）库房建筑应选用一、二级耐火建筑，库房屋顶应选用轻质非燃烧材料。

（6）仓库应设专人管理，并有严格的规章制度。

（7）未经使用的实瓶和用后返回仓库的空瓶应分开存放，排列整齐以防混乱。

（8）液化石油气比空气重，易向低处流动，因此，存放液化石油气瓶的仓库内，下水道口要设安全水封，电缆沟口、暖气沟口要填装砂土砌砖抹灰，防止石油气窜入而发生危险。

2. 运输安全规则

（1）气瓶在运输中要避免剧烈的振动和碰撞，特别是冬季瓶体金属韧性下降时，更应格外注意。

（2）气瓶应装有瓶帽，防止碰坏瓶阀。搬运气瓶时，应使用专用小车，不准肩扛、背负、拖拉或脚踹。

（3）批量运输时，要用瓶架将气瓶固定，轻装轻卸，禁止从高处下滑或从车上往下扔。

（4）夏季远途运输，气瓶要加覆盖，防止暴晒。

（5）禁止用起重设备直接吊运钢瓶，充实的钢瓶禁止喷漆作业。

（6）运输气瓶的车辆专车专运，不准与其他物品同车运输，也不准一车同运两种气瓶。

氧气瓶、溶解乙炔气瓶或液化石油气瓶的使用应遵照国家质量技术监督局颁发的现行《气瓶安全监察规程》（2000年）和劳动部颁发的现行《溶解乙炔气瓶安全监察规程》（1993年）中有关规定执行。

8.3.7　减压器

减压器是用来将气体从高压降低到低压，并显示瓶内高压气体压力和减压后工作压力的装置。此外，还有稳压的作用。

QD-2A型单级氧气减压器的高压额定压力为15MPa，低压调节范围为0.1～1.0MPa。

乙炔气瓶上用的QD-20型单级乙炔减压器的高压额定压力为1.6MPa，低压调节范围为0.01～0.15MPa。

减压器的工作原理见图8.8。其中，单级反作用式减压器应用较广。

采用氧液化石油气压焊时，液化石油气瓶上的减压器外形和工作原理与用于乙炔气瓶上的相同。但减压表应采用碳三表，或丙烷表，参数见表8.1。

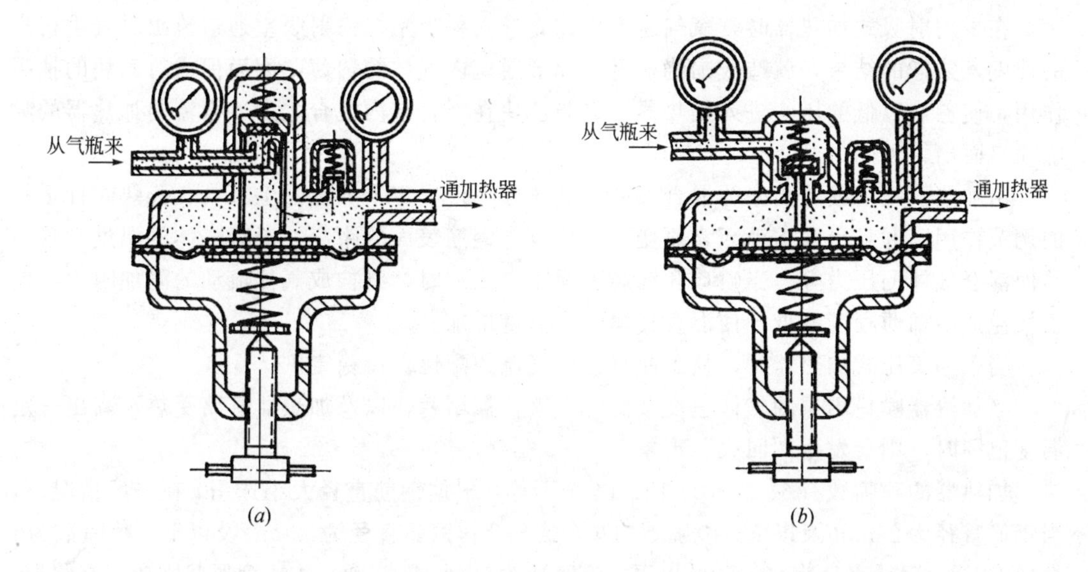

图8.8 单级减压器工作原理
(a) 正作用；(b) 反作用

主要技术规格参数 表8.1

名称	型号	输入压力(MPa)	调节范围(MPa)	配套压力表(MPa)		流量(m^3/h)
				输入	输出	
碳三减压器	YQC_3-33A	1.6	0.01～0.15	2.5	0.25	5
	YQC_3-33B	1.6	0.01～0.15	4	0.25	6
丙烷减压器	YQW-3A	1.6	0.01～0.25	2.5	0.4	6
	YQW-2A	1.6	0.01～0.1	2.5	0.15	5

8.3.8 回火防止器

回火防止器是装在燃料气体系统上防止火焰向燃气管路或气源回烧的保险装置。回火防止器有水封式和干式两种。干式回火防止器如图8.9所示。水封式回火防止器常与乙炔发生器组装成一体，使用时，一定要检查水位。

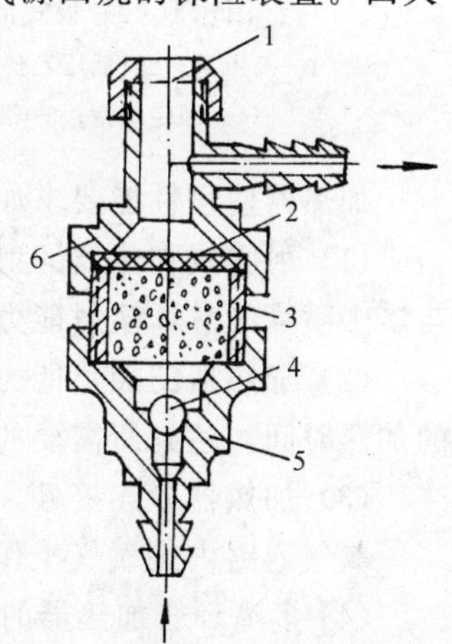

图8.9 干式回火防止器
1—防爆橡皮圈；2—橡皮压紧垫圈；3—滤清器；4—橡皮反向活门；5—下端盖；6—上端盖

8.3.9 乙炔发生器

乙炔发生器是利用碳化钙（电石中的主要成分）和水相互作用以制取乙炔的设备。目前，国家推广使用瓶装溶解乙炔，在施工现场，乙炔发生器已逐渐被淘汰。

8.3.10 多嘴环管加热器

多嘴环管加热器，以下简称加热器，是混合乙炔和氧气，经喷射后组成多火焰的钢筋气压焊专用加热器具，由混合室和加热圈两部分组成。

加热器按气体混合方式不同，可分为两种：射吸式（低压的）加热器和等压式（高压的）加热器。目前采用的多数为射吸式，但从发展来看，宜逐渐改用等压式。

在采用射吸式加热器时，氧气通入后，先进入射吸室，由射吸室通道流出时发生很高的速度，这样的结果，就造成围绕射吸口环形通道内气体的稀薄，因而促成对乙炔的抽吸作用，使乙炔以低的压力进入加热器。氧与乙炔在混合室内混合之后，再流向加热器的喷嘴喷口而出，见图8.10。

由加热器喷嘴喷口出来的混合气体，其成分不仅决定于加热器上氧气、乙炔阀针手轮的调节作用，并且也随下列因素而变更：喷口与钢筋表面的距离，混合气体的温度，喷口前面混合气体的压力等。当喷口和钢筋表面距离太近时，将构成气体流动的附加阻力，使乙炔通道中稀薄程度降低，使混合气体的含氧量增加。

当采用等压式加热器时，易于使氧乙炔气流的配比保持稳定。

当加热器喷口出来的气体速度减低时，喷口被堵塞，以及加热器管路受热至高出一定温度范围时，则会发生"回火"现象。

加热器的喷嘴数有6、8、10、12、14个不等，根据钢筋直径大小选用。在一般情况下，当钢筋直径为25mm及以下，喷嘴数为6个或8个；钢筋直径为32mm及以下，喷嘴数为8个或10个；钢筋直径为40mm及以下，喷嘴数为10个或12个。从环管形状来分，有圆形、矩形及U形多种。从喷嘴与环管的连接来分，有平接头式（P），有弯头式（W），见图8.11。

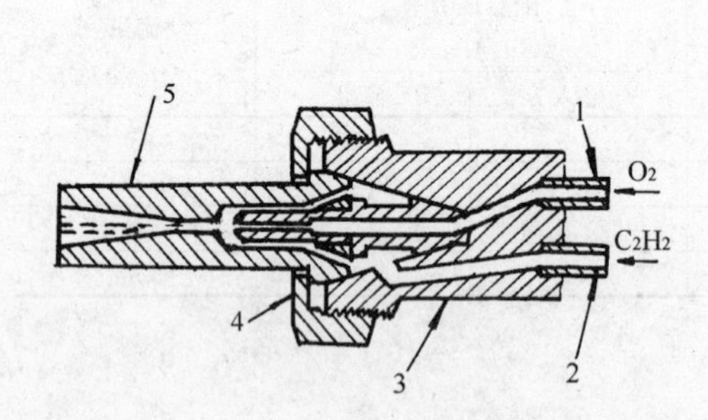

图8.10　射吸式混合室

1—高压氧；2—低压乙炔；3—手把；4—固定螺帽；5—混合室

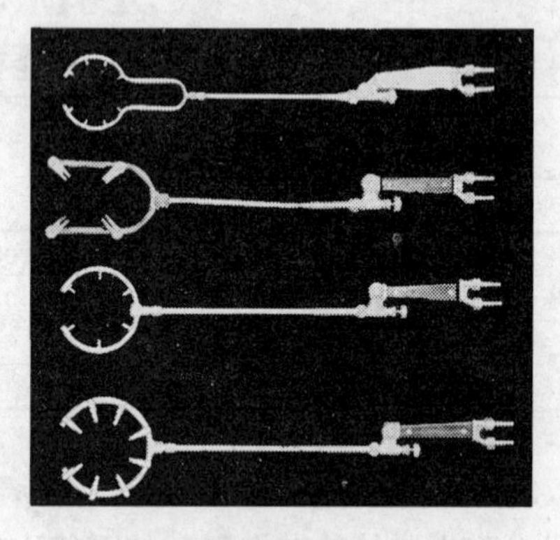

图8.11　几种常用多嘴环管加热器外形

加热器使用性能要求如下：

(1) 射吸式加热器的射吸能力，或等压式加热器中乙炔与氧的混合和供气能力，必须与多个喷嘴的总体喷射能力相适应。

(2) 加热器的加热能力应与所焊钢筋直径的粗细相适应，以保证钢筋的端部经过较短的加热时间，达到所需要的高温。

(3) 加热器各连接处，应保持高度的气密性。在下列进气压力下不得漏气：

氧气通路内按氧气工作压力提高50%；乙炔和混合气通路内压力为0.25MPa。

(4) 多嘴环管加热器的火焰应稳定，当风速为6m/s的风垂直吹向火焰时，火焰的焰芯仍应保持稳定。火焰应有良好挺度，多束火焰应均匀，并且有聚敛性，焰芯形状应呈圆柱形，顶端为圆锥形或半球形，不得有偏斜和弯曲。

(5) 多嘴环管加热器各气体通路的零件应用抗腐蚀材料制造，乙炔通路的零件不得用含铜量大于70%的合金制造。在装配之前，凡属气体通路的零部件必须进行脱脂处理。

（6）多嘴环管加热器基本参数见表8.2。

多嘴环管加热器基本参数 **表8.2**

加热器代号	加热嘴数（个）	焊接钢筋额定直径（mm）	加热嘴孔径（mm）	焰芯长度	氧气工作压力（MPa）	乙炔工作压力
W6	6	25	1.10	≥8	0.6	0.05
W8	8	32			0.7	
W12	12	40			0.8	
P8	8	25	1.00	≥7	0.6	
P10	10	32			0.7	
P14	14	40			0.8	

采用氧液化石油气压焊时，多嘴环管加热器的外形和射吸式构造与氧乙炔气压焊时基本相同；但喷嘴端面为梅花式，中间一个大孔，周围6个小孔，见图8.12（无锡市日新机械厂生产）。

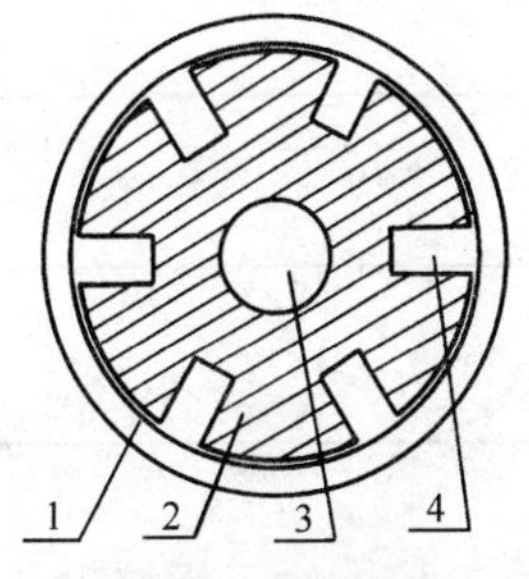

图8.12 喷嘴端面
1—紫铜；2—黄铜；3—大孔；4—小孔

8.3.11 加压器

加压器为钢筋气压焊中对钢筋施加顶压力的压力源装置。

加压器由液压泵、液压表、橡胶软管和顶压油缸四部分组成。

液压泵有手动式、脚踏式和电动式三种。

手动式加压器的构造见图8.13。

加压器的使用性能要求如下：

（1）加压器的轴向顶压力应保证所焊钢筋断面上的压力达到40MPa；顶压油缸的活塞顶头应保证有足够的行程。

（2）在额定压力下，液压系统关闭卸荷阀1min后，系统压力下降值不超过2MPa。

（3）加压器的无故障工作次数为1000次，液压系统各部分不得漏油，回位弹簧不得

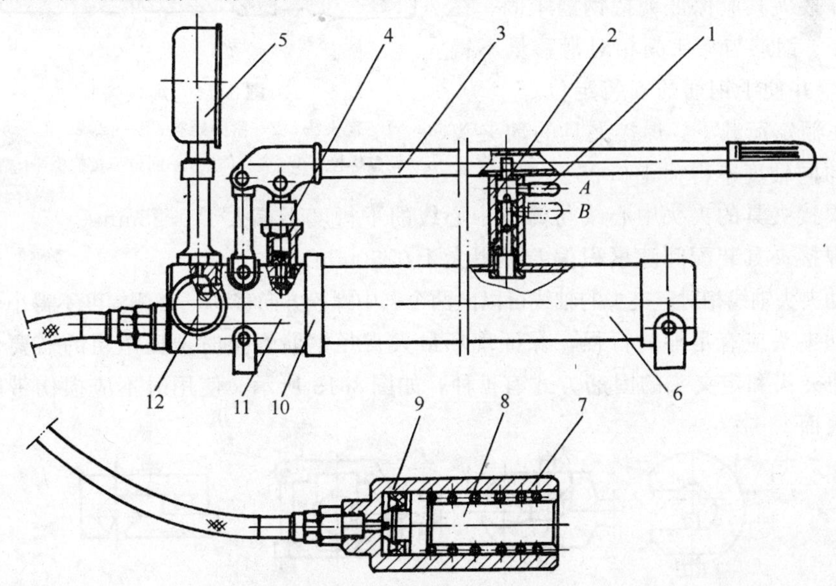

图8.13 手动式加压器构造
1—锁柄；2—锁套；3—压把；4—泵体；5—压力表；6—油箱；7—弹簧；
8—活塞顶头；9—油缸体；10—连接头；11—泵座；12—卸载阀

断裂，与焊接夹具的连接必须灵活、可靠。

（4）橡胶软管应耐弯折，质量符合有关标准的规定，长度2～3m。

（5）加压器液压系统推荐使用N46抗磨液压油，应能在70℃以下正常使用。顶压油缸内密封环应耐高温。

（6）达到额定压力时，手动油泵的杠杆操纵力不得大于350N。

（7）电动油泵的流量在额定压力下应达到0.25L/min。手动油泵在额定压力下排量不得小于10mL/次。

（8）电动油泵供油系统必须设置安全阀，其调定压力应与电动油泵允许的工作压力一致。

（9）顶压油缸的基本参数见表8.3。

顶压油缸基本参数　　表8.3

顶压油缸代号	活塞直径	活塞杆行程	额定压力
	(mm)		(MPa)
DY32	32	45	31.5
DY40	40	60	40
DY50	50	60	40

8.3.12　焊接夹具

焊接夹具是用来将上、下（或左、右）两钢筋夹牢，并对钢筋施加顶压力的装置。常用的焊接夹具见图8.14。

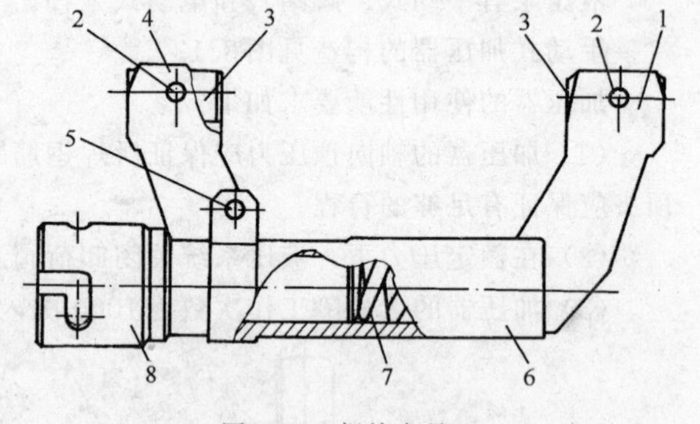

图8.14　焊接夹具

1—定夹头；2—紧固螺栓；3—夹块；4—动夹头；5—调整螺栓；6—夹具体；7—回位弹簧；8—卡帽（卡槽式）

焊接夹具的卡帽有卡槽式和花键式两种。

焊接夹具的使用性能要求如下：

（1）焊接夹具应保证夹持钢筋牢固，在额定荷载下，钢筋与夹头间相对滑移量不得大于5mm，并便于钢筋的安装定位。

（2）在额定荷载下，焊接夹具的动夹头与定夹头的同轴度不得大于0.25。

（3）焊接夹具的夹头中心线与筒体中心线的平行度不得大于0.25mm。

（4）焊接夹具装配间隙累积偏差不得大于0.50mm。

（5）动夹头轴线相对定夹头的轴线可以向两个调中螺栓方向移动，每侧幅度不得小于3mm。

（6）动夹头应有足够的行程，保证现场最大直径钢筋焊接时顶压镦粗的需要。

（7）动夹头和定夹头的固筋方式有4种，如图8.15所示。使用时不应损伤带肋钢筋肋下钢筋的表面。

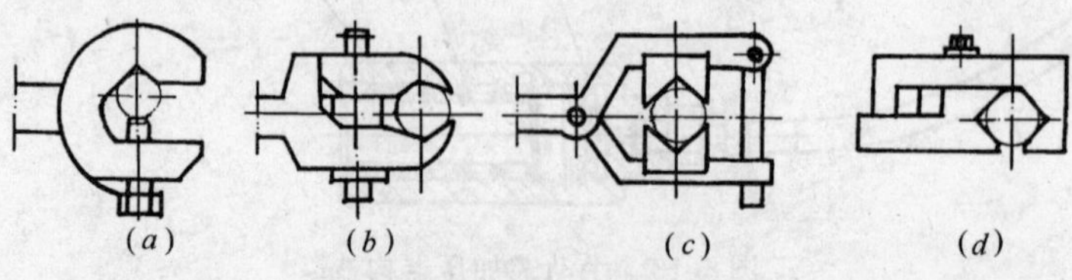

图8.15　夹头固筋方式

(a) 螺栓顶紧；(b) 钳口夹紧；(c) 抱合夹紧；(d) 斜铁楔紧

（8）焊接夹具的基本参数见表8.4。

焊接夹具基本参数（mm） **表8.4**

焊接夹具代号	焊接钢筋额定直径	额定荷载	允许最大荷载	动夹头有效行程	动、定夹头净距	夹头中心与筒体外缘净距
		(kN)				
HJ25	25	20	30	≥45	160	70
HJ32	32	32	48	≥50	170	80
HJ40	40	50	65	≥60	200	85

当加压时，由于顶压油缸的轴线与钢筋的轴线不是在同一中心线上，力是从顶压油缸的顶头顶出，通过焊接夹具的动、定夹头再传给钢筋，因而产生一个力矩；另外滑柱在筒体内摩擦，这些均消耗一定的力；经测定，实际施加于钢筋的顶压力约为顶压油缸顶出力的0.84～0.87，计算钢筋顶压力时，可采用压力传递折减系数0.8。

8.3.13 几种钢筋气压焊机和辅助设备外形

在钢筋气压焊时，除了上述主要设备外，还需要一些辅助设备。

无齿锯（圆片锯）常用于锯平钢筋的端面。角向磨光机用来磨去钢筋端面氧化膜和钢筋端头上的毛刺。此外，还有钢筋切断机等。

几种钢筋气压焊机和辅助设备的外形见图8.16。

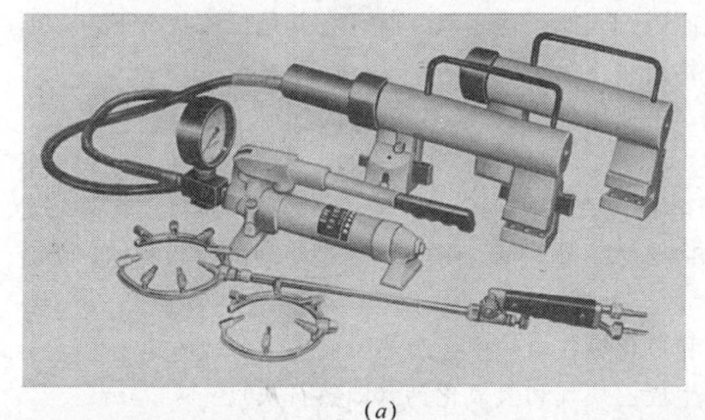

(*a*)

(*b*)

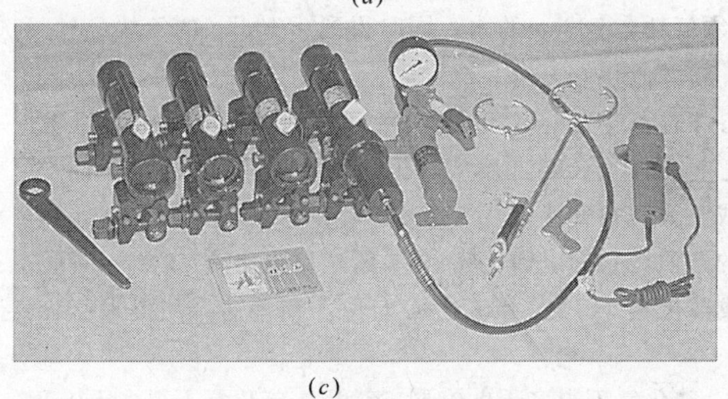

(*c*)

(*d*)

图8.16 几种钢筋气压焊机和辅助设备外形

(*a*) SKQ-32/36型滑块楔紧式气压焊机（陕西省建研院）；(*b*) TJA-Ⅲ型全封闭式电动气压焊机（太湖建筑技术研究所）；(*c*) GQH-ⅢA型手动加压气压焊机（无锡市日新机械厂）；(*d*) TJB-Ⅰ型手提式钢筋切断机（太湖建筑技术研究所）

8.4　氧气、乙炔和液化石油气

8.4.1　氧气

气态氧是无色、透明、而且无臭无味。氧的化学性质极为活泼，除稀有气体外，几乎能与所有元素化合，氧的分子量为32。1m^3 的氧在0℃和0.1MPa 压力下重1.43kg，其密度，与空气相比为1.1053。

工业上最常用的制氧方法是液态空气制氧法，就是先将空气处于液态下，利用液态氧和液态氮的沸点不同，前者为－182.96℃，后者为－195.8℃，就能将空气分离成为氧和氮。由于空气中除含氮78.03％（容积计），含氧20.93％外，尚含少量氩、氖、氪、氙、氢、二氧化碳等。因此，工业用氧中难免含有上述杂质气体成分，工业用氧的纯度达到99.5％为一级纯度，达到98.0％为二级纯度。

有机物在氧气里的氧化反应，具有放热的性质，而在反应进行时排出大量的热量。增高氧的压力和温度，会使氧化反应显著地加快。在一定条件下，由于物质氧化得越来越多和氧化过程温度增高而增加放出的热量，使压缩或加热的氧气里的氧化过程可能加速进行。当压缩的气态氧与矿物油、油脂或细微分散的可燃物质（炭粉、有机纤维等）接触时，能够发生自燃，时常成为失火或爆炸的原因。因此当使用氧气时，尤其是压缩状态下，必须经常地注意，不要使它和易燃的燃料物质相接触。

氧气的质量应符合现行国家标准《工业用气态氧》GB 3863 的规定。

8.4.2　电石

电石的主要成分为碳化钙CaC_2；电石一般含有CaC_2 约70％，CaO 约24％，其他杂质（炭、硅酸等）约6％，相对密度为2.8～2.22。由外表上来看，它是坚硬的块状物体，断面呈深灰色或棕色。

电石系工业产品，由炭（焦炭）和氧化钙在电炉中经吸热反应生成，故称电石。

碳化钙与水化合极为活跃，同时生成乙炔气和氢氧化钙（即熟石灰）。

分解1kg 的化学纯CaC_2，必须消耗0.562kg 的水，同时得到0.406kg 的乙炔C_2H_2 和1.156kg 的熟石灰$Ca(OH)_2$。

在20℃和0.1MPa 压力下，乙炔的密度为$\rho=1.09kg/m^3$。为了使碳化钙的分解过程正常和预防发生危险性的过热，把已生成的$Ca(OH)_2$ 层从碳化钙块上及时清除是必要的，过热甚至能引起乙炔的放热分解，或乙炔—空气混合气的爆炸。

磷和硫在原料中是特别有害的杂质，它们以磷化钙（Ca_3P_2）和硫化钙（CaS）的形态全部转移到碳化钙里去，然后变成磷化氢（PH_3）和硫化氢（H_2S）等有害杂质混入乙炔气中。

按规定，在乙炔中工业级要求：磷化氢不得多于0.06％（容积），硫化氢不得多于0.1％（容积）。

因为碳化钙吸收空气中的水分而放出乙炔，能与空气构成爆炸性混合气，所以要把碳化钙放在皮厚为0.5mm 以上的密闭圆铁桶内来储存和运送。

电石的质量应符合现行国家标准《电石》GB 10665 的规定。

8.4.3 乙炔气

在工业上使用的乙炔气有两种：一是由工厂（化工厂等）集中制取的瓶装乙炔（溶解乙炔）；另一种是在现场使用乙炔发生器直接由电石与水反应而制取的乙炔，这种方法已逐渐被淘汰。瓶装乙炔的质量优于使用乙炔发生器直接由电石制取的乙炔。因此，在钢筋气压焊中宜采用瓶装乙炔气。

1. 乙炔气的性质

乙炔是未饱和的碳氢化合物，它的分子式是C_2H_2。在普通温度和大气压力下，乙炔是无色的气体。工业乙炔中，因为混有许多杂质，如磷化氢及硫化氢等，具有刺鼻的特别气味。

在20℃和0.1MPa压力下，乙炔对空气的密度比为0.9056。

乙炔的爆炸性首先决定于乙炔在此一瞬间的压力和温度。同时，乙炔爆炸的可能性也决定于其中含有的杂质、水分、有无媒触剂、火源的性质、容器的大小和形状、散热的条件等。当乙炔爆炸时，乙炔分解产物所在容器中的绝对压力，能提高到11～12倍。

在一定的条件下，乙炔可能与铜和银等重金属发生反应而产生乙炔化合物，也就是有爆炸性物质。因此，凡是供乙炔用的器材，都禁止使用含铜量在70%以上的合金。

如果气体中含有氧气，则该气体与乙炔的混合气能提高乙炔的爆炸性，乙炔与空气或纯氧的混合气，如果其中任何一点达到了自燃温度（乙炔——空气混合气的自燃温度等于305℃），就是在大气压力下也能爆炸。

含有2.2%～81%乙炔的乙炔——空气混合气均属爆炸（发火）范围。其中，含有7%～13%乙炔的，为最有危险范围。含有2.8%～93.0%乙炔的乙炔——氧气混合气也属爆炸范围。其中，当含有乙炔约30%时为最有危险。

把乙炔溶解在液体，例如：丙酮里，能降低乙炔的爆炸性，这是由于乙炔分子之间被液体成分的微粒所隔离。

2. 乙炔中的杂质

(1) 空气　当把电石装入乙炔发生器的时候，反应室内留有相当的空气，因而空气就混入乙炔气中。此外，空气经常部分地溶解于供给发生器用的水里，和吸附在碳化钙块的表面上。由于空气能剧烈地增加乙炔的爆炸性，所以，它是有害的杂质。制取乙炔中，务必争取含有最少量的空气。在一般情况下，由固定式乙炔发生器所制取的乙炔中，空气的含量不超过0.5%，而在轻便式发生器所制取的乙炔中，空气含量不超过1%～1.5%。把电石装入发生器以后，最初时刻得到的那一部分乙炔可能含有45%或超过45%的空气。含有这样高量空气的乙炔，务必排放出去，不能使用。

(2) 水蒸气　在由乙炔发生器制取的乙炔中，经常含有水蒸气，在完全饱和的情况下，乙炔里的水分量决定于气体的温度，温度越高，水分量越大。水分是不好的杂质，消耗热量，降低火焰温度。

在乙炔瓶里放出的乙炔，不含有水分。所以，瓶装乙炔的质量较好。

(3) 丙酮蒸汽　从乙炔瓶放出的乙炔里，可能存留丙酮蒸汽。温度越高，瓶中气压越低，和瓶中气体消耗量（排出量）越大，则乙炔里含有丙酮蒸汽就越多。乙炔里如含有大量丙酮蒸汽，既不好，又不经济。

(4) 磷化氢和硫化氢　当碳化钙分解时，由于工业用碳化钙中所含的磷化钙、硫化钙与水相互作用的结果而生成磷化氢 (PH_3) 和硫化氢 (H_2S)，均属有害物质。

3. 溶解乙炔

乙炔能在多种液体中溶解。在一个大气压和15℃温度下，在1L 丙酮 ($CH_3CO\ CH_3$) 中能溶解 23L 的乙炔。但是随着温度的升高，其溶解度将降低，当温度达到40℃时，其溶解度为13L。气瓶受热时，乙炔丙酮溶液的体积变大。如果这时把气瓶的全部容积充满了液体，则以后受热时，气瓶中的压力会急剧增高，以致达到气瓶的极限强度发生危险。丙酮中混有水分是特别有害的，水分留存在气瓶里，就会在瓶内逐渐集中，可能使气瓶的气体容量剧烈降低。所以充入气瓶的乙炔应是预先经过干燥的乙炔。

乙炔气瓶中取出的乙炔必须满足下列要求：

(1) 空气和其他难溶于水的杂质的含量不得多于2% (以容积计)；

(2) 磷化氢PH_3的含量不得多于0.06% (以容积计) (工业级)；

(3) 硫化氢H_2S的含量不得多于0.10% (以容积计) (工业级)。

气瓶中气体的压力必须适合于周围环境的温度。

溶解乙炔的优点：生产溶解乙炔需要专门车间和附带设备与气瓶，以及向瓶中充气等额外费用，因而价格比较贵。虽然如此，使用溶解乙炔比较直接在施工现场，由轻便式乙炔发生器中所得到的气态乙炔，具有许多本质上的优点。这些优点是：

(1) 自气瓶中取出的乙炔纯度高，其中不含水，有害杂质含量也较少。

(2) 气体的压力高，能保证加热器工作稳定，当喷嘴受热猛烈而供气距离相当远时，燃烧混合气的成分不变。其他等等。

8.4.4　液化石油气

液化石油气是油田开采或炼油工业中的副产品，它在常温常压下呈气态，在0.8～1.5MPa 压力下即变成液体，便于瓶装贮存运输。

工业上一般均使用液态的石油气，近年来，随着我国石油工业的迅猛发展，由于液化石油气热值较高，价格低廉，又较安全，乙炔有被液化石油气部分取代的趋势。目前，国内外已把液化石油气作为一种新的生产性燃料，广泛应用于钢板的气割和低熔点有色金属的焊接。在我国部分地区，开始推广采用钢筋氧液化石油气压焊。

液化石油气具有一定的毒性，当空气中的含量超过0.5%时，人体吸入少量的液化石油气后，一般不会引起中毒，而在空气中其浓度较高时，长时间吸入就会引起中毒。若浓度超过10%时，且停留 2min，人就会出现头晕等中毒现象。

液化石油气的主要性质：

1. 在标准状态下液化石油气的密度为1.6～2.5kg/m^3，气态时比同体积的空气、氧气重，液态时比同体积的水和汽油轻。液化石油气的密度约为空气的1.5倍，易于向低处流动而滞留积聚；液态时能浮在水面上，随水流动并在死角积聚。液化石油气是一种带有特殊臭味的无色气体，含有硫化物。

2. 液化石油气中的主要成分均能与空气或氧气混合构成爆炸性的混合气体，但爆炸极限范围比乙炔窄，因此使用液化石油气比乙炔安全。例如：空气中含有2.1%～9.5%的丙烷或含有1.5%～8.5%的丁烷才会爆炸，而液化石油气与氧气混合的爆炸极限为3.2%～64%。

3. 液化石油气与空气混合后，只要遇到微小的火源，就能引燃。因为液态石油气易挥发、闪点低，在低温时它的易燃性很大。如丙烷挥发点为－42℃，闪点为－20℃，若它从气瓶或管道内滴漏出来，在常温下会迅速挥发成250～300倍体积的气体向四周快速扩散，在液化石油气积聚部位附近的空间形成爆炸性混合气体，当温度到闪点时就能点燃。因此在点燃液化石油气时，要先点燃引火物后再开气，切忌颠倒顺序。

4. 液化石油气达到完全燃烧所需的氧气量比乙炔所需氧气量大。采用液化石油气代替乙炔后，消耗氧气量较多，所以用在切割时，应对原有割炬的结构进行相应的改制。用于钢筋氧液化石油气压焊时，对多嘴环管加热器中的射吸室和喷嘴构造也应作适当改造。

5. 液化石油气在氧气中的燃烧速度较慢。如丙烷的燃烧速度是乙炔的1/4左右，因而切割时要求割炬有较大混合气的喷出截面，降低流出速度，才能保证良好的燃烧。

6. 液化石油气燃烧时获得的火焰温度低。它与氧气混合燃烧的火焰温度为2200～2800℃，此温度应用于气割时，金属的预热时间比乙炔稍长，但其切割质量容易保证，可减少切割口边高温过热燃烧现象，提高切口的光洁度和精度。同时，也可使几层钢板叠在一起切割，各层之间互不粘连。

7. 液化石油气对普通橡胶管和衬垫具有一定的浸润膨胀和腐蚀作用，易造成胶管和衬垫穿孔或破裂，发生漏气。

8.5 固态气压焊工艺[44]

8.5.1 焊前准备

气压焊施焊前，钢筋端面应切平，并宜与钢筋轴线相垂直；在钢筋端部两倍直径长度范围内若有水泥等附着物，应予以清除。钢筋边角毛刺及端面上铁锈、油污和氧化膜应清除干净，并经打磨，使其露出金属光泽，不得有氧化现象。

8.5.2 夹装钢筋

安装焊接夹具和钢筋时，应将两钢筋分别夹紧，并使两钢筋的轴线在同一直线上。钢筋安装后应加压顶紧，两钢筋之间的局部缝隙不得大于3mm。

8.5.3 焊接工艺过程

气压焊时，应根据钢筋直径和焊接设备等具体条件选用等压法、二次加压法或三次加压法焊接工艺。在两钢筋缝隙密合和镦粗过程中，对钢筋施加的轴向压力，按钢筋横截面面积计，应为30～40MPa，见图8.17。

8.5.4 集中加热

气压焊的开始阶段应采用碳化焰，对准两钢筋接缝处集中加热，并使其内焰包住缝隙，防止钢筋端面产生氧化，见图8.18（*a*）。若采用中性焰，如图8.18（*b*），内焰还原气氛没有包住缝隙，容易使端面氧化。

火焰功率大小的选择，主要决定于钢筋直径的大小。大直径钢筋焊接时，要选用较大火焰功率，这样方能保证钢筋的焊透性。

目前应用较多的为三次加压法（一次低压），即图8.17（*d*）。

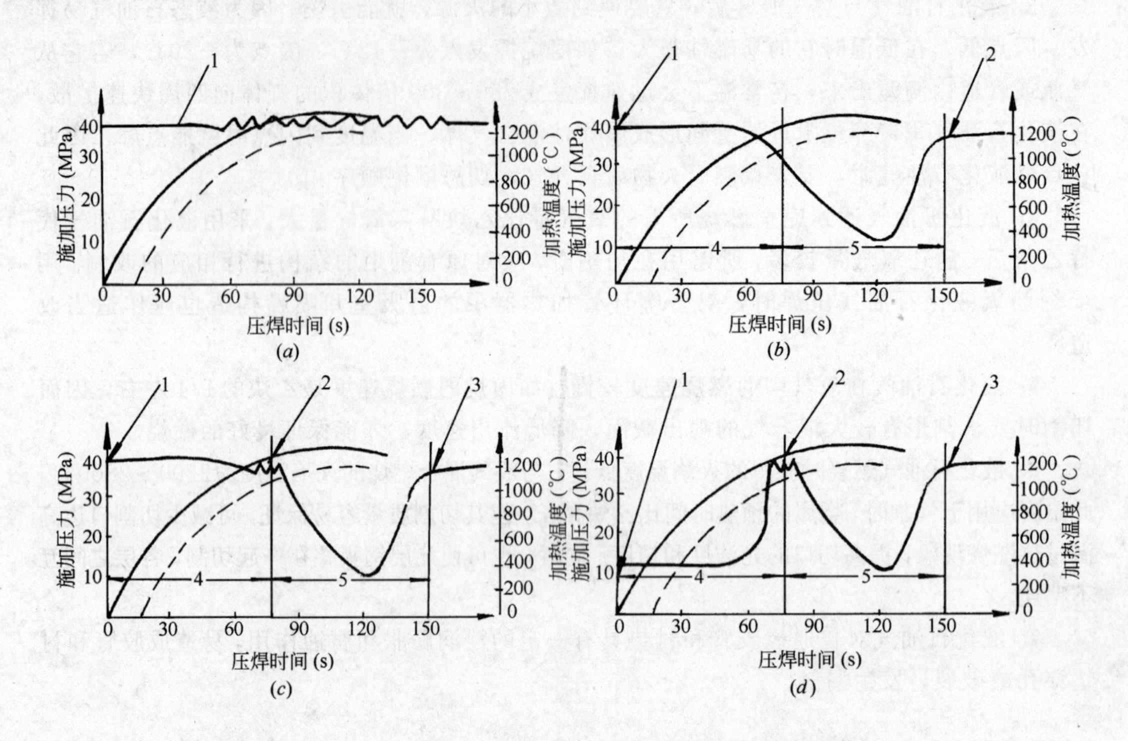

图8.17　钢筋气压焊工艺过程图解（ϕ32钢筋）

（a）等压法；（b）二次加压法；（c）三次加压法（一次高压）；（d）三次加压法（一次低压）

1—一次加压；2—二次加压；3—三次加压；4—碳化焰集中加热；5—中性焰宽幅加热

8.5.5　宽幅加热

在确认两钢筋缝隙完全密合后，应改用中性焰，以压焊面为中心，在两侧各一倍钢筋直径长度范围内往复宽幅加热，见图8.19。

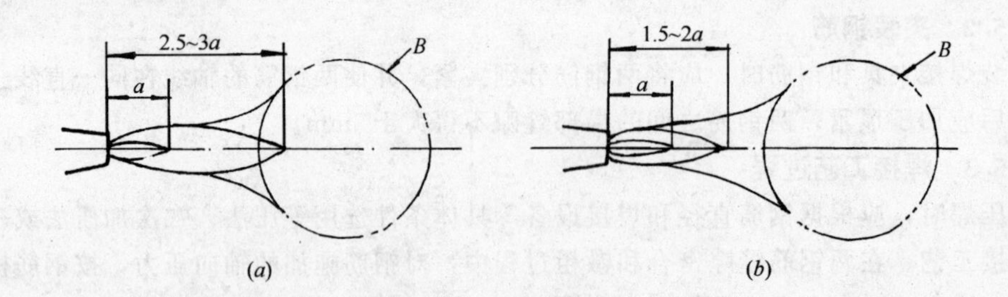

图8.18　火焰的调整

（a）碳化焰，内焰包住缝隙；（b）中性焰，内焰未包住缝隙

a—焰芯长度；B—钢筋

用氧炔焰加热钢筋接缝处，热量主要靠气体的对流来进行热交换，其次靠辐射热交换。对流热交换的强度，基本上决定于火焰与金属表面的温度差和火焰气流对金属表面的移动速度。为了使焊接部位，即钢筋芯部与钢筋表面同时达到焊接温度，就必须对钢筋进行宽幅加热。加热器摆幅的大小直接影响到焊接部位温度曲线的分布。

图8.19中h_r表示对钢筋接头的热输入，h_c表示热导出，A表示摆幅宽度，虚线表示等

温线。在塑性状态下气压焊接时，等温线总是凸向结合面的方向。可以看出，结合面芯部温度比表面低。只有整个接触面上的温度都达到可焊温度，并且要有一定宽度范围时，才有可能使两个钢筋结合面焊接在一起。图中“横线”区为达到可焊温度的区域。采用宽幅加热，且边加热边加压，可以保证在接触表面所有原子形成原子间结合对温度的要求。

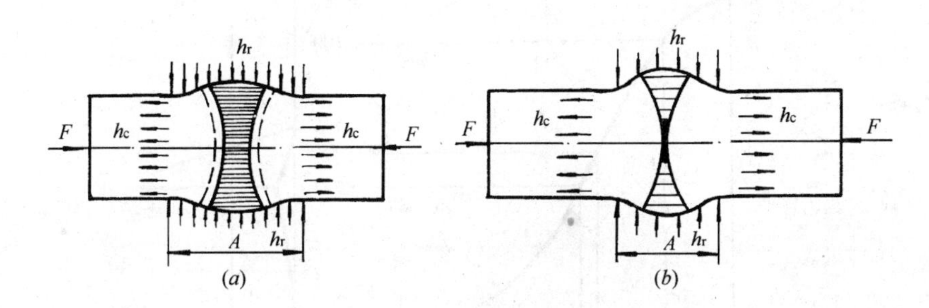

图8.19 火焰往复宽幅加热

(*a*) 宽幅加热；(*b*) 窄幅加热

h_r—热输入；h_c—热导出；A—加热摆幅宽度；F—压力

若减小摆幅A，如图8.19（*b*）中，表示芯部没有达到可焊温度，不能很好焊合。

8.5.6 加热温度

钢筋端面的合适加热温度应为1150～1250℃；钢筋镦粗区表面的加热温度应稍高于该温度，并随钢筋直径大小而产生的温度梯差而定。

很多资料表明，这个加热温度是合适的，再加上钢筋表面温度高于钢筋端面芯部温度的梯差，若以50～100℃估算，则钢筋表面温度应达到约1250～1350℃。过低，两端面不能焊合，因此，操作者应通过试验很好掌握。

8.5.7 成形与卸压

气压焊中，通过最终的加热加压，应使接头的镦粗区形成规定的合适形状；然后停止加热，略微延时，卸除压力，拆下焊接夹具。

卸除压力，应在焊缝完全结合之后；过早卸除压力，焊缝区域内的残余内应力，有可能使已焊成的原子间结合重新断开。另外，焊接夹具内的回位弹簧对接点施加的是拉力。因此，应该在停止加热后，稍微延时，才能卸除压力。

8.5.8 灭火中断

在加热过程中，如果在钢筋端面缝隙完全密合之前发生灭火中断现象，端面必然氧化。这时，应将钢筋取下重新打磨、安装，然后点燃火焰进行焊接。如果发生在钢筋端面缝隙完全密合之后，表示结合面已经焊合，因此可继续加热加压，完成焊接作业。

8.5.9 接头组织和性能

ϕ25 20MnSi 钢筋氧乙炔固态气压焊接头各区域组织示意图和金相组织见图8.20。接头特征如下：

1. 焊缝没有铸造组织（柱状树枝晶），宏观组织几乎看不到焊缝，高倍显微观察可以见到结合面痕迹。

2. 由于焊接开始阶段采用碳化焰，焊缝增碳较多。

3. 焊缝及过热区有明显的魏氏组织。

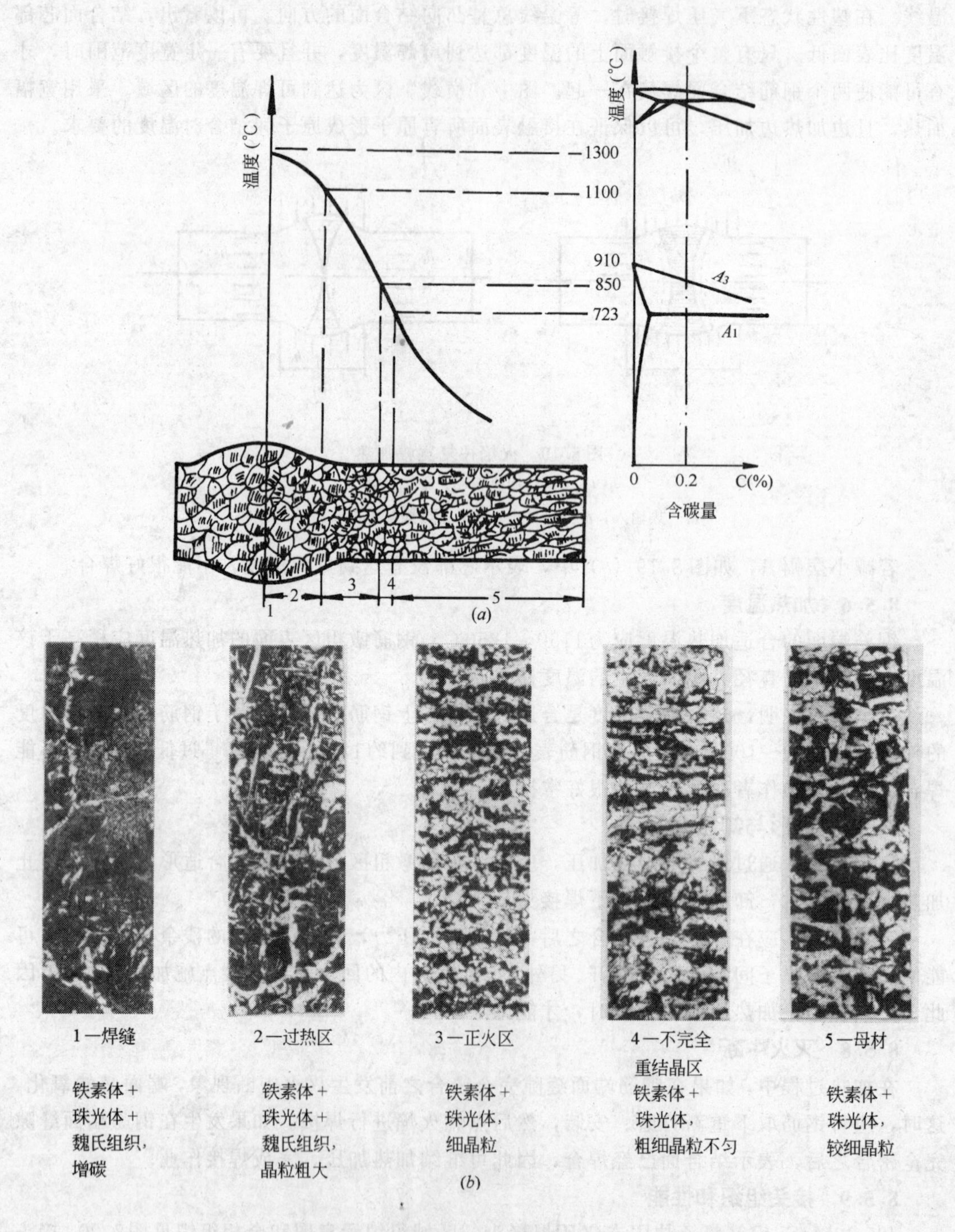

图8.20　钢筋固态气压焊接头各区域组织示意图和显微组织

(a) 各区域组织示意图；(b) ϕ25 20MnSi 钢筋气压焊接头金相组织　100×

4. 热影响区较宽，约为钢筋直径的1.0倍。

8.5.10　焊接缺陷及消除措施

在焊接生产中焊工应认真自检，若发现焊接缺陷，应参照表8.5查找原因，采取措施，及时消除。

气压焊接头焊接缺陷及消除措施 表8.5

项次	焊接缺陷	产生原因	防止措施
1	轴线偏移（偏心）	1. 焊接夹具变形，两夹头不同心，或夹具刚度不够 2. 两钢筋安装不正 3. 钢筋接合端面倾斜 4. 钢筋未夹紧进行焊接	1. 检查夹具，及时修理或更换 2. 重新安装夹紧 3. 切平钢筋端面 4. 夹紧钢筋再焊
2	弯折	1. 焊接夹具变形，两夹头不同心 2. 焊接夹具拆卸过早	1. 检查夹具，及时修理或更换 2. 熄火后半分钟再拆夹具
3	镦粗直径不够	1. 焊接夹具动夹头有效行程不够 2. 顶压油缸有效行程不够 3. 加热温度不够 4. 压力不够	1. 检查夹具和顶压油缸，及时更换 2. 采用适宜的加热温度及压力
4	镦粗长度不够	1. 加热幅度不够宽 2. 顶压力过大过急	1. 增大加热幅度范围 2. 加压时应平稳
5	1. 钢筋表面严重烧伤 2. 接头金属过烧	1. 火焰功率过大 2. 加热时间过长 3. 加热器摆动不匀	调整加热火焰，正确掌握操作方法
6	未焊合	1. 加热温度不够或热量分布不均 2. 顶压力过小 3. 接合端面不洁 4. 端面氧化 5. 中途灭火或火焰不当	合理选择焊接参数；正确掌握操作方法

钢筋气压焊生产中，其操作要领是：钢筋端面干净，安装时钢筋夹紧、对准；火焰调整适当，加热温度必须足够，使钢筋表面呈微熔状态，然后加压镦粗成形。

8.6 熔态气压焊工艺[45]

8.6.1 基本原理

熔态（即开式）气压焊是在钢筋端面表层熔融状态下接合的气压焊工艺，属于熔态压力焊范畴。

8.6.2 工艺特点

(1) 端面 通过烧化，把脏物随同熔融金属挤出接口外边。

(2) 加热 采用氧-乙炔火焰，加热速度及范围灵活掌握。采用氧液化石油气火焰，加热时间稍微长一些。

(3) 结合面保护 焊接过程中结合面高温金属熔滴强烈氧化产生少氧气体介质，减轻了结合面被氧化的可能，另外，采用乙炔过剩的碳化焰加热，造成还原气氛，减少氧化的可能。

(4) 采用氧液化石油气压焊时，氧气工作压力为0.08MPa 左右；液化石油气工作压力为0.04MPa 左右。

8.6.3　操作工艺

钢筋熔态气压焊与固态气压焊相比，简化了焊前对钢筋端面仔细加工的工序，焊接过程如下：

把焊接夹具固定在钢筋的端头上，端面预留间隙3～5mm，有利于更快加热到熔化温度。端面不平的钢筋，可将凸部顶紧，不规定间隙，调整焊接夹具的调中螺栓，使对接钢筋同轴后，安装上顶压油缸，然后进行加热加压顶锻作业。

有两种操作工艺法。

(1)一次加压顶锻成型法　先使用中性火焰以钢筋接口为中心沿钢筋轴向宽幅加热，加热幅宽大约为1.5 倍钢筋直径加上约10mm 的烧化间隙，待加热部分达到塑化状态（1100℃左右）时，加热器摆幅逐渐减小，然后集中加热焊口处，在清除接头端面上附着物的同时，将端面熔化，此时迅速把加热焰调成碳化焰，继续加热焊口处并保护其免受氧化。由于接头预先加热，端头在几秒钟内迅速均匀熔化，氧化物及其他脏物随着液态金属从钢筋端头上流出，待钢筋端面形成均匀的连续的金属熔化层，端头烧成平滑的弧凸状时，在继续加热并用还原焰保护下迅速加压顶锻，钢筋截面压力达40MPa 以上，挤出接口处液态金属，使接口密合，并在近缝区产生塑性变形，形成接头镦粗，焊接结束。

为了在接口区获得足够的塑性变形，一次加压顶锻成型法，顶锻时钢筋端头的温度梯度要适当加大，因而加热区较窄，液态金属在顶锻时被挤出界面形成毛刺，这种接头外观与闪光焊相似，但镦粗面积扩大率比闪光焊大。

一次加压顶锻成型法生产率高，热影响区窄，现场适合焊接直径较小（ϕ25 以下）钢筋。

(2) 两次加压顶锻成型法　第一次顶锻在较大温度梯度下进行，其主要目的是挤出端面的氧化物及脏物，使接合面密合。第二次加压是在较小温度梯度下进行，其主要目的是破坏固态氧化物，挤走过热及氧化的金属，产生合理分布的塑性变形，以获得接合牢固，表面平滑，过渡平缓的接头镦粗。

先使用中性焰对着接口处集中加热，直至端面金属开始熔化时，迅速地把加热焰调成碳化焰，继续集中加热并保护端面免受氧化，氧化物及其他脏物随同熔化金属流出来，待端头形成均匀连续的液态层，并呈弧凸状时，迅速加压顶锻（钢筋横截面压力约40MPa），挤出接口处液态金属，并在近缝区形成不大的塑性变形，使接口密合，然后把加热焰调成中性焰，在1.5 倍钢筋直径范围内沿钢筋轴向往复均匀加热至塑化状态时，施加顶锻压力（钢筋横截面压力达35MPa 以上），使其接头镦粗，焊接结束。

两次加压顶锻成型法的接头外观与固态气压焊接头的枣核状镦粗相似，但在接口界面处也留有挤出金属毛刺的痕迹。

两次加压顶锻成型法接头有较多的热金属，冷却较慢，减轻淬硬倾向，外观平整，镦粗过渡平缓，减少应力集中，适合焊接直径较大（ϕ25 以上）钢筋。

若发现焊接缺陷，可参照表8.5 查找原因，采取措施，及时消除。

8.6.4　接头性能

(1)拉伸性能和弯曲性能　熔态气压焊接头的拉伸应力——应变曲线与母材基本一致，

超过国标规定的母材抗拉强度值，拉伸试件在母材塑性断裂。

熔态气压焊接头的拉伸性能和冷弯性能都能达到有关规程规定的要求。

(2) 金相组织及硬度试验　金相试验表明，熔态气压焊接头熔合性好，没有气孔、夹渣等异常缺陷，整个压焊线都能熔合成完整晶粒，接头淬硬倾向不显著，接头综合性能满足使用要求。

8.6.5 首钢HRB 400钢筋熔态气压焊工艺性能试验

首钢对ϕ25、ϕ32、ϕ36三种规格HRB 400钢筋进行氧炔焰熔态气压焊的工艺性能试验。钢筋的化学成分和力学性能见表5.3和表5.4。试件每种规格各一组，每组3根，其力学性能试验结果见表8.6。

HRB 400钢筋气压焊接头试件力学性能　　**表8.6**

钢筋直径 (mm)	屈服强度 σ_s (MPa)	抗拉强度 σ_b (MPa)	断裂位置	冷弯90°	
				$d=5a$	$d=6a$
25	450 455 435	630 635 625	母材 母材 母材	完好 完好 完好	
32	415 420 420	590 595 595	母材 母材 母材		完好 完好 完好
36	440 425 435	615 600 615	母材 母材 母材		完好 完好 完好

注：a为钢筋直径。

硬度试验

每种规格钢筋气压焊接头各选一个试件进行维氏硬度试验，每一接头试件的纵剖面上，作3条试验线，1条在上部，1条在中部，1条在下部。每一试验线上测7点，中心熔合区测1点，左、右热影响区各测3点，第1点离熔合区0.75～0.85mm，第2点离熔合区1.55～1.65mm，第3点离熔合区16～20.5mm。测定结果：熔合区HV10为203～249，热影响区HV10为213～260。

金相检验

宏观组织照片有ϕ25、ϕ32、ϕ36共3张，取其ϕ25试件宏观组织见图8.21。

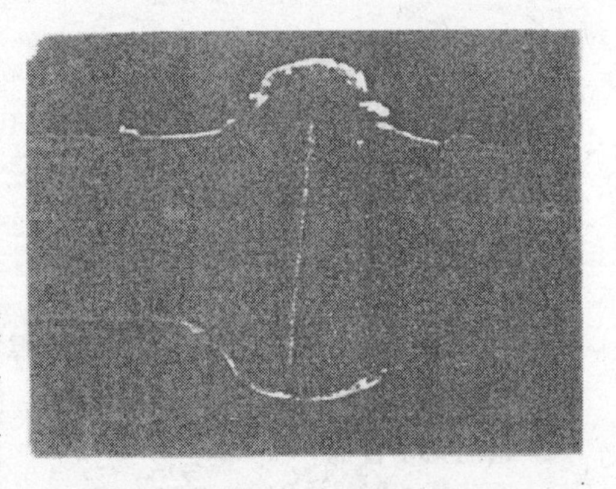
图8.21　宏观组织

显微组织如下：

(1) 熔合区：沿本区观察可见到部分区域为中间较粗且竖直的先共析铁素体，其上分布有少量星星点点的碳化物。还有部分区域为稍微宽一点的熔合区，这部分区域晶界组织为先共析铁素体，晶内为针状铁素体、珠光体和少量粒贝，粒贝中的岛状相已有分解。见图8.22中间部位和图8.23中的左侧部分。

(2) HAZ粗晶区：先共析铁素体沿原奥氏体晶界分布，晶内大多为珠光体，还有针状铁素体、块状铁素体以及自晶界向晶内生长的粗大的针状铁素体。见图8.23中右侧区域。

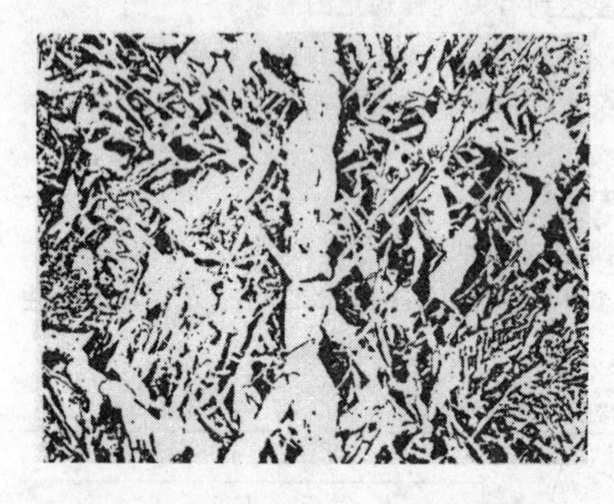

图8.22　熔合区　200×

图8.23　粗晶区　200×

(3) HAZ细晶区：铁素体、珠光体组织呈带状分布。见图8.24。

(4) HAZ不完全重结晶区：铁素体、珠光体组织呈带状分布，晶粒比细晶区粗大一些，见图8.25。

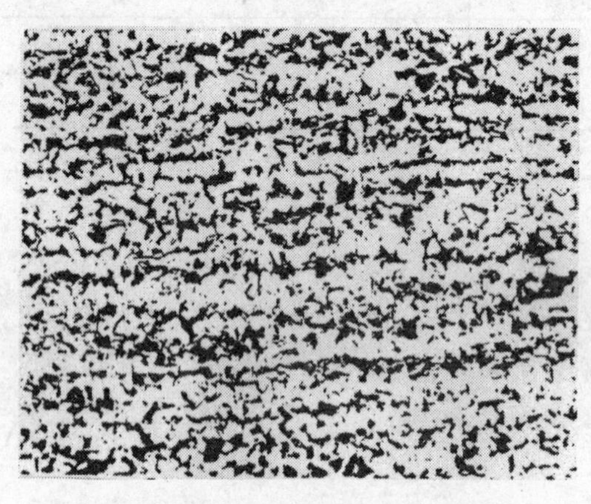

图8.24　细晶区　200×

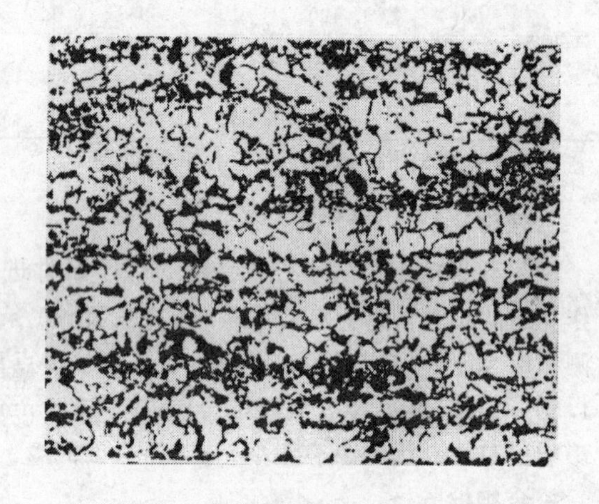

图8.25　不完全重结晶区　200×

上述各项试验结果表明，首钢生产的HRB 400钢筋完全适合于采用钢筋熔态气压焊。

8.7　生产应用实例

8.7.1　20MnSiV和20MnSiVN钢筋焊接[46]

北京燕沙工程为现浇钢筋混凝土结构，使用20MnSiV和20MnSiVN钢筋达万吨以上。

1. 钢筋力学性能

钢筋实测抗拉强度均在600MPa以上。

2. 钢筋气压焊性能试验

5个焊工对ϕ28及ϕ25钢筋共做了5组试验，试件车削成0.8倍钢筋直径，分别做5拉

5弯试验，全部合格。表明该钢筋气压焊性能良好，可以在工程中采用。在实践中，加强管理，严格控制质量，积累经验。

3. 工艺试验

在工程开工前，在现场条件下进行钢筋气压焊工艺试验，4个焊工对$\phi28$、$\phi25$、$\phi20$钢筋共做了10多组试件，每组3拉3弯，全部合格，并进一步确定工艺参数。

4. 碳当量和平破面率分析

（1）碳当量　由碳当量公式计算得，原Ⅱ级钢筋的$C_{eq}=0.378\%\sim0.516\%$，新Ⅲ级钢筋的$C_{eq}=0.394\%\sim0.540\%$。后者比前者大0.024%，其碳当量相差无几，同属于可焊的钢材，但要采取适当的工艺措施。从碳当量的概念分析，新Ⅲ级钢筋的焊接性能与原Ⅱ级钢筋相比，稍差一些。

（2）平破面率　试验表明，硅、锰特别是硅元素促使平破面的产生，不利于气压焊接；而碳、钒、铝元素能阻止平破面的产生，有利于气压焊接。从以上分析知道，硅元素含量并不比原Ⅱ级钢筋高，反而其下限的规定比原Ⅱ级钢筋还低；另一方面新Ⅲ级钢筋中增加了有利于气压焊接性能的元素钒。因此从平破面率这个概念分析，其气压焊接性能比原Ⅱ级钢筋好。

5. 应用情况

该工程为中外合资现代化建筑群，建筑面积16万m^2。其中，旅馆主体工程地上17层，高54.05m；地下3层，深15.24m。箱基底板长126m，宽23.6m，厚1.6m。上下两层双向配筋，接长筋近100m，多达十几个接头。办公楼工程地下1层，地上8层。裙房工程2～3层不等。平均每层有钢筋接头12000多个，全工程约近30万个接头。原设计采用德国BSt42/50级钢筋，搭接绑扎长度55×1.3倍钢筋直径。后经过有关专家及设计部门认可，使用国产新Ⅲ级钢筋，并采用气压焊接，保证质量，缩短工期，取得很好的技术经济效果。

6. 工程气压焊的特点

（1）接头数量多　全部合计287530个接头。

（2）钢筋级别高　全为国产42/60新Ⅲ级钢筋，直径大部分是$\phi28$，还有部分是$\phi25$和$\phi32$。

（3）质量要求高　接头按6/200抽样做3拉3弯试验，全部合格。

（4）连续焊接　每天施焊接头1000～2000个以上。

7. 新Ⅲ级钢筋气压焊工艺

新Ⅲ级钢筋气压焊工艺与原Ⅱ级钢筋基本相同，有区别的是加热火焰功率较高，加热幅度较大，加压速度较快。全部采用电动加压器，注意焊后接头防止急冷。接头合格率达到100%。

8. 效益显著

节约钢筋计2961.62t，节约资金592万元。工程提前三个半月封顶，工程质量高，施工进度快，受到上级的高度赞扬。

8.7.2 深圳铁路新客站工程中40mm直径钢筋的气压焊接施工[47]

深圳铁路新客站总建筑面积9万多平方米，包括主楼和其他配套设施。主楼共13层，集售票厅、候车室、邮电、金融、商贸、旅游为一体，造型美观，布局合理。

新客站主楼结构设计采用了大量ϕ40 原Ⅱ级钢筋，原设计采用搭接电弧焊。由于施工工期紧迫，如采用搭接电弧焊，不仅不能保证工程进度要求，而且要浪费大量的钢筋。经过研究，提出采用气压焊接工艺。

气压焊是一种先进的钢筋焊接工艺，已在许多工程中成功地应用。但是大批量焊接ϕ40 钢筋还是第一次。国内因ϕ40 钢筋应用较少，在现场施工方面也没有很成熟的经验。为此，先进行ϕ40 钢筋的气压焊接工艺试验，确定合理的工艺过程和焊接参数，并做各种物理化学性能的检验，经有关部门进行技术鉴定后，才在工程中使用。

在一个多月的时间里，做了300 多根试件，摸索出合理的工艺过程和焊接参数，并分别对焊接试件做了拉伸、弯曲、金相分析、化学分析、无损检测等各项性能指标的检验，结果证明焊接质量完全满足检验标准的要求。有关单位对试验结果进行了技术鉴定，认为焊接工艺合理，质量可靠，经济效益显著，同意在工程中使用。

钢筋气压焊的操作工艺已经比较成熟，通过焊接ϕ40 这样直径比较大的钢筋，更感觉到有以下几点体会：

(1) 在加压方式上采用三次加压法比较合理，也容易掌握。初始压力不宜加得太大，以钢筋横截面计算10～15MPa 即可。关键是第二次加压，二次加压的时机和数值都必须掌握好，使得钢筋端面间隙完全闭合，并且将结合面上的氧化膜和其他杂质压碎破坏，为金属原子之间的结合创造条件。

(2) 由于钢筋直径较大，内外温度梯差也大，钢筋接头表面不可避免地要产生轻微过烧。根据经验，即使镦粗区外表出现 2mm 左右宽度纵向裂纹的接头，质量亦比较可靠。

(3) 使用的ϕ40 钢筋有国产的，也有进口的，从化学成分看，离散性比较大。为了提高安全度，要求接头的装配间隙控制在2mm 以下，焊包直径达到1.5d，这样比较容易保证质量。

(4) 焊接大直径钢筋时，掌握好火焰的功率是很重要的。功率太小，焊接时间长，效率低，而且因在高温区停留时间长，金属晶粒粗大，影响接头的综合力学性能。功率太大，容易使外表过烧，中心夹生。因此焊接时要合理选择加热器，并注意掌握火焰功率。

(5) 焊接大直径钢筋时，利用各个工艺参数对钢筋整个结合面的温度进行定量的控制是很关键的，仅仅依靠钢筋表面颜色的变化来掌握温度有时差别很大。焊工通过实践在这方面积累了比较丰富的经验。

该工程工期非常紧迫，气压焊工序的成功与否，直接影响到总体施工日程的实施。为了保证焊接质量和施工顺利进行，在气压焊施工中，采取了一系列质量保证措施。首先制定了“新客站钢筋气压焊施工技术措施”，对现场焊接的施工组织、质量保证体系、质量标准与检查验收方法、安全生产等都提出了明确的要求和规定。对于人员组织、现场配合、机具设备、材料供应等也有专人负责，以保证气压焊施工有组织、有计划、高质量地顺利进行。根据现场钢筋的数量和工期安排，组成了若干个焊接小组，每层钢筋焊接前，都由技术人员画出钢筋分布图，划分责任区，把任务落实到各小组，并做好现场施工记录，随时发现施焊过程中的各种问题，及时解决。为了有效地控制焊接质量，将“全面质量管理”贯穿于整个施工过程中，每个焊接小组即是一个QC 小组，各小组经常开展活动，对出现的各种问题和影响因素进行分析，研究找出原因，制定对策，并及时加以解决。由于对各个环节加强了管理，消除了各种可能影响焊接质量的因素，因此，气压焊施工是比较顺利的，没有因质量问题造成返工或延误工期的现象。现场每一批接头焊完后，都由工地监理和质检人员共同进行质量检查，并按要求取6根试件，3拉3弯，合格率均达100%。

在施工中也曾碰到过一些困难和问题，比如环境气候的影响；由于场地狭小，工期紧张，各道工序交叉作业，给气压焊施工带来的影响；机具设备问题对焊接施工的影响等。另外，在现场进的料很杂，有个别品种钢筋没有材质证明书，对此要求是先做化学分析，确定其焊接性。还有一种进口钢筋，碳当量较高，反复进行了试焊，调整了焊接参数，对焊接工艺做了改进，焊出的接头质量都达到了验收标准的要求。另一方面，也有一些有利的条件，在冬天气温仍比较高，不存在冬期施工问题；瓶装乙炔气纯度高，压力足，质量比较好。

由于采用了气压焊工艺，大大加快了施工进度，提高了工程质量，取得了很好的经济效益和社会效益。在这个工程中共计焊接钢筋接头约7000个，其中，直径40mm的近3000个。采用气压焊比原设计节约了钢筋50余吨，电焊条1.5t，综合费用节省近10万元，工效提高了5倍，并且降低了劳动强度，提高了混凝土的灌注质量，上级对施工质量和速度给予了很高的评价。

8.7.3 哈尔滨预应力钢筋混凝土拱型屋面大板生产中的应用[48]

1. 大板概况

现场叠层生产预应力钢筋混凝土拱型屋面大板具有受力好，结构形式合理，屋面整体刚度好，能在现场就地叠层生产和直接吊装使用的特点。主要用于大跨度的各种厂房、库房及各类畜禽舍等建筑物的屋面结构，经济效益、社会效益都比较显著。

2. 气压焊接技术的应用

经过认真的分析，认为对这种大板结构的预应力钢筋采用气压焊接技术具有可行性：(1) 大板结构预应力钢筋都是外露后张预应力钢筋，钢筋对焊接头的大小不会影响预应力钢筋的使用；(2) 大板在使用状态下，预应力钢筋受力比较明显，主要承受拉应力；(3) 预应力钢筋都按冷拉强度设计，每根预应力钢筋对焊接头都必须经过冷拉检验。

根据预应力钢筋的受力情况，确定对钢筋焊件只做单一的拉伸试验，没有做弯曲试验。按大板预应力钢筋实际使用条件，确定做如下气压焊接试件：原Ⅱ—Ⅱ、Ⅱ—45号、Ⅲ—Ⅲ、Ⅲ—45号，同级别的钢筋，不同钢种的钢筋气压焊试件，共计做144根试件，见表8.7。

各种焊接试件数 表8.7

试件种类	Ⅱ—Ⅱ	Ⅱ—45号	Ⅲ—Ⅲ	Ⅲ—45号
试件数量	42	30	42	30

结果有139根试件在距焊口3cm之外拉断，5根在焊口拉断，不合格焊件占总数的3.4%，合格焊件占96.6%。焊口被拉断的焊接试件为原Ⅱ—Ⅱ1根、Ⅱ—45号1根、Ⅲ—Ⅲ1根、Ⅲ—45号2根。焊件钢筋直径为原Ⅱ级钢ϕ25，原Ⅲ级钢为ϕ28。试验结果说明这种气压焊接技术对大板预应力钢筋的焊接很有可行性。

首先，在某食堂屋面工程上试用。该屋面采用的“单曲槽板”，板跨为10m、板宽为3m，设计为冷拉原Ⅱ级钢筋ϕ28，螺丝端杆为45号钢，有16根预应力钢筋，32个焊口。其中原

Ⅱ—Ⅱ焊口16个，Ⅱ—45号焊口16个，全部预应力钢筋都采用了气压焊焊接技术。焊完的预应力钢筋都要经过冷拉检验，只有一根钢筋与45号钢的焊口拉断，拉断时应力接近钢筋的冷拉控制应力。预应力钢筋的张拉应力是冷拉应力的85%，所以经过冷拉检验的钢筋气压焊接接头质量是可靠的。

之后，气压焊接技术在大板预应力钢筋上推广应用，已在25个建设单位，77个单项工程上使用。1988～1990年，共计应用面积达99582m^2，应用板跨度10～24m不等，预应力钢筋为原Ⅱ、Ⅲ级钢筋，钢筋直径，原Ⅱ级钢筋为ϕ18～ϕ28、原Ⅲ级钢只用ϕ28，螺丝端杆用45号钢加工。

总的气压焊接接头数13242个，见表8.8。

各种钢筋气压焊接接头数　　**表8.8**

种　　类	Ⅱ—Ⅱ	Ⅱ—45号	Ⅲ—Ⅲ	Ⅲ—45号
头　　数	6532	3814	1964	631

焊接成功率在98%以上，还有的工程达到100%，通过几年来的生产实践认为：

(1) 气压焊接技术可扩大应用到原Ⅲ级钢的焊接及原Ⅱ、Ⅲ级钢与45号钢的焊接。

(2) 气压焊接技术只能用于外露后张预应力钢筋的焊接。

(3) 孔道灌浆的后张预应力钢筋不易采用气压焊接，因接头直径太大。

(4) 气压焊接技术不用电，设备简单，操作方便，焊接技术容易掌握，具有广阔的发展前途。

1991年度有62个单项工程在粮库、鸡舍、体育馆等项目中，应用了预应力拱型屋面大板，跨度在12～24m范围内，总建筑面积达10万m^2，大板上使用的预应力钢筋主要是应用了气压焊接技术，总接头数量9956个。

其中：原Ⅱ—Ⅱ级钢筋，焊接头数5196个；

原Ⅱ—45号钢，4600个；

原Ⅲ—Ⅲ级钢筋，240个；

原Ⅲ—45号钢，120个。

通过近几年的实践，证明了气压焊接在采用了一些措施后是完全可靠的，是能够满足拱板使用要求的。

8.7.4　北京中建建筑科学技术研究院推广应用钢筋熔态气压焊技术

1990年起在某大酒店工程及北京彩管厂二期工程等施工中采用了熔态气压焊工艺，已焊接头数千个，钢筋直径为ϕ25、ϕ32，应用证明，熔态气压焊具有进一步节省材料、节约人工、降低能耗、降低接头成本等优点，比固态气压焊施工简单，能保证施工质量，是一种受欢迎的钢筋对焊法。在此之后，在北京、大连、陕西、秦皇岛、海南等地工程中推广应用，焊接钢筋接头30万个。

8.7.5　钢筋熔态气压焊在预应力钢筋中的应用[49]

宁夏第一建筑工程公司对熔态钢筋气压焊进行了试验研究，并在预应力混凝土结构的钢筋连接中推广应用，取得良好效果。

1. 施焊操作方法

将两钢筋用夹具夹正夹牢之后，先用小功率火焰（中性焰）对钢筋接缝两侧各0.5倍钢筋直径进行往复加热10s左右，接着加大火焰功率，由中性焰转变为碳化焰，使白炽色羽状火焰包住两钢筋接头端部。将火焰在接缝左右作螺旋形往复均匀移动，围绕接缝集中加热，让火焰继续包住接缝，防止氧化；直到钢筋焊接端部被加热到熔化状态，使钢筋端部的氧化物等随着熔化金属熔滴而流出。待钢筋焊接端部呈凸状时，立即加压加热，使钢筋端部熔化金属密合牢固，焊接接头镦粗镦长达到要求，此时仍以压焊面为中心，在镦粗区域继续加热（较小火焰功率），并缓慢加压几秒钟，使镦粗区毛刺熔化（或吹掉），就停止加热加压，完成焊接。

根据钢筋直径不同，采用不同的氧气、乙炔的工作压力。氧气的工作压力一般为0.7～0.9MPa，乙炔采用0.10～0.14MPa。

2. 应用

该公司不仅用熔态原钢筋气压焊焊接ϕ12～ϕ40的原Ⅰ、Ⅱ级钢筋，应用到各类工程上，并且对竹节钢与螺纹钢、原Ⅱ级钢（ϕ25～ϕ40）与45号钢（ϕ32～ϕ40）进行施焊研究，均取得良好的焊接效果，广泛用于某电厂ϕ28预应力钢筋双T板、某电机厂铸造车间21m跨预应力折线形屋架、某电线厂24m预应力折线形屋架、某水泥厂成品库24m跨预应力折线形屋架、某印刷厂18m及15m跨薄腹梁预应力屋架等结构中ϕ28～ϕ32钢筋与45号钢（ϕ32～ϕ39）螺丝端杆的焊接，解决了施工上的难题。以上工程经受了近几年各种荷载及多次4级左右小地震的考验，至今未见异常，质量良好，深受广大用户的好评。

3. 优越性

（1）该种焊接工艺既操作简便，易于掌握，保证质量，又大大简化对钢筋端部加工的苛刻要求。

（2）工效高　焊好ϕ18钢筋1个接头30s，ϕ22接头50s，ϕ25接头70s，ϕ32接头90s，平均60s。一个工作台班（3～4人）可焊300个接头。

在某购物中心工程中施工，建筑面积31000m^2，框架结构七层，局部八层，外加地下室，现浇梁柱板，每层有柱子80多根，双向密肋梁200多条，每层有钢筋接头3400多个，共有焊接接头27200多个。用熔态钢筋气压焊施工，每周焊完一层，保证了施工进度的要求。同时在抽检31组焊件试验中，合格率达100%，还节约了钢筋，每个接头平均按节约1kg钢筋计算，共节约钢筋27.2t，折合人民币8.16万元。

（3）成本低　熔态钢筋气压焊，焊接100个接头需1瓶氧气，价10元；1瓶乙炔，价66～70元；1个多人工，工资15元；各种机械折旧费5元，共需100元，每个接头只需1.0～1.2元。

该公司几年来共节约钢筋647.77t，经济效益十分显著，因而大力推广应用，从原来两套设备已发展到九套设备。

8.7.6 贵州钢龙焊接技术有限公司的推广应用

近年来，钢筋熔态气压焊技术在江苏、浙江、贵州等地大量推广应用。贵州钢龙焊接技术有限公司自1991年以来，在贵州地区推广钢筋气压焊接头120万个以上；自1995年开始全面推广采用熔态气压焊（开式）；自1998年9月起采用氧液化石油气熔态气压焊，并在贵州电力小区（建筑面积12.6万m^2）工程中对HRB 400钢筋进行焊接。目前，采用氧液化石油气熔态气压焊工艺，已完成HRB 400钢筋接头5万个，钢筋直径最大为32mm；经检验，接头质量全部合格。节约成本30%以上。

自从行业标准《钢筋焊接及验收规程》JGJ 18—2003发布实施以来，贵阳地区月使用量约7.2万个接头，得到施工单位、质检单位的一致好评。

陕西省建筑科学研究设计院进行了钢筋熔态气压焊接头金相检验和硬度测定，结果如下：

ϕ25 HRB 400钢筋熔态气压焊接头纵剖面宏观照片见图8.26，其上有2个黑点系试样机加工时不小心留下的凹坑。

显微组织见图8.27～图8.30，从中可见焊缝与熔合区晶粒交叉分布，熔合良好。

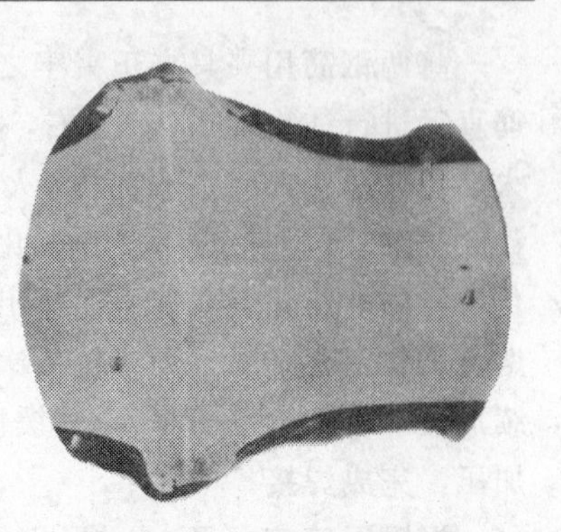

图8.26　接头宏观照片

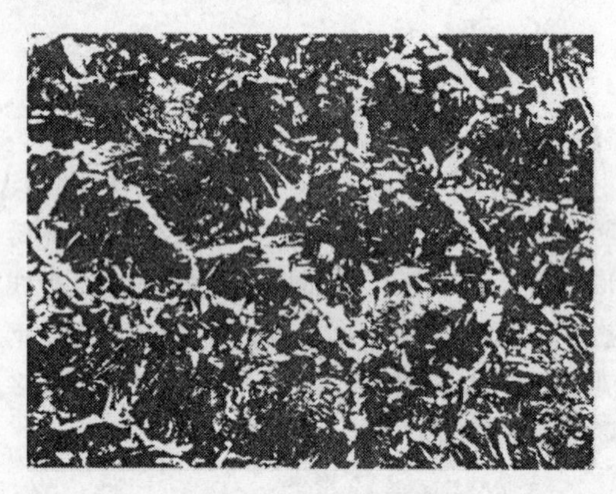

图8.27　焊缝＋熔合区＋粗晶区　100×

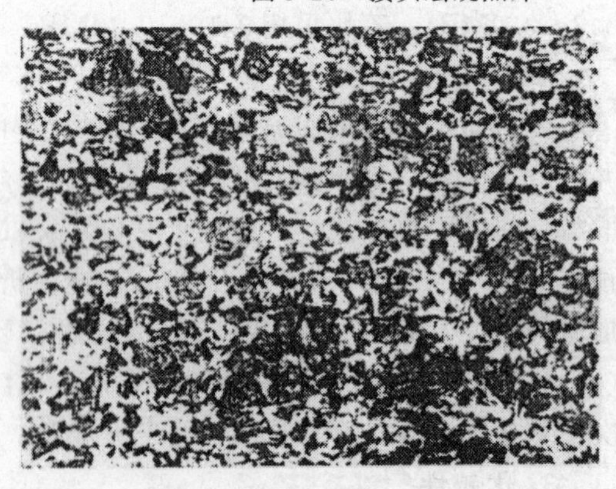

图8.28　正火区　100×

图8.29　不完全重结晶区　100×

图8.30　母材　100×

接头维氏硬度测定结果见表8.9。

接头维氏硬度　　　　表8.9

测　点	焊　缝	离熔合线0.8mm	离熔合线1.6mm	母　材
HV5	193	203	204	204

以上测定结果表明，焊缝、粗晶区的维氏硬度与母材相当，无淬硬倾向，焊接接头性能良好。

9　预埋件钢筋埋弧压力焊

9.1 基　本　原　理

9.1.1　名词解释

预埋件钢筋埋弧压力焊 submerged-arc pressure welding of reinforcing steel bar at prefabricated components

将钢筋与钢板安放成T型形式，利用焊接电流通过，在焊剂层下产生电弧，形成熔池，加压完成的一种压焊方法，见图9.1。

该种方法属熔态压力焊。

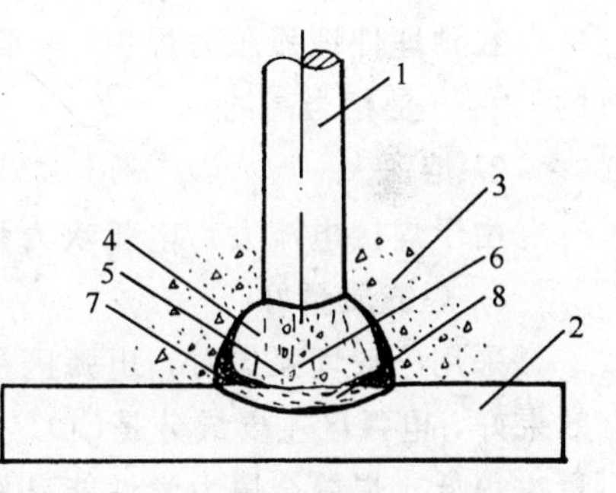

图9.1　预埋件钢筋埋弧压力焊埋弧示意图

1—钢筋；2—钢板；3—焊剂；4—空腔；5—电弧；6—熔滴；7—熔渣；8—熔池

9.1.2　焊接过程实质[50]

在埋弧压力焊时，钢筋与钢板之间引燃电弧之后，由于电弧作用使局部母材及部分焊剂熔化和蒸发，金属和焊剂的蒸发气体以及焊剂受热熔化所产生的气体形成了一个空腔。空腔被熔化的焊剂所形成的熔渣包围。焊接电弧就在这个空腔内燃烧。在焊接电弧热的作用下，熔化的钢筋端部和钢板金属形成焊接熔池。待钢筋整个截面均匀加热到一定温度，将钢筋向下顶压，随即切断焊接电源，冷却凝固后形成焊接接头。

整个焊接过程为：引弧—电弧—顶压。

但是，当钢筋直径较大时，例如，ϕ18及以上，焊接电流的增长较少，按钢筋横截面面积计算，电流密度相对减小，这时势必增加焊接通电时间。经测定，在电弧过程后期，电弧熄灭，由电弧过程转变为电渣过程；之后，加压，切断焊接电源。这样，整个焊接过程为：引弧——电弧——电渣——顶压，见图9.2。

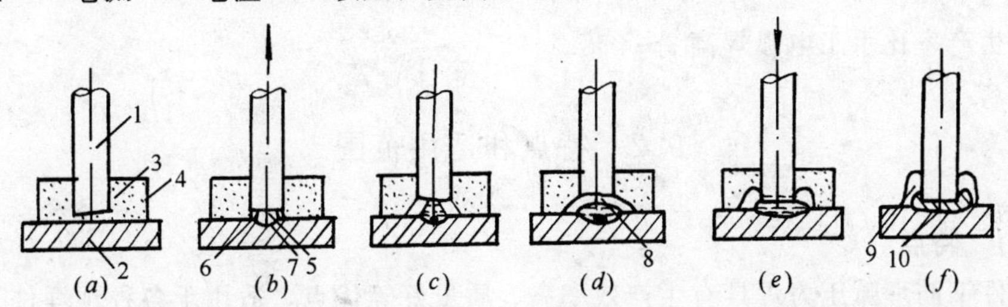

图9.2　粗直径钢筋预埋件埋弧压力焊焊接过程示意图

(*a*) 起弧前；(*b*) 引弧；(*c*) 电弧过程；(*d*) 电渣过程；(*e*) 顶压；(*f*) 焊态

1—钢筋；2—钢板；3—焊剂；4—档圈；5—电弧；6—熔渣；7—熔池；8—渣池；9—渣壳；10—焊缝金属

9.1.3　优点[51]

1. 热效率高

在一般自动埋弧焊中，由于焊剂和熔渣的隔热作用，电弧基本上没有热的辐射损失，飞溅造成的热量损失也很小。虽然，用于熔化焊剂的热量有所增加，但总的热效率要比手工电弧焊高很多，见表9.1。

热量平衡比较表　　表9.1

焊接方法	热量形成（%）		热量分配（%）					
	阴、阳极区	弧柱	辐射	飞溅	熔化焊丝或焊芯	熔化母材	母材导热	熔化焊剂或药皮
埋弧自动焊	54	46	1	1	27	45	3	23
手工电弧焊	66	34	22	10	23	8	30	7

在预埋件埋弧压力焊中，参照表9.1可以看出，用于熔化钢筋、钢板的热量约占总热量的72%，是相当高的。

2. 熔深大

由于焊接电流大，电弧吹力强，所以接头熔深大。

3. 焊缝质量好

采用一般埋弧焊时，电弧区受到焊剂、熔渣、气腔的保护，基本上与空气隔绝，保护效果好，电弧区主要成分是CO。一般埋弧自动焊时焊缝金属含氮量较低（见表9.2），含氧量也很低，焊缝金属力学性能良好。

电弧区气体成分及焊缝金属中的含氮量　　表9.2

焊接方法	电弧区气体成分（%）					焊缝金属含氮量（%）
	CO	CO_2	H_2	N_2	H_2O	
埋弧焊（焊剂431）	89～93	—	7～9	≤1.5	—	0.002
手弧焊（钛型焊条）	46.7	5.3	34.5	—	13.5	0.015

焊接接头中无气孔、夹渣等焊接缺陷。

4. 焊工劳动条件好

无弧光辐射，放出的烟尘非常少。

5. 效率高

劳动生产率比手工电弧焊高3～4倍。

9.2　特点和适用范围

9.2.1　特点

预埋件钢筋埋弧压力焊具有生产效率高、质量好等优点，适用于各种预埋件T型接头钢筋与钢板的焊接，预制厂大批量生产时，经济效益尤为显著。

9.2.2　适用范围

预埋件钢筋埋弧压力焊适用于热轧ϕ6～ϕ25 HPB 235、HRB 335、HRB 400钢筋的焊接。

当需要时，亦可用于ϕ28、ϕ32 钢筋的焊接。钢板为普通碳素钢Q235A，厚度6～20mm，与钢筋直径相匹配。若钢筋直径粗，钢板薄，容易将钢板过烧，甚至烧穿。

9.3 埋弧压力焊设备

9.3.1 组成

对预埋件钢筋埋弧压力焊机的要求是：安全可靠，操作灵活，维护方便。

该种焊机主要由焊接电源、焊接机构和控制系统（控制箱）三部分组成，按其操作方式，可分手动和自动两种。

手动焊机，其钢筋上提、下送、顶压均由焊工通过杠杆作用（或摇臂传动）完成，见图9.3（a）[52]。

自动焊机又有两种，一是电磁式，钢筋上提是通过揿按钮，控制线路接通，电磁铁为线圈吸引，产生电弧；钢筋顶压是通过控制线路断开，磁力释放，利用弹簧将钢筋下压[53]。

另一种电动式，是在机头上设置直流微电机，通过蜗轮、蜗杆减速，利用齿轮、齿条以及电弧电压负反馈控制系统，自动将钢筋上提、下送、顶压，外形见图9.3（b）。

手动焊机和电动式自动焊机适用于ϕ6～ϕ25 钢筋的焊接；电磁式自动焊机适用于ϕ8～ϕ16 钢筋的焊接。

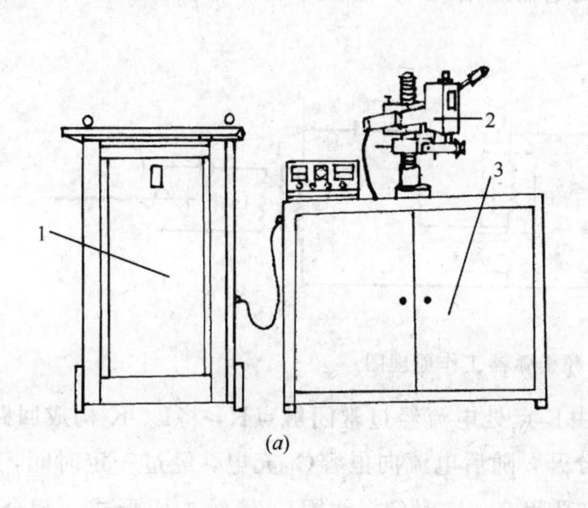

图9.3 预埋件钢筋埋弧压力焊机

（a）杠杆式手动埋弧压力焊机外形示意图；（b）电动式自动埋弧压力焊机外形示意图

1—弧焊变压器；2—焊接机构；3—控制箱

9.3.2 焊接电源

当钢筋直径较小，负载持续率较低时，采用BX3-500 型弧焊变压器作为焊接电源。当钢筋直径较粗，负载持续率较高时，宜采用BX2-1000 型弧焊变压器作为焊接电源。

弧焊变压器的结构和性能见6.3节。

9.3.3　焊接机构

手动式焊机的焊接机构一般均采用立柱摇臂式，由机架、机头和工作平台三部分组成。焊接机架为一摇臂立柱，焊接机头装于摇臂立柱上。摇臂立柱装于工作平台上。焊接机头可以在平台上方，向前后、左右移动。摇臂可以方便地上下调节，工作平台中间嵌装一块铜板电极，在一侧装有漏网，漏网下有贮料筒，存贮使用过的焊剂。

9.3.4　控制系统

控制系统由控制变压器、互感器、接触器、继电器等组成；另加引弧用的高频振荡器。主要部件组装在工作平台下的控制柜内，焊接机构与控制柜组成一体。

在工作平台上，装有电压表、电流表、时间显示器，以观察次级电压（空载电压、电弧电压）、焊接电流及焊接通电时间。

电气控制原理图见图9.4。

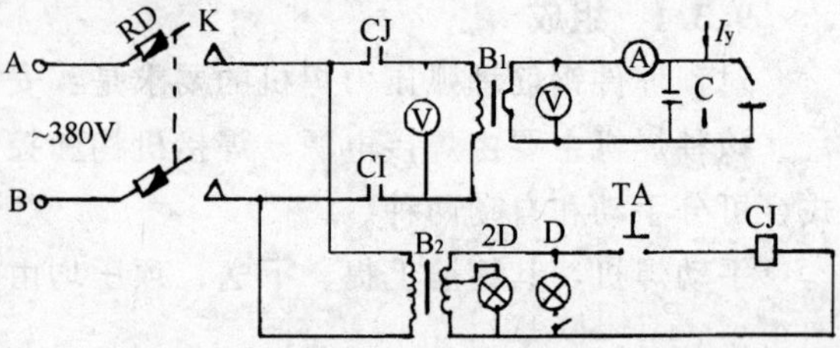

图9.4　手工埋弧压力焊机电气原理图

K—铁壳开关；RD—管式熔断器；B_1—弧焊变压器；B_2—控制变压器；D—焊接指示灯；C—保护电容；2D—电源指示灯；TA—启动按钮；CJ—交流接触器；I_y—高频振荡引弧电流接入

9.3.5　高频引弧器

高频引弧器是埋弧压力焊机中重要组成部分，高频引弧器有很多种，以采用火花隙高频电流发生器为佳。它具有吸铁振动的火花隙机构（感应线圈）。不仅能简化高压变电器的结构，并可从小功率中获得振荡线圈次级回路的高压，其工作原理见图9.5。

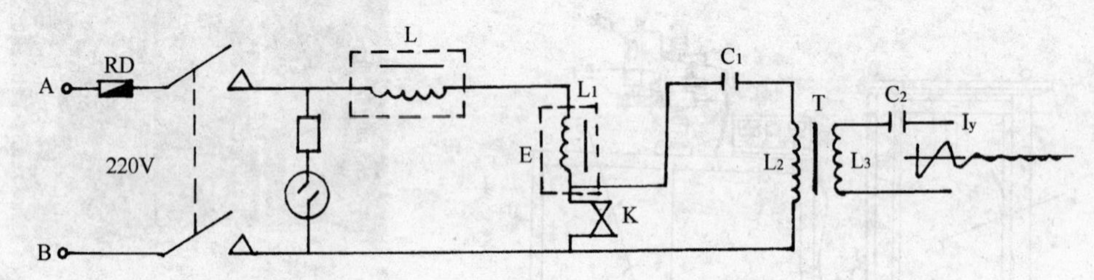

图9.5　高频引弧器工作原理图

焊接开始瞬间，电流从A、B接入，由E点处电流经过常闭触点K，将L、K构成回路，L_1导电，吸引线圈开始动作，把触头K分开，随后电流向电容C_1充电，经过一定时间，当正弦波电流为零值时，吸力消失，触头K又闭合，这时C_1、线圈L_2经触头K形成一闭合回路，C_1向C_2放电，电容器的静电能转为线圈的电磁能。

电容器放电后，储藏在线圈的电磁能沿电路重新反向通电，于是电容器又一次被充电，这种过程重复地继续。如果回路内尚未损耗，则振荡不会停止。实际上，回路内有电阻，这种振荡迅速减少至零，其持续时间一般仅数毫秒，外加正弦电流从零逐渐增加，使L_1导电，K分开振荡回路被切断，于是电容器C_1重又接受电流充电，再次重复上述过程。这样，产生高频振荡电流I_y。

9.3.6　钢筋夹钳

对钢筋夹钳的要求是：（1）钳口可根据焊接钢筋直径大小调节；（2）通电导电性能良好；（3）夹钳松紧适宜。在操作中，往往由于接触不好，致使钳口和钢筋之间产生电火花现象，钢筋表面烧伤，为此必须在夹钳尾部安装顶杠和弹簧，使其自行调节夹紧，避免产生火花。

9.3.7 电磁式自动埋弧压力焊机

四川省建筑科学研究院研制的电磁式自动埋弧压力焊机由焊接电源、焊接机构和控制箱三部分组成。

焊接电源采用BX2-1000型弧焊变压器。

焊接机构由机架、工作平台和焊接机头组成。焊接机头如图9.6所示。它装在可动横臂的前端。可动横臂能前后滑动和绕立柱转动，由电磁铁和锁紧机构来控制。焊接机构的立柱可上下调整，以适应不同长度钢筋预埋件的焊接。工作平台上放置被焊钢板。台面上装有导电夹钳。

控制箱内安装了带有延时调节器的自动控制系统、高频振荡器和焊接电流、电压指示仪表等。

9.3.8 对称接地

焊接电缆与铜板电极联结时，宜采用对称接地，见图9.7，以减少电弧偏吹，使接头成形良好。

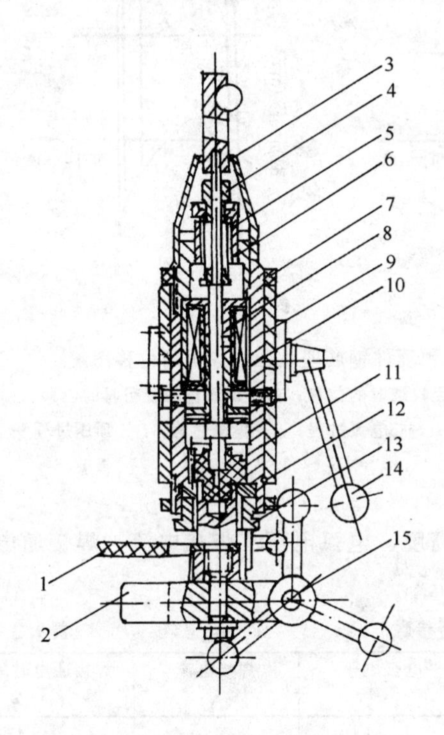

图9.6 焊接机头构造简图

1—电缆；2—夹钳；3—中心杆；4—螺帽；5—弹簧；6—挡圈；7—螺环；8—静磁铁；9—线圈；10—动磁铁；11—滑铁；12—外壳；13—螺母；14—操纵柄；15—操纵盘

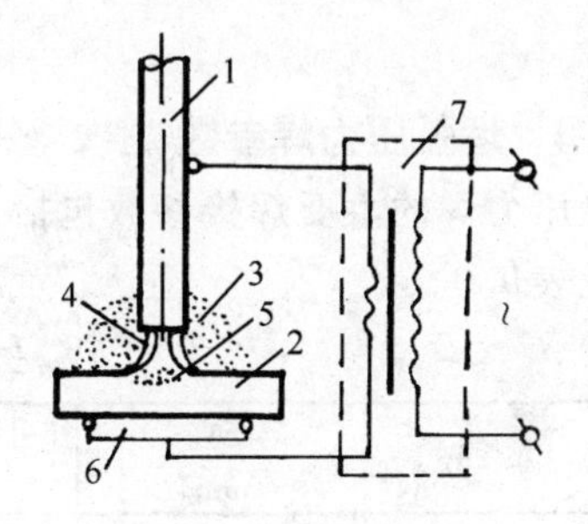

图9.7 对称接地示意图

1—钢筋；2—钢板；3—焊剂；4—电弧；5—熔池；6—铜板电极；7—弧焊变压器

9.4 埋弧压力焊工艺

9.4.1 焊剂

在预埋件钢筋埋弧压力焊中，可采用HJ 431焊剂，见7.4。

9.4.2 焊接操作

埋弧压力焊时，先将钢板放平，与铜板电极接触良好；将锚固钢筋夹于夹钳内，夹牢；放好挡圈，注满焊剂；接通高频引弧装置和焊接电源后，立即将钢筋上提2.5～4mm，引燃电弧。若钢筋直径较细，适当延时，使电弧稳定燃烧；若钢筋直径较粗，则继续缓慢提升

3～4mm，再渐渐下送，使钢筋端部和钢板熔化，待达到一定时间后，迅速顶压。顶压时，不要用力过猛，防止钢筋插入钢板表面之下，形成凹陷。敲去渣壳，四周焊包应较均匀，凸出钢筋表面的高度至少4mm，见图9.8。

9.4.3　钢筋位移

在采用手工埋弧压力焊机，并且钢筋直径较细或采用电磁式自动焊机时，钢筋的位移见图9.9（*a*）；当钢筋直径较粗时，钢筋的位移见图9.9（*b*）。

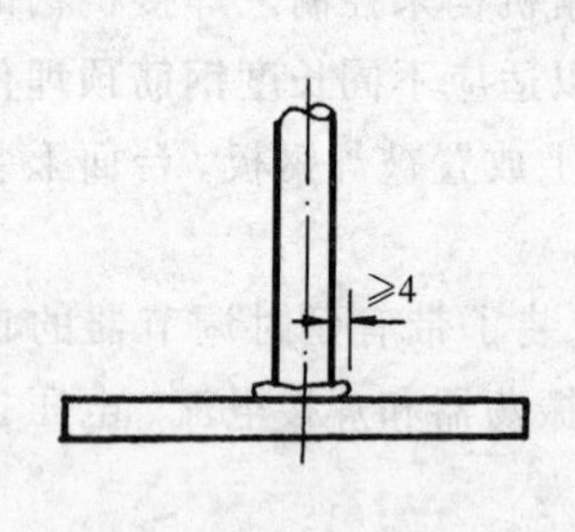

图9.8　预埋件钢筋埋弧压力焊接头

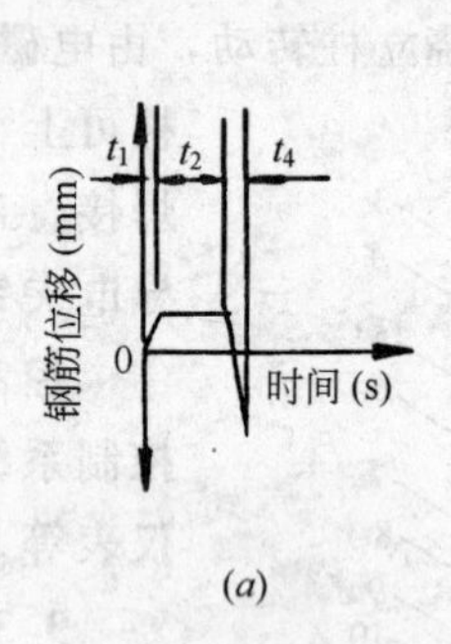

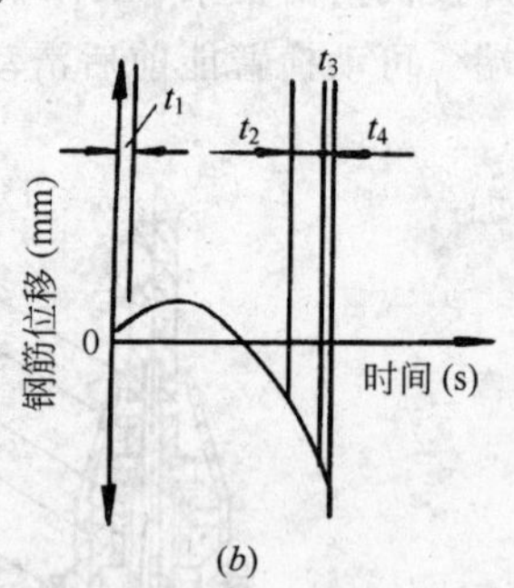

图9.9　预埋件钢筋埋弧压力焊钢筋位移图解
（*a*）钢筋直径较细时的位移；（*b*）钢筋直径较粗时的位移
t_1—引弧过程；t_2—电弧过程；t_3—电渣过程；t_4—顶压过程

9.4.4　埋弧压力焊参数

埋弧压力焊的主要焊接参数包括：引弧提升高度、电弧电压、焊接电流、焊接通电时间，参见表9.3。

埋弧压力焊焊接参数　　表9.3

钢筋牌号	钢筋直径 (mm)	引弧提升高度 (mm)	电弧电压 (V)	焊接电流 (A)	焊接通电时间 (s)
HPB 235 HRB 335 HRB 400	6	2.5	30～35	400～450	2
	8	2.5	30～35	500～600	3
	10	2.5	30～35	500～650	5
	12	3.0	30～35	500～650	8
	14	3.5	30～35	500～650	15
	16	3.5	30～40	500～650	22
	18	3.5	30～40	500～650	30
	20	3.5	30～40	500～650	33
	22	4.0	30～40	500～650	36
	25	4.0	30～40	500～650	40

在生产中，若具有1000型弧焊变压器，可采用大电流、短时间的强参数焊接法，以提高劳动生产率。例如：焊接ϕ10钢筋时，采用焊接电流550～650A，焊接通电时间4s；焊接ϕ16钢筋时，650～800A，11s；焊接ϕ25钢筋时，650～800A，23s。

9.4.5　焊接缺陷及消除措施

在埋弧压力焊生产中，引弧、燃弧（钢筋维持原位或缓慢下送）和顶压等环节应密切配合；焊接地线应与铜板电极接触良好，并对称接地；及时消除电极钳口的铁锈和污物，修理电极钳口的形状等，以保证焊接质量。

焊工应认真自检，若发现焊接缺陷时，应参照表9.4查找原因，及时消除。

预埋件钢筋埋弧压力焊接头焊接缺陷及消除措施 **表9.4**

项 次	焊 接 缺 陷	消 除 措 施
1	钢筋咬边	1. 减小焊接电流或缩短焊接时间 2. 增大压入量
2	气 孔	1. 烘焙焊剂 2. 消除钢板和钢筋上的铁锈、油污
3	夹 渣	1. 清除焊剂中熔渣等杂物 2. 避免过早切断焊接电流 3. 加快顶压速度
4	未焊合	1. 增大焊接电流，增加熔化时间 2. 适当顶压
5	焊包不均匀	1. 保证焊接地线的接触良好 2. 保证焊接处具有对称的导电条件 3. 钢筋端面平整
6	钢板焊穿	1. 减小焊接电流或减少焊接通电时间 2. 在焊接时避免钢板呈局部悬空状态
7	钢筋淬硬脆断	1. 减小焊接电流，延长焊接时间 2. 检查钢筋化学成分
8	钢板凹陷	1. 减小焊接电流，延长焊接时间 2. 减小顶压力，减小压入量

9.5 生产应用实例

9.5.1 上海五建机械修造厂的应用

上海五建机械修造厂自制手动式预埋件钢筋埋弧压力焊机，投产十多年来，平均每年供应30万m^2建筑面积所需的预埋件，约500t左右。与手工电弧焊比较，每年节约电焊条15t，电能75000度，钢材5t，技术工种250工日，工效提高3倍以上。

9.5.2 中港第三航务工程局上海浦东分公司的应用

中港第三航务工程局上海浦东分公司应用预埋件钢筋埋弧压力焊已有多年。该公司主要生产预应力混凝土管桩（$\phi600\sim\phi1200$）、钢筋混凝土方桩，以及梁、板等预制混凝土构件。管桩端板制作中采用钢筋埋弧压力焊。钢筋牌号HRB 335，直径10、12、14mm。端板最大外径1200mm，锚筋18根，由于工作量大，公司自制埋弧压力焊机2台，焊接电源为上海电焊机厂生产的BX2-1000型弧焊变压器。施焊时，电弧电压25～30V，焊剂431。2002年生产管桩端板35000件，操作见图9.10。此外，还生产其他预埋件32.6t。埋弧压力焊生产率高，焊接质量好，改善焊工劳动条件，具有明显的技术经济效益。

图9.10 管桩端板钢筋埋弧压力焊

10　接头质量检验与验收

10.1　一　般　规　定

10.1.1　质量验收标准

钢筋焊接接头或焊接制品（焊接骨架、焊接网）质量检验与验收应按现行国家标准《混凝土结构工程施工质量验收规范》GB 50204—2002 中基本规定和行业标准《钢筋焊接及验收规程》JGJ 18—2003 中规定执行。

大型钢筋焊接网应按现行国家标准《钢筋混凝土用钢筋焊接网》GB/T 1499.3—2002 中有关规定进行质量检验与验收，主要规定见10.2.8节～10.2.10节。

10.1.2　质量检验

钢筋焊接接头或焊接制品应按检验批进行质量检验与验收，并划分为主控项目和一般项目两类。质量检验时，应包括外观检查和力学性能检验。

10.1.3　主控项目

纵向受力钢筋焊接接头，包括闪光对焊接头、电弧焊接头、电渣压力焊接头、气压焊接头的连接方式检查和接头的力学性能检验规定为主控项目。

接头连接方式应符合设计要求，应全数检查，检验方法为观察。

接头试件进行力学性能检验时，其质量和检查数量应符合规程有关规定；检验方法包括：检查钢筋出厂质量证明书、钢筋进场复验报告、各项焊接材料产品合格证、接头试件力学性能试验报告等。

10.1.4　一般项目

纵向受力钢筋焊接接头的外观质量检查规定为一般项目。

非纵向受力钢筋焊接接头，包括交叉钢筋电阻点焊焊点、封闭环式箍筋闪光对焊接头、钢筋与钢板电弧搭接焊接头、预埋件钢筋电弧焊接头、预埋件钢筋埋弧压力焊接头的质量检验与验收，规定为一般项目。

10.1.5　外观检查

焊接接头外观检查时，首先由焊工对所焊接头或制品进行自检；然后由施工单位专业质量检查员检验；监理（建设）单位进行验收记录。

在钢筋焊接生产中，焊工对自己所焊接头的质量，心中是比较有数的，因此这里特别强调焊工的自检。焊工自检主要是在焊接过程中，通过眼睛观察和手的感觉来完成。允许焊工主动剔出不合格的接头，并割去重焊。质量检查员的检验，是在焊工认为合格的产品中进行抽查，这样有利于提高焊工的责任心和自觉性。

纵向受力钢筋焊接接头外观检查时，每一检验批中应随机抽取10%的焊接接头。检查结果，当外观质量各小项不合格数均小于或等于抽检数的10%，则该批焊接接头外观质量评为合格。

当某一小项不合格数超过抽检数的10%时，应对该批焊接接头该小项逐个进行复检，并剔出不合格接头；对外观检查不合格接头采取修整或焊补措施后，可提交二次验收。

10.1.6 力学性能检验及试验报告

力学性能检验时，应在接头外观检查合格后随机抽取试件进行试验。试验方法应按现行行业标准《钢筋焊接接头试验方法标准》JGJ/T 27 有关规定执行。试验报告应包括下列内容：

1. 工程名称、取样部位；
2. 批号、批量；
3. 钢筋牌号、规格；
4. 焊接方法；
5. 焊工姓名及考试合格证编号；
6. 施工单位；
7. 力学性能试验结果。

10.1.7 接头试件拉伸试验

钢筋闪光对焊接头、电弧焊接头、电渣压力焊接头、气压焊接头拉伸试验结果均应符合下列要求：

1. 3 个热轧钢筋接头试件的抗拉强度均不得小于该牌号钢筋规定的抗拉强度；RRB 400 钢筋接头试件的抗拉强度均不得小于570N/mm^2；

2. 至少有 2 个试件断于焊缝之外，并呈延性断裂。

当达到上述 2 项要求时，应评定该批接头为抗拉强度合格。

当试验结果有2 个试件抗拉强度小于钢筋规定的抗拉强度，或3 个试件均在焊缝或热影响区发生脆性断裂时，则一次判定该批接头为不合格品。

当试验结果有1 个试件的抗拉强度小于规定值，或2 个试件在焊缝或热影响区发生脆性断裂，其抗拉强度均小于钢筋规定抗拉强度的 1.10 倍时，应进行复验。

复验时，应再切取6 个试件。复验结果，若仍有1 个试件的抗拉强度小于规定值，或有3 个试件断于焊缝或热影响区，呈脆性断裂，其抗拉强度小于钢筋规定抗拉强度的1.10 倍时，应判定该批接头为不合格品。

注：当接头试件虽断于焊缝或热影响区，呈脆性断裂，但其抗拉强度大于或等于钢筋规定抗拉强度的1.10 倍时，可按断于焊缝或热影响区之外，呈延性断裂同等对待。

在新标准JGJ 18—2003 中，钢筋电渣压力焊接头拉伸试验结果，增加了断裂位置和断口特征的要求，施工单位要认真对待，精心施焊，以防返工浪费。

将纵向受力钢筋4 种接头拉伸试验的质量要求统一起来，合并为一条，便于执行。首先规定接头抗拉强度不得小于所焊钢筋规定的抗拉强度；其次规定了至少有 2 个试件断于焊缝之外，并呈延性断裂。

延性断裂 (ductilc fracture) 就是伴随明显塑性变形而形成延性断口（断裂面与拉应力垂直或倾斜，其上具有细小的凹凸，呈纤维状）的断裂。断口呈杯锥状，一侧呈杯形、一侧呈锥形。断口通常分为纤维区、放射区和剪切唇区，即所谓断口特征三要素，见图10.1。

脆性断裂 (brittle fracture) 就是几乎不伴随塑性变形而形成脆性断口（断裂面通常与拉应力垂直，宏观上由具有光泽的亮面组成）的断裂。

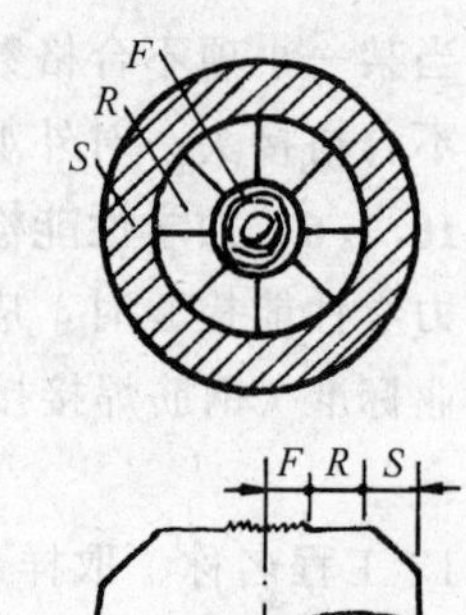

图10.1 延性断口

F—纤维区；R—放射区；S—剪切唇区

当拉伸试验结果3根试件全部断于焊缝之外，当然是最好的；但是考虑施工现场可能出现的种种不利因素，例如，钢筋直径较粗，合金元素含量较高，强度高等，故要求至少有2个试件断于焊缝之外，并呈延性断裂。

所谓断于焊缝之外，就是说允许在非焊缝区断裂。

从结构抗震性能来考虑，希望并要求，在外力作用下，构件中钢筋（包括焊接接头）呈延性断裂，而不是脆性断裂，故作上述规定。

在接头试件抗拉强度大于钢筋规定的抗拉强度，小于规定值的1.10倍条件下，当1根试件发生脆性断裂时，评为合格；当2根试件发生脆性断裂时，应进行复验；当3根试件均发生脆性断裂时，则一次判定为不合格。

RRB 400余热处理钢筋在研制时就考虑到焊接热量对该类钢筋接头强度带来降低的影响；因此，提高了30N/mm²，以便焊接接头强度达到HRB 400钢筋抗拉强度570N/mm²同等值。

钢筋电弧焊接头拉伸试验断于焊缝示意见图10.2。

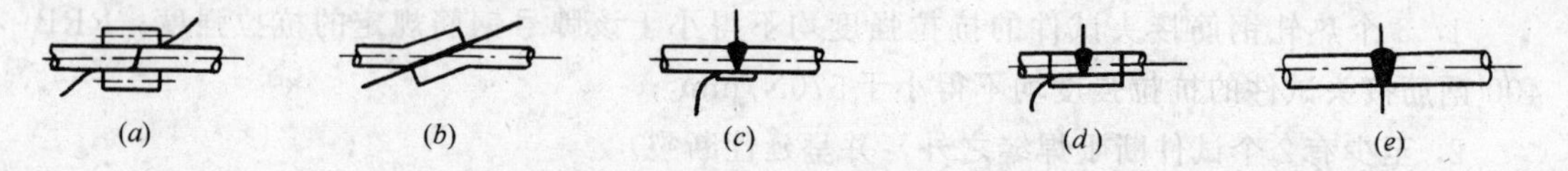

图10.2 钢筋电弧焊接头拉伸试验断于焊缝示意图

(a) 帮条焊；(b) 搭接焊；(c) 坡口焊；(d) 熔槽帮条焊；(e) 窄间隙焊

评定举例

设有HRB 335钢筋电渣压力焊接头共4组，按接头质量检验与验收要求进行评定。

[例1] 3根试件中，1根断于母材，500MPa，呈延性断裂，1根断于焊口，490MPa，呈脆性断裂；1根断于焊口，550MPa，呈脆性断裂。

评定该组试件为合格。

[例2] 3根试件中，1根断于母材，490MPa，呈延性断裂，1根断于焊口，520MPa，呈脆性断裂；1根断于焊口，515MPa，呈脆性断裂。

评定应另取试件复验。

[例3] 3根试件均断于焊口，540、550、520MPa，均呈脆性断裂。

评定该组试件为合格。

[例4] 3根试件均断于焊口，515、495、500MPa，均呈脆性断裂。

评定该组试件为不合格。

根据[例4]测试结果，对钢筋电渣焊接头来说，若按原标准JGJ 18—96规定进行评定，应为合格；按现行标准JGJ 18—2003规定进行评定，应为不合格。由此可见，现行标准中规定的质量要求，比原标准中有所提高，施工单位应予以重视和关注。

注：1. HRB 335钢筋规定的抗拉强度为不小于490MPa，若将490×1.1等于539MPa，无需对此修约。

2. 钢筋焊接接头脆性断裂，对结构抗震不利；上述例3虽评为合格，但应引起施工单位的重视，改进焊接工艺，精心施焊，力争接头试件断于母材。其他焊接接头均同。

10.1.8 接头试件弯曲试验

闪光对焊接头、气压焊接头进行弯曲试验时，应将受压面的金属毛刺和镦粗凸起部分消除，且与钢筋的外表齐平。

弯曲试验可在万能试验机、手动或电动液压弯曲试验器上进行，焊缝应处于弯曲中心点，弯心直径和弯曲角应符合表10.1的规定。

接头弯曲试验指标 **表10.1**

钢筋牌号	弯心直径	弯曲角（°）
HPB 235	$2d$	90
HRB 335	$4d$	90
HRB 400、RRB 400	$5d$	90
HRB 500	$7d$	90

注：1. d 为钢筋直径（mm）。
2. 直径大于25mm的钢筋焊接接头，弯心直径应增加1倍钢筋直径。

当试验结果，弯至90°，有2个或3个试件外侧（含焊缝和热影响区）未发生破裂，应评定该批接头弯曲试验合格。

当3个试件均发生破裂，则一次判定该批接头为不合格品。

当有2个试件发生破裂，应进行复验。

复验时，应再切取6个试件。复验结果，若有3个试件发生破裂，应判定该批接头为不合格品。

注：当试件外侧横向裂纹宽度达到0.5mm时，认定已经破裂。

10.1.9 质量验收及验收记录

钢筋焊接接头或焊接制品质量验收时，应在施工单位自行质量评定合格的基础上，由监理（建设）单位对检验批有关资料进行核查，组织项目专业质量检查员等进行验收，对焊接接头合格与否作出结论。

纵向受力钢筋焊接接头检验批质量验收记录见附录A。

10.2 钢筋焊接骨架和焊接网

10.2.1 试件抽取

焊接骨架和焊接网的质量检验应包括外观检查和力学性能检验，并应按下列规定抽取试件：

1. 凡钢筋牌号、直径及尺寸相同的焊接骨架和焊接网应视为同一类型制品，且每300件作为一批，一周内不足300件的亦应按一批计算；

2. 外观检查应按同一类型制品分批检查，每批抽查5%，且不得少于5件；

3. 力学性能检验的试件，应从每批成品中切取；切取过试件的制品，应补焊同牌号、同直径的钢筋，其每边的搭接长度不应小于2个孔格的长度；

当焊接骨架所切取试件的尺寸小于规定的试件尺寸时，或受力钢筋直径大于8mm，可在生产过程中制作模拟焊接试验网片，见图10.3（a），从中切取试件；

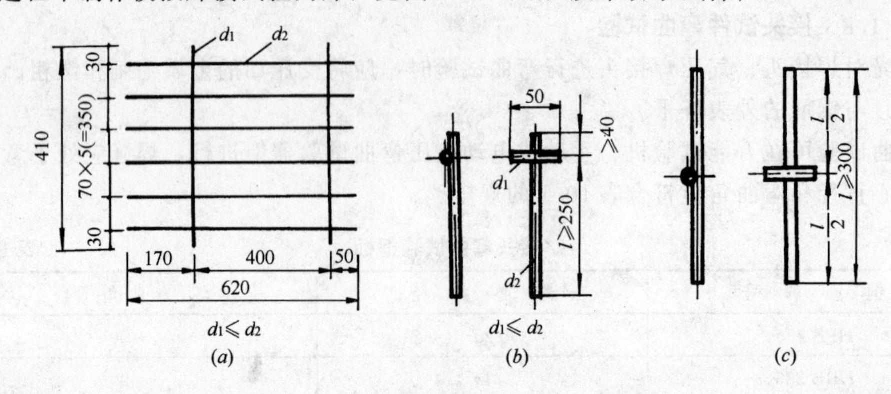

图10.3　钢筋模拟焊接试验网片与试件

（a）模拟焊接试验网片简图；（b）钢筋焊点剪切试件；

（c）钢筋焊点拉伸试件

4. 由几种直径钢筋组合的焊接骨架或焊接网，应对每种组合的焊点作力学性能检验；

5. 热轧钢筋的焊点应做剪切试验，试件应为3件；冷轧带肋钢筋焊点除做剪切试验外，尚应对纵向和横向冷轧带肋钢筋做拉伸试验，试件应各为1件。剪切试件纵筋长度应大于或等于290mm，横筋长度应大于或等于50mm，见图10.3（b）；拉伸试件纵筋长度应大于或等于300mm 见图10.3（c）；

6. 焊接网剪切试件应沿同一横向钢筋随机切取；

7. 切取剪切试件时，应使制品中的纵向钢筋成为试件的受拉钢筋。

10.2.2　焊接骨架外观检查

焊接骨架外观质量检查结果，应符合下列要求：

1. 每件制品的焊点脱落、漏焊数量不得超过焊点总数的4%，且相邻两焊点不得有漏焊及脱落；

2. 应量测焊接骨架的长度和宽度，并应抽查纵、横方向3～5个网格的尺寸，其允许偏差应符合表10.2的规定。

当外观检查结果不符合上述要求时，应逐件检查，并剔出不合格品。对不合格品经整修后可提交二次验收。

焊接骨架的允许偏差　　表10.2

项目		允许偏差（mm）
焊接骨架	长　度	±10
	宽　度	±5
	高　度	±5
骨架箍筋间距		±10
受力主筋	间　距	±15
	排　距	±5

10.2.3　焊接网外观检查

焊接网外形尺寸检查和外观质量检查结果，应符合下列要求：

1. 焊接网的长度、宽度及网格尺寸的允许偏差均为±10mm；网片两对角线之差不得大于10mm；网格数量应符合设计规定；

2. 焊接网交叉点开焊数量不得大于整个网片交叉点总数的1%，并且任一根横筋上开焊点数不得大于该根横筋交叉点总数1/2；焊接网最外边钢筋上的交叉点不得开焊；

3. 焊接网组成的钢筋表面不得有裂纹、折叠、结疤、凹坑、油污及其他影响使用的缺陷；但焊点处可有不大的毛刺和表面浮锈。

10.2.4 剪切试验夹具

剪切试验时应采用能悬挂于试验机上专用的剪切试验夹具，见图10.4，或图12.2～图12.4。

10.2.5 焊点抗剪力

钢筋焊接骨架、焊接网焊点剪切试验结果，3个试件抗剪力平均值应符合下式计算的抗剪力：

$$F \geqslant 0.3 \times A_0 \times \sigma_s$$

式中 F——抗剪力，N；

A_0——纵向钢筋的横截面面积，mm^2；

σ_s——纵向钢筋规定的屈服强度，N/mm^2。

注：冷轧带肋钢筋的屈服强度按440N/mm^2计算。

10.2.6 冷轧带肋钢筋试件抗拉强度

冷轧带肋钢筋试件拉伸试验结果，其抗拉强度不得小于550MPa。

10.2.7 复验

当拉伸试验结果不合格时，应再切取双倍数量试件进行复验；复验结果均合格时，应评定该批焊接制品焊点拉伸试验合格。

当剪切试验结果不合格时，应从该批制品中再切取6个试件进行复验；当全部试件平均值达到要求时，应评定该批焊接制品焊点剪切试验合格。

10.2.8 大型钢筋焊接网技术要求

1. 钢筋

(1) 钢筋焊接网应采用GB 13788规定的牌号CRB 550冷轧带肋钢筋和GB 1499规定牌号的热轧带肋钢筋。采用热轧带肋钢筋时，只要力学性能符合要求，可采用无纵肋的热轧钢筋，但应征得用户同意。

(2) 钢筋焊接网应采用公称直径5～16mm的钢筋。经供需双方协议，也可采用其他公称直径的钢筋。

(3) 钢筋焊接网两个方向均为单根钢筋时，较细钢筋的公称直径不小于较粗钢筋的公称直径的0.6倍。

当纵向钢筋采用并筋时，纵向钢筋的公称直径不小于横向钢筋公称直径的0.7倍，也不大于横向钢筋公称直径的1.25倍。

按供需双方协议可供应直径比超出上述规定的钢筋焊接网。

2. 制造

(1) 钢筋焊接网应采用机械制造，两个方向钢筋的交叉点以电阻焊焊接。

(2) 钢筋焊接网焊点开焊数量不应超过整张网片交叉点总数的1%，并且任一根钢筋上开焊点不得超过该支钢筋上交叉点总数的一半。

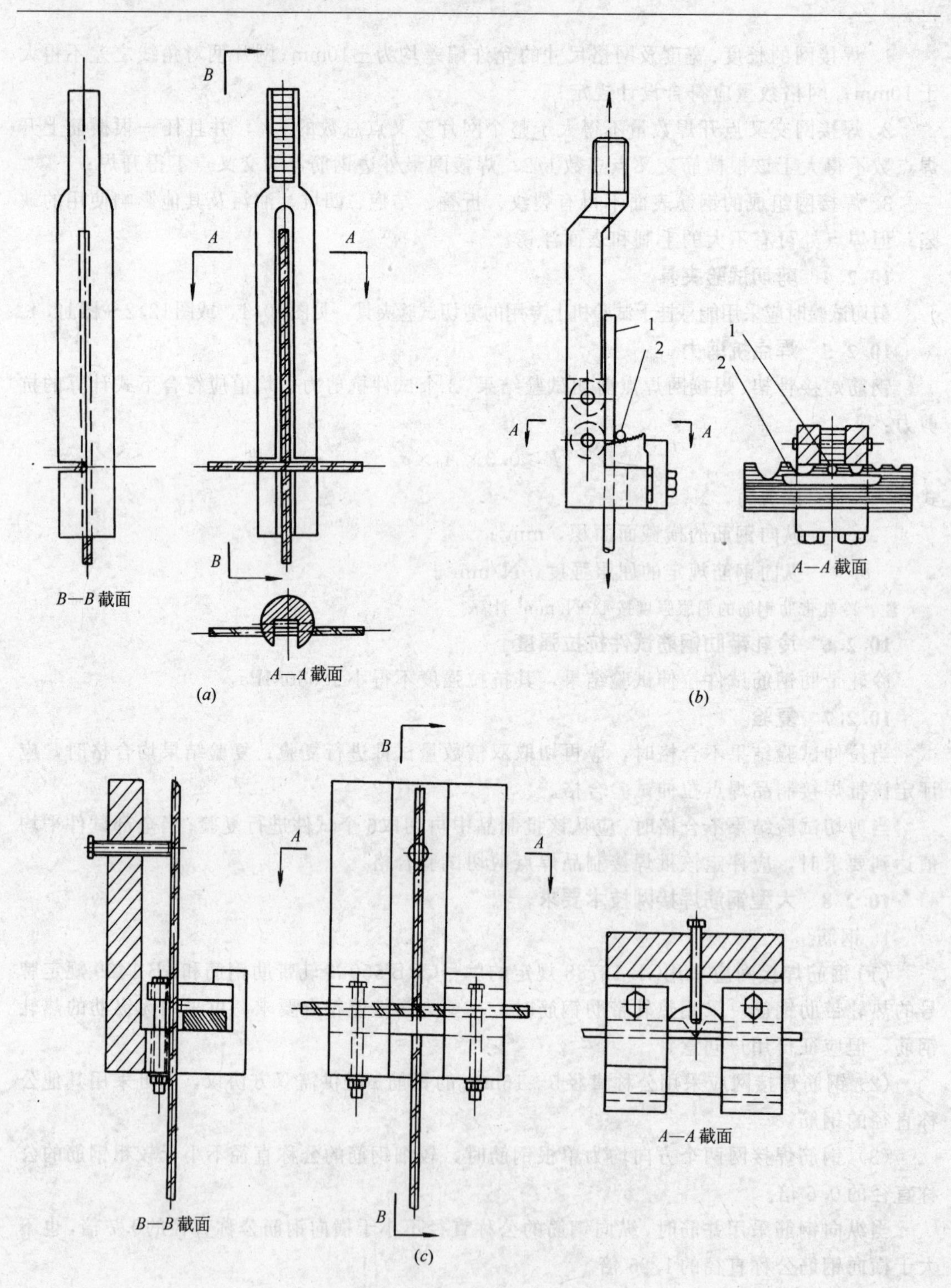

图 10.4　焊点抗剪力试验夹具[8]

(a) 推荐使用；(b) 推荐使用；(c) 仲裁用

1—纵筋；2—横筋

钢筋焊接网最外边钢筋上的交叉点不得开焊。

3. 尺寸与重量

（1）钢筋焊接网纵向钢筋间距宜为50mm的整倍数，横向钢筋间距宜为25mm的整倍数，最小间距宜采用100mm，间距的允许偏差取±10mm和规定间距的±5%的较大值。

（2）钢筋的伸出长度应不小于25mm。

（3）网片长度和宽度的允许偏差取±25mm和规定长度的±0.5%的较大值。

（4）钢筋焊接网的理论重量按组成钢筋公称直径和规定尺寸计算，计算时钢的密度采用0.00785g/mm^3。

钢筋焊接网实际重量与理论重量的允许偏差为±4.5%。

4. 性能要求

（1）焊接网钢筋的力学与工艺性能应分别符合相应标准中相应牌号钢筋的规定。

（2）钢筋焊接网焊点的抗剪力应不小于试样受拉网筋规定屈服力值的0.3倍。

5. 表面质量

（1）钢筋焊接网表面不应有影响使用的缺陷，只要性能符合要求，钢筋表面浮锈和因矫直造成的钢筋表面轻微损伤可不作为拒收的理由。

（2）钢筋焊接网允许有因取样产生的局部空缺。

10.2.9 大型钢筋焊接网试样与试验

1. 试样选取与制备

（1）钢筋焊接网试样均应从成品网片上截取，但试样所包含的交叉点不得开焊。除去掉多余的部分以外，试样不得进行其他加工。

（2）拉伸试样如图10.5所示，应沿钢筋焊接网两个方向各截取一个试样，每个试样至少有一个交叉点。试样长度应足够，以保证夹具之间的距离不小于20倍试样直径，也不短于180mm。对于并筋（双筋），非受拉钢筋应在离交叉焊点约20mm处切断。

拉伸试样上的横向钢筋宜距交叉点约25mm处切断。

（3）应沿钢筋网两个方向各截取一个弯曲试样，试样应保证试验时受弯曲部位离开交叉焊点至少25mm。

（4）抗剪试样如图10.6，应沿同一横向钢筋随机截取3个试样。钢筋网两个方向均为

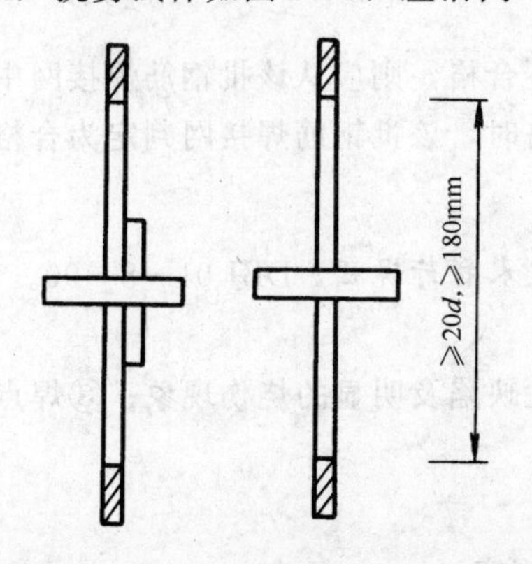

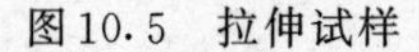
图10.5 拉伸试样

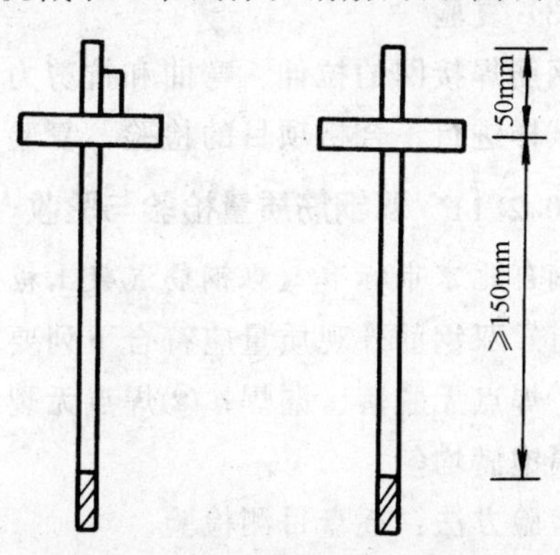

图10.6 抗剪试样

单根钢筋时，较粗钢筋为受拉钢筋；对于并筋（双筋），其中之一为受拉钢筋，另一支非受拉钢筋应在交叉焊点处切断，但不应损伤受拉钢筋焊点。

抗剪试样上的横向钢筋应距交叉点不小于25mm之处切断。

(5) 重量称量试样的尺寸由供需双方协商确定，试样的钢筋长度偏差不大于规定长度的±1%。

2. 试验方法

(1) 拉伸与弯曲

钢筋焊接网的拉伸、弯曲试验分别按GB/T 228和GB/T 232的规定进行。

(2) 抗剪力

1) 抗剪力试验应使用一种能固定于试验机上夹头的专用夹具，这种夹具应使试验时能

——沿受拉钢筋轴线施加力值；

——使受拉钢筋自由端能沿轴线方向滑动；

——对试样横向钢筋适当固定，横向钢筋支点间距应尽可能小，以防止其产生过大的弯曲变形和转动。

2) 钢筋焊接网的抗剪力为3个试样抗剪力的平均值（精确至0.1kN）。

10.2.10　大型钢筋焊接网检验规则

1. 一般规定

钢筋焊接网的出厂检验和用户验收一般应按以下“常规检验”的规定进行，当需要采用其他方案检查验收时，应按GB/T 17505的规定，由供需双方协商确定抽样检查方案的主要内容，如组批规则、检验项目、抽样数量、合格评定准则等，并在合同中注明。

2. 常规检验

(1) 组批规则

钢筋焊接网应按批进行检查验收，每批应由同一型号、同一原材料来源、同一生产设备并在同一连续时段内制造的钢筋焊接网组成，重量不大于30t。

(2) 检验项目

除对开焊点数量、尺寸及表面质量进行检查外，每批钢筋焊接网均应按10.2.8规定的项目进行试验并合格。必要时，可进行钢筋焊接网重量偏差的测定。

(3) 复验

钢筋焊接网的拉伸、弯曲和抗剪力试验结果如不合格，则应从该批钢筋焊接网中再取双倍试样进行不合格项目的检验，复验结果全部合格时，该批钢筋焊接网判定为合格。

10.2.11　双钢筋质量检验与验收[54]

摘自北京市标准《双钢筋混凝土板类构件应用技术暂行规程》DBJ 01—8—90。

(1) 双钢筋外观质量应符合下列要求：

①焊点无脱落、漏焊；②焊点无裂纹，无多孔性缺陷及明显的烧伤现象；③焊点处熔化金属饱满均匀。

检验方法：逐盘目测检验。

(2) 双钢筋规格尺寸允许偏差应符合表10.3的规定。

双钢筋规格尺寸允许偏差 **表10.3**

项次	检验项目	允许偏差（mm）	示意图
1	纵筋净距 A	±1	A=20
2	横筋间距B （每个梯格长度）	±10	B=90
3	每米长度内顺长度 方向与纵轴偏移	±2	±2 1000
4	横筋垂直度	±1.5	±1.5

检查方法：逐盘检查。凡定长切断的双钢筋，以总长度小于300m折算为一盘。每盘实测四项，每项不少于一个点。

（3）双钢筋力学性能应符合表10.4的规定。

双钢筋力学性能指标 **表10.4**

项次	双钢筋规格（mm）	级别	抗拉强度标准值（N/mm^2）			单剪力（N）		
			Ⅰ组	Ⅱ组	Ⅲ组	Ⅰ组	Ⅱ组	Ⅲ组
1	$\phi^b 4$	甲级	700	650	600	2200	2040	1880
2	$\phi^b 5$	甲级	650	600	550	3190	2940	2700

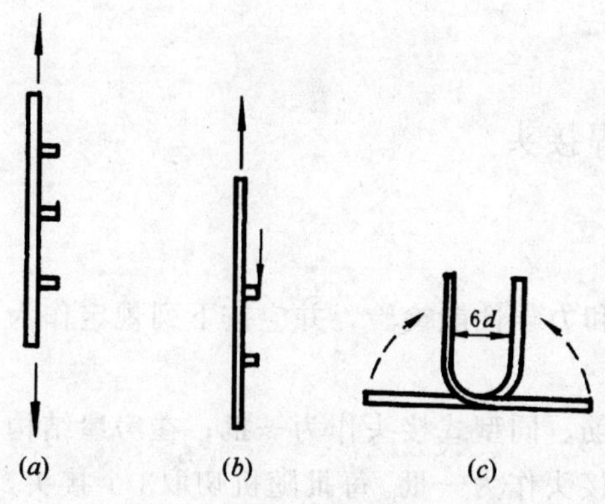

图10.7 双钢筋焊点力学性能试验
（a）拉伸试验；（b）单剪试验；（c）弯曲试验

拉伸试验时不应断于焊点，断口应有明显颈缩。若断于热影响区（即横筋中心线两侧各一个直径的范围），则应达到抗拉强度标准值的1.05倍，断口有明显颈缩。

检查方法：在外观和规格尺寸检查合格后，对每台班以同样冷拔低碳钢丝焊制的同规格双钢筋，抽取10%的盘数，且不少于三盘，从每盘距头尾1m处各截取含两个梯格的试件（25～30cm），共两根为一组。将横筋剪断后成四根，一根做拉伸试验，一根做弯曲试验，两根做单剪试验，见图10.7。试验结果，该双钢筋级别、组别的力学性能指标，若有一个数据不合格，允许取双倍试件重新试验，若仍有一个数据不合格，则该批双钢筋为不合格品。

（4）经外观检查和力学性能试验合格后的双钢筋成品，应按强度级别、组别挂牌或做出标记，分别堆放。对外供应的商品双钢筋，应附试验报告单和出厂证明书。

10.3 钢筋闪光对焊接头

10.3.1 检验批

闪光对焊接头的质量检验，应分批进行外观检查和力学性能检验，并应按下列规定作为一个检验批：

1. 在同一台班内，由同一焊工完成的300个同牌号、同直径钢筋焊接接头应作为一批。当同一台班内焊接的接头数量较少，可在一周之内累计计算；累计仍不足300个接头，应按一批计算；

2. 力学性能检验时，应从每批接头中随机切取6个接头，其中3个做拉伸试验，3个做弯曲试验；

3. 焊接等长的预应力钢筋（包括螺丝端杆与钢筋）时，可按生产时同等条件制作模拟试件；

4. 螺丝端杆接头可只做拉伸试验；

5. 封闭环式箍筋闪光对焊接头，以600个同牌号、同规格的接头作为一批，只做拉伸试验。

10.3.2 外观检查

闪光对焊接头外观检查结果，应符合下列要求：

1. 接头处不得有横向裂纹；

2. 与电极接触处的钢筋表面不得有明显烧伤；

3. 接头处的弯折角不得大于3°；

4. 接头处的轴线偏移不得大于钢筋直径的0.1倍，且不得大于2mm。

10.3.3 复验

当模拟试件试验结果不符合要求时，应进行复验。复验应从现场焊接接头中切取，其数量和要求与初始试验相同。

10.4 钢筋电弧焊接头

10.4.1 检验批

电弧焊接头的质量检验，应分批进行外观检查和力学性能检验，并应按下列规定作为一个检验批：

1. 在现浇混凝土结构中，应以300个同牌号钢筋、同型式接头作为一批；在房屋结构中，应在不超过二楼层中300个同牌号钢筋、同型式接头作为一批。每批随机切取3个接头，做拉伸试验。

2. 在装配式结构中，可按生产条件制作模拟试件，每批3个，做拉伸试验。

3. 钢筋与钢板电弧搭接焊接头可只进行外观检查。

注：在同一批中若有几种不同直径的钢筋焊接接头，应在最大直径钢筋接头中切取3个试件。以下电渣压力焊接头、气压焊接头取样均同。

10.4.2 外观检查

电弧焊接头外观检查结果，应符合下列要求：

1. 焊缝表面应平整，不得有凹陷或焊瘤；
2. 焊接接头区域不得有肉眼可见的裂纹；
3. 咬边深度、气孔、夹渣等缺陷允许值及接头尺寸的允许偏差，应符合表10.5的规定；
4. 坡口焊、熔槽帮条焊和窄间隙焊接头的焊缝余高不得大于3mm。

钢筋电弧焊接头尺寸偏差及缺陷允许值 **表10.5**

名称		单位	接头型式		
			帮条焊	搭接焊 钢筋与钢板搭接焊	坡口焊 窄间隙焊 熔槽帮条焊
帮条沿接头中心线的纵向偏移		mm	$0.3d$	—	—
接头处弯折角		(°)	3	3	3
接头处钢筋轴线的偏移		mm	$0.1d$	$0.1d$	$0.1d$
焊缝厚度		mm	$_{0}^{+0.05d}$	$_{0}^{+0.05d}$	—
焊缝宽度		mm	$_{0}^{+0.1d}$	$_{0}^{+0.1d}$	—
焊缝长度		mm	$-0.3d$	$-0.3d$	—
横向咬边深度		mm	0.5	0.5	0.5
在长 $2d$ 焊缝表面上的气孔及夹渣	数量	个	2	2	—
	面积	mm^2	6	6	—
在全部焊缝表面上的气孔及夹渣	数量	个	—	—	2
	面积	mm^2	—	—	6

注：d 为钢筋直径（mm）。

10.4.3 复验

当模拟试件试验结果不符合要求时，应进行复验。复验应从现场焊接接头中切取，其数量和要求与初始试验时相同。

10.5 钢筋电渣压力焊接头

10.5.1 检验批

电渣压力焊接头的质量检验，应分批进行外观检查和力学性能检验，并应按下列规定作为一个检验批：

在现浇钢筋混凝土结构中，应以300个同牌号钢筋接头作为一批；在房屋结构中，应在不超过二楼层中300个同牌号钢筋接头作为一批；当不足300个接头时，仍应作为一批。每批随机切取3个接头做拉伸试验。

10.5.2　外观检查

电渣压力焊接头外观检查结果，应符合下列要求：

1. 四周焊包凸出钢筋表面的高度不得小于4mm；

2. 钢筋与电极接触处，应无烧伤缺陷；

3. 接头处的弯折角不得大于3°；

4. 接头处的轴线偏移不得大于钢筋直径的0.1倍，且不得大于2mm。

10.6　钢筋气压焊接头

10.6.1　检验批

气压焊接头的质量检验，应分批进行外观检查和力学性能检验，并应按下列规定作为一个检验批：

在现浇钢筋混凝土结构中，应以300个同牌号钢筋接头作为一批；在房屋结构中，应在不超过二楼层中300个同牌号钢筋接头作为一批；当不足300个接头时，仍应作为一批。

在柱、墙的竖向钢筋连接中，应从每批接头中随机切取3个接头做拉伸试验；在梁、板的水平钢筋连接中，应另切取3个接头做弯曲试验。

10.6.2　外观检查

气压焊接头外观检查结果，应符合下列要求：

1. 接头处的轴线偏移e不得大于钢筋直径的0.15倍，且不得大于4mm（图10.8*a*）；当不同直径钢筋焊接时，应按较小钢筋直径计算；当大于上述规定值，但在钢筋直径的0.30倍以下时，可加热矫正；当大于0.30倍时，应切除重焊；

2. 接头处的弯折角不得大于3°，当大于规定值时，应重新加热矫正；

3. 镦粗直径d_c不得小于钢筋直径的1.4倍（图10.8*b*）；当小于上述规定值时，应重新加热镦粗；

4. 镦粗长度L_c不得小于钢筋直径的1.0倍，且凸起部分平缓圆滑（图10.8*c*）；当小于上述规定值时，应重新加热镦长。

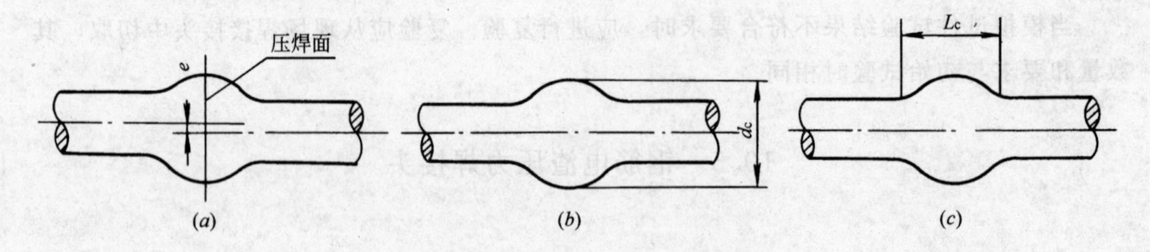

图10.8　钢筋气压焊接头外观质量图解

（*a*）轴线偏移；（*b*）镦粗直径；（*c*）镦粗长度

当接头偏心时，在一定范围内，可采用加热矫正，先在镦粗热影响区加热，用力扳移，再二次加热矫直，见图10.9。

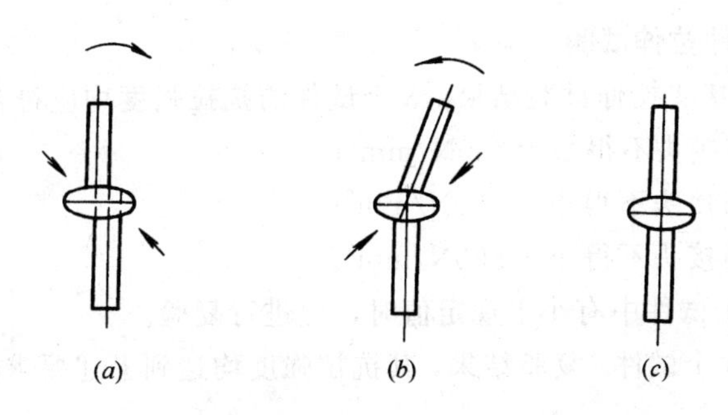

图10.9 接头偏心加热矫正

(a) 第一次加热扳移；(b) 第二次加热扳正；(c) 已矫正

—火焰加热方向； —用力扳移方向

10.7 预埋件钢筋T型接头

10.7.1 外观检查抽检数

预埋件钢筋T型接头的外观检查，应从同一台班内完成的同一类型预埋件中抽查5%，且不得少于10件。

10.7.2 力学性能检验抽检数

当进行力学性能检验时，应以300件同类型预埋件作为一批。一周内连续焊接时，可累计计算。当不足300件时，亦应按一批计算。

应从每批预埋件中随机切取3个接头做拉伸试验，试件的钢筋长度应大于或等于200mm，钢板的长度和宽度均应大于或等于60mm（图10.10）。

10.7.3 手工电弧焊接头外观检查

预埋件钢筋手工电弧焊接头外观检查结果，应符合下列要求：

1. 角焊缝焊脚k应符合6.6.13中（3）的规定；
2. 焊缝表面不得有肉眼可见裂纹；
3. 钢筋咬边深度不得超过0.5mm；
4. 钢筋相对钢板的直角偏差不得大于3°。

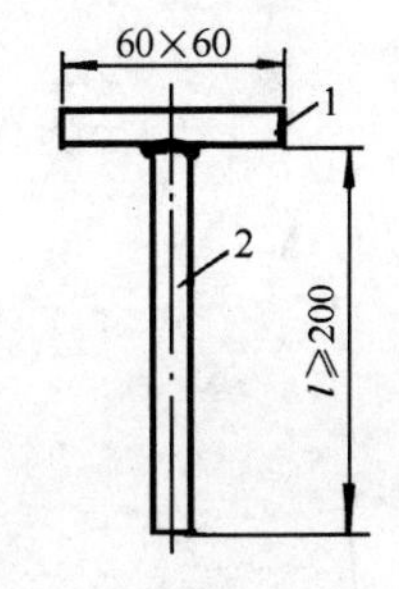

图10.10 预埋件钢筋T型接头拉伸试件

1—钢板；2—钢筋

10.7.4 埋弧压力焊接头外观检查

预埋件钢筋埋弧压力焊接头外观检查结果，应符合下列要求：

1. 四周焊包凸出钢筋表面的高度不得小于4mm；
2. 钢筋咬边深度不得超过0.5mm；
3. 钢板应无焊穿，根部应无凹陷现象；
4. 钢筋相对钢板的直角偏差不得大于3°。

10.7.5 二次验收

预埋件外观检查结果，当有3个接头不符合上述要求时，应全数进行检查，并剔出不合格品。不合格接头经补焊后可提交二次验收。

10.7.6　接头试件拉伸试验

预埋件钢筋T型接头拉伸试验结果，3个试件的抗拉强度均应符合下列要求：

1. HPB 235钢筋接头不得小于350N/mm²；
2. HRB 335钢筋接头不得小于470N/mm²；
3. HRB 400钢筋接头不得小于550N/mm²。

当试验结果，3个试件中有小于规定值时，应进行复验。

复验时，应再取6个试件。复验结果，其抗拉强度均达到上述要求时，应评定该批接头为合格品。

11 焊工考试和安全技术

11.1 焊　工　考　试

11.1.1　参加考试焊工

经专业培训结业的学员，或具有独立焊接工作能力的焊工，方可参加钢筋焊工考试。

11.1.2　考试单位

焊工考试应由经市或市级以上建设行政主管部门审查批准的单位负责进行。考试完毕，对考试合格的焊工应签发合格证。应提高培训质量，建立健全考试档案，完善考试发证制度。合格证的式样见附录B的规定。

11.1.3　理论知识考试和操作技能考试

钢筋焊工考试包括理论知识考试和操作技能考试两部分；经理论知识考试合格的焊工，才能参加操作技能考试。

11.1.4　理论知识考试内容

理论知识考试应包括下列内容：

1. 钢筋的牌号、规格及性能；
2. 焊机的使用和维护；
3. 焊条、焊剂、氧气、乙炔、液化石油气的性能和选用；
4. 焊前准备、技术要求、焊接接头和焊接制品的质量检验与验收标准；
5. 焊接工艺方法及其特点，焊接参数的选择；
6. 焊接缺陷产生的原因及消除措施；
7. 电工知识；
8. 安全技术知识。

具体内容和要求应由各考试单位按焊工申报的焊接方法对应出题。

11.1.5　操作技能考试的材料和设备

焊工操作技能考试用的钢筋、焊条、焊剂、氧气、乙炔、液化石油气等，应符合现行行业标准《钢筋焊接及验收规程》JGJ 18—2003 有关规定；焊接设备可根据具体情况确定。

11.1.6　操作技能考试评定标准

焊工操作技能考试评定标准应符合表11.1的规定；焊接方法、钢筋牌号及直径、试件组合与组数，由考试单位根据实际情况确定。焊接参数由焊工自行选择。

焊工操作技能考试评定标准　　表11.1

焊接方法	钢筋牌号及直径(mm)	每组试件数量 剪切	拉伸	弯曲	评定标准
电阻点焊	Φ^R10＋Φ^R6	3	2	—	3个剪切试件抗剪力均不得小于第10.2.5条的规定值；纵向和横向各1个拉伸试件的抗拉强度均不得小于550N/mm^2
	Φ18＋ϕ6	3	—	—	
闪光对焊 (封闭环式箍筋闪光对焊)	φ、Φ、Φ6～32	—	3	3	3个热轧钢筋接头拉伸试件的抗拉强度均不得小于该牌号钢筋规定的抗拉强度；RRB 400钢筋试件的抗拉强度均不得小于570N/mm^2；全部试件均应断于焊缝之外，呈延性断裂。3个弯曲试件弯至90°，均不得发生破裂。箍筋闪光对焊接头只做拉伸试验
	Φ^R14～32	—	3	3	
	M33×2＋Φ28	—	3	—	
电弧焊 帮条平焊 帮条立焊	Φ、Φ25～32	—	3	—	3个热轧钢筋接头拉伸试件的抗拉强度均不得小于该牌号钢筋规定的抗拉强度；全部试件均应断于焊缝之外，呈延性断裂
电弧焊 搭接平焊 搭接立焊	Φ、Φ25～32				
电弧焊 熔槽帮条焊	Φ、Φ25～40				
电弧焊 坡口平焊 坡口立焊	Φ、Φ18～32				
电弧焊 窄间隙焊	Φ、Φ16～40				
电弧焊 钢筋与钢板搭接焊	Φ、Φ8～20 ＋低碳钢板 $\delta \geqslant 0.6d$				
电渣压力焊	Φ、Φ16～32	—	3	—	3个拉伸试件的抗拉强度均不得小于该牌号钢筋规定的抗拉强度，并至少有2个试件断于焊缝之外，呈延性断裂
气压焊	Φ、Φ16～40	—	3	3	3个拉伸试件抗拉强度均不得小于该牌号钢筋规定的抗拉强度，并断于焊缝(压焊面)之外，呈延性断裂；3个弯曲试件弯至90°均不得发生破裂
预埋件钢筋电弧焊	Φ、Φ6～25	—	3	—	3个拉伸试件的抗拉强度均不得小于该牌号钢筋规定的抗拉强度
预埋件钢筋埋弧压力焊	Φ、Φ6～25				

注：1. M33×2—螺丝端杆公制螺纹外径及螺距；δ为钢板厚度；d为钢筋直径；

2. 闪光对焊接头、气压焊接头进行弯曲试验时，弯心直径和弯曲角度见表10.1。

表中所列各种焊接方法中规定的钢筋牌号及直径，仅提供了一个大概的范围，各单位可根据具体情况而定。一般来说，钢筋牌号高、直径大的钢筋进行闪光对焊、电渣压力焊、气压焊考试合格者，焊接牌号低或直径小的钢筋，就基本没有什么问题，但是直径过小的，也不易焊。

11.1.7 补试

当剪切试验、拉伸试验或弯曲试验结果在一组试件中仅有1个试件未达到规定的要求时，允许补焊一组试件进行补试，但不得超过一次。试验要求与初始试验相同。目的是给临场失误的焊工多一次考试机会。

11.1.8 取消合格资格

持有合格证的焊工若在焊接生产中三个月内出现两批不合格品时，即取消其合格资格。发生这种情况，表明焊工操作技能有问题，为了确保工程质量，取消其合格资格，是必要的。

11.1.9 复试

持有合格证的焊工，每两年应复试一次；当脱离焊接生产岗位半年以上，在生产操作前应首先进行复试。复试时可只进行操作技能考试。这样，可以经常掌握焊工的操作技能。

11.1.10 抽查验证

工程质量监督单位应对上岗操作的焊工抽查验证；这样，使焊工考试制度得到更好地贯彻执行，克服有证无证一个样的弊端，在施工中提高焊接质量。

11.2 安 全 技 术

焊接的安全及防护工作十分重要，每个焊接工作者必须熟悉有关安全防护知识，自觉遵守安全操作规程，保证安全操作，不发生事故。

11.2.1 预防触电

电流通过人体对人产生程度不同的伤害，当电流超过0.05A时，就有生命危险，0.1A电流通过人体1s就足以使人致命。通过人体电流的大小，决定于网路电压和人体电阻，人体电阻除自身电阻外还附有衣服和鞋袜等电阻。如站在干燥的场地，穿着干燥的衣服和鞋就明显地增高人体的电阻；反之使人体电阻降低。人在过度疲劳和神志不清的状态下，人体电阻也会下降。

在焊接工作中所用的设备大都采用380V或220V的网路电压，电弧焊机次级空载电压一般也在60V以上，所以焊工首先要防止触电。特别是在阴雨天或潮湿地方工作更要注意防护。

(1) 各种焊机的机壳接地必须良好。

(2) 焊接设备的安装、修理和检查必须由电工进行。焊机在使用中发生故障，焊工应立即切断电源，通知电工检查修理，焊工不得随意拆修焊接设备。

(3) 焊工推拉闸刀时，头部不要正对电闸，防止电弧火花烧伤面部，必要时应戴绝缘手套。

(4) 焊工要戴好防护手套。初级电线、焊接电缆等必须绝缘良好，不得破皮。

11.2.2 防止烧伤和中毒

焊工进行焊接时，应按劳动部门颁发的有关规定使用劳保用品，穿工作服、戴防护眼镜、工作帽、皮手套等，以防火花引起烧伤。要特别注意弧光、火焰和飞溅烧伤眼睛。

焊接地点应通风良好，防止焊工中毒。

11.2.3　防止爆炸

乙炔和液化石油气均为燃烧气体，易燃、易爆；氧气是助燃气体，瓶装氧气系处于高压状态。在钢筋气压焊中，要防止各种可能发生的爆炸事故。气瓶在夏季要防止暴晒；冬季要防止阀门等处发生冻结。一旦发生冻结，只能用热水解冻，不得火烤。搬运气瓶不得撞击。氧气瓶上必须有防震橡皮圈，氧气瓶阀处不得有油脂。若发现漏气，应及时交氧气站修理。

乙炔瓶应直立，不得横放，以防丙酮流出；使用乙炔发生器时，特别注意按照有关操作规程进行。

阀门、减压器、皮管等所有连接处应防止漏气，皮管不得弯折。一旦发现漏气，及时处理。

11.2.4　防止火灾

在施工现场或车间，由于不慎，使焊接火花引起火灾，造成重大损失者，屡见不鲜，对此必须足够重视。

焊接附近不得堆放易燃、易爆物品。高空焊接时，还应注意在其下方同样不得有草袋、刨花、汽油等易燃、易爆物品。

应经常检查电路和各个接点。

11.2.5　防止烧坏机器

焊工必须按照操作规程使用各种焊机，注意额定的焊接电流和负载持续率，不要因使用过久或过大焊接电流而烧坏焊机，不要因随便拆装引起短路，而烧坏电动机、变压器或电子元件。

不要露天放置各种焊机，以免部件和线路受潮而发生故障，甚至烧坏机器。

焊接工作者要熟悉安全技术，保证安全生产。

11.3　焊接设备维护保养

焊接设备应经常维护保养，以确保正常使用和施焊安全。

11.3.1　防止雨淋暴晒

各种焊接设备均不宜雨淋和暴晒。电气设备一旦严重受潮，就会影响线路绝缘性能。各种气瓶若经暴晒，就会使瓶内压力升高。

11.3.2　保持整齐干净

各种焊接设备均应放置在合适场合；焊工下班时，应将设备、工具妥善放置，擦净。

11.3.3　电气线路连接牢固

各项设备、控制箱、焊接夹钳之间的电气线路、电缆均应连接牢固。各个螺栓发现松动时，及时拧紧。

对于输入电源（380V）要特别关注，一旦发现问题，由电工处理。

11.3.4　水路、气路和油路

很多焊接设备中设有水路、气路和油路。例如：点焊机和对焊机有冷却水，气压焊机中有气路、油路……应经常检查管路本身有无破裂现象，各连接处是否漏水、漏气、漏油。一旦发现，及时更换或消除。

11.3.5 易损件、辅助设施和工具

焊接设备中有一些易损件，如电极，用久了，就会磨损，要及时修整或更换。辅助设施，如烘干焊条用的烘箱，应小心使用。工具不要乱丢乱放，以免散失。

11.3.6 及时检修

发现焊接设备有异常现象，及时报告上级派人员检修，以免影响焊接施工。

12　钢筋焊接接头试验方法[55]、[56]

钢筋焊接接头试验方法主要包括拉伸试验、剪切试验、弯曲试验、冲击试验、疲劳试验、金相试验、硬度试验共7种。试验报告式样见附录C。

试验中，当试验设备发生故障或操作不当而影响试验数据时，试验结果应视为无效。

钢筋焊接接头的各种试验，一般应在常温（10～35℃）下进行，如有特殊要求，可根据有关规定在其他温度下进行。试验用的各种仪器设备应根据相应标准和技术条件定期进行校验，确保精度要求。

12.1　拉 伸 试 验 方 法

12.1.1　适用范围

该方法适用于冷拔低碳钢丝、冷轧带肋钢筋电阻点焊和钢筋闪光对焊、电弧焊、电渣压力焊、气压焊、预埋件钢筋埋弧压力焊的焊接接头常温静力拉伸试验。

试验目的是测定焊接接头抗拉强度，观察断裂位置和断口形貌，判定延性断裂或脆性断裂。

12.1.2　试件

钢筋电阻点焊、闪光对焊、电弧焊、电渣压力焊、气压焊和埋弧压力焊接头拉伸试件的尺寸应符合表12.1的规定。

拉 伸 试 件 的 尺 寸　　表12.1

焊接方法		接头型式	试件尺寸（mm）	
			l_s	$L\geqslant$
电阻点焊		d；L	—	300 l_s+2l_j
闪光对焊		d；l_s；l_j；L	$8d$	l_s+2l_j
电弧焊	双面帮条焊	d；l_h；l_j；l_s；L	$8d+l_h$	l_s+2l_j
电弧焊	单面帮条焊	d；l_h；l_j；l_s；L	$5d+l_h$	l_s+2l_j

续表

焊接方法		接头型式	试件尺寸(mm)	
			l_s	$L\geqslant$
电弧焊	双面搭接焊	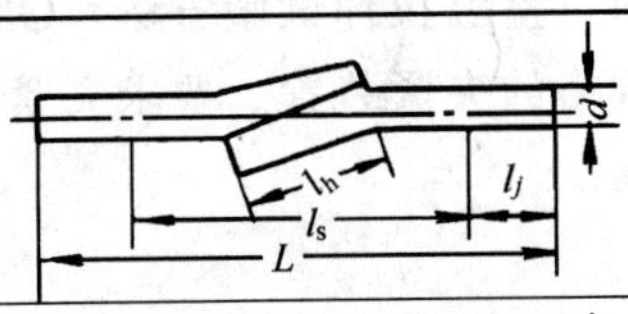	$8d+l_h$	l_s+2l_j
	单面搭接焊	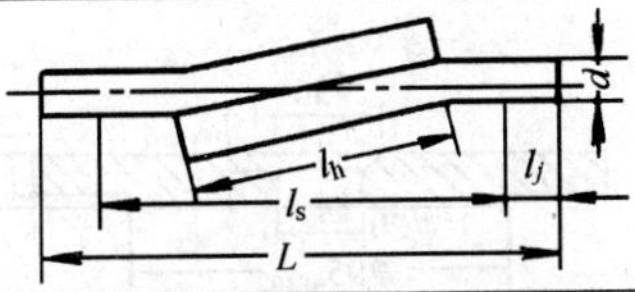	$5d+l_h$	l_s+2l_j
	熔槽帮条焊	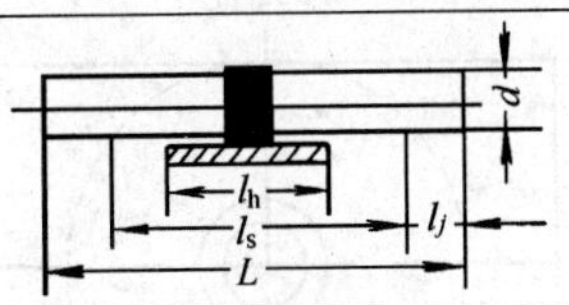	$8d+l_h$	l_s+2l_j
	坡口焊	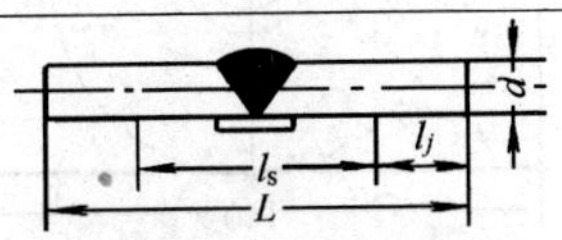	$8d$	l_s+2l_j
	窄间隙焊		$8d$	l_s+2l_j
电渣压力焊		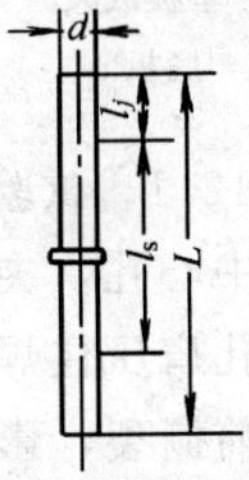	$8d$	l_s+2l_j
气压焊		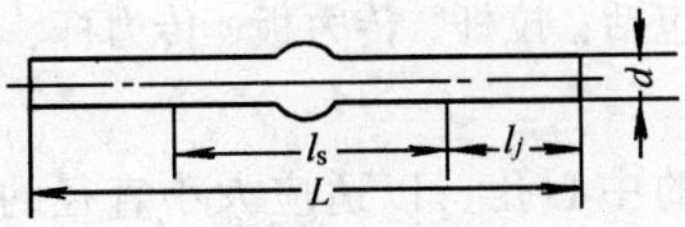	$8d$	l_s+2l_j
预埋件电弧焊			—	200
预埋件埋弧压力焊		60×60		

注：l_s——受试长度；

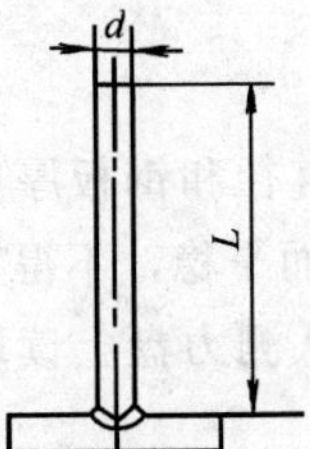

l_h——焊缝（或镦粗）长度；

l_j——夹持长度（100～200mm）；

L——试件长度；

d——钢筋直径。

12.1.3　试验设备

(1) 根据钢筋的牌号和直径，选用合适类型的拉力试验机或万能试验机。试验机和试验方法应符合现行国家标准《金属材料　室温拉伸试验方法》GB/T 228 中的有关规定。

(2) 试验前，应选用适合于试件规格的夹紧装置。要求夹紧装置在拉伸过程中始终将钢筋夹紧，并与钢筋间不产生相对滑移。

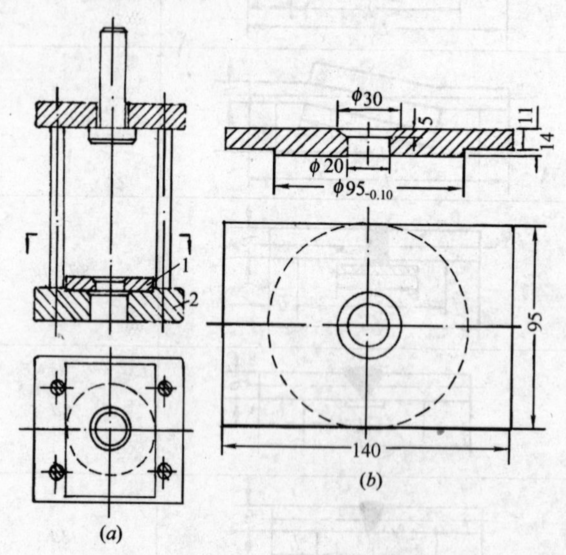

图12.1　预埋件T型接头拉伸试验吊架

(a) 整体；(b) 垫板放大

1—垫板；2—底板

(3) 预埋件T型接头拉伸试验的吊架见图12.1。试验前，将拉杆夹紧于试验机的上夹具内，将试件的钢筋穿过吊架的垫板和底板的中心孔，夹紧于试验机的下夹具内。

垫板中心孔的大小，应使钢筋恰好穿过，孔肩压住焊缝金属或焊包为宜；若中心孔太大，在拉伸试验时会产生附加力矩，将焊缝提前撕裂，影响所测得的接头强度。

当钢筋直径较大时，吊架各部件，包括：拉杆、传力板、传力杆、底板等均应适当加粗、加厚，以提高吊架整体强度。

垫板应配备数块，具有不同直径的中心孔，以适应大小直径的锚固钢筋试件。吊架本体尺寸见图12.3，并可相互合用。

12.1.4　试验方法

(1) 试验前，应采用游标卡尺复核钢筋直径和钢板厚度。

(2) 将试件夹紧于试验机上，加荷应连续而平稳，不得有冲击或跳动。加荷速率为6～60 MPa/s，直至试件拉断（或出现颈缩后），可从测力盘上读取最大力或从拉伸曲线图上确定试验过程中的最大力。

(3) 试验过程中应记录下列各项数据：

①钢筋牌号和公称直径；

②试件拉断（或颈缩）过程中的最大力；

③断裂（或颈缩）位置，以及离开焊缝的距离；

④断裂特征（延性断裂或脆性断裂），或有无颈缩现象。

如在断口上发现气孔、夹渣、未焊透、烧伤等焊接缺陷，应在试验报告中注明。

12.1.5 试验结果计算和试验报告

(1) 根据现行国家标准《金属材料　室温拉伸试验方法》GB/T 228—2002 的规定，抗拉强度按下式计算：

$$R_m = \frac{F_m}{S_0} \qquad \text{行标规定：}\sigma_b = \frac{F_b}{S_0}$$

式中 R_m (σ_b) ——抗拉强度 (MPa)，试验结果数值应修约到5MPa，修约的方法应按现行国家标准《数值修约规则》GB 8170 的规定进行；

F_m (F_b) ——最大力，N；

S_0 ——试样公称截面面积。

注：行标系指现行行业标准《钢筋焊接接头试验方法标准》JGJ/T 27—2001。

(2) 试验报告应包括下列内容：

——试验编号；

——钢筋牌号和公称直径；

——焊接方法；

——试样拉断（或缩颈）过程中的最大力；

——断裂（或缩颈）位置及离焊缝口距离；

——断口特征。

(3) 试验报告式样见附录表C.1。

12.2 剪切试验方法

12.2.1 适用范围

该方法适用于热轧钢筋、冷轧带肋钢筋、冷拔低碳钢丝电阻点焊骨架和网的焊点常温剪切试验。

试验目的是测定焊点能够承受的最大抗剪力。

12.2.2 试件

(1) 钢筋焊点抗剪试件的形式和尺寸应符合图10.3 (*b*) 或图10.6 的规定。

(2) 抗剪试验的两根交叉钢筋应相互垂直。

12.2.3 试验设备

(1) 剪切试验宜选用300kN 或以下的万能试验机，测力示值误差不得大于±1%。

抗剪夹具除图10.4 所示之外，还有悬挂式夹具和吊架式锥形夹具等多种；试验时，可根据具体条件选用。

(2) 悬挂式夹具由左夹块和右夹块组成，加工尺寸和要求见图12.2，右夹块为1 块，左夹块共有3 块，各有不同的纵槽尺寸（见表12.2），分别适用于不同直径的纵向钢筋。

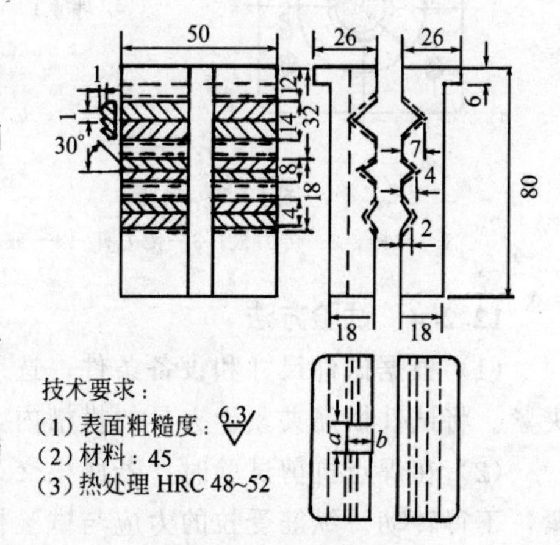

图12.2 悬挂式夹具

左夹块纵槽尺寸　　**表12.2**

纵槽尺寸（mm）		适用于纵向钢筋直径（mm）
a	*b*	
8	8	4～5
12	12	6～10
16	16	12～14

左、右夹块各有三道不同深度的V形横槽，槽内带有斜齿，分别适用于不同直径的横向钢筋。

悬挂式夹具主要用于WE-10B型万能试验机。

（3）吊架式锥形夹具由吊架和锥形夹具两部分组成。吊架构造见图12.3。锥形夹具由左夹片、右夹片和锚环组成，见图12.4。右夹片为一块，无纵槽；左夹片有3块，各有不同尺寸的纵槽（见表12.2）。左、右夹片各有3道不同深度的V形横槽。左夹片构造见图12.5，锚环构造见图12.6。

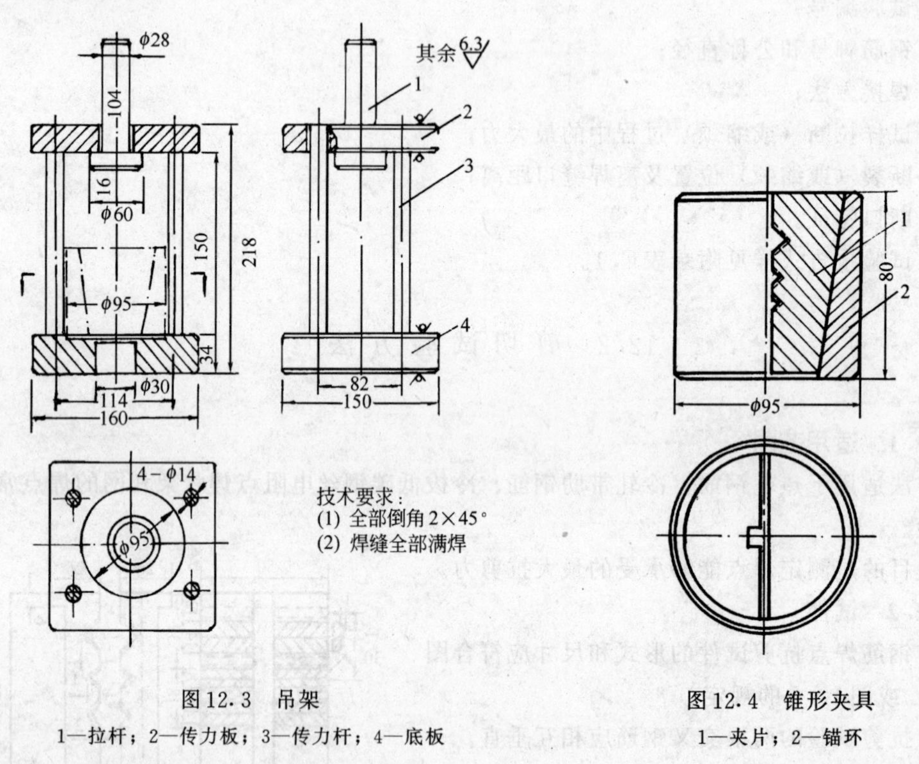

图12.3　吊架

1—拉杆；2—传力板；3—传力杆；4—底板

图12.4　锥形夹具

1—夹片；2—锚环

12.2.4　试验方法

（1）根据试件尺寸和设备条件，选用合适的夹具，放置在万能试验机的上钳口内，并夹紧。将试件横筋夹紧于夹具的横槽内，纵筋通过纵槽夹紧于万能试验机的下钳口内。

（2）在焊点抗剪试验时，若两根交叉钢筋的直径不同，应将较小钢筋作横筋，将其夹紧，不得转动。纵筋受拉的力应与试验机的加荷轴线相重合。

（3）开动万能试验机，加荷应连续而平稳，不得有冲击和跳动，加荷速率为6～60 MPa/s，直至试件破坏为止。读出表盘上指针指示的最大荷载值，即为该试件的抗剪力，单位为牛顿（N）。

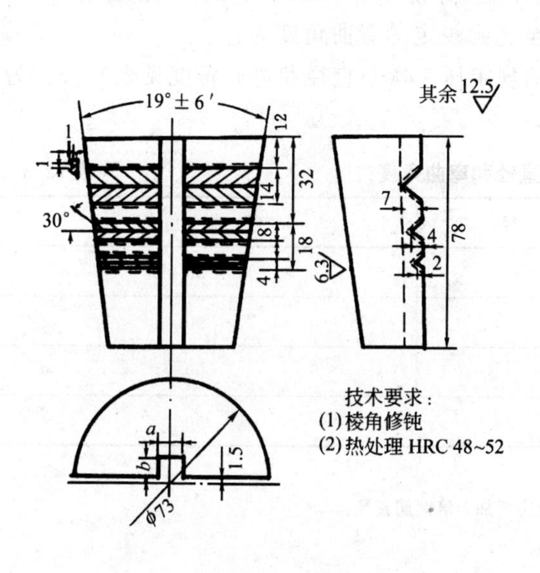

图 12.5 夹片

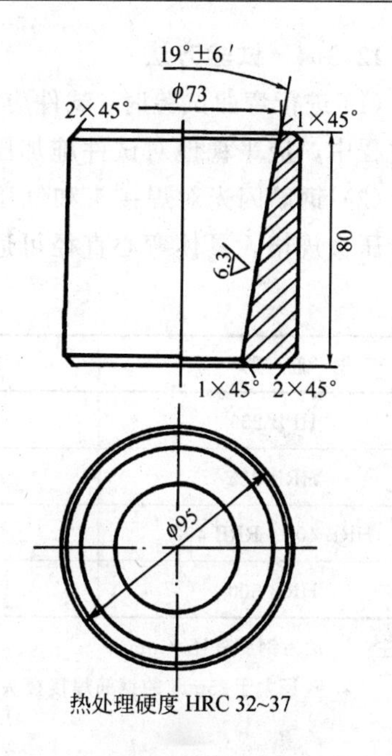

图 12.6 锚环

12.2.5 试验报告

试验结束时，应将试件编号、焊接骨架或焊接网、钢筋牌号、直径、试件抗剪力、断裂位置等填写于试验报告内。试验报告式样见附录表C.2。

12.3 弯曲试验方法

12.3.1 适用范围

该方法适用于钢筋闪光对焊接头、气压焊接头等的常温弯曲试验。

试验目的是检验钢筋焊接接头的弯曲变形性能和可能存在的焊接缺陷。

12.3.2 试件

(1)钢筋焊接接头弯曲试件的长度取决于钢筋的牌号和直径，一般为两支辊的内侧距离另加150mm，两支辊的内侧距离为弯心直径加2.5倍钢筋直径，见图12.7。

(2)试件受压面的金属毛刺和镦粗变形部位的去除可用砂轮等工具加工，使之达到与母材外表齐平，但不得损伤钢筋本体；其余部位可保持焊后状态（即焊态）。

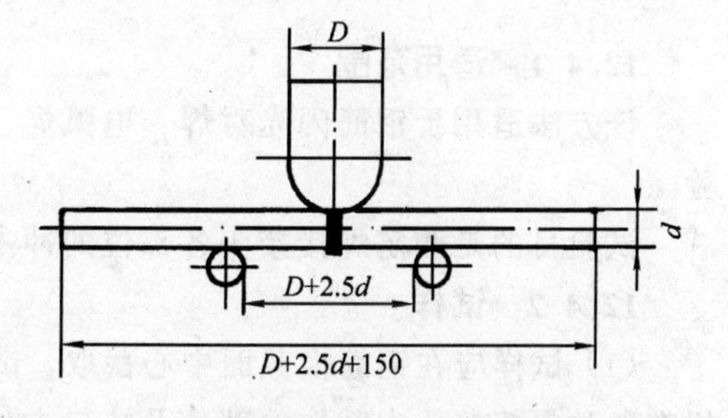

图 12.7 弯曲试验示意图

D—弯心直径；d—钢筋直径

12.3.3 试验设备

弯曲试验可在压力机或万能试验机上进行。

12.3.4　试验方法

(1) 进行弯曲试验时，试件应放在两支点上，并使焊缝中心线与压头中心线相一致。试验过程中，应平稳地对试件施加压力，直至达到规定的弯曲角度为止。

(2) 钢筋闪光对焊接头和气压焊接头的规定压头弯心直径和弯曲角度见表12.3。为了减少压头规格，具体弯心直径可适当调整。

压头弯心直径和弯曲角度　　**表12.3**

钢筋牌号	弯心直径	弯曲角(°)
HPB 235	$2d$	90
HRB 335	$4d$	90
HRB 400、RRB 400	$5d$	90
HRB 500	$7d$	90

注：1. d 为钢筋直径（mm）；

2. 直径大于25mm的钢筋焊接接头，弯心直径应增加1倍钢筋直径。

(3) 在试验过程中，应采取安全措施，防止试件突然断裂伤人。

12.3.5　试验报告

(1) 弯曲试验后，应检查试件受拉面有无裂纹，并记录裂纹宽度。

(2) 试验报告应包括下列内容：

——弯曲后试样受拉面有无裂纹；

——断裂时的弯曲角度；

——断口位置及特征；

——有无焊接缺陷。

(3) 当提出需要区分正弯试验、反弯试验时，应在试验报告中注明。

试验报告式样见附录表C.1。

12.4　冲击试验方法

12.4.1　适用范围

该方法适用于钢筋闪光对焊、电弧焊、电渣压力焊、气压焊等焊接接头的夏比冲击试验。

试验目的是测定焊接接头各部位的冲击吸收功或冲击韧度。

12.4.2　试样

(1) 试样应在钢筋横截面中心截取，试样中心线与钢筋中心线偏差不得大于1mm。试样在各种焊接接头中截取的部位及缺口方位见表12.4。为了便于比较，还应加做钢筋母材冲击试样一组，共3个。

冲击试样取样部位和缺口方位 **表12.4**

焊接方法		取样部位			缺口方位	
		焊缝	熔合线	热影响区	光圆钢筋	带肋钢筋
闪光对焊			—			
电弧焊	坡口焊					
	窄间隙焊					
电渣压力焊						
气压焊			—			

注：试样缺口轴线与熔合线的距离 t 为2～3mm。

(2) 标准试样应采用尺寸为10mm×10mm×55mm且带有V形缺口的试样。标准试样的形状及尺寸应符合现行国家标准《金属夏比缺口冲击试验方法》GB/T 229中标准夏比V形缺口冲击试样的有关规定。试样缺口底部应光滑，不得有与缺口轴线平行的明显划痕。进行仲裁试验时，试样缺口底部的粗糙度参数 R_a 不应大于1.6μm。见图12.8。

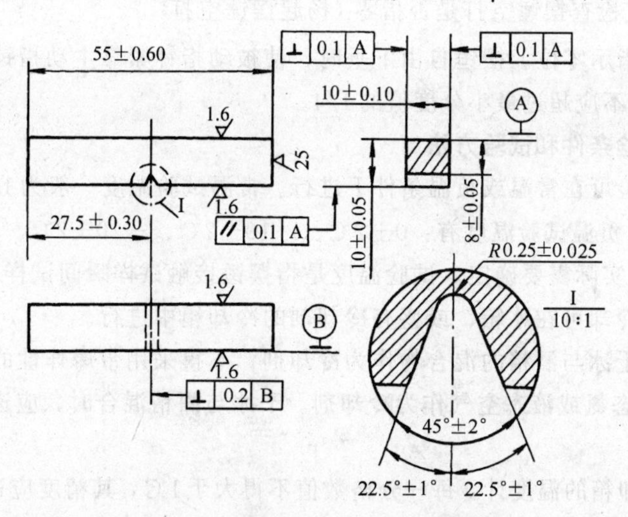

图12.8 标准夏比V形缺口冲击试样

(3) 样坯宜采用机械方法截取，也可用气割法截取。试样的制备应避免由于加工硬化或过热而影响金属的冲击性能。

(4) 同样试验条件下同一部位所取试样的数量不应少于3个。试样应逐个编号，缺口底部处横截面尺寸应精确测量，并应记录。

(5) 测量试样尺寸的量具最小分度值不应大于0.02mm。

(6) 试样在开缺口前应用腐蚀剂使焊缝清楚地显示出来后，再按要求画线。加工缺口时，试样不得因受热而影响冲击性能。

注：(1) 试件　从钢筋焊接成品（焊接接头，焊接骨架或焊接网）中截取的，或者特地焊接而成的，具有一定尺寸，并能满足试验要求的部件。

(2) 试样　由样坯经过机械加工，制成具有一定形状、尺寸和表面粗糙度的试验样品。例如：冲击试样、金相试样、硬度试样等。

但是以上两者的区分不甚严格，有的单位为了方便或者习惯等原因，统称为试样。

12.4.3　试验设备

(1) 试验时应采用150J或300J摆锤式冲击试验机。

(2) 试验机的正常使用范围为所用摆锤最大打击能量的10%～90%。试验机标尺分度精确度不应低于摆锤最大打击能量的±5%。

(3) 试验机试样支座及摆锤刀刃尺寸应符合图12.9的规定。

(4) 应设置样规，以保证试样缺口中心线对准试验机两支座的跨距中心，并且不影响试样受冲击时的自由变形。

(5) 试验机摆锤的摆动平面必须垂直，打击中心应与摆锤的冲击处重合。

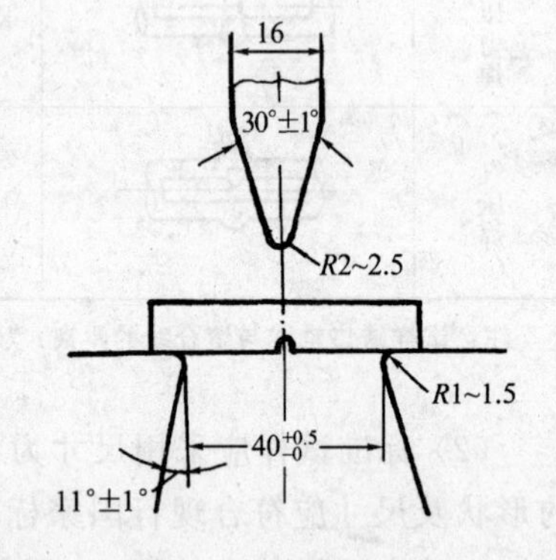

图12.9　试样支座及摆锤刀刃尺寸

(6) 试验前应检查摆锤空打是否指零（扬起摆锤空打前，被动指针应指示零位。摆锤自由下垂时，使被动指针紧靠主动指针，并对准最大冲击能量处），其偏差不应超过最小分度值的1/4。

12.4.4　试验条件和试验方法

(1) 冲击试验可在常温或负温条件下进行。常温试验温度一般为10～35℃，当要求严格时为23±5℃。负温试验温度有：0±2℃、－10±2℃、－20±2℃、－30±2℃、－40±2℃等数种，根据实际需要确定。试验温度是指摆锤接触试样瞬间试样缺口底面的温度。

(2) 试样的冷却可在冰箱、或盛有冷却剂的冷却箱中进行。

(3) 宜采用干冰与酒精的混合物作为冷却剂；不得采用带爆炸性的液态氧、含氧量大于10%的工业液态氮或液态空气作为冷却剂。干冰与酒精混合时，应进行搅拌，以保证冷却剂温度均匀。

(4) 用于冷却箱的温度计，每一分格数值不得大于1℃，其精度应达0.5%。如使用热电偶温度计，应将热电偶测点放在控温试样缺口内，此时，控温试样应与试验试样同时放入冷却箱中。

(5) 冰箱或冷却箱中的温度应低于规定的试验温度，其过冷度应根据实际情况通过试验确定。如从箱内取出试样到摆锤打击试样时的时间为2～5s，室温为20±5℃。试验温度为0～－40℃时，可采用1～2℃的过冷度值。

(6) 夹取试样的工具应与试样同时冷却。在冰箱或冷却箱中放置试样应间隔一定的距离。待冰箱或冷却箱中温度达到规定温度（即试验温度加过冷度值）后，应保持一定时间；其时间为：在液体中，不少于5min；在气体中，不少于20min。

(7) 试验时应将试样稳妥地安置在支座上，并使试样缺口中心线对准支座跨距中心。试样缺口背面朝向摆锤，摆锤刀刃与试样缺口中心线偏差应不超过±0.2mm。松开挂起的摆锤，对试样进行冲击，并记录表盘指针指示值。

(8) 试样折断后，应检查断口，如发现有气孔、夹渣、裂纹等缺陷，应记录下来。

(9) 试样折断时的冲击吸收功可从试验机表盘上直接读出。

12.4.5 试验报告

(1) 冲击韧度（a_k）应按下式计算：

$$a_k = \frac{A_{kv}}{F}$$

式中 a_k——试样的冲击韧度，J/cm²；

A_{kv}——V形缺口试样冲击吸收功，J；

F——试验前试样缺口底部处的公称截面面积，cm²。

(2) 试验报告应包括下列内容：

——焊接方法、接头型式及取样部位；

——试验温度；

——试验机打击能量；

——试样的冲击吸收功或冲击韧度；

——断口上发现的缺陷；

——如果试样未折断，应注明“未折断”。

(3) 试验报告式样见附录C表C.3。

12.5 疲劳试验方法

12.5.1 适用范围

该方法适用于钢筋焊接接头在常温下的轴向拉伸疲劳试验。

试验目的是测定和检验钢筋焊接接头在确定应力比和应力循环次数下的条件疲劳极限，应力循环见图12.10。

注：现行国家标准《混凝土结构设计规范》GB 50010—2002中规定，最小应力与最大应力之差，称为应力幅。

12.5.2 试件

(1) 试件的长度一般不得小于疲劳受试区（包括焊缝和母材）与两个夹持长度之和；其中，受试区长度不宜小于500mm（图12.11）。

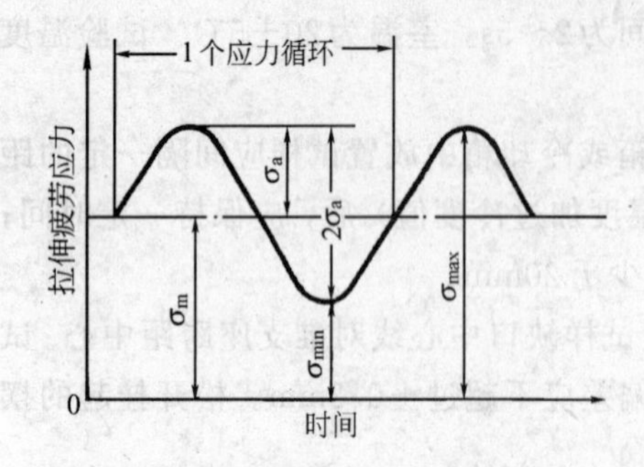

图12.10　轴向拉伸疲劳应力循环

σ_{max}—最大应力；σ_{min}—最小应力；

σ_m—平均应力；σ_a—应力幅；

$2\sigma_a$—应力范围

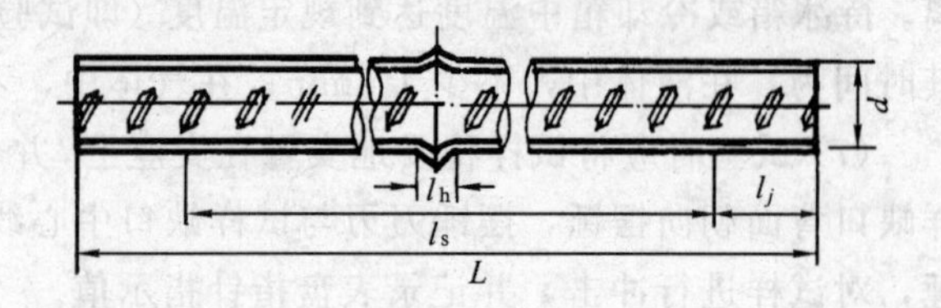

图12.11　钢筋焊接接头疲劳试件

l_s—受试长度；l_h—焊缝长度；

l_j—夹持长度；L—试件长度；d—钢筋直径

当试验机不能适应上述试件长度时，应在报告中注明试件的实际长度。

高频疲劳试件的长度根据试验机的具体条件确定。

(2) 试件的外观应仔细检查，不得有气孔、烧伤、压伤、咬边等焊接缺陷。试件的中心线应成一直线。

(3) 为避免试件断于夹持部分，对夹持部分可采取下列措施：

①对夹持部分进行冷作强化处理；

②采用与钢筋外形相适应的铜模套；

③采用与钢筋直径相适应的带有环形内槽的钢模套，并灌注环氧树脂。

12.5.3　试验设备和试验条件

(1) 采用的轴向疲劳试验机应符合下列要求：

①试验机的静荷载示值误差不大于±1%；

②在连续试验10h内，荷载振幅示值波动度不大于使用荷载满量程的±2%；

③试验机应具有安全控制及应力循环数自动记录等装置。

(2) 在一根试件的整个试验期间，最大和最小的疲劳荷载以及循环频率应保持恒定。疲劳荷载的偶然变化不得超过初始值的5%，其时间不得超过一根试件循环数的2%。

(3) 应力循环频率取决于所用试验机类型、试件刚度和试验要求。所选取的频率不得引起试件受试部分发热。低频疲劳试验的频率宜为5～15Hz；高频疲劳试验的频率宜为100～150Hz。

同一批试件的试验应在大致相同的频率下进行。

12.5.4　试验方法[57]

(1) 将试件端部牢固地夹紧于试验机的上下夹具内。夹具的中心线应与试验机的施荷轴线相重合，以确保沿试件中心线准确传递疲劳荷载。

(2) 根据钢筋的力学性能、规格和使用要求，确定试验的最大荷载和最小荷载。荷载的增加应缓慢进行。在试验初期荷载若有波动，应及时调整，直到稳定为止。

(3) 疲劳试验应连续进行。中途如有停顿，不得超过3次；停顿总时间不得超过全部时间的10%，并在试验报告中注明。

(4) 当试件破坏时，应及时记下断裂位置、离开夹头端部距离和试验循环次数。同时仔细检查断口，并作图描述断口形貌。

当试件断裂发生在夹持部分，或距离夹具（或模套）末端小于一倍钢筋直径时，此试验结果无效。

(5) 当进行检验性疲劳试验时，在所要求的疲劳应力水平和应力比下，至少应做3根试件的试验，测定其疲劳寿命N值。

(6) 条件疲劳极限的循环次数规定为以下七种：10^5、2×10^5、5×10^5、10^6、2×10^6、5×10^6、10^7；一般可采用2×10^6。

(7) 条件疲劳极限的测定。疲劳试验结果一般用图解法表示。S—N曲线是最常用的一种疲劳试验结果表示方法。通过绘制S—N曲线，并采用数理统计相结合的方法，可以求得条件疲劳极限值。

进行疲劳试验时，在确定应力比R（在预应力混凝土结构中，钢筋的R一般可采用0.7或0.8；在非预应力混凝土结构中，钢筋的R可采用0.2或0.1）的条件下，改变应力σ_{max}和σ_{min}，从高应力水平开始，逐级下降，每级取1～3根试件，分级进行，最后得出σ_{max}与N的关系。通过回归分析，求出精确的统计数值，绘制出S—N曲线，并得出在给定应力比R条件下达到规定疲劳寿命N的条件疲劳极限（见图12.12）。

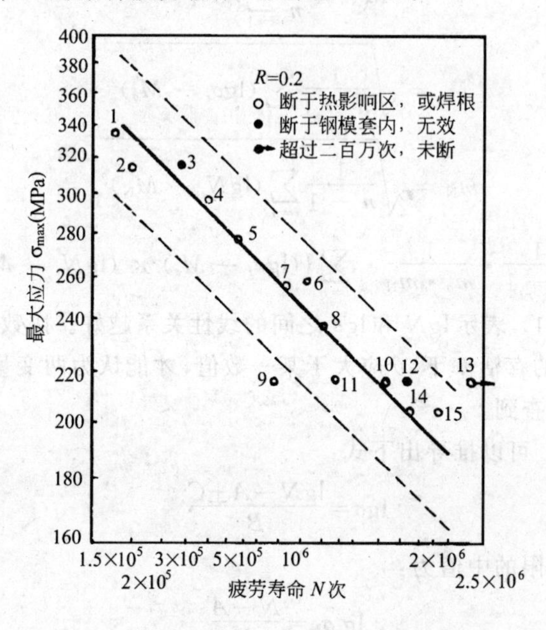

图12.12 ϕ25原Ⅱ级钢筋焊接接头疲劳试验S—N曲线

12.5.5 算式

钢筋焊接接头条件疲劳极限的计算可采用下列回归方程式：

$$\lg N = A + B\lg\sigma \pm C \tag{1}$$

式中 N——疲劳循环次数；

A——疲劳曲线的截距；

B——疲劳曲线的斜率；

C——试验点统计的偏差。

$$A = M_N - \theta \frac{m_N}{m_\sigma} M_\sigma \tag{1-1}$$

$$B = \theta \frac{m_N}{m_\sigma} \tag{1-2}$$

$$C = 2 \cdot m_N \sqrt{1 - \theta^2} \tag{1-3}$$

式中　M_σ——一组试件（n 个）中每个试件的疲劳应力对数平均值；

M_N——该组试件对应循环次数对数平均值；

m_σ——该组试件疲劳应力对数均方差；

m_N——该组试件循环次数对数均方差；

σ_i——该组试件中第 i 个试件的试验最大应力；

N_i——该组试件中第 i 个试件断裂时的循环次数；

θ——相关系数，应为负数。

$$M_\sigma = \frac{1}{n} \sum_{i=1}^{n} \lg\sigma_i \tag{1-4}$$

$$M_N = \frac{1}{n} \sum_{i=1}^{n} \lg N_i \tag{1-5}$$

$$m_\sigma = \sqrt{\frac{1}{n-1} \sum_{i=1}^{n} (\lg\sigma_i - M_\sigma)^2} \tag{1-6}$$

$$m_N = \sqrt{\frac{1}{n-1} \sum_{i=1}^{n} (\lg N_i - M_N)^2} \tag{1-7}$$

$$\theta = \frac{1}{n-1} \cdot \frac{1}{m_\sigma \cdot m_N} \cdot \sum_{i=1}^{n} \{(\lg\sigma_i - M_\sigma) \times (\lg N_i - M_N)\} \tag{1-8}$$

相关系数越接近－1，表示$\lg N$ 和$\lg\sigma$ 之间的线性关系越好。按数理统计理论，一定数量的试验数据，在特定的存活率下，θ 应大于某一数值，才能认为两变量之间符合线性关系，这可以从相关系数表上查到。

从回归方程式（1）可以推导出下式：

$$\lg\sigma = \frac{\lg N - A \pm C}{B} \tag{2}$$

这时，条件疲劳极限的中值为：

$$\lg \bar{\sigma}_N = \frac{N - A}{B} \tag{3}$$

考虑偏差时，其下限值（存活率为97.5%）为：

$$\lg\sigma_N = \frac{\lg N - A - C}{B} \tag{4}$$

考虑偏差时，其上限值（存活率为2.5%）为：

$$\lg\sigma_N = \frac{\lg N - A + C}{B} \tag{5}$$

12.5.6　试验报告

钢筋焊接接头疲劳试验过程中，应及时记录各项原始记录。试验完毕，提出试验报告。试验记录和试验报告式样见附录表C.4 和表C.5。

12.6 硬度试验方法

12.6.1 适用范围

该方法适用于钢筋焊接接头（包括焊缝、熔合区、热影响区和母材）各区域常温硬度试验。

试验目的是了解各区域的硬度差异及其变化。

试验设备一般可采用维氏硬度计。

12.6.2 试样

(1) 试样的试验面应是光滑平面，不应有氧化皮及其他污物。试验面粗糙度必须保证能精确地测量压痕对角线，一般不得低于 $\overset{0.2}{\bigtriangledown}$。

(2) 试样制备过程中，应避免由于受热或冷加工等对试验面硬度的影响。

(3) 试样一般应包含焊接接头所有区域；但根据特定要求，也可截取某一区域做成硬度试样。

(4) 钢筋焊接接头的硬度试验也可在金相试样上进行，其试验面必须与支承面平行。

12.6.3 试验设备

(1) 硬度计应安装在稳固的基础上，并调至水平。试验环境应清洁，无振动，周围无腐蚀性气体。

(2) 使用维氏硬度计时，每次更换压头、试台或支座等，应按照现行标准《金属维氏硬度计检定规程》JJG 151，对硬度计进行检查。

(3) 使用显微维氏硬度计时，每次更换压头、试台或支座等，应按照现行标准《显微硬度计检定规程》JJG 260，对硬度计进行检查。

(4) 金刚石压头的尖端或棱缺损时，或其他主要部分发现异常时，必须调换。

12.6.4 试验方法

(1) 进行维氏硬度试验时，将金刚石角锥体压头以相应的试验力（49.03～980.7N）压入试样表面。试验力分六级，见表12.5，从中适当选用。

维氏硬度试验力 表12.5

试验力							
试验力	(N)	49.03	98.07	196.1	294.2	490.3	980.7
	(kgf)	5	10	20	30	50	100

经规定保持时间后，卸除试验力，测量压痕两对角线长度 d_1 和 d_2（图12.13）。

(2) 显微维氏硬度试验的实质是小试验力（0.09807～1.961N）的维氏硬度试验。试验力分五级，见表12.6。

显微维氏硬度试验力 表12.6

试验力						
试验力	(N)	98.07×10^{-3}	0.1961	0.4903	0.9807	1.961
	(kgf)	0.01	0.02	0.05	0.1	0.2

显微维氏硬度试验主要用来测定金属材料的显微组织和微观偏析区的硬度，其试验方法与（1）相同。

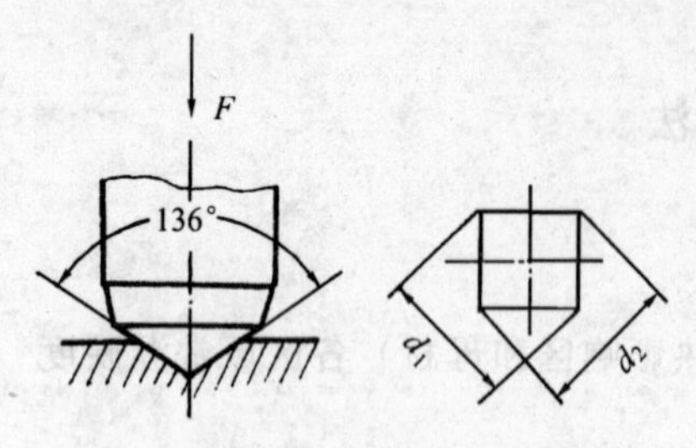

图12.13　维氏硬度试验原理示意图

F—试验压力

(3) 维氏硬度值和显微维氏硬度值均可根据压痕两对角线算术平均值查表而得。

(4) 表示方法：以符号HV表示，并将试验力作为下角指数注明。

例如：$HV_{49}450$

其中　49表示试验力为49N；

450表示维氏硬度值。

又如：$HV_{0.49}265$

其中　0.49表示试验力为0.49N；

265表示显微维氏硬度值。

(5) 试验力应垂直于试样的试验面，加力及卸力应平稳，不得有跳动及冲击。加力开始后，应保持一定加力时间，一般以15s为准。

(6) 根据试验要求，可用腐蚀剂使接头各区域金属显示清晰。测点可参照表12.7的标线位置选定。接头各区域硬度测定，一般不少于3点。

(7) 进行维氏硬度或显微维氏硬度试验时，其两相邻压痕中心间的距离及压痕中心与试样边缘的距离，应不小于压痕对角线长度的2.5倍。每个压痕应测量其两个对角线，并取其平均值。

硬度测点位置　　　　表12.7

焊接接头	测点位置	焊接接头	测点位置
电阻点焊	1、1	坡口电弧焊	2—1—2、3—3
闪光对焊	2—1—2、3—3	气压焊	2—1—2、3—3
电渣压力焊	2—1—2、3—3	预埋件埋弧压力焊T型接头	1、1

12.6.5　试验报告

(1) 当测点处出现气孔、夹渣等焊接缺陷时，试验结果无效。

(2) 试验完毕，应填写试验报告，并将测点的硬度值、测点位置填写在试验报告中。

12.7　金相试验方法

12.7.1　适用范围

该方法适用于钢筋焊接接头（包括焊缝、熔合区、热影响区和母材）各区域在常温下的光学金相试验。

试验目的是了解接头各区域的组织差异和变化，以及检查焊接缺陷。

12.7.2 试样

(1) 试样一般应包含焊接接头的各个区域；根据特定要求，也可截取某一区域制作金相试样。

(2) 样坯可用机械法或气割法截取。试样只能用机械法从样坯中截取。截取样坯和制作试样，均不得因过热而改变试样的金相组织。

(3) 试样经洗净吹干后，在由粗到细的各号金相砂纸上依次细磨，磨时要经常将试样转换90°，直至磨痕完全消除为止。手握试样应平稳，压力不宜过重，以免产生深划痕，亦可将试样在金相试样预磨机上细磨。

(4) 经细磨后的试样，应在抛光机上进行抛光，待试样抛光到磨痕完全消除，表面像镜面一样为止。抛光剂可用人造金刚石研磨膏或氧化铝粉。

(5) 经抛光后的试样，如在显微镜下发现有划痕或凹坑等情况将影响试验结果时，应重新磨制。

(6) 试样在浸蚀前，必须保持干净，不得有污垢和指印。观察显微组织时，一般采用浸有2%～4%硝酸酒精溶液腐蚀剂的棉花擦抹试样表面。腐蚀时间的长短，视钢材的组织状态和观察倍数而定，一般从数秒钟至数十秒钟。观察宏观组织时，可用5%盐酸水溶液于60～70℃热浸蚀数十秒钟至数分钟，当浸蚀达到要求时停止。先用清水冲洗，再用酒精擦洗，而后吹干。

12.7.3 试验设备

(1) 进行试验时，根据实际条件选用合适的金相显微镜。工作地点必须干燥、少尘。仪器放置要稳妥，光线适宜，仪器附近不得堆放挥发性、腐蚀性等化学药品。

(2) 金相显微镜应按仪器说明书进行操作。使用时，根据需要的放大倍数，选择合适的物镜和目镜。

(3) 取用镜头时，应避免手指接触透镜的表面。调节时不得将试样与物镜接触。如偶尔不慎而使镜体或镜头脏污时，应即刻用镜头纸擦净。金相显微镜不使用时，用防尘罩罩好。

(4) 使用预磨机磨试样时，必须采用不同号数的水砂纸，并由粗到细，逐号细磨。水砂纸在磨盘上应贴放牢靠。

抛光机的抛光盘上宜采用厚呢绒或丝绒贴放牢靠。

预磨机和抛光机的转速和手握试样的位置均应适当，防止水砂纸、呢绒被划破，试样打出伤人。

(5) 暗室内应备有冲洗、印晒金相照片的各项必要设备。室内温度应控制在20℃左右，空气流通。各种化学剂应放置整齐妥当。

12.7.4 试验方法

(1) 焊接接头金相试验之前，应了解钢筋的主要化学成分、所采用的焊接方法、焊接材料、工艺参数、是否采用预热或焊后热处理等情况，以作金相组织观察的参考。

(2) 钢筋焊接接头金相试样进行宏观观察，或拍摄宏观组织照片时，放大倍数一般为1～20倍；这时，应着重检查焊缝区的组织特征、热影响区的大小，以及气孔、夹渣、未焊透、裂纹等焊接缺陷。

(3) 钢筋焊接接头金相试样进行显微组织观察，或拍摄显微组织照片时，放大倍数一般为50～1000倍；这时，应着重检查焊缝、熔合区、过热区等各区域内的各种显微组织和晶粒度大小，如发现粗大的魏氏组织，以及贝氏体、马氏体等，应记录其产生部位、相对量及其形态。必要时，为了辨别和确定组织，可测定其显微维氏硬度值。

(4) 拍摄金相照片时，光源必须调整适宜，使接头各部分的光亮度均匀一致，曝光时间要准确，以产生有层次的照片。

依照底片的种类，选择合适的显影液。依照底片说明书的规定，确定显影液的温度和时间。底片在显影和定影过程中，有乳胶的一面必须向上，并完全浸入溶液内，经常搅动。

(5) 印相时，应根据底片的情况，选择适当号数的相纸和曝光时间。按照相纸的种类选择显影液。相纸在显影液及定影液内，乳胶面均须向上，并使其完全浸入溶液内。定影后的照片在流动的清水中漂洗一小时以上，然后上光烘干。

12.7.5　试验报告

钢筋焊接接头金相试验完毕，应提出试验报告。试验报告内容包括：试样的原始条件、试样的宏观组织和各区域的显微组织、放大倍数、焊接缺陷等。金相组织一般以照片表示，可能条件下附以分析性意见。

附录A 纵向受力钢筋焊接接头检验批验收记录

钢筋闪光对焊接头检验批质量验收记录 表A1

<table>
<tr><td colspan="3">工程名称</td><td></td><td colspan="5">验收部位</td><td colspan="4"></td></tr>
<tr><td colspan="3">施工单位</td><td></td><td colspan="5">批号及批量</td><td colspan="4"></td></tr>
<tr><td colspan="3">施工执行标准
名称及编号</td><td>钢筋焊接及验收规程
JGJ 18—2003</td><td colspan="5">钢筋牌号及直径
(mm)</td><td colspan="4"></td></tr>
<tr><td colspan="3">项目经理</td><td></td><td colspan="5">施工班组组长</td><td colspan="4"></td></tr>
<tr><td rowspan="3">主控项目</td><td colspan="3">质量验收规程的规定</td><td colspan="5">施工单位检查
评定记录</td><td colspan="4">监理（建设）单位验收记录</td></tr>
<tr><td>1</td><td>接头试件拉伸试验</td><td>5.1.7条</td><td colspan="5"></td><td colspan="4"></td></tr>
<tr><td>2</td><td>接头试件弯曲试验</td><td>5.1.8条</td><td colspan="5"></td><td colspan="4"></td></tr>
<tr><td rowspan="6">一般项目</td><td colspan="3" rowspan="2">质量验收规程的规定</td><td colspan="8">施工单位检查评定记录</td><td rowspan="2">监理(建设)单位
验收记录</td></tr>
<tr><td>抽检数</td><td>合格数</td><td colspan="6">不合格</td></tr>
<tr><td>1</td><td>接头处不得有横向裂纹</td><td>5.3.2条</td><td></td><td></td><td></td><td></td><td></td><td></td><td></td><td></td><td></td></tr>
<tr><td>2</td><td>与电极接触处的钢筋表面不得有明显烧伤</td><td>5.3.2条</td><td></td><td></td><td></td><td></td><td></td><td></td><td></td><td></td><td></td></tr>
<tr><td>3</td><td>接头处的弯折角≯3°</td><td>5.3.2条</td><td></td><td></td><td></td><td></td><td></td><td></td><td></td><td></td><td></td></tr>
<tr><td>4</td><td>轴线偏移≯0.1钢筋直径，且≯2mm</td><td>5.3.2条</td><td></td><td></td><td></td><td></td><td></td><td></td><td></td><td></td><td></td></tr>
<tr><td colspan="4">施工单位检查评定结果</td><td colspan="9">项目专业质量检查员：
年 月 日</td></tr>
<tr><td colspan="4">监理（建设）单位验收结论</td><td colspan="9">监理工程师（建设单位项目专业技术负责人）：
年 月 日</td></tr>
</table>

注：1. 一般项目各小项检查评定不合格时，在小格内打×记号；
2. 本表由施工单位项目专业检查员填写，监理工程师（建设单位项目专业技术负责人）组织项目专业质量检查员等进行验收。

钢筋电弧焊接头检验批质量验收记录　　　　表A2

<table>
<tr><td colspan="3">工程名称</td><td></td><td colspan="6">验收部位</td><td></td></tr>
<tr><td colspan="3">施工单位</td><td></td><td colspan="6">批号及批量</td><td></td></tr>
<tr><td colspan="3">施工执行标准
名称及编号</td><td>钢筋焊接及验收规程
JGJ 18—2003</td><td colspan="6">钢筋牌号及直径
(mm)</td><td></td></tr>
<tr><td colspan="3">项目经理</td><td></td><td colspan="6">施工班组组长</td><td></td></tr>
<tr><td rowspan="2">主控项目</td><td colspan="3">质量验收规程的规定</td><td colspan="6">施工单位检查
评定记录</td><td>监理（建设）单位验收记录</td></tr>
<tr><td>1</td><td>接头试件拉伸试验</td><td>5.1.7条</td><td colspan="6"></td><td></td></tr>
<tr><td rowspan="6">一般项目</td><td colspan="3" rowspan="2">质量验收规程的规定</td><td colspan="6">施工单位检查评定记录</td><td rowspan="2">监理（建设）单位验收记录</td></tr>
<tr><td>抽检数</td><td>合格数</td><td colspan="4">不合格</td></tr>
<tr><td>1</td><td>焊缝表面应平整，不得有凹陷或焊瘤</td><td>5.4.2条</td><td></td><td></td><td></td><td></td><td></td><td></td><td></td></tr>
<tr><td>2</td><td>接头区域不得有肉眼可见的裂纹</td><td>5.4.2条</td><td></td><td></td><td></td><td></td><td></td><td></td><td></td></tr>
<tr><td>3</td><td>咬边深度、气孔、夹渣等缺陷允许值及接头尺寸允许偏差</td><td>表5.4.2</td><td></td><td></td><td></td><td></td><td></td><td></td><td></td></tr>
<tr><td>4</td><td>焊缝余高不得大于3mm</td><td>5.4.2条</td><td></td><td></td><td></td><td></td><td></td><td></td><td></td></tr>
<tr><td colspan="4">施工单位检查评定结果</td><td colspan="7">项目专业质量检查员：
年　月　日</td></tr>
<tr><td colspan="4">监理（建设）单位验收结论</td><td colspan="7">监理工程师（建设单位项目专业技术负责人）：
年　月　日</td></tr>
</table>

注：1. 一般项目各小项检查评定不合格时，在小格内打×记号；
2. 本表由施工单位项目专业检查员填写，监理工程师（建设单位项目专业技术负责人）组织项目专业质量检查员等进行验收。

钢筋电渣压力焊接头检验批质量验收记录　　表A3

<table>
<tr><td colspan="3">工程名称</td><td></td><td colspan="2">验收部位</td><td colspan="2"></td></tr>
<tr><td colspan="3">施工单位</td><td></td><td colspan="2">批号及批量</td><td colspan="2"></td></tr>
<tr><td colspan="3">施工执行标准
名称及编号</td><td>钢筋焊接及验收规程
JGJ 18—2003</td><td colspan="2">钢筋牌号及直径
(mm)</td><td colspan="2"></td></tr>
<tr><td colspan="3">项目经理</td><td></td><td colspan="2">施工班组组长</td><td colspan="2"></td></tr>
<tr><td rowspan="2">主控项目</td><td colspan="3">质量验收规程的规定</td><td colspan="2">施工单位检查
评定记录</td><td colspan="2">监理（建设）单位验收记录</td></tr>
<tr><td>1</td><td>接头试件拉伸试验</td><td>5.1.7条</td><td colspan="2"></td><td colspan="2"></td></tr>
<tr><td rowspan="6">一般项目</td><td colspan="3" rowspan="2">质量验收规程的规定</td><td colspan="3">施工单位检查评定记录</td><td rowspan="2">监理(建设)单位
验收记录</td></tr>
<tr><td>抽检数</td><td>合格数</td><td>不合格</td></tr>
<tr><td>1</td><td>四周焊包凸出钢筋表面的高度不得小于4mm</td><td>5.5.2条</td><td></td><td></td><td></td><td></td></tr>
<tr><td>2</td><td>钢筋与电极接触处无烧伤缺陷</td><td>5.5.2条</td><td></td><td></td><td></td><td></td></tr>
<tr><td>3</td><td>接头处的弯折角≯3°</td><td>5.5.2条</td><td></td><td></td><td></td><td></td></tr>
<tr><td>4</td><td>轴线偏移≯0.1钢筋直径，且≯2mm</td><td>5.5.2条</td><td></td><td></td><td></td><td></td></tr>
<tr><td colspan="4">施工单位检查评定结果</td><td colspan="4">项目专业质量检查员：
年　月　日</td></tr>
<tr><td colspan="4">监理（建设）单位验收结论</td><td colspan="4">监理工程师（建设单位项目专业技术负责人）：
年　月　日</td></tr>
</table>

注：1. 一般项目各小项检查评定不合格时，在小格内打×记号；

2. 本表由施工单位项目专业检查员填写，监理工程师（建设单位项目专业技术负责人）组织项目专业质量检查员等进行验收。

钢筋气压焊接头检验批质量验收记录　　　　表A4

<table>
<tr><td colspan="3">工程名称</td><td></td><td colspan="3">验收部位</td><td></td></tr>
<tr><td colspan="3">施工单位</td><td></td><td colspan="3">批号及批量</td><td></td></tr>
<tr><td colspan="3">施工执行标准
名称及编号</td><td>钢筋焊接及验收规程
JGJ 18—2003</td><td colspan="3">钢筋牌号及直径
(mm)</td><td></td></tr>
<tr><td colspan="3">项目经理</td><td></td><td colspan="3">施工班组组长</td><td></td></tr>
<tr><td rowspan="3">主控项目</td><td colspan="3">质量验收规程的规定</td><td colspan="3">施工单位检查
评定记录</td><td>监理（建设）单位验收记录</td></tr>
<tr><td>1</td><td>接头试件拉伸试验</td><td>5.1.7条</td><td colspan="3"></td><td></td></tr>
<tr><td>2</td><td>接头试件弯曲试验</td><td>5.1.8条</td><td colspan="3"></td><td></td></tr>
<tr><td rowspan="6">一般项目</td><td colspan="3" rowspan="2">质量验收规程的规定</td><td colspan="3">施工单位检查评定记录</td><td rowspan="2">监理(建设)单位
验收记录</td></tr>
<tr><td>抽查数</td><td>合格数</td><td>不合格</td></tr>
<tr><td>1</td><td>轴线偏移≯0.15钢筋直径，且≯4mm</td><td>5.6.2条</td><td></td><td></td><td></td><td></td></tr>
<tr><td>2</td><td>接头处的弯折角≯3°</td><td>5.6.2条</td><td></td><td></td><td></td><td></td></tr>
<tr><td>3</td><td>镦粗直径≮1.4钢筋直径</td><td>5.6.2条</td><td></td><td></td><td></td><td></td></tr>
<tr><td>4</td><td>镦粗长度≮1.0钢筋直径</td><td>5.6.2条</td><td></td><td></td><td></td><td></td></tr>
<tr><td colspan="3">施工单位检查评定结果</td><td colspan="5">项目专业质量检查员：
年　月　日</td></tr>
<tr><td colspan="3">监理（建设）单位验收结论</td><td colspan="5">监理工程师（建设单位项目专业技术负责人）：
年　月　日</td></tr>
</table>

注：1. 一般项目各小项检查评定不合格时，在小格内打×记号；

2. 本表由施工单位项目专业检查员填写，监理工程师（建设单位项目专业技术负责人）组织项目专业质量检查员等进行验收。

附录B 钢筋焊工考试合格证

塑料证套 封面

钢筋焊工考试

合
格
证

塑料证套 封4

硬纸 封2

钢筋 焊

焊
工
考
试
合
格
证

硬纸 封3

简 要 说 明

1. 此证只限本人使用，不得涂改。
2. 准许的操作范围限于考试的焊接方法、钢筋的牌号及直径范围之内。
3. 合格证的有效期为两年。

证芯 第1页

姓名		照片
性别		
出生年月		
籍贯		
工作单位		

合格证编号：

发证单位：

（盖章）

年 月 日

证芯 第2页

理论知识考试：

操作技能考试：

试件编号	钢筋牌号及直径（mm）	拉伸试验（N/mm^2）	剪切试验（N）	弯曲试验（90°）

考试委员会主任：

年 月 日

证芯 第3页

复 试 签 证

日期	内容说明	负责人签字

注：复试合格签证的有效期为两年。

证芯 第4页

焊接质量事故记录

日期	质量事故内容	检 验 员

备注：

附录C　钢筋焊接接头试验报告（式样）

钢筋焊接接头拉伸、弯曲试验报告　　　试验编号：　　　表C.1

工程名称					
委托单位		工程取样部位			
钢筋牌号		试验项目			
焊接操作人		施 焊 证		焊接方法或焊条型号	
试样代表数量		送检日期			

试样编号	钢筋直径（mm）	拉伸试验		试样编号	钢筋直径（mm）	弯曲试验		评定
		抗拉强度（MPa）	断裂位置及特征（mm）			弯心直径（mm）	弯曲角（°）	

结论：

试验单位：（印章）

年　　月　　日

技术负责：　　　　审核：　　　　试验：

钢筋电阻点焊制品剪切、拉伸试验报告　　试验编号：　　表C.2

委托单位		施工单位	
工程取样部位		制品名称	
钢筋牌号		制品用途	
送检日期		批　量	
剪 切 试 验		拉 伸 试 验	
试样编号	抗剪载荷（N）	试样编号	抗拉强度（MPa）

结论：

试验单位：（印章）

年　月　日

技术负责：　　审核：　　试验：

钢筋焊接接头冲击试验报告　　　　试验编号：　　　表C.3

委托单位		焊接方法	
钢筋牌号		接头型式	
钢筋直径		送检日期	

试样编号	试验温度（℃）	试样尺寸（mm）	缺口形式	缺口底部截面积（cm^2）	冲击吸收功 A_{kv}（J）				冲击韧度 a_k（J/cm^2）				备注
					焊缝区	熔合区	过热区	母材	焊缝区	熔合区	过热区	母材	

结论：

试验单位：（印章）

年　　月　　日

技术负责：　　　　　　审核：　　　　　　试验：

钢筋焊接接头疲劳试验记录 试验编号： 表C.4

委托单位		试验机型号	
试验名称		试样组数	
钢筋牌号		表面情况	
钢筋直径		试样处理	
焊接方法		送检日期	

试样编号	时间		频率(Hz)	计算载荷				机器示值				循环次数		断口特征	断裂位置
	日/月	分/时		P_{max} (N)	P_{min} (N)	平均 (N)	应力比 (ρ)	P_{max} (N)	P_{min} (N)	平均 (N)	应力比 (ρ)	余数	累计		

分析：

试验： 审核：

钢筋焊接接头疲劳试验报告　　试验编号：　　表C.5

委托单位		试验机型号	
试验名称		试样组数	
钢筋牌号		表面情况	
钢筋直径		试样处理	
焊接方法		送检日期	

试样编号	载　荷		应　力		应力比 (ρ)	频率 (Hz)	循环次数 ($\times10^6$)	断口特征	断裂位置
	P_{max} (N)	P_{min} (N)	σ_{max} (MPa)	σ_{min} (MPa)					

结论：

试验单位：（印章）

年　　月　　日

技术负责：　　审核：　　试验：

主要参考文献

1 中国机械工程学会焊接分会．焊接词典（第2版）．北京：机械工业出版社，1998

2 行业标准．钢筋焊接及验收规程 JGJ 18—2003

3 黑龙江省低温建筑科学研究所．钢筋负温闪光对焊和电弧焊的试验研究，1982

4 吴成材编著．钢筋焊接及验收规程讲座．中国建筑工业出版社，1999

5 国家标准．焊接与切割安全 GB 9448—1999

6 国家标准．焊接术语 GB/T 3375—94

7 毕惠琴主编．焊接方法及设备第二分册．电阻焊．北京：机械工业出版社，1981

8 国家标准．钢筋混凝土用钢筋焊接网 GB/T 1499.3—2002

9 纪怀钦．钢筋电阻点焊压入深度试验．上海市建筑构件厂，1994

10 于漫丽．悬挂式点焊钳的应用．北京市第一建筑构件厂，1994

11 王新平，林灿明．全自动钢筋网片多点焊机研制．北京市第一建筑构件厂，1993

12 北京市住宅建筑总公司双钢筋技术研究组．SPH-120型钢筋自动平焊机的研制及试验研究，1991

13 国家标准．先张法预应力混凝土管桩 GB 13476—1999

14 江苏省无锡市荡口通用机械有限公司．GH-600型管桩钢筋骨架滚焊机使用说明书

15 中国建筑科学研究院建筑机械化分院．混凝土用钢筋焊接网生产设备GWC系列钢筋网焊接生产线，2002

16 江苏省无锡市荡口通用机械有限公司．HWJ-2600型钢筋焊接网成型机组使用说明书

17 机械行业标准．固定式对焊机 JB 5251—91

18 首钢HRB 400钢筋焊接工艺性能试验．冶金部建筑研究总院焊接所，2000—02

19 首钢HRB 400钢筋（焊接接头）宏观、维氏硬度、金相检验，国家冶金工业局工程质量监督总站检测中心检验报告，2001—03

20 程力行．K20MnSi钢筋闪光对焊和电弧焊试验研究．上海市建筑科学研究所，1986

21 杨力列．新型对焊封闭箍筋的应用与质量控制．施工技术．2000—06

22 于漫丽．UN150-2型钢筋半自动对焊机的应用．北京市第一建筑构件厂，1994

23 于漫丽．Ⅳ级钢筋闪光对焊的应用．北京市第一建筑构件厂，1994

24 黄石生主编．弧焊电源．机械工业出版社，1979

25 中国机械工程学会焊接学会．焊接手册 第1卷．焊接方法及设备．机械工业出版社，第1版，1992，第2版，2001

26 大连长城电焊机厂．HHJ弧焊机使用说明书

27 河北省电焊机厂．BX3-630、BX3-630B动圈式交流弧焊机使用说明书

28 国家标准．碳钢焊条 GB/T 5117—1995

29 李本端等．熔化极气体保护焊技术在钢筋焊接工程中的应用．焊接技术，2001—12

30 周百先，李蔷．水平钢筋窄间隙电弧焊试验研究．四川省建筑科学研究院，1992

31 林炎尧．钢筋坡口焊在电厂工程中的应用．新疆区第三建筑工程公司，1994

32 魏秀本．钢筋窄间隙电弧焊在解放军总医院医疗楼地下室底板工程中的应用．解放军总后勤部工程总队，1994

33 吴成材，刘德兴，王顺钦，刘兴庸．钢筋电渣压力焊．建筑，1962（7）

34 吴成材，陈元贞，陈伟．竖向钢筋自动电渣压力焊机．陕西省建筑科学研究所，1981

35 行业标准．钢筋电渣压力焊机 JG/T 5063—1995

36 河北省高碑店市焊接设备厂．LDZ-32型半自动竖向钢筋电渣压力焊机使用说明书

37 钢筋电渣压力焊专用焊剂HL801科学技术成果鉴定书．湖南省建设厅，2004—01

38 首钢技术中心杨雄、王全礼，首钢第一建设公司崔平．首钢HRB 400 钢筋电渣压力焊工艺研究．HRB 400 级热轧钢筋设计、施工及配套应用技术推广会论文集．建设部科技司、科技发展促进中心，2002—07

39 Д. Л. Глизманенко Г. Б. Евсеев. ГАЗОВАЯ СВАРКА И РЕЗКА МЕТАЛЛОВ. Машгиз，1954

40 吴成材，邹士平，袁远刚．钢筋氧液化石油气熔态气压焊新技术，施工技术，2003—05

41 行业标准．钢筋气压焊机JJ 81—91

42 劳动部职业安全卫生与锅炉压力容器监察局组织编写．特种行业人员培训考核统编教材．焊工．中国劳动出版社，1997

43 吕莉娟．钢筋气压焊机理分析及参数选择．河北省兴隆机械厂，1988

44 吴成材编著．钢筋气压焊．陕西省建筑科学研究院，1988

45 陈英辉，刘子健，刘贤才．敞开式钢筋气压焊技术．中建一局科研所，1992

46 陈英辉，刘子健．新Ⅲ级钢筋气压焊的试验研究及在北京燕莎服务中心工程中的应用．中建一局科研究，1992

47 丁秦生．深圳铁路新客站工程中40mm 直径钢筋的气压焊接施工．铁道部建厂局科研所，1990

48 王尔文，张文新，张景文等．预应力钢筋气压焊的试验研究及在现场叠板生产拱型屋面板中的应用．黑龙江省建筑设计院新技术研究所、哈尔滨工业大学焊接研究所，1992

49 黄庆礼，陶世海．敞开式钢筋气压焊的试验研究及在预应力混凝土结构中的应用．宁夏区第一建筑公司，1994

50 吴成材，陈元贞，陈伟．粗直径钢筋预埋件埋弧压力焊的试验研究．第七届全国焊接学术会议论文集第3册，1993

51 苏仲鸣编著．焊剂的性能与使用．北京：机械工业出版社，1989

52 刘振成．预埋件T 型接点钢筋手工埋弧压力焊．上海市第五建筑工程公司机械修造厂，1992

53 刘德兴，周百先等．预埋件自动埋弧压力焊接工艺与设备的研究．四川省建筑科学研究所，1980

54 北京市标准．双钢筋混凝土板类构件应用技术暂行规程 DBJ 01—8—90

55 行业标准．钢筋焊接接头试验方法标准 JGJ/T 27—2001

56 原行业标准．钢筋焊接接头试验方法 JGJ 27—86

57 夏子敬，庄军生，张士臣．20MnSi 钢筋焊接疲劳性能的试验研究．铁道部科学研究院，1985

下　篇

钢 筋 机 械 连 接

13　钢筋机械连接通用技术规定

13.1　钢筋机械连接的类型和特点

钢筋的机械连接是通过连接件的直接或间接的机械咬合作用或钢筋端面的承压作用将一根钢筋中的力传递至另一根钢筋的连接方法。

用于机械连接的钢筋应符合现行国家标准《钢筋混凝土用热轧带肋钢筋》GB 1499 及《钢筋混凝土用余热处理钢筋》GB 13014 的要求。

国内外常用的钢筋机械连接方法有6种。

13.1.1　挤压套筒接头

通过挤压力使连接用的钢套筒塑性变形与带肋钢筋紧密咬合形成的接头；挤压套筒接头又可分为径向挤压套筒接头和轴向挤压套筒接头两种，见图13.1。

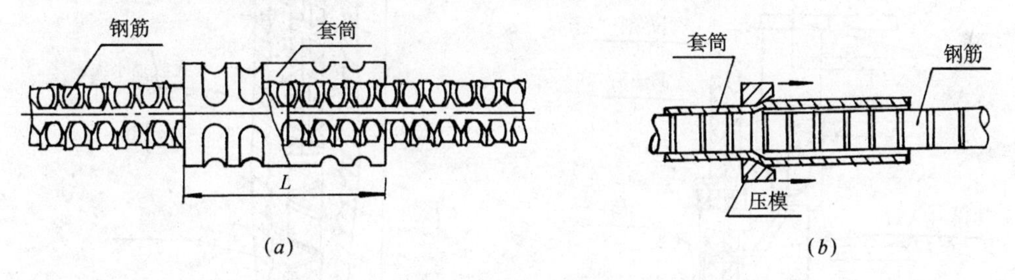

图13.1　钢筋挤压套筒接头

(a) 径向挤压接头；(b) 轴向挤压接头

L—套筒长度

13.1.2　锥螺纹套筒接头

通过钢筋端头特制的锥形螺纹和锥螺纹套筒啮合形成的接头，见图13.2。

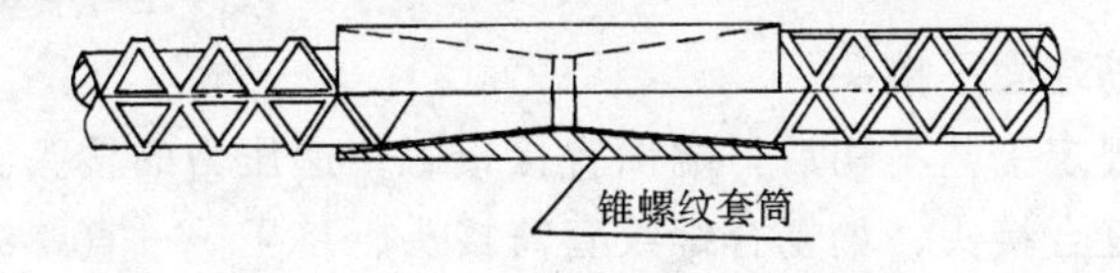

图13.2　钢筋锥螺纹套筒接头

13.1.3　直螺纹套筒接头

通过钢筋端头特制的直螺纹和直螺纹套筒啮合形成的接头，见图13.3。直螺纹套筒接头又可分为镦粗直螺纹接头和滚轧直螺纹接头两种。

1. 镦粗直螺纹接头：通过钢筋端头镦粗后制作的直螺纹和连接件螺纹咬合形成的接头。

2. 滚轧直螺纹接头：通过钢筋端头直接滚轧或剥肋后滚轧制作的直螺纹和连接件螺纹

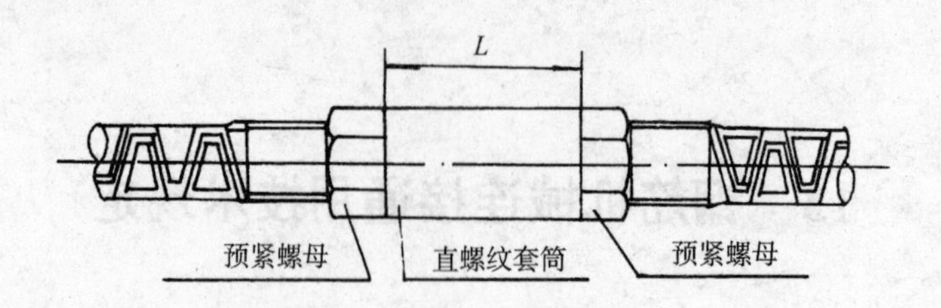

图 13.3　钢筋直螺纹套筒接头

L—套筒长度

咬合形成的接头。

13.1.4　熔融金属充填套筒接头

由高热剂反应产生熔融金属充填在钢制套筒内形成的接头，见图 13.4。

13.1.5　水泥灌浆充填套筒接头

用特制的水泥浆充填在特制的钢套筒内硬化后形成的接头，见图 13.5］。

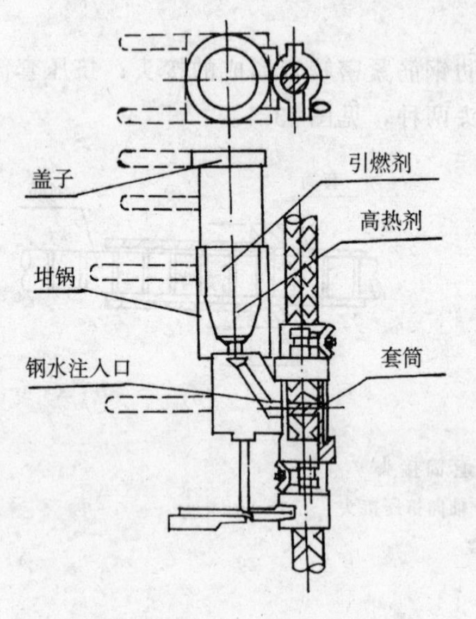

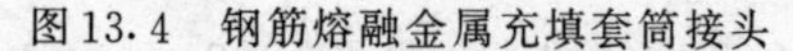

图 13.4　钢筋熔融金属充填套筒接头

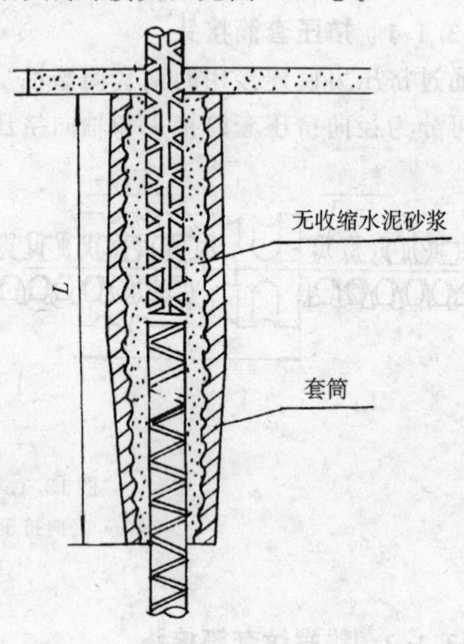

图 13.5　钢筋水泥灌浆充填套筒接头

L—套筒长度

13.1.6　受压钢筋端面平接头

被接钢筋端头按规定工艺平切后，端面直接接触传递压力的接头。

此外，还有一些复合接头，如复合螺纹套筒接头、挤压——直螺纹套筒接头、挤压锥螺纹套筒接头等。

13.1.7　钢筋机械连接技术的特点

1. 所需设备功率小，一般小于 3kW，在一个工地可以多台设备同时作业；
2. 设备采用三相电源，作业时对电网干扰少；
3. 不同级别、不同直径的连接方便快捷；
4. 不受气候影响，可以全天候作业；
5. 作业无明火，无火灾隐患，改善工人劳动条件；
6. 部分作业在加工区完成，不占用施工时间，有利于缩短工期；

7. 作业效率高，人为影响质量的因素少，接头的质量好，品质稳定；

8. 工人经短时间培训，便可上岗操作。

13.2 术语和符号

13.2.1 术语

1. 钢筋机械连接 rebar mechanical splicing

通过钢筋与连接件的机械咬合作用或钢筋端面的承压作用，将一根钢筋中的力传递至另一根钢筋的连接方法。

2. 接头抗拉强度 tensile strength of splicing

接头试件在拉伸试验过程中所达到的最大拉应力值。

3. 接头残余变形 residual deformation of splicing

接头试件按规定的加载制度加载并卸载后，在规定标距内所测得的变形。

4. 接头试件总伸长率 elongation rate of splicing sample

接头试件在最大力下在规定标距内测得的总伸长率。

5. 接头非弹性变形 Inelastic deformation of splicing

接头试件按规定加载制度第3次加载至0.6倍钢筋屈服强度标准值时，在规定标距内测得的伸长值减去同标距内钢筋理论弹性伸长值的变形值。

6. 接头长度 length of splicing

接头连接件长度加连接件两端钢筋横截面变化区段的长度。

13.2.2 主要符号

f_{yk}——钢筋屈服强度标准值；

f_{uk}——钢筋抗拉强度标准值，与现行国家标准《钢筋混凝土用热轧带肋钢筋》GB 1499 中的钢筋抗拉强度σ_b值相当；

f_{mst}^0——接头试件实际抗拉强度；

f_{st}^0——接头试件中钢筋抗拉强度实测值；

u——接头的非弹性变形。

u_{20}——接头经高应力反复拉压20次后的残余变形；

u_4——接头经大变形反复拉压4次后的残余变形；

u_8——接头经大变形反复拉压8次后的残余变形；

ε_{yk}——钢筋应力为屈服强度标准值时的应变；

δ_{sgt}——接头试件总伸长率。

13.3 接头的设计原则和性能等级

13.3.1 接头的设计原则

机械连接接头按性能等级的要求进行设计，应满足该性能等级的强度及变形性能的要求。

设计接头的连接件时，应留有余量，接头的屈服承载能力和抗拉承载能力的标准值都不应小于被连接钢筋（不同直径钢筋连接时按较小的直径钢筋计）相应标准承载力的1.1倍。

接头承载能力由两部分组成：套筒轴向承载能力和套筒和钢筋剪切承载能力。

1. 连接件截面积：套筒轴向承载能力取决于套筒的截面面积，连接件截面面积过小，接头在拉伸试验时，会在连接件上断裂；

$$\text{考虑轴向屈服承载力时，连接件的截面积} \geqslant \frac{1.1\times\text{钢筋截面积}\times\text{钢筋标准屈服强度}}{\text{连接件材料的标准屈服强度}}$$

及

$$\text{考虑轴向抗拉承载力时，连接件的截面积} \geqslant \frac{1.1\times\text{钢筋截面积}\times\text{钢筋标准抗拉强度}}{\text{连接件材料的标准抗拉强度}}$$

取两计算截面的大者。

2. 连接件的长度：钢筋剪切承载能力一般取决于连接件的长度，连接件长度过小，接头在拉伸试验时，钢筋会从连接件拔出。套筒的最小长度取决于满足载荷要求连接件与钢筋连接部分所需的剪切面积，考虑到相关因素适当增加。

13.3.2　机械连接接头的性能

钢筋接头对混凝土结构有重要影响的性能有两种：强度性能和变形性能（总伸长率、非弹性变形和残余变形）。机械连接接头与焊接接头区别最大的是接头的变形性能。其中，非弹性变形是接头在载荷下出现的一种变形性能；残余变形是接头卸载之后，被连接钢筋之间的滑动量。非弹性变形和残余变形和钢筋混凝土结构的裂纹开展有很大影响。非弹性变形、残余变形和总伸长率还与构件在地震时构件吸收能量和载荷重新分布有关。

所有能够承受拉力的钢筋机械连接的接头都是通过套筒剪切传力。这种接头在载荷下，接头端部的力流较密集，钢筋与套筒或传力介质接触部分应力大，首先局部变形，这种变形逐步向接头内延伸。无论是直接连接的接头（螺纹接头、挤压连接接头），还是通过中间介质间接连接的接头（水泥灌浆填充接头、熔融金属充填接头），这些能承受拉伸载荷的机械连接接头在受力时都有相类似的应力分布。因此，接头即使在远小于屈服强度的应力之下，还会产生非弹性变形和残余变形。这是钢筋机械连接接头受力时的变形最显著的特点，也是接头性能级别分类主要依据之一。

钢筋焊接接头在不大于钢筋弹性极限的荷载下，接头的刚度是不变的，没有非弹性变形和残余变形。这是因为焊接接头是通过原子间的冶金接合，钢筋焊接接头是一个连续的弹塑性体。其刚度只与接头形状有关，有加强部分，它的刚度比母材（钢筋）大。而机械连接接头的非弹性变形与接头各组成部分的形状有关以外，还与各部分之间的紧密程度、预应力状况以及载荷大小有关。在不大于钢筋弹性极限的载荷下，焊接接头刚度不变，也不产生残余变形。而机械连接接头的刚度在小载荷或中等载荷的条件下往往比钢筋大一些。随着载荷的增大，机械连接接头非弹性变形也增大，刚度逐渐减小。因此，在表示机械连接接头的非弹性变形（或残余变形）时，必须指明是在多大应力水平下的。

13.3.3　机械连接接头的性能等级

钢筋机械连接接头根据强度、非弹性变形、残余变形、总伸长率、高应力和大变形条件下的反复拉压性能等性能指标的差异，可分为Ⅰ级、Ⅱ级、Ⅲ级三种。接头的性能检验指标及判据见图13.6～图13.8。

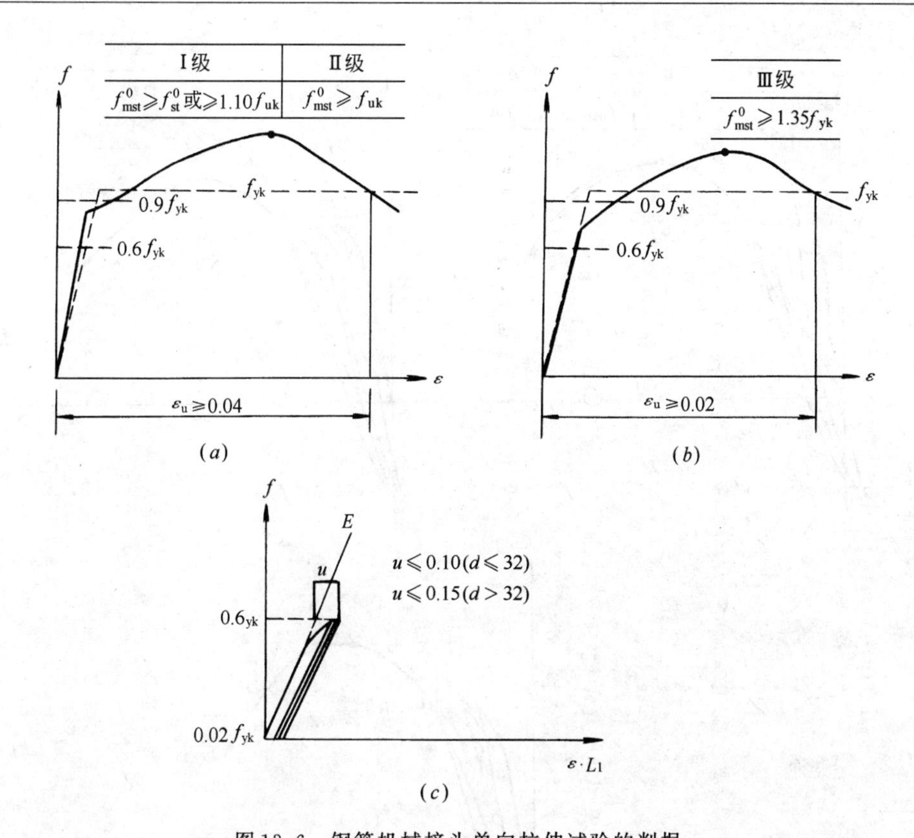

图13.6 钢筋机械接头单向拉伸试验的判据

(a) Ⅰ、Ⅱ级接头抗拉强度；(b) Ⅲ级接头抗拉强度；(c) Ⅰ级、Ⅱ级、Ⅲ级非弹性变形

注：f_{mst}^0——接头试件实际抗拉强度；

f_{st}^0——接头试件中钢筋抗拉强度实测值；

f_{uk}——钢筋抗拉强度标准值；

f_{yk}——钢筋屈服强度标准值；

u——接头的非弹性变形。

1. Ⅰ级接头的性能

Ⅰ级接头是钢筋机械连接接头中最高质量等级的接头。接头应用范围比较广，因此强度和总伸长率要求也比较高。JGJ 107—2003 规定Ⅰ级接头的抗拉强度应大于等于钢筋母材的抗拉强度实际值，或者大于等于钢筋母材抗拉强度标准值的1.10倍。这一要求保证了接头强度基本上能接近或达到钢筋母材强度。与我国行业标准《钢筋焊接及验收规程》JGJ 18—2003中对焊接接头强度要求基本一致。

JGJ 107—2003 对Ⅰ级接头的总伸长率要求不小于4%。接头的延伸率是从结构的延性要求提出的，欧洲混凝土委员会（CEB）制定的CEB—FIP MC—90 模式规范指出，对于受力钢筋“不论计算中是否考虑弯矩重分布，足够的延性是必需的”，并规定了三个延性等级，SA 级≥6%；A 级≥5%；B 级≥2.5%。在需要结构高延性的场合（例如在地震区）应采用SA 级。按我国的《混凝土结构设计规范》GB 50010—2002，根据框架梁纵向钢筋最小配筋百分比率推算，保证混凝土压碎前钢筋不致被拉断而造成脆性破坏，所需要的钢筋最小均匀延伸率 为2.5%～6.2%，平均值为4.35%。此外从抗震要求出发，对有较高抗震要求的结构，其截面曲率延性系

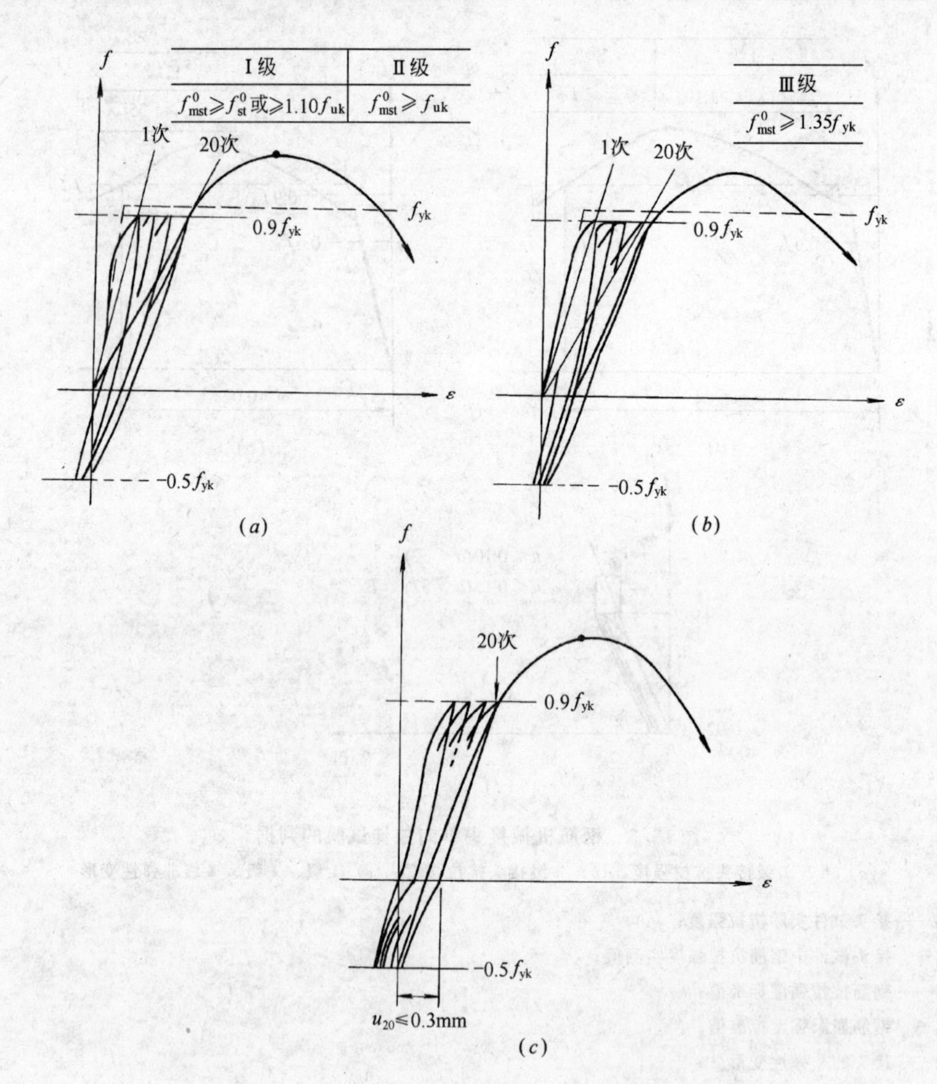

图 13.7　钢筋机械接头高应力反复拉压试验的判据

(a) Ⅰ级、Ⅱ级接头抗拉强度；(b) Ⅲ级接头抗拉强度；(c) Ⅰ级、Ⅱ级、Ⅲ级接头残余变形量

数一般不宜低于15～20，对于国产HRB 335、HRB 400 钢筋满足上述要求相对应的钢筋均匀延伸率约为3.3%～3.7%。综合考虑上述因素，JGJ 107—2003 取用4%作为接头区均匀延伸率的最低要求，基本上已能保证结构在静载下的延性破坏模式和抗震时的延性要求。这一指标也与日本建筑中心编制的《钢筋接头性能判定基准》(1982) 中对最高性能接头极限应变的要求是相同的，它反映机械连接钢筋接头弹性受力范围内变形性能的度量标准。

钢筋机械连接接头的非弹性变形反映连接套筒与钢筋在载荷下的相对滑移，这将会影响构件在载荷下的裂缝宽度，因此，必须予以限制。JGJ 107—2003 规定：在低应力区($f \leqslant 0.6 f_{yk}$)，对于不大于 32mm 钢筋机械连接接头的非弹性变形应不大于 0.1mm，大于 32mm 钢筋机械连接接头的非弹性变形应不大于 0.15mm。

在高应力与大变形条件下的反复拉压试验是对应于风荷载、中、小地震和强地震时钢筋接头的受力情况提出的检验要求。在常遇的远低于设防烈度的中、小地震下，钢筋仍处

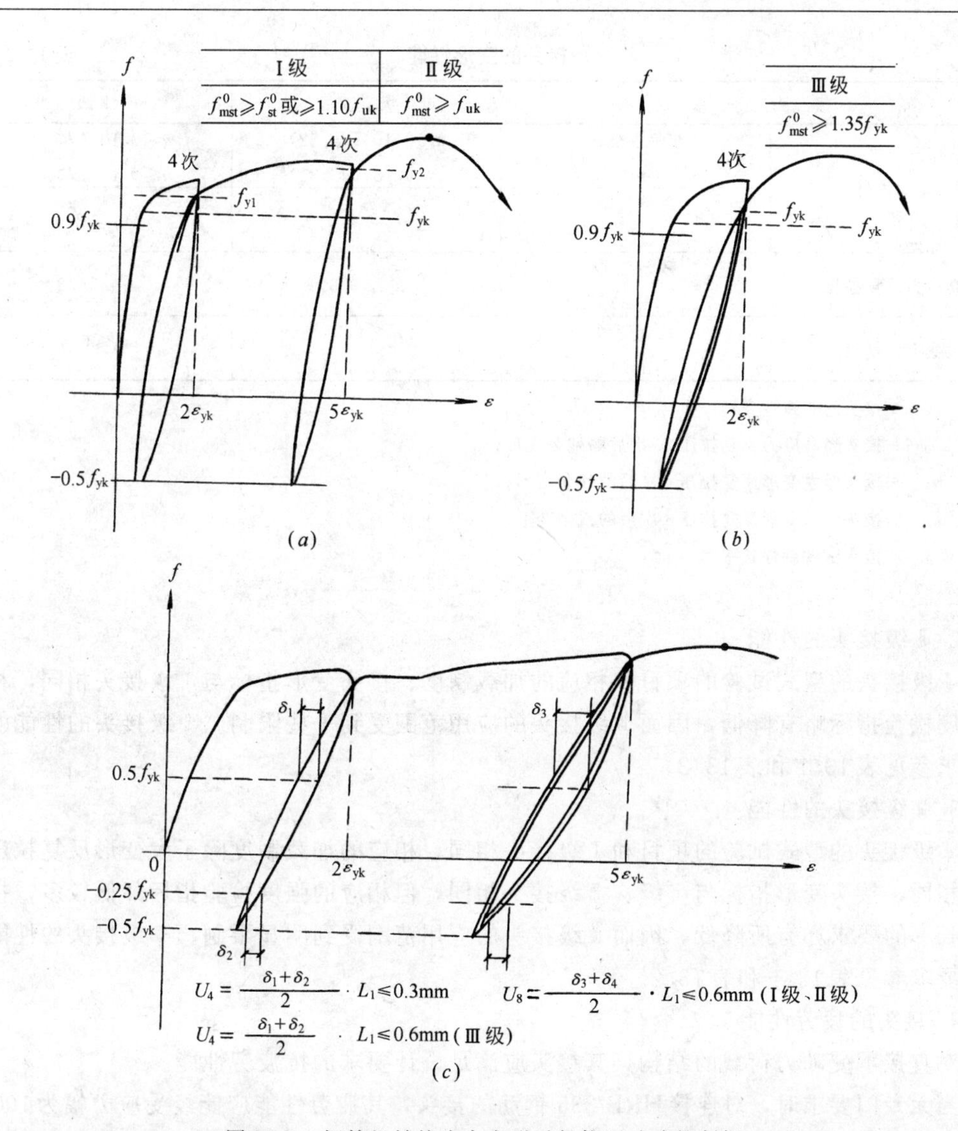

图13.8 钢筋机械接头大变形反复拉压试验的判据

(a) Ⅰ级、Ⅱ级接头抗拉强度；(b) Ⅲ级接头抗拉强度；(c) Ⅰ级、Ⅱ级、Ⅲ级接头的残余变形量

于弹性阶段时，应能承受20次以上的高应力反复拉压，并满足强度和变形要求。在接近或超过设防烈度时，钢筋通常进入塑性阶段并产生较大塑性变形，从而能吸收和消耗地震能量，因此要求钢筋接头在承受2倍和5倍于钢筋流限应变的大变形情况下，经受4～8次反复拉压，满足强度和变形要求，见表13.1和表13.2。

接头的抗拉强度 **表13.1**

接头等级	Ⅰ级	Ⅱ级	Ⅲ级
抗拉强度	$f^0_{mst} \geqslant f^0_{st}$或$\geqslant 1.10 f_{uk}$	$f^0_{mst} \geqslant f_{uk}$	$f^0_{mst} \geqslant 1.35 f_{yk}$

注：f^0_{mst}——接头试件实际抗拉强度；

f^0_{st}——接头试件中钢筋抗拉强度实测值；

f_{uk}——钢筋抗拉强度标准值；

f_{yk}——钢筋屈服强度标准值。

接头的变形性能　　表 13.2

接头等级		Ⅰ级、Ⅱ级	Ⅲ级
单向拉伸	非弹性变形（mm）	$u \leqslant 0.10$（$d \leqslant 32$） $u \leqslant 0.15$（$d > 32$）	$u \leqslant 0.10$（$d \leqslant 32$） $u \leqslant 0.15$（$d > 32$）
	总伸长率（%）	$\delta_{sgt} \geqslant 4.0$	$\delta_{sgt} \geqslant 2.0$
高应力反复拉压	残余变形（mm）	$u_{20} \leqslant 0.3$	$u_{20} \leqslant 0.3$
大变形反复拉压	残余变形（mm）	$u_4 \leqslant 0.3$ $u_8 \leqslant 0.6$	$u_4 \leqslant 0.6$

注：u——接头的非弹性变形；

u_{20}——接头经高应力反复拉压 20 次后的残余变形；

u_4——接头经大变形反复拉压 4 次后的残余变形；

u_8——接头经大变形反复拉压 8 次后的残余变形；

δ_{sgt}——接头试件总伸长率。

2. Ⅱ级接头的性能

Ⅱ级接头的型式试验的项目和相应的加载制度、接头变形指标与Ⅰ级接头相同，相应的强度检验指标略有降低，因而Ⅱ级接头的应用范围受到一些限制。Ⅱ级接头的性能的具体要求参见表 13.1 和表 13.2。

3. Ⅲ级接头的性能

Ⅲ级接头的型式试验的项目和Ⅰ级接头相同，相应的加载制度除了大变形反复拉压之外都相同，接头变形指标与Ⅰ级、Ⅱ级接头相同，但相应的强度检验指标降低较多，接头总伸长率的要求亦有所降低，因而Ⅲ级接头的应用范围受到明显限制。Ⅲ级接头的性能的具体要求参见表 13.1 和表 13.2。

4. 接头的疲劳性能

对直接承受动力荷载的结构，其接头应满足设计要求的抗疲劳性能。

当无专门要求时，对连接 HRB 335 钢筋的接头，其疲劳性能应能经受应力幅为 100N/mm^2，上限应力为 180N/mm^2 的 200 万次循环加载。对连接 HRB 400 钢筋的接头，其疲劳性能应能经受应力幅为 100N/mm^2，上限应力为 190N/mm^2 的 200 万次循环加载。

5. 接头低温部位试验

当混凝土结构中钢筋接头部位的温度低于－20℃时，应进行专门的试验。

13.4 接头的应用

13.4.1 接头性能等级的选定

接头性能等级的选定应符合下列规定：

1. 混凝土结构中要求充分发挥钢筋强度或对接头延性要求较高的部位，应采用Ⅰ级或Ⅱ级接头。Ⅰ级接头允许在结构任何部位使用，且接头百分率可不受限制（有抗震要求设防的框架梁端、柱端箍筋加密区除外）。这规定便于如地下连续墙与水平钢筋的连接；滑模或提模施工中垂直构件与水平钢筋的连接；装配式结构接头处的钢筋连接；钢筋笼的对接；

分段施工或新旧结构连接处的钢筋连接等。应当指出，规程并不鼓励在同一连接区段实施100%钢筋连接，尽管规程允许必要时可以在同一连接区段实施100%钢筋连接。

2. 混凝土结构中钢筋受力小或对接头延性要求不高的部位，可采用Ⅲ级接头。

13.4.2 混凝土保护层厚度

钢筋连接件的混凝土保护层厚度宜满足现行国家标准《混凝土结构设计规范》GB 50010—2002中受力钢筋混凝土保护层最小厚度的要求，且不得小于15mm。连接件之间的横向净距不宜小于25mm。

考虑到本接头的构造特点，严禁在接头处弯曲，如需要弯曲成型，必须在接头端头以外10d处进行，避免破坏接头的连接强度。如施工需要弯曲钢筋，可以先弯钢筋再连接。接头可选用单向或双向可调接头。

13.4.3 接头的位置和接头受力钢筋的截面面积的百分率

受力钢筋机械连接接头的位置应相互错开。在任一接头中心至长度为钢筋直径35倍的区段范围内，有接头的受力钢筋截面面积占受力钢筋总截面面积的百分率，应符合下列规定：

1. 接头宜设置在结构受拉应力较小部位，当需要在高应力部位设置接头时，在同一连接区段内Ⅲ级接头的接头百分率不应大于25%；Ⅱ级接头的接头百分率不应大于50%；Ⅰ级接头百分率可不受限制。

2. 接头宜避开有抗震设防要求的框架的梁端、柱端箍筋加密区；当无法避开时，应采用Ⅰ级或Ⅱ级接头，且接头百分率不应大于50%。这就是说，只要接头百分率不大于50%，Ⅱ级接头可以在抗震结构中的任何部位使用。因此，即使是重要建筑结构，一般情况下选用Ⅱ级接头就可以了。接头等级的选用并非愈高愈好，Ⅰ级接头的强度指标高，在现场大批量抽检时容易出现不合格接头，如无特殊需要不必采用过高性能等级的接头。

3. 受拉钢筋应力较小部位或纵向受压钢筋，接头百分率不受限制。

4. 对直接承受动力荷载的结构中的钢筋接头，应满足抗疲劳性能的要求，且接头的百分率不应大于50%。

13.4.4 接头的应用范围

当对具有钢筋接头的构件进行试验并取得可靠数据时，接头的应用范围可根据工程实际情况进行适当调整。

13.5 接头的型式检验

13.5.1 型式检验的应用场合

钢筋机械连接接头的型式检验是在特定的条件和场合下对该类型接头进行系统、全面的检验，其主要作用是按性能分等定级。经型式检验确定其性能等级后，工地现场只需进行现场检验。但当接头质量有严重问题，其原因不明，对定型检验结论有重大怀疑时，上级主管部门或质检部门可以提出重新检验的要求；即在下列情况时应进行型式检验：

1. 确定接头性能等级时；
2. 材料、工艺、规格进行改动时；
3. 质量监督部门提出专门要求时。

13.5.2　用于型式检验的钢筋

用于型式检验的钢筋母材的性能除应符合有关标准的规定外，其抗拉强度实测值不宜大于相应抗拉强度标准值的1.10倍。当大于1.10倍时，Ⅰ级接头试件的抗拉强度还应不小于钢筋抗拉强度实测值的0.95倍；Ⅱ级接头试件的抗拉强度还应不小于钢筋抗拉强度实测值的0.90倍。

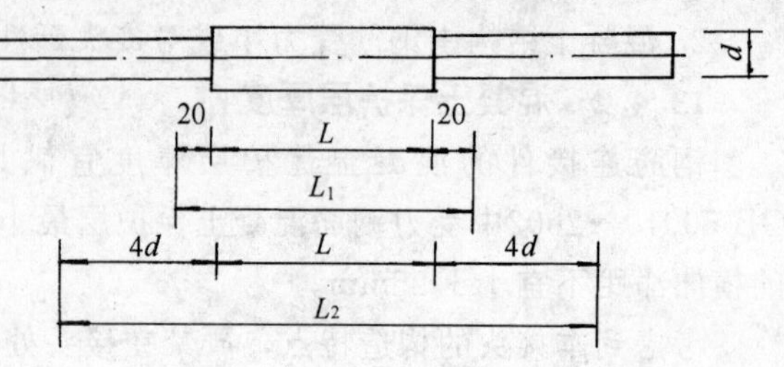

图13.9　试件尺寸（mm）

13.5.3　试件尺寸

型式检验的接头试件尺寸（图13.9）应符合表13.3的要求。

型式检验接头试件尺寸　　表13.3

编　号	符　号	含　　义	尺　寸（mm）
1	L	接头试件连接件长度	实测
2	L_1	接头试件非弹性变形及残余变形的量测标距	$L+4d$
3	L_2	接头试件总伸长率的量测标距	$L+8d$
4	d	钢筋直径	公称直径

13.5.4　试件数量

对每种型式、级别、规格、材料、工艺的机械连接接头，型式检验试件不应少于9个；其中单向拉伸试件不应少于3个，高应力反复拉压试件不应少于3个，大变形反复拉压试件不应少于3个。同时，尚应取3根同批、同规格钢筋试件做力学性能试验。

13.5.5　加载制度和合格条件

型式检验的加载制度应符合表13.4和图13.10～图13.12的规定进行，其合格条件为：

1. 强度检验

每个试件的实测值应符合表13.1规定的相应性能等级的检验指标。

2. 非弹性变形、总伸长率、残余变形检验

每组试件的实测平均值应符合表13.2规定的相应性能等级的检验指标。

接头试件型式检验的加载制度　　表13.4

试验项目		加载制度
单向拉伸		$0\to0.6f_{yk}\to0.02f_{yk}\to0.6f_{yk}\to0.02f_{yk}\to0.6f_{yk}$ （测量非弹性变形）→最大拉力→0（测定总伸长率）
高应力反复拉压		0→（$0.9f_{yk}\to-0.5f_{yk}$）→破坏 （反复20次）
大变形反复拉压	Ⅰ级 Ⅱ级	0→（$2\varepsilon_{yk}\to-0.5f_{yk}$）→（$5\varepsilon_{yk}\to-0.5f_{yk}$）→破坏 （反复4次）　（反复4次）
	Ⅲ级	0→（$2\varepsilon_{yk}\to-0.5f_{yk}$）→破坏 （反复4次）

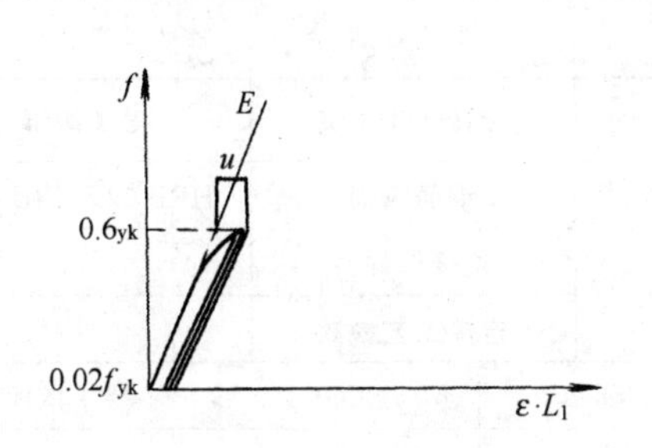

图13.10 单向拉伸试验

$u=\varepsilon \cdot L_1$，L_1 见表13.3

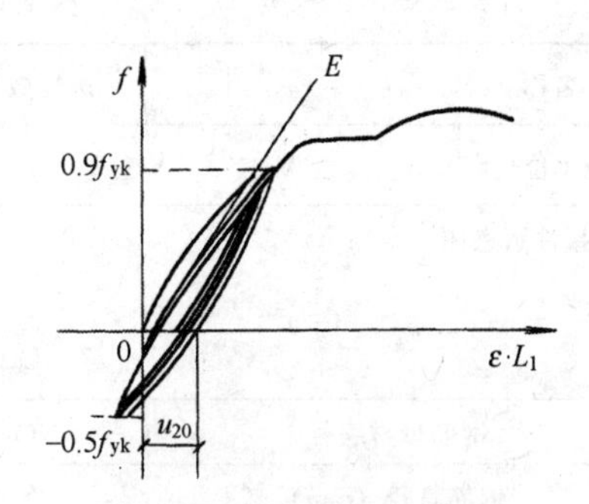

图13.11 高应力反复拉压试验

$u=\varepsilon \cdot L_1$，L_1 见表13.3

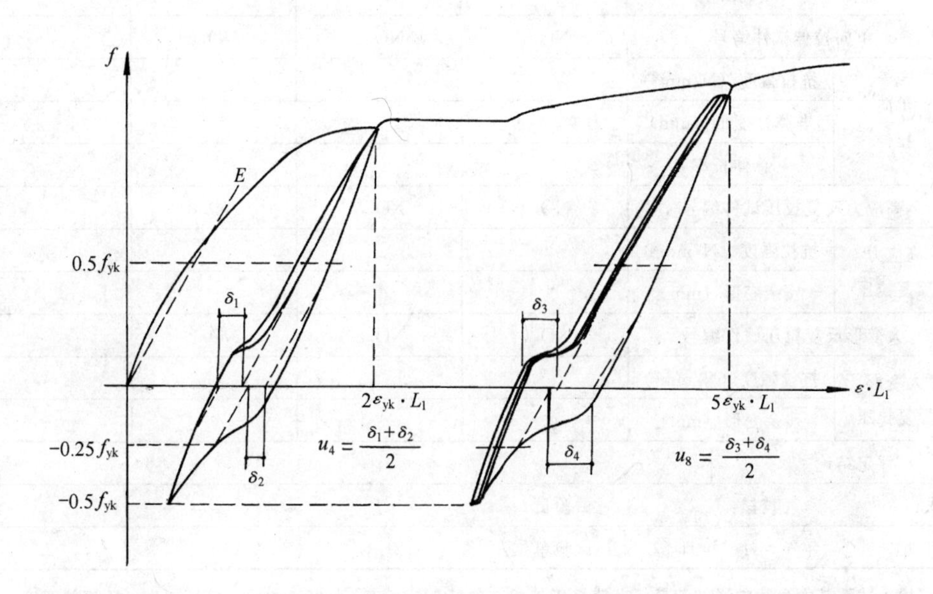

图13.12 大变形反复拉压试验

注：1. E 线表示钢筋弹性模量 $2\times10^5\text{N/mm}^2$；

2. δ_1 为 $2\varepsilon_{yk}\cdot L_1$ 反复加载4次后，在加载应力水平为 $0.5f_{yk}$ 及反向卸载应力水平为 $-0.25f_{yk}$ 处作 E 的平行线与横坐标交点之间的距离所代表的变形值；

3. δ_2 为 $2\varepsilon_{yk}\cdot L_1$ 反复加载4次后，在卸载应力水平为 $0.5f_{yk}$ 及反向加载应力水平为 $-0.25f_{yk}$ 处作 E 的平行线与横坐标交点之间的距离所代表的变形值；

4. δ_3、δ_4 为在 $5\varepsilon_{yk}\cdot L_1$ 反复加载4次后，按与 δ_1、δ_2 相同方法所得的变形值。

13.5.6 型式检验单位和试验报告

型式检验应由国家、省部级主管部门认可的检测机构进行；并宜按表13.5的格式出具试验报告和评定结论。

接头试件型式检验报告应包括试件基本参数和试验结果两部分。

接头试件型式检验报告　　**表 13.5**

接头名称			送检数量		送检日期	
送检单位					设计接头等级	Ⅰ级 Ⅱ级 Ⅲ级
接头基本参数	连接件示意图				钢筋级别	HRB 335 HRB 400
					连接件材料	
					连接工艺参数	
	钢筋母材编号		NO.1	NO.2	NO.3	要求指标
	钢筋直径（mm）					
	屈服强度（N/mm^2）					
	抗拉强度（N/mm^2）					
试验结果	单向拉伸试件编号		NO.1	NO.2	NO.3	
	单向拉伸	抗拉强度（N/mm^2）				
		非弹性变形（mm）				
		总伸长率				
	高应力反复拉压试件编号		NO.4	NO.5	NO.6	
	高应力反复拉压	抗拉强度（N/mm^2）				
		残余变形（mm）				
	大变形反复拉压试件编号		NO.7	NO.8	NO.9	
	大变形反复拉压	抗拉强度（N/mm^2）				
		残余变形（mm）				
评定结论						
负责人：		校核：	试验员：			
试验日期：　年　月　日			试验单位：			

注：接头试件基本参数应详细记载。套筒挤压接头应包括套筒长度、外径、内径、挤压道次、压痕总宽度、压痕平均直径、挤压后套筒长度；螺纹接头应包括连接套长度、外径、螺纹规格、牙形角、镦粗直螺纹过渡段坡度、锥螺纹锥度、安装时拧紧力矩等。

13.6　接头的施工现场检验与验收

13.6.1　有效的型式检验报告

工程中应用钢筋机械连接时，应由该技术提供单位提交有效的型式检验报告。见表13.5。

有效的型式检验报告的含义如下：

1. 型式检验报告与供应该工地的机械连接的接头的型式和性能等级是一致的；

2. 所提供型式检验的接头所用的连接件和相应钢筋在材料、工艺和规格与工地上的是一致的；

3. 型式检验报告所依据的JGJ 107是当前的有效版本；

4. 型式检验是由国家、省部主管部门认可的检测机构进行的。

由此可见，除了以上诸因素之外，型式检验报告没有时效问题。

13.6.2 接头工艺检验

钢筋连接工程开始前及施工过程中，应对每批进场钢筋进行接头工艺检验，工艺检验应符合下列要求：

1. 每种规格钢筋的接头试件不应少于3根；

2. 对接头试件的钢筋母材应进行抗拉强度试验；

3. 3根试件的抗拉强度均应满足表13.1的要求；对于Ⅰ级接头的抗拉强度尚应不小于0.95倍钢筋的实际抗拉强度。对于Ⅱ级接头还必须不小于0.90倍钢筋的实际抗拉强度。

进行工艺检验的目的是检验接头提供单位所确定的工艺参数与该工程中进场钢筋是否相适应，同时可提高实际工程中试件抽样检验的合格率，减少在工程应用后再发现问题而造成的经济损失。

13.6.3 现场检验内容

现场检验应进行外观质量检查和单向拉伸试验。对接头有特殊要求的结构，应在设计图纸中另行注明相应的检验项目。

13.6.4 验收批

接头的现场检验按验收批进行。同一施工条件下采用同一批材料的同等级、同型式、同规格接头，以500个为一个验收批进行检验与验收，不足500个也作为一个验收批。

13.6.5 单向拉伸试验

对接头的每一验收批，必须在工程结构中随机截取3个试件做单向拉伸试验，按设计要求的接头性能等级进行检验与评定。

当3个试件单向拉伸试验结果均符合表13.1的强度要求时，该验收批评为合格。

如有1个试件的强度不符合要求，应再取6个试件进行复检。复检中如仍有1个试件试验结果不符合要求，则该验收批评为不合格。

13.6.6 验收批接头数量的扩大

在现场连续检验10个验收批，其全部单向拉伸试件一次抽样均合格时，验收批接头数量可扩大一倍。

这时，表明其施工质量优良且稳定，验收批接头数量可扩大至不大于1000个，以减少检验工作量。

13.6.7 外观质量检验

外观质量检验的质量要求、抽样数量、检验方法、合格标准以及螺纹接头所必须的最小力矩值按各类型接头的技术规程相应的要求判定。

13.6.8 现场抽检后的补接

在工程结构上截取抽样试件后，原接头位置的钢筋，采用套筒挤压接头进行连接，小规格钢筋也可用同规格的钢筋进行搭接焊或其他焊接。

13.6.9 抽检不合格的处理

对抽检不合格的钢筋接头验收批，由建设方会同设计等各相关方面进行协商，提出处理方案。在采取补救措施后可再按验收批检查：在该验收批工程结构中随机截取3个接头做抗拉强度试验，按设计要求的接头等级进行评定：当3个接头试件的抗拉强度均符合表13.1

中的要求时，该验收批评为合格。如只有1个试件的强度不符合要求，尚可再取6个试件进行复检。复检仍有不合格者，则该批为不合格；由设计部门根据接头在结构中所处部位和接头百分率研究能否降级使用；或增补钢筋；或拆除重新制作。

主要参考文献

1　行业标准．钢筋机械连接通用技术规程 JGJ 107—2003

14　钢筋径向挤压连接

14.1　基本原理、特点和适用范围

14.1.1　基本原理

钢筋径向挤压连接是将一个钢套筒套在两根带肋钢筋的端部，用超高压液压设备（挤压钳），沿钢套筒径向挤压钢套筒，在挤压钳挤压力作用下，钢套筒产生塑性变形与钢筋紧密结合。通过钢套筒与钢筋横肋的咬合，将两根钢筋牢固连接在一起，见图14.1。

目前，该种方法已在工程中大量应用。

14.1.2　特点

钢筋挤压连接与其他钢筋连接方法相比，其主要特点是：

1. 接头强度高，性能可靠，能够承受高应力反复拉压载荷及疲劳载荷。

在有关标准规定的单向拉伸、高应力反复拉伸、弹性范围反复拉压、塑性范围（大变形）反复拉压试验中，其强度、刚度、韧性及残余变形量均达到最高等级接头性能的要求，等同于母材钢筋。这种具有最高级接头性能的钢筋挤压接头在结构设计中，受拉钢筋允许使用接头的百分率高于其他接头，甚至在某些部位，钢筋接头百分率可以达到100%。

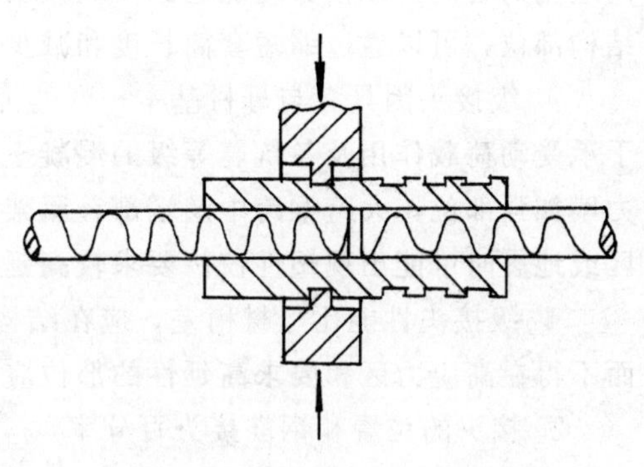

图14.1　钢筋径向挤压连接

2. 操作简便，工人经培训后可上岗操作。

钢筋挤压连接施工工艺简单，设备操作容易、方便，接头质量控制也很直观，工人经短时间培训，就可制作出合格的接头。

3. 连接时无明火，操作不受气候环境影响，在水中和可燃气体环境中均可作业。

挤压连接设备为液压机械设备，施工时，在环境温度下的钢套筒进行冷挤压，不生高温也没有明火，完全不受周围环境的影响，即使雨、雪天气，易燃、易爆气体环境，甚至水下连接，都能够正常施工作业。

4. 节约能源，每台设备功率仅为1.5～2.2kW。

挤压连接设备的动力为小功率三相电机，耗电量小，节省能源。并且，施工无需配备大容量电力设备，减少了现场设备投资，特别适合于电力紧张地区的施工现场条件。

5. 接头检验方便。通过外观检查挤压道数和测量压痕处直径即可判定接头质量，现场机械性能抽样数量仅为0.6%，节省检验试验费用，以及质量控制管理费用。现场抽样检验合格率可达到100%。

6. 施工速度快。连接一个ϕ32 钢筋接头仅需2～3min。并且，无需对钢筋端部特别处理。

在接头百分率不受限制的结构，甚至无需钢筋定尺下料工序，大大减少钢筋加工量，节省钢筋及人工费用。如采用9～12m长钢筋，还可能减少接头数量。

可见，钢筋径向挤压连接技术是一种质量好、速度快、易掌握、易操作、节约能源和材料、综合经济效益好的一种先进的技术方法。

14.1.3 适用范围

用该方法可连接国产HRB 335、HRB 400级，直径ϕ18～ϕ50范围内的各种带肋钢筋，包括焊接性差的钢筋，以及与上述国产钢筋相当的进口钢筋。同直径钢筋连接、不同直径钢筋连接均可进行。

14.1.4 性能等级与应用范围

1. 分Ⅰ级、Ⅱ级

按《钢筋机械连接通用技术规程》JGJ 107—2003关于性能分级的规定，在《带肋钢筋套筒挤压连接技术规程》JGJ 108—96中，将挤压套筒连接接头分为Ⅰ、Ⅱ二级。目前，国内应用的套筒挤压接头均能达到Ⅰ级接头标准。设置Ⅱ级目的是对不需要Ⅰ级接头性能的结构部位，可以通过缩短套筒长度和减少挤压道数取得直接经济效益。

Ⅰ级接头因具有与母材基本一致的力学性能，故其适用范围基本不受限制。尤其适用于承受动荷载作用及各抗震等级的混凝土结构中的各个部位，例如高层建筑框架底层柱，剪力墙加强部位，大跨梁跨中及端部，屋架下弦及塑性铰区的受力主筋。当结构中的高应力区或地震时可能出现塑性铰，要求较高延性的部位必须设置接头时，应该选用Ⅰ级接头。

Ⅱ级接头性能比母材稍差，应在结构中钢筋受力较小或对延性要求不高的部位应用，而不得在高应力区和要求高延性的部位应用。

2. 接头的位置和钢筋接头百分率

受力钢筋挤压连接接头的位置应相互错开。在任一接头中心至长度为钢筋直径35倍的区段范围内，有接头的受力钢筋截面面积占受力钢筋总截面面积的百分率，应符合下列规定：

在受拉区的钢筋受力小的部位，Ⅰ级接头百分率可不受限制；接头宜避开有抗震设防要求的框架的梁端和柱端的箍筋加密区；当无法避开时，接头应采用Ⅰ级，且接头百分率不应超过50%；受压区和装配式构件中钢筋受力较小部位，Ⅰ级和Ⅱ级接头百分率可不受限制。

3. 异径钢筋的连接

不同直径的带肋钢筋所采用挤压接头连接。当套筒两端外径和壁厚相同时，被连接钢筋的直径相差不应大于5mm。

4. 挤压接头的疲劳性能

当接头用于承受动力荷载结构中时，其接头应满足设计要求的抗疲劳性能。当无专门要求时，对连接HRB 335级钢筋的接头，其疲劳性能应能经受应力幅为$100N/mm^2$、上限应力为$180N/mm^2$的200万次循环加载。对连接HRB 400级钢筋的接头，其疲劳性能应能经受应力幅为$100N/mm^2$、上限应力为$190N/mm^2$的200万次循环加载。

由于疲劳强度离散性较大，接头检验时应在设计计算值基础上通过增大$\Delta\sigma$来考虑疲劳安全度，参照CEB模式规范的建议，疲劳安全度$\gamma_{s,fat}$可取1.15。

5. 挤压接头的低温性能

由于钢筋套筒挤压接头的连接过程是钢套筒冷变形、冷加工的过程。为了保证挤压接头有足够的韧性，《带肋钢筋套筒挤压连接技术规程》JGJ 108—96 规定：挤压接头所处部位的温度不宜低于－20℃。尽管某些单位已完成了－30℃的低温性能试验，由于数据代表面还不够广，为留有余地，仍定为－20℃。低于该温度时应补充进行低温试验。

14.2 钢筋挤压连接的材料

14.2.1 钢筋

根据钢筋挤压连接的原理，钢筋挤压接头依靠钢套筒塑性变形与钢筋横肋咬合，而达到连接的目的，因此，钢筋挤压连接要求钢筋为带肋钢筋，包括国产的HRB 335、HRB 400级热轧带肋钢筋以及进口同等强度带肋钢筋等。余热处理钢筋和焊接性能差的钢筋也同样可以连接。

钢筋挤压连接的钢套筒外形尺寸、挤压工艺参数，是按照符合有关国家标准要求的钢筋外形、直径、肋高、肋宽等尺寸来设计的。因此，在确定的钢套筒尺寸和挤压工艺参数下，要保证接头性能，钢筋的外形尺寸必须满足相应挤压连接技术条件的要求。在《带肋钢筋套筒挤压连接技术规程》JGJ 108—96 中规定，挤压连接的钢筋除必须具有质量证明书，其表面形状尺寸和性能应符合现行国家标准《钢筋混凝土用热轧带肋钢筋》GB 1499—1998 或《钢筋混凝土用余热处理钢筋》GB 13014—91 标准的要求。

14.2.2 钢套筒

钢筋挤压连接接头性能取决于钢套筒与连接钢筋横肋的咬合面积和紧密程度，钢筋外表面的横肋越高，接头传力面积越大，连接效果越好。在挤压连接时，钢套筒挤压变形，冷作硬化，也不应对钢筋横肋造成明显损伤。如用45号中碳钢作挤压连接钢套筒，其冷挤压加工后不仅易产生脆性断裂，而且因其强度与HRB 335、HRB 400级钢筋相当，钢套筒变形时，还会将钢筋横肋压扁，接头难以达到性能要求。因此，挤压连接钢套筒要满足冷加工工艺要求，具有良好的压延性能，并且钢套筒横截面面积大于钢筋，使钢套筒整体承载能力高于母材钢筋承载能力。低碳钢进行冷加工之后，不易产生冷脆性，因此，通常采用低碳钢加工挤压连接钢套筒。低碳钢又分镇静钢和沸腾钢。沸腾钢冷变形后易产生应变时效而脆化，而镇静钢的这种倾向极小，因此钢套筒还必须用低碳镇静钢制作。

在日本，挤压连接用钢套筒的钢种为STKM13A，这种钢材的抗拉强度大于471MPa，屈服点大于216MPa，延伸率：纵向大于30％，横向大于25％。目前我国还没有这样强度适中、塑性又好的钢材。因此，我国行业标准《带肋钢筋套筒挤压连接技术规程》JGJ 108—96 中只规定，钢套筒的力学性能要在一个范围内，见表14.1，既要保证塑性，同时要保证强度。实践证明，我国的10 号～20 号优质碳素结构镇静钢无缝钢管较易满足上述规定要求。为连接HRB 335、HRB 400 级钢筋，钢套筒的设计截面积一般不小于相应钢筋截面积的1.7倍，其抗拉力是连接钢筋的1.25 倍左右。钢套筒长度由保证接头性能的钢套筒和钢筋的结合面积确定，并与挤压设备压模的形状、尺寸及挤压机具的能力有关。

各单位使用的钢套筒规格尺寸并不完全一致，北京建茂建筑设备公司配套使用的钢套筒的规格和尺寸见表14.2；行业标准JGJ 108—96 规定钢套筒尺寸允许偏差见表14.3。

钢套筒的内外表面不得有裂纹、折叠、重皮或影响性能的其他缺陷；表面应喷涂有清晰、均匀的压接标志，且中间两道压接标志的距离不小于20mm。

钢套筒在运输和贮存时应防止锈蚀和污染，并按不同规格、批号分别堆放。

钢套筒出厂时必须附有质量合格证明书。

套筒材料的力学性能　　**表14.1**

项　目	力学性能指标
屈服强度（N/mm^2）	225～350
抗拉强度（N/mm^2）	375～500
延伸率δ_5（%）	≥20
硬　度（HRB）	60～80
或（HB）	102～133

钢套筒规格和尺寸　　**表14.2**

钢套筒型号	钢套筒尺寸（mm）			理论质量（kg）
	外　径	壁　厚	长　度	
G40	70	12	250	4.37
G36	63.5	11	220	3.14
G32	57	10	200	2.31
G28	50	8	190	1.58
G25	45	7.5	170	1.18
G22	40	6.5	140	0.75
G20	36	6	130	0.58
G18	34	5.5	125	0.47

套筒尺寸的允许偏差（mm）　　**表14.3**

套筒外径D	外径允许偏差	壁厚（t）允许偏差	长度允许偏差
≤50	±0.5	$+0.12t$ $-0.10t$	±2
>50	$\pm 0.01D$	$+0.12t$ $-0.10t$	±2

14.3　钢筋挤压连接设备

14.3.1　组成和主要技术参数

钢筋挤压连接设备由超高压泵站、超高压油管、挤压钳三大主要部件组成。为适应不同直径钢筋的连接需要，钢筋挤压机配置不同型号的挤压钳，组成多种型号的系列产品，北京建茂建筑设备有限公司等单位产品的主要技术参数见表14.4。

1. 超高压泵站

超高压泵站是钢筋挤压连接设备的动力源。

工程中常用的钢筋挤压连接设备的超高压泵站一般采用高、低压双联泵结构，如图14.2所示，它由电动机、超高压柱塞泵、低压齿轮泵、组合阀、换向阀、压力表、油箱、滤油器，以及连接管件等组成。组合阀是由高、低压单向阀、卸荷阀、高压安全阀和低压溢流阀等组成的组合阀块。

在工程中，仅有高压柱塞泵的单速泵站也有应用，该泵站较同样流量的双速泵站体积小、重量轻、结构简单，但因没有低压泵，挤压钳空载移动速度稍慢于双速泵站。

钢筋径向挤压连接设备性能及主要技术参数 **表14.4**

<table>
<tr><td>组成</td><td colspan="2">参数性能 / 型号</td><td>YJH-25</td><td>YJH-32</td><td>YJH-40</td><td>YJH-50</td></tr>
<tr><td rowspan="6">超高压泵站</td><td rowspan="2">额定压力（MPa）</td><td>高压柱塞泵</td><td colspan="4">80</td></tr>
<tr><td>低压齿轮泵</td><td colspan="4">2</td></tr>
<tr><td colspan="2">电动机</td><td colspan="4">Y100L_1-4 380V 50Hz 2.2kW 1430r/min</td></tr>
<tr><td colspan="2">泵站小车外形尺寸（mm）</td><td colspan="4">720×485×745（长×宽×高）</td></tr>
<tr><td colspan="2">油箱容积（L）</td><td colspan="4">30</td></tr>
<tr><td colspan="2">质量（kg）</td><td colspan="4">98（不含液压油）</td></tr>
<tr><td rowspan="3">超高压油管</td><td colspan="2">额定压力（MPa）</td><td colspan="4">100</td></tr>
<tr><td colspan="2">内径（mm）</td><td colspan="4">ϕ6.0</td></tr>
<tr><td colspan="2">长度（m）</td><td colspan="4">3.0（4.0、5.0）</td></tr>
<tr><td rowspan="5">钢筋挤压钳</td><td colspan="2">额定压力（MPa）</td><td colspan="4">80</td></tr>
<tr><td colspan="2">外形尺寸（mm）</td><td>ϕ154×450</td><td>ϕ154×500</td><td>ϕ165×540</td><td>ϕ200×700</td></tr>
<tr><td colspan="2">可装配压模型号</td><td>M16. M18. M20. M22. M25</td><td>M18. M20. M22. M25. M28. M32.</td><td>M28. M32. M36. M40.</td><td>M50.</td></tr>
<tr><td colspan="2">可连接钢筋规格、直径（mm）</td><td>ϕ16～ϕ25 Ⅱ、Ⅲ级</td><td>ϕ18～ϕ32 Ⅱ、Ⅲ级</td><td>ϕ28～ϕ40 Ⅱ、Ⅲ级</td><td>ϕ50 Ⅱ、Ⅲ级</td></tr>
<tr><td colspan="2">挤压钳质量（含模）（kg）</td><td>28</td><td>36</td><td>43</td><td>92</td></tr>
<tr><td colspan="3">挤压速度（s/每道）</td><td>2～3</td><td>3～4</td><td>3～5</td><td>6～8</td></tr>
<tr><td rowspan="4">辅件与附件</td><td colspan="2">挤压钳小滑车</td><td colspan="4">质量3.5kg，承负质量200kg</td></tr>
<tr><td colspan="2">挤压钳升降器</td><td colspan="4">质量3.5kg，悬挂质量200kg</td></tr>
<tr><td colspan="2">维修工具</td><td colspan="4">30件套工具及工具箱</td></tr>
<tr><td colspan="2">检验卡板</td><td colspan="4">不同规格钢筋挤压接头压痕深度检验工具</td></tr>
<tr><td colspan="3">生产厂</td><td colspan="4">北京建茂建筑设备有限公司</td></tr>
</table>

续表

组成	型号 参数 性能	油泵 DSD0.8/6	油泵 DSD2/6	压接器 YJ650Ⅲ	压接器 YJ800Ⅲ
超高压泵站	额定压力（MPa）高压柱塞泵	80	63		
	额定压力（MPa）低压齿轮泵	2	2.5		
	电动机	1.5kW 380V 50Hz	2.2kW 380V 50Hz		
	泵站小车外形尺寸（mm）	420×350×570	450×380×680		
	油箱容积（L）	20	35		
	质量（kg）	45	69		
超高压油管	额定压力（MPa）	80	80		
	内径（mm）	6	6		
	长度（m）	3～5	3～5		
钢筋挤压钳	额定压力（MPa）			57	52
	外形尺寸（mm）			ϕ155×395	ϕ180×495
	可装配压模型号			M16～M32	M36～M40
	可连接钢筋规格、直径（mm）			16～32	36～40
	挤压钳质量（含模）（kg）			31	48
挤压速度（s/每道）				15～20	20～25
辅件与附件	挤压钳小滑车			质量 3kg 承负质量 40kg	质量 5kg 承负质量 50kg
	挤压钳升降器			质量 7kg 承负质量 40kg	质量 12kg 承负质量 55kg
	维修工具				
	检验卡板				
生产厂		中国建筑科学研究院CABR			

续表

组成	参数 性能		GS-A-32	GS-A-40	DL-40
超高压泵站	额定压力（MPa）	高压柱塞泵	80	80	80，2.2L/min
		低压齿轮泵	2	2	2.0，4～6L/min
	电动机		380V；2.2kW 1430r/min	380V；2.2kW 1430r/min	380V 2.2kW 1430r/min
	泵站小车外形尺寸（mm）		817×605×800	817×605×800	790×540×785
	油箱容积（L）		40	40	25
	质量（kg）		90	90	122
超高压油管	额定压力（MPa）		100	100	80
	内径（mm）		6	6	6
	长度（m）		3000	3000	3000
钢筋挤压钳	额定压力（MPa）		80	80	80
	外形尺寸（mm）		ϕ150×480	ϕ170×530	ϕ150×480
	可装配压模型号		16～32	36～40	M22、M25、M28、M32、M36、M40
	可连接钢筋规格、直径（mm）		ϕ16～32	ϕ36～ϕ40	ϕ22～ϕ40
	挤压钳质量（含模）（kg）		33	45	32
挤压速度（s/每道）			<13	<13	3～5
辅件与附件	挤压钳小滑车		质量 kg 承负质量 kg		质量 2kg 承负质量 40kg
	挤压钳升降器		质量 kg 悬挂质量 kg		质量 悬挂质量 5kg
	维修工具				
	检验卡板				
生产厂			保定华建机械有限公司		北京第一通用机械厂对焊机分厂

2. 超高压油管

超高压油管是连接泵站和挤压钳，并组成设备系统封闭油路的重要元件。采用双作用油缸结构的挤压钳有两条超高压油管与泵站相连。

超高压油管是由内管、多层的钢丝缠绕（或编织）层、外保护层组成的耐压软油管，其两端用金属接头扣压连接。连接时，油管一端连接在换向阀上，另一端连接在钢筋挤压钳上，组成设备封闭回路。

超高压油管可挠、吸振，使用方便。

3. 挤压钳

挤压钳是钢筋挤压连接设备的执行元件。

挤压钳由油缸、机架（钳口）、活塞、上下压模等组成，其结构如图14.3所示。

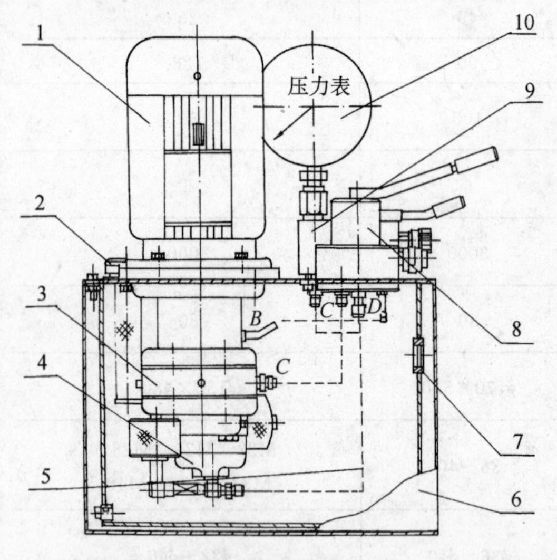

图14.2　超高压泵站

1—电动机；2—注油通气帽；3—高压柱塞泵；4—低压齿轮泵；5—管路；6—油箱；7—油标；8—换向阀；9—组合阀；10—压力表

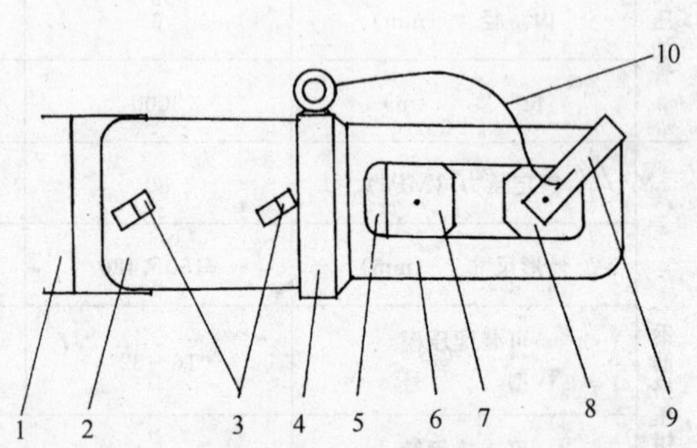

图14.3　挤压钳

1—提把；2—缸体；3—油管接头；4—吊环；5—活塞；6—U形机架；7—上压模；8—下压模；9—模挡铁；10—链绳

挤压钳通常采用双作用油缸体，因而挤压及回程时，活塞移动速度均较快。挤压钳采用U形机架结构，可以使机架宽度小，装入钢筋灵活，可方便、灵活地用于钢筋配筋密度较高的作业场合。

挤压钳上压模有圆柱连接柄，连接柄上有环状沟槽。上压模与挤压钳活塞的连接是通过模柄插入活塞端部孔内，用活塞上的两横孔内弹簧、螺钉顶紧钢珠，卡住模柄沟槽来实现的。在活塞的推动下，上压模可在机架导向长槽中沿压钳轴线前后移动。当油缸上油管接头A进油时，活塞推动上压模向前运动进行挤压；当油管接头B进油时，活塞带动上压模向后运动即回程。下压模侧面有螺孔，用螺钉、垫圈将其与模挡铁连成一体，挤压连接时，将下压模由机架导向长槽中插入，模挡铁钩挂在机架上，将下压模固定；挤压完成后，拨转模挡铁，取出下压模，可将钢筋从U形机架内退出。

4. 辅件

钢筋挤压连接设备还配有挤压钳小滑车及升降器等常用辅件。

当在地面上预制接头或进行水平方向挤压连接时，挤压钳放在小滑车上，挤压钳在挤压完一道后，可以轻便地沿钢筋轴线移动到下一道挤压位置，而不必移动长钢筋，从而可以大大减轻操作工人劳动强度，并提高移动速度和准确性。

在竖向钢筋挤压连接作业时，可将挤压钳上的吊环套在升降器的挂钩上。拨动升降器上的棘爪，上下摇动手柄，即可使挤压钳沿钢筋轴线上下移动，以便使压模对准钢套筒上的挤压位置标记。挤压一道后，移到下一道位置进行挤压。升降器轻便，灵活。挤压钳在吊环上可360°转动，便于挤压钳在各种角度下工作。

14.3.2 主要元件工作原理

1. 高压柱塞泵工作原理

如图14.4所示，为斜盘式轴向柱塞泵工作原理示意图。

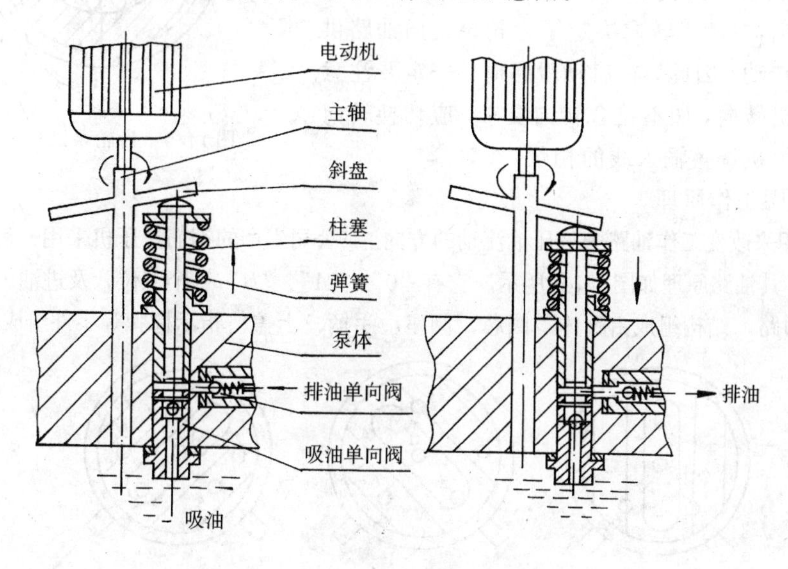

图14.4 斜盘式轴向柱塞泵工作原理图

电动机主轴上装有一个与其轴线有一交角的斜盘。电动机主轴转动时，斜盘也随之转动。柱塞装在泵体端面，沿圆周均匀分布。柱塞依靠弹簧作用，使其头部紧贴在斜盘上。柱塞由于斜盘作用，产生轴向往复运动。如图14.4所示，当柱塞在弹簧作用下，由下向上运动时，柱塞下端密封容腔容积增大，压力减小，直至产生真空，使油箱中的液压油在大气压力作用下，顶开吸油单向阀钢球进入到柱塞下部的容腔内。同时，排油单向阀钢球在压差作用下，将排油单向阀关闭，完成吸油程序。当斜盘压迫柱塞向下运动时，柱塞下端密封容腔容积减小，压力增大，吸油单向阀关闭，同时，排油单向阀钢球在柱塞内高压油压力作用下，将排油单向阀打开，高压油通过排油单向阀排出，通过系统管路进入执行元件工作腔，以使挤压钳活塞运动，挤压钢套筒。电动机旋转时，斜盘每转一周，每个柱塞往复运动一次，完成吸、压油一次。泵输出的高压油流量取决于电动机转速、柱塞截面积、柱塞行程、密封元件密封效果等。

偏心轴式径向柱塞泵工作原理与轴向柱塞泵相类似。

2. 齿轮泵工作原理

齿轮泵工作原理很简单，就是依靠一对齿轮的啮合运动来完成其吸油和压油过程，见图14.5。一对相同齿数的齿轮装在泵体中，齿轮宽度与泵体相同。当齿轮按箭头方向旋转时，在右面容腔由于啮合着的齿逐渐脱开，把齿的凹部让出来，产生吸油作用，使油液填满齿谷，形成一小密闭容腔，随着齿轮转动，就把齿谷中的油液带到左面容腔。在这个过程中，各齿谷的容积发生变化，挤压齿谷中的油液形成压油。齿轮不断旋转，就能不断地自右腔把油吸入，再从左腔把油压出。由于上述原理可以看出，当吸油和压油方向确定后，齿轮的旋转方向就有一定的要求。如果齿轮的旋转方向发生变化，吸油和压油的方向就会随之改变；但由于设备中油路已经设定，电动机转向决定了齿轮泵是向油路供油或是无效转动。因此，在启动设备时，一定要注意指示的电动机转向，如不符合转向要求，应切换转向开关旋钮或停机调整输入线的相位。

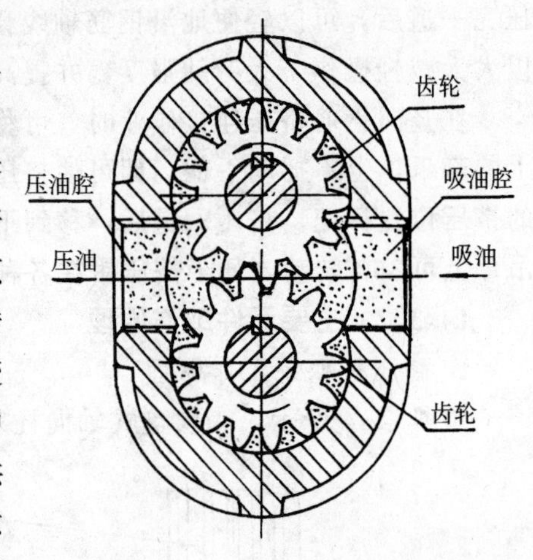

图 14.5　齿轮泵工作原理图

3. 换向阀工作原理

换向阀用来改变工作油路中液压油流动的方向。某公司生产的钢筋挤压机采用一种平面密封式三位四通阀，其油路原理如图14.6 所示。它有“0”、“*A*”、“*B*”三个工位，及进油、回油、两个出油共四个通路。结构组成由阀体、阀芯、阀座、手柄、上盖、指示标牌等零件组成。

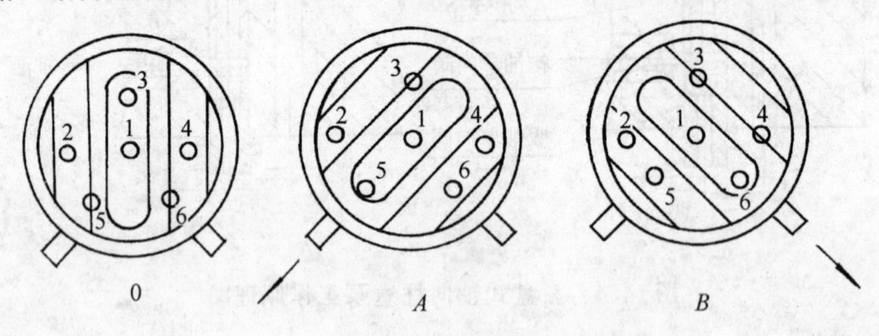

图 14.6　换向阀工作原理图

当换向阀手柄置于“0”位时，进油与回油直接连通成回路，泵输出的液压油经回油孔直接流回油箱；当手柄置于“*A*”位时，进油与*A*位出油孔连通，泵输出的液压油从*A*位出油孔进入相连的元件油腔，*B*位出油孔与回油连通，与*B*位相连的元件油腔内液压油回油箱；当手柄转至“*B*”位时，进油孔与*B*位出油孔连通，泵输出的液压油从*B*位出油孔进入相连的元件油腔，*A*位出油孔与回油连通，元件与*B*位接头连接的油腔内液压油回油箱，从而完成了执行元件工作油路的油液转换。

14.3.3　钢筋挤压连接设备系统工作原理

钢筋挤压连接设备油路及工作原理图如图14.7 所示。

当电动机5 启动且旋转方向正确时，与电动机同轴连接的超高压柱塞泵4 和低压齿轮泵3 同时工作。油箱13 中的液压油分别经滤油器1 和2 被吸入两泵，并由两泵出油口分别经高压和低压油管压入组合阀体14。在组合阀内，高压油和低压油分别打开高压单向阀9 和低压单向阀8 后相汇合。高低压油汇合后，通向压力表12、卸荷阀10 及组合阀出油口。组合阀出油口经油管与换向阀15 相接。换向阀两出油接头经超高压油管与油缸体上*A*、*B*两油管接头相连接。

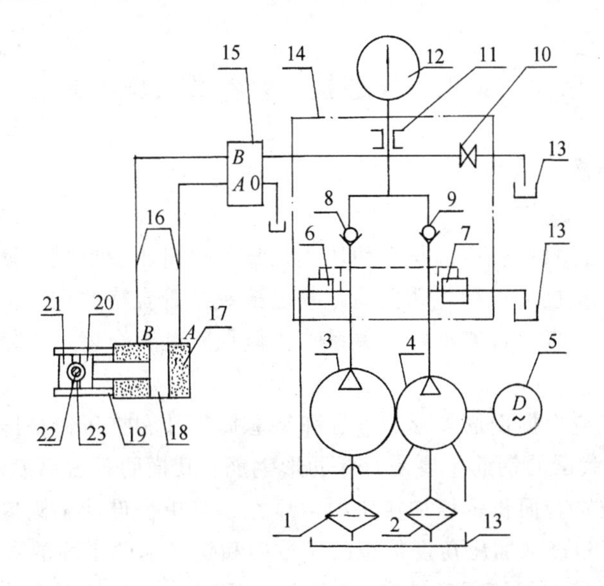

图14.7 钢筋挤压连接设备油路及工作原理图

1—低压泵滤油器；2—高压泵滤油器；3—低压齿轮泵；4—高压柱塞泵；
5—电动机；6—液控低压溢流阀；7—高压安全阀；8—低压单向阀；
9—高压单向阀；10—卸荷阀；11—阻尼螺钉；12—压力表；13—油箱；
14—组合阀体；15—换向阀；16—高压油管；17—油缸；18—活塞；
19—机架；20—上压模；21—下压模；22—钢筋；23—钢套筒

在卸荷阀10处于关闭情况下，即正常工作状态下，当换向阀手柄置于“0”位时，液压油经换向阀回油口流回油箱。压力表压力为0，压钳活塞不动作；当换向阀手柄被转至“A”位时，液压油经高压油管由接头A进入油缸，推动活塞带动上压模20向左运动。在空行程时，由于高、低压油共同作用，流量大，可加快活塞空行程运动速度。当上、下压模与被挤压的钢套筒接触后而受到阻力。由于两泵仍然在不断工作，系统压力逐渐升高，当系统压力超过2MPa时，由于压差，低压单向阀8自动关闭，同时，油压使液控低压溢流阀6开启，低压油经低压溢流阀，再经回油管流入高压柱塞泵内，对柱塞副起冷却与润滑作用，然后流回油箱。此时，由于低压单向阀8关闭，进入油缸推动活塞向左进行挤压的只有高压油，高压油使系统压力继续增高，当达到挤压钢套筒所要求的压力时，将换向阀手柄经“0”位转至“B”位，此时，由换向阀输出的液压油经另一根高压油管，由接头B进入油缸，推动活塞并带动上压模向左运动（即回程）。当退到一定位置时，即当压模与钢套筒之间有足够间隙，使得压钳能沿钢套筒轴向移动时，即可将换向阀重新转至“0”位，以进行下一道的挤压。总之，活塞往返空行程时，由于高低压泵同时供油，活塞速度较快。在活塞向前挤压钢套筒时（或后退到极限位置时），压力大于2MPa时，低压单向阀8自动关闭。另外，当液压油经油缸接头A进入油缸后油腔时，推动活塞向前运动，活塞前油腔的油则被压，由油缸接头B经另一根高压油管，再经换向阀的回油口流回油箱。反之，当液压油经油缸接头B进入油缸前油腔时，推动活塞向后运动，活塞后油腔的油则被压，由油缸接头A经另一根高压油管，再经换向阀的回油口流回油箱。

当系统压力超过额定压力80MPa时，高压安全阀7被顶开，液压油经高压安全阀流回油箱。

14.4　钢筋挤压连接工艺参数及施工方法

14.4.1　工艺参数

1. 压痕宽度

挤压压痕宽度、道数（挤压面积）和压痕处直径（挤压变形量）是挤压工艺的主要参数，同时，也是对挤压接头进行外观检验，判定接头是否合格的重要依据。而压模形状对挤压压痕宽度、压痕处直径有着重要的关系，压模形状是否合理，直接影响着挤压工艺参数的选择、确定。

挤压压模的形状应根据钢筋外形、直径和钢套筒尺寸和挤压钳挤压能力等诸多因素进行综合设计。目前，我国的钢筋主要是月牙肋形钢筋，其横肋只占钢筋周长的2/3。为增加钢套筒和钢筋的有效结合面积，增加接头的可靠性，某单位设计了圆口型压模，该压模实际挤压时，无论加压角度（加压角度是指挤压方向和钢筋纵肋平面的夹角）是0°、45°，还是90°，都能保证钢套筒和钢筋紧密结合，如图14.8所示，压痕处有效结合面积达到95%以上。钢套筒材料和挤压参数相同条件下，虽然挤压角度为0°的挤压接头的性能不如90°挤压的接头的性能，但其性能也保证满足A级接头性能指标的要求。因此，在工程施工中，有条件时，控制挤压在90°方向，可更好地保证接头性能；无条件时，即使只能挤压在0°方向时，只要在规定的道数和压痕深度要求范围内，同样能保证接头性能合格。

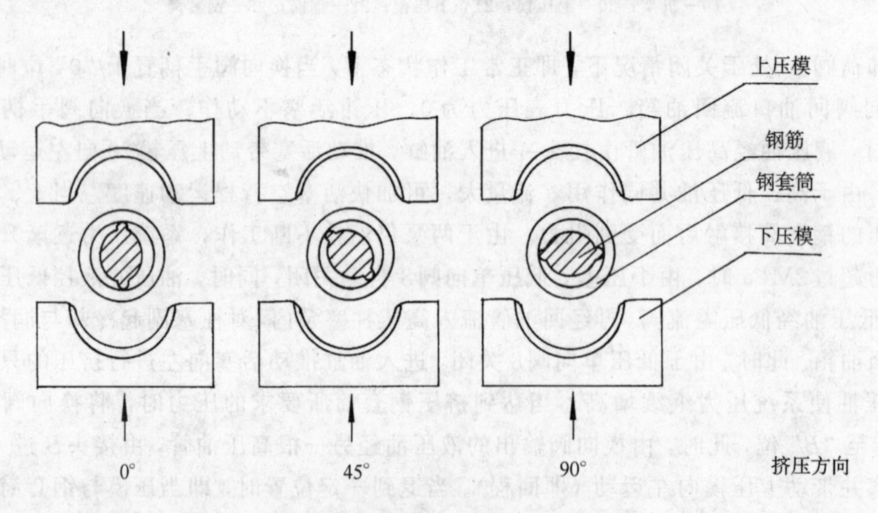

图14.8　钢筋连接时的挤压方向

在压模形状确定的条件下，压模刃口宽度依设备能力设计，随挤压连接钢筋直径不同而不同，连接小直径钢筋的压模刃口宽度一般比大直径钢筋的压模宽，这样可以充分利用挤压钳的能力，虽然连接钢筋直径不同，但泵站工作压力却基本一致，便于操作人员掌握。

2. 挤压道数

钢筋挤压接头的质量、工效与挤压道数有直接的关系，而挤压道数又与挤压设备的能力，钢筋规格，压模尺寸，钢套筒材质及壁厚尺寸有关。主要原则是以尽量少的挤压道数，使钢筋挤压连接的接头性能达到最优的质量要求。挤压接头在做各种型式试验时，不仅应断在钢筋母材上，根据我国有关标准规定，接头产生的残余变形量必须小于一定值，例如：

YB 9250—93 规定单向拉伸试验时，试件残余变形量不得大于0.15mm，这样其接头质量才能达到最高级别的要求。接头在拉伸试验时断在钢筋上，只能说明接头强度是合格的，若接头的残余变形不合格，刚度也不会合格，这样的接头也是不合格的。这对钢筋混凝土的裂缝开展会产生影响。大量的挤压接头试验也证明了这一点，挤压接头的压接道数是由试验的结果，并考虑到施工条件确定的。例如ϕ32 HRB 335 级钢筋接头，在钢套筒每侧以600kN 的压力分别挤压1～6 道，也就是分别做6 种试件，挤压4 道的接头强度效率，即压接效率便达到100%，见图14.9，也就是接头拉伸试验时断在钢筋母材上，强度是合格的，但接头的残余变形量不合格，刚度也不合格，这样的接头也是不合格的。挤压5 道的接头、强度、残余变形量和刚度都合格，但是考虑到在试验室条件下，由专门人员精心制作，可以使试件合格。而工程应用中可能出现各种因素，如操作者不精心或钢筋端部横肋不完整、尺寸偏差大等。因此，挤压连接ϕ32 钢筋时，在钢套筒每侧都挤压6 道才是可靠的工艺。

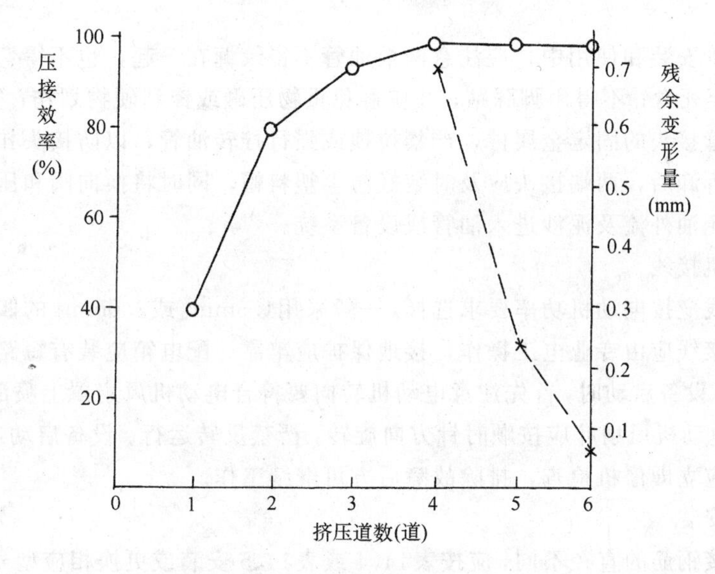

图14.9　压接道数与接头性能关系

○——○压接效率，σ_b 接头/σ_b 钢筋；×——-×残余变形量

3. 压痕处直径（挤压变形量）

挤压变形量是挤压连接工艺的另一重要参数，也是鉴定接头是否合格的依据之一。变形量过小，钢套筒与钢筋横肋咬合少，受力时剪切面积小，往往会造成接头强度达不到要求，或接头残余变形量过大，接头不合格。变形量过大，则容易造成钢套筒壁被挤得太薄，挤压处钢套筒截面太小，受力时容易在钢套筒挤压处发生断裂。因此，挤压变形量必须控制在一个合适的范围内。在实际工程应用时，主要控制压痕深度，检测时用相应的检测卡板来检查压痕最小直径，其尺寸控制在允许范围内。

14.4.2　施工方法

1. 设备准备

(1) 油箱注油

油箱未经注油严禁开车或试车。液压油应为抗磨液压油，一般可选用 YB-N32 或YB-N46型。油面应超过油箱油标中心线以上，油箱缺油时应及时补充。

设备搬运、移动、放置时，均应注意油箱不能过分倾斜，以防液压油由注油通气孔外溢，污染现场环境。

(2) 设备连接

进行水平方向挤压连接，挤压钳放在小滑车上；进行竖向挤压连接，挤压钳应吊挂在升降器的吊钩上。搬运挤压钳应提手柄或两手抬两端，若提拉下压模连接钢丝链绳，易使钢丝绳损坏。挤压钳落地时不得摔撞。

用两根高压油管将超高压泵站和挤压钳连接。首先将泵站换向阀出油接头以及挤压钳油缸上油管接头上的防尘帽旋下，油管安装前，应检查压钳和换向阀接头处的密封圈是否缺损，如有缺损应及时更换，以防使用时漏油。油管两端的防尘帽一经取下后，不得将油管接头放在地面上，以防泥沙进入油管、油路。连接时，油管一端插入换向阀出油接头的圆孔中，推到底后，用手将螺帽旋紧，螺纹带满。另一端连接挤压钳上油管接头，用扳手旋紧螺母即可。

超高压油管安装和使用中，应注意两根油管不得绞缠在一起，也不得弯曲小于弯曲半径的小弯，甚至死弯；不得用脚踩踏，并应避免重物压砸或锋利硬物划伤；安装和拆卸时，应用手握住油管接头的固定金属件，严禁拉拽或强行拧转油管，以防接头扣件处损坏而产生漏油。油管拆卸后，两端接头应及时装好防尘塑料帽，同时将换向阀和压钳接头防尘帽拧好，以防液压油外流及泥沙进入油管或设备系统。

(3) 电动机接线

电源动力线应按电动机功率要求选择，一般采用1.5mm^2 或2.0mm^2 的四芯橡胶绝缘护套线。电动机接线应由专业电工操作，接地保护应牢靠。配电箱应装有短路或过载保护及缺相保护装置。设备启动时，首先注意电动机转向要符合电动机风扇罩上喷漆箭头方向，即由上向下看，电动机风扇叶应按顺时针方向旋转，严禁反转运行。设备启动或运转过程中，如有电源缺相应立即停机检查，排除故障后方可继续工作。

(4) 压模安装

根据所连接钢筋的直径不同，应按表14.4或表14.5安装或更换相应型号的压模。安装上压模时，应将活塞推出至露出螺钉孔，插好上压模后，将两螺孔依次装入钢球、小弹簧、顶丝，用螺钉旋具将顶丝上紧后，应注意反向退回一圈，留出弹簧活动量。安装时，注意螺钉后端不得超出活塞外表面。螺钉一字槽若有损坏必须更换，否则可能会影响以后拆卸。安装下压模时，用螺钉及带套垫圈与模挡铁连在一起，旋紧即可。挤压连接时，下压模挡铁应勾挂在压钳腿上，以防下压模错位，模挡铁如有较大变形必须修正。

(5) 试车运行

确认油箱注油，设备连接符合要求后，检查卸荷阀是否关紧，将换向阀手柄置于“0”位，启动电动机转向正确即可试车运行。

先将手柄由“0”位平推至“*A*”位，观察压钳活塞是否前进（或后退）。活塞空行程时，压力表指针为0。当活塞前进（或后退）到极限位置时，压力表指针应迅速升高至额定压力（一般为80MPa)。再把手柄经“0”位平推至“*B*”位，观察压钳活塞是否后退（或前进)。活塞空行程时，压力表指针为0。当活塞前进（或后退）到极限位置时，压力表指针应迅速升高至额定压力。如此，反复试运行几次，电动机及设备无异常声响，设备各密封和连接处无渗漏油现象，说明设备运行正常。

设备除注油和连接电源线外，设备雨罩应一直保持盖好，以防砸、防雨。

2. 钢筋准备

(1) 在挤压连接之前，应清除钢筋端部连接部位的铁锈、油污、砂浆等附着物。

(2) 钢筋端部应平直，影响钢套筒安装的马蹄、飞边、毛刺应予以修磨或切除。如遇纵肋过高及影响钢套筒插入时，可适当修磨纵肋。由于钢筋横肋对接头性能有重要影响，因此施工时严禁打磨横肋，若因横肋过高影响钢套筒插入，可针对性选择使用内孔直径正偏差的钢套筒。

(3) 钢筋端部应按规定要求用油漆画出定位标记和检查标记两条线。标记线应横跨纵肋并与钢筋轴线垂直，长度不宜小于20mm。标记线不宜过粗，以免影响钢筋插入深度的准确度。

定位标记距钢筋端部的距离为钢套筒长度的一半，见图14.10中b；检查标记与定位标记的距离为a，当钢套筒的长度小于200mm时，a取10mm；当钢套筒长度等于或大于200mm时，a取15mm。定位标记指示钢套筒应插入的深度位置，当挤压连接成接头后，由于钢套筒变形伸长，定位标记被钢套筒遮盖，接头外钢筋上只能见到检查标记，通过检查标记的检验，可确定钢套筒中钢筋的位置是否正确。

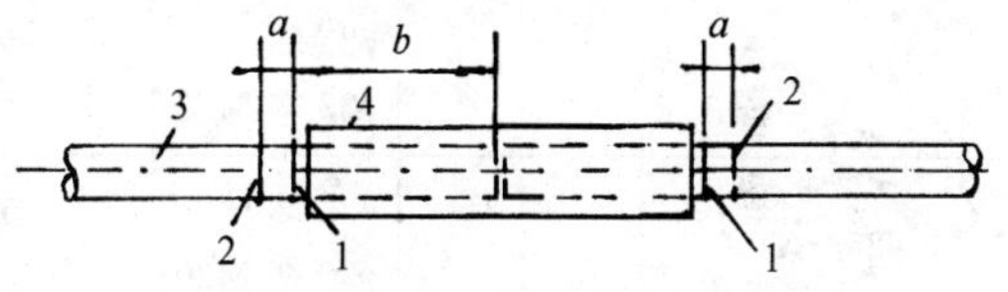

图14.10 钢筋定位标记和检查标记

1—定位标记；2—检查标记；3—钢筋；4—钢套筒

3. 挤压操作

挤压操作前，对挤压设备必须检查，并根据压接工艺要求，调整相应的工作油压。按连接钢筋规格和钢套筒型号选配压模。

挤压操作应做到四个一致，即被连接钢筋的直径、钢套筒型号、压模型号及检验卡板型号一致，严禁混用，见表14.5；特别注意不同直径钢筋相连接时，所用钢套筒型号、压模型号、挤压道数、最小压痕直径及检验卡板型号应严格按表14.6执行。

相同直径钢筋连接时的挤压工艺参数及钢套筒、压模、检验卡板　　表14.5

两根连接钢筋直径	钢套筒型号	压模型号	接头压痕总宽度	挤压道数	压痕最小直径允许范围（mm）	检验卡板型号
ϕ40—ϕ40	G40	M40	80mm×2	8×2道	60～63	KB40
ϕ36—ϕ36	G36	M36	70mm×2	7×2道	54～57	KB36
ϕ32—ϕ32	G32	M32	60mm×2	6×2道	48～51	KB32
ϕ28—ϕ28	G28	M28	55mm×2	5×2道	41～44	KB28
ϕ25—ϕ25	G25	M25	50mm×2	4×2道	37～39	KB25
ϕ22—ϕ22	G22	M22	45mm×2	3×2道	32～34	KB22
ϕ20—ϕ20	G20	M20	45mm×2	3×2道	29～31	KB20
ϕ18—ϕ18	G18	M18	40mm×2	3×2道	27～29	KB18
ϕ16—ϕ16	G16	M16	35mm×2	2×2道	24～26	KB16

不同直径钢筋连接时的挤压工艺参数及钢套筒、压模、检验卡板　　表14.6

两根连接钢筋直径	钢套筒型号	压模型号	一侧压痕总宽度	挤压道数	压痕最小直径允许范围（mm）	检验卡板型号
ϕ40－ϕ36	G40	ϕ40 端 M40 ϕ36 端 M36	80mm 80mm	8 道 8 道	60～63 57～60	KB40-36
ϕ36－ϕ32	G36	ϕ36 端 M36 ϕ32 端 M32	70mm 70mm	7 道 7 道	54～57 51～54	KB36-32
ϕ32－ϕ28	G32	ϕ32 端 M32 ϕ28 端 M28	60mm 60mm	6 道 6 道	48～51 45～48	KB32-28
ϕ28－ϕ25	G28	ϕ28 端 M28 ϕ25 端 M25	55mm 55mm	5 道 5 道	41～44 38～41	KB28-25
ϕ25－ϕ22	G25	ϕ25 端 M25 ϕ22 端 M22	50mm 50mm	4 道 4 道	37～39 35～37	KB25-22
ϕ25－ϕ20	G25	ϕ25 端 M25 ϕ20 端 M20	50mm 50mm	4 道 4 道	37～39 33～35	KB25-20
ϕ22－ϕ20	G22	ϕ22 端 M22 ϕ20 端 M20	45mm 45mm	3 道 3 道	32～34 31～33	KB22-20
ϕ22－ϕ18	G22	ϕ22 端 M22 ϕ18 端 M18	45mm 45mm	3 道 3 道	32～34 29～31	KB22-18
ϕ20－ϕ18	G20	ϕ20 端 M20 ϕ18 端 M18	45mm 45mm	3 道 3 道	29～31 28～30	KB20-18
ϕ18－ϕ16	G18	ϕ18 端 M18 ϕ16 端 M16	40mm 40mm	3 道 3 道	27～29 25～27	KB18-16

挤压操作步骤如下：

（1）将钢筋插入钢套筒内，其插入深度应按钢筋定位标记确定。

（2）挤压时，钢套筒应靠在压模刃口圆弧中央，注意保持压钳轴线与钢筋轴线垂直。

（3）挤压时，应调整压钳，使压模刃口对准钢套筒表面的压痕标志。挤压顺序必须是由钢套筒中部的压痕标志依次向钢套筒两端挤压。严禁由两端向中间挤压。

（4）压接时，应尽可能使压模压在钢筋横肋上，以便压接出的接头具有最佳性能。

（5）操作换向阀手柄进行挤压时，压力的控制应以满足表14.5或表14.6中所规定的最小压痕直径为依据，即用检测卡板检测合格时的压力即为合适的挤压力。刚开始挤压时，可能不知道用多大的压力才能达到压痕深度的要求，可以压力小一些，然后用检验卡板来检查，如达不到要求，可在原位置上加大压力，直至达到要求。即可按此时的压力继续顺序挤压。无论哪种规格的钢套筒，在挤压最后一道时，由于拘束减小，则压力应控制在比其他道次的压力小2～4MPa，否则，最后一道的最小压痕直径就会变小或超出下限。

(6) 每个钢套筒挤压完毕后，都应用检测卡板进行检验。挤压深度、道数不符合要求的，应予以补压或切除。

(7) 拉伸试件必须保证外观检查合格。外观检查从以下几个方面进行：检查钢筋上的检查标记和钢套筒两端的距离，以判定两根钢筋在钢套筒内的插入深度是否一致，即各插入1/2钢套筒长度；检查挤压道次是否符合要求，相邻两道不得叠压，最后一道应完整；观察检查标志，判定挤压顺序是否符合从中间依次向两端挤压的要求；用检验卡板检验应符合最小压痕直径范围的要求；压痕及钢套筒表面不得有裂纹；两连接钢筋弯折度应小于4°。

(8) 钢筋挤压连接可分为地面预制和工位连接。地面预制可先在地面上完成钢筋一侧的压接（或把两根钢筋中间完成全部压接，并完成其中一根钢筋一侧的压接），再在工位上完成另一侧的压接（或剩余的压接）。竖向钢筋连接时，应先在地面上完成待接钢筋一侧的压接，在工位上完成已生根钢筋端部的压接。

在地面上，把两根钢筋中间全部压接完成后，应将上压模退到极限位置，取出下压模，把连接完毕的钢筋由压钳中取出。在工位连接竖向钢筋时，应事先将上压模退到极限位置，取出下压模，把挤压钳机架插入到待接钢筋中，装好下压模，将下压模挡铁与挤压钳机架勾住，再按上述要求进行挤压，挤压完毕后，将上压模退到极限位置，抽出下压模，挤压钳U形机架即可由钢筋中抽出。

14.5 设备维护及保养

14.5.1 设备操作注意事项及维护保养

钢筋挤压连接设备操作方法简单，易于掌握，但因其工作在建筑现场，则设备的维护显得更加重要。以下为使用、维护设备的几个要点：

1. 超高压泵站在未注油及油位不足时严禁启动，每日作业前，应检查油位是否正常，视情况加足。加入超高压泵站的液压油必须经过精滤，确保清洁，经常使用时，一般每两个月清洗一次滤油器，每半年清洗一次油箱，同时更换新油。如临时采用了普通液压油，清洗和更换周期还要缩短。

2. 电动机启动或挤压施工过程中，如发现电动机工作不正常，应查找电源电压及接线各处是否正常，待故障排除后，再启动施工，以免烧毁电动机。

3. 由于挤压速度较快，因此在施工过程中，操作人员应注意力集中，在到达所需压力时及时换向，以免挤压过度。

4. 超高压软管在使用时，不得出现打折和死弯（弯曲半径不小于250mm），严禁其他物体压砸，严禁用其去拖拽其他设备。一般每半年做试压检查一次，用试压泵加压试压时，操作者不可离软管过近，压力在100MPa以下发生渗漏、凸起即须更换。

5. 挤压施工可实现全天候作业，但超高压泵工作油温为20～50℃，操作时，如油温过高，可采取冷却措施或停机，待油液充分冷却后才能使用；油温过低时，需采取加温措施，一般通过外加温或低压泵运转来提高油温。雨天作业时，应将防雨罩盖上，以保护电动机进水或电线短路烧毁电动机。

6. 施工中，在更换挤压钳或油管时，应检查换向阀出油接头及挤压钳进油接头处O形密封圈的存在状况，如丢失或破损严重，应及时更换，以免造成漏油的发生。

7. 在施工时，下压模在插入挤压钳时，下压模一定要插入压钳到位，并用模挡铁钢丝绳锁紧，以免造成机架钳腿受侧向力而外张，影响其使用。

8. 超高压泵站工作压力不得任意提高，全套机器通常每年检修一次，全部零件用煤油清洗，注意保护配合面，不得任意磕碰，装配后各运动件应运动灵活。

9. 在扳动换向阀手柄换向时，应水平施力，不应用手过分下压或上抬手柄，用力应平稳，换向如出现上压速度慢时，可稍微转动一下手柄的位置，非挤压过程和停止压模行进时，手柄应置于零位。

10. 挤压过程中，操作者应随时对接头质量进行自检，检查方法见操作部分的质量检查，以确保接头合格。

11. 钢套筒中间未喷挤压标记处严禁挤压，挤压顺序一定为从中间向两边依次挤压。

12. 设备各油路接头必须保持高度清洁，不应有污物附着在接头油口附近；使用完毕后，油管接头应用塑料帽或布条遮盖严，防止污物进入油路系统中。

13. 设备挪动及搬运过程中，不应过分倾斜，以免漏油、污染施工环境。

14. 工作完毕后，设备应妥善保管，置于遮蔽处，防止物件掉落机器上砸坏仪表等部件。

14.5.2 常见故障及排除方法

挤压设备出现的故障按其部位可分为：电动机和电源故障；挤压钳故障；超高压油管漏油；泵站高压压力、流量不足。

排除方法分叙如下：

1. 电动机和电源故障

排除方法：检查线路和电动机，如果电动机烧毁，更换电动机。

2. 压钳故障

压钳故障分为钳腿外张及内泄漏，排除方法：钳腿外张用千斤顶矫直钳腿；内泄漏需将压钳拆开，更换磨损的O形密封圈及挡圈。

3. 油管漏油

排除方法：视具体情况需用专用扣头机重新扣头或更换。

4. 高压泵站故障

高压泵站是钢筋挤压连接机的动力源。因此在使用及排除故障时，应详细阅读有关的《钢筋挤压连接机使用说明书》，熟悉泵站的油路图，了解电动油泵各部件的作用，只有这样，才能准确地判断故障原因，快速排除故障。

泵站常见故障可分为三大类：

(1) 压力不足（泵站提供的最高压力不能达到额定压力，使挤压无法实施）；

(2) 高压流量不足（泵站最高压力虽能达到额定压力，但高压流量不足，致使挤压速度太慢）；

(3) 低压流量不足（表现为挤压钳活塞在空行程时移动过慢，从而导致挤压接头辅助时间太长）。

压力不足和高压流量不足的故障原因及排除方法见表14.7。

压力不足和高压流量不足的故障原因及排除方法 **表14.7**

故障原因	排除方法
1. 高压安全阀调整值过低	1. 调整安全阀，使之达到额定压力
2. 安全锥阀、锥阀座磨损造成泄漏	2. 视情况修磨锥阀、锥阀座或更换
3. 卸荷阀未关紧，造成泄漏	3. 关紧泄荷阀
4. 卸荷阀内钢珠磨损或阀座磨损造成泄漏，而导致压力、流量不足	4. 更换钢珠或修研阀座
5. 换向阀内密封圈及挡圈破损，造成换向阀内泄	5. 更换破损的O形密封圈及挡圈
6. 换向阀阀芯与阀座密封配合面磨损严重，造成泄漏	6. 视情况修研阀芯与阀座配合面或更换阀芯、阀座
7. 低压单向阀处钢珠磨损或低压单向阀阀座磨损，造成高压油由低压单向阀处泄漏	7. 更换钢珠或修研低压单向阀阀座
8. 液控低压溢流阀中液控部分密封不良，造成高压油泄漏	8. 视情况更换低压小活塞或低压小活塞处的密封件
9. 压力表故障或阻尼堵塞造成压力指示值失真	9. 检查压力表或检修压力表座
10. 油泵箱体内高压泵与组合阀、组合阀与换向阀之间的高压钢管开裂或接头松动造成泄漏	10. 更换高压油管或紧固接头
11. 柱塞或弹簧折断，造成柱塞副不能正常工作	11. 更换相应零件
12. 长期使用，造成柱塞偶件配合间隙过大而内泄	12. 更换柱塞偶件
13. 高压泵体与柱塞偶件粘结处的粘结胶老化开裂	13. 重新粘结柱塞
14. 高压泵体出现裂纹，造成严重泄漏，导致压力不足	14. 视情况进行补焊或更换
15. 吸油阀、排油阀处铜垫或吸、排油阀与钢珠密封不良造成内泄	15. 视情况更换铜垫、钢珠，修研吸、排油阀与钢珠的配合面或更换之
16. 主轴上的斜盘或平面轴承破损，使柱塞不能正常工作	16. 视情况更换新盘或平面轴承
17. 油面过低，油泵吸空	17. 加足油
18. 油温过低造成吸油困难或油温过高造成容积效率下降，导致流量不足	18. 采取控温措施，控制油温在20～50℃之间
19. 低压单向阀座处有异物，使低压单向阀处钢珠密封不良	19. 去除异物
20. 高压泵滤油器附着异物过多，导致滤油器通油面积不够	20. 清洗滤油器

低压流量不足会造成压接钳活塞空行程移动过慢，其故障原因及排除方法见表14.8。

低压流量不足故障原因及排除方法 **表14.8**

故障原因	排除方法
1. 电动机反转	1. 调整电动机输入线，改变电动机转向
2. 低压溢流阀处密封不良	2. 更换相应的密封件
3. 油箱内低压油管接头松动	3. 紧固接头
4. 低压泵总成轴断或齿轮断裂	4. 更换低压泵总成

14.6　工　程　管　理

根据工程大小，工期要求等，分别选用不同的施工管理方式，并应考虑以下问题。

14.6.1　人员配备

1. 设备操作人员，每台设备应配备油泵操作、挤压操作人员各一名，并均应是接受操作培训考核合格者。

2. 其他人员，如施工管理人员、质量监督检查人员、设备维护人员由相关人员兼任即可。

14.6.2　设备配备

挤压连接设备配置的数量与施工工期、工程种类、资金状况和操作人员熟练程度有关，例如：10万m^2的工程，挤压连接设备6～10台可满足工程的需要。小型工程相对使用设备多一些，每万平方米工程配置设备不超过2台，大型工程每万平方米工程设备配置一般不超过1台。

14.6.3　施工组织

现场施工按挤压连接施工规程要求进行，应先预制一半接头，另一半在工位连接。

在底板施工时，最好在钢筋挤压连接设备泵站下铺放铁板或竹胶板，便于设备的移动。在连接梁、柱的钢筋施工时，如可能应将泵站和挤压钳之间的连接油管加长，或配置5～10m的长油管，以方便施工作业。

14.6.4　质量自检

挤压连接操作完成后，应先实行自检，每个操作工利用检验工具对自己连接的接头按照标准规定，分别对定位标记、挤压道数、压痕深度、套筒外观进行检查，如发现不合格的接头应立即处理。

14.7　挤压接头的施工现场检验与验收

14.7.1　有效的型式检验报告

工程中应用钢筋机械连接时，应由该技术提供单位提交有效的型式检验报告。

14.7.2　接头工艺检验

钢筋挤压连接工程开始前及施工过程中，应对每批进场钢筋进行挤压连接工艺检验。工艺检验时，每种规格钢筋的接头试件不应少于3根；钢筋母材应进行抗拉强度试验；3根接头试件的抗拉强度均应符合表13.1中规定的强度要求；对于Ⅰ级接头，试件的抗拉强度尚应大于等于0.95倍钢筋母材的实际抗拉强度f_{st}^{o}。计算实际抗拉强度时，应采用钢筋的实际横截面面积。

进行工艺检验目的是检验接头技术提供单位所确定的工艺参数，是否与本工程中的进场钢筋相适应。

为了防止选用面积超公差和超强的钢筋制作接头试件，规定对Ⅰ级接头试件的抗拉强度尚应满足大于等于0.95倍钢筋母材的实际抗拉强度，这样，可提高工艺检验的可靠性，减少错判概率，提高工程中抽样试件的合格率。

14.7.3 现场检验内容

现场检验时应对挤压接头进行外观质量检查和单向拉伸试验。对挤压接头有特殊要求的结构，应在设计图纸中另行注明相应的检验项目。

14.7.4 验收批

挤压接头的现场检验按验收批进行。同一施工条件下用同一批材料的同等级、同型式、同规格接头，以500个为一个验收批，进行检验与验收，不足500个也作为一个验收批。

14.7.5 单向拉伸试验

对每一验收批，均应按设计要求的接头性能等级，在工程中随机抽取3个试件做单向拉伸试验，按表14.9的格式记录，并作出评定。

施工现场挤压接头单向拉伸性能试验报告 **表14.9**

工程名称						楼层号		构件类型	
设计要求接头性能等级			Ⅰ级 Ⅱ级			检验批接头数量			
试件编号	钢筋公称直径 D (mm)	实测钢筋横截面面积 A_s^o (mm²)	钢筋母材屈服强度标准值 f_{yk} (N/mm²)	钢筋母材抗拉强度标准值 f_{uk} (N/mm²)	钢筋母材抗拉强度实测值 f_{st}^o (N/mm²)	接头试件极限拉力 P (N)	接头试件抗拉强度实测值 $f_{mst}^o=P/A_s^o$ (N/mm²)	接头破坏形态	评定结果
评定结论									
备注	1. $f_{mst}^o \geqslant f_{st}^o$或$\geqslant 1.10 f_{uk}$为Ⅰ级接头；$f_{mst}^o \geqslant f_{uk}$为Ⅱ级接头；$f_{mst}^o \geqslant 1.35 f_{yk}$为Ⅲ级接头； 2. 实测钢筋横截面面积$A_s^o$用称重法确定； 3. 破坏形态仅作记录备查，不作为评定依据								

试验单位________（盖章）负责________校核________

日期________ 抽样________试验________

当3个试件检验结果均符合表13.1中的强度要求时，该验收批为合格。

如有一个试件的抗拉强度不符合要求，应再取6个试件进行复检。复验中如仍有一个试件检验结果不符合要求，则该验收批单向拉伸检验为不合格。

14.7.6 外观质量检查

挤压接头的外观质量检查应符合下列要求，按表14.10的格式记录，并作出评定：

施工现场挤压接头外观检查记录　　　　**表 14.10**

工程名称				楼层号			构件类型		
验收批号			验收批数量				抽检数量		
连接钢筋直径（mm）				套筒外径（或长度）（mm）					
外观检查内容		压痕处套筒外径（或挤压后套筒长度）		规定挤压道数		接头弯折≤4°		套筒无肉眼可见裂缝	
		合　格	不合格	合　格	不合格	合　格	不合格	合　格	不合格
外观检查不合格接头之编号	1								
	2								
	3								
	4								
	5								
	6								
	7								
	8								
	9								
	10								
评定结论									

备注：1. 接头外观检查抽检数量应不少于验收批接头数量的10%；

2. 外观检查内容共四项，其中压痕处套筒外径（或挤压后套筒长度），挤压道数，两项的合格标准由产品供应单位根据型式检验结果提供，接头弯折≤4°为合格，套筒表面有无裂缝以无肉眼可见裂缝为合格；

3. 仅要求对外观检查不合格接头做记录，四项外观检查内容中，任一项不合格即为不合格，记录时可在合格与不合格栏中打√；

4. 外观检查不合格接头数超过抽检数的10%时，该验收批外观质量评为不合格

检查人：＿＿＿＿＿＿负责人：＿＿＿＿＿＿日期：＿＿＿＿＿＿

（1）外形尺寸　挤压后套筒长度为原套筒长度的1.10～1.15倍；或压痕处套筒的外径波动范围为原套筒外径的0.8～0.90倍。工地外观检验时任选其中一种方法即可。

（2）挤压接头的压痕道数应符合型式检验确定的道数。

（3）接头处弯折不得大于4°。

（4）挤压后的套筒不得有肉眼可见的裂缝。

14.7.7　外观质量检查的抽检数量和合格评定

每一验收批中应随机抽取10%的挤压接头作外观检查，如外观质量不合格数少于抽检数的10%，则该批挤压接头外观质量评为合格。当不合格数超过抽检数的10%时，应对该

批挤压接头逐个进行复检，对外观不合格的挤压接头采取补救措施；不能补救的接头应做标记，在外观不合格的接头中抽取6个试件做抗拉强度试验，若有一个试件的抗拉强度低于规定值，则该批外观不合格的挤压接头，应会同设计单位商定处理，并记录存档。

采用这种方法较为经济合理，错判的概率比较小。

14.7.8 验收批接头数量的扩大

在现场连续检验10个验收批，全部单向拉伸试验一次抽样均合格时，验收批接头数量可扩大一倍。

这时，表明其施工质量优良且稳定，验收批接头数量可扩大至不大于1000个，以减少检验工作量。

14.8 操作工考试

14.8.1 操作工考试条件

凡经挤压连接技术培训结业的人员可报名参加钢筋挤压连接操作工考试。

14.8.2 技术培训单位

由具备发证资格的单位组织技术培训。

14.8.3 考试单位

考试由经市或市级以上政府有关建设主管部门审查批准的单位负责进行。对考试合格者，签发操作工合格证。

考试单位应对报考的操作工建立有关技术档案，定期将签发合格证的操作工简况造册，报上级主管部门备案。

14.8.4 考试内容

钢筋挤压连接操作工考试内容包括基础知识和操作技能考试。基础知识考试合格的人员才能参加操作技能的考试。

14.8.5 基础知识考试范围

挤压连接原理及适用材料；挤压连接工艺及参数；接头质量保证措施；液压技术基础知识；设备操作方法与要求；安全技术，接头质量检验要求。

14.8.6 操作技能考试

1. 主考部门确定考试具体要求。考试分同直径钢筋连接和不同直径钢筋连接。

操作工应按考试要求制作试件，每种规格为三个。较大规格试件合格者，可免试该规格以下的试件。

2. 操作工对所作试件外观自检，每种规格允许一个试件外观不合格，并重新制作一次。

3. 考试部门对操作工制作的试件进行质量检查，其要求应符合有关规程的规定。

14.8.7 钢筋挤压连接操作工合格证

1. 操作工在操作技能考试中，正确操作设备，试件制作符合规程的有关规定，且拉伸试验合格，即确定为考试合格。

2. 操作工合格证上记录的钢筋规格为允许该操作工连接的最大直径钢筋规格。

3. 钢筋挤压连接操作工合格证式样如下：

塑料证套　封面

钢筋挤压连接操作工

合
格
证

塑料证套　封底

证芯　封二

姓名________
性别________

相片

发证单位
公　　章

工作单位________

发证单位________

发证日期　　年　　月　　日
编　　号____________

证芯　封三

考试成绩			
基础知识：			
操作技能考试：			
连接钢筋	力学性能试验结果		
级别规格	1	2	3
备　注			
主持人			

注意事项
1. 本证系证明钢筋挤压连接操作工操作技能用；
2. 本证记载各项，不得私自涂改；
3. 本证应妥善保存，不得转借他人

14.9　工程应用实例

钢筋径向挤压连接技术已在北京西客站、黄石长江大桥等数百个大中型工程应用，取得良好的技术经济效益。

14.9.1　北京西客站工程

北京西客站北站房建筑面积30多万平方米，由地铁车站和主站房两部分组成，由北京城建集团三公司和北京建工集团三公司负责施工。其中地铁站房为目前北京最大的综合地铁车站，最下层为地铁站台，中间为地下商业街，上部为车站通道，地上为火车站站台。整个建筑结构复杂，工期要求紧，技术要求高，钢筋密度大，主筋如采用传统焊接方法，需连接20多万个接头，最粗钢筋直径为ϕ36，焊接难度非常高。而且施工现场电力紧张满足不了焊接用电需求。由于工地现场条件限制，几乎全部钢筋连接作业均需在现场完成。在施工中由于采用挤压连接工艺减少接头6万多个，节约了大量的钢材、人力和电能，提高了施工速度，同时还确保了结构工程质量，提前了工期，节约了大量资金。该项技术被列为西客站工程采用的十项施工新技术的首位。

14.9.2 湖北黄石长江公路大桥

湖北黄石长江公路大桥由交通部北京公路规划设计研究院设计，交通部二航局负责施工，江心四个主桥墩直径为20～28m，采用了ϕ28的集束钢筋，现场施工条件困难。原计划在两个枯水期施工，使桥墩出水平面。由于采用钢筋挤压连接施工技术，克服了电力紧张，钢围堰内防火要求高，工期紧等困难，提前一个枯水期使桥墩出水平面，从而大桥提前通车近半年，创造了显著的经济效益和社会效益。施工单位也获得工期奖数十万元。

在安徽铜陵、湖北武汉、广东三水、广东虎门、长江西陵、重庆等大型桥梁的施工上也相继采用了钢筋挤压连接施工技术，大大提高施工速度，保证了工程质量，得到施工单位和建设单位的欢迎。

14.9.3 北京恒基中心

北京恒基中心建筑面积28万m^2，由北京建工集团负责施工建设。该工程仅基础底板厚1.4m，面积30000m^2，混凝土浇筑量5万多立方米，ϕ32钢筋配筋量计划要用15000t，工期要求紧。在采用钢筋挤压连接技术后，在施工人员为经过培训后的普通工人，现场施工作业面狭小等条件下，在2个多月的时间内，连接ϕ32钢筋接头近20万个，如期完成了底板施工。在施工中实现了间距110mm，上下多排近300m长的ϕ32水平钢筋的通长连接，其中大量接头为两端已浇筑分块混凝土，中部要后续铺排钢筋，并于端部连接成整长一根的密集接头。采用JM-YJH32-4型设备实现预制连接单班120个头/台，施工现场连接单班80个头/台。由于根据钢筋挤压连接工艺要求和技术特点组织施工和加工钢筋，对连接接头位置不受限制，无需特意错开钢筋接头位置而对钢筋特别预先进行精确定尺。并采用长钢筋，大大节省了钢筋准备时间和钢筋，提高了施工速度，节约了大量材料。钢筋实际用量14000t，仅此一项就比常规方法节约钢筋1000多吨左右。

14.9.4 汕头妈湾电厂烟囱

汕头妈湾电厂位于汕头特区，施工现场在海边，施工条件艰苦，由中建二局四公司负责施工。施工时间为台风季节，经常出现风雨天气，高空作业不允许出现明火。气候条件和施工环境限制不能使用常规的钢筋连接方法。烟囱高度210m，钢筋接头数为2万多个。在采用钢筋挤压连接技术后，该烟囱在采用3台JM-YJH32-4型设备配合滑模工艺施工的工艺方法，保证了施工质量和施工安全，大大提高施工速度，整个烟囱施工仅用四个月时间就全部完成。

现场钢筋径向挤压套筒接头连接施工见图14.11；接头见图14.12。

图14.11　现场钢筋径向挤压套筒接头连接施工

图14.12　现场钢筋径向挤压套筒接头

主要参考文献

1　行业标准. 钢筋机械连接通用技术规程JGJ 107—2003

2　行业标准. 带肋钢筋套筒挤压连接技术规程JGJ 108—96

3　行业标准. 带肋钢筋套筒挤压连接及验收规程YB 9250—93

15　钢筋轴向挤压连接[1]

15.1　基本原理、特点和适用范围

15.1.1　基本原理

钢筋轴向挤压连接是采用挤压机的压模，沿钢筋轴线冷挤压专用金属套筒，把插入套筒里的两根热轧带肋钢筋紧固成一体的机械连接方法，见图15.1。

15.1.2　特点

(1) 钢筋接头抗拉强度实测值，达到或超过钢筋母材实际强度；

(2) 操作简单，普通工人经培训后就能上岗；

(3) 连接速度快，3～4min 即可连接一个接头；

(4) 无明火作业，无爆炸着火危险；

(5) 可全天候施工，工期有保障；

(6) 节约大量钢筋和能源。

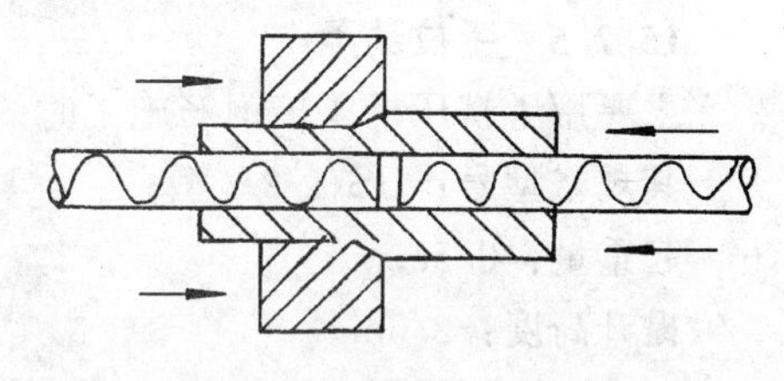

图15.1　钢筋轴向挤压连接

15.1.3　适用范围

适用于按一、二级抗震设防要求的混凝土结构中钢筋直径为ϕ20～ϕ32 的HRB 335级、HRB 400级热轧带肋钢筋现场连接施工。

15.2　钢筋轴向挤压连接设备

钢筋轴向挤压连接成套设备型号为GZJ-32。

15.2.1　超高压液压泵站

超高压液压泵站是半挤压机、挤压机的动力源。电动机功率：2.2kW，电压：380V，控制按钮开关电压6V。

主要技术参数：

超高压泵额定压力：70MPa；

超高压泵额定流量：2.5L/min；

低压泵额定压力：6MPa；

低压泵额定流量：6L/min；

高压继电器调定压力：72MPa。

---

[1] 本章系根据行业标准《带肋钢筋套筒挤压连接技术规程》JGJ 108—96 条文说明1.0.2条的规定："挤压接头按其挤压方法不同可分为径向挤压和轴向挤压两种，本规程是针对径向挤压接头编制的，轴向挤压接头也可参照本规程的有关规定"，结合北京市建筑工程研究院科研成果及生产应用文章"套管式轴向挤压接头在亚运会工程中的应用"（《建筑技术》1990年第12期）和1992年度国家级工法《套管式轴向挤压钢筋接头工法》YJGF 36—92等编写而成。

15.2.2　半挤压机

它是大批量钢筋连接时，将钢筋接头的套筒预先挤压连接到一根钢筋上，以缩短安装钢筋的连接时间。

半挤压机额定油压：70MPa；

最大工作行程：110mm。

15.2.3　挤压机

主要用于连接钢筋和少量钢筋半接头的挤压连接。

挤压机额定工作油压：70MPa；

最大工作行程：104mm。

15.2.4　压模

压模有半挤压机压模和挤压机压模两类。分别各有ϕ25～ϕ32 三种规格。压模为冷作模具钢，硬度为HRC60～62。

15.2.5　手拉葫芦

主要用于挤压机压接钢筋施工时的升降作业。

其规格型号：HS-1/2A 型；

起重量：0.5t；

提升高度：2.5m。

15.2.6　划线尺

在钢筋上划套筒握裹长度的工具，见图15.2。

不同规格钢筋，用不同的规格划线尺，见表15.1。将划线尺右端顶靠到钢筋端头放平到钢筋上，通过划线孔用毛笔或喷涂，在钢筋表面做出油漆标记。

不同直径钢筋用划线尺　　表15.1

钢筋规格ϕ（mm）	25	28	32
钢筋插入套管长度L（mm）	105	110	115
划线尺内径d（mm）	D+1.5		

注：D为钢筋外径。

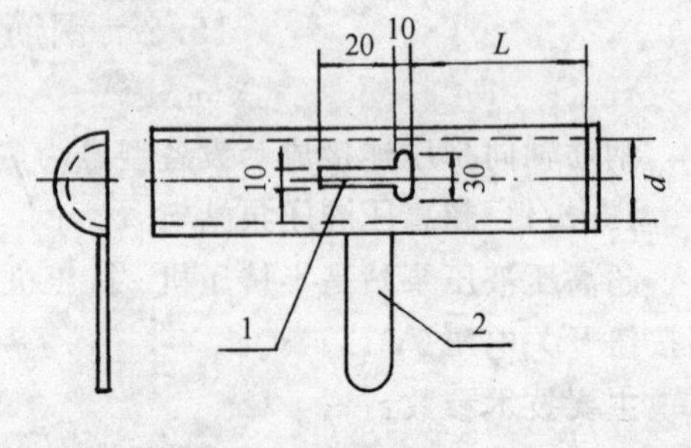

图15.2　划线尺

1—划线孔；2—手把

15.2.7　卡规

检查套筒紧固钢筋接头是否合格的量规。不同直径钢筋，用不同规格的卡规。见图15.3和表15.2。

不同直径钢筋用卡规　　表15.2

钢筋规格ϕ（mm）	25	28	32
A（mm）	39.1	43	49.2
B（mm）	35	40	45

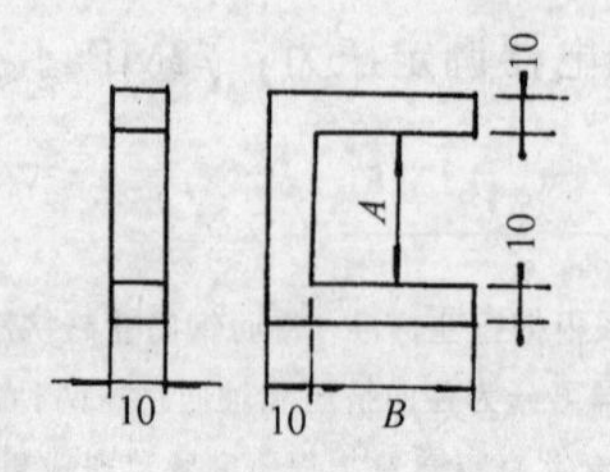

图15.3　卡规

15.3 套　筒

15.3.1 套筒材料

对HRB 335、HRB 400级带肋钢筋轴向挤压接头所用套筒材料应选用压延性好的钢材，其力学性能应符合表15.3的要求。一般可采用20号热轧无缝钢管制成。

套筒材料的力学性能　表15.3

项　目	力学性能指标
屈服强度（N/mm^2）	225～350
抗拉强度（N/mm^2）	375～500
延伸率δ_5（%）	≥20
硬　度（HRB）	60～80
或（HB）	102～133

15.3.2 套筒设计

设计连接套筒时，套筒的承载力应符合下列要求：

$$f_{slyk}A_{sl} \geqslant 1.10 f_{yk}A_s \quad (1)$$

$$f_{sltk}A_{sl} \geqslant 1.10 f_{tk}A_s \quad (2)$$

式中　f_{slyk}——套筒屈服强度标准值；

f_{sltk}——套筒抗拉强度标准值；

f_{yk}——钢筋屈服强度标准值；

f_{tk}——钢筋抗压强度标准值；

A_{sl}——套筒的横截面面积；

A_s——钢筋的横截面面积。

15.3.3 套筒规格尺寸及公差

套筒的规格尺寸及公差见表15.4。

钢套筒规格尺寸及公差　表15.4

套筒型号	钢筋公称直径（mm）	套筒尺寸（mm）		
		外径	内径	长度
T32	$\phi32$	$\phi55.5^{+0.1}_{0}$	$\phi39^{0}_{-0.1}$	$210^{+0.3}_{0}$
T28	$\phi28$	$\phi49.1^{+0.1}_{0}$	$\phi35^{0}_{-0.1}$	$200^{+0.3}_{0}$
T25	$\phi25$	$\phi45^{+0.1}_{0}$	$\phi33^{0}_{-0.1}$	$190^{+0.3}_{0}$

15.3.4　套筒的合格证和储存

套筒应有出厂合格证。套筒在运输和储存中，应按不同规格分别堆放整齐；不得露天堆放，以防生锈和沾污。

15.4　施工准备、劳动组织和安全

15.4.1　施工准备

(1) 按设计要求进行钢筋下料。下料断面应垂直钢筋轴线，端头不得有翘曲或马蹄形。

(2) 培训操作工人，经考核合格发上岗证。

(3) 用与钢筋规格匹配的划线尺，在钢筋的连接端做套筒连接钢筋长度的油漆标记线。

(4) 检查半挤压机和挤压机的额定压力是否满足要求，如果设备有异常，必须排除故障再用。

(5) 选用与钢筋规格相同的压模，挤压连接钢筋试件。按钢筋规格分别进行工艺检验，合格后方可进行钢筋连接施工。

15.4.2　劳动组织

1. 挤压钢筋半接头

搬运钢筋：1～2人；

操作半挤压机：1人/台。

2. 挤压接头

插入待连接钢筋半接头：1～2人；

提升倒链：1人/台；

操作挤压机和装拆模具垫块：1人/台；

擦净套筒接头表面羊油：1人。

15.4.3　安全注意事项

(1) 不准硬拉电线或高压油管；

(2) 高压油管不得打死弯；

(3) 操作工人必须按培训要求进行作业，必须遵守施工现场的用电、高空作业、戴安全帽等有关规定。

15.5　钢筋挤压连接工艺

15.5.1　挤压连接钢筋半接头工艺

先把套筒挤压到待连接钢筋上。其挤压操作步骤如图15.4所示。

(1) 装好高压油管和钢筋配用的限位器、套筒、压模。并且在压模内壁涂上羊油，见图15.4 (*a*)；

(2) 按手控“上”按钮，使套筒对正压模内孔，再按手控“停止”按钮，见图15.4 (*b*)；

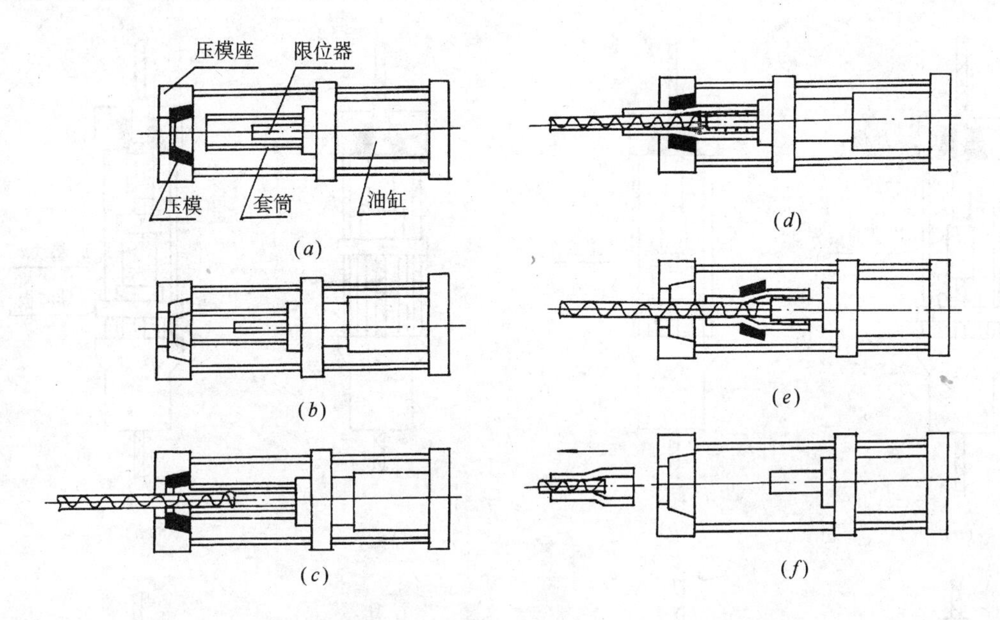

图15.4　挤压连接钢筋半接头步骤

(3) 插入钢筋，顶到限位器上扶正，见图15.4 (*c*)；

(4) 按手控“上”按钮，进行挤压，见图15.4 (*d*)；

(5) 当听到液压油的“吱吱”溢流声，再按手控“下”按钮，退回柱塞，取下压模，见图15.4 (*e*)；

(6) 取出套筒半接头，结束半接头挤压作业，见图15.4 (*f*)。

15.5.2　挤压连接竖向钢筋接头工艺

在待连接钢筋附近搭好脚手架，铺上脚手板，将手拉葫芦挂在脚手架上。先把待连接钢筋全部插到被接的钢筋上，用手拉葫芦把挤压机就位到连接钢筋部位。即可进行挤压连接作业。其步骤如图15.5所示。

(1) 将半套筒接头插入结构待连接的钢筋上，使挤压机就位到钢筋半接头的套筒上，摘掉手拉葫芦挂钩，扶直钢筋，见图15.5 (*a*)；

(2) 放置与钢筋配用的压模和垫块*B*，见图15.5 (*b*)；

(3) 按下手控“上”按钮，进行挤压，当听到液压油的“吱吱”溢流声为止，见图15.5 (*c*)；

(4) 按下手控“下”按钮，退回柱塞及导向板，装上垫块*C*，见图15.5 (*d*)；

(5) 按下手控“上”按钮，进行挤压，见图15.5 (*e*)；

(6) 按下手控“上”按钮，退回柱塞，再加垫块*D*，见图15.5 (*f*)；

(7) 再按手控“下”按钮，退回柱塞，按手控“上”按钮，进行挤压，见图15.5 (*g*)；

(8) 取下垫块、压模，卸下挤压机，钢筋连接完毕，见图15.5 (*h*)。

15.5.3　挤压连接水平钢筋接头工艺

把挤压机水平放在两根与挤压机垂直的钢管上，然后把插入半接头的待连接钢筋水平放置到挤压机的压模里，即可按挤压竖向钢筋的步骤挤压连接钢筋。

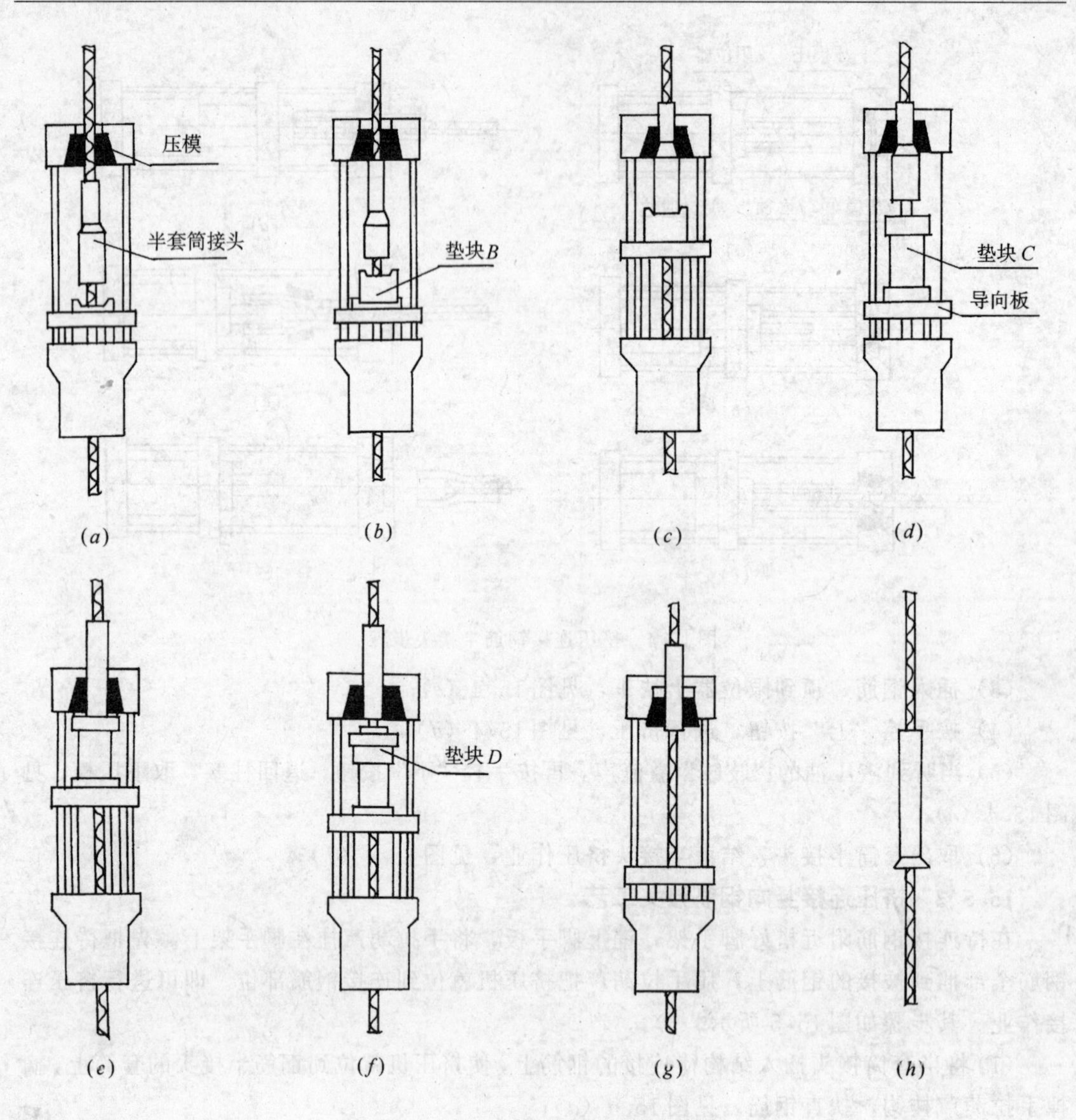

图15.5　挤压连接竖向钢筋接头步骤

15.6　挤压接头的施工现场检验与验收

15.6.1　有效的型式检验报告

工程中采用钢筋轴向挤压连接时，应由该技术提供单位提交有效的型式报告。

15.6.2　接头工艺检验

钢筋轴向挤压连接工程开始前及施工过程中，应对每批进场钢筋进行接头工艺检验，工艺检验应符合下列要求：

(1) 每种规格钢筋的接头试件不应少于3根；

(2) 对接头试件的钢筋母材应进行抗拉强度试验；

(3) 3根接头试件的抗拉强度均应满足表13.1的强度要求；对于A级接头，抗拉强度尚应大于等于0.9倍钢筋母材的实际抗拉强度f_{st}^{o}。计算实际抗拉强度时，应采用钢筋实际横截面面积。

15.6.3 现场检验内容

现场检验应进行外观质量检验和单向拉伸试验。对接头有特殊要求的结构，应在设计图纸中另行注明相应的检验项目。

15.6.4 验收批

挤压接头的现场检验按验收批进行。同一施工条件下采用同一批材料的同等级、同型式、同规格接头。以500个为一个验收批进行检验与验收，不足500个也作为一个验收批。

15.6.5 单向拉伸试验

对每一个验收批，均应按设计要求的接头性能等级，在工程中随机抽取3个试件做单向拉伸试验；按表14.9的格式记录，并作出评定。

当3个试件检验结果均符合表13.1的强度要求时，该验收批为合格。

如有一个试件的抗拉强度不符合要求，应再取6个试件进行复验。复验中如仍有一个试件检验结果不符合要求，则该验收批单向拉伸检验为不合格。

15.6.6 外观质量检验要求

钢筋轴向挤压连接接头外观质量检验结果应符合下列要求，并按照表14.10格式填写记录作出评定：

(1) 挤压后的套筒长度应达到或超过油漆标记线；相应的卡规能通过挤压接头；

(2) 接头处弯折不得大于4°；

(3) 接头套筒不得有肉眼可见的裂缝；

(4) 接头套筒表面油脂应擦干净。

15.6.7 外观质量检验的抽检数量和合格评定

每一验收批中应随机抽取10%的挤压接头作外观质量检验，如外观质量不合格数少于抽检数的10%，则该批接头外观质量评为合格。当不合格数超过抽检数的10%时，应对该批挤压接头逐个进行复验，对外观不合格的挤压接头采取补救措施；不能补救的挤压接头应做标记，并在外观不合格的接头中抽取6个试件做抗拉强度试验，若有一个试件的抗拉强度低于规定值，则该批外观不合格的挤压接头，应会同设计单位商定处理方法，并记录存档。

15.6.8 验收批接头数量的扩大

在现场连续检验十个验收批，全部单向拉伸试验一次抽检均合格时，验收批接头数量可扩大一倍。

15.6.9 外观检验不合格接头的补救方法

(1) 套筒接头达不到油漆标记或卡规通不过套筒接头的，应更换新模具再挤压一次；

(2) 钢筋接头弯折角超过4°的，应重新挤压校直。

(3) 套筒接头有裂纹的，应截去接头，重新挤压连接钢筋；

(4) 套筒接头表面有油脂的，应擦干净。

15.7 工 程 应 用

几年来，钢筋轴向挤压连接技术先后在北京中央电视台发射塔224～248m高的南边、北边塔身的ϕ32钢筋、国际新闻广播电视交流中心大厦的D段裙房柱子的ϕ32钢筋、航空航天部军贸试验中心演示厅的梁、柱 $\phi25 \sim \phi32$ 钢筋、燕化总公司俱乐部悬挑大梁、国际网球游泳馆、颐和园宾馆的大梁 $\phi25 \sim \phi32$ 钢筋、国家教委电教中心地下三层柱 $\phi32$ 钢筋的连接施工中应用，累计接头总数5862个，施工现场质量检验时，接头单向拉伸试验结果，均断于母材，取得良好技术经济效果。钢筋接头见图15.6。

图15.6　中央电视发射塔 $\phi32$ 轴向挤压钢筋接头

主要参考文献

1　行业标准．钢筋机械连接通用技术规程 JGJ 107—96
2　行业标准．带肋钢筋套筒挤压连接技术规程 JGJ 108—96

（编者注：由于行业标准《带肋钢筋套筒挤压连接技术规程》JGJ 108—96 尚未修订，本章内容与《手册》第一版中相同，未作修改）。

16 钢筋锥螺纹接头连接

16.1 基本原理、特点和适用范围

16.1.1 基本原理

钢筋锥螺纹接头是利用锥螺纹能承受拉、压两种作用力及自锁性、密封性好的原理，将钢筋的连接端加工成锥螺纹，按规定的力矩值把钢筋连接成一体的接头。

16.1.2 特点

钢筋锥螺纹接头是一种能承受拉、压两种作用力的机械接头。具有工艺简单、可以预加工、连接速度快、同心度好，不受钢筋含碳量和有无花纹限制，无明火作业，不污染环境，可全天候施工，接头质量安全可靠、施工方便、节约钢材和能源等优点。

16.1.3 适用范围

钢筋锥螺纹接头适用于工业与民用建筑及一般构筑物的混凝土结构中，钢筋直径为ϕ16～ϕ40 的 HRB 335、HRB 400 级竖向、斜向或水平钢筋的现场连接施工。

16.2 接头性能等级

16.2.1 接头性能分级

钢筋锥螺纹接头根据静力单向拉伸性能以及高应力、大变形的反复拉压性能的差异，划分为A级、B级两个等级。接头性能等级的确定应由国家、省部级主管部门认可的检测机构进行。

16.2.2 接头型式检验

A级、B级接头型式检验包括单向拉伸性能、高应力反复拉压性能、大变形反复拉压性能等三项必检项目，接头的单向拉伸性能是接头承受静载时的基本性能。它包括强度、割线模量、极限应变和残余变形四项指标；接头的高应力反复拉压性能，反映钢筋接头在风荷载及中、小地震情况下，承受高应力反复拉压的能力；接头的大变形反复拉压性能是反映结构在强地震作用下，钢筋进入塑性变形阶段接头的受力性能。钢筋接头的抗疲劳性能是选试项目。只有当接头用于承受动荷载时（如铁路桥梁、中、重级吊车梁）才需对接头的耐疲劳性能进行检验。钢筋接头的型式检验应按行业标准《钢筋机械连接通用技术规程》JGJ 107—96 标准进行。接头性能应符合该标准的3.0.5条、3.0.6条规定。A级与B级接头的检验项目相同，但A级接头的检验指标高于B级接头的检验指标。这是因为A级接头的使用部位比B级接头宽，故要求较高。

16.2.3 A级接头适用范围

A级接头因具有与母材基本一致的力学性能，故其适用范围基本不受限制，尤其适用于承受动荷作用及各抗震等级的混凝土结构中的各个部位。例如高层建筑框架底层柱，剪

力墙加强部位，大跨度梁跨中及端部，屋架下弦及塑性铰区的受力主筋。当结构中的高应力区或地震时可能出现塑性铰要求较高延性的部位必须设置接头时，应该选用A级接头。

16.2.4　B级接头适用范围

行业标准《钢筋锥螺纹接头技术规程》JGJ 109—96中规定，B级接头可在结构中钢筋受力较小或对延性要求不高的部位应用。该规程建议受力较小区为实际配筋面积与计算配筋面积的比不小于1.5的区域。

16.3　接头的应用

确定了性能等级的钢筋接头，施工时只需进行接头的工艺检验、接头质量外观检验和在工程中随机抽取接头试件作抗拉强度试验。

16.3.1　提供有效的型式检验报告

工程中应用钢筋锥螺纹接头时，施工单位应要求钢筋接头技术提供单位提供有效的型式检验报告，以防工程中使用劣质产品。

16.3.2　接头工艺检验

钢筋工程开始前及施工过程中，应对每批进场钢筋和连接接头进行工艺检验，经试验合格方准使用。工艺检验项目包括：

(1) 每种规格钢筋母材抗拉强度试验；

(2) 每种规格钢筋的接头试件数不少于3根；

(3) 3根接头试件的抗拉强度应满足相应等级的要求。

A级接头抗拉强度实测值应大于等于钢筋抗拉强度标准值，且大于等于0.9倍钢筋母材的抗拉强度实测值。计算抗拉强度时，应采用钢筋的实际横截面面积。钢筋实际横截面面积＝钢筋质量（kg）÷0.00785倍钢筋长度（m）。

B级接头抗拉强度应大于等于1.35倍钢筋屈服强度标准值。

16.3.3　接头位置

设置在同一构件的同一截面，受力钢筋的接头位置应相互错开。在任一接头中心至长度为钢筋直径的35倍的区段范围内，有接头的受力钢筋截面面积占受力钢筋总截面面积之比：

受拉区的受力钢筋接头百分率不宜超过50%；在受拉区的钢筋受力较小部位，A级接头百分率不受限制；B级接头百分率不宜超过50%；

接头宜避开有抗震设防要求的框架梁端和柱端的箍筋加密区。当无法避开时，应采用A级接头，接头百分率不应超过50%；

受压区和装配式构件中，钢筋受力较小部位，A级、B级接头百分率可不受限制。

16.4　钢筋锥螺纹套丝机及使用

钢筋锥螺纹套丝机是加工钢筋锥螺纹丝头的专用机床。它由电动机、行星摆线齿轮减速机、切削头、虎钳、进退刀机构、润滑冷却系统、机架等组成。国内现有的钢筋锥螺纹套丝机，按切削头划分有三种类型。

16.4.1　套丝机分类

第一类：其切削头是利用靠模推动滑块拨动梳刀座，带动梳刀，进行切削加工钢筋锥螺纹的，如图16.1所示。

这种套丝机梳刀小巧，切削阻力小，转速快，内冲洗冷却润滑梳刀，铁屑冲洗的干净，但不能自动进刀和张刀，加工粗钢筋要多次切削成型，牙形不易饱满。

第二类：其切削头是利用定位环和弹簧共同推动梳刀座，使梳刀张合，进行切削加工钢筋锥螺纹的，如图16.2所示。

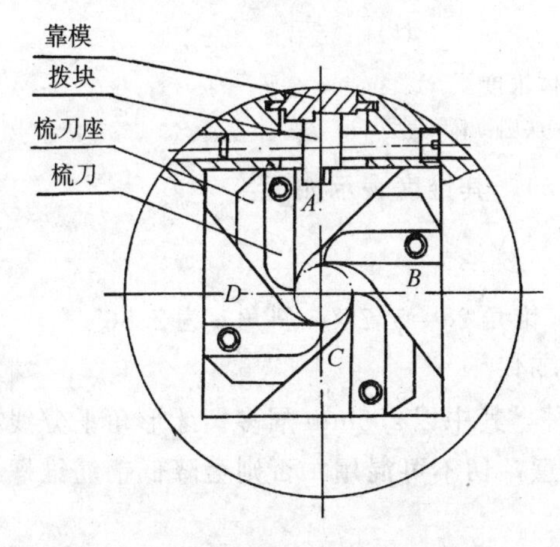

图16.1　第一类切削头

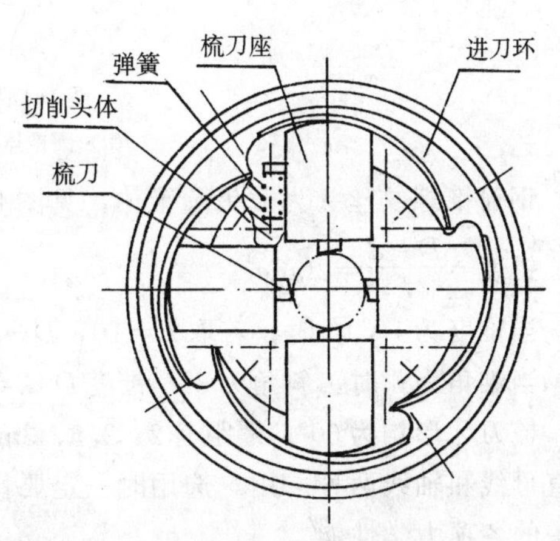

图16.2　第二类切削头

这种套丝机梳刀长，切削阻力大，转速慢，能自动进给、自动张刀，一次成型，牙形饱满，但锥螺纹丝头的锥度不稳定，更换梳刀略麻烦。

第三类：其切削头是用在四爪卡盘上装梳刀的办法使梳刀张合，进行切削加工钢筋锥螺纹的，如图16.3所示。

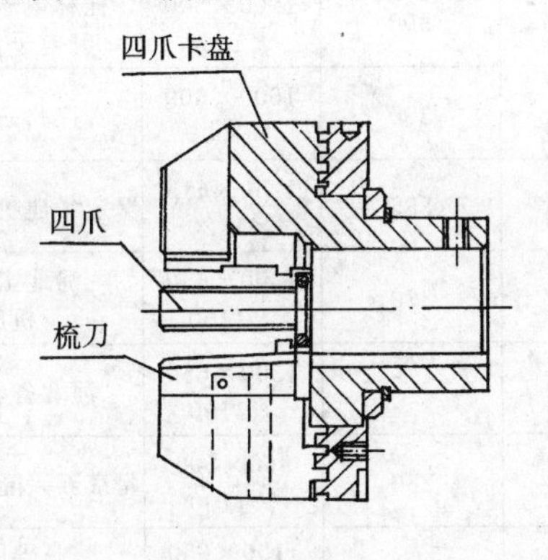

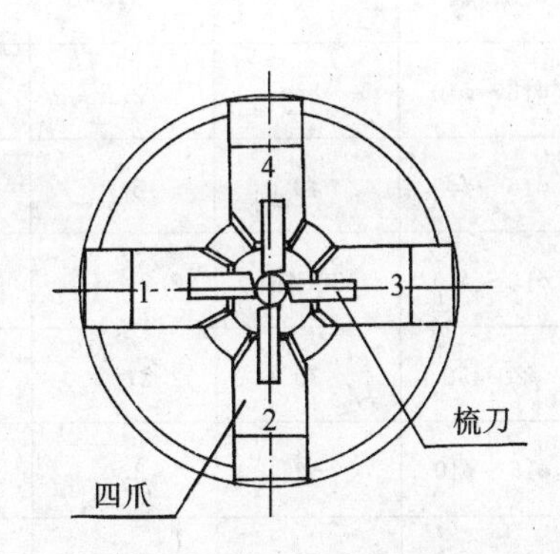

图16.3　第三类切削头

这种套丝机也能自动进刀和自动退刀一次成型，牙形饱满。但切削阻力大，每加工一次钢筋丝头就需对一次梳刀，效率低，外冷却冲洗，铁屑难以冲洗干净，降低了螺纹牙面光洁度。

目前国内钢筋锥螺纹接头的锥度有1∶5；1∶7；1∶10；6°等多种，其中以1∶10和6°居多。

圆锥体的锥度以锥底直径D与锥体高L之比，即D/L来表示；锥角为2α，斜角（亦称半锥角）为α，见图16.4（a）。

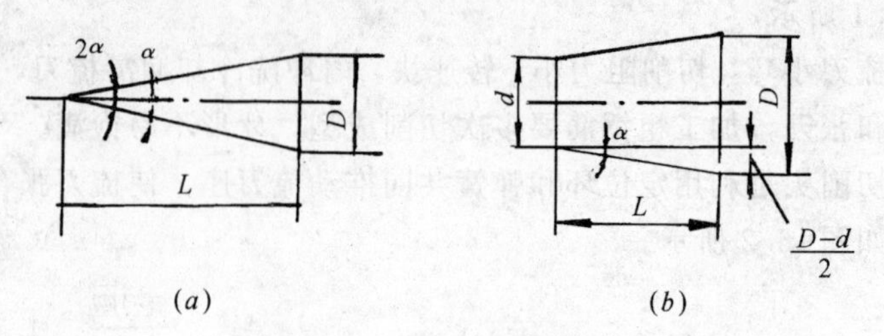

图16.4　圆锥体锥度

（a）圆锥体；（b）截头圆锥体

钢筋锥螺纹丝头为截头圆锥体，见图16.4（b），其锥度表示如下：

$$锥度=\frac{D-d}{L}=2\tan\alpha$$

当锥度为1∶10时，若取$L=10$，$D-d=1$；锥角$2\alpha=5.72°$，斜角α为2.86°。

当锥角为6°时，斜角为3°；锥度$D/L=1∶9.54$。

梳刀牙形均为60°；螺距有2、2.5、3mm三种，其中以2.5mm居多。牙形角平分线有垂直母线和轴线两种。用户选用时一定要特别注意，切不可混用。否则会降低钢筋锥螺纹接头的各项力学性能。

16.4.2　套丝机规格型号

钢筋锥螺纹接头套丝机有多种规格型号，见表16.1。

钢筋锥螺纹套丝机技术参数　　　　**表16.1**

型号	钢筋直径加工范围（mm）	切削头转速（r/min）	主电动机功率（kW）	排屑方法	整机质量（kg）	外形尺寸（mm）	生产厂
TBL-40C	ϕ16～ϕ40	40	3.0	内冲洗	300	1000×500×1000	桂林电子工业学院电子仪器厂
SZ-50A	ϕ16～ϕ40	85	2.2	内冲洗	300	1000×500×1000	广州三力公司
GZL-40B	ϕ16～ϕ40	49	3.0	内冲洗	385	1250×615×1120	保定华建机械有限公司
HTS-40	ϕ16～ϕ40	30.49	2.2；3.0	内冲洗	370	1300×650×1100	河北工业大学机床厂
HTS-50	ϕ20-ϕ50	30	2.2；3.0	外冲洗		1300×650×1100	河北省电焊机厂
GTJ-40	ϕ16～ϕ40	52	3.0	内冲洗	280	960×500×1100	北京五兴隆机械加工厂
XZL-40Ⅱ	ϕ20～ϕ40	84	3.0	内冲洗	500	1100×650×1040	高碑店市焊接设备厂
GZS-50	ϕ18-ϕ50	76	3.0	内冲洗	270	780×470×803	北京建茂建筑设备有限公司
TS-40	ϕ14～ϕ40	72	2.2	内冲洗	350	900×400×900	上海祥华机电公司
GTS-40	ϕ20～ϕ40	42	3.0	外冲洗	500	1300×700 1200	锡山市日新机械厂
XZL-40	ϕ20～ϕ40	31	2.2	内冲洗	580	1000×600×970	北京第一通用机械厂对焊机分厂

16.4.3　钢筋锥螺纹丝头的锥度和螺距

不同型号钢筋锥螺纹套丝机配套的梳刀不尽相同；在施工中，应根据该项技术提供单位的技术参数，选用相应的梳刀和连接套，且不可混用。以TBL-40C型钢筋锥螺纹套丝机为例，若选用A型梳刀，钢筋轴向螺距2.5mm；B型梳刀，钢筋轴向螺距3mm；C型梳刀，钢筋轴向螺距2mm。钢筋锥度分为1∶5(斜角5.71°,锥度11.42°)；1∶7(斜角4.08°，锥度8.16°)；1∶10（斜角2.86°，锥度5.72°)。螺纹牙形角为60°，牙形角平分线垂直于母线。牙形尺寸按下列公式计算，并参见图16.5和表16.2。

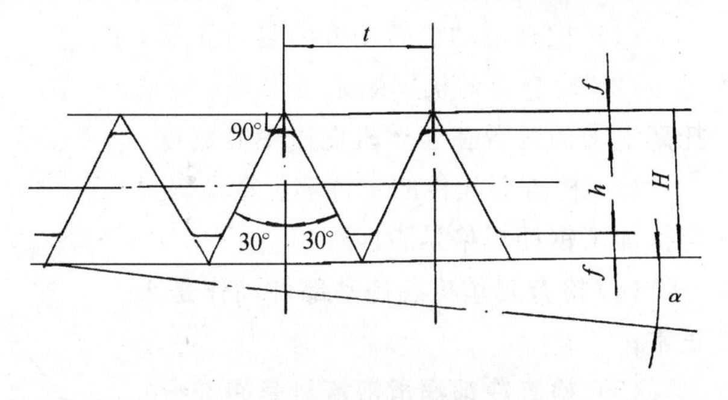

图16.5　钢筋锥螺纹牙形

t—母线方向螺距；H—螺纹理论高度；h—螺纹有效高度；f—空隙；α—斜角

$H=0.8661t$

$h=0.6134t$

$f=0.1261t$

螺距和锥度　表16.2

规格系列(mm)	轴向螺距P(mm)	锥　度(K)	母线方向螺距t(mm)
ϕ16	2.0	1∶5	2.010
ϕ16		1∶7	2.005
ϕ20		1∶10	2.003
ϕ22	2.5	1∶5	2.513
ϕ25		1∶7	2.506
ϕ28		1∶10	2.503
ϕ32	3	1∶5	3.015
ϕ36		1∶7	3.008
ϕ40		1∶10	3.004

TS-40型套丝机配套提供的梳刀，其加工的锥螺纹牙形见图16.6。图中数据如下：

$H=0.866t$　　$\alpha=5°42'38''$

$d_2=d-0.6495t$　　$d_1=d-1.227t$

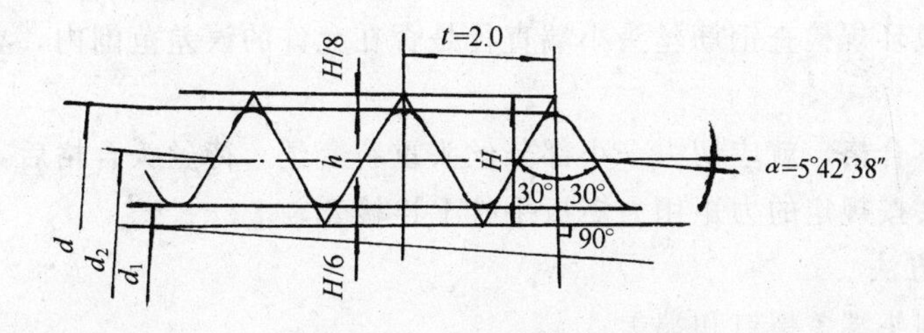

图16.6　TS-40型套丝机梳刀加工锥螺纹牙形

16.4.4　SZ-50A 型钢筋套丝机及使用

SZ-50A 型钢筋套丝机的构造见图16.7。

1. 准备工作

(1) 检查电动机转动方向是否正确；

(2) 检查套丝机安装是否平稳，钢筋托架上平面是否在套丝机虎钳中心高度；

(3) 检查套丝机的定位套、靠模斜尺与待加工钢筋规格是否匹配；

(4) 检查套丝机各传动部件动作是否正常；

(5) 检查冷却润滑液流量是否充分。

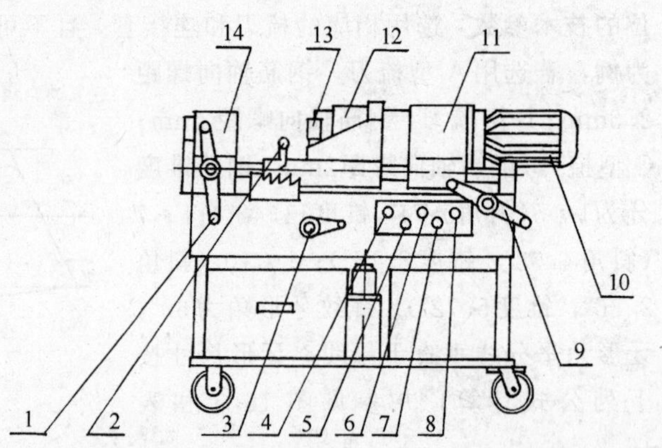

图16.7　SZ-50A 型钢筋套丝机构造简图

1—虎钳手柄；2—切削定位手柄；3—靠模座移动手柄；4—电机启动按钮；5—电机停止按钮；6—电机反转按钮；7—水泵停止按钮；8—水泵启动按钮；9—套丝进给手柄；10—电动机；11—减速器；12—延伸体；13—定位套；14—虎钳

2. 钢筋套丝

(1) 检查钢筋端头下料平面是否垂直钢筋轴线。

(2) 将钢筋穿过定位套和虎钳，使钢筋端头平面与切削头端盖外平面对齐，让虎钳在其水平槽部位夹住钢筋的两条纵肋。

(3) 按水泵启动按钮8，让冷却润滑液通畅排出。

(4) 按电动机按钮4，使切削头延伸体旋转。

(5) 扳动靠模座移动手柄3，并扳下切削定位手柄2进行定位。

(6) 扳动套丝进给手柄9，平稳进刀套丝。当梳刀切削钢筋时，要匀速进刀。在延伸体靠近虎钳口时，先往后扳动靠模座移动手柄3，让梳刀张开，然后再往后扳动套丝进给手柄9退刀。

(7) 若要进行第二、三次套丝时，仍应按第一次操作顺序和方法加工钢筋。但进刀时要均匀用力，当梳刀与钢筋咬合切削时即可不用力套丝。

(8) 待钢筋丝头加工完后，先按电动机停止按钮5停机，再按水泵关闭按钮8，松开虎钳手柄1，将钢筋抽出。

3. 检查钢筋套丝质量

(1) 用牙形规检查钢筋丝头牙形是否与牙形规吻合，吻合为合格；

(2) 用卡规或环规检查钢筋丝头小端直径是否在允许的误差范围内，在允许范围时为合格。

如果有一项不合格，就应切去一小部分丝头重新套丝。待丝头合格后，将一头钢筋拧上保护帽，另一头按规定的力矩用力矩扳手拧上连接套。

4. 梳刀更换方法

(1) 卸下切削头端盖螺钉和端盖；

(2) 取下四块梳刀座并拆卸螺钉，取下梳刀；

(3) 将与梳刀座号相同的新梳刀装到梳刀座上，用螺钉拧紧，不得松动或错号；

(4) 按照图16.1的 A、B、C、D 顺序把梳刀座和梳刀一起装入梳刀座的方孔内，并能自由滑动；

(5) 装好切削头的端盖，用螺钉拧紧即可。

5. 维护保养

(1) 钢筋套丝时应装好相应规格的定位套，以确保套丝质量，防止过早损坏梳刀。

(2) 严禁撞击机床导轴及机器配合面。

(3) 保持梳刀座、靠模座、导轴干净。

(4) 保持滚轮轴不松动，滚轮转动自如。

(5) 钢筋套丝时，靠模规格应符合钢筋规格要求。

(6) 减速器第一次加油运转两周后应更换新油，并将内部油污冲净，然后加入极压齿轮油，环境温度≤5℃时用40号，常温时用70号，以后每3～6个月更换一次。

(7) 每周清洗水箱一次，每月更换一次冷却液，以防污物堵塞管路。冷却润滑液可按：皂化液：水＝1：10加入水箱，液面高度为水箱高2/3处。当气温≤－4℃时，要按规定加入防冻液。

(8) 套丝机长期停用时，应将其彻底擦干净，配合表面涂以黄油保存。

6. 安全规定

(1) 操作工人必须经专门培训，考核合格后持上岗证作业。

(2) 机器电路出问题时，一定要先切断电源，然后请厂家检修。

(3) 不许套丝机运转时装卡钢筋。

(4) 下班时一定要倒净铁屑箱里的铁屑，并切断电源。

7. 常见故障排除方法

(1) 延伸体转向不对。

解决方法：三相电动机接线错了。调换两根火线重接。

(2) 套出的钢筋丝头不正，一边牙多另一边牙少。

解决方法：钢筋如果不直，应将钢筋调直后再加工。否则就是虎钳与套丝机切削头不同心。应将虎钳调整使其与套丝机切削头同心。

(3) 套丝机加工不出合格锥螺纹丝头。

解决办法：①梳刀应更换新的；
②梳刀安装顺序错了，应重新安装梳刀。

(4) 梳刀张不开。

解决办法：①梳刀座卡入铁屑，应取下梳刀座清除铁屑擦净后，涂上机油重新安装好；
②梳刀被切削头端盖压住，应保持切削头端盖与梳刀座的0.5mm间隙；
③靠模导轴松动或弯曲或滚轮不转，应拧紧导轴螺母或更换导轴或更换新滚轮；
④压簧失效，应更换新弹簧。

(5) 启动水泵后仍无冷却润滑液流出或流量小。

解决办法：①水泵密封失效。应更换水泵密封圈。
②水泵坏了。应更换水泵。
③延伸体排出孔堵了。应排除堵塞物。
④水箱冷却液少了。增补冷却润滑液。

16.4.5　GZL-40B 型钢筋套丝机及使用

GZL-40B 型钢筋套丝机的构造见图16.8。

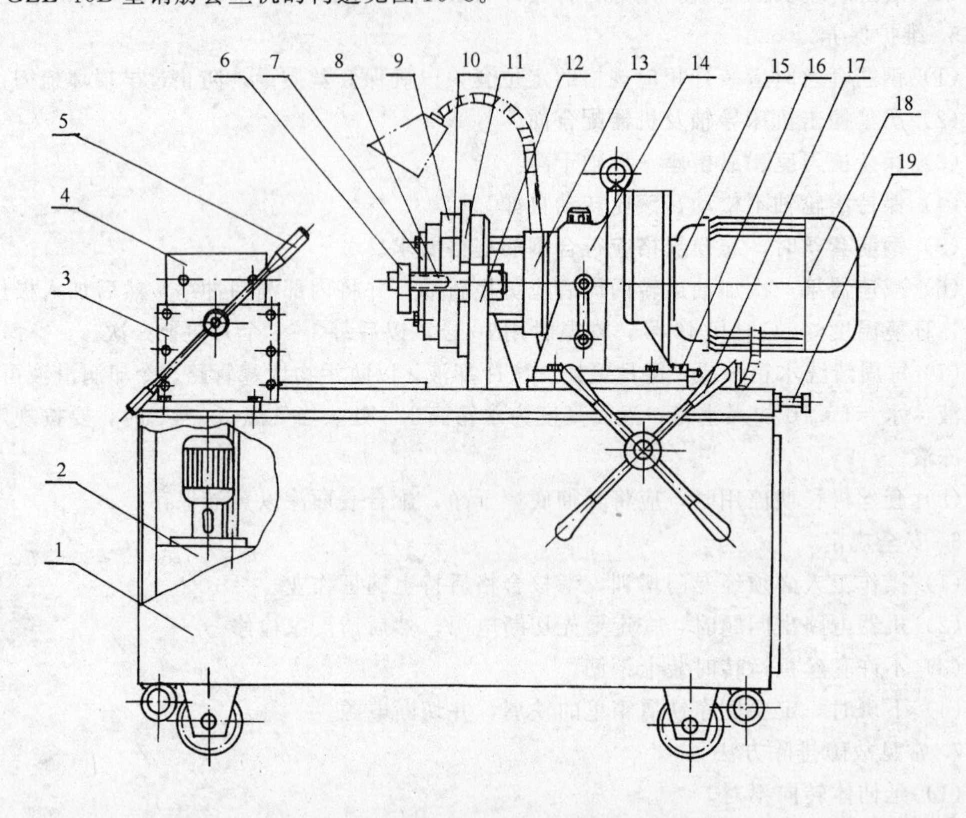

图16.8　GZL-40B 型钢筋套丝机构造简图

1—机架；2—冷却水箱；3—虎钳座；4—虎钳体；5—夹紧手柄；6—定位环；7—盖板；8—定位杆；9—进刀环；10—切削头；11—退刀盘；12—张刀轴架；13—水套；14—减速机；15—电动机；16—限位开关；17—进给手柄；18—电控盘；19—调整螺杆

1. 准备工作

（1）新套丝机应清洗各部油封，检查各连接体是否松动，水盘、接铁屑盘安放是否稳妥。

（2）将套丝机安放平稳，使钢筋托架上平面与套丝机夹钳体中心在同一标高。

（3）新套丝机应向减速器通气帽里加极压齿轮油。气温≤5℃时加40号；常温时加70号，如已使用两周，应更换新油，以后每3～6个月换一次。

（4）加配好的切削液或防锈液到水盘上并到水箱的规定标高。

2. 调试套丝机

（1）接通电源，开启冷却水泵，检查冷却皂化液流量。

（2）启动主电动机，检查切削头旋转方向是否与标牌指示方向相符。

（3 ）检查功能开关是否工作正常，检查步骤如下：

①扳动进给手柄，使滑板处在中间位置；

②扳动电源开关置于“开”，使主轴处于运转状态；

③顺时针扳动进给手柄，使滑板后移到极限位置，调整限位器螺钉，当螺钉顶住滑板时锁紧螺钉，调整限位器前端圆盘，使其压迫限位开关断电停机；

④扳动进给手柄使滑板前移，让限位器开关断电，主电动机启动。为使切削头正常套丝，应将限位器开关行程调至到0.2mm以内。

(4) 向切削头配合面注机油润滑机器，并空载运行，做梳刀张、合和开机、停机试验。待各功能运行正常即可停止试验。

(5) 按所需加工的钢筋直径，把切削头外套上相应的刻线，对准定位盘上的“O”位刻线，然后将两个M10螺母锁紧，锁紧螺母时，要确保垫圈上的梳牙和定位盘的梳刀相符后锁紧，严禁十字或交叉使用梳刀牙垫。

(6) 钢筋套丝长度调整。根据加工钢筋直径，把定位环内侧面对准钢筋相应规格的刻度后锁死。经试套丝，用卡规检测丝头小端直径符合要求即可。

3. 钢筋套丝

(1) 检查钢筋端头下料平面是否垂直钢筋轴线。

(2) 将切削头置于锁刀极限自动停车位置。把待加工钢筋纵肋水平放入虎钳钳口槽内，让钢筋端头平面与梳刀端平面对齐，然后夹紧虎钳。

(3) 启动冷却润滑水泵。逆时针转动进给手柄，使主电动机启动并平稳进给。开始切削钢筋时应缓慢进给，当切削出三个螺纹时即可松手使其自动进给。

(4) 当梳刀切削到限定的锥螺纹长度时，梳刀自动张开。此时再顺时针转动进给手柄，当滑板返回到起始位置时自动停机。

(5) 卸下钢筋。

4. 检查钢筋套丝质量

(1) 用牙形规检查钢筋丝头的牙形是否与牙形规吻合。吻合为合格。

(2) 用卡规或环规检查钢筋丝头小端直径是否在其允许误差范围内。在允许范围内的为合格。

如果两项中有一项不合格，就应切去一小部分丝头再重新套丝。合格后应在钢筋锥螺纹丝头的一端拧紧保护帽，另一端按规定的力矩值，用力矩扳手拧上连接套。

5. 梳刀更换方法

(1) 卸下切削头体外端四个螺钉和压盖；

(2) 卸下外套上四个螺钉，将外套推至最里边，取下进刀环；

(3) 取出四个梳刀座，松开紧固螺钉取下梳刀；

(4) 擦干净切削头；

(5) 将新梳刀对号装入刀体刀槽里，让梳刀的小端对着梳刀座的大端，底面贴实后拧紧锁定螺钉；

(6) 把梳刀座对号装入切削头体的十字导槽里（注意装好弹簧），将进刀环的坡口朝外套上；

(7) 向前拉外套，使进刀环装入外套，对正螺孔拧紧四个螺钉。向各磨擦面注入润滑油，扳动进给手柄，使切削头反复张、合几次梳刀，确保其动作灵活准确。然后检查零位刻度线和长度标尺是否正确。如有误，可按以前两条方法校正，直到换刀结束。

6. 切削头退刀支架调整方法

（1）按加工钢筋直径旋转外套，调到对应刻线位置紧固定位。

（2）松开定位杆上的两个螺母，把切削头向前摇，按加工的钢筋直径与定位杆上的标尺刻线对齐。调整螺杆上外侧螺母，直到两盘限位轴承外套平面接近切削头断面。间隙为0.5～0.75mm，然后把里侧的两个螺母旋合到支架断面并拧紧。

（3）将切削头转90°、180°，检查两盘定位轴承外套端面间隙是否一致。

（4）试加工5～10个锥螺纹丝头，然后检查两盘限位轴承外套端面与切削头端面的间隙是否变动。

7. 维护保养

（1）不得加工有马蹄形，翘曲钢筋，以防损坏梳刀和机器；

（2）严禁在虎钳上调直钢筋；

（3）手柄不得用接长管加力；

（4）减速器应按规定更换极压齿轮油；

（5）经常保持滑板轨道和虎钳丝杆干净，每天最少加两次润滑油；

（6）随时清除卡盘铁屑，保持其灵活；

（7）确保机床各连接部件紧固不松动；

（8）每半个月清洗一次水箱；

（9）每半年往进给轴承加换一次黄油；

（10）停止作业时，应切断电源，盖好防护罩。

8. 安全规定

（1）操作人必须经专门培训，考核合格后持上岗证作业；

（2）套丝机要安放平稳，接好地线确保安全生产；

（3）套丝机有故障时，应切断电源，报请有关人员修理，非电工不得修电器；

（4）防止冷却液进入开关盒，以防漏电或短路；

（5）不得随意取下限位器，以防滑板将穿线管切断发生事故。

9. 常见故障排除方法

（1）水泵工作正常但冷却液流出不畅。

解决办法：打开冷却水箱，清除水泵过滤网上的污物。

（2）加工的锥螺纹丝头牙形不合格，出现断牙、乱扣、牙瘦等现象。

解决办法：更换新梳刀或重新按顺序装刀。

（3）手柄松动。

解决办法：打开套丝机两侧挡板，紧好传动轴的内六角螺钉。

16.4.6　XZL-40型钢筋套丝机及使用

XZL-40型钢筋套丝机构造见图16.9。

1. 准备工作

准备工作同GZL-40B型套丝机①～④。

2. 调试套丝机

（1）接通电源，启动冷却水泵，检查冷却皂化液流量；

（2）启动主电动机，检查切削头旋转方向是否正确；

(3) 将进给手柄顺时针扳至极限位置；

(4) 松开限位盘上的三个锁紧螺钉，用钩板手扳住调节盘或限位盘的缺口，按所加工钢筋直径，调整好刻度盘上刻度后，再将限位盘上的三个螺钉锁紧。调整时，应防止调节盘上的限位槽和限位盘上的转块脱离。

(5) 调节套丝行程。

3. 钢筋套丝

(1) 检查钢筋下料平面是否垂直钢筋轴线；

(2) 将钢筋纵肋放入虎钳钳口的水平槽内，并使钢筋前端与梳刀端面对齐，然后夹紧钢筋；

(3) 启动水泵和主电动机；

(4) 逆时针扳动进给手柄进行切削加工；

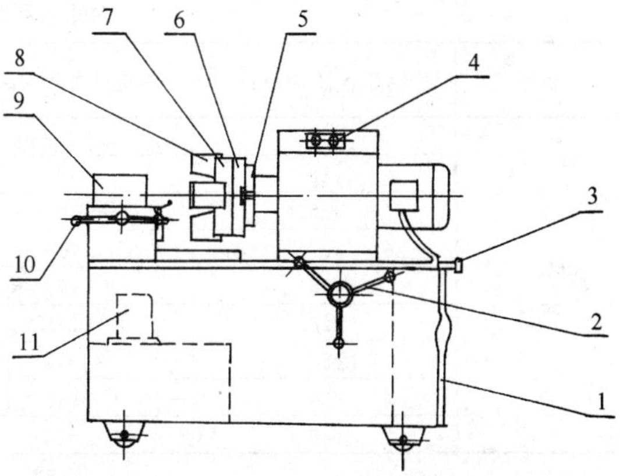

图16.9 XZL-40型钢筋套丝机构造简图

1—电器箱；2—进给手柄；3—行程限位机构；4—电器控制按钮；5—限位盘；6—调节盘；7—切削头；8—刀体；9—夹紧座；10—夹紧手柄；11—水泵

(5) 当钢筋切削加工完退刀时，应立即扳回进给手柄到起始位置并停机；

(6) 松开虎钳，取出钢筋用牙形规和卡规或环规检查钢筋锥螺纹丝头加工质量。

4. 梳刀更换方法

(1) 顺时针扳动四爪卡盘分别将梳刀座取下；

(2) 松开梳刀座上的螺钉，分别将旧梳刀取下；

(3) 按1、2、3、4次序，分别将新梳刀装卡到相同序号的梳刀座上，用螺钉拧紧；

(4) 按1、2、3、4次序逆时针旋转四爪卡盘，依次将梳刀座安装到切削头上即可。

5. 维护与保养

(1) 严禁无冷却润滑液加工钢筋；

(2) 冷却润滑液每半个月更换一次；

(3) 每班向各滑动部位加两次机油；

(4) 每三个月更换一次减速器油，牌号为70号工业极压齿轮油。

16.5 力矩扳手、量规和保护帽

16.5.1 力矩扳手

力矩扳手是钢筋锥螺纹接头连接施工的必备量具。它可以根据所连钢筋直径大小预先设定力矩值。当力矩扳手的拧紧力达到设定的力矩值时，即可发出“咔嗒”声响。示值误差小，重复精度高，使用方便，标定、维修简单，可适用于$\phi16$～$\phi40$范围九种规格钢筋的连接施工。

1. 力矩扳手技术性能见表16.3。

力矩扳手技术性能　**表 16.3**

型号	钢筋直径（mm）	额定力矩（N·m）	外型尺寸（mm）	质量（kg）
HL-01 SF-2	$\phi16$	118	770 长	3.5
	$\phi18$	145		
	$\phi20$	177		
	$\phi22$	216		
	$\phi25$	275		
	$\phi28$	275		
	$\phi32$	314		
	$\phi36$	343		
	$\phi40$	343		

2. 力矩扳手检定标准为：《中华人民共和国国家计量检定规程》JJG 707—90；力矩扳手示值误差及示值重复误差≤±5%。

3. 力矩扳手应由具有生产计量器具许可证的单位加工制造；工程用的力矩扳手应有检定证书，确保其精度满足±5%；力矩扳手应由扭力仪检定，检定周期为半年。

4. 力矩扳手构造见图16.10。

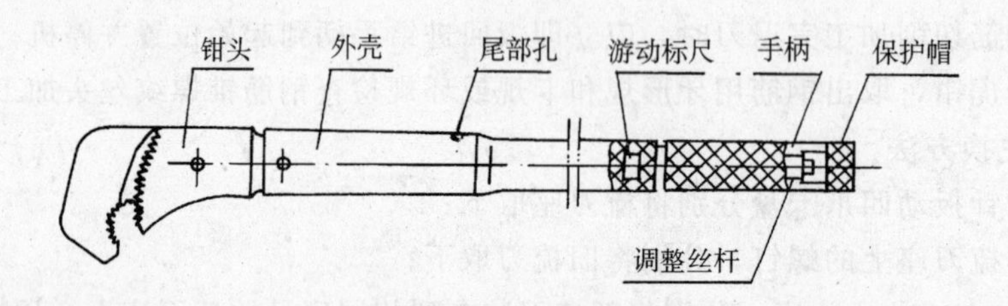

图 16.10　力矩扳手

5. 力矩扳手使用方法。新力矩扳手的游动标尺一般设定在最低位置。使用时，要根据所连钢筋直径，用调整扳手旋转调整丝杆，将游动标尺上的钢筋直径刻度值对正手柄外壳上的刻线，然后将钳头垂直咬住所连钢筋，用手握住力矩扳手手柄，顺时针均匀加力。当力矩扳手发出“咔嗒”声响时，钢筋连接达到规定的力矩值。应停止加力，否则会损坏力矩扳手。力矩扳手反时针旋转只起棘轮作用，施加不上力。力矩扳手无声音信号发出时，应停止使用，进行修理；修理后的力矩扳手要进行标定方可使用。

6. 力矩扳手的检修和检定。力矩扳手无“咔嗒”声响发出时，说明力矩扳手里边的滑块被卡住，应送到力矩扳手的销售部门进行检修，并用扭矩仪检定。

7. 力矩扳手使用注意事项。

(1) 防止水、泥、砂子等进入手柄内；

(2) 力矩扳手要端平，钳头应垂直钢筋均匀加力，不要过猛；

(3) 力矩扳手发出“咔嗒”响声时就不得继续加力，以免过载弄弯扳手；

(4) 不准用力矩扳手当锤子、撬棍使用，以防弄坏力矩扳手；

(5) 长期不使用力矩扳手时，应将力矩扳手游动标尺刻度值调到0位，以免手柄里的压簧长期受压，影响力矩扳手精度。

16.5.2　量规

检查钢筋锥螺纹丝头质量的量规有牙形规（图16.11）、卡规（图16.12）或环规（图16.13）。牙形规用于检查锥螺纹牙形质量。牙形规与钢筋锥螺纹牙形吻合的为合格牙形，如有间隙说明牙瘦或断牙、乱牙，则为不合格牙形；卡规或环规为检查锥螺纹小端直径大小用的量规。如钢筋锥螺纹小端直径在卡规或环规的允差范围时为合格丝头，否则为不合格丝头。

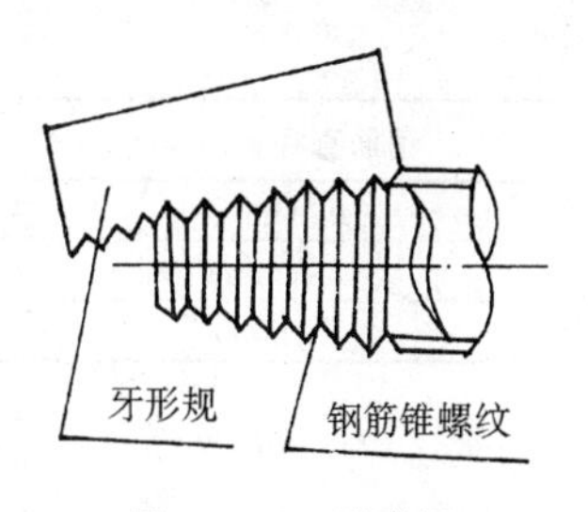

图16.11　牙形规

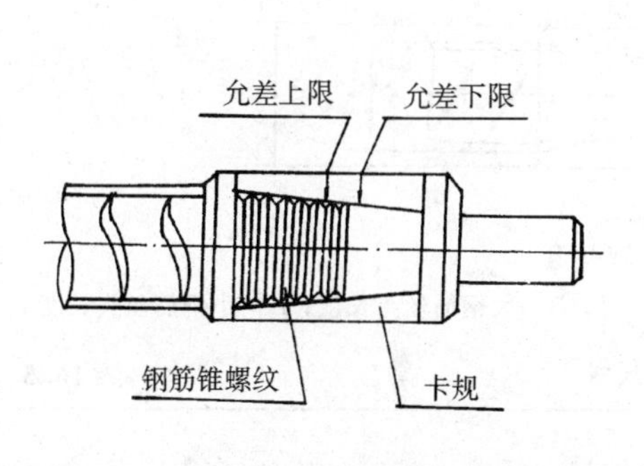

图16.12　卡规

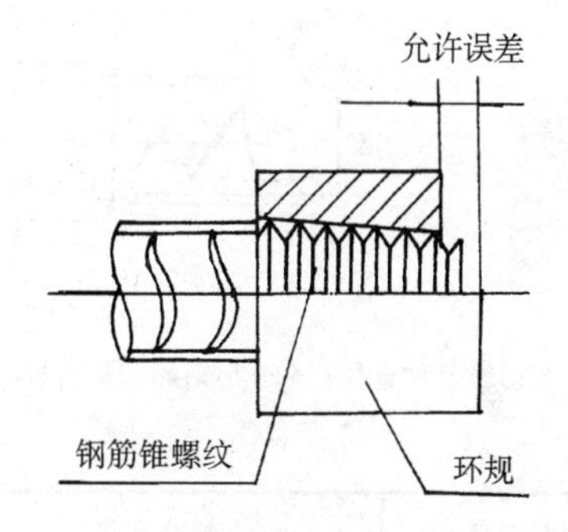

图16.13　环规

牙形规、卡规或环规应由钢筋连接技术提供单位成套提供。

16.5.3　保护帽

保护帽一般为耐冲击塑料制品。它是用于保护钢筋锥螺纹丝头，有ϕ16、ϕ18、ϕ20、ϕ22、ϕ25、ϕ28、ϕ32、ϕ36、ϕ40九种规格。

16.6　连接套和可调连接器

16.6.1　连接套

连接套是连接钢筋的重要部件。它可连接ϕ16～ϕ40同径或异径钢筋。连接套宜用45号优质碳素结构钢或经试验确认符合要求的钢材制作。连接套的受拉承载力不应小于被连接钢筋的受拉承载力标准值的1.10倍。

连接套的锥度、螺距和牙形角平分线垂直方向，必须与钢筋锥螺纹丝头的技术参数相同。加工时，只有达到良好的精度才能确保连接套与钢筋丝头的连接质量。

例如，当采用TBL-40C型套丝机时，应配套采用QLD系列连接套。同径连接套见图16.14和表16.4；异径连接套见图16.15和表16.5。

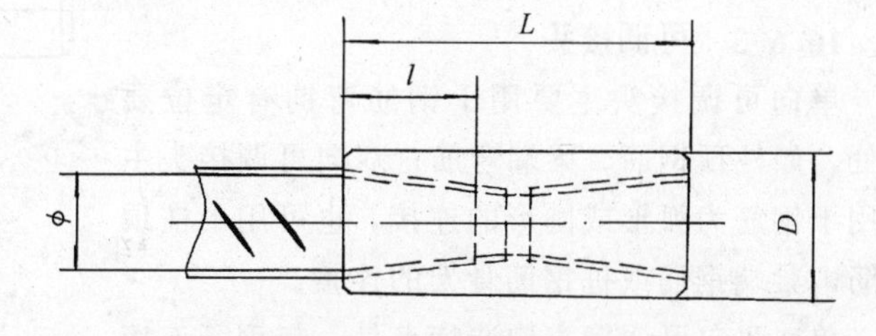

图16.14　同径连接套

ϕ—钢筋公称直径；D—连接套外径；L—连接套长度；l—钢筋锥螺绞丝头长度

同径连接套尺寸　　表16.4

钢筋直径ϕ（mm）	16	18	20	22	25	28	32	36	40
D（mm）	25	28	30	32	35	39	44	48	52
L（mm）	65	75	85	95	95	105	115	125	135
l（mm）	30	35	40	45	45	50	55	60	65

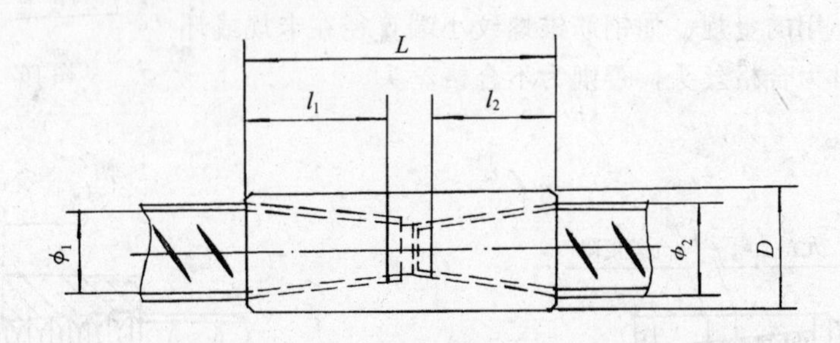

图16.15　异径连接套

ϕ_1—大钢筋公称直径；ϕ_2—小钢筋公称直径；D—连接套外径；l_1—大钢筋丝头长度；l_2—小钢筋丝头长度

异径连接套尺寸　　表16.5

大钢筋直径 ϕ_1（mm）	小钢筋直径 ϕ_2（mm）	D（mm）	L（mm）	l_1（mm）	l_2（mm）
32	28	44	120	55	50
32	25	44	115	55	45
32	22	44	110	55	45
32	20	44	105	55	40
28	25	39	110	50	45
28	22	39	105	50	45
25	22	35	100	45	45
22	20	32	90	45	40
22	16	32	80	45	30
20	16	32	75	40	30

16.6.2　连接套质量检验

连接套质量检验方法是将锥螺纹塞规拧入连接套后，连接套的大端边缘在锥螺纹塞规大端的缺口范围内为合格，见图16.16。

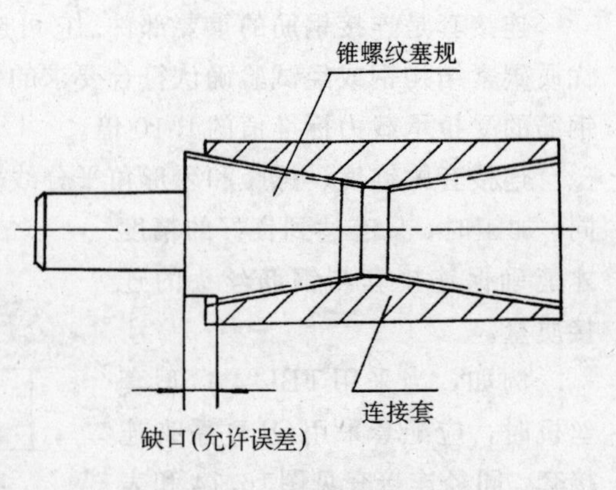

图16.16　连接套质量检验

16.6.3　可调接头

单向可调接头主要用于钢筋弯钩有定位要求处，如柱顶钢筋、梁端弯筋；双向可调接头主要用于钢筋为弧形或圆形的连接，也可用于柱顶钢筋，梁端钢筋或桩钢筋骨架的连接。

单、双向可调接头构造特点是：与钢筋连接部分为锥螺纹连接，其余部分为直螺纹连接。单向可调直螺纹为右旋；双向可调直螺纹为左、右旋。

16.6.4 可调连接器

当采用可调接头时，必须采用可调连接器。可调连接器是钢筋锥螺纹可调接头的重要部件之一。可调连接器应选用45号优质碳素结构钢或经试验确认符合要求的钢材制作。

可调连接器的构造见图16.17和图16.18。

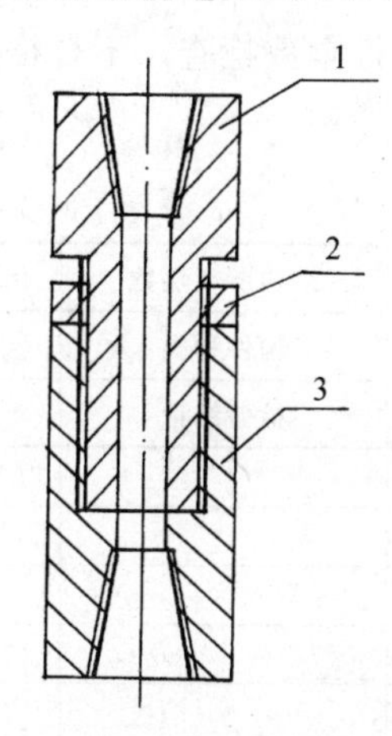

图16.17 单向可调连接器
1—可调连接器（右旋）；
2—锁母；3—连接套

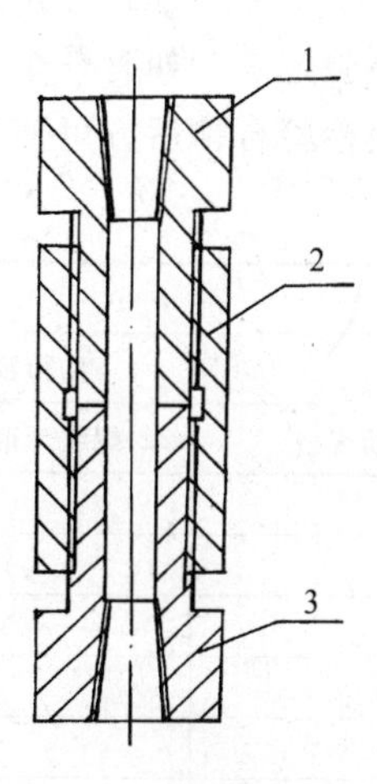

图16.18 双向可调连接器
1—可调连接器（右旋）；2—连接套（左、右旋）；
3—可调连接器（左旋）

16.7 施　工

16.7.1 施工准备

(1) 根据结构工程的钢筋接头数量和施工进度要求，确定钢筋套丝机数量。

(2) 根据现场施工条件，确定钢筋套丝机位置，并搭设钢筋托架及防雨篷。

(3) 连接备有漏电保护开关的380V电源。

(4) 由钢筋连接技术提供单位进行技术交底、技术培训并对考核合格的操作工人发给上岗证，实行持上岗证作业。

(5) 进行钢筋接头工艺检验。在施工现场的同一根钢筋上取样，各做三根60cm长母材和钢筋锥螺纹接头试件。当钢筋接头的每根试件均达到钢筋的抗拉强度标准值，且大于、等于钢筋母材的抗拉强度实测值的90%时，即可按“A”级接头使用；当符合B级性能等级要求时，则按“B”级接头使用。

(6) 检查供货质量。锥螺纹连接套应有产品合格证。锥螺纹连接套两端有密封盖并有规格标记；力矩扳手有检定证书。

16.7.2 加工钢筋锥螺纹丝头

(1) 钢筋应先调直再按设计要求接头位置下料。钢筋切口应垂直钢筋轴线，不得有马蹄形或翘曲端头。不允许用气割进行钢筋下料。

(2) 钢筋套丝。套丝工人必须持上岗证作业。套丝过程必须用钢筋接头提供单位的牙形规、卡规或环规逐个检查钢筋的套丝质量。要求牙形饱满，无裂纹、无乱牙、秃牙缺陷；牙形与牙形规吻合；丝头小端直径在卡规或环规的允许误差范围里。

(3) 经自检合格的钢筋锥螺纹丝头，应一头戴上保护帽，另一头拧紧与钢筋规格相同的连接套，并按规格堆放整齐，以便质检或监理抽查。

(4) 抽检钢筋锥螺纹丝头的加工质量。质检或监理人员用钢筋套丝工人的牙形规和卡规或环规，对每种规格加工批量随机抽检10%，且不少于10个，并按表16.6要求填写钢筋锥螺纹加工检验记录。如有一个丝头不合格，应对该加工批全数检查。不合格丝头应重新加工并经再次检验合格后方可使用。

钢筋锥螺纹加工检验记录　　　　**表16.6**

工程名称				结构所在层数	
接头数量		抽检数量		构件种类	
序号	钢筋规格	螺纹牙形检验	小端直径检验	检验结论	

注：1. 按每批加工钢筋锥螺纹丝头数的10%检验；
2. 牙形合格、小端直径合格的打“√”；否则打“×”。

检查单位：　　　　　　　　检查人员：
日　　期：　　　　　　　　负 责 人：

(5) 经检验合格的钢筋丝头要加以保护。要求一头钢筋丝头拧紧同规格保护帽；另一头拧紧同规格连接套。

16.7.3 钢筋连接

(1) 将待连接钢筋吊装就位。

(2) 回收密封盖和保护帽。连接前，应检查钢筋规格与连接套规格是否一致，确认丝头无损坏时，将带有连接套的一端拧入待连接钢筋。

(3) 用力矩扳手拧紧钢筋接头，并达到规定的力矩值，见表16.7。连接时，将力矩扳手钳头咬住待连接钢筋，垂直钢筋轴线均匀加力，当力矩扳手发出“咔塔”响声时，即达到预先设定的规定力矩值。严禁钢筋丝头没拧入连接套就用力矩扳手连接钢筋。否则会损坏接头丝扣，造成钢筋连接质量事故。

接头拧紧力矩值 表16.7

钢筋直径（mm）	16	18	20	22	25～28	32	36～40
拧紧力矩（N·m）	118	145	177	216	275	314	343

为了确保力矩扳手的使用精度，不用时将力矩扳手调到“0”刻度，不准用力矩扳手当锤子、撬棍等使用，要轻拿轻放，不得乱摔、坐、踏、雨淋，以免损坏或生锈造成力矩扳手损坏。

(4) 钢筋接头拧紧时应随手做油漆标记，以备检查，防止漏拧。

(5) 鉴于国内钢筋锥螺纹接头技术参数不尽相同，施工单位采用时应特别注意，对技术参数不一样的接头绝不能混用，避免出质量事故。

(6) 几种钢筋锥螺纹接头的连接方法

①普通同径或异径接头连接方法见图16.19。

用力矩扳手分别将①与②、②与③拧到规定的力矩值。

②单向可调接头连接方法见图16.20。

用力矩扳手分别将①与②、③与④拧到规定的力矩值，再把⑤与②拧紧。

③双向可调接头连接方法见图16.21。

分别用力矩扳手将①与②、③与④拧到规定的力矩值，且保持②、③的外露丝扣数相等，然后分别夹住②与③，把⑤拧紧。

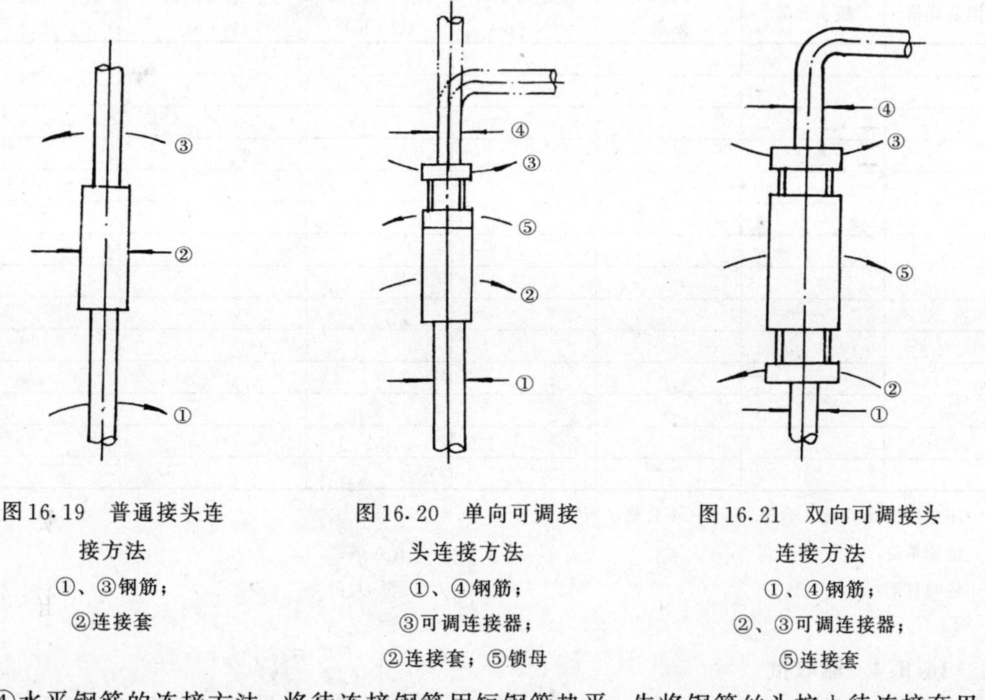

图16.19 普通接头连接方法
①、③钢筋；
②连接套

图16.20 单向可调接头连接方法
①、④钢筋；
③可调连接器；
②连接套；⑤锁母

图16.21 双向可调接头连接方法
①、④钢筋；
②、③可调连接器；
⑤连接套

④水平钢筋的连接方法：将待连接钢筋用短钢管垫平，先将钢筋丝头拧入待连接套里，两人对面站立分别用扳手钳住钢筋，从一头往另一头依次拧紧接头。不得从两头往中间连接，以免造成连接质量事故。

16.8　接头施工现场检验与验收

16.8.1　检查连接套合格证和钢筋锥螺纹加工检验记录

连接套进场时，应检查连接套出厂合格证、钢筋锥螺纹加工检验记录，见表16.6。

16.8.2　外观检查抽检数和质量要求

随机抽取同规格接头数的10%进行外观检查。应满足钢筋与连接套的规格一致，接头无完整丝扣外露。

16.8.3　力矩扳手抽检

用质检的力矩扳手，按表16.7规定的接头拧紧值，抽检接头的连接质量。抽验数量：梁、柱构件按接头数的15%，且每个构件的接头抽验数不得少于一个接头；基础、墙、板构件按各自接头数，每100个接头作为一个验收批，不足100个也作为一个验收批，每批抽检3个接头。抽检的接头应全部合格，如有一个接头不合格，则该验收批接头应逐个检查，对查出的不合格接头应进行补强，并按表16.8要求填写接头质量检查记录。

钢筋锥螺纹接头质量检查记录　　表16.8

工程名称				检验日期		
结构所在层数				构件种类		
钢筋规格	接头位置	无完整丝扣外露	规定力矩值（N·m）	施工力矩值（N·m）	检验力矩值（N·m）	检验结论

注：1. 检验结论：合格“√”；不合格“×”。

检查单位：　　　　　　　　　　　　检查人员：

检验日期：　　　　　　　　　　　　负 责 人：

16.8.4　验收批

接头的现场检验按验收批进行。同一施工条件下的同一批材料的同等级、同规格接头，以500个为一个验收批进行检验与验收，不足500个也作为一个验收批。

16.8.5　单向拉伸试验

对接头的每一验收批，应在工程结构中随机截取3个试件做单向拉伸试验，按设计要求的接头等级进行检验与评定，并按表16.9填写接头拉伸试验报告。

钢筋锥螺纹接头拉伸试验报告　　表16.9

工程名称		结构层数		构件名称		接头等级	
试件编号	钢筋规格 d (mm)	横截面积 A (mm²)	屈服强度标准值 f_{yk} (N/mm²)	抗拉强度标准值 f_{tk} (N/mm²)	极限拉力实测值 P (kN)	抗拉强度实测值 $f^{o}_{mst}=P/A$ (N/mm²)	评定结果
评定结论							
备　　注	1. $f^{o}_{mst} \geqslant f_{tk}$为A级接头； 2. $f^{o}_{mst} \geqslant 1.35 f_{yk}$为B级接头； 3. f^{o}_{st}—钢筋母材抗拉强度实测值。						

试验单位：　　　　（盖章）　　　　负责人：　　　　试验员：　　　　试验日期：

16.8.6　验收批数量的扩大

在现场连续检验10个验收批，全部单向拉伸试件一次抽样均合格时，验收批接头数量可扩大一倍。

16.8.7　外观检查不合格接头的处理方法

如发现接头有完整丝扣外露，说明有丝扣损坏或有脏物进入接头，丝扣或钢筋丝头小端直径超差或用了小规格的连接套；连接套与钢筋之间如有周向间隙，说明用了大规格连接套连接小直径钢筋。出现上述情况应及时查明原因给予排除，重新连接钢筋。如钢筋接头已不能重新制作和连接，可采用E50××型焊条将钢筋与连接套焊在一起，焊缝高度不小于5 mm。当连接的是HRB 400级钢筋时，应先做可焊性能试验，经试验合格后方可焊接。

16.9　工程应用及实例

16.9.1　工程应用

钢筋锥螺纹接头连接钢筋施工新技术，自1990～1997年先后在北京、上海、苏州、杭州、无锡、广东、深圳、武汉、长春、大连、郑州、沈阳、青岛、济南、太原、昆明、厦门、天津、北海等城市广泛应用，建筑面积达1650万m^2，接头数量达1600多万个。结构种类有大型公共建筑、超高层建筑、电视塔、电站烟囱、体育场、地铁车站、配电站等工程的基础底板、梁、柱、板墙的水平钢筋、竖向钢筋，斜向钢筋的$\phi16 \sim \phi40$同径、异径的HRB 335、HRB 400级钢筋的连接施工。

16.9.2　北京精品大厦工程中的应用

北京精品大厦购物中心工程，占地面积1万m^2，建筑面积120377m^2，地下3层，地上22层，为现浇钢筋混凝土框架剪力墙结构，按地震设防烈度8度设计，结构抗震等级：剪力墙为一级，框架为二级。该工程地下部分钢筋用量很大，地梁钢筋较密，钢筋截面变化多；地上部分工作面积大，防火要求高，工期要求紧，为此采用钢筋锥螺纹接头连接成套技术。在基础底板施工中，使用了$\phi20 \sim \phi28$钢筋接头74337个；地上部分使用$\phi20 \sim \phi32$钢筋接头77005个，合格率为100%，缩短工期100d，地上标准层部分达到每4d完成一层的高速度，取得良好的技术经济效益和社会效益。

现场钢筋锥螺纹接头连接施工见图16.22。

图16.22　现场钢筋锥螺纹接头连接施工

主要参考文献

1　行业标准．钢筋机械连接通用技术规程JGJ 107—96
2　行业标准．钢筋锥螺纹接头技术规程JGJ 109—96
3　上海市标准．钢筋锥螺纹连接技术规程DBJ 08—209—93
4　北京市标准．锥螺纹钢筋接设计施工及验收规程DBJ 01—15—93

（编者注：由于行业标准《钢筋锥螺纹接头技术规程》JGJ 109—96尚未修订，本章内容与《手册》第一版中相同，未作修改）。

17　钢筋镦粗直螺纹连接

17.1　基本原理和特点

17.1.1　基本原理

钢筋镦粗直螺纹连接分钢筋冷镦粗直螺纹连接和钢筋热镦粗直螺纹连接两种。

钢筋冷镦粗直螺纹连接的基本原理是：通过钢筋冷镦粗机把钢筋的端头部位进行镦粗，钢筋端头在镦粗力的作用下产生塑性变形，内部金属晶格变形位错使金属强度提高而强化（即金属冷作硬化），再在钢筋镦粗后将钢筋大量的热轧产生的缺陷（如钢筋基圆呈椭圆、基圆上下错位、纵肋过高、截面的负公差等）膨胀到镦粗外表或在镦粗模中挤压变形，在加工直螺纹时将上述缺陷切削掉，把两根钢筋分别拧入带有相应内螺纹的连接套筒，两根钢筋在套筒中部相互顶紧，即完成了钢筋冷镦粗直螺纹接头的连接。由于丝头螺纹加工造成的损失全部被钢筋变形的冷作硬化所补足，所以接头钢筋连接部位的强度大于钢筋母材实际强度，接头与钢筋母材达到等强。

钢筋热镦粗直螺纹连接的基本原理是：通过钢筋热镦粗机把钢筋的端头部位加热并进行镦粗，由于热镦粗时镦粗部分不产生内应力或脆断等缺陷，因此可以将钢筋镦得更粗，由于丝头螺纹的直径比钢筋粗得多，所以接头钢筋连接部位的强度大于钢筋母材实际强度，接头与钢筋母材等强。

17.1.2　钢筋镦粗直螺纹接头形成过程

钢筋镦粗直螺纹接头形成过程如图17.1。

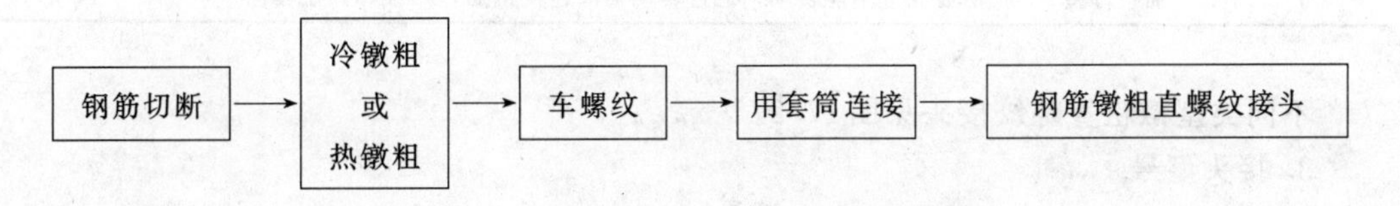

图17.1　钢筋镦粗直螺纹接头形成过程框图

17.1.3　钢筋镦粗直螺纹连接特点

(1) 接头与钢筋等强，性能达到现行行业标准《钢筋机械连接技术通用规程》JGJ 107—2003中最高等级（Ⅰ级）的要求；

(2) 施工速度快、检验方便，质量可靠、无工程质量隐患；

(3) 连接时不需要电力或其他能源设备，操作不受气候环境影响，在风、雪、雨、水下及可燃性气体环境中均可作业；

(4) 现场操作简便，非技术工人经过简单培训即可上岗操作。钢筋镦粗和螺纹加工设备的操作都很简单、方便，一般经短时间培训，工人即可掌握并制作出合格的接头；

(5) 钢筋丝头螺纹加工在现场或预制工厂都可以进行，并且对现场无任何污染；

(6) 对钢筋要求较低，焊接性能不好、外形偏差大的钢筋（如：钢筋基圆呈椭圆、基圆上下错位、纵肋过高、截面的负公差等）都可以加工出满足Ⅰ级性能要求的接头，接头质量十分稳定；

(7) 套筒尺寸小、节约钢材、成本低。

17.1.4　钢筋镦粗直螺纹接头的分类、型号与标记

1. 接头适用钢筋强度级别

钢筋镦粗直螺纹连接适用于符合现行国家标准《钢筋混凝土用热轧带肋钢筋》GB 1499中的HRB 335（Ⅱ级钢筋）和HRB 400（Ⅲ级钢筋），见表17.1。

接头适用钢筋强度级别　　**表17.1**

序　号	接头适用钢筋强度级别	代　号
1	HRB 335（Ⅱ级钢筋）	Ⅱ
2	HRB 400（Ⅲ级钢筋）	Ⅲ

2. 按使用接头型式分类

钢筋镦粗直螺纹接头由丝头和套筒组成，加锁母型接头尚包括锁母。镦粗直螺纹接头根据现场使用情况可以分为6类，其名称、代号和使用情况如表17.2所示。

镦粗直螺纹接头型式　　**表17.2**

序号	型　式	使　用　场　合	特性代号
1	标准型	正常情况下连接钢筋	省略
2	加长型	用于转动钢筋较困难的场合，通过转动套筒连接钢筋	C
3	扩口型	用于钢筋较难对中的场合	K
4	异径型	用于连接不同直径的钢筋	Y
5	正反丝扣型	用于两端钢筋均不能转动而要求调节轴向长度的场合	ZF
6	加锁母型	钢筋完全不能转动，通过转动套筒连接钢筋，用锁母锁定套筒	S

不同类型镦粗直螺纹接头见图17.2。

3. 接头型号

接头型号由名称代号、特性代号及主要参数代号组成。

DZJ・□ △

　　主要参数代号，用钢筋强度级别及钢筋公称直径表示；

　　特性代号，用表17.2中代号表示；

　　名称代号，用DZJ表示镦粗直螺纹钢筋接头。

标记举例1：

钢筋公称直径为32mm，强度级别为HRB 400（Ⅲ级）的标准型接头。

标记为DZJ・Ⅲ32

标记举例2：

公称直径为36mm和28mm，强度级别为HRB 335（Ⅱ级）的异径型接头。

标记为DZJ・YⅡ 36/28

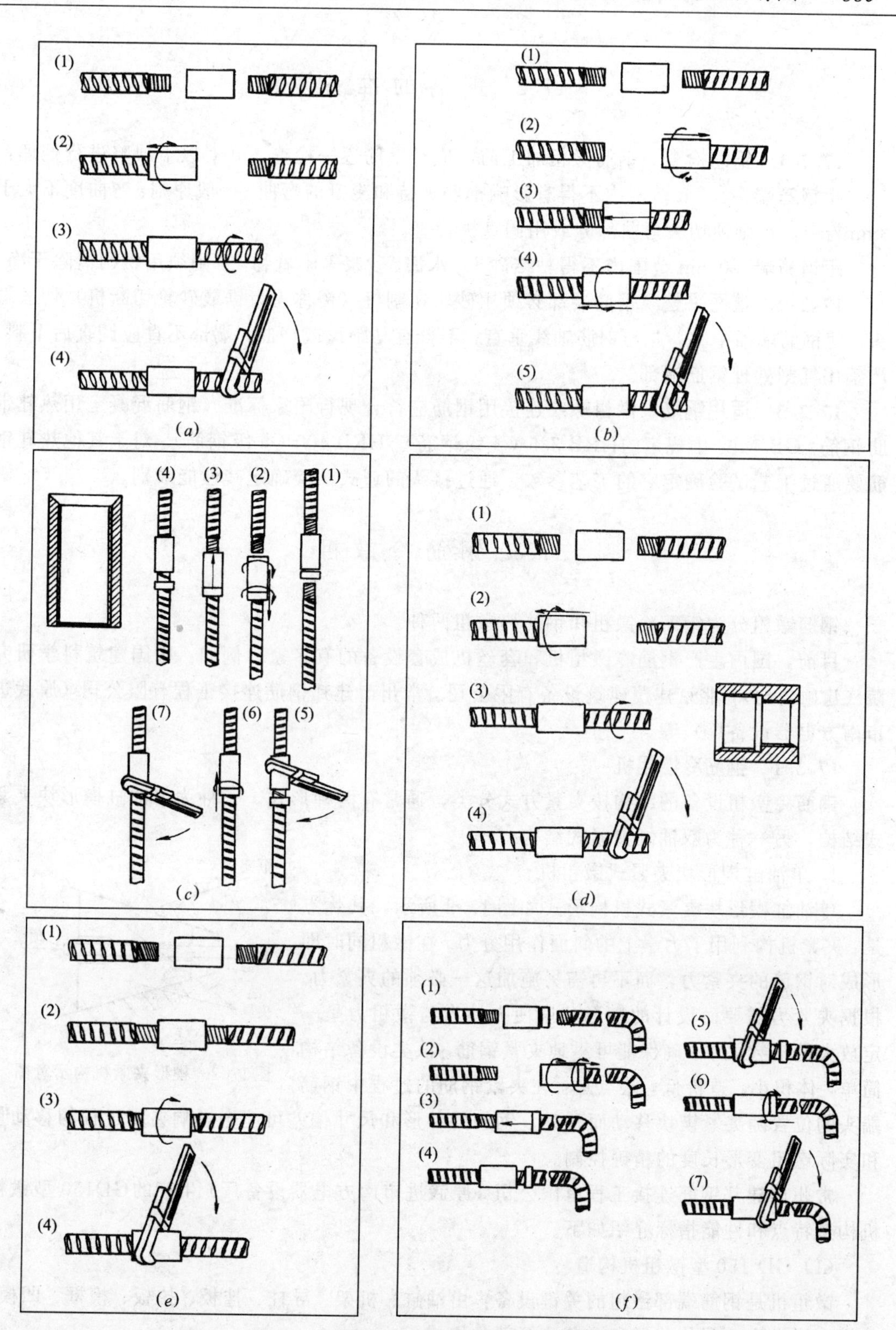

图 17.2 接头按使用接头型式分类示意图

(a) 标准型接头；(b) 加长型接头；(c) 扩口型接头；

(d) 变径型接头；(e) 正反丝扣型接头；(f) 加锁母型接头

17.2　钢筋的准备

17.2.1　钢筋检查　钢筋镦粗加工前，应对钢筋逐一检查，并对以下缺陷进行处理：距钢筋端头1.7m范围内不得有影响钢筋夹持和冷镦的弯曲（一般原则：弯曲度不大于3mm/m），否则须切去弯曲部分或用调直机校直。

距钢筋端头0.6m范围内不得粘结砂土、水泥、砂浆等附着物，否则须用钢刷清除干净。

17.2.2　端面平整　钢筋端部必须用砂轮切割机（俗称无齿锯或砂轮切断机）切去端头，使钢筋端面平整，并与钢筋轴线垂直，不得有马蹄形或挠曲，端部不直应调直后下料；严禁用气割处理钢筋端部。

17.2.3　适用钢筋　镦粗螺纹连接用钢筋应符合现行国家标准《钢筋混凝土用热轧带肋钢筋》GB 1499中规定的HRB 335（Ⅱ级钢筋）、HRB 400（Ⅲ级钢筋）。对于其他热轧钢筋要通过工艺试验确定它的工艺参数，通过接头的型式试验确定其性能级别。

17.3　钢筋冷镦粗

钢筋镦粗分为钢筋冷镦粗和钢筋热镦粗两种。

目前，国内生产钢筋冷镦粗机和套丝机成套设备的有多家，例如：中国建筑科学研究院（建硕公司），北京建茂建筑设备有限公司、常州市建邦钢筋连接工程有限公司（原武进市南方电器设备厂）等。

17.3.1　钢筋冷镦粗机

钢筋冷镦粗设备的结构按夹紧方式分类，通常有两种形式，一种为单油缸楔形块夹紧式结构，另一种为双油缸夹紧式结构。

1. 单油缸楔形块夹紧式镦粗机

单油缸楔形块夹紧式机构形式如图17.3所示，其优点是：夹紧机构利用了力学上的斜面作用分力，在镦粗同时即形成对钢筋的夹紧力，而不再需另施加这一必须的夹紧力。根据夹紧力需要而设计的楔形角度使夹持力与镦粗力呈一定放大的倍数关系，确保能可靠地夹紧钢筋。该类设备结构简单，体积小，造价低，缺点是：在夹紧钢筋的过程中钢筋端头的位置随夹紧楔块移动而移动，钢筋的外形和尺寸偏差可能会影响夹紧过程的移动量和实际镦粗变形长度的精确控制。

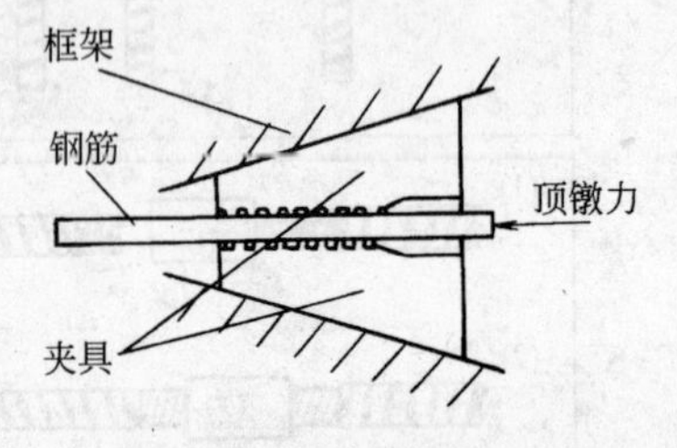

图17.3　楔形夹紧机构示意图

常州市建邦钢筋连接工程有限公司（原武进市南方电器设备厂）生产的GD150型镦粗机构造特点和性能指标介绍如下。

(1) GD 150型镦粗机构造

镦粗机是钢筋端部镦粗的关键设备：由油缸、机架、导柱、挂板、拉板、模框、凹模、凸模、压力表、限位装置和电器箱等部分组成。

工作原理是通过双作用油缸活塞连接凸模座和凸模，经拉板、挂板、推动开合凹模，与其连接的夹持装置，在四根导柱上作水平方向移动。在1min之内，一次性完成它的镦粗任务，镦粗机构造见图17.4。

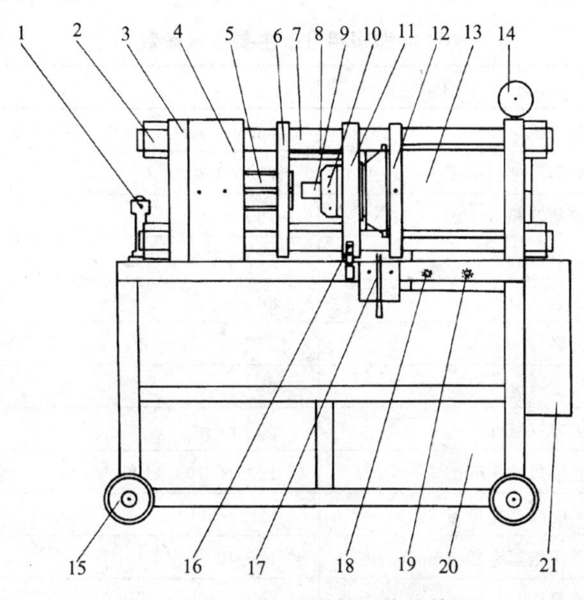

图17.4 GD150型镦粗机构造简图

1—钢筋托架；2—螺母；3—座板；4—模框；5—凹模；6—导板；7—导轨轴；8—拉杆；9—凸模；10—压板螺母；11—导板；12—定位板；13—油缸总成；14—压力表；15—移动轮；16—行程指板；17—换向装置；18—进油口；19—回油口；20—工具箱；21—电器箱

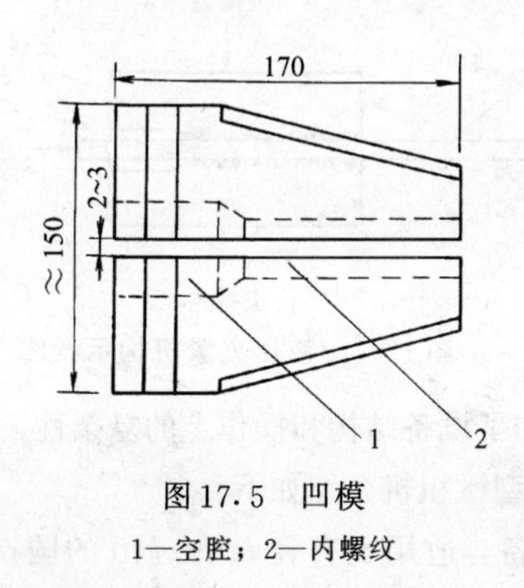

图17.5 凹模

1—空腔；2—内螺纹

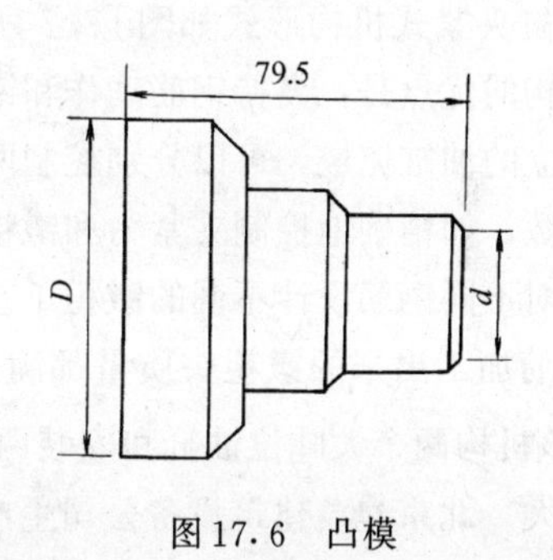

图17.6 凸模

该镦粗机适用于直径12～40mm钢筋，构造简图见图17.4；凹模见图17.5，由两块组成，长170mm，两块合成后，大头宽度约150mm，缝隙2～3mm，高度分两种：当钢筋直径为32mm及以下，高75mm；当钢筋直径为36、40mm，高90mm。小头、空腔、内螺纹等尺寸均随钢筋直径而改变。空腔用来使钢筋端部镦成所需要的镦粗头，内螺纹用来将钢筋紧紧咬住。

凸模见图17.6，长79.5mm，顶头直径d随钢筋直径而改变；模底直径D有3种规格：当钢筋直径为16～22mm时，D为$\phi48$；当钢筋直径为25mm时，D为$\phi52$，当钢筋直径为28～40mm，D为$\phi70$。

每台镦粗机配备多种规格的凹模和凸模，凹模和凸模均为损耗部件，在正常情况下，每付可镦粗钢筋头2000个。

(2) GD150镦粗设备主要技术参数

GD150 镦粗设备主要技术参见表17.3。

GD150 型镦粗设备主要技术参数　　**表 17.3**

高　压　泵	压力（MPa）	60
	电动机	380V、50Hz、4kW、1440r/min
	外形尺寸（mm）	700×450×600
	油箱容积（L）	100
	质量（kg）	110（不含液压油）
高压油管	压力（MPa）	60
	内径（mm）	6
	长度（m）	2
镦粗机	压力（MPa）	60
	外形尺寸（mm）	1225×570×1100
	可配凹凸模型号	M12～M40
	适用钢筋直径（mm）	12～40
	质量（kg）	530
	镦头加工时间（s/个）	45～50

2. 双油缸夹紧式镦粗机

双油缸夹紧式机构形式如图17.7 所示，双油缸夹紧式机构的优点是：夹持钢筋动作和镦粗动作分别由两个独立的油缸完成，可以分别控制两油缸的动作和工作参数，如精确地控制夹紧力和镦粗长度等，因而可以针对不同钢筋设计不同的镦粗工艺参数，能保证任何钢筋加工出来的镦粗头质量都满足设计要求。

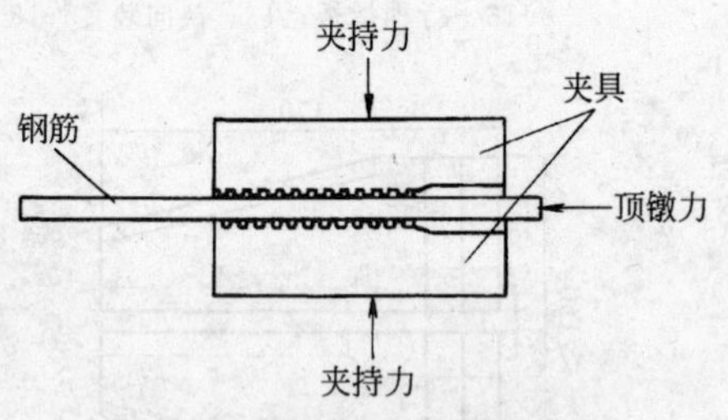

图 17.7　液压夹紧机构示意图

缺点是：该机构两个大吨位油缸和安装两油缸的框架增加了设备结构和操作上的复杂性，主机外形尺寸较大。北京建茂建筑设备公司生产的JM-LDJ40 型镦粗机介绍如下。

JM-LDJ40 型镦粗机是一台自动型钢筋冷镦粗设备，适用于直径ϕ16～ϕ40 的国产HRB 335 和HRB 400 钢筋以及国外同类钢筋。设备主要由镦粗主机、液压泵站、连接油管和电控系统等组成，结构简图如图17.8 所示。

设备的镦粗主机负责执行镦粗动作，包括镦粗主机框架、夹持油缸、镦粗油缸、夹持和成型模具等主要部件；液压泵站负责提供超高压液压动力，包括超高压泵、油箱、超高压电磁阀、泵站小车等；电控系统则包括行程开关、电压力开关、电器操作控制箱、缆线等。

设备的加工动作程序是：启动设备后，先把待镦粗钢筋插入夹持模具之间，顶至镦粗油缸活塞前的镦粗头端面（完成初始定位），按下自动工作按钮，泵站输出液压油推动夹持油缸活塞动作，把钢筋——夹紧，电控系统在夹持油缸达到设定压力时发出镦粗动作的信号，夹持停止（完成定压力夹持），镦粗油缸活塞开始前进，对钢筋进行镦粗，当镦粗头行进到设定位置后，电控系统发送镦粗结束信号（完成定量镦粗），镦粗油缸和夹持油缸同时

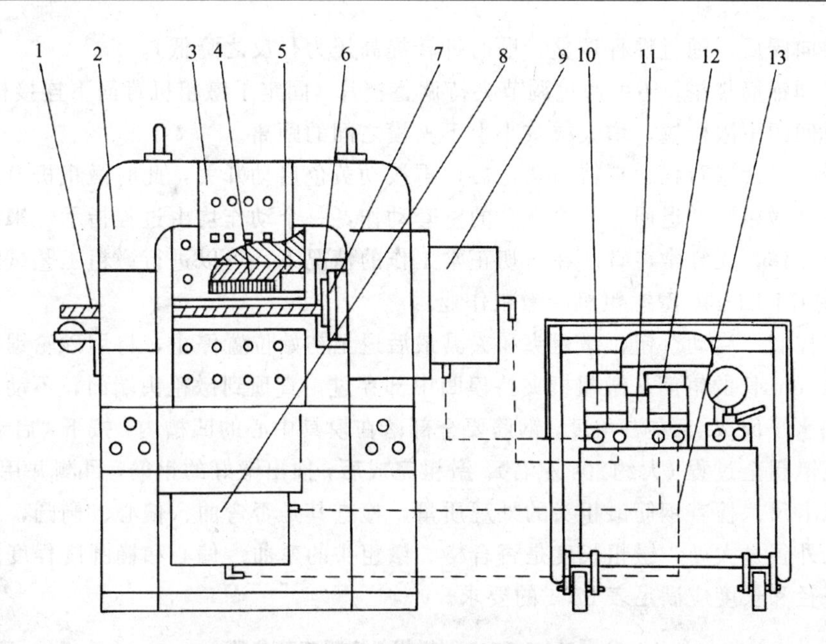

图17.8 JM—LDJ40型镦粗机结构简图

1—钢筋；2—框架；3—控制箱；4—夹持模；5—成型模；6—行程控制盒；7—镦粗模图；8—夹持油缸；9—镦粗油缸；10—电磁换向阀；11—电磁卸荷阀；12—压力继电器；13—超高压软管

动作，镦粗活塞、夹持活塞各自退回到原来的初始位置，电控系统发送结束信号，设备动作停止，把端头被镦粗的钢筋从镦粗机中取出，一个镦粗过程即结束。

17.3.2 钢筋冷镦粗工艺

1. 镦粗工艺参数选择原则

(1) 镦粗头部分与后段钢筋过渡的角度（镦粗的过渡坡度）合理：

避免截面突变影响金属流动所导致的影响连接性能和内部缺陷；镦粗的过渡段坡度小，有利于减小内应力，因此，建筑工业行业标准《镦粗直螺纹钢筋接头》JG/T 3057（修订版送审稿）2004中提出：镦粗的过渡段坡度应≤1∶5。理论上镦粗的过渡坡度越小越好，但过渡坡度越小，镦粗时钢筋夹持模外镦粗部分伸出的长度越长，镦粗时伸出部分容易失稳，使镦粗头产生弯曲。因此，镦粗的过渡坡度过小也不现实。

(2) 镦粗加工变形量准确，防止镦粗量过小直径不足而使加工出的螺纹牙形不完整，以及镦粗量过大造成钢筋端头内部金属损伤导致的接头脆断现象。

(3) 镦粗时夹持钢筋的力量要适度，避免夹持损伤钢筋而影响接头以外的钢筋强度；

2. 采用JM-LDJ40型镦粗机镦粗参数的调整

镦粗机上的镦粗模的尺寸决定了钢筋镦粗的最粗值，通过调整镦粗机的行程开关及压力开关的参数来调整镦粗工艺参数，过程如下：

镦粗机装好模具后，用直角尺测量镦粗头端面至成型模端面的距离，按表17.4参考镦粗行程初步设定调整镦粗行程开关（接近开关探头）位置，然后接通总电源，启动电机，按动手动控制按钮，让夹持缸和镦粗缸活塞上、下和前、后移动。

镦粗机执行夹持动作时，观察夹持活塞到上限位置，并转换为镦粗缸活塞动作的瞬时，泵站压力表压力示值是否符合规定的参考值，如不是，则调整夹持压力（压力继电器装在泵站电磁换向阀后，通过螺杆调整，顺时针转提高压力，反之降低）。

根据不同钢筋规格，还可通过调节夹持调整挡片（固定于镦粗机背面下连接板处），改变下夹模退回的下限位置，增大或减小上下夹模之间的距离。

镦粗、夹持活塞行程、夹持力调定后，再按动黄色启动开关，此时镦粗机自动执行包括“夹持”、“镦粗”、“退回”、“松开”的整套动作，每个动作均由过程指示灯来指示。镦粗机应无误动作，无异常声音。在一切正常工作的情况下，可以进行镦粗工艺试验工作。

3．采用JM-LDJ40型镦粗机冷镦粗作业

按自动控制“启动”钮，镦粗头和夹具最后退至初始位置停止，将用砂轮锯切锯好的一根80～100cm长的钢筋从镦粗机夹持模凹中部穿过，直顶到镦粗头端面，不动为止。钢筋纵肋宜和水平面成45°左右角度，钢筋要全部落在模具中心的凹槽内，按下“启动”，镦粗机自动完成镦粗全过程（大约20s左右）。镦粗完成后，抽出镦好的钢筋，目测并用直尺、卡规（或游标卡尺）检查钢筋镦粗头的外观质量，检查其是否弯曲、偏心、椭圆，表面有无裂纹，有无外径过大处，镦粗长度是否合格。镦粗头的弯曲、偏心和椭圆度程度。镦粗段钢筋基圆直径和长度应满足表17.4的要求。

采用JM-LDJ40型镦粗机镦粗工艺参数　　　表17.4

钢筋规格（mm）	$\phi16$	$\phi18$	$\phi20$	$\phi22$	$\phi25$	$\phi28$	$\phi32$	$\phi36$	$\phi40$
最小镦粗长度L（mm）	16	18	20	22	25	28	32	36	40
镦粗直径d（mm）	17.5～18.5	19.5～20.5	21.5～22.5	23.5～24.5	26.5～27.5	29.5～30.5	33.5～34.5	37.5～38.5	41.5～42.5
镦粗行程（参考值）（mm）	13	13	13	13	13	13	13	13	13
夹持压力（参考值）（MPa）	30	35	35	35	40	45	50	60	65
镦粗压力（参考值）（MPa）	18	20	20	20	25	25	25	30	30

如有弯曲、偏心，应检查模具、镦粗头安装情况，钢筋端头垂直度、钢筋弯曲度；如椭圆度过大，要检查钢筋自身椭圆情况，以及选择的夹持方向、夹持力；如有表面裂纹，应检查镦粗长度，对塑性差的钢筋要调整镦粗长度；如镦粗头外径尺寸不足或过大，应改变镦粗长度。最后根据实际情况，再适当调整镦粗工艺参数，至加工出合格的镦粗头。

镦粗工艺参数确定后，连续镦三根钢筋接头试件的镦粗头，再检查其镦粗头，无问题和缺陷，则将该三根钢筋按要求加工螺纹丝头，制作一组镦粗工艺试验试件，送试验单位进行拉伸试验。拉伸结果合格，镦粗机即可正常生产。

4．采用GD150型镦粗机的工艺要求

（1）镦粗头不得有与钢筋轴线相垂直的表面裂纹。

（2）不合格的镦粗头，应切去后重新镦粗。

（3）镦粗机凹凸模架的两平面间距要相等，四角平衡度差距应在0.5mm之内，在四根立柱上应平衡滑动。

(4) 凹模由两块合成；凸模由一个顶头和圆形模架组成。对于不同直径的钢筋应配备相应的凹模和凸模，并进行调换。

(5) 凹凸模配合间隙0.4～0.8mm之间。

(6) 凸模在凸模座上，装配要合理，接触面不能有铁屑脏物存留，盖一定要压紧，新换凸模压制10～15只后，盖要再次紧定。

(7) 凹模在滑板上，滑动要通畅、对称、清洁、并常要拆下清洗，不得有硬物夹在中间。新换装凹模，在最初脱模时，一定要注意拉力情况，一般在压力一松，凸模在模座内能自动弹出，或少许受力，就能轻易拉出；如果退模拉力大于3MPa时，应及时检查原因，绝不能强拉强退。

(8) 绝不能超压强工作，导致凸模断裂，一般因压力过高产生。

5. 采用GD150型镦粗机的镦粗作业

(1) 操作者必须熟悉机床的性能和结构，掌握专业技术及安全守则，严格执行操作规程，禁止超负荷作业。

(2) 开车前应先检查机床各紧固件是否牢靠，各运转部位及滑动面有无障碍物，油箱油液是否充足，油质是否良好，限位装置及安全防护装置是否完善，机壳接地是否良好。

(3) 各部位要保持润滑状态，如导轨、鳄板（凹模）、座板斜面等工作中，压满20只头，应加油一次。

(4) 开始工作前，应作行程试运转3次（冷天操作时，先将油泵保持3min空运转），开、停，令其正常运转。

(5) 检查各按钮、开关、阀门、限位装置等，是否灵活可靠，确认液压系统压力正常，模架导轨在立柱上运动灵活后方可开始工作。

(6) 钢筋端面必须切平，被压工件中心与活塞中心对中。

(7) 熟悉各定位装置的调节及应用。必须熟记各种钢筋端头镦粗的压力，压力公差不得超过规定压力的±1MPa，确保质量合格。

(8) 压长大工件时，要用中心定位架撑好，避免由于工件受力变形，松压时倾倒。

(9) 工作中要经常检查四个立柱螺母是否紧固，如有松动应及时拧紧，不准在机床加压或卸压出现晃动的情况下进行工作。

(10) 油缸活塞发现抖动，或油泵发出尖叫时，必须排出气体。

(11) 要经常注意油箱，观察油面是否合格，严禁油溢出油箱。

(12) 应保持液压油的油质良好，液压油温升不得超过45℃。

(13) 操纵阀与安全阀失灵或安全保护装置不完善时不得进行工作。调节阀及压力表等，严禁他人乱调乱动。操作者在调整完后，必须把锁紧螺母紧固。

(14) 提升油缸，压力过高时，必须检查调整回油阀门，故障消除后方可进行工作。

(15) 夹持架（凹模）内，在工作中会留下的钢筋铁屑，故压制15件为一阶段，必须用专用工具清理。

(16) 镦粗好的钢筋端头，根据规格要求，操作者必须自查，不合格的应立刻返工，不得含糊过关；返工时应切去镦粗头重新镦粗，不允许将带有镦粗的钢筋进行二次镦粗。

(17) 停车前，模具应处于开启状态，停车程序应先卸工作油压，再停控制电源，最后切断总电源。

(18) 工作完毕要擦洗机床、打扫场地、保持整洁、填写好运行记录、做好交接班工作。

镦粗工艺参数见表17.5。

采用LD150型镦粗机镦粗工艺参数　　表17.5

钢筋规格 (mm)	12	14	16	ϕ18	ϕ20	ϕ22	ϕ25	ϕ28	ϕ32	ϕ36	ϕ40
镦粗长度 L (mm)	15	18	21	24	26	29	32	35	38	42	47
镦粗直径 d (mm)	⩾14.5	16.5	21	23	25	28	31	34	37	40	46
镦粗压强 (MPa)	6～14	8～16	11～18	14～19	16.5～20	18～27	29～31	32～34	39～42	47～50	50～54

6. 冷镦粗头的检验

同批钢筋采用同一工艺参数。操作人员应对其生产的每个镦粗头用目测检查外观质量，10个镦粗头应检查一次镦粗直径尺寸，20个镦粗头应检查一次镦粗头长度。

每种规格、每批钢筋都应进行工艺试验。正式生产时，应使用工艺试验确定的参数和相应规格模具。

即使钢筋批号未变，每次拆换、安装模具后，也应先镦一根短钢筋，检查确认其质量合格后，再进行成批生产。

不合格的钢筋头要切去头部重新镦粗，不允许对尺寸超差的钢筋头直接进行二次镦粗。

17.4　钢筋热镦粗

17.4.1　钢筋热镦粗设备

钢筋热镦粗设备比冷镦粗设备要多一个加热系统。因此，热镦粗设备比冷镦粗设备稍庞大，一般适用于中、大型钢筋工程。钢筋热镦粗工艺中的镦粗头是在高温状态下进行热镦粗的，不需要冷镦粗设备中的高压泵站（超高压柱塞泵）及与其配套的液压系统、高压镦粗机。热镦粗设备的液压装置压力低，最大工作出力仅为250kN，可使用耐污染强、能适应建筑施工恶劣条件的齿轮油泵，具有快进快退的功能，同时，设备故障率低，可明显提高工作效率。

目前常用的钢筋热镦粗设备一般由加热装置、压紧装置、挤压装置、气动装置、控制系统及机架等主要部件组成。现以中国地质大学（武汉）海电接头有限公司生产的HD-GRD-40型钢筋热镦机为例进行介绍：图17.9为江苏连云港核电站工程施工现场钢筋热镦粗加工；图17.10为HD-GRD-40型钢筋热镦机液压系统图；图17.11为HD-GRD-40

图17.9　连云港核电站工程施工现场钢筋热镦粗加工

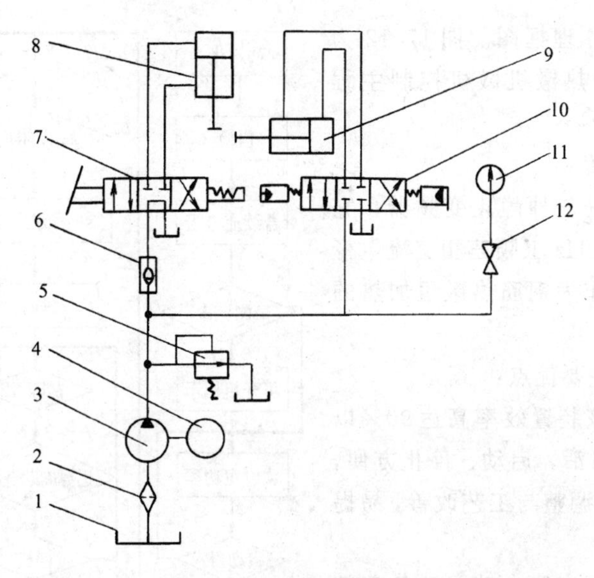

图 17.10 HD-GRD-40 型钢筋热镦机液压系统图

1—油箱；2—滤油器；3—齿轮泵；4—电机（Y160M-6）；5—溢流阀（yF-L20C）；
6—单向阀（D_1F-L20H）；7—手动换向阀（34SM-B20H-T）；
8—压紧油缸；9—挤压油缸；10—电液换向阀（34DyO-B20H-T）；
11—压力表；12—压力表开关

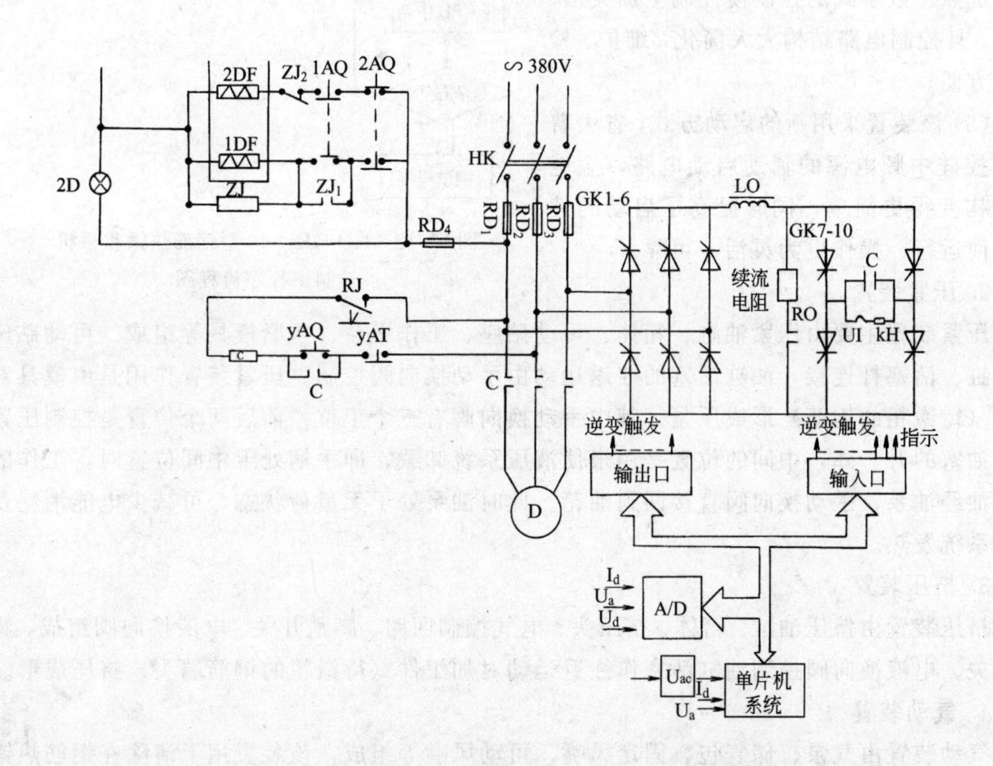

图 17.11 HD-GRD-40 型钢筋热镦机电气原理框图

型钢筋热镦机电气原理框图。图 17.12 为 HD-GRD-40 型钢筋热镦机微机控制主程序流程图。

1. 中频加热装置

中频加热装置是一种静止变频器，它利用可控硅元件把50Hz 工频三相交流电变换成单相交流电，作为钢筋热镦粗加热的供电电源。

此加热装置的主要优点：

（1）效率高，该装置效率高达 90%以上，而且由于控制灵活，启动、停止方便，调节迅速，便于参数调整与工艺改善，易提高效率。

（2）该装置的频率能自动跟踪负载频率变化，操作方便。

（3）该装置启动时无电流冲击，交流电源配备简单、经济。

（4）该装置采用微机控制电路，具有明显的优点：数字式的控制使控制更加灵活、精确，且控制电路结构大大简化，维护、检修更方便。

（5）该装置采用新的启动方式，省去普通可控硅中频电源的辅助启动电路，主电路结构变得更简单，同时提高了启动的性能，使运行、操作更为灵活、可靠。

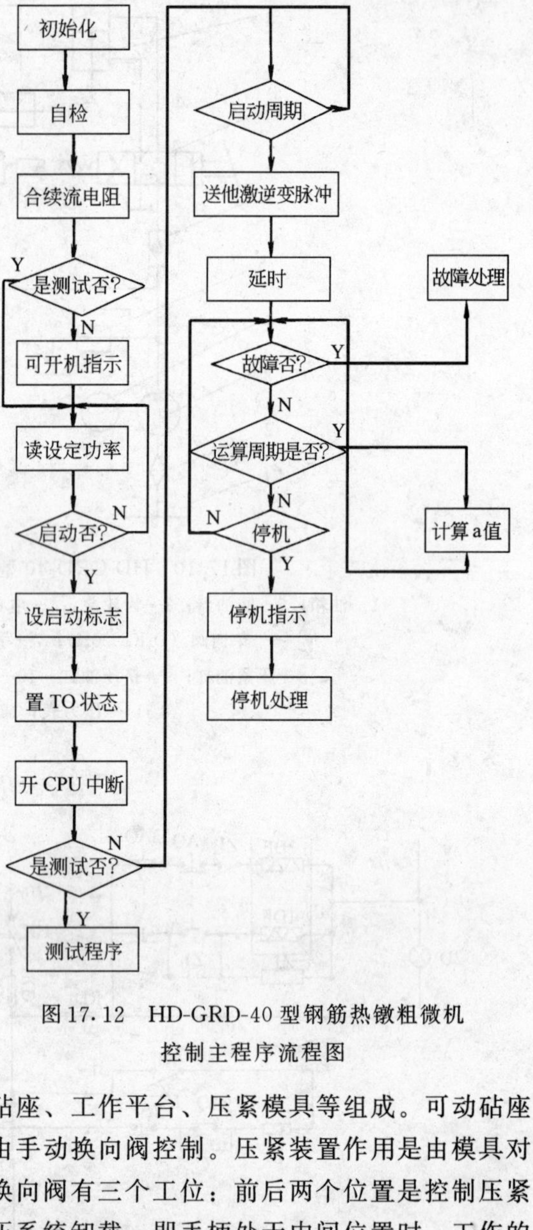

图 17.12　HD-GRD-40 型钢筋热镦粗微机控制主程序流程图

2. 压紧装置

压紧装置主要由压紧油缸、箱体、可动砧座、工作平台、压紧模具等组成。可动砧座与油缸、活塞杆连接，油缸活塞的往返运动由手动换向阀控制。压紧装置作用是由模具对工件（待镦粗的钢筋）形成压紧。其中手动换向阀有三个工位：前后两个位置是控制压紧油缸油塞的升、降，中间的位置是用来使液压系统卸载，即手柄处于中间位置时，工作的液压油经油泵、手动换向阀直接回到油箱。此时油泵处于无负荷状态，可减少电能消耗及液压系统发热。

3. 挤压装置

挤压装置由挤压油缸、箱体、挤压头、电气控制回路、脚踏开关、电液换向阀组成，脚踏开关、电液换向阀控制油缸活塞作往返运动对加工件（待镦粗的钢筋端头）挤压成形。

4. 气动装置

气动装置由气泵、储气包、固定风嘴、可动风嘴等组成，该装置用于清除在钢筋热镦粗加工过程中吸附或遗留在模具及工作台上的氧化铁皮，以确保安全生产。

5. 控制系统

控制系统由配电箱、电气控制回路、液压系统与液压元件、气动系统与气动元件、冷却水回路与水压开关等组成，该系统是确保热镦粗设备正常运行。

6. 机架

机架由箱体、工作平台、型钢及其他部件组焊而成，箱体用以安装压紧油缸和挤压油缸，油箱焊在机架的下部，采用风冷冷却器冷却油温。工作平台固定在机架上，形成压紧油缸和挤压油缸的的总成。

17.4.2 HD-GRD-40型钢筋热镦机主要技术参数及使用要求

1. 主要技术参数：

外接电源	三相	380V	50Hz
输入功率		130kVA	
中频输出额定频率		2.5kHz	
中频输出额定功率		100kW	
电动机型号		Y160M-6	
电动机功率		11kW	
齿轮泵型号		YB80/60	
压紧油缸额定压力		25MPa	
挤压油缸额定压力		25MPa	
压紧油缸最大工作行程		140mm	
挤压油缸最大工作行程		190mm	
压紧油缸		135mm	
挤压油缸		135mm	
加热-镦头加工时间		7～15 s/个	

2. 使用要求：

（1）钢筋热镦机使用时，应有水压力保持为0.15～0.3MPa的冷却水。

（2）钢筋热镦机在作业时，应有可靠的接地。

（3）油箱要一年清洗一次，所用的工作机油要经常净化，每六个月更换一次。

（4）压气装置中的气泵为通用件，使用中必须注意以下几点：

①使用机油为19号压缩机油。

②每月补充机油一次。

③每六个月清洗（主要是清除积炭、杂物）一次。

④要经常检查进、排气阀的密封状态，发现问题，及时检修。

（5）设备如发现渗油处，应及时进行检修，不可带病工作。

（6）要按规定对钢筋热镦机进行维护和保养。

17.4.3 钢筋热镦粗工艺设计及作业要求

1. 钢筋热镦粗加热工艺设计

钢筋热镦粗加热工艺的设计是根据现行国家标准GB 1499、GB 13013、GB 13014中规定的钢筋化学成分，参照国内各个大型钢厂钢筋轧制工艺中初轧温度及终轧温度实践经验，结合钢筋镦头的特点，制定了各种级别钢筋的始镦温度和终镦温度，并在生产实践中取样进行金相检测，试验结果表明热镦后钢筋镦头部位具有与母材一致的金相组织，性能尚有所改善。热镦粗的过渡段坡度应≤1∶3。

2. 钢筋热镦粗作业要求：

(1) 钢筋热镦机热镦粗不宜在露天作业。

(2) 钢筋端头镦粗不能成型或成型质量不符合要求，应仔细检查模具、行程、加热温度及原材料等方面的原因，在查出原因和采取有效措施后，方可继续镦粗作业。

(3) 钢筋热镦粗作业要按照作业指导书规定及作业通知书要求选择热镦粗的有关参数进行镦粗作业。

(4) 钢筋热镦粗操作者作业时，要按镦头检验规程对镦头进行自检，不符合质量要求的镦头可加热重新镦粗。

(5) 钢筋热镦粗作业要注意个人劳动保护和安全防护。

(6) 作业完毕，应及时关闭设备的电源，同时要对设备和工作场地清理干净，如实填写运行记录和工程量报表。

17.5　冷镦粗钢筋丝头加工

17.5.1　套丝机

各生产单位生产的套丝机结构基本相同，但各有一些特点。常州市建邦钢筋连接工程有限公司生产的GZL-45型套丝机构造简图见图17.13；北京建茂建筑设备有限公司的JM-GTS40型套丝机见图17.14。

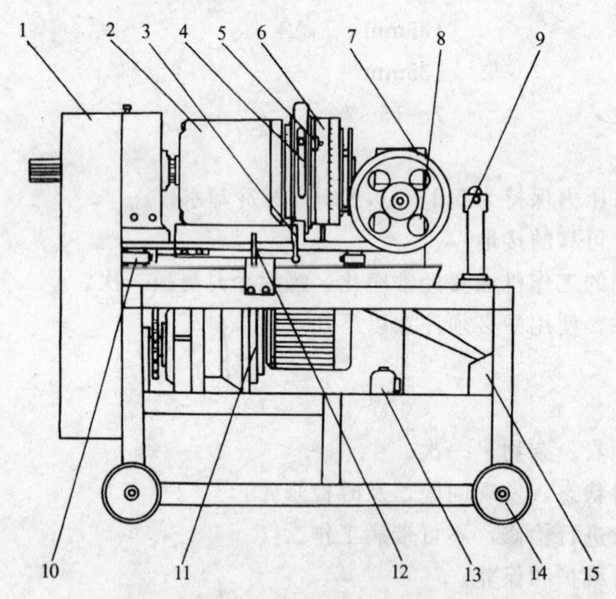

图17.13　GZL-45型套丝机构造简图

1—变速箱；2—主轴部总成；3—开刀装置；4—合刀装置；5—微调器；6—切削部总成；7—虎钳；8—虎钳手轮；9—钢筋托架；10—定位电器；11—电机变速部；12—进给指针；13—水泵；14—移动轮；15—存料斗

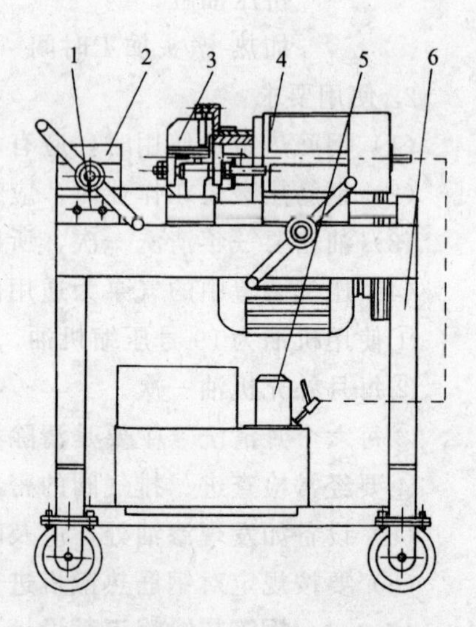

图17.14　JM-GJS40型套丝机简图

1—控制电路；2—虎钳组件；3—机头；4—减速机构；5—冷却机构；6—机架

现以JM-GJS40型套丝机为例，作一简单介绍。

设备加工动作程序：首先把钢筋用虎钳夹紧，启动电机，机头转动，转动进给手柄，使套丝机机头前进，当机头上的梳刀组靠上钢筋后，用力转动手柄，使随机头转动的梳刀切削钢筋并在钢筋端头加工出直螺纹，加工出几圈螺纹后，机头即可借助梳刀与钢筋上已加工出的螺纹的配合，随着机头转动完成自动前进动作，并加工出后续螺纹。套丝机机头前进到设定位置后，机头的张刀机构动作，将梳刀跳（张）开，梳刀离开钢筋（机头继续旋转，但不再切削钢筋，只做空转）套丝工作即完成。然后反向转动进给手柄，使套丝机机身后退，退到设定后极限位置，机头上收刀机构做收刀动作，使机头梳刀收起，准备下一次套丝加工。关闭套丝机电源，机头停止转动，松开虎钳，把加工完螺纹的钢筋从虎钳中取出，一次套丝工作完成。

钢筋套丝机的特点是具有一个可调整加工螺纹直径尺寸的调整环，转动调整环，可连续改变机头梳刀的径向位置，从而改变加工的螺纹尺寸大小，当刀具或其他零件磨损造成加工尺寸偏差时，可通过转动调整环修正尺寸，以达到规定的螺纹尺寸要求。

该机结构紧凑，可加工直径$\phi16\sim\phi40$的HRB 335和HRB 400级钢筋镦粗丝头，加工效率高，操作简单，加工出的螺纹质量好，可满足接头连接性能的要求，机器性能稳定，维护方便。

17.5.2 准备套丝的镦粗钢筋

操作人员应对镦粗完的钢筋端头质量进行检查，发现以下缺陷应进行处理：

(1) 距钢筋端头50cm范围内有弯曲的钢筋，须用砂轮锯切去弯曲部分重新镦粗或用调直机校直。

(2) 距钢筋端头30cm范围内粘结砂土、砂浆等附着物的钢筋，须用钢丝刷清除干净。

(3) 端头有镦粗产生的、影响套丝的毛刺的钢筋，应切除重镦或用砂轮修整。

17.5.3 套丝作业

现场钢筋套丝加工是用钢筋套丝机进行的，在工艺和设备上要保证：加工的螺纹直径和长度正确，螺纹牙型饱满，以防止螺纹连接强度不足；在加工刀具磨损等情况下，设备可以方便地调整、修正螺纹加工尺寸，防止加工尺寸超差，以保证丝头与套筒螺纹达到规定的配合精度（不低于现行国家标准《普通螺纹　公差》GB/T 197中规定的6H/6f）；加工的丝头最短长度为套筒长度的一半，以保证两丝头能在套筒中间部位互相顶紧。

钢筋螺纹加工按照设备提供方的操作规程进行。各厂商的套丝设备加工程序基本相同：

1. 启动电源，确认机头按规定方向转动，转动进给手柄，将机头停止在设定初始位置。

2. 将镦粗好的钢筋插入套丝机虎钳中，钢筋端头顶至机头前端设定位置，锁紧钢筋。

3. 转动手柄，进给机头，用梳刀切削钢筋，用力应适度（防止螺纹车薄），直至进给到规定位置，机头张刀，梳刀从钢筋上跳开，再反向扳动手柄，退回到初始位置，一个钢筋丝头加工完成。加工后丝头应按螺纹质量要求检查，不符合要求时，可调整机器调整环改变加工的直径大小，调整张刀机构设定位置改变加工螺纹长度，调整加工操作用力程度改进牙型车薄的问题等。

4. 试加工螺纹丝头合格后，即可批量正式加工。合格的钢筋丝头应套好螺纹保护帽或螺纹套筒，以防钢筋搬运时碰伤螺纹，给组接工作带业麻烦。

5. 丝头质量检查：钢筋丝头的质量按表17.6的要求进行检查和判断。

丝头质量检验要求　　表17.6

检验项目	检验工具	验收条件
外观质量	肉眼	牙型饱满，牙顶宽超过0.6mm的秃牙部分累计长度不超过一个螺纹周长
外型尺寸	卡尺或专用量具	丝头长度应满足设计要求，标准型接头的丝头长度公差为+1P
螺纹大径	光面轴用量规	量规通端能通过螺纹大径，量规止端不能通过螺纹大径
螺纹中径和小径	通端螺纹环规	能顺利旋入螺纹并达到旋合长度
	止端螺纹环规	允许环规与端部螺纹部分旋合，旋入量不应超过3P

注：P为螺距。

6. 检验规则：每次机器开始运行时，更换钢筋规格或更换螺纹梳刀后，要对加工的丝头按照表17.6的要求进行前三件的全面检查。

批量加工中，加工工人应逐个目测检查丝头的加工质量，每10个丝头用环规对检查一次，并剔除不合格丝头；自检合格的丝头，应由质检员随机抽样进行检验，以一个工作班内生产的钢筋丝头为一个验收批，随机抽检10%，按表17.6的要求进行丝头质量检验，若合格率小于95%，应加倍抽检，复检中合格率仍小于95%时，应对全部钢筋丝头逐个进行检验，并切去不合格丝头，重新镦粗和加工螺纹。

当采用常州市建邦公司生产的GZL-45型套丝机时，其加工程序、套丝作业与上述基本相同。丝头尺寸必须与套筒尺寸匹配；对于同一规格的钢筋各生产厂均有所差异，具体数值见相关的设备使用说明书。

17.6　热镦粗钢筋丝头加工

中国地质大学（武汉）海电接头有限公司生产HD-SW3050型钢筋螺纹接头套丝机和HD-ZS40型钢筋螺纹接头轧丝机，现作简要介绍。

17.6.1　HD-SW3050型套丝机

HD-SW3050套丝机构造示意图见图17.15。

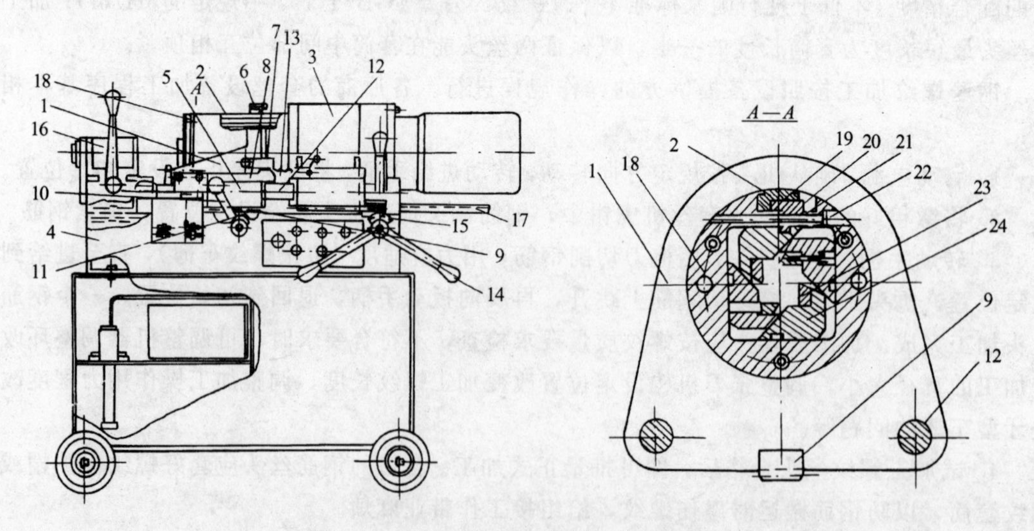

图17.15　HD-SW3050套丝机构造示意图

该机主要由机体4、机头3、前机座1、夹钳16及冷却系统、润滑装置、电气控制系统等几大部件组成。夹钳1固定在机身4上，在机身4两边分别安装圆导轨12、前机座1和机头体3安装在圆导轨12上，在机头体3的前端输出轴上连接有刀盘18，刀盘18内有靠模体2和靠模板19，刀盘18的正方形孔内装有板牙座24，板牙座上装有平板牙23，每个板牙座之间都通过斜面接触，其中有一个板牙座通过滑块20与靠模板连接，前机座1和带有电机和专用减速机的机头3的下方分别装有齿轮11、17，齿条9、17啮合机构，可通过手柄10、14手动操作，在机体上还装有限位块8，手动微调器5。机体下方装有车轮，可在建设施工现场方便移动。

该机不需要更换套丝头或套丝刀具即可加工各种不同直径螺纹，使用比较方便。该机采用改进型专用减速机，传动比为1∶17，输出比较快，且可以正、反转，体积小、质量轻、效率高、故障少、寿命长。

套丝机操作注意事项：

(1) 该套丝机使用380V、50Hz三相四线交流电源，安装时要注意机床的可靠接地。

(2) 每班作业前，应检查机床各部件是否正常，并按操作规程的规定启动机床—空转检查—注油润滑。

(3) 为确保螺纹的加工精度，可分三次左右进刀，精加工螺纹尺寸可通过微调器手动调整（微调每小格精度为0.02mm）。

(4) 套丝作业要按照作业指导书规定及作业通知书要求进行作业（要注意丝头与连接套筒的螺纹相匹配）。

(5) 钢筋丝头加工时，应采用水溶性切削润滑液，当环境温度低于0℃时应有防冻措施，不得使用机油作切削润滑液或不加切削润滑液套丝作业。

(6) 套丝作业过程中还应注意润滑部分的注油，轴承转动部位每隔2h注油一次，其余每班注油两次。

(7) 套丝作业操作者要按套丝作业检验规程对丝头进行自检，不符合质量要求的丝头要立即返工重新加工。

(8) 套丝作业操作者须持上岗证方可上岗作业。

(9) 套丝作业操作者作业时要戴平光眼镜，注意安全防护。

(10) 作业完毕，应及时关闭设备的电源，同时要对设备和工作场地清理干净，如实填写运行记录和工程量报表。

17.6.2 HD-ZS40型轧丝机

HD-ZS40型轧丝机外形见图17.16。

该轧丝机由机架机体、减速电机、虎钳、机头、电器控制系统等组成。

轧丝机机头内部装有四个或三个轧丝轮，上有等距螺纹状的牙形环槽，每个轧丝轮在高度上错开1/4螺距，三个轮则错开1/3，靠调整垫片的厚度差实现。面

图17.16 HD-ZS40型轧丝机外形

对机头，轧丝轮大端（靠电机方向）调整垫片厚度，顺序为顺时针方向越来越厚，小端方向则越来越薄。轧丝时机头逆时针旋转，其原理同旋进螺母；钢筋端头进入机头内被刀轮滚压则开始轧制，从而实现了直螺纹成形轧制的无切削加工。

轧丝开始时，将机头调整到待轧制钢筋规格，检查各电器元件动作并调整或复位至正常，行程控制应到位，并将待轧制钢筋在钳口上紧固牢靠。打开水泵开关，按下前进钮，搬动手柄进给，带动轧丝机头开始轧制。轧制到位后行程开关起作用，电机停，延时反转，手动将轧丝机头退回起点，一个丝头滚轧完成。

工艺要求及注意事项

(1) 当轧制一定数量钢筋后，轧丝轮可能开始磨损、变形等，如果轧制成的丝头出现螺纹不饱满、紊乱等缺陷，这时需要更换刀具。

(2) 电源电压不应超过10%，各接线点必须牢固可靠，如遇不能启动，应将空断的跳钮按下再行合闸，并检查有无其他问题。

(3) 开工前检查各连接部位是否松动，各机件及螺栓缺失应及时处理。机头上连接件不得随意拆开，应始终拧紧。

(4) 各运动部位保持清洁油膜使其防锈及润滑，减速机使用一段时间后（约六个月）需更换或加注机油。

(5) 轧制加工使用冷却液为皂化油，其与水的比例为10∶1。水过多则影响产品质量且防锈性能不良。

(6) 电气控制电源为380V、三相四线制电源，电压允差±10%，设备应有可靠接地，否则禁止使用。

(7) 更换调整刀具或因故拆装机头时不允许用硬物敲打机件，以确保设备的良好状态。

(8) 操作者须经培训持证上岗。

17.7 套 筒

17.7.1 套筒材料和尺寸

套筒一般采用45号优质碳素结构钢、合金结构钢，供货单位应提供质量保证书。套筒的尺寸应保证接头的屈服承载力和抗拉极限承载力不小于的相应钢筋标准屈服承载力和抗拉极限承载力的1.1倍。

17.7.2 套筒的生产

套筒是用来把两根端部加工有连接丝头的待接钢筋连接在一起的连接件，一般采用优质碳素结构钢或合金结构钢加工。

套筒加工主要包括锯切、钻孔和螺纹加工三个过程。套筒加工的核心是螺纹加工技术，目前主要加工方法有：旋风铣加工、丝锥攻丝和CNC数控车床加工。

这些加工工艺各有特点：

——旋风铣工艺的生产流程是：下料→钻孔→车外圆、镗内孔、车端面→加工套筒螺纹。

该工艺使用的设备是：下料采用锯床（或车床），钻孔采用钻床（或车床），车外圆、镗内孔、车端面采用普通车床，加工螺纹采用普通车床改造的旋风铣设备。旋风铣设备只铣螺纹，镗内孔工序负责将套筒孔径加工到螺纹小径最终尺寸，为保证两次装卡加工的螺纹大径和小径的同心，工艺要求套筒外圆必须加工。

——丝锥攻丝生产流程是：下料→钻孔→攻丝。

该工艺使用的设备是：下料采用锯床，钻孔采用钻床，加工螺纹采用钻床或攻丝设备。专门设计用来套筒攻丝的丝锥加工套筒螺纹时，螺纹大径和小径一次完成，不需对套筒外圆进行加工。

——CNC 数控车床生产流程：下料→钻孔→加工套筒螺纹和端面。

该工艺使用的设备是：下料采用锯床，钻孔采用钻床，加工螺纹采用CNC 数控车床。在CNC 车床上，套筒内径、螺纹和外端面一次加工完成，也不需对套筒外圆进行加工。

表17.7 对三种套筒加工工艺的特点进行了比较，仅供参考。各生产厂应根据自身条件进行加工制造，按规定加强质量检验，确保产品质量。

螺纹套筒加工工艺比较 **表17.7**

项 目	旋 风 铣	丝 锥 攻 丝	CNC 数控车床加工
生产工序复杂程度	复杂	简单	简单
加工刀具的精度水平	自制刀具和刀片 精度低	专业加工丝锥 精度高	进口专业刀具刀片 精度高
套筒产品加工精度	低	一般	高
质量稳定性	低	一般	好
成品率（钢材损耗）	一般（大）	较高（一般）	高（少）
生产效率	一般	较高	高
套筒单件成本	低	较低	较高
对接头质量的保证能力	较弱	一般	强

由表17.7 可知，选择套筒成本低的，就用旋风铣加工的套筒，需牺牲一定的接头质量保证率；选精度好、质量稳定的，就用CNC 加工的套筒，需增加一部分接头成本支出；而攻丝螺纹精度、质量、成本介于CNC 和旋风铣之间。

在上述几种加工工艺中，攻丝和CNC 加工的设备和刀具精度受人为因素影响小，产品质量易于控制和保证。旋风铣加工要采用高精度的机床和刀具才能保证产品质量，但是实际生产中设备、刀具及加工参数都可能受人的因素影响而降低要求，应给予足够重视。

17.7.3 套筒的验收

镦粗直螺纹接头的供方所提供套筒的尺寸的细节各不相同，必须根据供方提供的型式试验报告所用的、符合供方企业标准的套筒的尺寸进行抽检。检验的检具由供方提供，抽检的方案由施工单位参照现行建筑工业行业标准《镦粗直螺纹钢筋接头》JG/T 3057 中套筒出厂检验规定进行，不合格则复检，复检不合格则退货。

17.8 钢 筋 的 连 接

17.8.1 作业程序

工地最常应用的是标准型和扩口型接头的组接，其作业程序是：

1. 拆盖、帽：把钢筋丝头保护帽和钢套筒保护盖拆下，确认螺纹处清洁，无砂土等杂物，螺纹无碰撞变形等缺陷。

2. 连接：借助钢筋螺纹连接专用扳手把套筒拧在一边待接钢筋上，再把套筒的另一端的待接钢筋拧入套筒，直到两根钢筋丝头在套筒中央位置相互顶住为止。

3. 锁紧：在套筒两边的钢筋上卡上专用扳手，扳手尽量靠近套筒两侧，用力拧紧。拧紧后，套筒外钢筋露出螺纹应不超过一圈完整扣。

对于转动钢筋较困难的场合使用的加长型接头的外露丝扣数不受限制，但应预先做好明显标记，用以检查进入套筒的丝头长度是否满足要求，最后再锁紧套筒锁母。

其他形式的镦粗直螺纹接头连接也是同上工作程序，最终都要将钢筋在套筒内顶紧，才能确保接头质量。

17.9　接头的质量检验

接头的质量检验分外观检查和性能检验。性能检验又分：型式检验、工艺试验和批量抽检。型式检验在第13章有详细介绍，不重复。这里着重介绍在施工现场进行的接头外观检查、拧紧检验和性能检验（工艺试验和批量抽检）。

17.9.1　接头的外观检查

镦粗接头外观质量要求为：组接好的接头，套筒每端都不得有一扣以上完整丝扣外露，加长型接头的外露丝扣数不受限制，但应另有明显标记，以检查进入套筒的丝头长度是否满足要求。

17.9.2　接头的扭矩值抽检

各种钢筋连接安装后用扭力扳手校核，最小扭矩值应符合表17.8的要求。符合上述要求的即为合格接头。

接头安装时的最小扭矩值　　　　**表17.8**

钢筋直径（mm）	≤16	18～20	22～25	28～32	36～40
最小扭矩（N·m）	100	180	240	300	360

17.9.3　接头的现场性能检验

1. 工艺试验

工艺试验是针对钢筋连接工程开始之前和工程中进场的不同批材料（主要指钢筋）进行的接头检验，验证该批钢筋所采用的镦粗加工工艺，以及制作的接头是否满足使用要求。工艺试验的每种规格钢筋接头不应少于3根，只对接头进行单向拉伸强度试验，3根接头试件的抗拉强度除应满足表13.1的强度要求外，Ⅰ级接头尚应大于或等于0.95倍钢筋母材的实际抗拉强度，Ⅱ级接头尚应大于或等于0.90倍钢筋母材的实际抗拉强度。计算实际抗拉强度时，应按钢筋实际截面积，截面积的确定可用称重法。钢筋母材应从做接头试件的同一根钢筋上截取。做接头的钢筋也应在同一钢筋上截取，以免形成接头两头的钢筋性能不一致。

2. 接头拉伸强度试验（抽检）

(1) 验收批

接头连接完成后，接头按验收批进行外观检查和单向拉伸强度试验。同一施工条件下采用同一批材料的同等级、同型式、同规格接头，以500个接头为一个验收批进行检验与验收，不足500个也作为一个验收批。

(2) 对接头的每一个验收批，必须在工程结构中随机截取3个试件做单向拉伸强度试验，并按表13.1中的单向拉伸强度要求确认其性能等级。当3个试件单向拉伸试验强度满足表13.1要求时，该验收批为合格。

(3) 如有一个试件检验不合格，应再取6个试件进行复检。复检中若仍有1个试件试验结果不合格，则该验收批评为不合格。

如出现验收批不合格情况，从经济角度考虑，施工单位应和设计单位探讨对钢筋接头进行降低使用的可能性，如确不能降级使用，应采取相应措施对接头进行补强，或全部切除重新连接。

(4) 在现场连续检验10个验收批，其全部单向拉伸试件一次抽样均合格，验收批数量可扩大一倍。

17.10 工程应用实例

17.10.1 采用中国建筑科学研究院生产设备

采用中建院生产钢筋镦粗直螺纹设备用于工程中的有：重庆国际大厦60层，约25万个接头；北京西客站南广场大厦8.6万m^2；深圳邮电信息枢纽大厦52层，12万m^2；天津海河大桥主跨310m+190m，全长2.6km；重庆鹅公岩长江大桥等众多重大工程，均取得良好效果。

17.10.2 采用北京建茂建筑设备有限公司生产设备

采用建茂公司生产钢筋镦粗直螺纹设备用于工程中的有：陕西咸阳国际机场、秦山核电站、北京现代城、上海越江隧道、三峡工程、台北新庄体育馆等，连接HRB 335和HRB 400钢筋接头一千多万个，高效安全，技术经济效益显著。

17.10.3 采用常州市建邦钢筋连接工程有限公司生产设备

采用建邦公司生产钢筋镦粗直螺纹设备用于工程中的有：西安高新国际商务中心工程，主楼地下2层，地上40层，建筑面积6.4万m^2，钢筋牌号HRB 335，直径16～40mm，接头数10万个，由中天集团施工。裙房地下2层，地上4层，公寓楼地下2层，地上33层，建筑面积共8.26万m^2，接头数共13万个，由江都建总施工。还有：上海巨金大厦、上海红塔大酒店、秦山核电站、苏州体育场等工程。接头质量优良，得到各方的好评。

17.10.4 采用中国地质大学（武汉）海电接头有限公司生产设备

采用中国地质大学（武汉）海电接头有限公司提供的钢筋热镦粗直螺纹接头技术及配套设备的工程主要有：长江三峡枢纽工程（现有约656万个接头）、江苏连云港核电站工程（321万个接头）、广西龙滩水电站工程（现有220万个接头）、贵州乌江渡水电站扩建工程（148万个接头）、广西百色水利枢纽工程（现有165万个接头）、贵州洪家渡水电站工程（85万个接头）、贵州引子渡水电站工程（60万个接头）、云南小湾水电站工程（现有55万个接头）、湖北水布垭电站枢纽工程（现有42万个接头）……。在施工过程中，适应性强，现场连接工效高，质量稳定可靠，体现机械连接接头优越性，为确保上述重点工程的工期和质量、降低造价起到重要作用。

主要参考文献

1　国家标准．钢筋混凝土用热轧带肋钢筋GB 1499—1998

2　建筑工业行业标准．镦粗直螺纹钢筋接头JG/T 3057—1999

3　行业标准．钢筋机械连接通用技术规程JGJ 107—2003

4　刘永颐．HRB 400级钢筋镦粗直螺纹接头及钢筋机械连接若干问题．施工技术．2000年第10期

5　冶金部建筑研究总院　北京建茂建筑设备有限公司
LDJ-40型镦粗机冷镦加工操作规程（施工培训教材）2000—02

6　冶金部建筑研究总院　北京建茂建筑设备有限公司
钢筋直螺纹加工操作规程（施工培训教材）2000—02

7　常州市建邦钢筋连接工程有限公司（原武进市南方电器设备厂）．钢筋直螺纹连接技术培训提纲．2000年

8　中国地质大学（武汉）海电接头有限公司．钢筋机械连接技术．2000—01

18　钢筋滚轧直螺纹连接

钢筋滚轧直螺纹连接是一项新技术，发展很快。它具有接头强度高，相对变形小，工艺操作简便，施工速度快，连接质量稳定等优点。它的工艺特点是将钢筋端头切平，用滚轧机床滚轧成直螺纹，再用相应的连接套筒将两根钢筋利用螺纹咬合连接在一起，连接套筒则在工厂成批生产。

钢筋滚轧直螺纹连接适用于中等或较粗直径的HRB 335（Ⅱ级）、HRB 400（Ⅲ级）热轧带肋钢筋和RRB 400（Ⅲ级）余热处理钢筋的连接。

18.1　基　本　原　理

18.1.1　术语

1. 滚轧直螺纹钢筋连接接头

将钢筋端部用滚轧工艺加工成直螺纹，并用相应具有内螺纹的连接套筒将两根钢筋相互连接的钢筋接头。

2. 丝头

经滚轧加工的带有螺纹的钢筋端部。

3. 连接套筒

用以连接钢筋并有与丝头螺纹相对应内螺纹的连接件。

4. 完整螺纹

牙顶和牙底均具有完整形状的螺纹。

5. 不完整螺纹

牙底或牙顶不完整的螺纹。

6. 螺尾

向钢筋表面过渡的牙底不连续的螺纹。

7. 有效螺纹

由完整螺纹和不完整螺纹组成的螺纹，不包括螺尾。

8. 锁母

锁定连接套筒与丝头相对位置的螺母。

9. 螺纹中径

螺纹牙形上沟槽和凸起宽度相等的位置，所构成的假想圆柱的直径。

滚轧直螺纹术语示意见图18.1。

18.1.2　符号

P——螺纹螺距（mm）

Φ——HRB 335级热轧带肋钢筋；

Φ——HRB 400级热轧带肋钢筋；

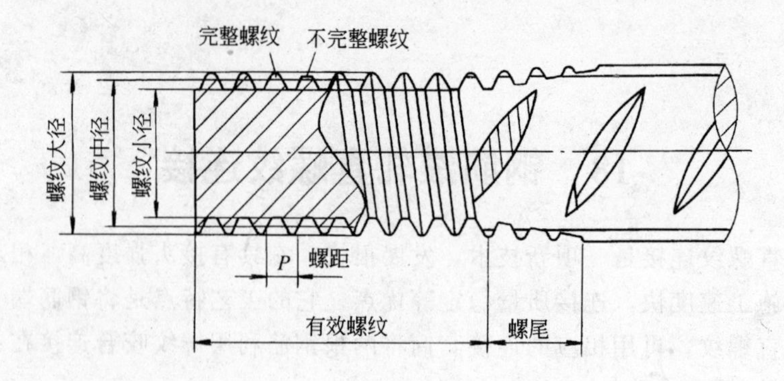

图 18.1　滚轧直螺纹术语示意图

Φ^R——RRB 400 级余热处理钢筋；

G——滚轧直螺纹钢筋连接接头；

F——正反丝扣型套筒；

Y——异径型套筒；

K——扩口型套筒；

S——加锁母型套筒。

18.1.3　分类

1. 接头按性能等级分类

滚轧直螺纹钢筋连接接头按性能等级分为：Ⅰ级、Ⅱ级、Ⅲ级，具体性能指标要求见现行行业标准《钢筋机械连接通用技术规程》JGJ 107—2003 中的有关规定。

2. 接头按钢筋强度级别分类

滚轧直螺纹钢筋连接接头按被连接钢筋强度等级分类见表18.1。

接头按钢筋强度等级分类　　**表 18.1**

序　号	接头钢筋强度等级	代　号
1	HRB 335	Φ
2	HRB 400	Φ
	RRB 400	Φ^R

3. 接头按连接套筒使用条件分类

滚轧直螺纹钢筋接头按连接套筒的使用条件分类见表18.2。

接头按连接套筒的使用条件分类　　**表 18.2**

序　号	使　用　要　求	套筒形式	代　号
1	正常情况下钢筋连接	标准型	省略
2	用于两端钢筋均不能转动的场合	正反丝扣型	F
3	用于不同直径的钢筋连接	异径型	Y
4	用于较难对中的钢筋连接	扩口型	K
5	钢筋完全不能转动，通过转动连接套筒连接钢筋后，再用锁母锁紧套筒	加锁母型	S

接头按连接套筒的使用条件分类示意见图18.2。

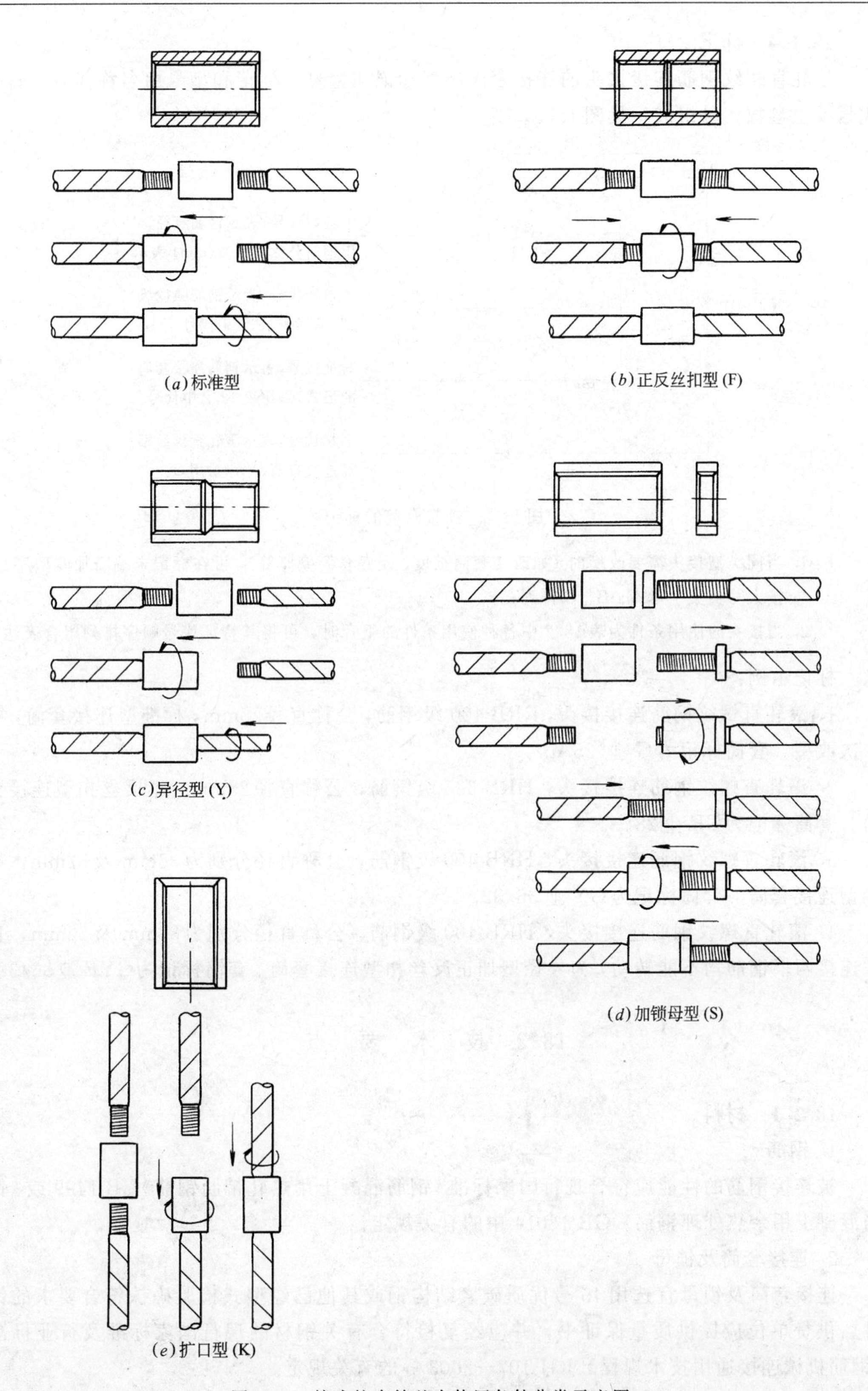

图18.2 接头按套筒基本使用条件分类示意图

18.1.4　标记

滚轧直螺纹钢筋连接接头的连接套筒应有标记和型号。标记和型号由名称代号、特征代号及主参数代号组成，见图18.3。

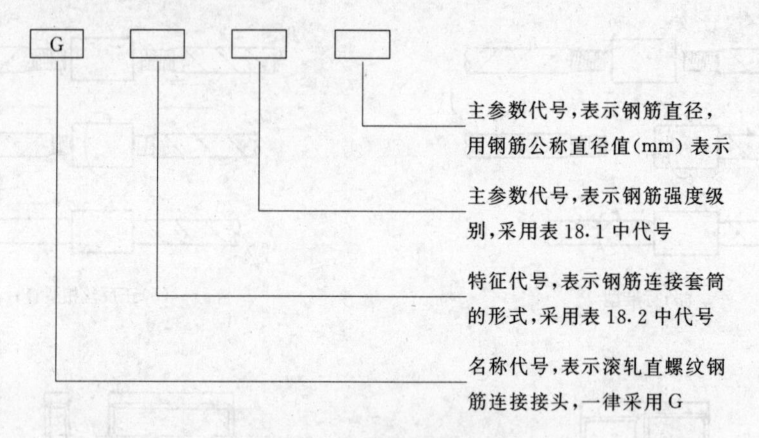

图18.3　连接套筒的标记

注：1. 当同类型接头需要改型时（如改变套筒长度、改变套筒壁厚等），可在标记末端增加改型序号，按大写英文字母A、B、C排列；

2. 当接头的使用条件为表18.2中各种使用条件的组合时，可将其特征代号顺序排列组合表达。

标记示例：

1. 滚轧直螺纹钢筋连接接头，RRB 400级钢筋，公称直径25mm，标准型连接套筒，第一次改型。套筒标记为G ⏀[R]25A。

2. 滚轧直螺纹钢筋连接接头，HRB 335级钢筋，公称直径28mm，正反丝扣型连接套筒。套筒标记为GF ⏀28。

3. 滚轧直螺纹钢筋连接接头，HRB 400级钢筋，公称直径分别为36mm及32mm，异径型连接套筒。套筒标记为GY ⏀36/32。

4. 滚轧直螺纹钢筋连接接头，HRB 400级钢筋，公称直径分别为36mm及32mm，且被连接两根钢筋均不能转动，为异径型加正反丝扣型连接套筒。套筒标记为GYF ⏀36/32。

18.2　技　术　要　点

18.2.1　材料

1. 钢筋

被连接钢筋的性能应符合现行国家标准《钢筋混凝土用热轧带肋钢筋》GB 1499或《钢筋混凝土用余热处理钢筋》GB 13014中的有关规定。

2. 连接套筒及锁母

连接套筒及锁母宜选用45号优质碳素结构钢或其他已经型式检验确认符合要求的钢材。供货单位应提供质量保证书，并应经复检符合有关钢材的现行国家标准及行业标准《钢筋机械连接通用技术规程》JGJ 107—2003等的有关规定。

现行国家标准《优质碳素结构钢》GB/T 699—1999中，45号优质碳素结构钢的化学成分和力学性能指标见表18.3和表18.4。

45号优质碳素结构钢的化学成分（%） 表18.3

统一数字代号	C	Si	Mn	Cr	Ni	Cu	P	S
				不大于				
U20452	0.42～0.50	0.17～0.37	0.50～0.80	0.25	0.30	0.25	0.035	0.035

45号优质碳素结构钢的力学性能 表18.4

抗拉强度σ_b (MPa)	屈服点σ_s (MPa)	伸长率δ_5 (%)	断面收缩率ψ (%)	冲击吸收功A_{ku2} (J)
600	355	16	40	39

18.2.2 制造及施工

1. 连接套筒及锁母的制作

(1) 连接套筒应按照产品设计图纸的要求制造，重要的尺寸（外径、长度）及螺纹牙形、精度应经检验合格。

(2) 连接套筒的尺寸应满足产品设计的要求。

钢筋连接套筒内螺纹尺寸宜按现行国家标准《普通螺纹 基本尺寸》GB/T 196中的相应规定确定；螺纹中径公差宜满足现行国家标准《普通螺纹 公差》GB/T 197中6H级精度规定的要求。

(3) 连接套筒装箱前应带有保护端盖，套筒内不得混入杂物。套筒外形见图18.4。

图18.4 连接套筒

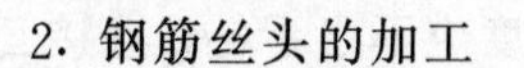

2. 钢筋丝头的加工

(1) 钢筋下料时不应用热加工方法切断；钢筋端面宜平整并与钢筋轴线垂直；不得有马蹄形或扭曲；钢筋端部不得有弯曲；出现弯曲时应调直。

(2) 丝头的有效螺纹长度应满足设计的规定。

(3) 丝头加工时应使用水性润滑液，不得使用油性润滑液。

(4) 丝头中径、牙型角及丝头有效螺纹长度应符合设计的规定。

丝头螺纹尺寸宜按现行国家标准《普通螺纹 基本尺寸》GB/T 196中的相应规定确定；有效螺纹中径尺寸公差宜满足现行国家标准《普通螺纹 公差》GB/T 197中6f级精度规定的要求。

(5) 丝头有效螺纹中径的圆柱度（每个螺纹的中径）误差不得超过0.20mm。

(6) 标准型接头丝头有效螺纹长度应不小于1/2连接套筒的长度，其他连接形式应符合产品设计的要求。

(7) 丝头加工完毕经检验合格后，应立即带上丝头保护帽或拧上连接套筒，防止装卸钢筋时的损坏。

3. 钢筋连接的施工

(1) 在进行钢筋连接时，被连接钢筋规格应与连接套筒规格一致，并保证丝头和连接套筒内螺纹干净、完好无损。

(2) 钢筋连接时应用工作扳手旋转套筒或钢筋，使丝头在套筒中央位置顶紧。当采用加锁母型套筒时应用锁母锁紧。

（3）钢筋接头拧紧后应用力矩扳手检查，拧紧力矩不应小于表18.5中的数值，检验合格后的接头应加以标记。

滚轧直螺纹钢筋接头拧紧力矩值限值　　　　**表18.5**

钢筋直径（mm）	≤16	18～20	22～25	28～32	36～40
拧紧力矩值（N·m）	80	160	230	300	360

注：当不同直径的钢筋连接时，拧紧力矩值按较小直径钢筋的相应值取用。

（4）接头钢筋连接完毕后，套筒两端均应有外露有效螺纹，外露有效螺纹的数目应符合标准规定的要求。

18.3　质　量　要　求

18.3.1　连接套筒及锁母

1. 外观质量：螺纹的牙形应饱满，连接套筒的表面不得有裂纹，连接套筒及锁母的表面及内螺纹不得有严重的锈蚀及其他肉眼可见的缺陷。

2. 内螺纹尺寸的检验：用专用的螺纹塞规检验，其塞通规应能顺利旋入，塞止规旋入的长度不得超过$3P$。

18.3.2　钢筋的丝头

1. 外观质量：丝头表面不得有影响接头性能的损坏及锈蚀。

2. 外形质量：丝头有效螺纹数量不得少于设计规定；牙顶宽度大于$0.3P$的不完整螺纹累计长度不得超过两个螺纹周长；标准型接头的丝头有效螺纹长度应不小于1/2连接套筒长度，允许误差为$+2P$；其他连接形式应符合产品设计的要求。

3. 丝头尺寸的检验：用专用的螺纹环规检验，其环通规应能顺利地旋入，环止规旋入的长度不得超过$3P$。

18.3.3　钢筋连接接头

1. 接头钢筋连接完成后，标准型接头连接套筒外应有外露有效螺纹，且连接套筒单边外露的有效螺纹不得超过$2P$，其他连接形式应符合产品设计的要求。

2. 钢筋连接完成后，拧紧力矩值应符合表18.5的要求。

18.3.4　钢筋连接接头的力学性能

1. 钢筋连接接头现场拉伸试验的结果，应符合现行行业标准《钢筋机械连接通用技术规程》JGJ 107—2003中的有关规定。

2. 用于直接承受动力荷载结构中受力钢筋的连接接头，应根据现行行业标准《钢筋机械连接通用技术规程》JGJ 107—2003中有关疲劳性能的规定进行检验。

18.4　加工工艺与设备

18.4.1　加工工艺

钢筋滚轧直螺纹连接中，丝头的加工工艺有三种形式：直接滚扎；剥肋滚轧；还有介于两者之间的部分剥肋滚轧。

1. 直接滚轧

将钢筋被连接端头不经任何整形处理，直接滚轧加工成直螺纹。其优点是钢筋截面积基本未受到削弱，接头力学性能能够充分得到保证。缺点是滚丝轮使用寿命短，易产生不完整螺纹，影响观感效果。

2. 剥肋滚轧

先将钢筋端部的纵肋和横肋凸起部分通过切削加工剥切去掉,然后滚轧加工成直螺纹。其优点是滚丝轮不易损坏，螺纹比较光洁。缺点是多了一道工序，钢筋承载截面积受到削弱，力学性能降低，容易在丝头的螺尾处被拉断。

3. 部分剥肋滚轧

将钢筋端部的纵肋和横肋凸起部分通过切削加工部分剥切去掉，然后滚轧加工成直螺纹。其性能特点介于两者之间，不多赘述。

18.4.2 设备

与滚轧工艺相适应的钢筋滚轧直螺纹加工机床，也有直接滚轧和剥肋滚轧两种。除此之外，也有在直接滚轧机床的前部增加一套剥肋装置。这样，就形成了直接滚轧和剥肋滚轧的两用机床。

现在，国内生产滚轧直螺纹加工机床的工厂已有很多家，其生产的机床结构基本相同，但型号不一，具体构造亦有差异。

18.4.3 丝头和螺纹

钢筋丝头上的螺纹，包括牙形、牙高、螺距、螺纹数目等各项参数十分重要，必须精心设计计算。并采用优良的加工设备，保证加工丝头应有的质量。对于同一规格的钢筋，当采用直接滚轧或剥肋滚轧时，其螺纹的各项参数有所不同，但接头的质量要求应是相同的。

套筒的内螺纹必须与丝头外螺纹配匹，以保证连接接头的力学性能。

18.5 质 量 检 验

18.5.1 检验类别

滚轧直螺纹的质量检验有三类：分等定级的型式检验、产品的出厂检验和施工时进行的现场检验。

1. 型式检验

由有资质的单位进行，确定钢筋连接接头的性能等级，及其他要求的检验。

2. 出厂检验

确定套筒及锁母产品的质量，以保证产品出厂的检验。由工厂进行。

3. 现场检验

在工地现场进行的按验收批进行的施工检验，内容如下：

(1) 丝头：检验被连接钢筋丝头的质量。

(2) 连接接头：检验钢筋连接接头的外观质量。

(3) 拧紧力矩：检验钢筋连接施工的拧紧力矩值。

(4) 单向拉伸：检验钢筋连接接头的力学性能。

18.5.2　型式检验

1. 检验条件

(1) 接头产品进行产品或生产鉴定；

(2) 材料、工艺、规格有改动；

(3) 停产一年以上；

(4) 质量监督部门提出专门要求。

2. 检验范围

应符合现行行业标准《钢筋机械连接通用技术规程》JGJ 107—2003 中的有关规定。

3. 检验要求

型式检验试验方法应符合现行行业标准《钢筋机械连接通用技术规程》JGJ 107—2003 中有关型式检验的规定。接头的性能必须全部符合相应性能等级的要求。有一项不符合要求时应降级使用。

4. 检验资质

钢筋连接接头的型式检验应由国家、省部级主管部门认可的质量检验部门进行，并出具检验报告和评定结论。

18.5.3　连接套筒及锁母的出厂检验

1. 连接套筒或锁母的尺寸及外观质量应符合 18.2.2-1 及 18.3.1 的要求。

2. 连接套筒或锁母的外观质量检验应逐个进行。

3. 连接套筒或锁母的内螺纹尺寸检验按连续生产的套筒或锁母每 500 个为一个检验批。每批按 10% 随机抽检。不足 500 个也按一个检验批计算。

4. 连接套筒或锁母的抽检合格率应不小于 95%。当抽检合格率小于 95% 时，应另行抽取同样数量的产品重新检验。当两次检验的总合格率不小于 95% 时，该批产品合格。若合格率仍小于 95%，应对该批产品进行逐个检验，合格者方可使用。

5. 套筒螺纹检验可采用专用塞规；塞规使用示意见图 18.5。

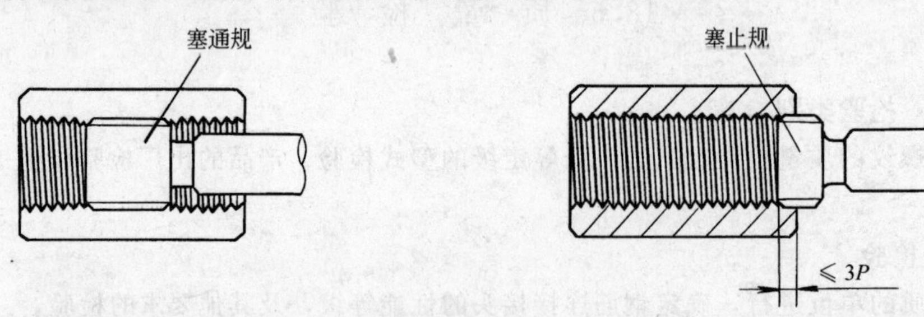

图 18.5　塞规使用示意图

18.5.4　钢筋丝头的现场检验

1. 丝头的尺寸及外观质量应符合 18.2.2-2 及 18.3.2 的要求。

2. 加工的丝头应逐个进行自检，不合格的丝头应切去重新加工。

3. 自检合格的丝头，应由现场质检员随机抽样进行检验。以一个工作班加工的丝头为一个检验批，随机抽检 10%。

4. 现场丝头的抽检合格率不应小于 95%。当抽检合格率小于 95% 时，应另行抽取同样数量的丝头重新检验。当两次检验的总合格率不小于95%时，该批产品合格。若合格率仍小于95%，则应对全部丝头进行逐个检验，合格者方可使用。

5. 丝头螺纹检验应采用专用环规。环规使用示意见图18.6，检验记录见表18.6。

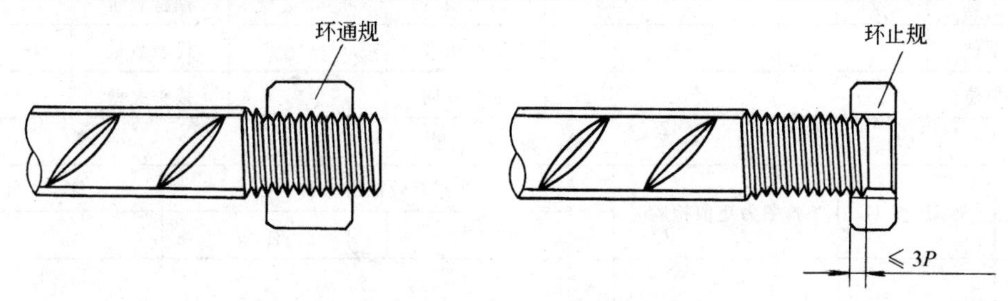

图18.6 环规使用示意图

现场钢筋丝头加工质量检验记录表 **表18.6**

工程名称		钢筋规格		抽检数量	
工程部位		生产班次		代表数量	
提供单位		生产日期		接头类型	

检 验 结 果

序 号	钢筋直径	丝头螺纹检验		丝头外观检验			备 注
		环通规	环止规	有效螺纹长度	不完整螺纹	外观检查	

质检负责人： 检验员： 检验日期：

注：1. 螺纹尺寸检验应按18.5.4的规定，选用专用的螺纹环规检验。

2. 相关尺寸检验合格后，在相应的格里打“√”，不合格时打“×”，并在备注栏加以标注。

18.5.5 钢筋连接接头外观质量及拧紧力矩的现场检验

1. 钢筋连接接头的外观质量及拧紧力矩应符合18.3.3和表18.5的要求。

2. 钢筋连接接头的外观质量在施工时应逐个自检，不符合要求的钢筋连接接头应及时调整或采取其他有效的连接措施。

3. 外观质量自检合格的钢筋连接接头，应由现场质检员随机抽样进行检验。在同一施工条件下，采用同一材料的同等级、同型式、同规格接头，以连续生产的500个为一个检验批进行检验和验收。不足500个的也按一个检验批计算。

4. 对每一检验批的钢筋连接接头，于正在施工的工程结构中随机抽取15%，且不少于75个接头，检验其外观质量及拧紧力矩。

5. 现场钢筋连接接头的抽检合格率不应小于95%。当抽检合格率小于95%时，应另行抽取同样数量的接头重新检验。当两次检验的总合格率不小于95%时，该批接头仍为合格。

若合格率仍小于95%，则应对全部接头进行逐个检验，合格者方可使用。检验记录见表18.7。

现场钢筋接头连接质量记录表　　**表18.7**

工程名称		钢筋规格		抽检数量	
工程部位		生产班次		代表数量	
提供单位		生产日期		接头类型	

检　验　结　果

序　号	钢 筋 直 径	拧紧力矩值检验	外露有效螺纹检验		备　注
			左	右	

质检负责人：　　　　　　　　　　检验员：　　　　　　　　　　检验日期：

注：1. 拧紧力矩值检验应按表18.5的规定进行检验。

2. 外露有效螺纹检验按18.3.3-1的规定检验。

3. 相关检验合格后，在相应的格里打“√”，不合格时打“×”，并在备注栏加以标注。

18.5.6　钢筋连接接头力学性能的现场检验

1. 现场施工前，应按现行行业标准《钢筋机械连接通用技术规程》JGJ 107—2003中的有关规定进行接头工艺检验。滚轧直螺纹钢筋连接技术的提供单位应向使用单位提交有效的型式检验报告。

2. 钢筋连接接头的力学性能现场检验按检验批进行。同一施工条件下采用同一材料的同等级、同型式、同规格接头，以连续生产的500个为一个检验批进行检验和验收。不足500个的也按一个检验批计算。

3. 对每一检验批接头，必须于正在施工的工程结构中随机截取3个接头试件作抗拉强度试验。按现行行业标准《钢筋机械连接通用技术规程》JGJ 107—2003中的有关规定及设计要求的等级进行评定。

4. 钢筋连接接头单向拉伸试验的结果，当符合现行行业标准《钢筋机械连接通用技术规程》JGJ 107—2003中的有关规定时，该验收批评为合格。如有1个试件的强度不符合要求，应再取6个试件进行复检。复检中如仍有1个试件的强度不符合要求，则该检验批评为不合格。

5. 现场连续检验10个检验批，当其全部单向拉伸试件均一次抽样合格时，检验批的接头数量可扩大为1000个。

18.5.7　力学性能的试验方法

1. 在钢筋连接接头进行检验前，应对钢筋母材进行力学性能检验。试验方法应符合现行国家标准《金属材料 室温拉伸试验方法》GB/T 228的有关规定。检验结果应符合现行国家标准《钢筋混凝土用热轧带肋钢筋》GB 1499或现行国家标准《钢筋混凝土用余热处理钢筋》GB 13014的有关规定。

2. 接头试件尺寸应符合现行行业标准《钢筋机械连接通用技术规程》JGJ 107—2003中的有关规定。

3. 钢筋连接接头型式检验应符合现行行业标准《钢筋机械连接通用技术规程》JGJ 107—2003中的有关规定，并确定接头的性能等级。

4. 施工现场应进行的单向拉伸强度试验，试验方法应符合现行国家标准《金属材料 室温拉伸试验方法》GB/T 228的规定。

18.6 工程应用的质量控制

18.6.1 连接套筒产品制作的质量控制

连接套筒加工的质量控制点：原材料的材质、螺纹牙形和螺纹加工精度、外形尺寸。

连接套筒采用的原材料必须选用强度高、延性好的优质碳素结构钢或合金结构钢，保证钢筋滚轧直螺纹接头强度和变形性能的要求；原材料的材质若不符合要求，将无法保证接头的性能。

内螺纹的牙形和加工精度是影响接头质量的另一重要因素。套筒内螺纹的牙形必须完整饱满，牙形角符合设计要求。由于套筒内螺纹是在机床上切削成型的，一方面，其金属组织结构在加工前后并没有改变，内螺纹的力学性能与原材料力学性能一致；另一方面，切削的刀具形状和精度决定螺纹牙形的大小和精度。所以，当套筒内螺纹出现牙形螺纹不完整、或牙形角偏差较大时，钢筋接头的螺纹传力性能将很难得到保证。此外，套筒内螺纹的小径和中径的公差，是保证套筒与钢筋丝头之间配合的关键，小径和中径偏大，将影响接头的变形性能；小径和中径偏小，现场连接无法实现。

外形尺寸主要应控制套筒的外径偏差不能偏小，以保证套筒的横截面面积。

18.6.2 钢筋丝头现场加工的质量控制

钢筋丝头加工的质量控制点：螺纹直径、螺纹牙形、螺纹长度。

同连接套筒内螺纹加工精度对接头性能影响情况一样，钢筋丝头螺纹大径、中径是保证与连接套筒螺纹配合的关键。

与套筒内螺纹要求有所不同的是螺纹的牙形。由于丝头的螺纹是由滚轧机的滚丝轮挤压成型的，其牙形角一般均能保证达到设计要求。但另一方面，由于钢筋母材直径公差较大，以ϕ28钢筋为例，根据GB 1499，公称内径为27.2mm，公差±0.6mm，仅正差和负差之间相差1.2mm，这种情况下控制钢筋丝头螺纹牙形完整均较为困难，同时钢筋端部在运输、搬运过程中造成的挤、碰变形，也会在丝头上造成螺纹断续。只有在丝头加工过程中严格按标准要求检验，方能保证丝头螺纹的牙形完整，从而保证接头的连接强度。

钢筋丝头的螺纹长度小于设计要求，会导致钢筋端头在连接套筒中顶不到位，严重时会造成接头强度大幅度降低，进而影响整个工程结构的安全性；过长则会出现接头外露螺纹太多，形成不合格接头。

18.6.3 现场连接施工操作的质量控制

钢筋现场连接的质量控制点：外露螺纹、拧紧力矩。

接头连接套筒两侧的外露螺纹是检查接头质量的最直观途径。由于钢筋丝头加工时要求有效螺纹长度有0～+2P的公差范围，所以，接头连接完毕后，套筒一侧或两侧没有外露螺纹时，说明丝头螺纹长度不够，钢筋端头未在套筒中间顶实；外露螺纹大于2P时，有两种情况，一是若丝头螺纹长度符合要求，则连接旋拧不到位；二是若连接旋拧到位，则丝头螺纹长度过长。这两种情况均为质量缺陷。

钢筋接头的拧紧力矩是接头强度和变形性能的重要保证。当接头的拧紧力矩值达到标准要求时，螺纹副之间的配合间隙消除，才能满足接头的强度和变形要求。拧紧力矩过大过小均对接头的性能不利。

18.7 常见问题及处理措施

18.7.1 连接套筒的加工、出厂

1. 连接套筒内螺纹牙形不完整外径、长度和螺纹直径偏差大

原因分析：车削螺纹的刀具形状和精度不符合要求；套筒坯料内外圆不同轴；机床精度低。

处理措施：更换车削刀具；加强上道工序的检验；调试和恢复基础精度。

2. 套筒有严重锈蚀、杂物、油渍等污染物

原因分析：出厂前库存受潮；其他工地退货未仔细检查清理。

处理措施：打开包装全数检查，对有影响混凝土质量的套筒清理退场。

18.7.2 钢筋丝头加工

1. 丝头螺纹长度偏差大

原因分析：滚轧机工作行程开关失灵或行程距离控制未正确调整。

处理措施：检查、维修、重新调整设备的行程控制机构。

2. 丝头螺纹牙形不饱满，同一丝头牙顶宽度普遍大于0.3P，螺纹沟槽浅或夹有铁屑。

原因分析：滚丝轮磨损；采用剥肋滚轧工艺时，钢筋直径有负差或剥肋过深。

处理措施：更换滚丝轮；调整剥肋机构。

3. 丝头螺纹不完整，有牙顶宽度大于0.3P的不连续螺纹

原因分析：钢筋端面有马蹄形；钢筋端部有严重损伤。

处理措施：用砂轮片切割机切掉有缺陷的钢筋端部。

4. 丝头螺纹直径偏差过大

原因分析：采用直接滚轧工艺时，滚丝轮精度低或磨损程度大；采用剥肋滚轧工艺时，剥肋机构的剥肋尺寸未调整正确。

处理措施：更换滚丝轮；调整剥肋机构。

18.7.3 钢筋现场连接

1. 连接套筒不能完全旋拧到位

原因分析：开始连接时，操作人员未将套筒对正钢筋中线，螺纹未完全咬正情况下即采用扳手旋拧；连接套筒与钢筋丝头加工工艺方式不匹配；套筒螺纹中径偏小或钢筋丝头

螺纹中径偏大。

处理措施：拆除已连接套筒，对操作人员就技术要求重新交底；检查套筒出厂标志，更换工艺不匹配的连接套筒；更换套筒重新连接，更换后仍无法旋拧到位的，当一侧钢筋已经固定于混凝土中时，及时加工特制套筒重新连接；加强连接套筒进场检验和现场钢筋丝头检验，不合格套筒全部退出工地，不合格丝头重新加工。

2. 连接套筒用手即可旋拧到位，螺纹配合间隙过大

原因分析：连接套筒与钢筋丝头加工工艺方式不匹配；套筒螺纹中径偏大或钢筋丝头螺纹中径偏小。

处理措施：检查套筒出厂标志，更换工艺不匹配的连接套筒；更换套筒重新连接，更换后仍有较松的，当一侧钢筋已经固定于混凝土中时，及时加工特制套筒重新连接；加强连接套筒进场检验和现场钢筋丝头检验，不合格套筒全部退出工地，不合格丝头重新加工。

3. 接头试件拉伸试验不合格

原因分析：试件的拧紧力矩不足或过大；拧紧后螺纹配合间隙大；使用了漏检的不合格套筒或与不合格钢筋丝头（主要是牙形不完整）进行连接。

处理措施：按标准要求重新取样进行试验，试件数量增加一倍，若再出现不合格时，该批接头全部返工。

4. 接头试件拉伸试验时，螺尾处拉断

原因分析：采用剥肋滚轧工艺时，螺尾处剥肋过深，未经滚轧强化。

处理措施：重新调整剥肋和滚轧参数，防止螺尾处拉断。

附录A　钢筋直接滚轧直螺纹机床及使用

以保定华建机械有限公司生产的GY40型滚轧直螺纹机床为例，作一简要介绍。

A.1　性能

GY40型钢筋滚轧直螺纹机床，能使钢筋端部一次轴向进给滚轧成型，螺纹光滑标准，机床操作简便，工作可靠，并且能实现按调定的直径和长度自动倒车返离工件，摇至0位时能自动停车。该机采用内给切削液装置，其冷却和润滑效果更佳，加工一种规格的钢筋，只需调定一次机床，启动一次开关，便能连续加工大量丝头，操作程序大为简化，克服了一般螺纹机床操作步骤重复、繁琐的弊端，减少了劳动强度，大大提高了工作效率。

A.2　技术参数：

1. 电源：3相～380V
2. 总功率：4.09kW（主电机4kW；冷却泵电机0.09kW）
3. 加工钢筋直径：$\phi16\sim\phi40$
4. 加工速度：平均单头时间1min
5. 滚轧有效螺纹长度：螺距2.5mm，螺纹长度≤35mm；螺距3mm，螺纹长度≤50mm
6. 外形尺寸：1250mm×1120mm×530mm
7. 质量：468kg（不包括附件质量）

A.3　机床构造示意图，见图A.1

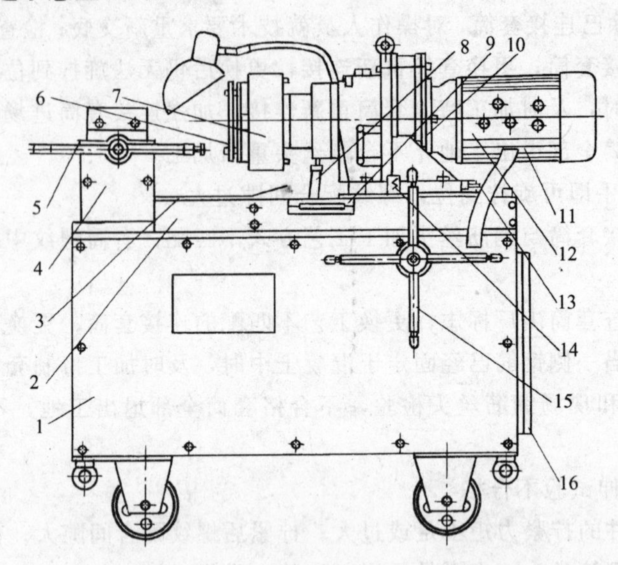

图A.1　GY40型钢筋滚轧直螺纹机床示意图

1—机架；2—护板；3—滤水盘；4—夹钳座；5—夹紧手柄；6—钢丝轮；7—滚丝头；8—冷却水管路；9—行程调节板；10—减速机；11—电机；12—功能开关盒；13—开停机限位器；14—行程限位器；15—进给手柄；16—电器箱

A.4　机床加工原理

1. 机床的主运动

该机床滚轧加工时，首先夹紧工件，滚丝头转动并作轴向进给运动完成滚丝，滚丝头转动是由主电机经减速机减速以50r/min的转速来传递主加工运动；加工进给运动是搬动手柄，经齿轮、齿条带动拖板来实现。

2. 滚丝轮

加工螺纹的滚丝轮是由一组四件组成，按序号分别装入滚丝头体，加工螺纹一次完成。

3. 工件夹紧

工件是利用螺旋刚性定心原理的虎钳机构夹紧。

4. 加工与退刀

开启主电机按钮，电机带动减速机及滚丝头旋转，转动手柄进给，加工到位后，压下行程开关，自动停车1s，然后自动倒车返离工作，摇至0位自动停车。

A.5　机床的组成

1. 机架是机床的支撑体，内装电器控制箱、冷却泵及水箱，下部装有车轮，便于在工地移动。

2. 夹紧机构利用正反螺旋扣，将钳口合并使工件夹紧，确保工件轴心与主轴轴心的同轴度。

3. 主拖板上装有主电机、减速机及滚丝头来实现旋转滚轧加工，拖板下有齿条与进给齿轮啮合，可以实现在滑轨轴上前后移动。

4. 附件有止环规、通环规、长度卡板、专用扳手。

5. 减速机、冷却泵、电器由生产厂家配套供应，均由质检部门进行检测，验收合格。自制件均保证材质，并按图按工艺卡加工，检验合格后方可装机。

6. 整机检验按企业标准进行，经检验合格后，附产品合格证方可出厂。

A.6　操作与调整

现场操作见图A.2。

1. 准备

(1) 将机床安放平稳，机床主轴轴心线应处于水平位置，如有倾斜，只能是夹钳方向低于水平位置，但不大于5°；

(2) 清除机床上的附着物，清洗各部油封，检查各连接件是否松动，水盘、接屑盘是否安放稳妥；

(3) 向减速机体内加油，推荐使用“工业极压齿轮油”，气温＜5℃使用40号，5℃≤气温≤30℃使用70号，气温＞30℃使用90号，使用两周后更换新油，以后每3～6个月更换一次；

图A.2　现场钢筋丝头加工

(4) 钢筋滚轧螺纹加工时，不得使用油性切削液；不得在没有润滑液的情况下加工；加切削液，把切削液倒入水盘中，流入水箱。

2. 试车

(1) 接通电源，开启冷却泵，检查冷却水流量；

(2) 开启主电机，使主轴旋转方向与“转向标牌→”相符；

(3) 检查功能开关盒“开”“关”键是否正常工作，限位器是否灵敏正常，此项工作机床出厂前已调整好，试车时可按以下程序验证并调整：

a. 搬动进给手柄，使滑板处于中间位置；

b. 旋动电源开关置于“开”的位置，主轴处于工作状态；

c. 逆时针搬动进给手柄，使倒车限位器压向行程调节板，检验限位器动作是否准确，延时器动作应在1～3s之间；

d. 顺时针搬动进给手柄，使滑板至极限位置，同时“开”“停”车限位器动作切断电源而停车；

e. 搬动进给手柄，使滑板前移；开停车限位器动作，使电机自动开启，检验、调整限位器启闭有效行程不大于0.2mm，重复以上动作，保证运转准确。

(4) 向滚丝头、机床各摩擦部位注油润滑。

3. 加工直径调定

钢筋丝头螺纹尺寸宜按现行国家标准GB/T 196标准确定：中径公差应满足现行国家标准GB/T 197标准中6f精度要求；根据所需加工的钢筋直径，把滚丝头的相应规格通过通止棒调整，而后锁紧，严禁一次调过，影响工件质量和造成机床事故。注意当使用梳牙的锁紧垫时，梳牙应相对吻合，严禁梳牙交叉锁紧。

4. 长度调整

根据所需滚轧钢筋直径（丝头长度随钢筋直径而定），把行程调节板上相应规格的刻线对准护板上的“0”刻线，而后锁紧，即完成初步调整。

5. 直径、长度的调整

由于各部误差积累影响刻线的准确性，所以刻线均为初步指标线，最终以实际加工的直径和长度进行微调，直至合格，调整时必须直径从大到小，长度由短到长，循序渐进的进行。

6. 钢筋装卡

把床头置于停车极限位置，将待加工钢筋卡在夹钳上，钢筋伸出长度以其端面与滚丝头钢丝轮外端面对齐为准，而后夹紧（向里向外都会影响丝头的加工长度）。

A.7　加工及注意事项：

1. 钢筋滚轧直螺纹丝头端面应垂直于钢筋轴线，不得有挠曲及马蹄形，要求用锯割或砂轮锯下料，不可用剪断机，严禁用气割下料；

2. 钢筋滚丝要预先在钢筋滚轧直螺纹机床上加工，普通工人必须经过短期培训才能掌握机床的使用方法。每台班可加工250个丝头。为了确保质量，必须持上岗证作业，对加工完成的丝头要求操作人员进行自检。

(1) 外观质量：目测牙形饱满，牙顶宽超过0.75mm秃牙部分累计长度不超过1/2螺纹周长；

(2) 螺纹大径：通端量规应通过螺纹大径，止端量规则不应通过；

(3) 螺纹中径及小径：螺纹通规能顺利旋入螺纹并达到旋合长度；止规旋入丝头不超过3*P*（*P*为螺距）；

(4) 滚轧长度：按螺纹旋合长度＋1*P*（*P*为螺距），其后质检员按1%进行抽检，并做好检验记录，检查合格的丝头立即将其一端拧上规格相同的塑料保护帽，另一端用扳手把与钢筋规格相同的连接套旋入1/2套筒总长，存放待用；

(5) 当完成丝头滚轧长度后，机床会自动倒车回返，在滚丝轮即将离开丝头时，应顺时针为进给手柄加一定的力，滚丝轮与丝头完全脱开后顺势摇到“0”位，机床自动停车；

(6) 松开夹钳，取下钢筋，完成一个丝头的加工；钢筋丝头加工完毕后，应立即带上保护帽或拧上连接套筒，防止装卸钢筋时损坏丝头；

(7) 在滚轧加工过程中，当滚丝轮或滚轴发生故障时，应立即整体拆装滚丝轮架（包括滚丝轮），交维修工修换，一般不在施工现场更换滚轴和滚丝轮；

(8) 滚压过程需要有水溶性切削液冷却和润滑，当气温低于0℃时，可加入20%～30%的亚硝酸钠，严禁用油代替或不加切削液加工；

(9) 接好地线，确保人身安全；

(10) 冷却液箱15d清理一次；

(11) 减速机定期加油，保持规定的油位；

(12) 做钢筋接头试件静力拉伸试验。钢筋连接以前按每种规格钢筋接头的3%做钢筋接头试件，送检验部门做静力拉伸试验并出具试验报告。钢筋接头试件应达到或超过钢筋抗拉强度（异径钢筋接头以小直径的强度为准），如有一根试件未达到标准值，应再取双倍试件做试验，直到全部试件合格后，方准进行钢筋连接施工。

A.8　部件和附件

1. 滚丝轮，见图A.3；
2. 力矩扳手和工作扳手，见图A.4；
3. 调径规和环规，见图A.5。

图A.3　滚丝轮

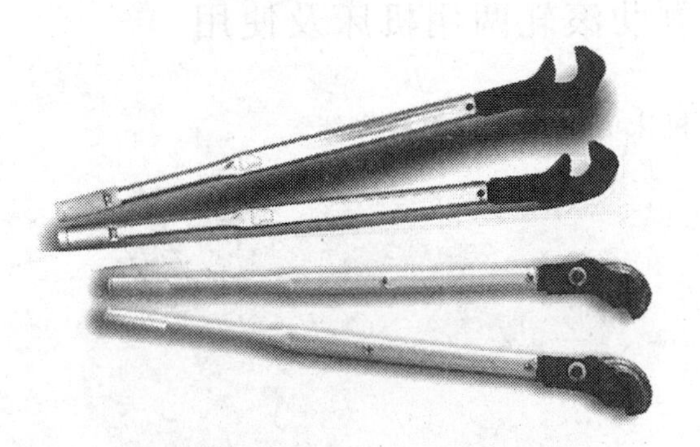

图A.4　力矩扳手和工作扳手

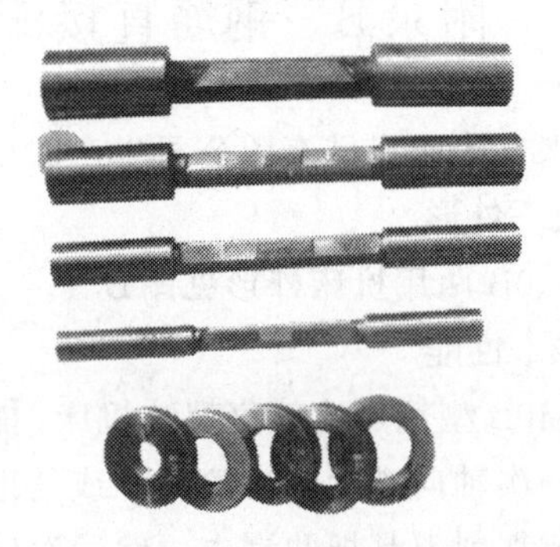

图A.5　调径规和环规

A.9　连接套筒

连接套筒在公司成批生产。经检验合格的连接套筒，采用带有防潮层的统一包装，并在包装上明显标记套筒名称、规格及型式，适用于连接的钢筋牌号、匹配的钢筋丝头加工工艺方法等。

标准型套筒尺寸见表A.1。

保定华建公司生产的标准型套筒尺寸（mm）　　表A.1

规格(mm)	长度$L^{0}_{-2.0}$(mm)	外径$\phi^{0}_{-0.4}$(mm)	螺纹参数				
			公称直径		螺距P（mm）		牙形角(°)
			直滚	剥肋	直滚	剥肋	
16	45	ϕ25	M17	M16.5	2.5	2	60
18	50	ϕ29	M19	M18.5	2.5	2	60
20	54	ϕ31	M21	M20.5	2.5	2.5	75
22	60	ϕ33	M23	M22.5	2.5	2.5	75
25	64	ϕ39	M26	M25.5	3	2.5	75
28	70	ϕ44	M29	M28	3	2.5	75
32	82	ϕ49	M33	M32	3	2.5	75
36	90	ϕ54	M37	M36	3	3	75
40	95	ϕ59	M41	M40	3	3	75

连接套筒出厂时，附有产品合格证。

A.10　工程应用实例

在北京顺景园娱乐城工程，建筑面积125万m²，钢筋直径18～32mm，接头23万多个。世贸公寓工程，建筑面积17万m²，钢筋直径20～32mm，接头15万多个。旺座大厦工程，建筑面积10万m²，钢筋直径18～36mm，接头15万多个。陕西省政府汽车库，建筑面积4

万 m^2，西北工业大学研究生楼，建筑面积 1.8 万 m^2 等诸多工程中，均使用华建公司生产 GY40 型直接滚轧直螺纹机床加工。连接钢筋接头总数达1500 万个以上。接头抽样检验，达到Ⅰ级性能的要求。

附录B　钢筋直接滚轧和剥肋滚轧两用机床及使用

以保定华建机械有限公司生产的GY40B 机床为例，作一简要介绍。

B.1　外形

GY40B 两用机床外形见图B.1。

图B.1　GY40B 钢筋滚轧机床

B.2　性能

GY40B 型钢筋滚轧直螺纹机床，能使钢筋端部一次轴向进给两次滚轧，或是把前滚丝轮换成切削刀具把肋剥去，然后滚轧成丝头，是一机两用加工丝头机床。螺纹光滑标准，前后滚轧规格可调，前滚轧头有自动涨刀和收刀装置，并且能实现按规格调定丝头长度自动停车，手点动倒车按钮倒车返离工件，利用手点倒车按钮时间差实现延时作用，摇至“0”位时能自动停车。该机床采用内给切削液装置，加工一种规格的钢筋，只需调定一次机床，启动一次开关，便能连续加工。

B.3　技术参数

1. 电压：3 相～380V　50Hz
2. 功率：4.09kW
3. 加工钢筋直径 $\phi16 \sim \phi40$
4. 加工速度：单头平均时间小于 1min
5. 最大行程：230mm
6. 外形尺寸：1320mm×700mm×1160mm
7. 质量：约 550kg

B.4　调整

1. 剥肋与第一次滚轧头的调整

如图B.2 所示，松开件号6 内六角螺钉，用专用工具转动件号2 外套，用同规格钢筋前端调整棒放入四刀（或四滚丝轮）组成的孔内，先将孔调大，然后收紧，松紧度以调整棒能取出为准，即为调整好，即可将件号 6 内六角螺钉锁紧。

2. 滚丝尺寸调整

如图B.2 所示，将件号5 六个六角螺母松开，用专用工具旋转件号4 调径盘，用同规格钢筋的滚丝调整棒，放入三滚丝轮形成的孔内，方法同样为先调大后收紧，松紧度以调整棒能取去为准，即为调整好，将件号5 螺母拧紧。试滚轧丝头，用螺纹环规检测丝头尺寸，视检测结果，重新调整尺寸，松开螺母，用工具稍旋转调径盘（放大或缩小），紧固螺母，滚轧丝头，直待合格后滚丝尺寸即为调整好。

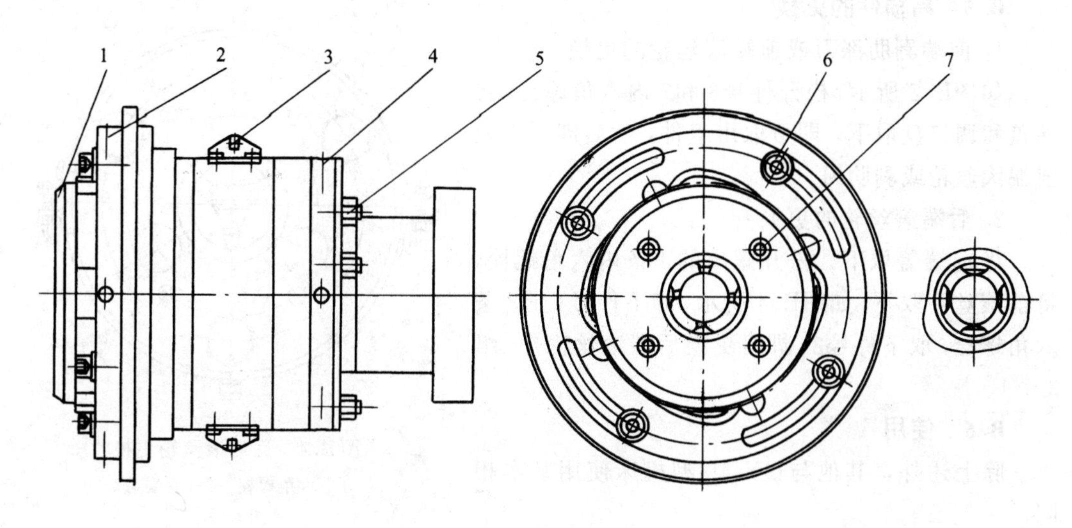

图B.2 滚轧头

1—端盖；2—外套；3—紧固螺栓；4—调径盘；5—锁紧螺母；6—内六角螺钉；7—内六角螺钉

3. 滚轧丝头长度的调整

(1) 首先确定滚丝头端盖与夹固钢筋的相对基准尺寸后方可进行调整。

(2) 剥肋或第一次滚轧长度的调整按图B.3所示，调整涨刀机构和收刀机构的相对尺寸，使剥肋或第一次滚轧尺寸达到要求为止（剥肋尺寸比丝头长度短1～2螺距，第一次滚轧尺寸与丝头长度相等）。

(3) 丝头长度调整

调整行程调节板的位置，以上两次调整好均要求试滚轧丝头，直待尺寸合格后，为调整好。

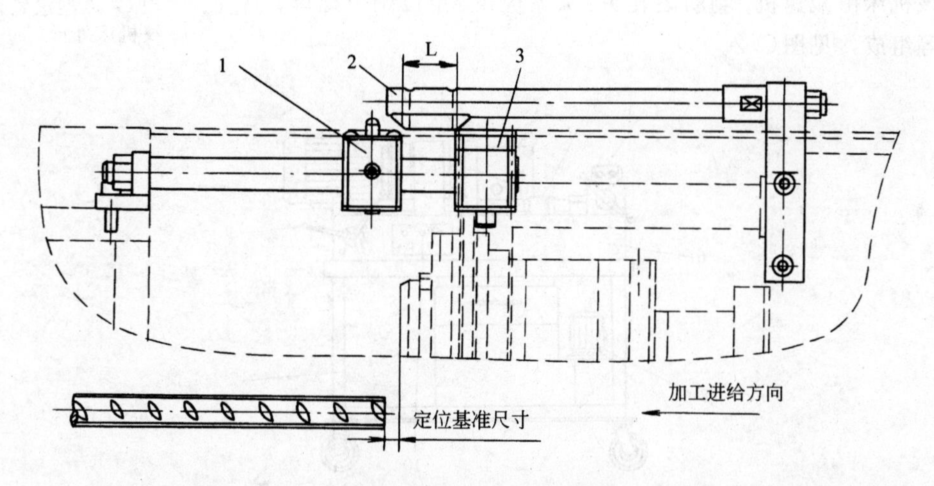

图B.3 滚轧丝头长度调整

1—涨刀机构；2—涨刀块；3—收刀机构

B.5　易损件的更换

1. 前端剥肋涨刀或前端滚丝轮的更换

如图B.2所示，松开件号6和7内六角螺钉，将端盖和调整盘取下，即可取出组件，然后即可更换前端滚丝轮或剥肋刀。

2. 后端滚丝轮的更换

将前端盖取下，松开露出的4条内六角螺栓，将前滚丝头取下，如图B.4所示，卸下件号1的3条六角螺栓，取下件号2，即可更换后端滚丝轮（一组3个）。

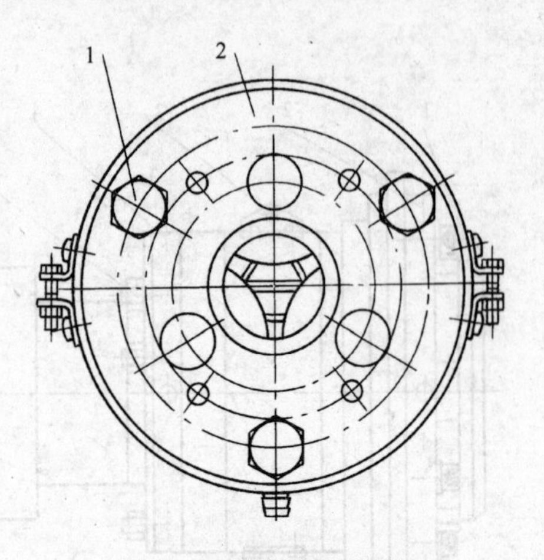

图B.4　后端滚丝轮更换
1—六角螺栓；2—后端盖

B.6　使用

除上述外，其他与GY-40型机床使用基本相同。

附录C　钢筋剥肋滚轧直螺纹机床及使用

以上海强力连接技术发展有限公司生产的ZLG-50型剥肋滚轧直螺纹机床为例，作一简要介绍。

C.1　外形

ZLG-50型机床外形见图C.1。

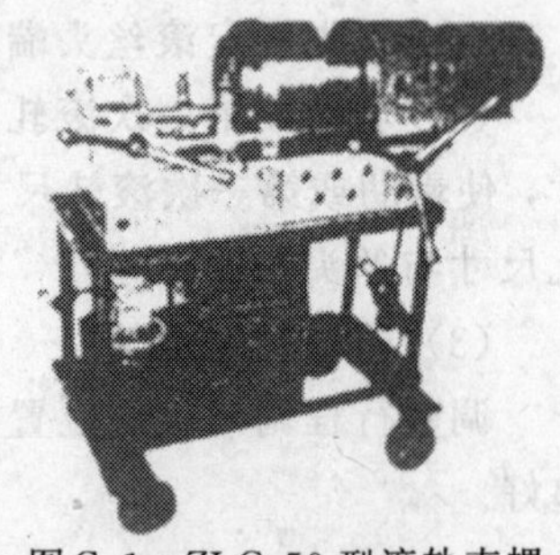

图C.1　ZLG-50型滚轧直螺纹机床外形

C.2　结构特点

该机床具有结构紧凑，运转平稳、移动灵活、操作简单、加工方便等优点。

该机床由减速机、剥肋滚轧头、夹紧虎钳、定位调节螺母、底座等组成，见图C.2。

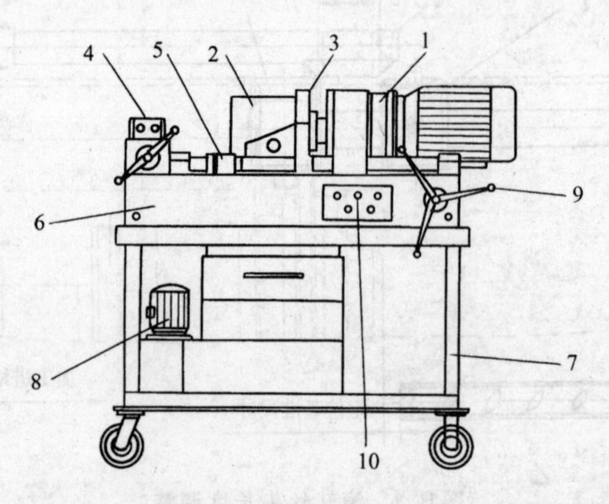

图C.2　ZLG-50型剥肋滚轧直螺纹机床示意图
1—减速机；2—剥肋滚轧头；3—夹紧虎钳；4—定位调节螺母；5—底座；6—冷却系统；7—小车架；8—电气系统；9—进给手柄；10—按钮板

C.3 性能参数

机床型号：	ZLG-50 型	ZLG-100 型
可加工钢筋牌号：	HRB 335、HRB 400	HRB 335、HRB 400
可加工钢筋最大直径：	32mm	50mm
可加工丝头长度：	≤120mm	≤160mm
装夹长度：	≥300mm	≥300mm
主电机功率：	2.2kW	4kW
减速器减速比：	1∶39	1∶35
剥肋滚轧头转速：	37r/min	40r/min
外型尺寸：	1000mm×500mm×1000mm	1200mm×600mm×1250mm
质量：	350kg	400kg

C.4 操作系统

使用前必须了解各操作手柄、按钮的功能和作用，见图C.3。

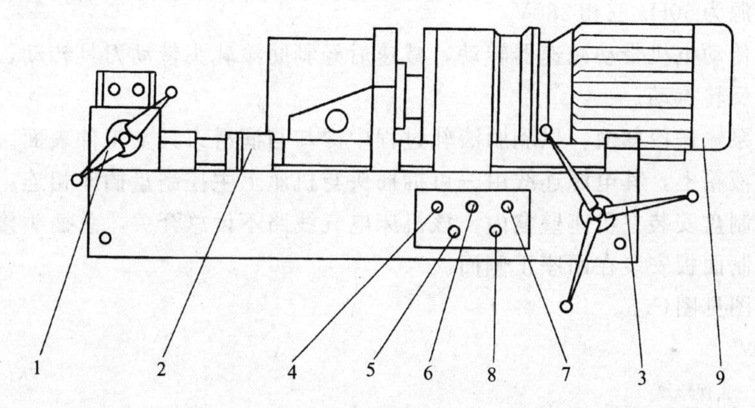

图C.3 各操作部件功能和作用示意图

1—为虎钳夹紧手柄，用于装夹工件；2—为切削滚轧调节螺母，用于滚轧长度定位；
3—为主进给手柄，用于主进给剥肋、滚轧；4—为主电机正转启动按钮，用于启动滚轧头正转运动；
5—为电机停机止按钮，用于停止滚轧运动；6—为主电机反转点动按钮，用于滚轧时或检修机床时滚轧头反转用；
7—为冷却泵启动按钮，用于接通冷却管路；8—为冷却泵关闭按钮，用于切断冷却管路；
9—为主动电动机，用于输出动力

C.5 润滑部位与要求

为保证机床工作的可靠性，减少零件的磨损及功率损耗，延长机床的使用寿命，必须对机床零件的所有摩擦面及配合表面进行全面按期注油润滑，机床润滑部位如图C.4 所示。为此，机床使用者应注意：

1. 所有润滑部位均采用20 号或30 号机油润滑，操作者可按工作环境、温度在上述范围内调节。

2. 减速器型腔内应注油至油标窗2/3 处，首次试车工作达20h 后，应排放清洗一次，以后每工作800～1000h 后，更换清洗一次，注入的润滑油应用过滤网过滤，保证清洁干净。

3. 对其余所有的润滑部位均应在开机前后充分注入润滑油，夹具导轨及机床导轨工作后，应先擦净，再涂抹润滑油。机床所有润滑部位的润滑方式均可采用油枪或油壶浇注的方法进行。

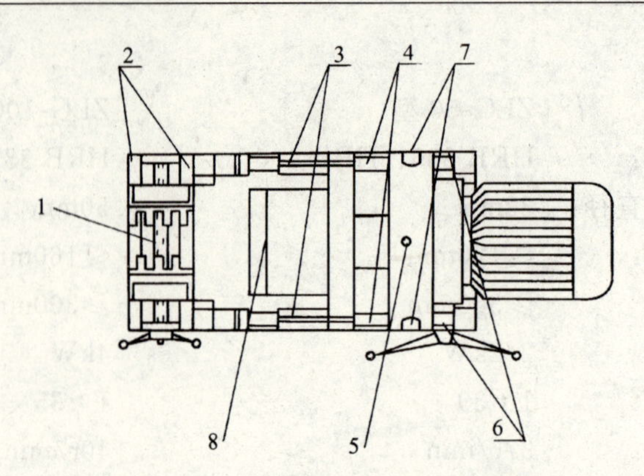

图C.4　机床注油润滑部位示意图

1—夹具丝杆及螺母；2—夹具导轨；3—承座体导套；4—减速器导槽；5—减速器型腔；6—主进给手柄轴；7—减速器型腔油标窗；8—刀座孔及滑块

C.6　机床电气原理

该机床电源为50Hz 三相380V。

机床中主传动电机带动减速器转动，减速后经剥肋滚轧头带动刀具转动，其电气控制功能有正转及反转点动。

机床冷却泵输送冷却液，供剥肋滚轧过程中冷却与润滑刀具及工件表面。冷却泵安装在小车中的盛液箱上，其电源连线由一可拆插头与机座上主控制盘插座相连。

电气主控制盘安装在机座壁龛内，该机床电气线路不设总开关，总插头接上电源，电路即接通。控制面板安装在面座正侧面。

电气原理图见图C.5。

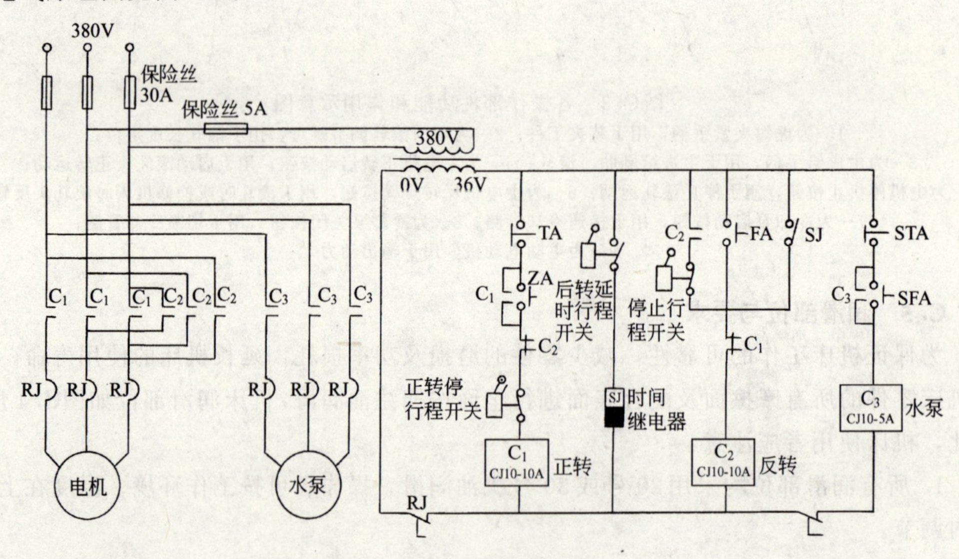

图C.5　机床电气原理图

C.7　安装与试车

1. 安装

机床出厂时，机座与车架可分为上下两部分装运。启用前应将床身安置在小车架的托盘上，并用螺栓在床身底部栓紧，盛液箱及滤液箱置于小车架中。

2．试车

试车前必须仔细地清洗配合表面的防锈涂料及污物，擦干净后，注上润滑油；此外还应注意各部位螺钉是否拧紧。

在接装电源时，应仔细检查电气系统是否完好，注意电机有无受潮。机床须可靠接地保护。

接好电源后，空车运转检查各部位的工作情况，并注意主进给电机正转启动后的旋转方向是否与规定的旋转方向（箭头指示）一致。

上述工作完成后，即可开车进行工作。

C.8　操作与调整

1．操作

工作前先按加工的类型及规格选择调整好刀具，将工件装夹定位好。揿动电气按钮，应注意其程序为先开冷却泵，再开主电动机。

主电动机运转后，旋动主进给手柄进行剥肋工作。此时应注意进给要均匀，不得用力过猛或用力不足。滚丝加工时，开始要加足进给力，当螺纹套出3～5扣后，即可少用力或不用力，滚压就能自动进行。

2．调整

（1）夹具的调整

机床出厂前，夹具装夹中心线与切削滚轧头轴心线的同心度是进行调整过的，其误差用标准芯轴测量控制在0.15mm范围内。由于运输过程中的振动或在长期工作使用中的变化，夹具装夹轴心线与切削滚轧头轴心线的同心度可能会产生超规定的偏差，这样就会影响夹具的装夹精度，以至于工件的加工精度。此时需对夹具进行调整。方法如下：

1）对装夹轴心线与切削滚轧头轴心线上下偏差的调整

一般情况下，夹具装夹轴心线不会高于切削滚轧轴心线。如遇可能高出的情况，可采取修磨夹具底面的方法。

多数情况下，夹具装夹轴心线低于切削轧头轴心线，此时可采用垫高夹具底面的方法，见图C.6。

2）对装夹轴心线与切削滚轧头轴心线左右偏差的调整

松开小圆螺母及档圈上螺钉微调丝杠轴，使钳口能左右移动，用标准试棒调整测量，使误差控制在一定范围内，调整完毕后锁紧小圆螺母及档圈，见图C.7。

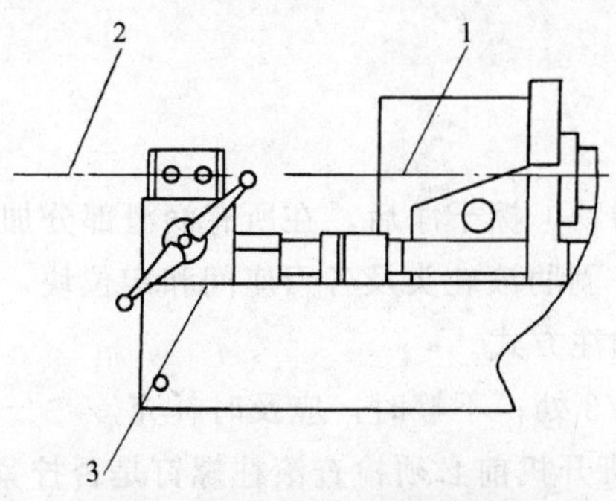

图C.6　轴心线上下偏差调整

1—滚轧头轴心线；2—夹具装夹轴心线；3—夹具底面

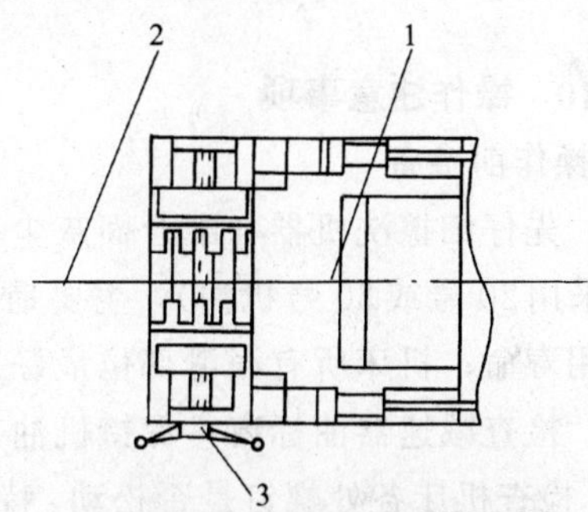

图C.7　轴心线左右偏差调整

1—滚轧头轴心线；2—夹具装夹轴心线；3—小圆螺母

(2) 工件与机床加工轴心线一致的调整

工作过程中如遇工件较长，可采用固定架托住工件，固定架的高低，应使机床轴心线与装夹工件轴心线保持一致。

(3) 直尺及定位块的选择与调整

加工圆柱面时的选择与调整。加工圆柱时，只要调整好刀具的切削直径，即可加工。

定位块的调整可与刀座的调整配合使用，对直径变化比较小的情况，调整整个定位块的位置，即可改变刀具的张紧程度，从而调节切削范围。定位块后移，则加工直径增大，反之亦然。见图C.8。

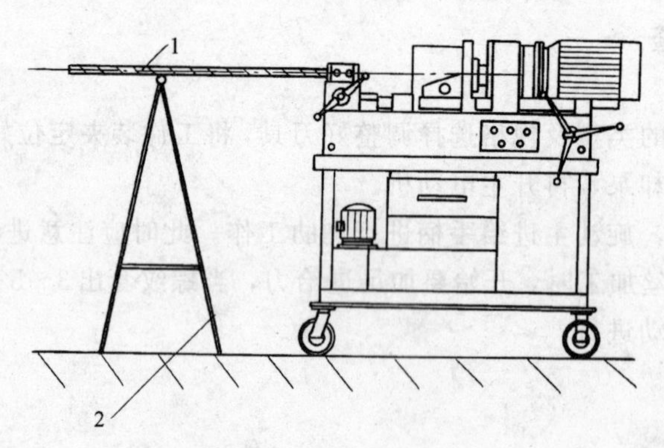

图C.8　固定架

1—钢筋；2—固定架

C.9　维护与保养

1. 加工钢筋时，必须保证夹具的直线要求装夹长度，以免损坏刀具及机床；

2. 严禁碰击机床配合面及机床表面；

3. 注意保持各配合面的清洁，按润滑要求对各注油部位定期、定量加注润滑油；

4. 每班工作结束后，必须拆开清洗刀座及刀座孔，并注入润滑油；

5. 定期清洗盛液箱，及时更换冷却液，以免堵塞损坏冷却管路；

6. 注意防雨防潮，以免机床锈蚀及损坏电气设备；

7. 长期停用机床时，应将机床各配合表面用煤油洗净擦干，并封上黄油，对曾经采用非油质冷却液的机床，应将冷却液排放干净，最好用空压机吹净管路，然后沿管路注入润滑机油。

C.10　操作注意事项

1. 操作前准备

(1) 先仔细擦洗机器各配合面灰尘、砂料等污物，擦干净后，在所有润滑部分加注润滑油（采用20号或30号机油），主要是机床导轨、剥肋滚轧头及各刀座间和定位块，延长机床使用寿命；机床所有润滑部位最好采用油枪加注方式。

(2) 检查减速器油标窗，保持机油在油标窗2/3处；不够时，应及时补充。

(3) 检查机床各处螺钉是否松动，特别注意每班开机前必须检查滚柱螺钉是否拧紧，要仔细加固，并且在操作过程中要经常不定时检查，以防止因松动被打断。

(4) 检查冷却液箱内水位是否低于水箱总高度3/4，若水位不够，及时加注，并注意冷却液中皂化油浓度变化，若浓度不够，按水比皂化油比例15：1调配。冷却液必须为水溶性切削润滑液，禁止使用机油润滑。启动主电机，空车运行，检查工作情况，若无异常可进行加工。

(5) 根据准备加工钢筋直径选择直尺及有关配件。

2. 常见故障及排除

(1) 主进给手柄或承座移动手柄活动阻力大（卡刀），刀座之间间隙被铁屑挤住。故障及处理方法：打开端盖，清除铁屑，充分加注符合要求的润滑油。

(2) 在正常操作情况下，滚轧牙形不合格，此故障是滚丝轮与刀座磨损尺寸误差过大引起。解决办法：更换滚丝轮。

(3) 冷却泵电机运转，无冷却液喷出，此故障是冷却液箱内水位过低或油管路阻塞。解决办法：补充冷却液，用钢丝或压缩空气疏通管路，定期清洗冷却液箱。

(4) 接通电源，各启动钮按动电气不运作。引起故障原因：①电源保险丝烧断，可更换保险丝；②电气线路故障，请电工修理。

3. 安装连接

(1) 连接套筒规格必须与钢筋规格保持一致。

(2) 连接之前应检查钢筋直螺纹和套筒内螺纹是否完好，如发现杂物或锈污，可用铁刷清除。

(3) 单头已连接完毕的套筒密封盖必须保持拧紧状态，以防异物进入或液体渗入。密封盖如有破损或丢失，要及时更换补拧。

(4) 已套丝并拧上保护帽的接头在搬运过程中，注意轻放，避免外力碰撞保护帽及接头。

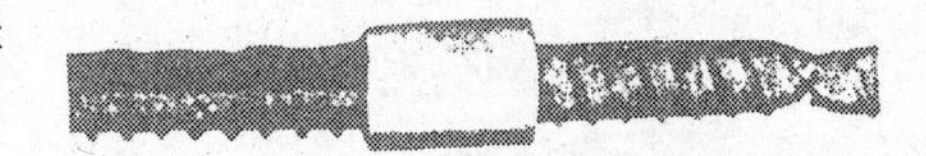

图C.9 经拉伸试验后钢筋接头试件

(5) 在连接现场，拧下保护帽和密封盖后，应尽快进行连接，以免直螺纹受到意外损伤。

(6) 两根钢筋连接，必须保证两根钢筋轴线平行且在一条直线上，禁止任何一根钢筋在倾斜状态下强制连接，以免损坏直螺纹。

(7) 将带有连接套的钢筋拧到待连接钢筋上，然后用扳手拧紧接头。

(8) 连接完的钢筋接头必须用油漆做上标记，并做好施工记录。

钢筋接头试件见图C.9。

C.11 连接套筒

连接套筒在公司成批生产。经检验合格的连接套筒，采用带有防潮层的统一包装，并在包装上明显标记套筒名称、规格及型式、适用于连接钢筋牌号、匹配的钢筋丝头加工工艺方法等。标准型套筒尺寸见表C.1。

上海强力公司生产标准型套筒尺寸（mm） 表C.1

钢筋公称直径	12	14	16	18	20	22	25	28	32	36	40
套筒外径D	20	20	25	28	30	32	38	42	48	54	60
套筒内径f	M12.5	M14.5	M16.5	M18.5	M20.5	M22.5	M25.2	M28.2	M32.2	M36.2	M40
套筒长度L	38	40	45	50	55	60	65	70	85	95	100
螺纹规格	$P2$	$P2$	$P2.5$	$P2.5$	$P2.5$	$P2.5$	$P3$	$P3$	$P3$	$P3$	$P3$
牙形角	60°	60°	60°	60°	60°	60°	60°	60°	60°	60°	60°

连接套筒出厂时，附有产品合格证。

C.12　工程应用实例

在上海紫藤苑综合大楼、香港丽园广场、明珠二期、东海大桥、磁悬浮站、上中路隧道、大连路隧道等数十个工程的主体结构、梁、柱、板和高架公路、隧道等工程中，采用了ZLG-50型剥肋滚轧直螺纹机床对HRB 335、HRB 400钢筋进行加工连接。受到各方欢迎，取得良好社会效益。

主要参考文献

1　行业标准.钢筋机械连接通用技术规程JGJ 107—2003

2　建筑工业行业标准.滚轧直螺纹钢筋连接接头

3　费前锋，刘旭军，高宝国，吴文飞.钢筋滚轧直螺纹连接技术的质量控制.陕西建筑与建材.2004(7)

4　保定华建机械有限公司.GY40、GY40B型钢筋滚轧直螺纹机床使用说明书

5　上海强力连接新技术发展有限公司.剥肋型等强度钢筋直螺纹滚丝机使用说明书

19 带肋钢筋熔融金属充填接头连接

19.1 基 本 原 理

19.1.1 名词解释

钢筋热剂焊（thermit welding of reinforcing steel bar）的基本原理是，将容易点燃的热剂（通常为铝粉、氧化铁粉、某些合金元素相混合的粉末）填入于石墨坩埚中，然后点燃，形成放热反应，使氧化铁粉还原成液态钢水，温度在2500℃以上，穿过坩埚底部的封口片（小圆钢片），经石墨浇注槽，注入两钢筋间预留间隙，使钢筋端面熔化，冷却后，形成钢筋焊接接头。为了保证钢筋端部的充分熔化，必须设置预热金属贮存腔，让最初进入铸型的高温钢水在流过钢筋间缝隙后进入预热金属贮存腔时，将钢筋端部预热，而后续浇注的钢水则填满钢筋接头缝隙，冷却后形成牢固焊接接头，焊接示意图见图19.1。

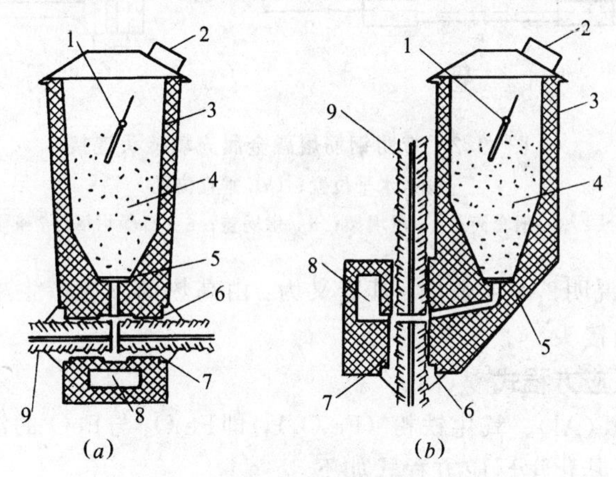

图19.1 钢筋热剂焊接[1]

(a) 水平位置；(b) 垂直位置

1—高温火柴；2—坩埚盖；3—带有出钢口的坩埚；4—热剂；5—封口片；6—型砂；7—石棉；8—预热金属贮存腔；9—钢筋

该种方法亦称钢筋铝热焊；由于工艺比较繁杂，已很少使用。

带肋钢筋熔融金属充填接头连接（melting metal filled sleeve splicing of ribbed steel bar），原称带肋钢筋铝热铸熔锁锭连接[2]，其基本原理是，在上述钢筋热剂焊的基础上加以改进，在接头连接处增加一个带内螺纹或齿状沟槽的钢套筒，省去预热金属贮存腔，见图19.2。

这样，经铝热反应产生的液态钢水直接注入套筒与钢筋表面之间的缝隙，以及两钢筋之间缝隙。冷却凝固后，充填金属起到与套筒内螺纹和钢筋表面螺纹（肋）的相互咬合作用，传递应力，形成牢固的连接接头。施加荷载后，充填金属受剪切力。

该种方法属于钢筋机械连接的范畴。在现行行业标准《钢筋机械连接通用技术规程》

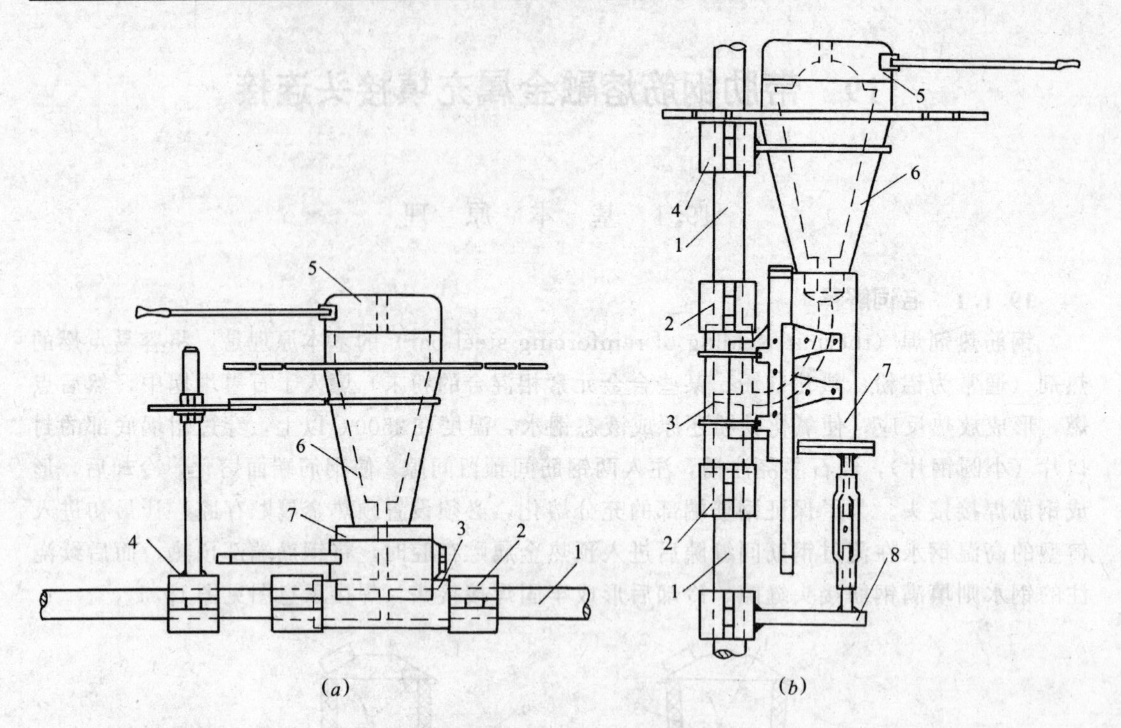

图19.2　带肋钢筋熔融金属充填接头连接

(a) 水平位置；(b) 垂直位置

1—钢筋；2—夹头；3—钢套筒；4—坩埚架；5—坩埚盖；6—石墨坩埚；7—导流块；8—支承架

JGJ 107—2003条文说明2.1.1条中，其定义为：由高热剂反应产生熔融金属充填在钢筋与连接件套筒间形成的接头。

19.1.2　化学反应方程式[3]

热剂通常由铝粉（Al）、氧化铁粉（Fe_3O_4），即Fe_2O_3与FeO的混合物，以及某些合金元素组成，燃烧时，其化学反应方程式如下：

$$3Fe_3O_4+8Al\longrightarrow 4Al_2O_3+9Fe+3328.2J$$

Al_2O_3很轻，浮在钢水上，为熔渣。氧化铁粉中常含有C、Mn元素，Fe成为钢水，重，注入套筒。在某些场合，也可采用镁粉代替铝粉。

19.2　特点和适用范围

19.2.1　特点

带肋钢筋熔融金属充填接头连接的特点如下。

1. 在现场不需要电能源，在缺电或供电紧张的地方，例如岩体护坡锚固工程等，可进行钢筋连接，并能减少现场施工干扰。

2. 工效高，在水电工程中便于争取工期。

3. 接头质量可靠。

4. 减轻工人劳动强度。

19.2.2　适用范围

适用于带肋的HRB 335、HRB 400、RRB 400钢筋在水平位置、垂直位置、倾斜某一角度位置的连接。钢筋直径为20～40mm。在装配式混凝土结构的安装中尤能发挥作用；在特殊工程中有良好应用效果。

19.3 设备和消耗材料

19.3.1 带肋钢筋熔融金属充填接头连接设备

1. 带有出钢口的特制反应坩埚及坩埚盖；
2. 钢筋固定及调节装置；
3. 坩埚支承装置；
4. 钢水浇注槽（导流块）。

19.3.2 消耗材料

1. 铝热剂；
2. 适用于不同牌号、不同规格钢筋的连接套筒；
3. 封口用小圆钢片；
4. 高温火柴或其他点火材料；
5. 封堵连接处缝隙的耐火材料，通常为耐火棉，或硅酸铝纤维棉；
6. 一次性衬管。

19.4 连 接 工 艺

19.4.1 钢筋准备

钢筋端面必须切平，最好采用圆片锯切割；当采用气割时，应事先将附在切口端面上的氧化皮、熔渣清除干净。

19.4.2 套筒制作

钢套筒一般采用45号优质碳素结构钢或低合金结构钢制成。

设计连接套筒的横截面面积时，套筒的屈服承载力应大于或等于钢筋母材屈服承载力的1.1倍，套筒的抗拉承载力应大于或等于钢筋母材抗拉承载力的1.1倍。套筒内径与钢筋外径之间应留一定间隙，以使钢水能顺畅地注入各个角落。

设计连接套筒的长度时，应考虑充填金属抗剪承载力。充填金属抗剪承载力等于充填金属抗剪强度乘钢筋外圆面积（套筒长度乘钢筋外圆长度）。充填金属的抗剪强度可按其抗拉强度0.6倍计算。钢筋母材承载力等于国家标准中规定的屈服强度或抗拉强度乘公称横截面面积。充填金属抗拉强度可按Q215钢材的抗拉强度335N/mm^{2}计算。

设计连接套筒的内螺纹或齿状沟槽时，应考虑套筒与充填金属之间具有良好的锚固力（咬合力）。应在连接套筒接近中部的适当位置加工一小圆孔，以便钢水从此注入。

19.4.3 热剂准备

热剂的主要成分为雾滴状或花瓣状铝粉和鱼鳞状氧化铁粉，两者比例应通过计算和试验确定。为了提高充填金属的强度，必要时，可以加入少量合金元素。热剂中两种主要成分应调合均匀。若是购入袋装热剂，使用前应抛摔几次，务必使其拌合均匀，以保证反应充分进行。

19.4.4　坩埚准备

坩埚一般由石墨制成，也可由钢板制成，内部涂以耐火材料。耐火材料由清洁而很细的石英砂3份及黏土1份，再加1/10份胶质材料相均匀混合，并放水1/12份，使产生合宜的混合体。若是手工调合，则在未曾混合之前，砂与黏土必须是干燥的，该两种材料经混合后，才可加入胶质材料和水。其中，水分应愈少愈好。胶质材料常用的为水玻璃。

坩埚内壁涂毕耐火材料后，应缓缓使其干燥，直至无潮气存在；若加热干燥，其加热温度不得超过150℃。

当工程中大量使用该种连接方法时，所有不同规格的连接套筒、热剂、坩埚、一次性衬管、支架等均可由专门工厂批量生产，包装供应，方便施工。

19.5　现　场　操　作

19.5.1　固定钢筋

安装并固定钢筋，使两钢筋之间，留有约5mm的间隙。

19.5.2　安装连接套筒

安装连接套筒，使套筒中心在两钢筋端面之间。

19.5.3　固定坩埚

用支架固定坩埚，放好坩埚衬管、放正封口片；安装钢水浇注槽（导流块），连接好钢水出口与连接套筒的注入孔。用耐火材料封堵所有连接处的缝隙。

19.5.4　坩埚使用

为防止坩埚形成过热，一个坩埚不应重复使用15～20min之久。如果希望连接作业，应配备几个坩埚轮流使用。

使用前，应彻底清刷坩埚内部，但不得使用钢丝刷或金属工具。

19.5.5　热剂放入

先将少量热剂粉末倒入坩埚，检查是否有粉末从底部漏出。然后将所有热剂徐徐地放入，不可全部倾倒，以免失去其中良好调和状况。

19.5.6　点火燃烧

全部准备工作完成后，用点火枪或高温火柴点火，热剂开始化学反应过程。之后，迅速加上坩埚盖。

19.5.7　钢水注入套筒

热剂化学反应过程一般为4～7s，稍待冶金反应平静后，高温的钢水熔化封口片，随即流入预置的连接套筒内，填满所有间隙。

19.5.8　扭断结渣

冷却后，立即慢慢来回转动坩埚，以便扭断浇口至坩埚底间的结渣。

19.5.9　拆卸各项装置

卸下坩埚、导流块、支承托架和钢筋固定装置，去除浇冒口，清除接头附近熔渣杂物，连接工作结束。

19.6 接头型式试验

在我国行业标准《钢筋机械连接通用技术规程》JGJ 107—96 发布施行之前，原水利电力部第十二工程局施工科学研究所参考日本建设省RPCT 委员会《钢筋接头性能评定标准》A 级水平[4]和我国原水利电力部标准《水工混凝土施工规范》SDJ 207—82 等有关标准，对带肋钢筋熔融金属充填接头连接进行了型式试验。钢筋为直径25mm 的20MnSi Ⅱ级钢筋和日本进口钢筋SD35，共2 种。

19.6.1 试验项目

主要试验项目：接头拉伸试验；接头静载试验；接头高应力反复承载试验；接头高应力拉伸压缩反复承载试验；接头疲劳性能试验；接头低温性能试验。

19.6.2 符号

σ_{b0}——钢筋的标准抗拉强度；

σ_{s0}——钢筋的标准屈服强度；

E——视在弹性模量；

E_0——钢筋的弹性模量。

19.6.3 试验用的主要设备与仪器

(1) 1000kN 万能试验机；

(2) YJ-5 型静态电阻应变仪；

(3) 100kN 程序控制高频率疲劳试验机；

(4) INSTRON 1343 系列伺服液压疲劳试验机；

(5) DRI 快速冻融试验机（含低温冰箱）；

(6) 蝶式延伸仪（含自制大距离双刀口双表引伸计）；

(7) 带百分表的游标卡尺。

19.6.4 试验结果

(1) 12 根接头试件在1000kN 万能试验机上拉伸至强度极限，全部失效在钢筋母材上。

(2) 接头静载试验：

加荷程序：$0 \rightarrow 0.95\sigma_{s0} \rightarrow 0.02\sigma_{s0} \rightarrow 0.5\sigma_{s0} \rightarrow 0.7\sigma_{s0} \rightarrow 0.95\sigma_{s0} \rightarrow \sigma_b$

其结果应满足：

强度：$\sigma_b \geqslant 1.35\sigma_{s0}$ 或 σ_{b0}

刚度：$0.7\sigma_{s0}E > E_0$

塑性：$\varepsilon_\mu > 0.04$

残余变形量：$\delta < 0.3\text{mm}$

两组接头试件静载试验结果见表19.1。

接头试样静载试验结果 **表19.1**

试件组号	σ_b (MPa)	$0.7\sigma_{s0}E$ (10^5MPa)	$0.95\sigma_{s0}E$ (10^5MPa)	塑性 ε_μ	残余变形量 δ (mm)
1	545	2.365	2.28	0.053	0.051
2	555	2.410	2.30	0.057	0.085

(3) 接头高应力反复承载试验

加荷程序：

$$0 \rightarrow (0.95\sigma_{s0} \leftrightarrows 0.02\sigma_{s0})^{30次} \rightarrow \sigma_b$$

其结果应满足：

强度：$\sigma_b \geqslant 1.35\sigma_{s0}$或$\sigma_{b0}$

刚度：30次$E > 0.85 \cdot 1$次E

塑性：30次$\varepsilon_\mu > 0.04$

残余变形量：30次$\delta < 0.3$mm

两组接头试件高应力反复承载试验结果见表19.2。

接头试件高应力反复承载试验结果　　**表19.2**

试件组号	σ_b (MPa)	视在弹性模量 (10^5MPa)		30次E/1次E	30次ε_μ	30次δ (mm)
		一次E	30次E			
1	580～625	2.37～2.48	2.30～2.355		0.044～0.061	0.086～0.126
2	600	2.425	2.33	0.96	0.053	0.106

(4) 接头高应力拉伸压缩反复承载试验

加荷程序：

$$0 \rightarrow (0.95\sigma_{s0} \leftrightarrows -0.5\sigma_{s0})^{20次} \rightarrow \sigma_b$$

其结果应满足：

强度：$\sigma_b \geqslant 1.35\sigma_{s0}$或$\sigma_{b0}$

刚度：20次$E > 0.85 \cdot 1$次E

残余变形量：20次$\delta < 0.3$mm

接头试件高应力拉伸压缩反复承载试验结果见表19.3。

接头试件高应力拉压反复承载试验结果　　**表19.3**

σ_b (MPa)	1次E (10^5MPa)	20次E (10^5MPa)	20次E/1次E	20次δ (mm)
630	2.39	2.25	0.94	0.12

(5) 接头疲劳性能试验

127.5MPa⇆29.5MPa 的脉冲承载200万次以上，残余变形量应满足：$\delta < 0.2$mm。接头疲劳性能试件拉伸在127.5MPa⇆29.5MPa 的脉冲载荷作用下，经受200万次以上，接头未见异常，残余变形量δ为0.03mm。

(6) 接头低温性能试验

接头低温强度性能试验是在1000kN 万能试验机上进行的，首先用硅酸铝纤维棉包裹接头的受试部分（仅留万能试验机夹持部分），而后将接头试件置于低温冰箱内冷冻到−30℃，并恒温1.5h后开箱，立即进行拉伸试验，见图19.3。试验结果。接头低温强度均高于钢筋母材的强度，并失效在钢筋母材上（钢筋母材在夹持处附近因热传导快产生颈缩）。

19.6.5 试验结果分析

带肋钢筋熔融金属充填接头在上述大量试验中，全部失效在钢筋母材上，说明接头强度性能符合相应标准。接头静载试验、接头高应力反复承载试验、接头高应力拉伸压缩反复承载试验结果表明，接头性能符合日本建设省RPCJ委员会《钢筋接头性能评定标准（第二次案）》的规定；接头疲劳性能和接头低温强度性能也符合相关标准的要求。带肋钢筋熔融金属充填接头连接工艺适用于大型水电工程和粗钢筋快速施工。

图19.3 低温拉伸试验

19.7 施工应用规定

19.7.1 持证上岗

施工单位应对接头操作人员进行技术培训，包括安全知识，经考试合格后，持证上岗。考试时，接头质量要求与现场接头质量检验与验收时相同。

19.7.2 钢筋符合国家标准规定要求

进场钢筋的质量应符合现行国家标准《钢筋混凝土用热轧带肋钢筋》GB 1499及《钢筋混凝土用余热处理钢筋》GB 13014中有关规定，并具有质量证明书。进场后，还应抽样复检。

19.7.3 消耗材料和坩埚等应有产品合格证

使用的连接套筒、热剂、特制坩埚应有出厂产品合格证。

19.7.4 连接工艺试验

施工前，应模拟现场施工条件进行接头连接的工艺试验，合格后，方可正式投入生产。

19.7.5 确保安全施工

施工前，对操作人员应进行安全生产教育。施工中，由于铝热放热反应，钢水温度高，散发大量烟雾，应防止坩埚倾翻，钢水外溢，发生工人烫伤等事故。工人应穿戴防护服和防护鞋。

热剂贮存、运输应按危险品处理。

19.8 接头质量检验与验收的建议

19.8.1 检验批批量

以500个同牌号、同规格钢筋连接接头为一检验批。

19.8.2 外观检查

全部接头进行外观检查；检查结果，应无钢瘤等缺陷。

19.8.3　力学性能检验

从每一检验批中切取3个接头进行拉伸试验，试验结果应符合下列要求：

1. 每一接头试件的抗拉强度均不得小于该牌号钢筋规定的抗拉强度（钢筋抗拉强度标准值）；

2. 至少有2个接头试件不得使钢筋从连接套筒中拔出。

当试验结果达到上述要求，则确认该检验批接头为合格品。

19.8.4　复验

当3个接头试件拉伸试验结果，有1个试件的抗拉强度小于钢筋规定的抗拉强度，或者有2个试件的钢筋从连接套筒拔出，应进行复验。

复验时，应再切取6个接头试件进行拉伸试验；试验结果，若仍有1个接头试件的抗拉强度小于钢筋规定的抗拉强度，或者有3个试件的钢筋从连接套筒拔出，则判定该批接头为不合格品。

19.8.5　一次性判定不合格

当3个接头试件拉伸试验结果，有2个试件的抗拉强度小于钢筋规定的抗拉强度，或者3个试件的钢筋均从连接套筒中拔出，则一次判定该批接头为不合格品。

19.8.6　验收

每一检验批接头首先由施工单位自检，合格后，由监理（建设）单位的监理工程师（建设单位项目专业技术负责人）验收，并列表备查。

19.9　工程应用实例

19.9.1　紧水滩水电站导流隧洞工程的应用

在紧水滩水电站导流隧洞工程中，共完成直径20～36mm的原Ⅱ级、Ⅲ级钢筋熔融金属充填接头2162个，质量可靠，对保证导流隧洞的提前完工起到了重要作用。现场钢筋连接见图19.4。水利水电建设总局在紧水滩工地召开评审会，对上述新技术作出较好评价，认为可推广应用于直径30～36mm的原Ⅱ级、Ⅲ级钢筋的接头连接[5]。随后，在紧水滩水电站混凝土大坝泄洪孔（中孔、浅孔）工程中，应用熔融金属充填接头8千多个，钢筋为原Ⅱ级、Ⅲ级，钢筋直径为22～36mm。

图19.4　现场钢筋连接

19.9.2　厦门国际金融大厦工程中的应用[6]

厦门国际金融大厦为塔楼式建筑，高95.75m，地上26层，见图19.5，由中建三局三公司负责施工。工程中钢筋直径多数为32～40mm，且布置密集。钢筋连接采用了原水电部十二局施工科研所科技成果：粗直径带肋钢筋熔融金属充填接头连接技术、冷挤压机械连接技术和电弧焊-机械连接技术；在主要部位应用上述接头共17880个，其中大部分为熔融金属充填接头，见图19.6。由于采用上述新颖钢筋连接技术，施工速度快，适应性比较强，工艺较简单，接头性能可靠，取得了较好的经济效益。特别是在1989年5月，在主体工程第25层直斜梁中，钢筋直径$\phi32\sim\phi40$大小头连接接头及外层十字梁钢筋施工中，就使用了上述接头1568个，共抽样96个，接头合格率100%，为主体工程提前60天封顶，发挥了应有的使用。

图19.5 厦门国际金融大厦

图19.6 熔融金属充填接头在工程中应用

19.9.3 龙羊峡水电站工程中的应用

龙羊峡水电站地处西北青藏高原，高寒、缺氧、气候恶劣，给钢筋焊接施工带来许多意想不到的困难。为确保工程质量和工期，承担工程建设的原水利电力部第四工程局在设计单位原水利电力部西北勘测设计院有力协助下，在龙羊峡水电工程中推广应用了带肋钢筋熔融金属充填接头连接技术，(使用前进行了高原地区适应性试验）施工后，取得了较好的工程效益和社会效益。为此，原水利电力部第四工程局获我国水利水电科技进步奖[7]。

主要参考文献

1 中国机械工程学会焊接学会编．焊接手册．第1卷，1992

2 水利电力部第十二工程局施工科研所李本端等．粗钢筋铝热铸熔锁锭连接技术的研究与应用．水力发电．1985—01

3 Robert C. Weast，CRC. Handbook of chemistry and physics，60th ed.，1979—1980

4 日本横滨国立大学 池田尚治．最近钢筋技术的动向．1987

5 水利电力部水利水电建设总局主持召开粗钢筋铝热铸熔锁锭连接技术评审会会议纪要．1984

6 游全章．国际金融大厦提前60天封顶．厦门日报，1989—06—30

7 水利水电优秀科技成果获奖项目．水电站施工杂志．1985（2）（总第四期）

附 录 一

中华人民共和国行业标准

钢筋机械连接通用技术规程

General technical specification for mechanical splicing of bars

JGJ 107—2003

批准部门：中华人民共和国建设部

施行日期：2 0 0 3 年 7 月 1 日

中华人民共和国建设部
公　　告

第134号

建设部关于发布行业标准《钢筋机械连接通用技术规程》的公告

现批准《钢筋机械连接通用技术规程》为行业标准，编号为JGJ 107—2003，自2003年7月1日起实施。其中，第3.0.5、6.0.5条为强制性条文，必须严格执行。原行业标准《钢筋机械连接通用技术规程》JGJ 107—96同时废止。

本规程由建设部标准定额研究所组织中国建筑工业出版社出版发行。

中华人民共和国建设部

2003年3月21日

1 总　则

1.0.1 为在混凝土结构中使用钢筋机械连接，做到技术先进、安全适用、经济合理，确保质量，制定本规程。

1.0.2 本规程适用于房屋与一般构筑物中受力钢筋机械连接接头(以下简称接头)的设计、应用与验收。各类钢筋机械连接接头均应遵守本规程的规定。

1.0.3 用于机械连接的钢筋应符合现行国家标准《钢筋混凝土用热轧带肋钢筋》(GB 1499)及《钢筋混凝土用余热处理钢筋》(GB 13014)的规定。执行本规程时，尚应符合国家现行有关强制性标准的规定。

2 术语、符号

2.1 术　语

2.1.1 钢筋机械连接 rebar mechanical splicing

通过钢筋与连接件的机械咬合作用或钢筋端面的承压作用，将一根钢筋中的力传递至另一根钢筋的连接方法。

2.1.2 接头抗拉强度 tensile strength of splicing

接头试件在拉伸试验过程中所达到的最大拉应力值。

2.1.3 接头残余变形 residual deformation of splicing

接头试件按规定的加载制度加载并卸载后，在规定标距内所测得的变形。

2.1.4 接头试件总伸长率 elongation rate of splicing sample

接头试件在最大力下在规定标距内测得的总伸长率。

2.1.5 接头非弹性变形 Inelastic deformation of splicing

接头试件按规定加载制度第3次加载至0.6倍钢筋屈服强度标准值时，在规定标距内测得的伸长值减去同标距内钢筋理论弹性伸长值的变形值。

2.1.6 接头长度 length of splicing

接头连接件长度加连接件两端钢筋横截面变化区段的长度。

2.2 符　号

f_{yk}——钢筋屈服强度标准值。

f_{uk}——钢筋抗拉强度标准值，与现行国家标准《钢筋混凝土用热轧带肋钢筋》GB 1499 中的钢筋抗拉强度σ_b值相当。

f^0_{mst}——接头试件实际抗拉强度。

f^0_{st}——接头试件中钢筋抗拉强度实测值。

u——接头的非弹性变形。

u_{20}——接头经高应力反复拉压20次后的残余变形。

u_4——接头经大变形反复拉压 4 次后的残余变形。

u_8——接头经大变形反复拉压 8 次后的残余变形。

ε_{yk}——钢筋应力为屈服强度标准值时的应变。

δ_{sgt}——接头试件总伸长率。

3　接头的设计原则和性能等级

3.0.1　接头的设计应满足强度及变形性能的要求。

3.0.2　接头连接件的屈服承载力和抗拉承载力的标准值应不小于被连接钢筋的屈服承载力和抗拉承载力标准值的 1.10 倍。

3.0.3　接头应根据其等级和应用场合，对单向拉伸性能、高应力反复拉压、大变形反复拉压、抗疲劳、耐低温等各项性能确定相应的检验项目。

3.0.4　根据抗拉强度以及高应力和大变形条件下反复拉压性能的差异，接头应分为下列三个等级：

Ⅰ级：接头抗拉强度不小于被连接钢筋实际抗拉强度或 1.10 倍钢筋抗拉强度标准值，并具有高延性及反复拉压性能。

Ⅱ级：接头抗拉强度不小于被连接钢筋抗拉强度标准值，并具有高延性及反复拉压性能。

Ⅲ级：接头抗拉强度不小于被连接钢筋屈服强度标准值的 1.35 倍，并具有一定的延性及反复拉压性能。

3.0.5　Ⅰ级、Ⅱ级、Ⅲ级接头的抗拉强度应符合表 3.0.5 的规定。

接头的抗拉强度　**表 3.0.5**

接头等级	Ⅰ　级	Ⅱ　级	Ⅲ　级
抗拉强度	$f^0_{mst} \geqslant f^0_{st}$ 或 $\geqslant 1.10 f_{uk}$	$f^0_{mst} \geqslant f_{uk}$	$f^0_{mst} \geqslant 1.35 f_{yk}$

注：f^0_{mst}——接头试件实际抗拉强度；

f^0_{st}——接头试件中钢筋抗拉强度实测值；

f_{uk}——钢筋抗拉强度标准值；

f_{yk}——钢筋屈服强度标准值。

3.0.6　Ⅰ级、Ⅱ级、Ⅲ级接头应能经受规定的高应力和大变形反复拉压循环，且在经历拉压循环后，其抗拉强度仍应符合本规程表 3.0.5 的规定。

3.0.7　Ⅰ级、Ⅱ级、Ⅲ级接头的变形性能应符合表 3.0.7 的规定。

接头的变形性能　**表 3.0.7**

接　头　等　级		Ⅰ级、Ⅱ级	Ⅲ级
单向拉伸	非弹性变形 (mm)	$u \leqslant 0.10$ $(d \leqslant 32)$ $u \leqslant 0.15$ $(d > 32)$	$u \leqslant 0.10$ $(d \leqslant 32)$ $u \leqslant 0.15$ $(d > 32)$
	总伸长率 (%)	$\delta_{sgt} \geqslant 4.0$	$\delta_{sgt} \geqslant 2.0$

续表

接头等级		Ⅰ级、Ⅱ级	Ⅲ级
高压力反复拉压	残余变形(mm)	$u_{20} \leqslant 0.3$	$u_{20} \leqslant 0.3$
大变形反复拉压	残余变形(mm)	$u_4 \leqslant 0.3$ $u_8 \leqslant 0.6$	$u_4 \leqslant 0.6$

注：u——接头的非弹性变形；
u_{20}——接头经高应力反复拉压20次后的残余变形；
u_4——接头经大变形反复拉压4次后的残余变形；
u_8——接头经大变形反复拉压8次后的残余变形；
δ_{sgt}——接头试件总伸长率。

3.0.8　对直接承受动力荷载的结构构件，接头应满足设计要求的抗疲劳性能。当无专门要求时，对连接HRB 335级钢筋的接头，其疲劳性能应能经受应力幅为100N/mm²，最大应力为180N/mm²的200万次循环加载。对连接HRB 400级钢筋的接头，其疲劳性能应能经受应力幅为100N/mm²，最大应力为190N/mm²的200万次循环加载。

3.0.9　当混凝土结构中钢筋接头部位的温度低于−10℃时，应进行专门的试验。

4　接头的应用

4.0.1　接头等级的选定应符合下列规定：

1　混凝土结构中要求充分发挥钢筋强度或对接头延性要求较高的部位，应采用Ⅰ级或Ⅱ级接头；

2　混凝土结构中钢筋应力较高但对接头延性要求不高的部位，可采用Ⅲ级接头。

4.0.2　钢筋连接件的混凝土保护层厚度宜符合现行国家标准《混凝土结构设计规范》GB 50010中受力钢筋混凝土保护层最小厚度的规定，且不得小于15mm。连接件之间的横向净距不宜小于25mm。

4.0.3　结构构件中纵向受力钢筋的接头宜相互错开，钢筋机械连接的连接区段长度应按35d计算（d为被连接钢筋中的较大直径）。在同一连接区段内有接头的受力钢筋截面面积占受力钢筋总截面面积的百分率（以下简称接头百分率），应符合下列规定：

1　接头宜设置在结构构件受拉钢筋应力较小部位，当需要在高应力部位设置接头时，在同一连接区段内Ⅲ级接头的接头百分率不应大于25%；Ⅱ级接头的接头百分率不应大于50%；Ⅰ级接头的接头百分率可不受限制。

2　接头宜避开有抗震设防要求的框架的梁端、柱端箍筋加密区；当无法避开时，应采用Ⅰ级接头或Ⅱ级接头，且接头百分率不应大于50%。

3　受拉钢筋应力较小部位或纵向受压钢筋，接头百分率可不受限制。

4　对直接承受动力荷载的结构构件，接头百分率不应大于50%。

4.0.4　当对具有钢筋接头的构件进行试验并取得可靠数据时，接头的应用范围可根据工程实际情况进行调整。

5　接头的型式检验

5.0.1　在下列情况时应进行型式检验：

1　确定接头性能等级时；

2　材料、工艺、规格进行改动时；

3　质量监督部门提出专门要求时。

5.0.2　用于型式检验的钢筋应符合有关标准的规定，当钢筋抗拉强度实测值大于抗拉强度标准值的1.10倍时，Ⅰ级接头试件的抗拉强度尚不应小于钢筋抗拉强度实测值f_{st}^{0}的0.95倍；Ⅱ级接头试件的抗拉强度尚不应小于钢筋抗拉强度实测值f_{st}^{0}的0.90倍。

5.0.3　型式检验的变形测量标距应符合下列规定（图5.0.3）：

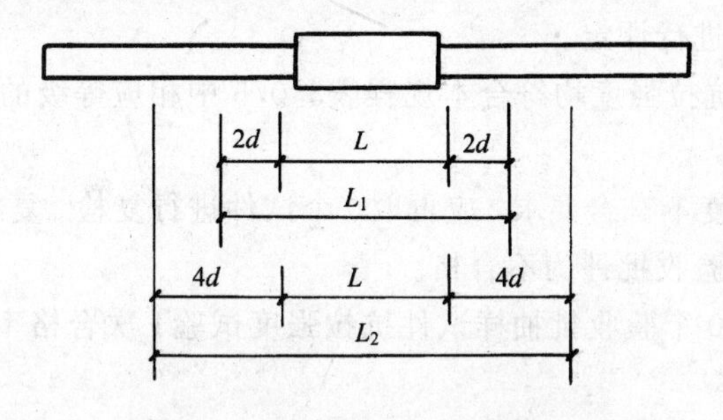

图5.0.3　接头试件变形测量标距

$$L_1 = L + 4d \qquad (5.0.3\text{-}1)$$

$$L_2 = L + 8d \qquad (5.0.3\text{-}2)$$

式中　L_1——非弹性变形、残余变形测量标距；

L_2——总伸长率测量标距；

L——机械接头长度；

d——钢筋公称直径。

5.0.4　对每种型式、级别、规格、材料、工艺的钢筋机械连接接头，型式检验试件不应少于9个：其中单向拉伸试件不应少于3个，高应力反复拉压试件不应少于3个，大变形反复拉压试件不应少于3个。同时应另取3根钢筋试件做抗拉强度试验。全部试件均应在同一根钢筋上截取。

5.0.5　型式检验的加载制度应按本规程附录A的规定进行，其合格条件为：

1　强度检验：每个接头试件的强度实测值均应符合本规程表3.0.5的规定；

2　变形检验：对非弹性变形、总伸长率和残余变形，3个试件的平均实测值应符合本规程表3.0.7的规定。

5.0.6　型式检验应由国家、省部级主管部门认可的检测机构进行，并应按本规程附录A的格式出具试验报告和评定结论。

6　接头的施工现场检验与验收

6.0.1　工程中应用钢筋机械连接接头时，应由该技术提供单位提交有效的型式检验报告。

6.0.2　钢筋连接工程开始前及施工过程中，应对每批进场钢筋进行接头工艺检验，工艺检验应符合下列要求：

1　每种规格钢筋的接头试件不应少于3根；

2　钢筋母材抗拉强度试件不应少于3根，且应取自接头试件的同一根钢筋；

3　3根接头试件的抗拉强度均应符合表3.0.5的规定；对于Ⅰ级接头，试件抗拉强度尚应大于等于钢筋抗拉强度实测值的0.95倍；对于Ⅱ级接头，应大于0.90倍。

6.0.3　现场检验应进行外观质量检查和单向拉伸试验。对接头有特殊要求的结构，应在设计图纸中另行注明相应的检验项目。

6.0.4　接头的现场检验按验收批进行。同一施工条件下采用同一批材料的同等级、同型式、同规格接头，以500个为一个验收批进行检验与验收，不足500个也作为一个验收批。

6.0.5　对接头的每一验收批，必须在工程结构中随机截取3个接头试件做抗拉强度试验，按设计要求的接头等级进行评定。

当3个接头试件的抗拉强度均符合本规程表3.0.5中相应等级的要求时，该验收批评为合格。

如有1个试件的强度不符合要求，应再取6个试件进行复检。复检中如仍有1个试件的强度不符合要求，则该验收批评为不合格。

6.0.6　现场连续检验10个验收批抽样试件抗拉强度试验1次合格率为100%时，验收批接头数量可以扩大1倍。

6.0.7　外观质量检验的质量要求、抽样数量、检验方法、合格标准以及螺纹接头所必需的最小拧紧力矩值由各类型接头的技术规程确定。

6.0.8　现场截取抽样试件后，原接头位置的钢筋允许采用同等规格的钢筋进行搭接连接，或采用焊接及机械连接方法补接。

6.0.9　对抽检不合格的接头验收批，应由建设方会同设计等有关方面研究后提出处理方案。

附录A　接头型式检验的加载制度

A.0.1　接头试件型式检验应按表A.0.1及图A.0.1-1、图A.0.1-2、图A.0.1-3所示的加载制度进行。

接头试件型式检验的加载制度　　**表A.0.1**

试验项目		加载制度
单向拉伸		$0 \rightarrow 0.6f_{yk} \rightarrow 0.02f_{yk} \rightarrow 0.6f_{yk} \rightarrow 0.02f_{yk} \rightarrow 0.6f_{yk}$（测量非弹性变形）→最大拉力→0（测定总伸长率）
高应力反复拉压		$0 \rightarrow (0.9f_{yk} \rightarrow -0.5f_{yk})$ →破坏（反复20次）
大变形反复拉压	Ⅰ级 Ⅱ级	$0 \rightarrow (2\varepsilon_{yk} \rightarrow -0.5f_{yk})$（反复4次）$\rightarrow (5\varepsilon_{yk} \rightarrow -0.5f_{yk})$（反复4次）→破坏
	Ⅲ级	$0 \rightarrow (2\varepsilon_{yk} \rightarrow -0.5f_{yk})$（反复4次）→破坏

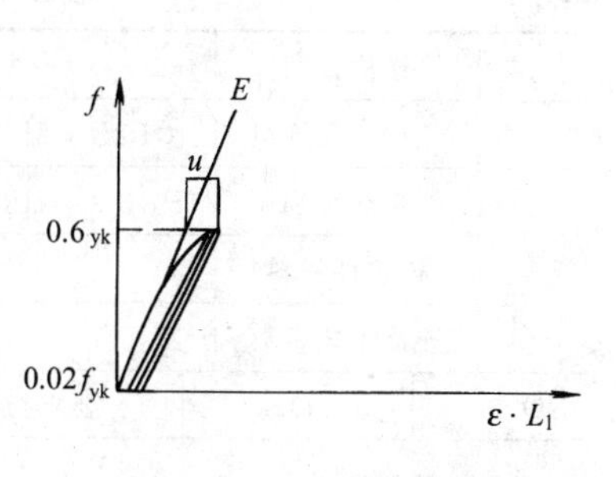

图A.0.1-1 单向拉伸

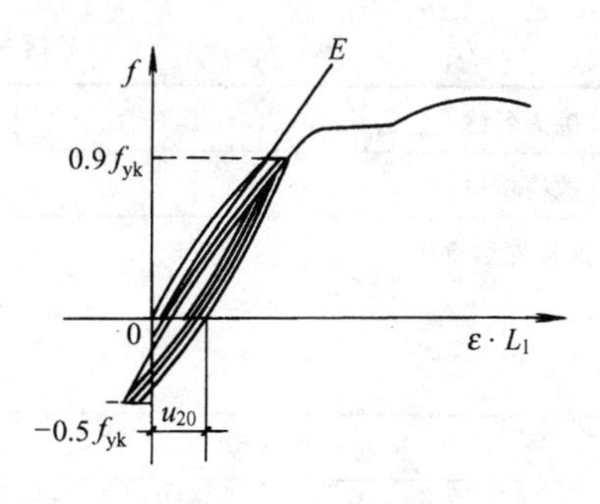

图A.0.1-2 高应力反复拉压

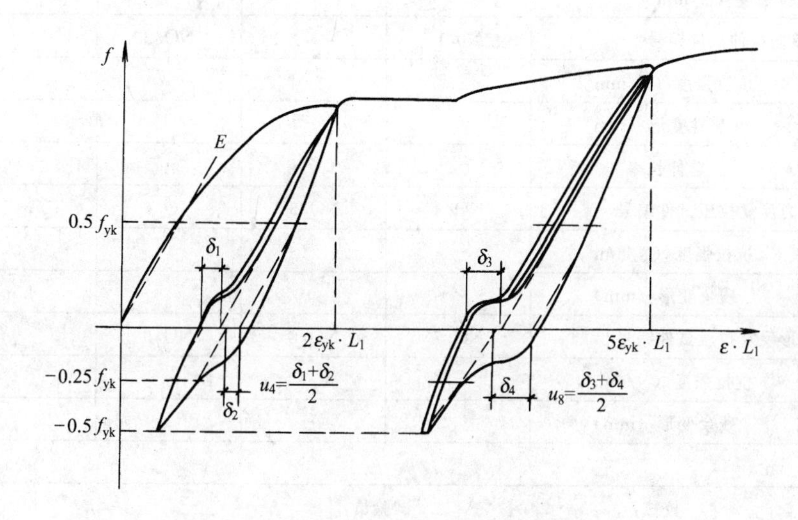

图A.0.1-3 大变形反复拉压

注：1. E 线表示钢筋弹性模量 $2\times10^5\text{N/mm}^2$。

2. δ_1 为 $2\varepsilon_{yk}\cdot L_1$ 反复加载四次后，在加载应力水平为 $0.5f_{yk}$ 及反向卸载应力水平为 $-0.25f_{yk}$ 处作 E 的平行线与横坐标交点之间的距离所代表的变形值。

3. δ_2 为 $2\varepsilon_{yk}\cdot L_1$ 反复加载四次后，在卸载应力水平为 $0.5f_{yk}$ 及反向加载应力水平为 $-0.25f_{yk}$ 处作 E 的平行线与横坐标交点之间的距离所代表的变形值。

4. δ_3、δ_4 为在 $5\varepsilon_{yk}\cdot L_1$ 反复加载四次后，按与 δ_1、δ_2 相同方法所得的变形值。

A.0.2 施工现场的接头抗拉强度试验可采用零到破坏的一次加载制度。

附录B 接头试件型式检验报告

B.0.1 接头试件型式检验报告应包括试件基本参数和试验结果两部分。宜按表B.0.1的格式记录。

接头试件型式检验报告　　　　**表 B.0.1**

<table>
<tr><td colspan="3">接头名称</td><td></td><td>送检数量</td><td></td><td>送检日期</td><td></td></tr>
<tr><td colspan="3">送检单位</td><td colspan="3"></td><td>设计接头等级</td><td>Ⅰ级 Ⅱ级 Ⅲ级</td></tr>
<tr><td rowspan="7">接头基本参数</td><td colspan="5" rowspan="3">连接件示意图</td><td>钢筋级别</td><td>HRB 335 HRB 400</td></tr>
<tr><td>连接件材料</td><td></td></tr>
<tr><td>连接工艺参数</td><td></td></tr>
<tr><td colspan="2">钢筋母材编号</td><td>NO.1</td><td>NO.2</td><td colspan="2">NO.3</td><td>要求指标</td></tr>
<tr><td colspan="2">钢筋直径（mm）</td><td></td><td></td><td colspan="2"></td><td></td></tr>
<tr><td colspan="2">屈服强度（N/mm²）</td><td></td><td></td><td colspan="2"></td><td></td></tr>
<tr><td colspan="2">抗拉强度（N/mm²）</td><td></td><td></td><td colspan="2"></td><td></td></tr>
<tr><td rowspan="10">试验结果</td><td colspan="2">单向拉伸试件编号</td><td>N0.1</td><td>NO.2</td><td colspan="2">NO.3</td><td></td></tr>
<tr><td rowspan="3">单向拉伸</td><td>抗拉强度（N/mm²）</td><td></td><td></td><td colspan="2"></td><td></td></tr>
<tr><td>非弹性变形（mm）</td><td></td><td></td><td colspan="2"></td><td></td></tr>
<tr><td>总伸长率</td><td></td><td></td><td colspan="2"></td><td></td></tr>
<tr><td colspan="2">高应力反复拉压试件编号</td><td>NO.4</td><td>NO.5</td><td colspan="2">NO.6</td><td></td></tr>
<tr><td rowspan="2">高应力反复拉压</td><td>抗拉强度（N/mm²）</td><td></td><td></td><td colspan="2"></td><td></td></tr>
<tr><td>残余变形（mm）</td><td></td><td></td><td colspan="2"></td><td></td></tr>
<tr><td colspan="2">大变形反复拉压试件编号</td><td>NO.7</td><td>NO.8</td><td colspan="2">NO.9</td><td></td></tr>
<tr><td rowspan="2">大变形反复拉压</td><td>抗拉强度（N/mm²）</td><td></td><td></td><td colspan="2"></td><td></td></tr>
<tr><td>残余变形（mm）</td><td></td><td></td><td colspan="2"></td><td></td></tr>
<tr><td colspan="3">评　定　结　论</td><td colspan="5"></td></tr>
</table>

负责人：　　　　　　校核：　　　　　　　　试验员：

试验日期：　　　　年　　　月　　　日　　　试验单位：

注：接头试件基本参数应详细记载。套筒挤压接头应包括套筒长度、外径、内径、挤压道次、压痕总宽度、压痕平均直径、挤压后套筒长度；螺纹接头应包括连接套长度、外径、螺纹规格、牙形角、镦粗直螺纹过渡段坡度、锥螺纹锥度、安装时拧紧力矩等。

本规程用词说明

1　为便于在执行本规程条文时区别对待，对要求严格程度不同的用词说明如下：

1）表示很严格，非这样做不可的：

正面词采用“必须”，反面词采用“严禁”。

2）表示严格，在正常情况下均应这样做的：

正面词采用“应”，反面词采用“不应”或“不得”。

3）对表示允许稍有选择，在条件许可时首先应这样做的：

正面词采用“宜”；反面词采用“不宜”。

表示有选择，在一定条件下可以这样做的，采用“可”。

2　条文中指明应按其他有关标准执行时，写法为“应符合……的规定”或“应按……执行”。

附 录 二

中华人民共和国行业标准

带肋钢筋套筒挤压连接技术规程

Specification for Pressed Sleeve
Splicing of Ribbed Steel Bars

JGJ 108—96

主编单位：中国建筑科学研究院
批准部门：中华人民共和国建设部
施行日期：1997 年 4 月 1 日

关于发布行业标准《带肋钢筋套筒挤压连接技术规程》的通知

建标［1996］615 号

根据建设部（89）建标字第8号文的要求，由中国建筑科学研究院主编的《带肋钢筋套筒挤压连接技术规程》业经审查，现批准为行业标准，编号JGJ 108—96，自1997年4月1日起施行。

本标准由建设部建筑工程标准技术归口单位中国建筑科学研究院归口管理并负责解释，由建设部标准定额研究所组织出版。

中华人民共和国建设部

1996年12月2日

1 总　　则

1.0.1 为在混凝土结构中使用带肋钢筋套筒挤压接头（以下简称挤压接头），做到技术先进、安全适用、经济合理、确保质量，制定本规程。

1.0.2 本规程适用于工业及民用建筑的混凝土结构钢筋直径为16～40mm 的Ⅱ、Ⅲ级带肋钢筋的径向挤压连接。

1.0.3 用于挤压连接的钢筋应符合现行国家标准《钢筋混凝土用热轧带肋钢筋》GB 1499及《钢筋混凝土用余热处理钢筋》GB 13014 的要求。本规程应与现行行业标准《钢筋机械连接通用技术规程》JGJ 107—96 配套使用。并应符合国家现行标准的有关规定。

2 挤压接头的性能等级与应用

2.0.1 挤压接头应按静力单向拉伸性能以及高应力和大变形条件下反复拉压性能划分为A、B 两个性能等级：

2.0.2 A 级、B 级挤压接头的性能应符合现行行业标准《钢筋机械连接技术规程—通用规定》JGJ 107 中表3.0.5 的规定。

2.0.3 A 级、B 级挤压接头的应用范围应符合现行行业标准《钢筋机械连接通用技术规程》JGJ 107 中第4.0.1 条的规定。

2.0.4 挤压接头的混凝土保护层厚度宜满足现行国家标准《混凝土结构设计规范》中受力钢筋保护层最小厚度的要求，且不得小于15mm。连接套筒之间的横向净距不宜小于25mm。

2.0.5 设置在同一结构构件内的挤压接头宜相互错开。在任一接头中心至长度为钢筋直径35 倍的区段内，有接头的受力钢筋截面面积占受力钢筋总截面面积的百分率应符合现行行业标准《钢筋机械连接通用技术规程》JGJ 107 中第4.0.3.1 至第4.0.3.4 款的规定。

2.0.6 不同直径的带肋钢筋可采用挤压接头连接。当套筒两端外径和壁厚相同时，被连接钢筋的直径相差不应大于5mm。

2.0.7 对直接承受动力荷载的结构，其接头应满足设计要求的抗疲劳性能。

当无专门要求时，其疲劳性能应符合现行行业标准《钢筋机械连接通用技术规程》JGJ 107 中第3.0.6 条的规定。

2.0.8 当混凝土结构中挤压接头部位的温度低于－20℃时，宜进行专门的试验。

3 套　　筒

3.0.1 对Ⅱ、Ⅲ级带肋钢筋挤压接头所用套筒材料应选用适于压延加工的钢材，其实测力学性能应符合表3.0.1 的要求。

套筒材料的力学性能　　表3.0.1

项　目	力学性能指标
屈服强度（N/mm^2）	225～350
抗拉强度（N/mm^2）	375～500
延伸率δ_5（%）	≥20
硬　度（HRB）	60～80
或（HB）	102～133

3.0.2　设计连接套筒时，套筒的承载力应符合下列要求：

$$f_{slyk}A_{sl} \geqslant 1.10f_{yk}A_s \quad (3.0.2\text{-}1)$$

$$f_{sltk}A_{sl} \geqslant 1.10f_{tk}A_s \quad (3.0.2\text{-}2)$$

式中 f_{slyk}——套筒屈服强度标准值；

f_{sltk}——套筒抗拉强度标准值；

f_{yk}——钢筋屈服强度标准值；

f_{tk}——钢筋抗拉强度标准值；

A_{sl}——套筒的横截面面积；

A_s——钢筋的横截面面积。

3.0.3　套筒的尺寸偏差宜符合表3.0.3要求。

套筒尺寸的允许偏差（mm）　　表3.0.3

套筒外径D	外径允许偏差	壁厚（t）允许偏差	长度允许偏差
≤50	±0.5	$+0.12t$ $-0.10t$	±2
>50	±0.01D	$+0.12t$ $-0.10t$	±2

3.0.4　套筒应有出厂合格证。套筒在运输和储存中，应按不同规格分别堆放整齐，不得露天堆放，防止锈蚀和玷污。

4　挤压接头的施工

4.1　挤　压　设　备

4.1.1　有下列情况之一时，应对挤压机的挤压力进行标定：

（1）新挤压设备使用前；

（2）旧挤压设备大修后；

（3）油压表受损或强烈振动后；

（4）套筒压痕异常且查不出其他原因时；

（5）挤压设备使用超过一年；

（6）挤压的接头数超过5000个。

4.1.2 压模、套筒与钢筋应相互配套使用，压模上应有相对应的连接钢筋规格标记。

4.1.3 高压泵应采用液压油。油液应过滤，保持清洁，油箱应密封，防止雨水灰尘混入油箱。

4.2 施工操作

4.2.1 操作人员必须持证上岗。

4.2.2 挤压操作时采用的挤压力，压模宽度，压痕直径或挤压后套筒长度的波动范围以及挤压道数，均应符合经型式检验确定的技术参数要求。

4.2.3 挤压前应做下列准备工作

4.2.3.1 钢筋端头的锈皮、泥沙、油污等杂物应清理干净；

4.2.3.2 应对套筒作外观尺寸检查；

4.2.3.3 应对钢筋与套筒进行试套，如钢筋有马蹄形，弯折或纵肋尺寸过大者，应预先矫正或用砂轮打磨；对不同直径钢筋的套筒不得相互串用；

4.2.3.4 钢筋连接端应画出明显定位标记，确保在挤压时和挤压后可按定位标记检查钢筋伸入套筒内的长度；

4.2.3.5 检查挤压设备情况，并进行试压，符合要求后方可作业。

4.2.4 挤压操作应符合下列要求：

4.2.4.1 应按标记检查钢筋插入套筒内深度，钢筋端头离套筒长度中点不宜超过10mm；

4.2.4.2 挤压时挤压机与钢筋轴线应保持垂直；

4.2.4.3 挤压宜从套筒中央开始，并依次向两端挤压；

4.2.4.4 宜先挤压一端套筒，在施工作业区插入待接钢筋后再挤压另一端套筒。

4.3 安全措施

4.3.1 在高空进行挤压操作，必须遵守国家现行标准《建筑施工高处作业安全技术规范》JGJ 80的规定。

4.3.2 高压胶管应防止负重拖拉、弯折和尖利物体的刻划。

4.3.3 油泵与挤压机的应用应严格按操作规程进行。

4.3.4 施工现场用电必须符合国家现行标准《施工现场临时用电安全技术规范》JGJ 46的规定。

5 挤压接头的型式检验

5.0.1 挤压接头的型式检验应符合现行行业标准《钢筋机械连接通用技术规程》中第5章中的各项规定。

6　挤压接头的施工现场检验与验收

6.0.1　工程中应用带肋钢筋套筒挤压接头时，应由该技术提供单位提交有效的型式检验报告。

6.0.2　钢筋连接工程开始前及施工过程中，应对每批进场钢筋进行挤压连接工艺检验，工艺检验应符合下列要求：

6.0.2.1　每种规格钢筋的接头试件不应少于三根。

6.0.2.2　接头试件的钢筋母材应进行抗拉强度试验。

6.0.2.3　三根接头试件的抗拉强度均应符合现行行业标准《钢筋机械连接通用技术规程》JGJ 107 表3.0.5 中的强度要求；对于A 级接头，试件抗拉强度尚应大于等于0.9 倍钢筋母材的实际抗拉强度f_{st}^{o}。计算实际抗拉强度时，应采用钢筋的实际横截面面积。

6.0.3　现场检验应对挤压接头进行外观质量检查和单向拉伸试验。对挤压接头有特殊要求的结构，应在设计图纸中另行注明相应的检验项目。

6.0.4　挤压接头的现场检验按验收批进行。同一施工条件下采用同一批材料的同等级、同型式、同规格接头，以500 个为一个验收批进行检验与验收，不足500 个也作为一个验收批。

6.0.5　对每一验收批，均应按设计要求的接头性能等级，在工程中随机抽3 个试件做单向拉伸试验。按附录A 的格式记录，并作出评定。

当3 个试件检验结果均符合现行行业标准《钢筋机械连接通用技术规程》JGJ 107 表3.0.5 中的强度要求时，该验收批为合格。

如有一个试件的抗拉强度不符合要求，应再取6 个试件进行复检。复检中如仍有一个试件检验结果不符合要求，则该验收批单向拉伸检验为不合格。

6.0.6　挤压接头的外观质量检验应符合下列要求：

6.0.6.1　外形尺寸：挤压后套筒长度应为原套筒长度的1.10～1.15 倍；或压痕处套筒的外径波动范围为原套筒外径的0.8～0.90 倍。

6.0.6.2　挤压接头的压痕道数应符合型式检验确定的道数。

6.0.6.3　接头处弯折不得大于4°。

6.0.6.4　挤压后的套筒不得有肉眼可见裂缝。

6.0.7　每一验收批中应随机抽取10%的挤压接头作外观质量检验，如外观质量不合格数少于抽检数的10%，则该批挤压接头外观质量评为合格。当不合格数超过抽检数的10%时，应对该批挤压接头逐个进行复检，对外观不合格的挤压接头采取补救措施；不能补救的挤压接头应做标记，在外观不合格的接头中抽取6 个试件做抗拉强度试验，若有一个试件的抗拉强度低于规定值，则该批外观不合格的挤压接头，应会同设计单位商定处理，并记录存档。

6.0.8　在现场连续检验10 个验收批，全部单向拉伸试验一次抽样均合格时，验收批接头数量可扩大一倍。

附录A　施工现场的单向拉伸试验

施工现场的单向拉伸检验记录宜采用表A 格式。

挤压接头单向拉伸性能试验报告　　表A

工程名称						楼层号		构件类型	
设计要求接头性能等级			A级　B级			检验批接头数量			
试件编号	钢筋公称直径D（mm）	实测钢筋横截面面积A_s^o（mm^2）	钢筋母材屈服强度标准值f_{yk}（N/mm^2）	钢筋母材抗拉强度标准值f_{tk}（N/mm^2）	钢筋母材抗拉强度实测值f_{st}^o（N/mm^2）	接头试件极限拉力P（kN）	接头试件抗拉强度实测值$f_{mst}^o=P/A_s^o$（N/mm^2）	接头破坏形态	评定结果
评定结论									
备注	1. $f_{mst}^o \geqslant f_{tk}$为A级接头；$f_{mst}^o \geqslant 1.35f_{yk}$为B级接头； 2. 实测钢筋横截面面积$A_s^o$用称重法确定； 3. 破坏形态仅作记录备查，不作为评定依据。								

试验单位＿＿＿＿＿＿＿＿＿＿（盖章）负责＿＿＿＿＿＿＿＿校核＿＿＿＿＿＿＿＿

日期＿＿＿＿＿＿＿＿＿＿＿＿＿＿　抽样＿＿＿＿＿＿＿＿试验＿＿＿＿＿＿＿＿

附录B　施工现场挤压接头外观检查记录

施工现场挤压接头外观检查记录　　表B

工程名称		楼层号		构件类型	
验收批号		验收批数量		抽检数量	
连接钢筋直径（mm）		套筒外径（或长度）（mm）			

外观检查内容		压痕处套筒外径（或挤压后套筒长度）		规定挤压道次		接头弯折≤4°		套筒无肉眼可见裂缝	
		合格	不合格	合格	不合格	合格	不合格	合格	不合格
外观检查不合格接头之编号	1								
	2								
	3								
	4								
	5								
	6								
	7								
	8								
	9								
	10								

续表

工程名称		楼层号		构件类型	
评定结论					

备注：1. 接头外观检查抽检数量应不少于验收批接头数量的10%。
2. 外观检查内容共四项，其中压痕处套筒外径（或挤压后套筒长度），挤压道次，二项的合格标准由产品供应单位根据型式检验结果提供。接头弯折≤4°为合格，套筒表面有无裂缝以无肉眼可见裂缝为合格。
3. 仅要求对外观检查不合格接头做记录，四项外观检查内容中，任一项不合格即为不合格，记录时可在合格与不合格栏中打√。
4. 外观检查不合格接头数超过抽检数的10%时，该验收批外观质量评为不合格。

检查人：________________ 负责人：________________ 日期：________________

附录C　本规程用词说明

C.0.1　为便于在执行本规程条文时区别对待，对要求严格程度不同的用词说明如下：

（1）表示很严格，非这样做不可的：

正面词采用“必须”，反面词采用“严禁”。

（2）表示严格，在正常情况下均应这样做的：

正面词采用“应”，反面词采用“不应”或“不得”。

（3）对表示允许稍有选择，在条件许可时首先应这样做的：

正面词采用“宜”或“可”，反面词采用“不宜”。

C.0.2　条文中指定应按其他有关标准、规范执行时，写法为“应符合……的规定”。

附加说明

本标准主编单位、参加单位和主要起草人员名单

主 编 单 位：中国建筑科学研究院

参 加 单 位：冶金工业部建筑研究总院
上海钢铁工艺技术研究所
北京市建筑工程研究院
北京市建筑设计研究院
北京市第六建筑工程公司

主要起草人：刘永颐　何成杰　郁　竑　王金平
张承起　梁锡斌　袁海军

附　录　三

中华人民共和国行业标准

钢筋锥螺纹接头技术规程

Specification for Taper Threaded Splicing of Rebars

JGJ 109—96

主编单位：北京市建筑工程研究院
批准部门：中华人民共和国建设部
施行日期：1 9 9 7 年 4 月 1 日

关于发布行业标准《钢筋锥螺纹接头技术规程》的通知

建标［1996］615号

根据建设部建标［1993］699号文的要求，由北京市建筑工程研究院负责主编的《钢筋锥螺纹接头技术规程》，业经审查，现批准为行业标准，编号JGJ 109—96，自1997年4月1日起施行。

本标准由建设部建筑工程标准技术归口单位北京市建筑工程研究院负责解释，由建设部标准定额研究所组织出版。

中华人民共和国建设部

1996年12月2日

1　总　　则

1.0.1　为了在混凝土结构中采用钢筋锥螺纹接头（简称接头）做到经济合理，确保质量，制定本规程。

1.0.2　本规程适用于工业与民用建筑的混凝土结构中，钢筋直径为16～40mm 的Ⅱ、Ⅲ级钢筋连接。

1.0.3　用钢筋锥螺纹接头连接的钢筋，应符合现行国家标准《钢筋混凝土用热轧带肋钢筋》GB 1499 及《钢筋混凝土用余热处理钢筋》GB 13014 的要求。执行本规程时，尚应符合国家现行标准的有关规定。

2　术　　语

2.0.1　钢筋锥螺纹接头（Taper threaded splices of rebar）：把钢筋的连接端加工成锥形螺纹（简称丝头），通过锥螺纹连接套把两根带丝头的钢筋，按规定的力矩值连接成一体的钢筋接头。

2.0.2　力矩扳手（Forque wrench）：

连接和检查钢筋接头紧固程度的扭力扳手。

2.0.3　完整丝扣（One complete screwthread）：

连续一圈的标准牙形。

3　接头性能等级

3.0.1　锥螺纹连接套的材料宜用45号优质碳素结构钢或其他经试验确认符合要求的钢材。锥螺纹连接套的受拉承载力不应小于被连接钢筋的受拉承载力标准值的1.10倍。

3.0.2　接头应根据静力单向拉伸性能以及高应力和大变形条件下反复拉、压性能的差异划分为A、B两个性能等级。

3.0.3　A、B级接头的性能应符合现行行业标准《钢筋机械连接通用技术规程》JGJ 107 表3.0.5的规定。

3.0.4　对直接承受动力荷载的结构，其接头应满足设计要求的抗疲劳性能。当无专门要求时，其疲劳性能应符合现行行业标准《钢筋机械连接通用技术规程》JGJ 107 第3.0.6条的规定。

4　接　头　应　用

4.0.1　钢筋锥螺纹接头性能等级的选用应符合下列规定：

4.0.1.1　混凝土结构中要求充分发挥钢筋强度或对接头延性要求较高的部位应采用A级接头。

4.0.1.2　混凝土结构中钢筋受力较小对接头延性要求不高的部位可采用B级接头。

4.0.2　设置在同一构件内同一截面受力钢筋的接头位置应相互错开。在任一接头中心至长度为钢筋直径的35倍的区段范围内，有接头的受力钢筋截面积占受力钢筋总截面面积的百分率应符合下列规定：

4.0.2.1　受拉区的受力钢筋接头百分率不宜超过50%。

4.0.2.2　在受拉区的钢筋受力小部位，A级接头百分率不受限制。

4.0.2.3　接头宜避开有抗震设防要求的框架梁端和柱端的箍筋加密区；当无法避开时，接头应采用A级接头，且接头百分率不应超过50%。

4.0.2.4　受压区和装配式构件中钢筋受力较小部位，A级和B级接头百分率可不受限制。

4.0.3　接头端头距钢筋弯曲点不得小于钢筋直径的10倍。

4.0.4　不同直径钢筋连接时，一次连接钢筋直径规格不宜超过二级。

4.0.5　钢筋连接套的混凝土保护层厚度宜满足现行国家标准《混凝土结构设计规范》中受力钢筋混凝土保护层最小厚度的要求，且不得小于15mm。连接套之间的横向净距不宜小于25mm。

5　施　工　规　定

5.1　施　工　准　备

5.1.1　凡参与接头施工的操作工人、技术管理和质量管理人员，均应参加技术规程培训；操作工人应经考核合格后持证上岗。

5.1.2　钢筋应先调直再下料。切口端面应与钢筋轴线垂直，不得有马蹄形或挠曲。不得用气割下料。

5.1.3　提供锥螺纹连接套应有产品合格证；两端锥孔应有密封盖；套筒表面应有规格标记。进场时，施工单位应进行复检。

5.2　钢筋锥螺纹加工

5.2.1　加工的钢筋锥螺纹丝头的锥度、牙形、螺距等必须与连接套的锥度、牙形、螺距一致，且经配套的量规检测合格。

5.2.2　加工钢筋锥螺纹时，应采用水溶性切削润滑液；当气温低于0℃时，应掺入15%～20%亚硝酸钠。不得用机油作润滑液或不加润滑液套丝。

5.2.3　操作工人应按附录A要求逐个检查钢筋丝头的外观质量。

5.2.4　经自检合格的钢筋丝头，应按附录A的要求对每种规格加工批量随机抽检10%，且不少于10个，并按附录C表C.0.2填写钢筋锥螺纹加工检验记录。如有一个丝头不合格，即应对该加工批全数检查，不合格丝头应重新加工经再次检验合格方可使用。

5.2.5　已检验合格的丝头应加以保护。钢筋一端丝头应戴上保护帽，另一端可按表5.3.5规定的力矩值拧紧连接套，并按规格分类堆放整齐待用。

5.3 钢 筋 连 接

5.3.1 连接钢筋时，钢筋规格和连接套的规格应一致，并确保钢筋和连接套的丝扣干净完好无损。

5.3.2 采用预埋接头时，连接套的位置、规格和数量应符合设计要求。带连接套的钢筋应固定牢，连接套的外露端应有密封盖。

5.3.3 必须用力矩扳手拧紧接头。

5.3.4 力矩扳手的精度为±5%，要求每半年用扭力仪检定一次。

5.3.5 连接钢筋时，应对正轴线将钢筋拧入连接套，然后用力矩扳手拧紧。接头拧紧值应满足表5.3.5规定的力矩值，不得超拧。拧紧后的接头应做上标记。

接头拧紧力矩值　　**表5.3.5**

钢筋直径（mm）	16	18	20	22	25～28	32	36～40
拧紧力矩（N·m）	118	145	177	216	275	314	343

5.3.6 质量检验与施工安装用的力矩扳手应分开使用，不得混用。

6 接 头 型 式 检 验

6.0.1 钢筋锥螺纹接头的型式检验应符合现行行业标准《钢筋机械连接通用技术规程》JGJ 107中第5章的各项规定。

7 接头施工现场检验与验收

7.0.1 工程中应用钢筋锥螺纹接头时，该技术提供单位应提供有效的型式检验报告。

7.0.2 连接钢筋时，应检查连接套出厂合格证、钢筋锥螺纹加工检验记录。

7.0.3 钢筋连接工程开始前及施工过程中，应对每批进场钢筋和接头进行工艺检验：

1. 每种规格钢筋母材进行抗拉强度试验；

2. 每种规格钢筋接头的试件数量不应少于三根；

3. 接头试件应达到现行行业标准《钢筋机械连接通用技术规程》JGJ 107 表3.0.5中相应等级的强度要求。计算钢筋实际抗拉强度时，应采用钢筋的实际横截面面积计算。

7.0.4 随机抽取同规格接头数的10%进行外观检查。应满足钢筋与连接套的规格一致，接头丝扣无完整丝扣外露。

7.0.5 用质检的力矩扳手，按表5.3.5规定的接头拧紧值抽检接头的连接质量。抽验数量：梁、柱构件按接头数的15%，且每个构件的接头抽验数不得少于一个接头；基础、墙、板构件按各自接头数，每100个接头作为一个验收批，不足100个也作为一个验收批，每批抽检3个接头。抽检的接头应全部合格，如有一个接头不合格，则该验收批接头应逐个检查，对查出的不合格接头应进行补强，并按附录C表C.0.3填写接头质量检查记录。

7.0.6 接头的现场检验按验收批进行。同一施工条件下的同一批材料的同等级、同规格接头，以500个为一个验收批进行检验与验收，不足500个也作为一个验收批。

7.0.7　对接头的每一验收批，应在工程结构中随机截取3个试件做单向拉伸试验，按设计要求的接头性能等级进行检验与评定，并按附录C表C.0.1填写接头拉伸试验报告。

7.0.8　在现场连续检验10个验收批，全部单向拉伸试件一次抽样均合格时，验收批接头数量可扩大一倍。

附录A　加工质量检验方法

A.0.1　锥螺纹丝头牙形检验：牙形饱满，无断牙、秃牙缺陷，且与牙形规的牙形吻合，牙齿表面光洁的为合格品（见图A.0.1）。

A.0.2　锥螺纹丝头锥度与小端直径检验：丝头锥度与卡规或环规吻合，小端直径在卡规或环规的允许误差之内为合格（见图A.0.2，(*a*)、(*b*)）。

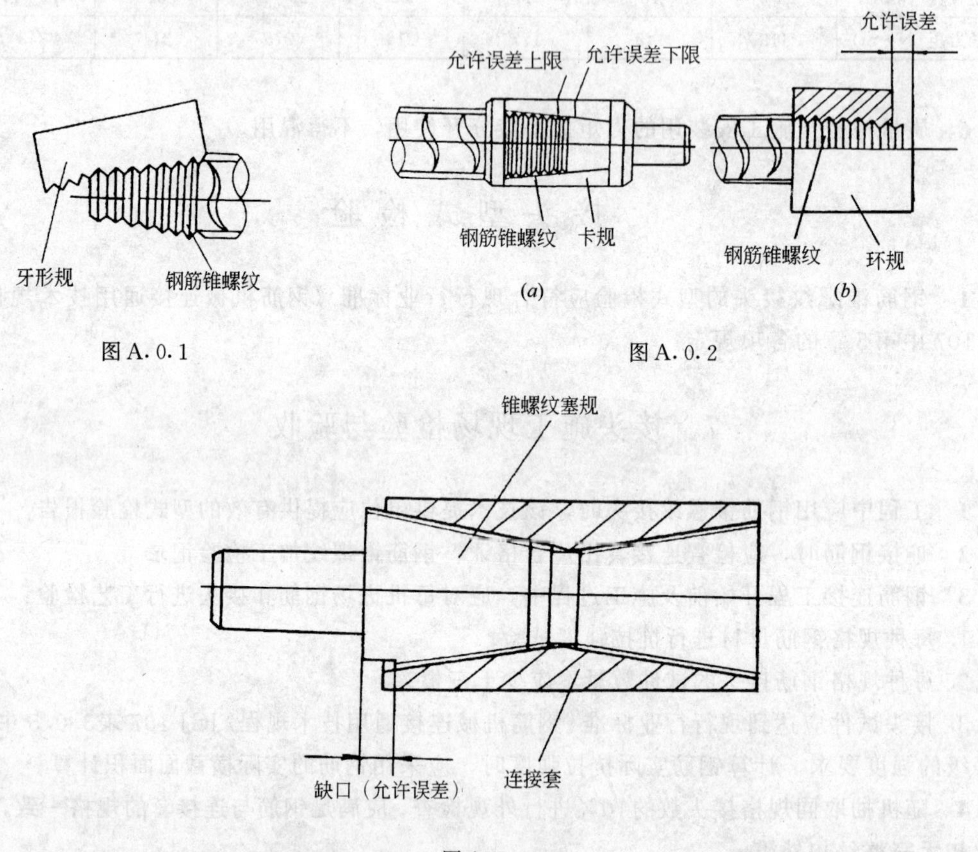

图A.0.1

图A.0.2

图A.0.3

注：牙形规、卡规或环规、塞规应由钢筋连接技术提供单位配套提供。

A.0.3　连接套质量检验：锥螺纹塞规拧入连接套后，连接套的大端边缘在锥螺纹塞规大端的缺口范围内为合格（见图A.0.3）。

附录B　常用接头连接方法

B. 0. 1　同径或异径普通接头：

分别用力矩扳手将①与②、②与③拧到规定的力矩值（见图B. 0. 1）。

B. 0. 2　单向可调接头：

分别用力矩扳手将①与②、③与④拧到规定的力矩值，再把⑤与②拧紧（见图B. 0. 2）。

B. 0. 3　双向可调接头：

分别用力矩扳手将①与②、③与④拧到规定的力矩值，且保持②、③的外露丝扣数相等，然后分别夹住②与③，把⑤拧紧（见图B. 0. 3）。

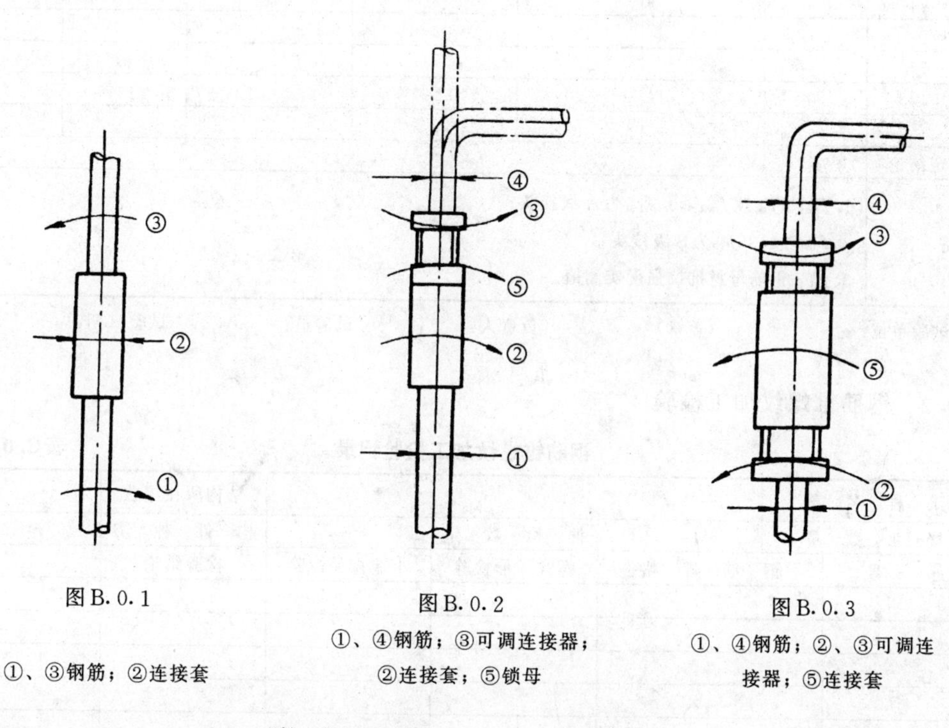

图B. 0. 1

①、③钢筋；②连接套

图B. 0. 2

①、④钢筋；③可调连接器；②连接套；⑤锁母

图B. 0. 3

①、④钢筋；②、③可调连接器；⑤连接套

附录C　施　工　记　录

C. 0. 1　钢筋锥螺纹接头拉伸试验

钢筋锥螺纹接头拉伸试验报告　　**表C. 0. 1**

工程名称		结构层数		构件名称		接头等级	
试件编号	钢筋规格 d (mm)	横截面积 A (mm²)	屈服强度标准值 f_{yk} (N/mm²)	抗拉强度标准值 f_{tk} (N/mm²)	极限拉力实测值 P (kN)	抗拉强度实测值 $f^{o}_{mst}=P/A$ (N/mm²)	评定结果

续表

工程名称			结构层数		构件名称		接头等级	
试件 编号	钢筋规格 d (mm)	横截面积 A (mm²)	屈服强度 标准值 f_{yk} (N/mm²)	抗拉强度 标准值 f_{tk} (N/mm²)	极限拉力 实测值 P (kN)	抗拉强度 实测值 $f_{mst}^{o}=P/A$ (N/mm²)	评定结果	
评定结论								
备　注	1. $f_{mst}^{o} \leqslant f_{tk}$ 且 $f_{mst}^{o} \geqslant 0.9 f_{st}^{o}$ 为A级接头； 2. $f_{mst}^{o} \geqslant 1.35 f_{yk}$ 为B级接头； 3. f_{st}^{o}—钢筋母材抗拉强度实测值。							

试验单位：　　　　（盖章）　　　　负责人：　　　　试验员：　　　　试验日期：

C.0.2　钢筋锥螺纹加工检验

钢筋锥螺纹加工检验记录　　　　**表C.0.2**

工　程　名　称				结构所在层数	
接　头　数　量		抽　检　数　量		构　件　种　类	
序　　号	钢　筋　规　格	螺纹牙形检验	小端直径检验	检验结论	

注：1. 按每批加工钢筋锥螺纹丝头数的10%检验；

2. 牙形合格、小端直径合格的打"✓"；否则打"×"。

检查单位：　　　　　　　　检查人员：

日　　期：　　　　　　　　负 责 人：

C.0.3　钢筋锥螺纹接头质量检查

钢筋锥螺纹接头质量检查记录　　表C.0.3

工程名称					检验日期	
结构所在层数					构件种类	
钢筋规格	接头位置	无完整丝扣外露	规定力矩值（N·m）	施工力矩值（N·m）	检验力矩值（N·m）	检验结论

注：1. 检验结论：合格“√；不合格“×”。

检查单位：　　　　　　　　检查人员：

检验日期：　　　　　　　　负 责 人：

附录D　本规程用词说明

D.0.1　执行本规程条文时，对于要求严格程度的用词说明如下，以便在执行中区别对待：

（1）表示很严格，非这样做不可的：

正面词采用“必须”，反面词采用“严禁”。

（2）表示严格，在正常情况下应这样做的：

正面词采用“应”，反面词采用“不应”或“不得”。

（3）表示允许稍有选择，在条件许可时，首先应这样做的：

正面词采用“宜”或“可”，反面词采用“不宜”。

D.0.2　条文中指明应按其他有关标准、规范执行的写法为“应按……执行或应符合……要求（或规定）”。

附加说明

本标准主编单位、参加单位和主要起草人名单

主 编 单 位： 北京市建筑工程研究院

参 加 单 位： 北京市建筑设计研究院
上海市隧道工程设计院
深圳市建筑科学研究所
铁道部建筑科学研究院建筑研究所
北京市第五建筑工程公司
中国电子工程建设开发公司
中国建筑科学研究院

主要起草人： 王金平　张承启　刘仁鹏
罗君东　庄军生　郑玉山
姜　昭　周炳章　郭晓民

附　录　四

中华人民共和国建筑工业行业标准

镦粗直螺纹钢筋接头

Straight thread splices with upset rebar ends

JG/T 3057—1999

批准部门：中华人民共和国建设部

施行日期：1999 年 12 月 1 日

前　言

本产品系采用钢筋端部镦粗后切削形成的直螺纹钢筋接头。本产品标准与工程技术标准JGJ 107—1996《钢筋机械连接通用技术规程》(局部修订版1998）配套使用。

标准中附录A为标准的附录，附录B和附录C为提示的附录。

本标准由建设部标准定额研究所提出。

本标准由建设部建筑工程标准技术归口单位中国建筑科学研究院归口管理。

本标准起草单位：中国建筑科学研究院建筑结构研究所、上海钢铁工艺技术研究所、北京市建筑设计研究院、水电部第十二工程局施工科学研究所、冶金部建筑研究总院。

本标准主要起草人：刘永颐、郁竑、张承起、李本端、杨熊川。

本标准由中国建筑科学研究院负责解释。

1　范　围

本标准规定了镦粗直螺纹钢筋接头的产品分类、技术要求、试验方法、检验规则以及标志、包装、运输及储存等。

本标准适用于HRB 335（Ⅱ级钢)、HRB 400（Ⅲ级钢）热轧带肋钢筋制作的镦粗直螺纹钢筋接头。

2　引用标准

下列标准所包含的条文，通过在本标准中引用而构成为本标准的条文。本标准出版时，所示版本均为有效。所有版本均会被修订，使用本标准的各方应探讨使用下列标准最新版本的可能性。

GB/T 197—1981　普通螺纹公差与配合

GB/T 228—1987　金属拉伸试验方法

GB/T 699—1988　优质碳素结构钢

GB 1499—1998　钢筋混凝土用热轧带肋钢筋

GB/T 1591—1994　低合金强度结构钢

JGJ 107—1996　钢筋机械连接通用技术规程（局部修订，1998）

3　定义及符号

本标准采用下列定义和符号。

3.1　术　语

3.1.1　镦粗直螺纹钢筋接头 straight thread splices with upset rebar ends

将钢筋的连接端先行镦粗，再加工出圆柱螺纹并用连接套筒连接的钢筋接头。

3.1.2 丝头 rebar head with screwthread

加工成圆柱螺纹的钢筋端部。

3.1.3 锁母 locking nut

锁定套筒与丝头相对位置的螺母。

3.1.4 套筒 coupler

连接钢筋用带圆柱螺纹的连接件。

3.2 符 号

主要符号

f_{mst}^{0}——接头的抗拉强度实测值；

f_{st}^{0}——钢筋的抗拉强度实测值；

f_{tk}——钢筋的抗拉强度标准值；

ε_{u}——受拉钢筋试件极限应变；

ε_{yk}——钢筋在屈服强度标准值下的应变；

u——接头单向拉伸的残余变形；

u_{4}、u_{8}、u_{20}——接头反复拉压4，8，20次后的残余变形。

4 产品分类、型号与标记

钢筋接头一般由丝头和套筒组成，必要时尚包括锁母。见附录B（提示的附录）。

4.1 产 品 分 类

4.1.1 按适用钢筋强度级别分类见表1。

接头按适用的钢筋级别分类 **表1**

序 号	接头适用钢筋强度级别	代 号
1	HRB 335（Ⅱ级钢筋）	Ⅱ
2	HRB 400（Ⅲ级钢筋）	Ⅲ

4.1.2 按接头使用要求分类见表2及附录B。

接头按使用要求分类 **表2**

序 号	型 式	使 用 场 合	特性代号
1	标准型	正常情况下连接钢筋	省略
2	加长型	用于转动钢筋较困难的场合，通过转动套筒连接钢筋	C
3	扩口型	用于钢筋较难对中的场合	K
4	异径型	用于连接不同直径的钢筋	Y
5	正反丝扣型	用于两端钢筋均不能转动而要求调节轴向长度的场合	ZF
6	加锁母型	钢筋完全不能转动，通过转动套筒连接钢筋，用锁母锁定套筒	S

4.2　型号与标记

镦粗直螺纹钢筋接头的型号由名称代号、特性代号及主参数代号组成。

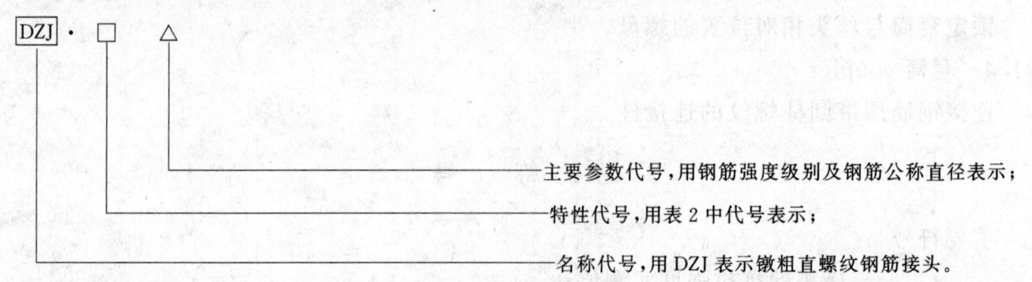

标记示例：

例1：钢筋公称直径为32mm，钢筋强度级别为HRB 400（Ⅲ级）的标准型接头。

标记为　DZJ · Ⅲ32　JG/T 3057—1999

例2：钢筋公称直径为36mm及28mm，钢筋强度级别为HRB 335（Ⅱ级）的异径型接头。

标记为　DZJ · Y Ⅱ 36/28　JG/T 3057—1999

5　技　术　要　求

5.1　性　能　要　求

5.1.1　镦粗直螺纹钢筋接头的性能应满足强度和变形两方面的要求，其检验指标见表3。

镦粗直螺纹钢筋接头性能检验指标　　　　**表3**

等级		SA级
单向拉伸	强度	$f^0_{mst} \geqslant f^0_{st}$ 或 $f^0_{mst} \geqslant 1.15 f_{tk}$
	极限应变	$\varepsilon_u \geqslant 0.04$
	残余变形	$u \leqslant 0.1$mm
高应力反复拉压	强度	$f^0_{mst} \geqslant f^0_{st}$ 或 $f^0_{mst} \geqslant 1.15 f_{tk}$
	残余变形	$u_{20} \leqslant 0.3$mm
大变形反复拉压	强度	$f^0_{mst} \geqslant f^0_{st}$ 或 $f^0_{mst} \geqslant 1.15 f_{tk}$
	残余变形	$u_4 \leqslant 0.3$mm 且 $u_8 \leqslant 0.6$mm

5.1.2　镦粗直螺纹钢筋接头用于直接承受动力荷载的结构时，尚应具有设计要求的抗疲劳性能。

5.2　使　用　要　求

5.2.1　丝头

不同工况下，丝头应满足下列使用要求：

a）适用于标准型接头的丝头，其长度应为1/2套筒长度，公差为$+1P$（P为螺距）以保证套筒在接头的居中位置。

b）适用于加长型接头的丝头，其长度应大于套筒长度，以满足只转动套筒进行钢筋连接的要求。

5.2.2 套筒

不同工况下，套筒应满足下列使用要求：

a）标准型套筒应便于正常情况下连接钢筋；

b）变径型套筒应满足不同直径钢筋的连接要求；

c）扩口型套筒应满足钢筋较难对中工况下，便于入扣连接。

5.3 材 料 要 求

5.3.1 用于镦粗的钢筋应符合现行国有标准GB 1499 的要求。

5.3.2 套筒与锁母材料宜使用优质碳素结构钢或合金结构钢。应有供货单位质量保证书。

5.4 制 造 工 艺 要 求

5.4.1 丝头

a）钢筋下料时，切口端面应与钢筋轴线垂直，不得有马蹄形或挠曲，端部不直应调直后下料。

b）镦粗头的基圆直径d_1（见附录C）应大于丝头螺纹外径，长度L_0应大于1/2 套筒长度，过渡段坡度应≤1∶3。

c）镦粗头不得有与钢筋轴线相垂直的横向表面裂纹。

d）不合格的镦粗头，应切去后重新镦粗，不得对镦粗头进行二次镦粗。

e）如选用热镦工艺镦粗钢筋，则应在室内进行钢筋镦头加工。

f）加工钢筋丝头时，应采用水溶性切削润滑液，当气温低于0℃时应有防冻措施，不得在不加润滑液的情况下套丝。

g）钢筋丝头的螺纹应与连接套管的螺纹相匹配，公差带应符合GB/T 197 的要求，可选用6f。

5.4.2 套筒

a）套筒内螺纹的公差带应符合GB/T 197，可选用6H。

b）进行表面防锈处理。

c）套筒材料、尺寸、螺纹规格，公差带及精度等级应符合产品设计图纸的要求。

5.5 外 观 质 量 要 求

5.5.1 丝头

a）牙形饱满，牙顶宽超过0.6mm 秃牙部分累计长度不应超过一个螺纹周长。

b）外形尺寸，包括螺纹直径及丝头长度应满足产品设计要求。

5.5.2 套筒

a）表面无裂纹和其他缺陷。

b）外形尺寸包括套筒内螺纹直径及套筒长度应满足产品设计要求。

c）套筒二端应加塑料保护塞。

5.5.3 接头

a）接头拼接时用管钳扳手拧紧，应使两个丝头在套筒中央位置相互顶紧。

b）拼接完成后，套筒每端不得有一扣以上的完整丝扣外露，加长型接头的外露丝扣数不受限制，但应另有明显标记，以检查进入套筒的丝头长度是否满足要求。

6 试 验 方 法

6.1 钢筋接头试件的高应力反复拉压、大变形反复拉压试验应采用带液压夹具，并能自动记录应力应变全过程的试验机进行试验；试验的加载制度应满足附录A（提示的附录）的要求。

6.2 型式检验的接头试件尺寸见图1，应符合表4的要求。

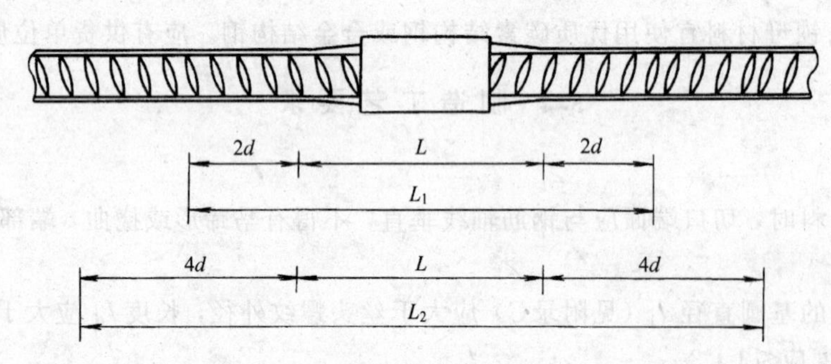

图1　试件尺寸

接头试件尺寸及变形量测标距　　表4

序　号	符　号	含　义	尺寸（mm）
1	L	接头的套筒长度加两端镦粗钢筋过渡段长度	实测
2	L_1	接头试件残余变形的量测标距	$L+4d$
3	L_2	接头试件极限应变的量测标距	$L+8d$
4	d	钢筋直径	公称直径

6.3 施工现场仅对接头试件进行单向拉伸强度试验，试验按GB/T 228进行。

7 检 验 规 则

7.1 检 验 分 类

接头性能检验分型式检验和施工现场检验两类。

套筒检验为出厂检验；丝头检验为加工现场检验。

7.2 接头的型式检验

7.2.1 在下列情况下进行型式检验

a）接头产品需要鉴定，确定其性能等级时；

b）材料、工艺、规格进行改动时；

c）套筒加工单位停产一年以上时；

d）质量监督部门提出专门要求时。

7.2.2　型式检验的内容与性能指标见表3。

7.2.3　对每种型式、级别、规格、材料、工艺的机械连接接头，型式检验试件不应少于9个；其中单向拉伸试件不应少于3个，高应力反复拉压试件不应少于3个，大变形反复拉压试件不应少于3个。同时，尚应取同批、同规格钢筋试件三根做力学性能试验。

7.2.4　型式检验的加载制度，应按附录A的规定进行，其合格条件为：

a）强度检验：每个试件的实测值均应符合表3规定的检验指标；

b）极限应变、残余变形的检验：每组试件的实测平均值均应符合表3规定的检验指标。

7.2.5　型式检验应由国家、省部级主管部门认可的检测机构进行，并应出具试验报告和评定结论。

7.3　接头的施工现场检验

7.3.1　技术提供单位应向使用单位提交有效的型式检验报告。

7.3.2　钢筋连接工程开始前及施工过程中，应对每批进场钢筋进行接头工艺试验，工艺试验应符合下列要求：

a）每种规格钢筋的接头试件不应少于3根；

b）对接头试件的钢筋母材应进行抗拉强度试验；

c）3根接头试件的抗拉强度除均应满足表3的强度要求外，尚应大于、等于0.95倍钢筋母材的实际抗拉强度f_{st}^{0}。计算实际抗拉强度时，应采用钢筋的实际横截面面积。

7.3.3　现场检验应进行外观质量检查和单向拉伸强度试验。

7.3.4　接头的现场检验按验收批进行。同一施工条件下采用同一批材料的同等级、同型式、同规格接头，以500个为一个验收批进行检验与验收，不足500个也作为一个验收批。

7.3.5　对接头的每一个验收批，必须在工程结构中随机截取3个试件做单向拉伸强度试验，并按表3中的强度要求确定其性能等级。

当3个试件单向拉伸试验结果均符合表3的强度要求时，该验收批评为合格。

如有一个试件的强度不合格，应再取6个试件进行复检。复检中如仍有一个试件试验结果不合格，则该验收批评为不合格。

7.3.6　在现场连续检验10个验收批，其全部单向拉伸试件一次抽样均合格时，验收批接头数量可扩大一倍。

7.4　丝头加工现场检验

7.4.1　检验项目

丝头加工现场检验项目、检验方法及检验要求见表5与图2。

丝头质量检验要求　　表5

序号	检验项目	量具名称	检验要求
1	外观质量	目测	牙形饱满、牙顶宽超过0.6mm秃牙部分累计长度不超过一个螺纹周长
2	外形尺寸	卡尺或专用量具	丝头长度应满足设计要求，标准型接头的丝头长度公差为+1P
3	螺纹大径	光面轴用量规	通端量规应能通过螺纹的大径，而止端量规则不应通过螺纹大径
4	螺纹中径及小径	通端螺纹环规	能顺利旋入螺纹并达到旋合长度
		止端螺纹环规	允许环规与端部螺纹部分旋合，旋入量不应超过3P（P为螺距）

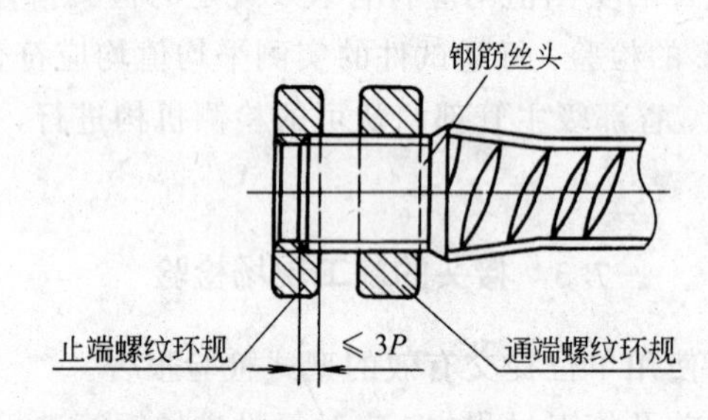

图2　钢筋丝头质量检验示意图

7.4.2　组批、抽样方法及结果判定

a）加工工人应逐个目测检查丝头的加工质量，每加工10个丝头应用环规检查一次，并剔除不合格丝头。

b）自检合格的丝头，应由质检员随机抽样进行检验，以一个工作班内生产的钢筋丝头为一个验收批，随机抽检10%，按表5的方法进行钢筋丝头质量检验；当合格率小于95%时，应加倍抽检，复检中合格率仍小于95%时，应对全部钢筋丝头逐个进行检验，并切去不合格丝头，重新镦粗和加工螺纹。

c）丝头检验合格后，应用塑料帽或连接套筒保护。

7.5　套筒出厂检验

7.5.1　检验项目

检验项目、检验方法与要求见表6与图3。

连接套筒质量检验要求　　表6

序号	检验项目	量具名称	检验要求
1	外观质量	目测	无裂纹或其他肉眼可见缺陷
2	外形尺寸	游标卡尺或专用量具	长度及外径尺寸符合设计要求
3	螺纹小径	光面塞规	通端量规应能通过螺纹的小径，而止端量规则不应通过螺纹小径
4	螺纹中径及大径	通端螺纹塞规	能顺利旋入连接套筒两端并达到旋合长度
		止端螺纹塞规	塞规不能通过套筒内螺纹，但允许从套筒两端部分旋合，旋入量不应超过3P（P为螺距）

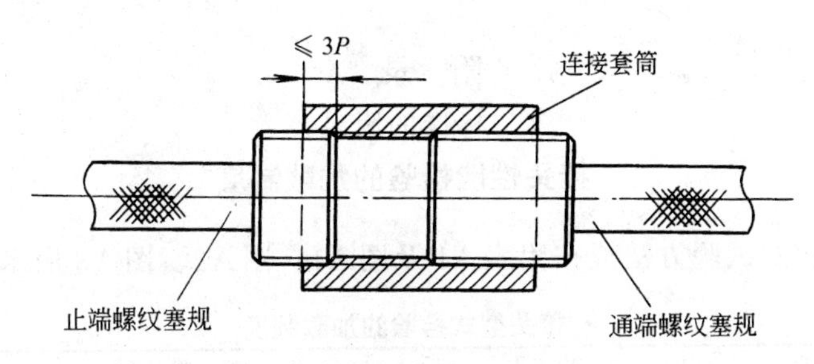

图3　套筒质量检验示意图

7.5.2　组批、抽样方法及结果判定

1）以500个为一个检验批，每批按10%抽检；

2）检验结果如果符合表6的技术要求应判为合格，否则判为不合格；

3）抽检合格率应大于等于95%；当抽检合格率小于95%时，应另取双倍数量重做检验，当加倍抽检后的合格率大于95%时，应判该批合格，若仍小于95%时，则该批应逐个检验，合格者方可使用。

8　标志、包装、运输及储存

8.1　丝　头

8.1.1　钢筋丝头检验合格后应尽快套上塑料保护帽，并应按规格分类堆放整齐。

8.1.2　雨期或长期堆放情况下，应对丝头进行覆盖防锈。

8.1.3　丝头在运输过程中应妥善保护，避免雨淋、沾污、遭受机械损伤。

8.2　套筒、锁母

8.2.1　套筒应标明型号与规格。产品检验合格后，套筒两端应用塑料密封塞扣紧。

8.2.2　包装

套筒出厂时应成箱包装，包装箱外应标明产品名称、型号、规格和数量、制造日期和生产批号、生产厂名。包装箱应用包装带捆扎牢固。

包装箱内必须附有产品合格证。

产品合格证内容包括：

a）型号、规格；

b）适用的钢筋品种；

c）套筒的性能等级；

d）产品批号；

e）出厂日期；

f）质量合格签章；

g）工厂名称、地址、电话。

8.2.3　运输、储存

连接套筒和锁母在运输、储存过程中均应妥善保护，避免雨淋、沾污、遭受机械损伤或散失。

附 录 A

（标准的附录）

接头性能检验的加载制度

A1 接头型式检验的试验方法应按附表A1及图A1、图A2、图A3所示的加载制度进行。

接头型式检验的加载制度 **表A1**

试验项目	加载制度
单向拉伸	$0 \rightarrow 0.6f_{yk} \rightarrow 0.02f_{yk} \rightarrow$ 破坏
高应力反复拉压	$0 \rightarrow (0.90f_{yk} \rightarrow -0.5f_{yk}) \rightarrow$ 破坏 （反复20次）
大变形反复拉压	$0 \rightarrow (2\varepsilon_{yk} \rightarrow -0.5f_{yk}) \rightarrow (5\varepsilon_{yk} \rightarrow -0.5f_{yk}) \rightarrow$ 破坏 （反复4次）（反复4次）

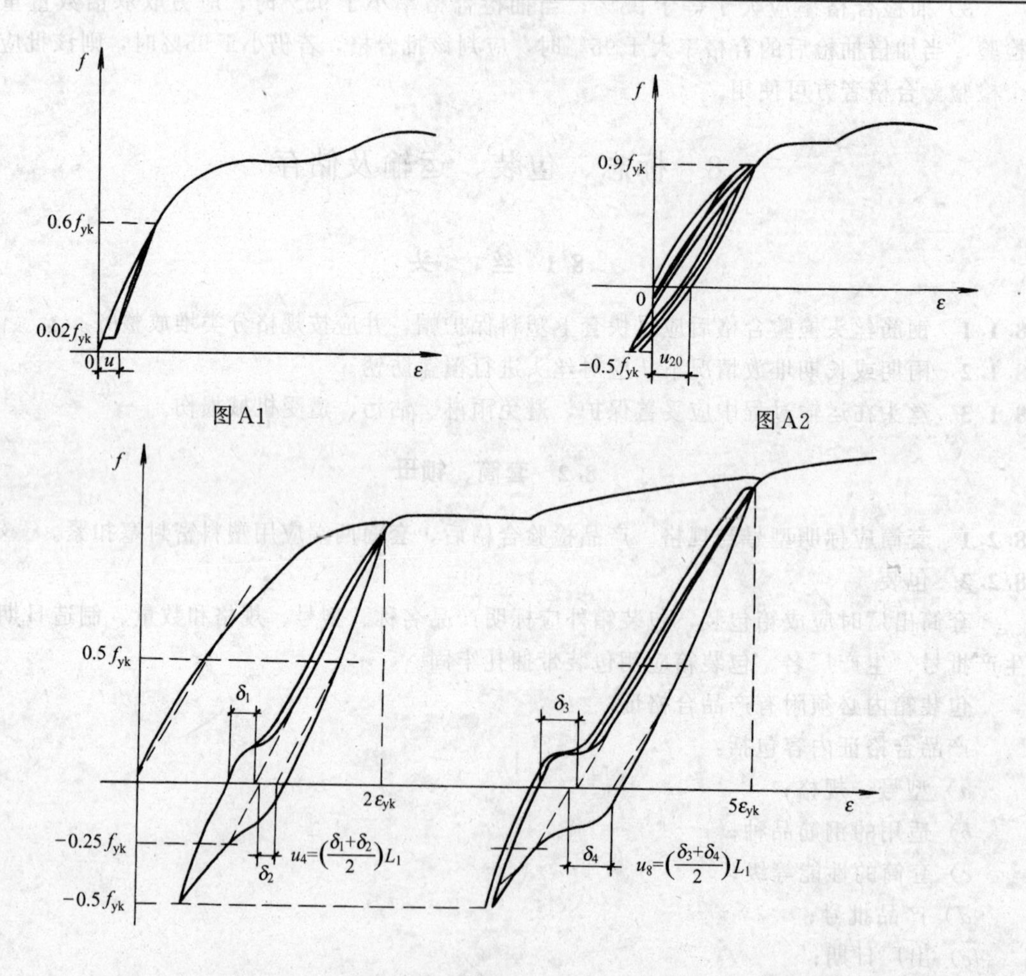

图A1　图A2

图A3

注：1 δ_1 为 $2\varepsilon_{yk}$ 反复加载4次后，在加载应力水平为 $0.5f_{yk}$ 及反向卸载应力水平为 $-0.25f_{yk}$ 处作 $E_{0.5}$ 平行线与横坐标交点之间的距离所代表的应变值。

2 δ_2 为 $2\varepsilon_{yk}$ 反复加载4次后，在卸载应力水平为 $0.5f_{yk}$ 及反向加载应力水平为 $-0.25f_{yk}$ 处作 $E_{0.5}$ 平行线与横坐标交点之间的距离所代表的应变值。

3 δ_3、δ_4 为在 $5\varepsilon_{yk}$ 反复加载4次后，按与 δ_1、δ_2 相同方法所得的应变值。

A2　接头现场单向拉伸试验可采用零到破坏的一次加载制。

附　录　B

（提示的附录）

接头按使用要求分类示意图

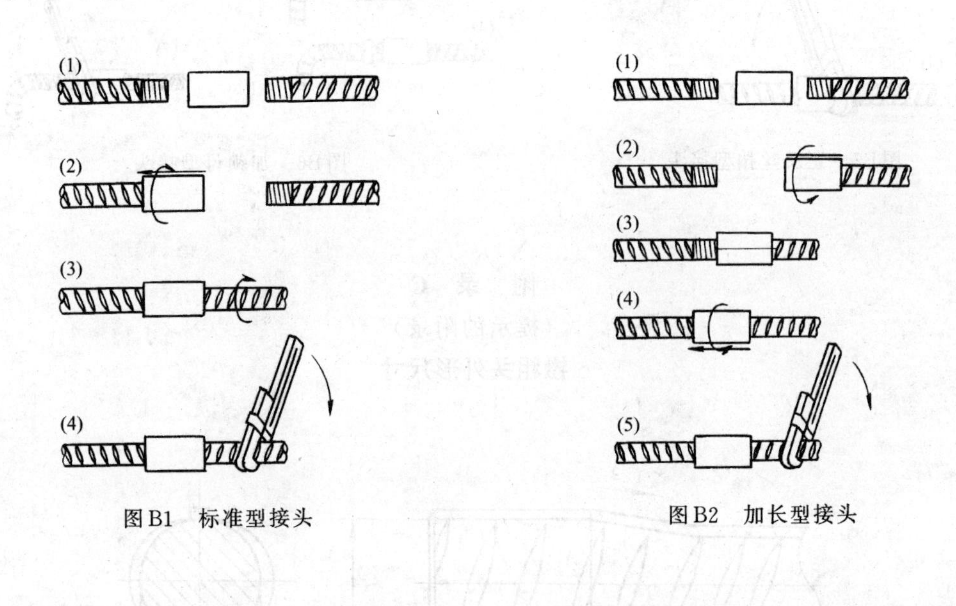

图B1　标准型接头

图B2　加长型接头

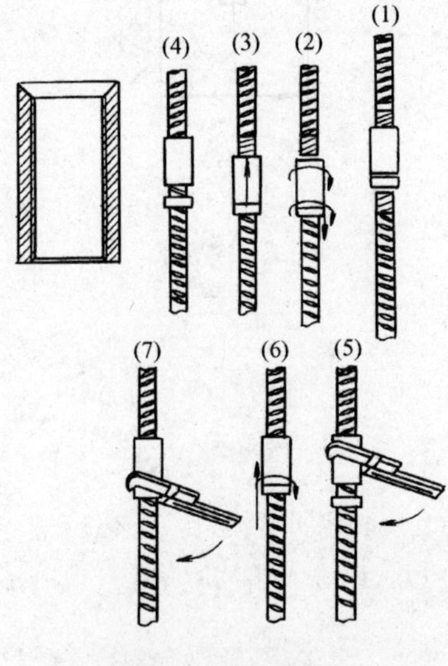

图B3　扩口型接头

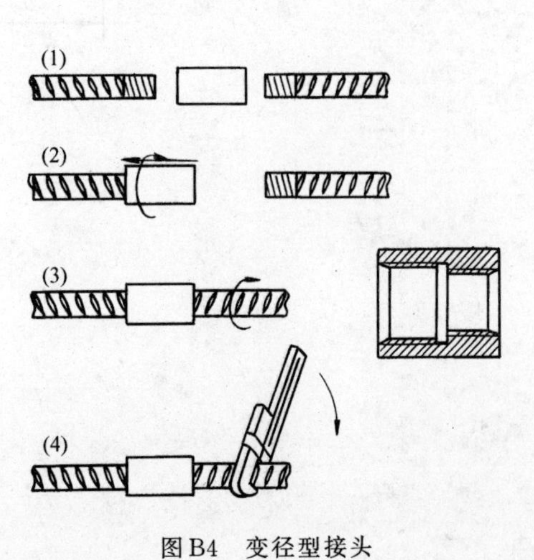

图B4　变径型接头

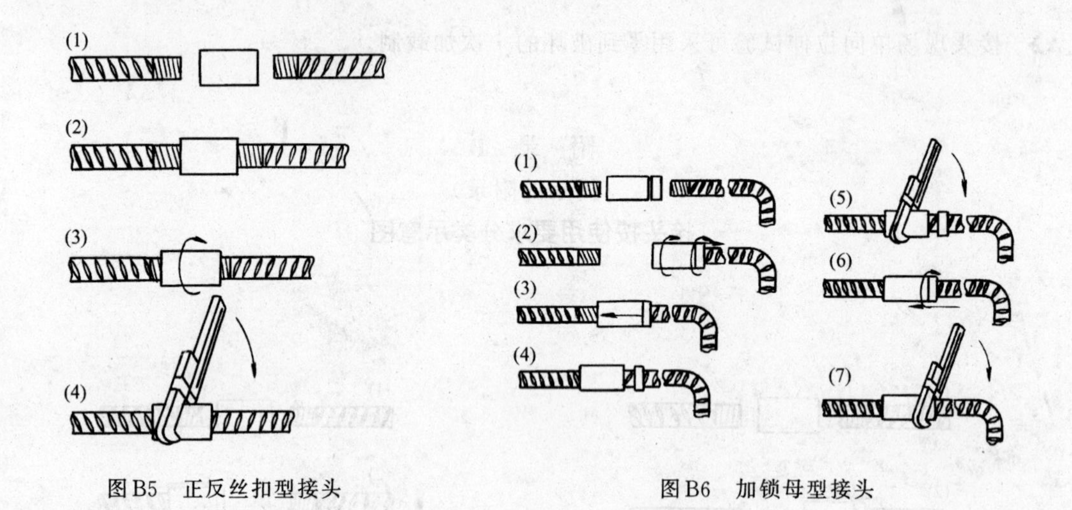

图 B5　正反丝扣型接头　　　　图 B6　加锁母型接头

附　录　C

（提示的附录）

镦粗头外形尺寸

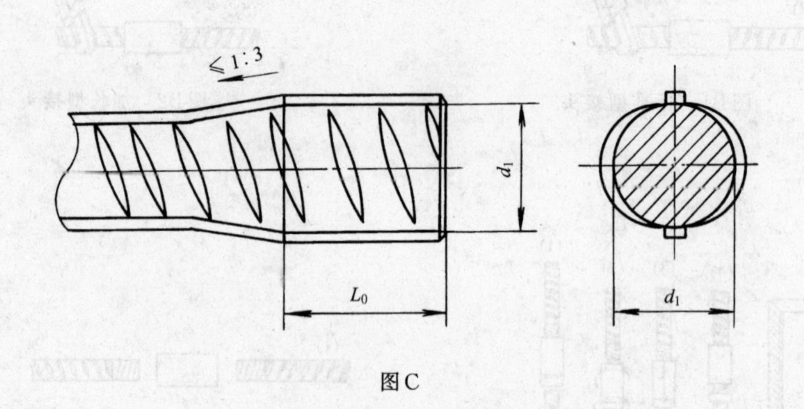

图 C